区域农业研究

——许越先50年学术创作集

（1967—2017）

◎ 许越先 著

中国农业科学技术出版社

图书在版编目（CIP）数据

区域农业研究：许越先50年学术创作集：1967—2017/
许越先著 . — 北京：中国农业科学技术出版社，2019.6
ISBN 978-7-5116-4231-8

Ⅰ . ①区… Ⅱ . ①许… Ⅲ . ①区域农业 – 文集
Ⅳ . ① F304. 5-53

中国版本图书馆 CIP 数据核字（2019）第 109094 号

责任编辑	白姗姗
责任校对	贾海霞

出 版 者	中国农业科学技术出版社
	北京市中关村南大街 12 号　邮编：100081
电　　话	（010）82106638（编辑室）（010）82109702（发行部）
	（010）82109709（读者服务部）
传　　真	（010）82106650
网　　址	http://www.castp.cn
经 销 者	各地新华书店
印 刷 者	北京建宏印刷有限公司
开　　本	787mm×1 092mm　1/16
印　　张	39.25　彩插　12 面
字　　数	850 千字
版　　次	2019 年 6 月第 1 版　2019 年 6 月第 1 次印刷
定　　价	198.00 元

内容简介

这是一部学术研究的创作集，是作者50年来原创论著的集成和再创。全书共6篇18章96节85万字，包括黄淮海平原区域农业研究、区域水资源和南水北调研究、区域农业结构研究、区域层面农业现代化研究、区域农业发展科技咨询、地理学研究思想6个部分，前4部分是重点。

黄淮海平原历史上是旱涝盐碱风沙等多灾低产的落后地区，作者从20世纪60到90年代，对禹城实验区、鲁西北平原、黄淮海平原全区的低产地治理、农业综合开发、区域水资源、南水北调的环境影响等重大课题，进行了30多年研究，从点、片、面、线不同尺度进行系统的量化分析，得出一些有意义的结论，具有重要的历史文献价值。同时可看出一个严重缺粮地区发展成为全国最大的商品农业基地，这一历史性变化中科技创新的作用和贡献。

农业结构和农业现代化研究，是作者于21世纪初期10多年来的研究课题，农业结构研究对全国的、东中西部地区特别是中部地区的农业结构进行全面系统的分析（1980—2004年），给出了调整优化的方向。农业现代化研究，重点研究现代农业科技园区和现代农业生产要素的优化与配置，从理论与实践的结合上，阐述了微观和宏观区域层面现代农业发展的某些科学技术问题。

作者的研究工作，基本围绕20世纪下半叶到21世纪初期50年间，我国区域农业发展不同阶段的重大问题、热点问题和前沿问题，以区域农业为主题，以科技创新为主线贯穿始终。

本书可供科研单位、大专院校、政府机关工作人员参阅。

为区域农业创新发展贡献力量

一、区域农业的研究范畴

区域农业是研究一定区域在一定时段内农业系统的结构、功能及其演变规律、农业生态环境和生产条件对经济产量的影响、农业生产的区域布局和生产要素的区域组合、农业区域的综合生产能力和创新发展能力、信息技术和生物技术等高新技术在农业区的应用等问题。是地学和农学的交叉研究领域，是自然科学和社会科学的结合，宏观研究和微观技术应用的结合，其特点是地域性、综合性、实用性。

由于人类生产、生活等各种行为，都要在一定区间活动，所以"区"是被人类认识最早的、应用最为普通的空间概念。从原始农业到传统农业的漫长时期，人类农业文明的一大成就，就是根据不同区域的生态条件因地制宜地种植适生作物。进入现代农业发展阶段，面对许多新课题，揭开了区域农业研究新的一页。其研究工作要围绕国家重大需要，围绕区域农村经济发展的热点问题、难点问题和前沿问题，围绕城乡居民生活对农业的重大关切，创造性的提出新思想、新理论、新方法和重大研究成果，为区域农业均衡、健康和可持续发展提供科学的解决方案，为政府制定产业政策提供科学依据。因此，区域农业既是一个传统的研究领域，又是一个崭新的研究领域，也是一个有广阔前景的研究领域。

二、区域农业研究的应用价值

区域农业属应用性研究，其应用价值，主要是研究成果能够转化为区域宏观效益。其中最突出的实例，是农业区划和农业综合开发的研究。

农业区划始于 20 世纪 50 年代后期，地理学家和农学家应用本学科和相关学科的知识，提出农业区划的原理、原则和方法，按地域分异规律和农业空间分布的异同性，开展县域农业区划研究，为地方政府提供一整套系统的区划报告，为因地制宜组织农业生产提供了重要的科学依据。70 年代后期至 80 年代，农业区划工作由研究单位为主的研究行为，转变为政府行为，区划工作纳入政府工作职能管理系列，在全国形成农业区划的热潮，以行政措施要求每个县都必须完成县域农业区划工作，通过这一时期工作，基本摸清了全国农业资源的家底及其区域分布，为 80 年代中期到 90 年代中后期我国农业的快速发展，作出了重大贡献。

农业综合治理、开发的实验研究开始于 20 世纪 60 年代，一些科研单位通过建立小面积实验区，投入一定技术力量，实施工程、生物、农艺等综合措施，治理自然灾害和低产田，提高区内土地生产力。70 年代到 80 年代，科研单位和大专院校，在全国各主要农区建立了几十个不同类型的实验区，均取得显著成效。1983 年国家科委将区域治理列入国家科技攻关项目，把小区实验研究由分散多头管理纳入全国统一规范化管理。1988 年国务院成立农业综合开发领导小组，在全国实施政府主导的区域农业综合开发工作，其操作方法基本按各地实验区经验，首先在黄淮海平原、东北三江平原等开发潜力较大区域，后来扩展到全国其他地区。通过地方政府选择项目区，投入一定资金，进行综合治理综合开发，三年一期。得到项目支持地区，粮棉油肉蛋奶和农产品加工业得到跨越式发展，大都成为商品农业基地。从 60 年代的小区实验的科技行为，到 80 年代农业开发的政府行为，是区域农业研究走在生产建设前面，为国家农业发展作出重大贡献的又一成功范例。

20 世纪 90 年代以来，在各地开创的现代农业科技示范园区、县域经济研究、都市型现代农业研究、现代农业产业园、生态农业示范区、田园综合体等示范和开发项目，是新时期区域农业创新发展的新形式。

三、本人区域农业研究的历程

在 50 年的学术生涯中，共主持和承担 18 项重大科研项目。这些研究项目大致可归纳为五个方面。

（一）黄淮海平原区域治理和农业综合开发研究

黄淮海平原历史上就是旱涝盐碱风沙等多灾低产的贫穷之地，20 世纪 60 年代仍有 1 亿多亩这类低产地，粮食亩产仅有一百多斤。为了治理自然灾害，扭转南粮北调的局面，国家决定引导科技人员进行区域治理和农业科技开发。从 20 世纪 60 年代到 90 年代，本人在中国科学院参加这项工作长达 30 余年，亲历黄淮海平原从粮食供应区发展成商品粮基地的巨大变化。在此期间共承担三个重点项目。

第一项是禹城实验区水盐运动定位试验研究（1966—1983 年）。1966 年 3 月参加国务院北方 14 省抗旱山东省抗旱工作队，参与"禹城井灌井排旱涝碱综合治理实验区"

创建，以及在此基础上设立"中国科学院禹城综合试验站"的研究工作。依托"实验区"和"试验站"，在130平方千米小区内布设20个土壤盐分动态定位观测点和40个地下水动态观测孔，通过实测动态变化数据和降水、蒸发等参数的综合分析，研究得出区域土壤盐分运动季节变化、年际变化和空间变化的基本特征，发表《禹城实验区地下水动态与土壤脱盐过程》《土壤盐分的水迁移运动及其控制》《禹城实验区盐碱土改良的实验研究》等论文，为黄淮海平原盐碱土综合治理和南水北调对土壤盐碱化影响预测提供了科学依据。

第二项是主持中国科学院重中之重项目"黄淮海平原中低产田治理与农业科技开发"（农业科技黄淮海战役）山东项目区工作（1988—1993年）。

20世纪80年代是中国农业发展的重要时期，1988年国家高层决策提出农业综合开发的重要举措。此举目的在于对增产潜力较大的黄淮海平原等农业区域进行政策、资金和科技的集中投入，促进农业的快速发展。为了配合国家农业开发任务，中国科学院领导主动向国家请战，组织力量投入黄淮海平原农业开发主战场，并列为全院重中之重项目，又称农业科技黄淮海战役。项目分为山东、河南、河北、安徽4个项目区，以山东、河南为重点，涉及4省5区3市4县共75县。山东项目区由地理所牵头，许越先是负责人，山东项目区包括德州、聊城、惠民、东营、菏泽5个地市49个县。按照院领导提出"把点（禹城）上经验推广到面上，为国家增产100亿斤粮食"的目标，创意召开"科技与生产见面会"，提出"突出中间（德州）、带动两翼（聊城、菏泽、惠民、东营），各有重点、全面推开"的总体部署，组织26个研究所200多名科学人员，创设7个新试区，开展14项专题研究，示范推广36项实用新技术，设立3个科技工作站，派驻7位科技副县长，分别对盐碱地、风沙地、旱涝低产地进行治理改造，对优质高产高效农业进行科技开发，取得重大经济效益、社会效益和生态效益。山东项目区1993年比1988年新增粮食78亿斤，占中国科学院4省全部项目区增产总量111亿斤的近70%，为鲁西北地区和黄淮海平原新兴商品粮基地建设和农业可持续发展作出突出贡献，得到周光召院长和李振声副院长的多次表彰，选入中国科学院27位专家之一参加中央最高领导在中南海的接见。

主编《区域治理与农业资源开发》专著，60多万字，是6年来集体研究成果的系统总结。中国科学院地理所牵头的黄淮海研究工作获第三世界科学院1993年农业奖，许越先获国务院优秀个人二等奖，山东省一等奖。

第三项是主持国家农业综合开发办公室委托的研究咨询项目"黄淮海平原农业综合开发深化化方向"研究（1993—1995年）。

黄淮海平原是国家农业综合开发的重点区域，1988—1993年已进行两期，为了系统总结两期成效，提出今后开发深化方向，国家农业综合开发办公室委托地理所承担这一研究咨询项目，许越先是项目主持人。带队先后到苏皖豫鲁冀5省31个地市58个县（市、区）实地考察150多个项目区，召开60多次座谈会，阅读100多份总结报告，全面分析黄淮海339个县（市、区）6年农业统计数据，制作了49份成果图表，提交15万字研究主报告和25份典型经验报告（6万字），附107个项目区典型材料80多万字。得出了农业综合开发项目区以22.8%的耕地，为黄淮海平原新增粮食贡献42.5%的重要结论，提出深化开发的五点建议。

除了以上三个重点项目外，还主持山东省农委和科委委托的"鲁西北地区农业综合开发与人口、资源、环境研究项目（1991—1993年）"，参加"黄淮海平原自然资源与区域生态环境研究"项目（1983—1985年）。

（二）南水北调与区域水资源研究

中国南水北调是中外瞩目的跨世纪宏伟工程，早在20世纪50年代，水利部门就开始研究从长江和黄河引水北调的问题，到70年代分别提出东线、中线、西线三条线路调水的初步方案。这项庞杂的工程系统得到国家高度重视，引导多个部门，对工程的必要性和可行性进行论证分析。联合国等国际组织也十分关注，联合国大学组织9位专家前来合作考察和学术交流。

中国科学院于1978年立项，开展"南水北调对自然环境影响的研究"，地理所牵头，左大康、刘昌明、许越先主持，项目组织院内外30多个单位的专家，分解为14个课题。分别就调水对长江下游水量变化和河口海水入侵的影响，输水水质和水生生物的影响，灌区土壤盐碱化问题，血吸虫北移的问题等重大生态环境问题进行研究，得出明确的结论，并给出防治对策。在各专题研究基础上，许越先撰写的"南水北调对自然环境影响的若干问题"，对上述几个问题进行综述性总结分析，在国内外发表。"南水北调（东线）对土壤盐碱化影响的初步探讨"一文，被水利部引用作为调水可行性论证的重要参考文献。左大康、许越先合写的"南水北调及其有关的几个问题"，在《地理知识》刊载后，被新华社大型综合性文摘《新华文摘》转载，引起社会广泛关注。

1980年10—11月，联合国大学9位专家与中国科学院专家，联合考察南水北调中线和东线，对河北、河南、湖北、江苏、山东、天津6省（市）沿线24个城镇、丹江口等11处大中型水库、洪泽湖等4个经水湖泊、河南省引黄人民胜利渠等4个灌区、输水干渠与黄河等5处河道交叉点，进行实地考察。跟江、淮、河、海流域机构及省市水利管理部门共16个单位进行交流座谈，历时19天，行程4 000千米，回到北京举行国际调水学术研讨会。这次活动本人全程参加，并执笔完成"中国科学院和联合国大学南水北调地区科学考察报告"。

区域水资源研究主要在黄淮海平原（华北平原）进行，也涉及北方地区和全国河流水化学研究。1983年中国科学院设立"华北平原水量平稀研究"重点项目，刘昌明、许越先、李宝庆主持，研究提出华北平原降水、蒸发、径流等区域水量平衡要素时空变化规律、区域水资源供需平衡及缺水状况分析等研究结论，本人发表"黄淮海平原水资源区域补偿和区域调配""华北平原灌水利用率及灌溉对环境的影响"等论文。

1988年李鹏总理视察中国科学院禹城综合试验站时，提出要搞节水农业研究，随后中国科学院领导决定给国务院写个报告，由许越先拟稿，周光召院长签发的"关于开展黄淮海平原节水农业综合研究的报告"呈俊生、纪云并李鹏同志。李鹏总理和田纪云副总理分别作了重要批示，支持节水农业研究。项目由地理所牵头，许越先主持，组织14个科研单位60多位专家，分解为6个课题，对农业节水试验研究、农业节水技术和区域性农业节水问题，从点片面三个层面上进行深入综合研究，提出地表水与地下水科学的联合调度、农业节水政策、适用的节水技术措施等方面提出创新性的研究成果，出版《节水农业研究》一书。本人论文"我国节水农业研究的主要趋势"，对我国节水农业研究进展作了系统的综述性分析。

（三）区域农业结构研究

农业结构是区域农业系统在一定时段内农林牧渔各子系统的比例关系。研究区域农业结构及其功能、产出和调整优化，是区域农业研究的核心问题，也是区域农业发展和区域水资源配置的基础性研究。农业结构调整是人为的改变子系统已有比例关系，建立新的比例关系的过程，结构是对系统而言，调整是对现状而言，有什么样的结构就有什么样的功能，由此决定区域农业系统物质能量的输入和产出。当某一区域农业系统产出偏低时，就要对其结构进行调整和优化，以提高系统的综合产出能力。

1999年国家提出农业结构的战略性调整，本人对这个热点问题开展研究，提出一些新观点和新认识，如"农业结构调整的系统观""农业结构调整的表层问题和深层问题""农业结构调整的目标是调优、调活、调高、调富"等，发表"我国种植业结构变化的分析"等论文。在此期间，主持水利部委托的关于农业结构的两项重大研究项目。

第一项：南水北调地区农业生产结构与布局研究（1999—2001年），水利部北方水资源总体规划项目的课题，中国农业科学院主持，许越先、陈印军牵头。

为了抓紧"南水北调"工程的前期准备工作。水利部针对长江以北调水工程的受水区，提出"北方地区水资源总体规划"研究项目，农业作为用水第一大户，直接影响南水北调水资源区域合理配置，项目把"北方地区农业生产结构与布局研究"列为重要课题。

课题组织院内外21个科研单位近70名专家开展深入研究，研究范围按流域包括海滦河、淮河、黄河三大流域全部和西北内陆河流域一部分，涉及4个一级水资源区22个二级区56个三级区；行政区包括北京、天津、河北、山东、山西和宁夏全部及河南、内蒙古、陕西、甘肃和青海大部，江苏、安徽北部，新疆中东部及四川小部分地区，涉及 920 个县（市、区），占全国总面积 34.5%。研究工作分为基础数据统计和分析研究得出结论两大部分，数据收集按 920 个县每县 121 个数据项，分 5 个特征年共 60 多万个数据，把分县数据分别汇总到水资源一、二、三级区和行政省（市、区）地（市）级，再按小麦、水稻、玉米等 7 种粮食作物，棉花、油料等 11 种经济作物，苹果、梨、葡萄和蔬菜等 5 种果蔬作物，共 23 种作物，给出各行政区和各水资源区 1990—1997 年的面积、单产、总产，分析逐年变化，并对 2005 年、2015 年和 2030 年的农业结构和布局进行预测，要求水资源区和行政区最终数据要高度契合。除种植业外，还分析了养殖业、林业、渔业、农业产值、农民收入及美、法等 7 个国家的农业结构。

按北方地区农业生产结构与布局现状、农业结构变化预测、农业结构变化对水资源影响、社会经济发展对北方农业的需求、农林牧渔业分行业发展及其预测、国外主要国家农业生产结构、北方地区农业生产结构与布局综合研究 7 个专题，得出重要研究结论。提交 5 部分 49 章 70 万字研究主报告，成果图 255 幅，成果表 412 个。为"北方水资源总体规划"和南水北调受水区农业需水，提供了详尽的基础数据和科学分析结论。

第二项："中国农业生产结构与区域布局研究"（2003—2005 年），水利部全国水资源综合规划项目的课题，委托中国农业科学院主持，许越先、陈印军牵头。

水利部和国家计委提出的"全国水资源综合规划"到 2030 年，全国不同区域（流域）农业结构和布局现状及其预测，是测算分区农业需水量的基础研究，进而为水资源规划提供科学依据。研究的难点和创新点在于，以全国 3 000 多个县 1990 年至 2000 年逐年农业统计数据，套合在流域一、二、三级水资源区和五大重点农区，分别对 31 个省（市、区）及地（市）级；松花江、辽河、海河、黄河、淮河、长江、珠江、东南诸河、西南诸河、西北内陆十大流域一、二、三级水资源区；黄淮海、黄土高原、长江中下游、东北、西北绿洲五大重点农区，研究得出农林牧渔结构及主要农作物结构布局的现状及预测成果，不同类型区的最终数据要做到相互吻合。课题组织 20 多个单位 70 多名专家，分为课题总体组和 5 个子课题组 23 个专题，进行两年多深入研究，完成 120 多万字主报告，分为 5 个部分 50 章，给出了分区农业结构现状（2000 年）及 2010 年、2020 年和 2030 年预测成果。

我国中部地区农业产业结构演变及调整优化方向研究（2006 年）。是一篇指导袁璋同学完成的博士论文，论文共分十章，在分析国内外有关文献基础上，统计分析大量的农业经济统计资料，首先对 20 世纪 50 年代以来全国农业结构三次重大调整进行剖析，并对东中西部地区农业结构变化进行对比分析。重点研究中部地区农业发展在全国的地位、中部地区农业结构的现状和演变、中部地区农业结构优化方向和优化的技术措施等问题，进行全面详细的研究分析，得出重要的创新性结论，是一篇系统研究我国农业结构的优秀论文。本人对论文的选题、构思、结构框架、研究提纲等作了具体指导，并将本人农业结构研究的思路、观点和方法融入文中。本书第三篇《区域农业结构研究》的三章就是把论文第五到十章改编而成。

（四）农业科技园区研究

农业科技园区是在一定空间范围内，集中投入资金、技术、设施和智力资源，进行现代农业建设，通过核心区、示范区、辐射区层层推进，引领区域农业现代化发展。这一新生事物，于 20 世纪 90 年代前期兴起后迅猛发展，成为区域农业研究的热点问题和前沿问题，中国农业科学院的专家团队始终走在全国研究的前列。1999 年以来，本人发表多篇论文，对农业科技园区的定位、内涵、功能、类型、建设内容、发展方向等问题，提出很多新思路、新概念和新观点。"我国现代农业科技园的基本特征和发展方向"和"现代农业科技园的主要功用和进一步发展的深层次问题"两篇文章，分别是在首届和第二届全国农业科技园区论坛会上作的主题报告。"把农业科技园区建成区域农业集成创新的平台"是一篇理论性文章，对区域农业集成创新、园区集成创新功能、园区集成创新成果转化为区域农业宏观效益等问题进行理论阐述，在《农业技术经济》2004年第 2 期发表后，受到社会广泛关注。

中国农学会和中国农业科学院联合创办的"现代农业科技园区论坛"首届会议于2000 年在广州举行，每年一次年会，现在已举办 19 届，成为农业园区科技研讨和经验交流的平台，对我国现代农业科技园区健康持续发展发挥重要作用，本人直接参与论坛的创办和初期会议的设计，由许越先、陈建华、杨文治主编的首届中国农业科技园区论坛文集《中国农业科技园区建设与发展》一书，于 2001 年 2 月由中国农业出版社出版。本人于 2004 年论坛会上当选中国农学会农业科技园区分会第一届理事长。

（五）区域农业发展规划研究

区域农业发展规划，是科学指导农业发展和现代农业建设的基础性工作。多年来，本人组织中国农业科学院有关研究所专家，应地方政府和企业委托，共承担区域农业发展规划和项目可行性研究报告 30 余项。这些规划大致分为三个类型，一是都市型现代农业发展规划，如芜湖市、成都市青白江区、唐山市丰南区等地的规划；二是市域县域农业发展规划，如河南省南阳市、河北省邢台市、湖南省湘潭县、陕西省定边县的规划；三是涉农企业的农业示范园区的规划，如河北省易县示范区、山西省柳林示范区、内蒙古扎赉特旗农牧发展示范园区等的规划。

区域农业发展规划是专家科技知识和政府官员智慧相结合的产物，一个好的规划要具有科学性、超前性、针对性和可操作性，回答："做什么、怎么做、为什么这样做、做的成效如何？"等问题，做到能用、好用、会用，实现经济、生态、社会三效益的叠加。规划工作要随着国家经济社会发展，做到常做常新，与时俱进，要把握好以下几点：一是准确认识国家农业发展的阶段性任务和产业政策；二是深入了解项目区的经济社会现状；三是规划组专家最新知识的调度和集成；四是吃透委托方的指导思想和规划意图；五是做好总体设计，提出三级详细提纲，取得各方共识。在这些规划思想指导下，20多年来编制的诸多规划报告各有特色，不断创新，具有重要的应用价值和指导意义。

四、关于本书的创作

这是一部学术研究的创作集，是本人50年来原创论著的再创。所谓再创，是投入一定精力，把分散的原创作品，进行系统化的整编，形成篇、章、节的序列，带有专著特点的总体结构。从《区域农业研究》的书名看，是一部专著；加上副标题"许越先50年学术创作集"，表明是一本论文集式的再创专著。

全书共6篇、18章、96节。篇是文类，章是文系，节是文章。文章（节）都是原创，整编时对其内容没有作调整和改动，大部分是发表过的，也有一部分是未发表的，文后都注明了出处，合作文章注明了合作者的姓名。篇前的篇首语是新写的，对该篇创作的背景、意义、框架内容、主要成果和研究项目（课题）来源作了简要交代。篇（章）后的相关文献链接，是与文章有关的背景资料。

从书中可以看出：一是本人的研究项目，都是不同时期国家农业发展的重大问题、热点问题和前沿问题；二是研究思路是理论与实际相结合，定性与定量相结合，微观、中观、宏观相结合；三是研究方法是定位实验数据分析、统计数据分析、调研案例分析、比较分析等方法的针对性应用；四是研究项目的组织，往往是大兵团作战，多学科集成，处理好个人和团队的关系，调动各方面人员积极性，掌握研究节奏等问题至关重要；五是研究项目的名称不同，研究区域的空间尺度不同，完成研究任务的时间不同，但是，区域农业研究的主题基本相同，科技集成创新应用的主线贯穿始终。

学术创作是写在论文里的，也是写在大地上的。前几年再到工作过的地区看看，改造的盐碱地已变成吨粮田，沙荒地治理建成了休闲度假区，整个黄淮海平原正生机勃勃的推进着农业现代化。看到这些，作为毕生服务于农业，服务于社会的科技工作者，感到欣慰，感到幸福。

本书成书过程中，李杨、朱海波、魏虹、杨敬华、袁璋、张静、李晋男等同志，帮助做了大量工作，特此致谢！

许越先

2018年12月21日

目　录

第一篇 黄淮海平原区域农业研究

篇 首 语

黄淮海平原是黄河、淮河、海河 3 条河流冲积形成的大平原，涉及京津冀鲁豫苏皖 7 个省市 300 多个县，耕地面积约 2.9 亿亩。历史上是盐碱风沙旱涝多灾的贫困地区，20 世纪 60 年代，区内仍有盐碱地 3 000 多万亩，风沙地 3 000 多万亩，旱涝渍薄低产地 4 000 多万亩，粮食亩产只有 100 多斤（1 斤 =500 克。全书同），国家每年都要从南方调运大量粮食作为救济粮返销到这里。为了改变平原的落后面貌，国家决定对旱涝盐碱风沙和中低产地进行治理改造，扭转"南粮北调"局面。其中一项重要举措就是引导和组织科技人员投入治理开发的主战场。中国科学院地理研究所是一支非常活跃的力量，本人是其中一个坚定而很有战斗力的"战士"。

从 20 世纪 60 年代中期大学毕业到 90 年代中期离开地理研究所，本人对黄淮海平原的区域农业进行了 30 多年的研究，对治理开发各个阶段的重要科学问题，从点片面不同尺度做了比较系统的分析，得出一些很有意义的结论。这些研究工作虽然过去了几十年，但研究成果和分析数据，真实地反映了 20 世纪下半叶黄淮海平原农业面貌的变化，具有重要的文献价值。

本篇包括开篇和三章，都是本人早期的原创作品。其中第一章主要是禹城实验区点上的定位实验研究报告。第二章是鲁西北地区片上的研究成果，当时"黄淮海平原农业科技开发"被列入中国科学院重中之重项目，在李振声副院长领导下，本人是山东项目区负责人，研究成果出版 4 部论著，其中本人亲自执笔完成的部分汇集成本章节内容。第三章对黄淮海平原农业综合开发第一、二两期的开发成效做了全面分析，是国家农业开发领导小组办公室委托的咨询研究项目"黄淮海平原农业综合开发深化方向"研究报告中本人撰写的部分。开篇和相关文献链接给出了总体概念和研究的政策背景。

在 30 多年间，把一个历史上长期多灾缺粮的贫穷落后的区域，治理改造发展成全国最大的商品农业基地，这一奇迹般的变化，是在中国共产党领导下，科学引领，改造自然，发展生产，举世瞩目的伟大创举。其中包括几代科学家群体做出的贡献，在深入实际、艰苦奋斗、联合攻关长期科研实践中形成的黄淮海精神，是科技工作者的一种献身精神，也是中华民族伟大复兴历程中凝聚成的民族精神。本人作为这个群体的一员，有责任用亲身经历和研究成果告诉世人，我们这一代科技人没有辜负国家和时代的期望。

开 篇

▊ 黄淮海平原基本情况和主要的科学问题
——1982年黄淮海平原科学考察汇报提纲

由中国科学院生物学部、地学部组织的黄淮海平原科学考察组，于1982年7月12—31日，赴山东省禹城、陵县，河北省南皮、深县、衡水、南宫、曲周，河南省新乡、原阳、封丘、开封、民权、商丘13个地（县）进行了为期20天的综合考察。考察组由中国科学院地理研究所、南京土壤所、综考会、水科院水利所、国家地震局地质所、中国科学院生物学部、地学部、计划局、办公厅、政策研究室，新华社等单位18人组成，中国科学院地理研究所左大康所长任组长。

这次考察的主要目的是：实地调查黄淮海平原洪涝、干旱、盐碱、风沙等自然灾害情况；复查中国科学院过去在河南封丘，山东禹城的实验研究工作；学习兄弟单位在不同类型地区进行治理、发展生产的经验；了解农业生产现状和加速农业发展的主要科学技术问题，为黄淮海平原科技攻关任务的部署和科研选题提供参考意见。

一、黄淮海平原农业自然条件

黄淮海平原北接燕山、西靠太行山和伏牛山，东临渤海、黄海，南界淮河。包括冀鲁豫苏皖5个省和京津两个市大部分地区，耕地2.7亿亩[*]，占全国总耕地面积的18%。人口1.6亿（不包括大中城市人口），其中农业人口1.43亿，每个农业人口占有耕地1.8亩，高于全国平均水平。

黄淮海平原是我国最重要的农业区，1980年粮食总产476亿千克，占全国粮食总产量的15%，小麦和棉花产量分别占全国的39%和41%。玉米、大豆、花生和烤烟的产量都占全国总产量的1/4左右。1980年粮食亩产249千克，比全国平均水平低19%。

根据1976—1978年3年统计资料，黄淮海平原有低产县（粮食亩产低于200千克）109个，中产县（粮食亩产200~300千克）111个。中低产县的耕地面积约1.8亿亩，占平原总耕地面积的2/3。

---

[*] 1亩≈667平方米，1公顷=15亩。全书同

黄淮海平原热量资源丰富，日平均气温≥10℃的积温为 3 800~4 600℃，年平均无霜期 180~220 天，适宜多种暖温带作物生长，大部分地区可一年二熟。年日照数为 2 300~3 100 小时，太阳辐射年总量为 120~140 千卡／平方厘米，光能利用潜力很大。高温季节和多雨季节同期，作物活跃生长期内的降水量占年降水总量的 80% 以上，有利于农作物的生长发育。

黄淮海平原限制农业生产发展的自然因素，主要是旱、涝、盐、碱、风沙、土地瘠薄等问题。

降水的季节分配不均，春季降水量占年降水量的 10%，而夏季达 55%~70%，且多以暴雨形式降落，这是黄淮海平原春旱夏涝，汛期河水暴涨，洪峰流量大和春秋土壤返盐的主要原因。降水和地表径流年际变化大，多雨年与少雨年的降水量、河川径流量相差几倍，多雨季（月）与少雨季（月）可相差十几倍到几十倍，这是加重黄淮海平原洪涝干旱灾害的又一个气候因素。

由于黄河和其他河流在历史上多次决口改道和泛滥，使区内大平小不平、岗坡洼地形交替，排水不畅，极易成涝，也是盐碱土主要分布区。河流决口处和河流故道遗留着大片沙地，漏水漏肥。据估计，黄淮海平原仍有盐碱地 4 000 万亩，风沙土 3 000 万亩，砂姜黑土 3 000 万亩。克服旱涝盐碱风沙的危害，改变多灾低产的面貌，将是加速黄淮海平原农业生产发展的主要任务。

二、黄淮海平原农业生产条件的主要变化

我们这次考察先后到了四个地区：鲁西北地区、河北省黑龙港地区、豫北地区和豫东地区。考察期间，我们亲眼看到了黄淮海平原近年来发生的可喜变化。变化最快的是鲁西北地区和豫北新乡地区，河北省黑龙港地区自然条件较差，变化相对较小。

考察所到之处，各类田间作物长势很好，只要没有大的洪涝灾害，今年又将是一个丰收年景。我们深深体会到，在党的三中全会精神的指引下，由于认真贯彻落实了党的各项政策，有力地促进了农业生产的发展。此外，30 年来的农田基本建设，特别是井灌井排综合治理措施的推广应用，也发挥了重要作用。科学种田已成为广大农民群众的自觉行动。

河南封丘县和山东禹城县是中国科学院对黄淮海平原旱涝盐碱进行综合治理的实验点。1964 年，中国科学院根据熊毅等科学家的建议，确定以封丘为重点，采取点、片、面，多兵种、长期干的方针，1965 年，组织了十多个研究所，几十位科技人员，进行了调查研究，查清了该县自然资源和旱涝盐碱沙等自然灾害形成的原因，制定了"除灾增产"区划。针对不同情况，因地制宜地进行了试验研究工作。包括：盛水源大队，以井灌井排措施为主（先在这里打了 5 口"梅花井"）进行盐碱地的治理；西大村大队，

以绿肥深翻和土壤改良措施为主，进行瓦碱的治理；黄陵大队，以植物和林粮间作为主，进行防风固沙措施的研究。各基点的工作都取得了显著成绩，如盛水源大队，原来是一个盐碱地面积大、产量很低的缺粮队，治理后粮食总产由 1965 年的 3.05 万千克提高到现在的 11 万千克，增长 2.6 倍。

目前封丘县井灌面积已发展到 51.8 万亩，盐碱地由 1964 年的 50 万亩减少到 27.9 万亩，对抗旱保丰收起了很大的作用。1981 年降水量只有 291 毫米，比正常年份少了一半，粮食总产达 1.5 亿千克，比 1965 年增长 5.8 倍，全县粮食生产实现了自给有余。

禹城实验区位于鲁北平原，总面积 130 平方千米，耕地 13.9 万亩，人口 4.7 万人，建区前这里是一片涝洼盐碱地，每年春旱夏涝，不同程度盐碱地 11 万亩，占耕地面积 80%，粮食亩产仅 90 千克。1966 年国家科委组织中国科学院地理研究所、地质所、遗传所、植物所等单位以及山东省有关单位科技人员 107 人，在禹城创设了这个实验区。当时建区的指导思想是：通过井灌井排和其他水利、农林措施，综合治理旱涝盐碱，为黄淮海平原大面积低产田的改造提供科学依据和技术途径。建区后 16 年来，经过创建、维持、发展、提高几个阶段的持续努力，实验区发生了深刻变化。现在旱涝灾害基本消除，可以做到连续降雨 200 毫米不受涝，200 天无雨保丰收。盐碱地面积已由 11 万亩降至 2.17 万亩，土壤含盐量由 1974 年 0.19% 降至 0.12%，耕作层总脱盐量 4.3 万吨，平均每亩脱盐 220 千克。粮食亩产已由 90 千克提高到 329 千克，单产皮棉已达 51.5 千克，多种经营从无到有发展到 6 万多亩，在粮田面积减少到 6.8 万亩情况下，粮食总产仍不断上升，已由 1974 年 1 080 万千克提高到 2 255 万千克。过去每年由国家安排供应 150 多万千克返销粮，近几年每年向国家贡献 150 多万千克商品粮。1981 年粮棉统算共向国家贡献折合粮食 945 万千克，社员收入也有成倍增长。

三、旱涝盐碱综合治理的经验

为了学习兄弟单位在不同类型地区综合治理和发展农业生产的典型经验，我们还考察了以下 6 个实验区（点）：山东省陵县盐碱地综合治理实验区（5 000 亩，1975 年建）、河北省南皮县乌马营旱涝碱咸综合治理试验区（2.6 万亩，1974 年建）、河北省曲周旱涝碱咸综合治理实验区（8 000 亩，1974 年建，后扩大到 8 万亩再扩大到 23 万亩）、河南省商丘李庄实验区（1.5 万亩，1978 年建）、宁陵县孔集实验区（0.23 万亩，1978 年建），以及河北省深县后营大队，这些实验区（点）通过几年以至十几年的实验研究，在认识旱涝盐碱等自然灾害发生变化规律的基础上，采取了切实可行的治理措施，带动区域农业发展取得了较为明显的效果。如陵县现有有效灌溉面积 66 万亩，1981 年粮食产量达 1.9 亿千克，比 1978 年增产 3 500 万千克，皮棉增加 11.2 倍，农业总收入 2 亿多元，比 1978 年增收 3.5 倍。原阳县 1981 年粮食总产 2 亿多千克，比

1977 年增加了 0.55 亿千克，其他实验区所在县的农业生产都有不同程度发展。

根据调研分析，旱涝盐碱综合治理的基本经验可归纳为以下几点。

（一）水利工程措施和农业生物措施相结合实行综合治理

各实验区一般是在井沟渠相结合的基础上进行排、灌、平、肥、林、牧的综合治理。在地下水较好地区采取打井灌溉、压盐、降低地下水位，挖沟排水、排盐、防涝防渍。在地下水条件较差或封闭洼地一般采取机电提灌提排。加上平整土地，消除盐斑；种植绿肥，培肥地力；植树造林，建设林网；改革农业内部结构等措施，则是各实验区的共同经验。

以上几项措施可分为水利工程措施和农业生物措施两类。水利工程措施，对涝洼盐碱地的治理是必不可少的先行措施，但投资较大。农业生物措施，投资较少，可以直接增加生物量，但如林网建设往往要经过几年后才能见效。工程措施和生物措施结合起来，实行综合治理，有利于做到旱能灌，涝能排，地下水位得到控制，盐碱土得到有效改良，避免了头痛医头、脚痛医脚的片面性，取得了较好治理效果。

（二）认识自然和改造自然相结合，坚持长期实验研究

在实验区进行旱涝盐碱综合治理，一方面是结合黄淮海平原重大科学问题，开展定位实验研究，认识自然变化规律，研究各项措施的机制和治理后出现的新问题，为技术措施的应用提供理论基础，这方面工作主要是科研单位、工程部门和大专院校承担的。另一方面是改造自然的技术措施的应用，如上所述，这方面工作先是由科学技术部门提出规划设计方案，而大量具体工作是由地方上完成的。

近几年来，中国科学院地理研究所在禹城开展的土壤水盐运动的研究，南水北调及其对自然环境影响有关问题的研究，降水、地表水、土壤水和地下水四水转化的研究。南京土壤所在封丘进行的黄河背河洼地水盐运动研究、打渔张引黄灌区的土壤水盐运动研究。北京农业大学在曲周进行的季风气候条件下土壤水盐运动及其预测预报的研究。河北省水利科学研究院等单位在南皮进行的地下咸水改造和利用的研究等。都得到一些水盐运动规律及其改造利用的科研成果。为认识自然和改造自然两方面工作的结合提供了前提条件。既有利于生产的提高，又能促进科学的发展。

在考察的 8 个实验区中，创办最早的是封丘，其次是禹城。这两个由中科院分别建于 1965 年和 1966 年。其他 6 个区（点）都是 1974 年后由农业部门和水利部门创建的。这些实验工作的一条重要体会，就是要在当地领导亲自参与下，持之以恒，长期坚持，凡是长期坚持工作，有些科学上的难题也可以取得重要进展，而实验中断往往会带来重大损失。

（三）在当地政府领导下，科技人员、群众和领导干部相结合，开展多学科协作攻关

我们所到地区，大都存在多种自然灾害，当地政府和劳动人民有改变面貌的强烈愿望，在和自然灾害斗争中也积累了很多实践经验，一旦用现代科学技术武装起来，就会成为改天换地的强大力量。而科技人员只有参与这样的群众斗争，才能使自己的知识和研究成果转化为直接生产力。因此，在当地政府领导下，科技人员、群众和领导干部三结合，就成为各实验区取得成功的一条重要经验。我们考察的实验区所在县政府为了加强这方面工作，都设有专门办公室和指挥部。

由于自然灾害的多样性、自然条件的复杂性和农业生产的综合性，任何单一学科都不能将一个地区工作统包下来，只有多学科相互配合和协作攻关，才能在认识和改造自然中取得优势。封丘县的工作，先后有南京土壤所等10个研究所和河南省十几个单位的200余人参加。禹城实验区建区时，有中国科学院地理研究所等6~7个单位和山东省有关单位的107人参加，现在还有地学、农学、土肥、水利、林业等十几个专业人员进行20多项实验。参加南皮县乌马营试验工作的有10个单位。商丘实验区则是由河南的3个单位（新乡灌溉所、河南农学院、河南省农业科学院）共同承担的。

四、黄淮海平原主要的科学问题

（一）洪涝、干旱灾害及水资源合理利用问题

通过20~30年来根治海河，治理淮河和黄河的工作，以及拦蓄地表水、开采地下水等水利工程的兴建，黄淮海平原抗御洪涝和干旱的能力比过去有了很大提高。但是这些灾害的威胁并未消除，如1977年，海河平原受涝面积仍有3 000万亩。而近年来又出现连续3年的严重干旱，至7月下旬，所到之地，坑塘洼淀干枯，河水断流，地下水位大幅度下降。洪涝和干旱仍是限制这个地区农业发展极为不利的因素。

在水资源有限的情况下，地表水和地下水缺少统一管理，河流上下游之间用水不能合理调度，这就使地表水和地下水丰富的上游地区用水浪费严重，而中下游地下水开采条件不好的地区，也无地表水资源，加剧了干旱的危害。如河北省衡水地区和沧州地区缺水情况十分严重，迫使他们继续增加深井（300米以下）数量，深层承压水资源日益枯竭，水位迅速下降，地下水漏斗区面积越来越大。

（二）南水北调问题

在河北省考察期间，各地对这个问题要求强烈，呼声很高。关于南水北调我们了解的情况是：为了解决华北地区城市供水和补充农田灌溉水源的不足，1976年水电部曾提出从长江下游江都抽水站引水，沿大运河北送到天津的东线调水计划。后来，又提出从汉江的丹江口水库引水，北送到北京的中线调水设想。这两条输水干渠全长都在1 100千米以上，工程实现后，除给京津等大中城市输水外，还可增加和改善灌溉面积1.41亿亩，约占黄淮海平原耕地面积的一半。对于当今世界上少有的南水北调工程，我国的工程技术水平是完全可以胜任的，目前的问题在于：一是要投入大量资金；二是

要研究调水对自然环境的影响及其防治措施；三是要有现代化管理体制。第二个问题，地学和生物学要提前研究，做到防患于未然。

(三) 黄河和引黄灌溉问题

黄河是黄淮海平原的塑造者，在漫长的历史时期内，曾经给中华民族造过福，也曾给下游地区带来过祸害。历史上黄河决口改道达 1 500 多次，其中大改道 26 次。新中国成立后 30 多年，黄河大堤安全无损，为两岸广大平原地区的生产和安全创造了重要条件。70 年代以来，河南、山东两省劳动人民，充分利用黄河水沙资源，淤背改土、引黄灌溉，为发展灌区农业生产发挥了积极作用。1972 年、1975 年、1981 年 3 次为天津紧急供水，使这个城市水源危机有所缓和。现在黄河下游共有引黄涵闸 72 座，虹吸工程 55 处，控制灌溉面积 2 790 万亩，实灌面积 1 500 万 ~2 400 万亩，年引水量 90 亿立方米左右。

这次考察，我们先后到过山东潘庄引黄灌区和河南新乡人民胜利渠灌区，在禹城、陵县、新乡、原阳、封丘等县对黄河和引黄有关问题作了实地调查，并从封丘到开封乘船横渡黄河，对河床做了进一步察看。我们认为，以下问题应引起人们足够重视，并尽早研究出解决办法。一是黄河含有大量泥沙，河床年年淤高，现在已比堤外高出 6~8 米，洪汛季节，水位上升，高悬地面以上的河水，对两岸广大地区是严重的威胁，年复一年下去，总有一天溃堤而出，其后果不堪设想，这个问题应当提到研究日程上来，中游水土保持工作也应抓得很紧。二是引黄灌溉发展很快，但灌区管理不当，造成严重浪费。三是泥沙淤积河床和渠道，严重影响排洪排涝。四是原来井灌区，有的地方引黄废井，地下水位升高，造成部分地区次生盐碱化。

(四) 低产土壤改良和土地合理利用问题

黄淮海平原的自然条件和生产面貌虽然发生了很大变化，但仍然存在着大面积的低产田。盐碱土、沙土和砂姜黑土 3 种类型低产土达 1 亿亩，约占总耕地面积的 1/3。其中盐碱地比较普遍，五省二市皆有分布，我们考察的各县是盐碱地较为严重地区。沙土主要分布在河南新乡、开封和商丘几个地区，砂姜黑土主要分布在皖北地区，其次是苏北和豫东地区。这些低产土壤还有一个共同特点，就是土地瘠薄，肥力不足，当然，这是黄淮海平原普遍存在的一个突出问题。为了使整个大平原得到均衡发展，尽快改造低产土壤是十分重要的。

黄淮海平原土地资源和光热资源丰富，根据各地具体情况，合理开发和利用这些资源，把改造和利用结合起来，路子越走越宽。陵县利用盐碱荒地种向日葵。开封县栽种刺槐固沙，利用沙地发展果园，种植西瓜和花生。民权县在沙地上已发展了 35 000 亩葡萄园，近 1~2 年内计划扩大到 10 万亩，该县葡萄酒已远销祖国各地和出口 14 个国家，这些经验应当大力提倡。现在的问题是，要通过调查研究，进行农田生态区划，划分不同土地利用类型，因地制宜改造利用。

（五）调整农业生产结构，选育良种，防治作物病虫害问题

近年来，黄淮海平原农业生产结构已开始发生变化。变化趋势大致是：减少粮田面积，扩大棉田面积，以山东省鲁西北地区最为突出，如禹城和陵县棉田面积已占总耕地面积 40% 以上；在引黄灌溉地区，压缩旱作面积，扩大水稻面积，如河南省新乡地区；恢复和扩大花生、大豆等传统油料作物面积，如河南省商丘地区。今后农业生产结构究竟如何调整，各种作物比例关系如何确立，需考虑水土资源及国家计划进行专门研究。

在考察中，农业生产中存在另外两个重要问题：一是良种选育问题，特别是棉花、谷子、大豆等作物品种和速生树种的培育。二是作物和林带病虫害的防治问题。包括：小麦、玉米、棉花、大豆等主要作物和葡萄、苹果及其他果树高产优良品种的培育和推广；粮、棉、果、林主要病虫害防治技术；耐盐作物培育；绿肥；棉花免耕法等耕作技术的试验推广。

（六）在改造自然过程中出现的生态环境问题

由于大规模开采地下水，特别是深层地下水，黄淮海平原已出现多处地下水漏斗区，其中以沧州和衡水两大片最为严重，如果按目前的势头发展下去，深层水将被抽干，地面下沉，海水倒灌及其他生态环境灾难将随之发生。对这个问题，一方面要采取行政措施，限制深井开采数量，另一方面科研工作要跟上，要研究深层水补给规律和预测生态环境变化趋势。

由于连年干旱，海河水系各入海河道长期断流，入海口附近因潮水作用，已引起严重淤积和盐水入侵。

由于工业和城市的发展，大量废水废渣排入河道。棉花和水稻面积扩大，农药使用量成倍增加，也污染着农田和水源。

以上这些问题应当引起有关部门重视。

五、关于黄淮海平原科技攻关内容的建议

攻关选题要考虑以下原则：一是生产中的关键性问题，二是影响大局的综合性问题，三是带动学科发展的基础性课题。根据以上原则，初步提出以下选题意见。

（一）黄淮海平原农业自然条件评价和农田生态区划

包括：光、热、水、土、气、地貌等自然条件及其对农业生产的影响；分析旱涝盐碱风沙等自然灾害发生规律及地区分布；根据各地农田生态特点和农业生产现状的相似性和差异性，提出农田生态区划；按不同类型区提出控制和治理自然灾害的科学措施，建立合理农田生态结构。

（二）水分循环水量平衡及"四水"（降水、地表水、地下水、土壤水）转化的实验研究

包括：黄淮海平原地区水分循环（大气降水、降雨入渗、径流、农田蒸发和植物蒸腾等）及其物理机制；水量平衡各要素动态变化规律及计算方法；水资源四种主要存在形式相互转化关系；提出有利于农业生产的水分循环人工调控措施。

通过研究，可以为黄淮海平原水资源计算及合理开发利用、农田耗水量、节约用水及水利工程设计提供理论依据。

（三）土地资源评价、低产土壤成因分析和改良途径，以及土壤水盐运动规律和预测预报的研究

包括：盐碱地、沙地、砂姜黑土地的成因条件及改良方向；中、低产土壤肥料合理施用及微量元素施用比例；石灰性土壤磷肥的固定机制及提高磷的有效性方法；研究土壤水盐运动规律，提出预报模式；编制 1∶50 万土壤类型图、土壤肥力图、土壤改良分区图和土地利用现状图。通过研究，为黄淮海平原大面积中低产土壤的合理利用和改造提供科学依据和技术途径。

（四）水资源合理开发利用、跨流域调水的环境后效及水质污染水源保护的研究

包括：进行水资源分区，研究不同地区地表水、地下水可用量和各流域合理用水设想；研究引黄灌溉中的有关问题；论证南水北调的必要性和可行性，对调水可能引起的环境后效进行预研究并提出防治措施；调查和研究水体污染现状和水源保护措施；研究地下水大量开采中的水文地质问题。通过研究，为本地水资源的合理利用提供依据，为远距离调水提供科学论证。

（五）节水型农业和旱作农业的研究

包括：现有作物耗水量的试验；旱作优良品种选育；节水型作物的补充灌溉技术；耐旱作物的植物生理机制；农田抑制蒸发技术；农业合理结构研究。

（六）黄河问题的研究

包括：历史上黄河泛滥和改道对平原的影响；黄河水沙资源的合理利用；黄河人工改道问题；黄河中游水土流失规律和水土保持技术。

（七）农业生产结构和农业生产潜力研究

包括：黄淮海平原不同类型区种植业内部各种作物的合理比例关系；种植业与林牧副渔等各业的比例关系；农业的环境因素与生物量关系。

（八）农村能源研究

包括：风能资源、太阳能资源、地热资源、沼气资源的应用条件和利用技术。

（九）遥感技术的研究

利用遥感技术研究水的动态变化、作物产量调查及各类土壤、古河道带和古海岸带分布。

经过以上课题的研究，可以为国家提供一批研究成果和可供农业生产应用的技术成果。

在以上课题研究中，中国科学院具有明显优势和有利条件，主要表现在以下方面。

（一）科研积累的优势

20 多年来，中国科学院在黄淮海平原做了大量的工作，这些工作一方面为除灾增产做出了直接贡献，同时也带动了土壤盐渍地球化学、水文学、水文地质学等学科的发展，在研究方法上有一定积累，在科研管理上也取得了一些经验。

（二）研究人才的优势

老一辈科学家，如熊毅、黄秉维、侯学煜、席承藩等都还健在，在学术思想上仍可发挥指导作用。一批 50 多岁的学术带头人，他们身居科研第一线，担负着科研组织领导的责任。20 世纪 60 年代参加黄淮海工作的青年人员，现在成为中年业务骨干，是科研攻关的中坚力量。全院可以组织一百余人老中青结合的队伍参加这项工作，专业包括：气候、水文、水文地质、地貌、地球化学、地图、土壤、植物生理、遗传、微生物、生态、自然地理、经济地理、遥感技术、系统工程等近 20 个学科。由 3 个梯队组成的综合性的研究队伍，将充分发挥多学科多兵种的优势，成为国家攻关任务中的一支重要方面军。

（三）实验条件的优势

中国科学院在黄淮海平原的主要类型区都有实验站点，正在筹建的北京生态实验站可以代表山前冲积平原类型，山东禹城实验区可以代表河流冲积平原类型，河南封丘实验区可以代表黄河背河洼地类型，打渔张灌区则可代表滨海平原类型。这些实验站和实验区是我们定位实验和专题研究的重要基地，是实现点与面结合的一个重要方面。另外，有些研究所的实验室可以直接为黄淮海工作服务，如中国科学院地理研究所河床模拟实验区、径流模拟实验室、土壤所土壤盐分运动模拟实验等实验研究的开展，可以实现室内外结合，缩短研究周期。

（四）地学、生物学和技术科学协同攻关的优势

在攻关中地学、生物学是主力军，技术科学和数理化等方面研究有很好基础，组织他们一部分力量如系统工程、计算技术和遥感、遥控、遥测技术，参加和支援黄淮海工作，可以为攻关任务的完成提供新方法新手段和新的技术设备。

（五）同国家有关部门和地方政府协作的优势

中国科学院过去与国家有关部门和黄淮海平原所在省、市有关单位有很好的协作关

系，现在有些单位主动同我们联系，希望参加协作，今后和他们互相配合协同作战，可以共同完成攻关任务，争取早日实现黄淮海平原治理和发展的战略目标。

（本文按照考察组组长、中国科学院地理研究所左大康所长安排，许越先撰写完稿，1982年9月9日）

第一章
▓▓▓ 禹城实验区区域治理实验研究

第一节　禹城实验区的实验研究工作

禹城实验区创建于 1966 年。当时，根据党中央、国务院关于治理黄淮海平原的指示精神，国家科委组织中国科学院和山东省有关单位 107 人，共同协作会战，在原来一片涝洼盐碱地上建成了这个实验区。本人大学毕业后的第一项工作，就是参与实验区的创建，并在之后以实验区为基地断续进行长达 30 年的研究。这项研究是本人对黄淮海平原区域农业研究的起点，是点片面 3 个区域层面系统研究的基础，也是本人发展成长的园地。本章前两节是实验区总体研究和发展过程的综述性分析，中间三节是学术研究论文，第六节是实验区创建第二年，带队到实验区调研后，在地理所全所大会上的汇报发言，第七节对实验区 30 年的科技成果及其转化作的简要总结，对禹城模式、禹城经验和黄淮海精神进行概括性分析，第八节口述，详细介绍了从禹城实验区到农业科技主战场的推进过程。

一、实验区概况

实验区总面积 130 平方千米，耕地近 14 万亩，人口 4.7 万。建区前这里是"十个年头九年旱，十块地里九块碱""冬春返碱白茫茫，夏秋雨涝水汪汪"。建区时有不同程度盐碱地 11 万亩，占耕地面积 80%，粮食平均亩产仅 90 千克。

建区的指导思想是：通过井灌井排和其他水利、生物措施相结合，综合治理旱涝盐碱，改变落后面貌，提高生产水平，为黄淮海平原大面积低产田的改造提供科学依据和技术途径。

建区 16 年来，通过井灌井排、明沟排水排盐、平整土地、培肥地力，林网建设和改革农业内部结构等项措施，改善了生态环境，控制了地下水位大幅度上升和表土强烈积盐。使不同季节间水量余缺得到科学调度，当地水资源得到合理开发利用。全区已形成一个灌、排、蓄动态系统，做到旱能灌、涝能排、盐碱地得到有效改良。盐碱地面积已由 11 万亩降至 2.1 万亩，土壤含盐量由 1974 年 0.19％ 降至 0.12％，耕作层总脱盐量 4.3 万吨，平均每亩脱盐 220 千克。粮食平均亩产已达 329 千克，皮棉产量达 51.5 千克。如今的实验区里，机井星罗棋布，沟渠纵横交错，林带交织成网，农田平整成方，全区呈现一派生机勃勃的景象。

建区前一年，中国科学院地理研究所和山东省一些单位，在德州地区进行了一年的考察，当年提交 30 多万字的《德州地区旱涝碱综合治理区划报告》，为建区选点和确定科研主攻方向提供了基础资料。实验区创建初期，中国科学院地理研究所、中国科学院地质所、遗传所、植物所等单位 40 多名科技人员分工协作，互相配合，对当地自然条件和生产状况进行了实地调查，并对选区的不同方案做了比较和论证。建区方案确定后，又进行了总体规划、设计和部分项目的实施。如地质所从水文地质查勘入手，到井孔定位、井型设计、现场施工、成井配套等整套工作，一竿子到底，从 1966 年 6 月至 1967 年年底连续作业，建成了农用实验机井 330 眼和地下水动态长期观测孔 40 眼。这批机井建成后的第二年即 1968 年，遇到特大干旱，年降水量不到多年平均的 40％，由于机井发挥了应有效益，在区外大幅度减产情况下，实验区取得了丰收，对区内外群众产生了广泛影响。地下水观测孔从 1967 年起已连续积累了 15 年资料，为研究地下水动态规律和土壤盐分变化提供了宝贵的实测资料。中国科学院地理研究所对区内土壤、水文、气候等自然条件和农业结构进行了详细调查和认真分析，提出了治理和开发的专题规划意见。遗传所、植物所通过点面结合，在一些社队推广了优良品种，传授了增产技术。另外，还建立了土壤定位取样点和简易土壤、水质分析室。

1969 年后，中国科学院在禹城工作中断，但以上工作已为实验区建设奠定了基础，科学实验和科学种田的思想已在群众中深深扎根。

"文化大革命"动乱年代，禹城县的领导在困难和逆境中，将大部分项目和措施予以实施，并在省、地领导部门支持下有所发展。1974 年后，中国农业科学院等单位陆续参加实验工作，科学实验和生产建设出现了新的局面。现在，建区时制定的旱涝碱综合治理的总目标基本实现，今后的任务是建设一个高效能的农田生态系统，为黄淮海平原农业的加速发展做出新贡献。

二、中国科学院地理研究所在禹城实验区的工作

1977 年以来，中国科学院地理研究所在禹城开展了以下几项实验研究。

（一）水循环水平衡及"四水"转化的实验研究

主要研究内容包括水分循环各要素（降水、径流、入渗、地下径流、蒸发等）的动态过程、物理机制以及与自然环境的关系。对水量平衡各分量进行精确观测、系统分析

和定量计算，研究大气降水、地表水、地下水、土壤水四种水资源存在形式之间的转化关系，加强对农业生产有直接意义的土壤水和农田蒸发的研究。通过这些研究，可以为人类定向改造自然、控制水热条件、合理开发水资源提供科学依据，为区域水资源余缺状况的分析和评价提供计算方法。研究成果对黄淮海平原地表水和地下水量的估算、南水北调必要性和可行性论证、农田生态结构调整和农田供水标准制定具有应用价值。

为了完成这项研究计划，我们在原实验区内选定了 5 平方千米的水平衡小区。小区是地表水闭合的小流域，出口断面设测流点，以控制地表径流量及出流过程，区内设 1 处蒸发观测场、4 个雨量点和 12 处土壤水分观测点，小区四周布置 4 排地下水观测孔，连同区内地下水孔区 53 眼，小区内 46 眼农用灌溉机井开采量定期调查计算。

（二）蒸发实验研究

蒸发是水循环过程中的重要环节，是水量平衡计算中的重要一项。对流域水文计算、农田作物需水量的推求、土壤盐渍化的防治以及地区自然环境的评价，蒸发数据都是必不可少的，因此引起国内外很多学者的广泛重视。考虑到我国这方面的工作比较薄弱，而 20 世纪 60 年代我们在德州又曾进行过几年的蒸发实验观测，在人员仪器设备上有一定基础。因而决定在禹城重新建设一个比较配套的蒸发实验观测场，将器测法、水量平衡法、热量平衡法和空气动力学法四种观测蒸发的方法同时应用，以便比较验证。

目前已经安装 3 台农田蒸发器，一台 20 平方米水面蒸发池和美国 A 级蒸发器，另外还有自动供水蒸发器和各种小口径蒸发器，年底将建成高度为 64 米的铁塔，观测不同高度气象要素变化，用动力学法对蒸发进行理论研究。

（三）土壤水盐动态变化及盐碱土综合治理研究

禹城地区是个低矿化水重盐碱地区，虽经各项措施改良取得明显效果，但在治理过程中又不断出现新的现象新的问题。针对这些情况我们主要进行以下几方面的研究：土壤盐分动态变化及其与水分循环各要素变化的关系；综合治理及各分项措施治理盐碱土的效果和机制；灌溉渠、排水沟、拦河大闸等水利工程对土壤盐分变化的影响。通过研究找出土壤积盐、淋溶等过程与影响因子之间的定量关系，分析土壤次生盐渍化发生规律并提出防治措施。从理论与实践的结合上对过去行之有效的技术措施和经验进行系统总结，有利于因地制宜地加以推广。为此在全区不同类型地段设土壤定位取样点并附地下水位孔 17 处，水质取样点 15 处。

（四）南水北调对自然环境影响有关问题的实验研究

南水北调是我国大规模改造自然的宏伟工程。东线和中线输水线路全长都在 1 100 千米以上，实现后将贯穿江、淮、黄、海四大水系，除供给华北地区大、中城市用水外，还将增加和改善灌溉面积 1.41 亿亩。这类远距离大规模调水，必然改变调水地区水文情势，给黄淮海平原自然环境带来各种影响。这方面的研究工作，对可能的影响提出科学的防范措施是十分必要的。禹城实验区对调水后效有关问题的野外实验具有很好条件，例如曾向天津输水的藩庄引黄灌溉总渠从实验区西界穿过，可以用作南水北调输水干渠对两侧侧渗影响的模拟。我们已在渠道一侧布置了地下水和土壤盐分观测点。另外，在区内还对灌溉和非灌溉地进行辐射平衡和其他气候要素对比观测，以研究调水对气候的影响。结合蒸发观测，我们还开展了作物需水规律研究，以便为南水北调合理供水提供基础资料。

（五）农业结构研究

在旱涝盐碱综合治理基础上，建立不同地域类型的农业生产合理结构，是因地制宜指导农业生产的一个重要组成部分。主要研究内容是：不同类型农作物合理布局；不同地域类型农林牧副渔合理结构；探讨农业增产途径及关键性措施的应用。

（六）遥测技术应用研究

禹城实验区面积较大，项目较多，为了准确、可靠、同步地获取各项实验数据，便于对大量数据进行及时处理和分类存贮，在蒸发观测场和水平衡小区，安装了遥测系统。这套系统包括微处理机、有线和无线通道、遥测终端和各种传感器。可以对区内温度、湿度、风速、风向、雨量、辐射、蒸发、地表水、地下水、土壤水、地表径流等几十个项目，几百个点位进行多次的、重复的、同步的、随机的观测。遥测技术的应用，为地学野外观测提供了最新技术手段。

我们在禹城的研究项目，预计在今后几年将为黄淮海平原的综合治理提供部分成果。目前，单项实验已得到一些初步结果，如小麦、玉米等作物生长期内的需水量，不同季节田间凝结水量，实验区内光能利用率，地下水的降雨入渗补给系数，土壤盐分的季节变化特征，夏雨淋溶强度与秋季土壤返盐关系，春季地下水位埋深与春季土壤返盐关系，控制表土返盐的地下水安全埋深值等。这些初步结果，对水资源变化和计算以及土壤水盐运动的认识有一定理论意义和实际意义。

三、关于加强农业高产技术研究的问题

中国科学院地理研究所每年到实验区工作的有 15~16 人，其中高研 2 人，初研 3 人，其他大部分是中级人员。这些人任务重、时间紧、事务多。一般每人都身兼 2~3 项任务，随着实验项目的增多，日常观测、资料整理、仪器维修和遥测系统的管理工作量越来越大，需要固定专人负责。现在，黄淮海任务已确定为全院攻关项目，实验区今后还将有进一步发展，有可能成为全院地学生物学综合实验研究基地。

现代农业的发展，必须同时考虑三个方面的问题。其一，是农业自然条件研究，重点研究水、土、光、热、气、地貌诸项自然因素变化规律、成灾条件及其与农业生产的关系，并探讨改造、利用、调节、控制的途径，这方面工作一般以地学和工程学为主，

其他学科配合。其二，是农业增产技术研究，重点研究地力培肥、良种选育、耕作方法、田间管理、病虫防治、农业结构、种植制度等，这方面工作一般以生物学和农学为主，其他学科配合。其三，农业社会经济条件研究，重点研究所有制关系、农村政策、经营管理、劳动组合、农机化肥和其他生产资料供应能力、农产品加工和销售渠道等，这方面工作一般属社会科学研究范畴。

中央领导同志讲，"农业生产一靠政策二靠科学、政策也是科学"。我们理解其基本含义就是上面分析的这三个方面。而政策问题更多的包括第三方面内容，自然科学更多的包括第一、第二两方面内容。对于任何一个农业地区和农业单位，都必须抓好这三个环节，因为它们是各有侧重，互相不能代替。而对中国科学院的研究工作来讲，重点则是前两个方面。

很多事实说明，由低产变中产可以靠改变不利的自然条件来实现，由中产变高产一定要有农业高产技术的配合。黄淮海平原粮食平均亩产已达249千克，大部分地区已处于中产水平，今后这些地区面临着由中产向高产的过渡，实验点的农业高产技术研究应当有充分的准备和积累。从禹城实验区的现状看，党的三中全会后，农村各项政策得到贯彻落实，社会经济十分有利，农业自然条件研究也有一定基础。比较薄弱的是农业高产技术研究。今后要将实验区建成高效能农田生态系统必须要加强这方面工作。生物学研究能够以自己专长在那里发挥重大作用，从而为黄淮海平原农业全面发展做出贡献。

（本文是许越先受中国科学院地理研究所领导委托拟稿，报中国科学院领导的汇报材料，1982年9月）

第二节　禹城实验区旱涝碱综合治理研究

一、建区前后的主要变化和治理效益

禹城旱涝碱综合治理实验区位于县城西南部，新、老赵牛河之间，总面积130平方千米，耕地13.9万亩。建区前这里是一片涝洼盐碱地，春旱夏涝，不同程度盐碱地11万亩，占耕地面积80%，其中耕层含盐量0.1%~0.3%的轻盐碱地3.8万亩，0.3%~0.6%的中度盐碱地4万亩，0.6%以上的重盐碱地3.2万亩。由于旱涝盐碱的危害，农业生产低而不稳，粮食亩产仅90千克。

这个实验区是我国建设较早的一个大型综合治理实验区。1966年春，国家科委原副主任范长江同志，组织中国科学院和山东省有关单位107人，来到禹城协作会战，创

设了这个实验区。当时建区的指导思想是：通过机井和其他水利、农林措施，对旱涝碱三大自然灾害进行综合治理，改变落后面貌，提高生产水平，为黄淮海平原大面积低产田的改造提供科学依据和技术途径。经过多年持续努力，这些目标已经实现。区内自然条件和生产面貌发生了深刻变化，产生了较大效益，为同类地区农业发展提供了示范和经验。

（一）盐碱土面积大幅度减少，盐碱危害明显减轻

根据区内 11 个定位取土点资料，逐年 6 月耕层含盐量，1974 年平均为 0.214%，1977 年减少到 0.130%，耕作层平均每亩脱盐 220 千克。1977 年以后，盐碱土治理效果稳定保持下来，大多数年份，耕层含盐量一般在 0.130% 以下，如 1980 年为 0.121%，1981 年为 0.128%，1986 年为 0.112%，1988 年为 0.123%。由于区内土壤含盐量的降低，盐碱危害明显减轻。1980 年盐碱地面积由 11 万亩减少到 2.17 万亩，中度和重盐碱地由 7.2 万亩减少到只有 0.4 万亩。

（二）地下水位得到控制，旱涝灾害基本消除

根据区内 20 眼地下水长期观测孔资料，1974 年以来强烈返盐期 3—6 月地下水埋深平均为 2.28~2.48 米，基本控制在临界深度以下，为土壤脱盐和防治雨季涝灾创造了条件。

建区前几乎每年都要发生春旱夏涝。严重旱涝隔几年就有一次，例如 1963 年 8 月，最大日降水量，155 毫米，受涝面积 10 万亩；1964 年 8 月最大日雨量 102 毫米，受灾面积 7.5 万亩。经治理后，现在可以做到连续降雨 200 毫米不受涝，200 天无雨保丰收。例如 1976 年 8 月最大日雨量 131 毫米，由于全区排水系统发挥了应有效益，粮食年产量增长 17%；1968 年全年降雨仅 239 毫米，只有多年平均雨量的 40%，是有气象资料记载 30 年中降水最少的一年，当时初建 330 眼机井，连续抽灌 8 个多月，在全县普遍严重减产情况下，实验区未减产；1975 年 1—6 月降水仅 83 毫米，当时 600 多眼机井抽灌 150 多天，在严重春旱年份夺得了夏粮丰收；1988 年 7 月下旬至 9 月中旬 60 天降水量只有 12.7 毫米，在严重伏旱的情况下又取得了秋粮的丰收。

（三）粮食产量稳定上升，农业生产持续发展

建区时的 1966 年，全年粮食平均亩产只有 90 千克，1974 年提高到 130 千克，1981 年为 337 千克，1984 年为 550 千克，1987 年为 625 千克，1989 年达 756 千克，是建区时的 8.4 倍。原来的多灾低产区，现已成为农业高产区。

在粮食产量持续上升的同时，多种经营也从无到有发展起来。例如利用路旁、沟坡、盐荒闲散土地种树造林；根据本地气候和土壤特点发展果树；针对盐碱地的开发利用，大面积引种油料作物并逐步扩种棉花、红麻等经济作物。新种用材树 400 万株，种植灌木 250 万墩，发展果园 5 000 余亩，油料和棉麻等经济作物已达 5 万余亩。另外，

农业机械、家庭副业和淡水养殖业也有较大发展。

二、综合治理的技术措施

根据实验区的自然条件和具体情况，采取综合治理方针，这些措施概括起来，就是井、沟、平、肥、林5个字。

（一）井灌井排

这是实验区采取的一项重大技术措施。建区开始，对区内水文地质条件进行了勘测和普查，并按照合理布局、中深井结合、分期分批发展的原则，制定了机井建设规划。至70年代后期，已建成机井1 050眼，大部分为50~60米浅井，100米左右中深井只有70眼。全区平均120亩地有一眼井。

机井在旱涝碱综合治理中的主要作用：一是抽取地下水灌溉农田，既可抗旱又可压盐；二是降低地下水位，减少潜水蒸发，减轻土壤返盐；三是腾出地下库容，增加降雨入渗，有利于增强雨季盐分淋溶和汛期防涝防渍。3个作用的关键是控制和降低地下水位。

区内地下水的开采，因各年旱情的不同，抽水量相差较大。1975—1983年每年全区总抽水量为1 000万~2 000万立方米，因开采可使地下水降低1.0~1.5米。机井利用率高的可达80%，低的仅30%。利用最好的机井，一年可抽水64 213万立方米。之后几年区内发展引黄灌溉，机井利用率大幅度降低，但井灌井排在旱涝碱综合治理中已发挥了重要作用，并奠定了农田生态系统良性循环和农业高产发展的基础。

（二）明沟排水排盐

实验区排水排盐工程的设计，主要根据当地1964年雨型，并考虑农田园林化的要求，参照不同土质和地下水深浅等因素，采取深浅结合，分片排水，统一规划，分期实施的方案。全区有骨干排水河道3条，支沟14条，长61千米，沟深3.0~3.5米，间距2 000米。斗沟80条，长135千米，沟深2.0~3.0米，间距1 000米。农沟206条，长155千米，沟深1.5~2.5米，间距500米。毛沟（条田沟）3 660条，长806千米，沟深1.0米，间距100米。这个由五级排水沟形成全面配套的完整排水系统，总计有排水沟4 166条，共开挖土方1 200万立方米。明沟的主要作用是排水除涝，在排水的同时可将溶解的盐分带出区外，并将雨后较高的地下水位降低，减少盐分向表层累积。明沟排盐是以一定的降水量和径流量为前提条件。禹城地区降雨多集中于7—8月，并多以暴雨形式出现。这段时间土壤盐分被反复淋洗，明沟排水排盐效果十分明显。但其他季节或在降水量较少的年份，沟内流量很小，甚至没有径流，排盐作用不大。例如1978年雨季测得径流深27毫米，平均每亩排盐量12.3千克，1979年雨季测得径流深7毫米，平均每亩排盐量2.1千克，1980年雨季测得径流深5毫米，平均每亩排盐量1.1千克。

明沟对地下水和土壤盐分的影响，随着沟的深浅和离沟的远近而有不同的情况。一般深沟影响范围大，浅沟影响范围少。据山东省根治海河指挥部观测，水位低于地面4~5米的河沟，单侧影响范围可达500~900米，水位低于地面2.5米左右的沟道，单侧影响范围200米左右。

（三）平整土地，消除盐斑

在盐碱化地区，农田中的小块高地，灌溉时往往出露于明水以上。在大气降水到达地面后，雨水多从高地部位流向四周。因此，地表水入渗补给土壤水和地下水较少，盐分随水分向下淋溶亦比四周少。而地下水的流动方向恰相反，每次降水和灌溉后，因高地部位的入渗补给量比周围少，土壤水分含量和地下水位相对较低，在一个短时间内，必然接受来自四周的水平补给，致使溶解的盐分不断向高地部位集中。从小气候条件看，高地部位受风、光影响大，土壤水分蒸发量相对较大，表土盐分累积较快。"水往低处流、盐往高处行"，在农田微高地部位年复一年发生的盐分富集过程，是形成盐斑的主要原因。平整土地，改变了原来高地部位局部水循环方向，消除了盐分富集的地形条件，是治理盐碱土的一项基础工作。禹城实验区共平掉大小盐岗7 000多处，搬动土方250万立方米，平整面积达4万多亩。这项措施对保持全区均衡脱盐发挥了很大作用，并且有利于耕作、灌溉和排水。

（四）培肥地力，减轻盐害

土壤瘠薄是造成土壤板结和严重返盐的重要原因之一。禹城实验区原来土壤肥力较低，有机质含量一般在0.5%~0.6%，水解氮30~40毫克/千克，速效磷含量大都低于5毫克/千克。为了改变这种状况，实验区一方面增施氮肥，磷肥和各种有机肥料；另一方面扩大种植绿肥，20世纪70年代每年种田菁、苕子、柽麻、紫穗槐等绿肥3万余亩，占粮田面积40%左右。培肥地力，增加土壤有机质，能够改良土壤结构，改变固相、液相、气相三相比例关系，增加土壤孔隙，提高蓄纳水分能力，使地表水入渗和水盐下行量增加，水分蒸发和水盐上行量减弱，是盐碱土改良的一项较为稳定的措施，并且可以直接提高农业产量。

（五）植树造林，改善生态环境，提高生物改盐能力

植树造林，营造农田林网，能够减少蒸发，增加空气湿度，改善农田生态环境。通过林木蒸腾，又可以降低地下水位，控制土壤返盐，促进土壤脱盐。据山东省林科所观测，林网内比无林区平均风速降低21%~37%，气温平均低0.7~0.9℃，相对湿度平均增加5%~15%，水面蒸发量减少11%~18%，5年生到8年生柳树和八里庄杨树，单株年蒸腾水量8~9立方米，11行林带每千米每年排水量约5万立方米，林带地下水位比附近农田平均降低0.14米左右，单侧影响范围可达70~80米。实验区的农田林网规划，主要是结合排水工程和道路建设布局，林带实行乔灌混植。全区已有9万多亩土地

形成林网化，地面覆盖已由原来 3% 上升到 18%。这项措施大大提高了区内生物排水能力和改盐能力。

禹城实验区采取的综合治理措施，是建立在认识自然规律的基础上的。禹城地区和黄淮海平原其他地区一样，受季风气候影响，降水量和蒸发量每年都明显地发生周期性变化。因此土壤脱盐、积盐每年亦有明显的季节变化。7—8 月降水集中，降水量大于蒸发量，土壤盐分以淋溶脱盐为主；9—12 月降水减少，蒸发增加，土壤盐分逐渐向表层累积；1—2 月表土冻结、土壤盐分变化不大；3—6 月降水很少，蒸发强烈，是土壤主要积盐期。盐碱土改良的关键是降低春秋两个自然积盐期土壤含盐量和增强夏季降水淋溶能力。各项措施各有特点，只能从某一方面影响土壤盐分运动，如井灌井排对降低春季返盐效果明显，明沟排水可增强夏雨淋溶作用并延缓秋季返盐时间，平整土地能够消除积盐的地形条件，培肥地力可改变土壤结构减少表土积盐，植树造林则是一项生物排水措施。所谓综合治理就是将各项措施互相配合和综合运用，对土壤返盐的外部条件和内部因素进行较为全面地控制，使不同季节土壤含盐量得到普遍降低，从而在较大面积上，较短时间内，取得较为稳定的效果。

三、实验区建设发展过程

禹城实验区自 1966 年建区已 25 年。回过头来看看这漫长而曲折的道路，从正面和反面做一总结，介绍一下人们的主观愿望见之于客观的某些过程是很有意义的。下面将实验区建设和发展分为 4 个阶段，分别加以说明。

第一阶段从 1966—1969 年为创建阶段。在这段时间内，国家科委原副主任范长江同志组织国家科委、中国科学院、山东省、地、县等 20 多个单位进行协作会战，成立了中国共产党禹城井灌井排旱涝碱综合治理实验区工作委员会"（简称工委）。在工委领导下，第一步先搞调查研究，野外勘探，选区布点。第二步制定建区规划，确定分期分项实施步骤。第三步由领导干部、科技人员和群众三结合实施技术措施。从 1966 年 5 月至 1967 年年底，机井、水利、农业、林网等各项规划都制定出来，对土壤和农业结构作了初步调查，打实验机井 330 眼，布置地下水长期观测孔 40 余眼，设立了土壤分析室，并开始推广绿肥和优良品种。

第二阶段从 1970—1974 年为坚持阶段。在这段时间内，因各方面干扰，建区的长期规划被迫停顿，县外各单位科技人员陆续被召回。由于禹城县领导和群众的重视，在这样困难情况下，县里仍派有少数人维持现状，并开展一些必不可少的实验工作，如坚持观测地下水位变化，坚持对土壤盐分进行定位监测，并把建区时取得的各项技术资料完整地保存下来。

在这个阶段的后期，实验区走过了一段弯路。1972 年潘庄引黄总干渠开始放水，这条干渠从实验区西部边界经过，区内另有 2 条分干渠引水。由于大量引用渠水，停用井水，排水沟分段堵截蓄水，地下水位迅速回升，至 1974 年下半年地下水埋深一直维持在 1.5~2.0 米。这样又大大加重了盐碱的危害，粮食产量有所下降。

第三阶段从 1975—1978 年为发展阶段。在这段时间内，禹城县委统一了思想认识，加强了对实验区的领导，成立了改碱实验区指挥部。在技术措施上，总结了正反两个方面经验，肯定了原来建区时的指导思想，正式提出"井、沟、平、肥、林"五项措施。这个时期，得到了国家科委、省科委和地区科委的有力支持。中国科学院、中国农业科学院、山东省根治海河指挥部、山东省林业科学研究所、山东农学院等单位来到或重返实验区，从科研和技术上给予有力地配合。经过 3 年多的努力，各项措施基本完成，旱涝碱得到有效的控制，粮食产量每年以 17% 的速度递增。

第四阶段从 1979—1985 年属提高阶段。在这段时间内，实验区经过各项技术措施治理，改造旱、涝、碱的目标基本实现，面临新的问题是如何将治理效果稳定下来，建立现代化的高产农田。

在此阶段，科学实验研究工作全面展开，1983 年中国科学院和中国农业科学院相继建立了试验站。各单位在实验区内布设的各类科研项目 20 多项，其中主要项目有：水循环水平衡实验研究；土壤盐分动态和不同措施改良机理研究；蒸发实验研究；引黄灌渠、排水沟、河闸等水利工程对地下水和土壤盐分影响实验研究；培肥地力，水肥盐平衡实验研究；农田林网效益研究；农田灌溉、作物需水、农田化学覆盖实验研究；遥测、遥感技术应用研究等。重大的实验设施有：水盐动态模拟实验室，气象观测场，蒸发观测场、温室、网室、遥测控制室等，全区设有综合和专业地下水观测孔 170 多眼，地表水测流点 2 处，土壤定位取土点 50 多处。这些设施再加上灌溉、林业、土肥、降雨入渗等实验，使全区形成了 3 个实验系统，即全区综合实验系统、5 平方千米小区水量平衡实验系统和专业实验场系统。3 个系统各有重点又相互联系，实际上已发展为地学、生物学基础研究和应用研究的综合实验基地。这个研究基地正在为认识和改造黄淮海平原，分析区内自然规律提供研究成果。

1985 年以后，禹城实验区由原来 13.9 万亩扩大到 33 万亩，治理开发内容由旱涝盐碱综合治理为重点转移为风沙地、低湿洼地和重盐碱荒地治理为重点，标志实验区进入了一个新的发展时期，即"一片三洼"治理开发时期。这个时期，通过国家重点攻关项目的带动，取得了若干配套技术成果和重大经济效益，其中主要成果：一是在 1.64 万亩的沙河洼风沙地上，建成 2 000 亩高标准治理开发示范样板，通过适当的农林牧比例和工程措施与生物措施相结合，实行固沙造林，风沙育草和发展经济林等途径，初步控制了风沙危害，并治理成良田。二是在 5 600 亩季节性积水洼地（辛店洼）建成 1 000 亩塘田系统治理开发示范样板，形成了鱼塘—台田生态工程配置技术、鱼种培育技术，成鱼养殖技术和湿生植物栽培技术等配套技术，取得了显著生态效益和经济效益。三是在 2.7 万亩重盐碱地（北邱洼）建成 2 000 亩治理开发示范样板，通过完善排灌系统、营造农田林网、实施农田覆盖、推行良种良法和强灌强排等技术，使重盐碱地快速脱盐，用一两年时间，盐荒地即改造为全年亩产粮食 500 千克的良田。

四、实验区建设和发展的基本经验

禹城实验区面积大，建区时间长，效果显著。技术成果和生产发展是与领导管理工作分不开的，认真总结这方面的经验同样是很有意义的。

（一）选点要认真慎重，实验研究要持之以恒

建立定位实验站和实验区，直接从自然界获取各种自然要素的信息，是地学、生物学研究的一个重要手段。建区时间越长，积累的资料越多，研究和推广应用的价值就越高。

要做到这一点，建区选点工作是很关键的。禹城实验区在选点时比较慎重，建区前的 1965 年，中国科学院地理研究所和山东省有关单位在德州专区进行了一年的考察，当年提交了 30 多万字的"德州专区旱涝碱综合治理区划报告"。根据面上的调查结果，禹城的自然条件和生产状况，在鲁北地区以至黄淮海平原都有一定的代表性。1966 年 3 月，协作攻关队伍来到禹城后，在全县范围内又进行了 2 个多月的普查，通过几个方案的比较和论证，最后选定这个实验区。

"持之以恒"是做好任何事情的一条原则，对科学实验来讲显得尤为重要。禹城实验区成功的珍贵经验之一就在于坚持。能不能在困难和逆境中将已开创的事业坚持下来，决定的因素在于领导者和组织者的思想、气质和对待事物的科学态度。1966 年前，在黄淮海平原曾建过许多实验站，其中不少站点没有坚持下来。而禹城县的领导同志却在十年动荡的逆境中将这个实验区坚持办下来，并赢得了以后的新发展，这种远见卓识的思想应当在黄淮海平原农业开发过程中加以提倡和发扬。

（二）加强领导，实行两个"三结合"

禹城实验区有很多单位参加协作，加强领导是很重要的。禹城县委和政府在这方面做了大量的工作。建区初期，县委派一名副书记领导工委工作，1975 年以后，一直有一位常委和副县长主管。这样，各乡之间的协调，各单位之间的协调就比较顺利，各项措施贯彻比较得力。加强领导不但表现在组织形式上，而且还表现在领导同志学科学用科学的实际行动中，他们对科学实验十分重视，对新技术、新方法的推广特别热心，还经常去有关科研单位和高等院校登门拜访，组织驻点科技人员开办专题讲座，他们同科技人员不仅有共同的思想，同时有共同的技术语言，对实验工作也看得远、看得准、看得透。

禹城实验区实行两个"三结合"，第一个是领导干部、科技人员和群众相结合；第二是点、片、面相结合。在"三结合"方针指导下，全区按不同类型分成若干片，实验区本身还有一个中心实验小区，一些新的农业增产技术首先在实验小区内试验，然后再推广，这样，农业新技术的推广较为稳妥，技术措施的实施较有成效。

（三）多学科协同攻关，实验内容不断充实更新

旱涝盐碱灾害是多种因素造成的，综合治理需要多部门多学科的协同努力，任何一个部门都不可能把如此复杂的研究内容统包下来。参加实验区工作的单位从不同的角度研究实验区面临的主要问题而又能够结合自己的研究方向，对生产和科研都是有利的。

旱涝盐碱等不利自然因素，曾引起人们改造这种不利自然因素的兴趣，当改造任务取得初步成功后，很多新课题，例如旱涝碱发生的规律、各项措施的治理根据、高产更高产技术、引黄灌溉可能引起的问题等，又摆在人们的面前，要求科学研究做出解释和得出科学结论，从而使禹城实验区不断推出自己新的研究成果。

（本文原载《鲁西北平原开发治理与农业新技术研究》，科学出版社，1994年）

第三节　禹城实验区水循环水平衡实验研究设计方案

一、目的意义

水是自然界中最为活跃的物质，它的活动范围广，交换速度快，而且伴随着能量的贮藏、交换和输送。水在太阳能和本身重力作用下进行连续的循环运动，积极参与自然界各种物理的、化学的和生物的过程，引起自然环境一系列变化，给人类生产和生活带来深刻影响。研究水循环过程及其在地理环境中的作用，可以加深对地表形态变化、人类环境演变、生物圈形成以及区域分异的理论认识，为人类能动地控制水热条件，合理开发利用水资源，定向地改造自然，提供科学依据。

水量平衡的研究可以确定水循环各要素包括降水、蒸发、径流、入渗、地下水、土壤水、植物水等项之间的数量关系，揭示各要素时空变化及相互转化规律，评价一个地区水资源余缺情况和供需状况。

禹城实验区位于山东省北部禹城县内，其自然条件在黄淮海平原的河流冲积带有一定代表性。为了对水平衡各分量进行精确观测和系统分析，探求当地水循环的天然过程和人工控制后的变化规律，为了对南水北调及地理学一些理论问题进行深入研究，为了联系实际研究土壤中盐分运动规律及其治理措施，在禹城建设一个以研究水循环水平衡为主的地理学综合研究基地是必要的。

通过实验研究，预期解决以下主要问题：一是当地水循环过程以及同自然环境的关系；二是平原地区水量平衡、农田供需平衡、热水平衡的计算方法；三是土壤盐分运动规律及盐碱土治理措施。在此基础上，为南水北调地区水资源的估算和调水后效问题的预测提供理论依据和计算方法，为黄淮海平原旱涝碱综合治理提供科学资料和技术途径。

二、国外研究情况

从 20 世纪 60 年代起，国外在水循环水平衡实验研究方面取得了很大进展，由于计算机问世和自动化手段的应用，可以最有效地测定水循环过程并能快速传递信息、处理数据，建立水循环模型。至 70 年代中期，世界各国已有代表性和实验性流域近千处，其中美国约 300 处，苏联约 200 处，其面积大小不一，但多数是 3~5 平方千米。在这些站上进行水循环各要素的观测研究，为揭露水文现象基本规律提供实验数据。1974 年"国际水文 10 年成果和今后水文合作计划"会议确定今后重点研究的 8 个专题中，水循环、水平衡、代表性流域和实验性流域是其中 3 个专题。会议文件认为"代表性流域和实验性流域在许多方面具有很大价值，它包括水平衡和水资源研究，以及新的量测和计算技术的发展，同时也是研究人类对水循环影响以及生态体系研究的很合适的工具。今后国际水文合作计划将在这方面给予优先"。由此可见国外的重视程度。

三、重点研究内容

（一）5 平方千米小区水分循环水量平衡实验研究

1. 降水、径流过程及变化规律，平原地区降水—径流关系

2. 地下水补给、蒸发、流动、开采及动态变化，地下水资源评价

3. 土壤水分运动及其与植物生长关系

4. 蒸发

5. 水分循环过程和水量平衡分析计算

（二）蒸发实验研究

1. 应用器测法、水量平衡法、热量平衡法、空气动力学法进行陆面蒸发的观测实验，探讨蒸发的计算方法

2. 不同下垫面条件下（包括不同作物灌溉地和非灌溉地）蒸发规律研究

3. 农田辐射平衡、热量平衡的观测和计算

（三）南水北调后效预测的实验研究

1. 农田灌溉试验

2. 地表水（河、渠、沟）与地下水交换关系

3. 渠道输水与灌溉对土壤盐渍化的影响

4. 引水灌溉的水文效应和气候效应

5. 灌溉条件下的土地利用及农业结构

（四）土壤盐分运动及盐碱土治理

1. 水分循环与土壤盐分运动

2. 人类影响（包括水利工程和农林措施）下土壤盐分运动特征

3. 盐碱土不同改良措施的效果和作用

4. 耕层土壤盐分变化预测

（五）野外遥测系统应用研究

以微处理机组成的遥测系统包括各种传感器、A/D 转换、遥测终端、有线和无线通道、遥测控制端、TRS–80 微处理机，最大容量可接 2 400 个传感器。禹城实验区遥测系统，将对辐射、蒸发、雨量、地表水、地下水、土壤水、土壤盐分以及风速、风向、温度、湿度等气象要素进行多点遥测。1981 年 6 月，对六个项目遥测试验初获成功，1982 年已扩大到 120 个点位，需要在应用中研究完善。

四、实验布置和技术路线

全部项目分为三个实验系统。

（一）全区综合实验系统

禹城实验区总面积 130 平方千米，耕地近 14 万亩，四周为河道环绕，西部边界还有潘庄引黄总干渠通过。全区综合实验重点是研究地表水与地下水交换关系，地下水及土壤盐分动态变化，引水的水文效应和气候效应。实验项目包括：控制全区地下水动态变化的观测孔 46 眼，河渠沟及大闸上下地下水观测排孔 6 排（80 眼），土壤盐分和土壤水分取土点 17 个，水质取样点 20 处，雨量点 5 个。

（二）水量平衡小区实验系统

水量平衡小区位于实验区中部南北庄附近，面积 5 平方千米，四周以沟为界，为地表水封闭区。小区实验重点是研究水分循环过程和水量平衡要素变化。实验项目包括雨量点 6 处，地表水测流点 2 处，土壤水分定位观测点 3 处（每处 10 层），土壤水分采样点 12 个，地下水观测孔 50 眼（包括 3 排小孔），抽水机井 40 眼。

（三）实验场系统

实验场两处总计占地 60 亩，重点应用各种方法进行蒸发实验研究，土壤水分和土壤盐分运动实验研究，降雨入渗和灌溉实验研究以及遥感技术应用研究。实验项目包括：80 米高塔测试系统、水力蒸发器、土壤测渗仪、20 平方米水面蒸发池、自动供水蒸发器、降雨入渗模拟实验、灌溉实验、土壤水盐动态试验及气象观测等项目。

在实验场内安装铁塔的主要目的是为了对蒸发研究的不同方法进行对比，而空气动力学法需要进行梯度观测，用以收集近地面气象要素特别是水汽量、热量、CO_2 含量等要素的垂直分布资料。铁塔布置 11 个梯度测量，16 米以下 7 个高度，安装气象要素梯度观测仪等仪器，16 米以上 4 个高度，安装超生风速温度测量仪及其他常规观测温度及风向、风速仪器。

为了进行多次地、重点地、同步地、随机的观测，准确、可靠、迅速地获取诸项实验的量值，便于对大量资料进行及时处理和分类存贮，实验场系统和小区水平衡系统大部分项目采用自动遥测系统，并分两期予以实施。全区综合实验系统及小区内条件不成熟的观测项目仍用人工观测。

五、已有的工作基础和今后进度要求

禹城实验区最早创建于 1966 年，中国科学院地理研究所和其他兄弟单位参加了奠基和筹建工作。

1969 年因"文化大革命"被迫停顿，1977 年我们又重返试验区。目前有些仪器已安装、调试和观测。至 1981 年底，全区综合实验系统的所有项目，小区水平衡系统的大部分项目和实验场的项目都已布置。地下水资料和土壤盐分资料有 8 年以上记录，其他项目也有 3 年观测资料。今后再用二年时间，重点布置实验场的项目和小区的配套项目，如铁塔、蒸发器和蒸渗仪的安装，灌溉试验、土壤水分试验及小区地表水测试项目的布置，大致到 1983 年年底，可以全部完成。

（本文是许越先起草的课题申报材料，1981 年年底）

第四节　禹城实验区地下水动态与土壤脱盐过程

禹城实验区是总面积 130 平方千米，耕地近 14 万亩，自 1966 年建区以来，通过井灌井排，结合其他水利措施和农林措施，区内地下水位基本得到控制，土壤脱盐过程持续进行，原来生产水平很低的涝洼盐碱地，大部分变成了旱涝保收的良田，为我国北方平原地区旱涝盐碱综合治理提供了可贵的经验。

实验区设地下水动态观测孔 40 个，1967 年起对其中 10 个孔的水位 10 天观测一次，1973 年增加到 18 个。土壤盐分定位观测点 20 个，1974 年开始，每年 6 月、11 月取土样分析两次。本文以 1974 和 1977 年资料为主，参考 1974 年前零星资料，分析

了实验区地下水动态变化及土壤脱盐过程的基本特征，并对土壤盐分运动与地下水补给排泄状况的关系作了初步探讨。

一、实验区地下水动态

实验区北有鲁北地区骨干排水河道徒骇河（河深 7 米），东有徒骇河的支流老赵牛河，西有另一条支流赵牛新河，与赵牛新河平行有一条引黄总干渠。区内属黄河下游冲积平原，由西南向东北，海拔高程从 25.5 米降至 21.5 米。土壤质地以粉砂壤土、轻壤土和中壤土为主。多年平均降水量 632 毫米。

实验区浅层含水层属晚第四纪黄河冲积砂层，含水层厚 20~30 米，区内有两条古河道冲积沙带自西南向东北延伸，富水性强，水质较好。据建区初期 295 眼机井资料，平均单井出水量每小时 73.6 立方米，地下水平均矿化度 1.336 克／升。

实验区地下水动态变化主要受气象因素支配，大气降水的入渗是地下水的主要补给来源，蒸发则是潜水消耗的重要途径。地下水位的年内变化与大气降水基本一致，呈现下降—上升—下降的变化规律。7—9 月降水量最大，约占全年 70%，是地下水的集中补给期，水位较高，最高水位往往出现在 8 月，多年平均埋深 1.54 米。其他各月雨量稀少，是地下水缓慢消耗期，最低水位出现在 6 月，全区多年平均埋深 2.68 米。各月埋深详见表 1-1。

表 1-1　实验区地下水埋深月平均值　　　　单位：米

年份	1月	2月	3月	4月	5月	6月	7月	8月	9月	10月	11月	12月
1973	2.82	2.84	2.68	2.62	2.32	2.35	1.37	1.46	1.54	1.29	1.73	2.03
1974	2.21	2.34	2.50	2.38	2.48	2.60	2.12	1.31	1.12	1.23	1.36	1.62
1975	1.70	1.97	2.39	2.57	2.72	3.32	2.84	2.30	2.10	2.14	2.40	2.53
1976	2.65	2.55	2.28	2.18	2.26	2.48	2.53	0.79	1.19	1.64	1.97	2.22
1977	2.46	2.64	2.14	2.16	2.18	2.64	1.11	1.84	2.22	2.03	2.14	2.34
平均	2.37	2.47	2.40	2.38	2.39	2.68	1.99	1.54	1.63	1.67	1.92	2.15

实验区地下水 1968—1977 年平均埋深为 2.55 米。多年变化可分 3 个阶段，1970 年前降水量偏少，全区以井灌为主，地下水位较低，年平均埋深皆大于 3 米。1968 年和 1969 年地下水位最低，埋深分别为 4.18 米和 4.23 米，1968 年 9 月有些观测孔埋深超过 5.50 米。1971—1974 年，部分地区引黄灌溉，减少了开采量，增加了补给源，地下水位逐年升高，1974 年平均埋深仅 1.94 米，有些观测孔 9 月埋深只有 0.20~0.50 米；1975 年后，限制了引黄面积，增加了机井数量，疏通了排水沟道，全区地下水年进出量基本均衡，埋深一般为 2.1~2.5 米。

降雨入渗补给的特点是：周期性强、补给量大、补给速度快。每年7—9月有一个明显的高峰段，就是由于降雨的周期性变化引起地下水位周期性变化形成的。10毫米以上雨量，地下水位就有小的波动；20毫米以上雨量，水位有明显升高；100毫米以上雨量，地下水位可升高1~2米。1974年7月中下旬降雨134.9毫米，7月30日水位比7月10日升高1.0米；1976年7月下旬至8月上旬降雨201.3毫米，水位相应升高1.49米；1977年7月上旬降雨227.8毫米，水位升高1.64米。

潜水蒸发实质上是水分沿毛细管由潜水面向蒸发面的输送过程。蒸发量与地下水埋深和土壤毛细作用强弱有关。根据土壤质地，参考有关研究资料，推知实验区土壤毛细管最大上升高度一般为2.0米左右。

实验区地下水动态除受降雨、蒸发等气象因素影响外，还受河流、渠道侧渗及沟道排水、机井开采等因素影响。

河渠侧渗对本区地下水的补给可分3种情况：一是洪水期河水位高于岸边地下水位产生的补给，东边的老赵牛河北段、西边的赵牛新河沿岸都受这种补给影响，特别是天宫院一带，地势低洼，受河水顶托时间较长，地下水位长年偏高。二是枯水期河道蓄水侧渗产生的补给，徒骇河南营闸1970年建成后，每年蓄水使闸上闸下水位相差3~4米，上游河道产生一定回水段，阻塞了地下水排泄，并在某些地段补给地下水，实验区西北部刘少文、韩庄一带水位较高，就是这个原因造成的。三是引黄渠道侧渗产生的补给，引黄总干渠从实验区西部穿过，在本区长14千米，从1971年5月开始每年春秋引水两次，六分干从实验区中部穿过，长12千米，1971—1974年全段放水，1975年后只在南段放水，由于干渠和分干渠都是地上渠，又位于全区上游，因此侧渗补给量很大，影响面积较广，实验区西南部地下水位普遍偏高，主要原因就在于此。如距总干100米的戎庄孔，引黄前3年地下水平均埋深4.02米，引黄后6年平均埋深只有2.42米，1977年6月和1970年6月相比，地下水位抬高2.01米，施女河北的郑庄孔，距戎庄12千米，不受引黄影响，1977年6月和1970年6月水位只差0.49米。两点水位差，1970年6月为1.48米，1977年6月为3.00米。南北庄距戎庄4千米，距六分干100米，从表1-2可看到，分干放水时，水位就明显升高。

表1-2　引黄灌溉后不同地区逐年6月地下水位变化　　　　　　单位：米

观测孔	1970年	1971年	1972年	1973年	1974年	1975年	1976年	1977年
戎庄	20.29	20.89	21.22	22.03	21.87	21.52	21.94	22.30
南北庄	19.12	19.81	20.81	20.60	20.54	19.37	20.61	19.73
郑庄	18.81	19.73	19.12	19.33	19.07	18.66	19.47	19.30

沟道排水能力与沟长、沟深、地下水位高低及排水时间长短有关。实验区现有排

水干沟 3 条（老赵牛河、施女河、丰产河）沟深 4~6 米；支沟 11 条，沟深 3.5 米，斗沟 34 条，沟深 2.5 米。农沟 87 条，沟深 2.0 米。四级排水沟总长 293 千米，平均每平方千米面积上有 2.2 千米排水沟。一般情况下，地下水埋深不到 1.5 米，都有渗水排沟内，排渗时间平均每年 60~80 天。

地下水作为实验区主要灌溉水源，抽灌时间一般集中于 3—5 月和 10—12 月，每年因人工开采引起地下水位降低 1.0~1.5 米。大旱年份，降水量少，灌溉量大，地下水位下降幅度相应较大。1968 年全年降水 239 毫米，只有平均年雨量的 38%，当时 300 多眼机井，连续抽水灌溉八个多月，至 1968 年 9 月下旬，地下水位降到历年最低数值，全区平均埋深 4.90 米，比 1967 年同期下降 1.65 米。1975 年 1—6 月降水量 83 毫米，600 多眼机井抽水灌溉 150 多天，6 月底全区平均埋深 3.66 米，比 1 月底降低 1.91 米，比 1974 年同期下降 1.07 米。

实验区浅层地下水属弱矿化水，建区初期 275 眼机井平均矿化度 1.336 克 / 升，其中超过 3 克 / 升只有 3 眼井，2~3 克 / 升 13 眼井，其他绝大多数机井都在 2 克 / 升以下。1973 年 21 个水质资料，平均矿化度 1.331 克 / 升。1977 年 10 个水质资料，平均矿化度 1.930 克 / 升。以上资料说明，多年来实验区地下水水质变化不大。一年之内的不同季节水化学成分是不同的，6 月阴离子以重碳酸根为主，约占分析样品的 60%，其次是氯离子；阳离子以钠为主，约占分析样品的 80%，其次是镁。11 月阴离子以氯为主，占分析样品 50%，其次是硫酸根；阳离子以钠为主，其次是钙。由此可见，雨季前地下水以碱性和盐性为主，雨季后以盐性和中性为主。

二、实验区土壤脱盐基本特征

1966 年全区不同程度盐碱地面积共 11 万亩，占当时耕地 78%，其中耕层土壤含盐量大于 0.6% 的重盐碱地 3.2 万亩。建区后，由于土壤脱盐的结果，至 1977 年底各类盐碱地面积尚有 3.5 万亩，比建区时减少 68%；重盐碱地只有 0.5 万亩，比建区时减少 84%。根据 1974—1977 年四年资料分析，土壤脱盐基本特征表现在以下几个方面。

（一）全区土壤含盐量普遍减少，脱盐土层深度超过 2 米

根据 20 个取土点实测资料统计（表 1-3），0~30 厘米全区平均含盐量，1974 年为 0.186%，以后 3 年分别为 0.160%、0.141%、0.122%，1977 年和 1974 年相比脱盐率为 34.4%，平均每年 11.5%，每亩地每年脱盐量 57 千克。0~200 厘米全区平均含盐量，1974 年为 0.144%，以后 3 年分别为 0.140%、0.124%、0.113%，全区 2 米深土层每年脱盐量 3.64 万吨。

（二）土壤含盐量随深度减少，脱盐率亦随深度减少

根据每个取土点 6 个土层的资料，全区 4 年平均含盐量，从上到下逐层减少，表

表 1-3　实验区土壤全盐量变化

（20 个取样点平均值，单位：%）

土层 （厘米）	3月 1973年	3月 1974年	3月 1975年	3月 1976年	3月 1977年	3月 年平均	6月 1974年	6月 1975年	6月 1976年	6月 1977年	6月 年平均	11月 1974年	11月 1975年	11月 1976年	11月 1977年	11月 年平均	4年平均 6月	4年平均 11月	4年平均 全年
0~10	0.183	0.217	0.173	0.190	0.139	0.180	0.198	0.118	0.208	0.174	0.174	0.129	0.158	0.125	0.174	0.147	0.180	0.154	0.167
10~30	0.173	0.176	0.140	0.141	0.119	0.150	0.152	0.111	0.164	0.146	0.143	0.115	0.123	0.105	0.151	0.123	0.144	0.130	0.137
30~50	0.148	0.147	0.120	0.129	0.108	0.126	0.126	0.120	0.137	0.135	0.129	0.114	0.119	0.108	0.149	0.119	0.126	0.126	0.126
50~100	0.150	0.132	0.125	0.124	0.107	0.128	0.128	0.119	0.130	0.139	0.124	0.113	0.117	0.110	0.153	0.117	0.122	0.128	0.125
100~150	0.141	0.114	0.110	0.120	0.107	0.116	0.116	0.109	0.115	0.123	0.115	0.108	0.115	0.110	0.136	0.115	0.113	0.117	0.115
150~200	0.147	0.117	0.111	0.118	0.094	0.105	0.105	0.099	0.111	0.120	0.111	0.097	0.111	0.103	0.129	0.111	0.110	0.109	0.110
0~10	0.183	0.217	0.173	0.190	0.139	0.180	0.198	0.118	0.208	0.174	0.174	0.129	0.158	0.125	0.174	0.158	0.180	0.154	0.167
0~30	0.178	0.196	0.157	0.166	0.129	0.175	0.175	0.115	0.186	0.160	0.162	0.122	0.141	0.115	0.163	0.141	0.162	0.142	0.152
0~50	0.168	0.180	0.144	0.153	0.122	0.159	0.159	0.116	0.170	0.152	0.150	0.119	0.133	0.113	0.158	0.133	0.150	0.137	0.144
0~100	0.164	0.168	0.140	0.146	0.118	0.151	0.151	0.117	0.160	0.149	0.143	0.118	0.129	0.112	0.157	0.129	0.143	0.134	0.139
0~200	0.157	0.150	0.130	0.137	0.112	0.138	0.138	0.113	0.144	0.140	0.132	0.113	0.124	0.110	0.149	0.124	0.132	0.127	0.130

表 1-4　实验区各取土点 0~30 厘米土层逐年全盐量

单位：%

测点	1974年	1975年	1976年	1977年	平均	脱盐率	测点	1974年	1975年	1976年	1977年	平均	脱盐率
义和寨	0.141	0.109	0.096	0.091	0.109	35.5%	三里东1000米	0.157	0.120	0.097	0.106	0.120	32.5%
纸古孙	0.148	0.197	0.113	0.112	0.143	24.3%	王子付	0.160	0.107	0.129	0.104	0.125	35.0%
阎庄	0.200	0.140	0.099	（缺）	0.146	50.5%	南北庄	（缺）	0.104	0.159	0.086	0.116	17.3%
郑庄	0.160	0.144	0.112	0.100	0.129	37.5%	尚务头	0.113	0.117	0.064	0.071	0.091	37.2%
大付东	0.263	0.246	0.167	0.148	0.206	43.7%	张凤吾	0.106	0.202	0.109	0.100	0.129	5.7%
三里东500米	0.319	0.242	0.201	0.165	0.232	48.3%	碾刘	0.197	0.248	0.228	0.173	0.212	12.2%
马庄	0.213	0.175	0.108	0.107	0.151	49.8%	三里西	0.116	0.097	0.127	0.106	0.112	8.6%
郭桥	0.127	0.096	0.079	0.100	0.101	21.3%	戎庄	0.154	0.112	0.160	0.080	0.127	48.1%
于庄	0.282	0.220	0.135	0.143	0.195	49.3%	郎屯	0.162	0.119	0.241	0.097	0.155	40.1%
太利庄	0.369	0.307	0.241	0.245	0.291	34.4%	天官院	0.150	0.115	0.142	0.180	0.147	−20.0%

土层为 0.167%，150 厘米以下为 0.110%，各土层每一年的含盐量可详见表 1-3、表 1-4。4 年平均脱盐率，从上到下依次为 38.0%、29.9%、16.8%、13.1%、6.1%、12.6%。由于表层脱盐快，深层脱盐慢，使含盐量在垂直方向上的差异逐渐缩小，趋向均衡。如 1974 年第一层含盐量 0.208%，是第六层的 1.9 倍，而 1977 年含盐量为 0.129%，只有第六层的 1.3 倍。

（三）6 月和 11 月土壤含盐量不同，脱盐状况也不同

由于雨季的淋洗作用，每年 11 月土壤含盐量一般低于当年 6 月。11 月耕层土壤含盐量 4 年平均值为 0.142%，6 月 4 年平均值为 0.162%。土壤脱盐状况，由 6—11 月，表层脱盐，深层积盐；由 11 月至翌年 6 月，表层积盐，10 厘米以下皆为脱盐，四年连续变化趋势是脱盐过程，但有两次例外，一次是 1975 年 6—11 月，再一次是 1976 年 11 月至 1977 年 6 月（表 1-5）。

表 1-5　土壤脱盐率（%）变化情况（负号表示积盐）

| 土层 | 1974 年 | | 1975 年 | | 1976 年 | | 1977 年 | | 4 年平均 | | 3 年平均 | | 备注 |
	6 月	11 月	6 月	11 月	6 月	11 月	6 月	11 月	6 月	11 月	11 月	6 月	
0~10	8.8	12.6	-0.6	-9.2	34.2	-11.2	15.1		14.4		-6.1		
10~30	13.6	7.9	-7.9	6.6	25.5	-13.3	6.7		9.7		0.2		
30~50	14.3	4.8	-24.2	13.4	16.3	0	-11.1		0		9.8		
50~100	0.3	2.3	-22.4	19.0	11.3	-6.4	-11.2		-4.9		12.1		
100~150	-1.8	5.2	-23.6	11.8	8.3	2.7	-1.9		-3.5		6.4		
150~200	10.3	-5.7	-16.2	8.5	12.7	8.7	-5.3		0.9		5.6		

（四）脱盐过程中土壤化学性质的变化

根据中国农业科学院土肥所和山东农学院等单位对实验区土壤普查资料，全区盐碱土可分油碱、白碱、刚碱三种，油碱土 pH 值 7.9~8.3，阴离子以氯为主，平均占阴离子总量 53%，硫酸根次之，占 26%。阳离子以钠为主，平均占阳离子总量 69%，镁占 19%，钙占 12%。白碱土 pH 值 8.0~8.2，阴离子中硫酸根占 49%，氯占 23%，重碳酸根占 28%。阳离子钠占 61%，钙占 18%，镁占 21%。刚碱土 pH 值 8.0~10.0，阴离子中重碳酸根占 50%，氯占 33%，阳离子以钠为主，占 76%。

在土壤脱盐过程中，土中所含主要离子随着减少，但变化速度是不同的。从全区总的情况看（表 1-6），耕层阴离子中重碳酸根减少慢，硫酸根减少快；阳离子中钠减少慢，钙减少快。这样，离子组成便发生了变化，重碳酸根占阴离子总量由 1974 年 46.4% 增加到了 1977 年 53.4%，硫酸根离子由 30.5% 减少为 23.9%，钠钾离子占阳离子总量由 1974 年 47.5% 增加到 1977 年 59.0%，钙离子由 34.6% 减少到 25.7%。

表 1-6 实验区每年 6 月 30 厘米土层离子组成变化

| 点位 | 全盐（%） | | 阴离子（毫克当量%） | | | | | | 阳离子（毫克当量%） | | | | | |
| | | | 氯 | | 硫酸根 | | 重碳酸根 | | 钙 | | 镁 | | 钠＋钾 | |
	1974年	1977年	1974年	1977年	1974年	1977年	1974年	1977年	1974年	1977年	1974年	1977年	1974年	1977年
张凤吾	0.106	0.100	6.8	24.7	13.6	17.8	79.7	57.6	71.3	34.3	18.8	17.8	10.0	48.0
郭桥	0.127	0.100	16.3	16.6	19.3	16.9	64.5	66.5	54.2	35.3	23.3	28.3	22.6	36.4
义和寨	0.141	0.091	17.3	17.1	29.6	17.2	53.3	65.7	46.7	46.0	13.7	23.0	39.6	31.1
于庄	0.282	0.143	30.3	20.6	32.1	13.8	37.7	65.7	23.9	25.1	16.5	15.2	59.7	59.8
纸古孙	0.148	0.112	22.2	24.4	22.7	20.0	55.2	55.7	36.2	9.6	27.7	13.9	36.1	76.6
太合	0.369	0.245	27.1	42.8	44.6	38.2	28.4	19.0	25.3	12.7	17.3	16.0	57.4	71.4
南北庄	（缺）	0.086	20.3	15.2	40.0	13.8	40.3	70.0	41.1	44.3	16.4	18.8	42.6	36.9
天宫院	0.150	0.180	13.4	23.6	21.7	16.8	64.9	59.6	42.9	31.0	19.3	16.9	37.9	52.2
郑庄	0.160	0.100	30.5	13.7	26.9	28.5	42.7	57.8	28.3	11.9	12.1	9.9	59.6	78.3
尚务头	0.113	0.071	23.0	18.0	10.8	8.3	66.2	73.7	42.3	38.2	22.2	21.6	35.6	40.3
王子付	0.160	0.104	28.2	23.9	24.6	25.2	47.3	50.9	20.2	16.0	19.3	16.7	60.6	67.4
三里东1000米	0.157	0.106	15.0	26.8	45.2	27.7	39.8	45.6	28.1	23.8	10.1	10.6	61.9	65.7
三里东500米	0.319	0.165	40.3	37.6	41.8	36.7	18.0	25.8	32.7	12.1	22.5	3.6	44.8	84.3
三里西	0.116	0.106	16.2	17.3	8.9	29.4	75.0	53.4	36.1	32.0	35.5	21.9	28.5	46.1
大付	0.263	0.148	31.8	20.8	53.6	36.2	14.7	43.0	21.1	22.1	12.6	9.4	66.4	68.6
碾刘	0.197	0.173	26.0	30.6	41.0	28.2	33.1	41.3	12.5	7.7	7.0	5.5	80.5	86.9
马庄	0.213	0.107	36.8	9.8	37.6	27.7	25.6	62.5	20.4	33.2	12.8	20.8	66.9	46.1
戎庄	0.154	0.080	14.8	20.2	30.0	25.2	55.3	54.6	41.4	21.5	18.3	7.8	40.3	70.8
郎庄	0.162	0.097	25.5	26.5	34.9	27.1	39.6	46.4	32.7	30.7	15.4	15.3	51.9	54.1
平均	0.196	0.129	23.3	22.6	30.5	23.9	46.4	53.4	34.6	25.7	17.9	15.4	47.5	59.0

由于离子组成的变化，主要是重碳酸根和钠离子比例的增加，引起土壤化学性质向碱化过程发展，这是在脱盐同时，实验区土壤改良中一个需要注意的问题。

（五）全区土壤脱盐过程是不平衡的，大致可分三种类型

第一种类型土壤脱盐持续稳定进行，耕层土壤已非盐碱化，如郑庄、尚务头、郭桥、义和窦四个点。这几个点土壤含盐量逐年减少，1977 年全盐量低于 0.1%。

第二种类型，土壤处于脱盐状态，但不稳定，如张风吾、纸古孙、于庄、太合庄、南北庄、阎庄、马庄、三里东、大付等十个点，其中有的点含盐量虽逐年减少，但1977 年尚未降到 0.1% 以下，有的点虽已降到 0.1% 以下，但并非逐年减少，说明脱盐是不稳定的。

第三种类型，土壤脱盐断断续续、含盐量时高时低，有的取土点后两年出现明显的积盐现象，属于这种类型的有王子付、碾刘、郎屯、三里西、戎庄、天宫院六个点。

三、土壤脱盐与地下水动态的关系

实验区土壤脱盐与地下水位、地下水质及地下水的补给排泄状况有一定关系。下面从三个方面分析。

（一）土壤含盐量的年际变化与地下水位年际变化趋势一致

1973 年至 1977 年 6 月地下水埋深分别为 2.68 米、2.60 米、3.32 米、2.43 米、2.64 米，同期耕层土含盐量分别为 0.178%、0.196%、0.157%、0.166%、0.129%。说明二者变化趋势基本一致，地下水位高，土壤含盐量也高，地下水位低，土壤含盐量也低。

（二）土壤脱盐过程的地区差异与地下水位高低相一致

上面已经提到，实验区土壤脱盐可分为三种类型：第一类型区基本在地下水多年平均埋深超过 2.5 米的范围内；第二类型区基本在埋深 2.0 至 2.5 米范围内；第三类型区大致与地下埋深 2.0 米相同。

（三）土壤脱盐过程与地下水补排状况的关系

土壤脱盐不但与地下水埋深有关，它在空间和时间上的变化尤其与地下水补排状况有关。

以年为计算时段，地下水补给量小于排泄量时，水位下降，土壤含盐量减少，实验区建区至 1971 年引黄前属这个过程。地下水补给量大于排泄量时，水位上升，土壤含盐量增加，实验区 1971—1974 年属于这个过程。地下水补给量和排泄量相当，而在强烈返盐季节，地下水位又被控制在临界水位以下，这样能保持地下水源又使盐碱地得到改良，实验区 1974 年后的土壤脱盐过程，就是在地下水补排基本均衡的情况下进行的。

一年内不同季节的补排状况是不同的，7—9 月降水集中，沟道排泄能力强，11 月与 6 月相比，多数年份土壤都表现脱盐特征。其中 1976 年降水量最大（707.1 毫米），持续时间长，脱盐率最高；1975 年是个少雨年，而且集中在 7 月，7 月以后降水少，气温高，潜水蒸发量很大，远远超过降水量，致使下半年出现积盐的反常观象。从 11 月到第二年的 6 月，降水稀少，地下水消耗以蒸发为主，多数年份表层土壤都表现积盐特征。

（本文原刊登于禹城县科委编《科学实验》第 2 期，1979 年）

第五节　禹城实验区土壤盐分的水迁移运动及其控制

影响土壤盐分运动的因素很多。但直接的决定因素只有化学元素、土体和水三项。其中以离子形式出现的化学元素是土壤盐分的组成成分，土体是土壤盐分寄存和运动的空间场所，水是土壤盐分的溶剂和载体。在水分循环过程中，溶解于水中的盐分随着水分运动，在土体空间发生的位移过程，可称为土壤盐分的水迁移运动。本文主要从土壤盐分的水迁移运动及其控制的角度对盐碱土综合治理及各分项措施的改良机理作一初步探讨，并以山东禹城实验区的资料加以具体说明。

一、土壤盐分的水迁移类型

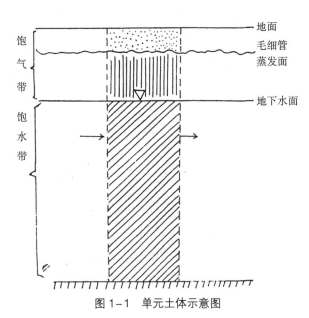

图 1-1　单元土体示意图

在研究地区可以任意划一单元土体，其上界面为地面（土面与气面交界面），下界面是地下水第一隔水层（潜水和承压水交界面），四周界面是同上下界面正交的四个垂面（单元土体与四周土体交界面）（图 1-1）。单元土体内有两个上下活动的特征面，一个是地下水面，另一个是毛细管蒸发面。地下水面以上是土壤饱气带，以下是饱水带。单元土体不断与外界发生水分交换，当进水量大于出水量时，地下水面上升，当进水量小于出水量时，地下水面下降。受表面张力作用，水分沿土壤毛细管从地下水面上升，毛管水最大上升高度点所连成的面就是土壤毛管水蒸发面（严格说是个曲面）。

潜水（地下水）的蒸发，主要是通过毛细管的输送在毛管水蒸发面进行的。一定土壤结构有一定的毛管上升高度，这就决定了毛管蒸发面随着地下水面升降而升降。毛管蒸发面升至与地面重合时，从地面至地下水面的深度称临界埋深，此时地下水面位置为临界水位。潜水蒸发试验表明，地下水面越高，潜水蒸发量越大；地下水面越低，潜水蒸发量越小。一般情况，当地下水位低于临界水位，毛管蒸发面低于地面时，潜水蒸发量急剧减少。

从地面到地下水面之间的土体空间是土壤盐分运动最活跃场所，也是人类活动及生物活动最活跃的场所。因此，地下水面和毛管蒸发面的上下活动情况，土体内水量从不同界面的补给和消耗状况，决定着土壤盐分水迁移的全部过程。利用两个特征面的升降原理，则可对土壤盐分的水迁移进行定向控制，以达到改良盐碱土的目的。

通常情况下，地下水面上升决定于降雨入渗、灌溉、河渠侧渗及地下入流对地下水的补给。地下水面下降决定于地下水蒸发（潜水蒸发）、人工开采、植物蒸腾及地下出流对地下水的排泄。土壤水补给和排泄，从方向上又可分垂直补给（直补）和水平补给（平补），垂直排泄（直排）和水平排泄（平排）。

垂直补给如降水、灌溉等，实质上是水分在重力作用下由地面向地下水面的输送，经历着大气降水—地表水—地下水转化过程，在这个过程中，土壤盐分被水淋溶自上而下移动，有利于表土脱盐。垂直排泄主要是潜水蒸发，实质上是水分沿毛细管由地下水面向毛管蒸发面的输送，经历着地下水—大气水转化过程，在这个过程中，土壤盐分随水自下而上移动，水分蒸发后，盐分便在表土层积累下来。水平补给如河渠侧渗、地下径流是从邻区土体侧面进入的水量，在这个过程中，一方面外区盐分带入区内，另一方面是抬高地下水面，增加潜水蒸发和表土盐分的积累。水平排泄如机井抽水、植物蒸腾和沟道排水引起地下水位降低，产生侧向流动，通过土体侧面排出的水量。在这个过程中，一方面可将盐分排出区外，另一方面是地下水位降低后减少潜水蒸发和盐分的累积，有利于土壤脱盐。由此可见，水分的垂直补给和水平排泄是脱盐型水迁移过程，水平补给和垂直排泄属积盐型水迁移过程。

根据某一地区水量平衡状况，以两种（混合）或一种主要补给型和两种（混合）或一种主要排泄型相组合，对土壤盐分所产生的迁移作用，可将土壤盐分水迁移运动分为以下 8 种类型。

Ⅰ.水分直补平排强脱盐型

Ⅱ.水分直补混排脱盐型

Ⅲ.水分平补平排盐分稳定型

Ⅳ.水分混补平排脱盐型

Ⅴ.水分平补直排强积盐型

Ⅵ.水分混补直排积盐型

Ⅶ.水分直补直排积盐型

Ⅷ.水分平补混排积盐型

水分直补平排和直补混排脱盐型，都以垂直补给为主，有利于土壤盐分下移，通过水平排泄不断将盐分送出区外。例如标准较高的排水沟（河）两侧、河流蓄水闸下游、群井灌排地区、水稻田块和高地中的小洼地都属这两种类型。两种类型区别在于：前者地下水面长期低于临界水位，通过潜水蒸发的垂直排泄量很小，属强脱盐型；后者地下水面稍高，有时上升至临界面以上，水分以水平排泄和垂直排泄两种方式进行，属一般脱盐型。

水分平补平排和混补平排型都以水平排泄为主，这两种类型因地下水位常年低于临界水位，地下径流速度较快，土壤盐分上移很少，表土含盐较轻，常年变化稳定，例如山前洪积冲积扇地区和坡度较大的高地都属于这两种类型。

平补直排和混补直排型都以地下水位较浅、潜水强烈蒸发为其主要特征，而引起地下水位上升的主要原因则是来自水平方向的侧渗补给。因此，盐分以上移为主，往往形成重盐碱地。如黄河下游背河洼地、受河水顶托的岸边地带、河流蓄水闸上游回水段、灌溉渠道两侧、平原蓄水工程周边、水稻田周围的旱作地块、二坡地下缘及洼地中的小高地。两种类型区别在于前者侧渗补给量大于降水入渗补给量，表土盐分累积更为强烈。

直补直排积盐型，盐分随水分上下移动，雨季下移，旱季上升。排水不良的封闭洼地属这种类型。

平补混排型是在封闭洼地中增加了排水设施，减少了一部分垂直排泄量，但地下水面仍然较高，盐碱化威胁仍未消除。

我国黄淮海平原地区受季风影响，降水量和蒸发量每年都发生明显地周期性变化。在这种变化作用下，土壤脱盐、积盐每年亦有明显的自然变化周期。7—8月降水集中，降水量大于蒸发量，土壤盐分以淋溶脱盐为主；9—12月降水减少，蒸发增加，土壤盐分逐渐向表层累积；1—2月表土冻结，土壤盐分变化不大；3—6月降水稀少，蒸发强烈，是土壤主要积盐期。根据土壤盐分随降水、蒸发变化而发生的季节变化这个特征，可将土壤盐分的水迁移运动大致划分为4个时期。

Ⅰ.7—8月为水分直补平排自然脱盐期

Ⅱ.9—12月为水分混补直排自然积盐期

Ⅲ. 1—2 月为水分平补平排盐分稳定期

Ⅳ. 3—6 月为水分平补直排强积盐期

二、土壤盐分的水迁移运动的控制

土壤盐分水迁移运动的控制，就是采取人工措施，调节和降低地下水面及毛管蒸发面，从方向上和数量上控制和改变积盐型水迁移运动，使其转化为脱盐型水迁移运动，并将改良效果稳定下来。从方向上控制主要是控制水文、气象、地形等土壤外部条件对盐分运动的不利影响，可称之为"外控"。从数量上控制基本是控制土壤内部因素对盐分运动的不利影响，又可称为"内控"。外控和内控只是针对不同影响因子采取的不同措施，两者理论基础是一致的，即土壤盐分的水迁移运动及其可控性，两者结合就是通常所说的综合治理。而盐碱土改良的关键则是控制和降低两个自然积盐期的土壤含盐量和加速自然脱盐期土壤盐分的淋溶。

水迁移运动是土壤盐分全部动态变化的根本原因。地下水和土壤水受热力作用进行的蒸发过程，使土壤盐分随水上移，在表土层发生积累现象。降水和灌溉水受重力作用进行的下渗过程，使土壤盐分随水下移，发生淋溶现象。地表和地下径流以及壤中水，能把溶解的盐分从一个地方迁到另一个地方，发生水平迁移现象。土壤盐分的季节变化、多年变化、地区分布等变化都是由于水迁移引起的。

改变和控制不利的水迁移运动是盐碱土改良的根本目的。水利等工程措施，是通过控制地下水位，改变局部地区水循环图式，消除土壤盐分富集条件，从而产生积极效果。培肥地力等农业措施，是通过改良土壤结构，调节土壤固相、液相和气相三相比例，改善土壤水分蓄存和运动状况，控制土壤盐分上移数量，达到改良目的。

禹城实验区对土壤盐分水迁移运动的控制，主要采取井、沟、平、肥、林等综合控制措施。

1. 井灌井排

2. 沟道排水

3. 平整土地

平整土地，改变了原来高起部位局部水循环方向，消除了盐分富集的地形条件，是控制和改变土壤盐分不利的水迁移因素的一项重要工程措施。

4. 植树造林

植物根系吸收土壤水分，然后通过叶面蒸腾，将水分送入大气，在水文意义上具有生物排水作用，可以调节和降低地下水位。农田林网能减小风速，降低气温，增加空气湿度，在小气候意义上具有减少农田蒸发作用。这两方面作用能从方向和数量上减少土壤积盐，对盐碱上改良具有重要意义。

5. 培肥地力及其他农业措施

土壤盐分的水迁移运动，特别是垂直运动，除受外部条件影响外，还受土壤质地和土壤结构等土壤内部因素影响。结构良好的土壤，降雨和灌溉时，水分很容易通过非毛管孔隙浸润团粒并能迅速渗入土壤下层，使土壤盐分的下移量增加。雨后或灌溉后土壤水分蒸发时，由于渗入土壤的水分被团粒内部的毛管孔隙所吸收而保存在团粒中，每一个团粒就像一个小水库把土壤水分贮存起来，供植物吸收，这样就限制了土壤水分的蒸发，减少了土壤盐分的上移量。结构不良的土壤，非毛管孔隙很少，雨水渗入土壤是沿毛细管进行的，下渗速度很慢，大部分水形成地表径流被排走。当水分蒸发时，由于无结构土壤都是密集的毛管体，水分可以沿毛细管上升畅通无阻的向大气蒸发。因此，这种土壤的盐分下移少、累积多。培肥地力，增加土壤有机质，可以改良土壤增加团粒结构，改变固相、液相、气相三相比例关系，增加土壤孔隙，提高蓄纳水分能力，使地表水入渗和水盐下行的规模及速度增强，水分蒸发和水盐上行的规模及速度减弱，这就是肥大"蓄水""吃碱"的道理。

综上所述，井灌井排的作用主要是通过控制地下水位和灌溉压盐，降低灌溉季节土壤含盐量。河沟排水排盐的主要作用是迅速降低雨季地下水位，并将一部分盐分排走，在夏雨量较多年份加速土壤盐分淋溶，对减少秋季盐分累积有明显效果。农田林网可以减少农田蒸发，降低地下水位，减轻表土返盐。培肥地力是通过改变土壤结构影响土壤盐分水迁移运动。平整土地则可消除积盐的地形条件。

由此可见，综合治理中的分项措施各有特点，各从某一方面影响土壤盐分运动。而各项措施互相配合和综合应用，才能对土壤返盐的外部条件和内部因素进行较为全面的控制，使不同季节的土壤含盐量得到普遍降低，从而在较大面积上，较短时间内，取得较为稳定的治理效果。

三、禹城实验区土壤盐分的水迁移运动分析

1. 禹城实验区盐碱土在水迁移作用下的多年变化情况

1966年禹城实验区建区时有盐碱地11万亩，当时打实验机井330眼，经二三年初步治理，控制了地下水位，盐碱化程度明显减轻。1972年潘庄引黄总干渠和实验区内的分干渠开始引水，区内部分农田用黄河水灌溉，至1974年引黄灌溉面积进一步发展，沟道和坑塘长期蓄水，不少社队采取大水漫灌，地下水位迅速抬高，并且迟迟不得下降。1974年9—12月，全区地下水平均埋深仅1.33米，一直到1975年2月，地下水埋深仍在1.97米。这一年土壤盐分大量上移并积累于表土，使次生盐碱化复发，盐碱地面积比初步改良的前几年又有扩大之势。1975年实验区重新确定以井为主，采取井、沟、平、肥、林综合治理措施，稳定的控制了地下水位，将积盐型水迁移运动转化为脱

盐型水迁移运动，到 1980 年盐碱地面积已降到 2.17 万亩。

2. 实验区 6 月土壤盐分年际变化及春季返盐的控制

1973 年全区定位取土点 20 个（1979 年改为 14 个），每年 6 月和 11 月各取土样一次。6 月资料可以代表第一个高值期即春季返盐期土壤盐分状况。11 月资料可以代表第二个高值期即秋季返盐期土壤盐分状况。

1980 年 6 月和 1974 年 6 月相比，14 个取土点只有 2 个点的土壤盐分是增加的，其他 12 个点都减少了。1978 年 6 月和 1974 年 6 月相比，20 个取土点只有 1 个点的土壤盐分是增加的，其他 19 个点都减少了。从 1974—1978 年四年累计脱盐率 44%，每亩耕层平均脱盐量 220 千克。0~30 厘米土层全区平均土壤含盐量，1974—1980 年分别为 0.190%、0.151%、0.158%、0.125%、0.112%、0.126%、0.123%。由此可见，6 月土壤盐分年际变化趋势是逐渐减少，说明实验区的综合治理措施，能够稳定降低春季返盐期土壤含盐量。

由图 1-2 可以看出，6 月土壤盐分逐年变化与同期地下水位逐年变化趋势相同，说明控制春季返盐的关键是控制和降低地下水位。由上文可知，降低地下水位主要措施是机井抽水。1980 实验区机井 1 000 眼，抽灌时间一般集中于 3—6 月和 10—12 月，每年可使地下水位降低 1.0~1.5 米。实验区强烈返盐的地下水临界埋深为 2.1 米左右。近几年来，由于机井和农田林网作用，区内大多数地方春季地下水埋深可控制在 2.5~3.0 米，从而有效地控制了土壤盐分因春季强烈蒸发的上移量。同时，春灌也有利于盐分下移。这就是 6 月土壤盐分稳定降低的基本原因。

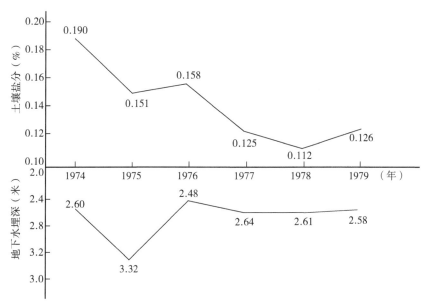

图 1-2　实验区 6 月土壤（0~30 厘米）盐分和地下水埋深年际变化

3. 实验区 11 月土壤盐分年际变化及秋季返盐的控制

1977 年 11 月和 1974 年 11 月相比，有 17 个取土点的土壤盐分减少了，只有 3 个点是增加的，而 1978 年 11 月和 1974 年 11 月相比，土壤盐分增加的点位有 12 个，减少的只有 8 个。其他年份和 1974 年相比，增减情况各不相同。0~30 厘米土层全区平均含盐量 1974—1980 年分别为 0.167%、0.162%、0.112%、0.114%、0.172%、0.158%、0.159%。11 月土壤盐分变化复杂，脱盐积盐交互出现，这种情况说明实验区的盐碱土改良措施，没有能够稳定地控制住秋季土壤返盐。

图 1-3 是 11 月与 6 月 0~30 厘米土层含盐量差值 S_{11-6} 和 7—8 月降水量（P）年际变化过程。由图可以看出，11 月土壤盐分变化趋势与 7—8 月降水量完全相反，7—8 月降水量少的年份，11 月土壤含盐量皆大于 6 月土壤含盐量（$S_{11-6}>0$），如 1975 年、1978 年、1979 年、1980 年。7—8 月降水量多的年份，11 月土壤含盐量皆小于 6 月土壤含盐量（$S_{11-6}<0$），如 1974 年、1976 年、1977 年。

在排水不良地区，一般是"夏涝秋碱"，这是因为夏雨量大，地下水位高，秋季返盐量相应较大。但像禹城实验区这样有着高标准排水系统地区，在夏雨量多的年份，土壤盐分被反复淋洗，排水沟可将水盐大量排出区外，一方面降低了地下水位，另一方面降低了秋季返盐的起始点，11 月土壤含盐量相应较低。而在少雨年份，土壤盐分淋洗较少，排水沟对水盐排泄量很少，秋季返盐起始点较高，11 月土壤含盐量相应较高。由此可见，实验区秋季返盐没能稳定控制的基本原因是明沟排水系统在不同年份因夏季雨量大小不同对土壤盐分的水迁移数量不同造成的。

4. 实验区土壤盐分的水迁移运动类型区

由于实验区不同部位的土壤基础含盐量，水文条件和改良措施的不同，土壤盐分的

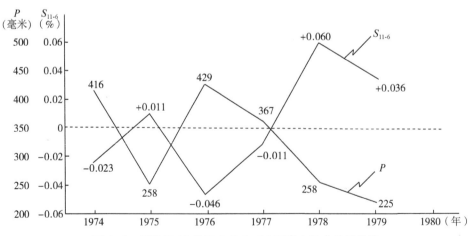

图 1-3 实验区 11 月和 6 月 0~30 厘米土层含盐量差值

（S_{11-6}）与 7—8 月降水量（P）年际变化

水迁移运动存在空间差异，大致可分三个类型区（图1-4）。

类型Ⅰ：包括1、2、15、17号取土点，其地区分布可分为两片，北片位于南营闸下游徒骇河和施女河之间；南片位于老赵牛河西岸郭桥高地一带。两片地形较高，靠近骨干排水河道，地下水排泄条件较好，灌溉以井灌为主。因此，该区属直补平排脱盐类型区。地下水年平均埋深3.19米，3—6月埋深3.42米，1974年6月0~30厘米土层含盐量0.138%，其后几年分别为0.103%、0.103%、0.090%、0.085%、0.099%、0.084%，按6月土壤含盐量0.100%为非盐碱地标准，从1977年起，该类型区就已成为非盐碱地区（图1-5、图1-6）。

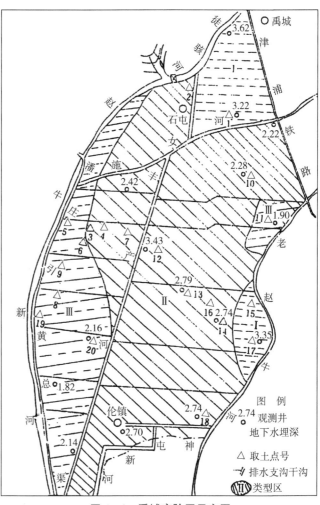

图1-4 禹城实验区示意图

类型Ⅱ：包括3、4、7、10、12、13、14、16、18号取土点。从南到北分布于实验区中间大片地带，该类型区地势低洼，治理前排水不畅，基础含盐量高，属混补直排积盐类型区。治理后坚持井灌沟排，注意林网建设和培肥地力，地下水位已控制在临界水位以下，几年来土壤盐分逐渐减少，原有重盐碱地已变为轻盐碱地或接近非盐碱地，现在已成为直补混排和直补平排脱盐类型区。区内地下水年平均埋深2.26米，3—6月平均埋深2.60米，1974年6月0~30厘米土层含盐量0.244%，其后几年分别为0.179%、0.165%、0.145%、0.126%、0.132%、0.120%（图1-5、图1-6）。

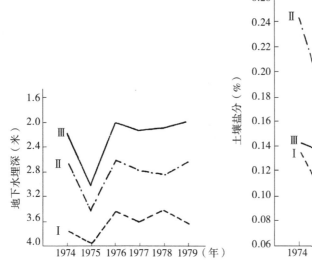
图 1-5 实验区三种类型地下水埋深变化

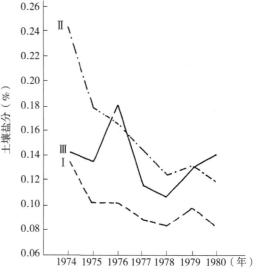
图 1-6 实验区三种类型土壤盐分变化

类型Ⅲ：包括 5、6、8、9、11、19、20 号取土点，其分布也可分为两片，东片位于老赵牛河西岸天宫院洼地一带，这里因河水顶托，排水不畅，属混补直排积盐型；西片位于徒骇河南营闸上游，引黄总干渠东侧。南营闸除雨季 7—8 月启闸泄洪外，其他月份皆闭闸蓄水，闸上闸下水位相差 2~4 米，引黄干渠在区内长 14 千米，每年春秋两季放水，放水后渠水位高出地面 2 米左右。由于引黄总干渠和区内支渠侧渗以及南营闸蓄水阻滞地下水排泄，再加上一部分土地以渠灌为主，地下水开采量少于其他二个类型区，地下水位普遍较高，年平均埋深只有 1.84 米，3—6 月埋深 2.05 米，少数年份，如 1975 年地下水埋深为 2.50 米，多数年份都在强烈返盐的临界埋深以上，该类型区属混补直排积盐区。几年来积盐脱盐交互出现，治理效果不明显。1974 年 0~30 厘米土层含盐量 0.143%，之后几年分别为 0.136%、0.181%、0.108%、0.130%、0.142%（图 1-5、图 1-6）。

四、结 论

水迁移运动是土壤盐分累积、淋溶和各种水平运动全部动态变化的根本原因。地下水面和毛细管蒸发面这两个特征面的升降及土体内水分从不同界面的进出情况，决定着土壤盐分水迁移的全部过程。

水分的垂直补给和水平排泄是脱盐型水迁移过程，水平补给和垂直排泄属积盐型水迁移过程。据此将土壤盐分水迁移运动划分为八种类型，将全年的周期性变化分为四个时期。

盐碱土改良，实质上是采取人工措施，调节和降低地下水面和毛细管蒸发面，控制土壤外部条件（气象、水文、地形等）和内部因素（土壤结构等）对盐分运动的不利影响，从方向上和数量上改变积盐型水迁移运动为脱盐型水迁移运动，并使这种变化持续稳定下来。盐碱土改良的关键是降低春、秋两个自然积盐期土壤含盐量和增强夏季降雨淋溶量。

井灌井排、明沟（暗管）排水、平整土地等水利措施和工程措施，是通过控制地下水位，改变局部地区水循环方向，消除土壤盐分富集的地形条件，从而产生积极结果。培肥地力等农业措施，是通过改良土壤结构，调节土壤固相、液相、气相三相比例关系，改善土壤水分蓄存条件和运动状况，控制盐分上移数量，达到改良的目的。单项措施只能从某一方面影响土壤盐分运动，而多项措施的综合应用才能取得全面的效果。

禹城实验区通过多项措施综合治理，盐碱地面积由 11 万亩降至 2.17 万亩。每年 6 月土壤含盐量从 1974 年 0.190％ 降至 1980 年的 0.123％，为积盐型水迁移类型转化为脱盐型水迁移类型提供了一个典型实例。

（本文原载于《华北平原水量平衡与南水北调研究》，科学出版社，1985 年）

第六节　要把禹城实验区办成长期坚持的科学实验基地

（实验区创建第二年，许越先在中国科学院地理研究所全所大会上的汇报发言，1967 年 10 月 20 日）

禹城实验区是由原抗旱工作队于去年（1966 年）创建的，总面积 130 平方千米，耕地近 14 万亩，涉及两个半公社。抗旱工作队在实验区工作有 100 多人，分为面上规划和 7 个点分头工作。其中水利组包括中国科学院地质研究所的打井队和地理研究所的水利规划队。去年 8 月抗旱工作人员全部撤回本单位参加文化大革命，只有地质所、遗传所、动物所、植物园等单位留有少数人坚持工作。禹城县委成立实验区工作委员会，"文化大革命"夺权后改为实验区革命委员会。

在今天举行的全所抓革命促生产大会上，我仅代表赴禹城调研组的曾增固、姜德华、屡学翠同志，汇报调研组的工作情况，并讲一下对禹城实验区和黄淮海工作的看法，以及中国科学院地理研究所今后在禹城工作的建议。

我们四人于（1967 年）8 月 8 日动身，到禹城后，实验区革命委员会向我们介绍了一年来的变化，由于有已打 321 眼机井的灌溉，我们这次下去看到一片丰收的景象。安排了实验区经济地理室 3 人深入调研，提出生产中出现问题的解决办法，我主要是修定去年的水利规划。下去后我们坚持学习毛主席著作，坚持为当地生产服务，坚持同地方干部和群众相结合，一个多月时间，圆满完成了地方交给我们的工作任务。

一、关于黄淮海平原今后工作的想法

禹城实验区地处黄淮海平原的腹地，我们在实验区的工作既要解决这里的问题，又不能以此为满足，必须看到整个黄淮海的治理。在实验区的实验研究都要以解决黄淮海的问题为出发点。黄淮海平原旱涝、盐碱、风沙等自然灾害严重影响农业生产的发展，造成南粮北调不合理的局面。无论从解决粮食生产问题，还是从全国经济发展全局，以至国家发展战略需要，治理黄淮海多灾低产田都是重要的和急需的。我们地理工作者参加到这一工作不但是必要的，而且是光荣的。

黄淮海工作如何进行？我想：第一是高举毛泽东思想伟大红旗，第二是积极参加改造自然的实践，第三是依靠群众，认真思考。

二、关于高举马列主义和毛泽东思想伟大红旗

毛主席很多著作，特别是四篇哲学著作，会指引我们去研究工作中的主要矛盾及其解决矛盾的办法。恩格斯也曾指出：辩证法对于今天的自然科学才是最重要的思维形式，因为只有它才能对于自然界中所发生的发展过程，对于自然界中的普遍联系，对于从一个研究领域到另一个研究领域的过渡，提供类比，并且提供说明方法。恩格斯在这里精辟的阐述了辩证法对自然科学的意义。在工作中深入学习毛主席和马恩著作，是指导我们做好工作的有力武器。

三、关于在实践中发现问题和解决问题

这次到实验区深有体会，在工作实践中发现了一些问题，有些问题还带有普遍意义。如水灾是黄淮海地区的严重自然灾害，由于对水的规律还没有充分认识，有些水利工作带有盲目性。我们在实验区进行水利规划时，就找不到一份平原地区水利工程标准的参考资料，在规划时感到心中无数。心中无数是对事物缺乏本质性认识的结果。因此，掌握平原地区水的运行规律就成为改造自然兴修水利的前提条件。在工作实践中发现了这个问题，就要解决它，于是提出在实验区选择一定面积进行径流实验，对水的影响因素进行定量分析，并找出规律性的认识。再如实验区打了那么多井，灌溉后就会降低地下水位，如果不预先考虑地下水补给的问题，长期下去，就会发生地下水危机。地质所同志就向我们提出，能不能摸索地表水补给地下水的有效办法。我们感到这个问题很重要，因为将来黄淮海地区机井数量会大量增加，地下水的减少一定成为整个区域的

严重问题,如果我们在实验区先把这个问题解决,对黄淮海治理一定具有深远意义。

四、关于依靠群众,认真思考

我们刚从学校出来,参加实际工作很少。这次下来向公社干部、水利技术人员和贫下中农学习了很多实际知识和技能。有人会问:既然群众知道得多,还要我们这些人干什么?毛主席早就教导我们:我们应当走到群众中去,向群众学习,把他们的经验综合起来,成为更好的有条理的道理和办法。我们在实验区做的水利规划,就是把群众经验和专业知识结合起来,认真思考,从而使修定的规划在县里顺利通过。

五、关于把禹城实验区办成长期坚持的科学实验基地的建议

既然黄淮海的工作一定要做好,中国科学院地理研究所又要为农业服务,那么实验区的工作不但要参加,而且要长期坚持,办成科学实验基地。因为自然界是个综合体,自然界各因素是互相联系的,一个因素变化,必然引起其他因素变化,旧的矛盾解决了,新的矛盾又会出现。打井解决了抗旱的问题,地下水补给的问题就出现了,当用地表蓄水解决补给地下水时,土壤次生盐碱化又出现了,这些说明要综合考虑、要长期观察。恩格斯曾指出:18 世纪以后的自然科学因分工过细而导致形而上学,阻碍科学进一步发展。实验区有了多种专业人员参加,才能共同研究解决自然综合体的各种矛盾,进行综合治理,为黄淮海的治理改造进行实验。为此,建议要把禹城实验区办成我们中国科学院地理研究所的科学实验基地。但要处理好几个关系,一是实验区和黄淮海的关系,二是科研人员和群众的关系,三是各专业相互配合的关系。

第七节　从禹城农业发展看科技的力量

禹城井灌井排旱涝碱综合治理实验区,是我国最早的区域治理和农业开发实验区之一。30 年来,实验区在黄淮海平原乃至北方地区低产地改造发挥了重要的示范作用,为多灾低产区农业持续发展提供了技术途径,同时也促进和带动了禹城市的经济繁荣和社会进步。在禹城实验区和全市的科技兴农工作中形成的禹城模式、禹城经验和禹城精神,是我们物质文明和精神文明建设的宝贵财富,应当很好总结、倡导和弘扬。

30 年前,黄淮海平原旱涝盐碱危害严重,是国家"南粮北调"的重点救助区。禹城南大洼便是最难治理的重灾区。1966 年国家科委组织中国科学院和山东省有关单位共 107 位同志,在这里联合攻关,创建了禹城实验区。中国科学院、中国农业科学院、山东省农业科学院、山东省林科所和山东省根治海河指挥部等单位,在山东省科委支持

和禹城县委领导下，同禹城县有关部门和群众一起在实验区进行了多项治理改造和各有特色的实验研究，提出了"井、沟、平、肥、林"综合治理的禹城模式。靠这个模式14万亩的南大洼变成了高产高效的样板田，实验区的综合技术和单项技术向北方省区的传递和推广，为区域农业发展和扭转南粮北调局面作出了特有的贡献。这是禹城实验区发展的第一次飞跃。

"发展模式"是在一定历史条件下和某一社会经济领域产生的先进典型，具有科学性、创新性、鲜明性和可操作性。"模式"是群众创造历史的具体体现，是生产力发展的积极因素，是指导生产的一个正确认识来源，是不断推动事物由初级形式向高级形式推进的动力。禹城模式的形成显示了禹城人的创造精神，也显示了科技的力量。

20世纪80年代中期以来，禹城实验区进入了新的发展时期，就是跳出原有试区界线，开始向更高难度的科学进军，以及科学施肥、高产高效等多方面试验开发，为科技兴农创造了一系列新经验，如科技队伍的联合攻关、科技成果的多渠道转化、地方政府对科技工作强有力的领导和支持、科技人员在政府的参政议政、科物政结合的科技承包集团、农业科技园的创建、企业参与农业规模开发等。这些经验可概括为"禹城经验"，禹城经验比禹城模式有更丰富的内涵，其实质是科技与经济的密切结合。

1987年10月，中国科学院和山东省政府联合，呈报国务院关于将禹城经验推广到鲁西北德州等五地市的报告，1988年2月在德州召开了"科技与生产见面会"，紧接着又在禹城沙河洼召开了德州各县一把手参加的农业开发动员会，1988年3月国务院正式决定在黄淮海平原等地区进行区域农业综合开发，5月和6月陈俊生同志和时任总理李鹏先后来禹城视察，充分肯定了禹城农业科技开发成效，认为禹城经验为黄淮海开发找到了路子。禹城经验在德州市、鲁西北地区、黄淮海平原，以及在国家很多农业开发区片广泛引用和推广，这是禹城实验区发展和延伸的第二次飞跃。这次飞跃标志着由政府支持的科技实验行为向为科技支撑的农业开发政府行为的转变，是由微观经验影响政府高层决策向宏观效益的转变，是科学技术转化为现实生产力的生动典型。

禹城模式和禹城经验产生的精神底蕴就是禹城精神，禹城精神包含了两方面内容。一是禹城人的科技意识；二是科技人员的"黄淮海精神"。

科技意识是人们的一种现代意识，对地方干部来说，实质上是领导农业生产对科学技术的认识能力，是指导农民从传统习惯和常规经验向现代化转变应有的领导艺术的思想基础。这种意识与人们的科学文化素质，理论思想修养和对科技认识程度有关。说到底还是存在决定意识。30年来，禹城实验区及其外延的各项科技活动，众多科研单位科技人员同禹城各部门的广泛交往，科学技术向产业及其生产过程的渗透，科技成果转化出来的经济、生态和社会效益的展示等社会存在，决定了人们对科技力量的认识。因此，禹城各级领导干部和群众的科技意识普遍较高。这就决定了县委、县政府对科技信息的敏感，对科技成果的引进，对科学实验的支持，对科研人员的尊重，对科技兴市的追求。正因为有了较强的科技意识，才能在60年代末期即最乱的时期，坚持观测数据未中断，才能在70年代中期领导实验区迅速恢复和发展，才能在80年代提出一系列支持科技的政策和办法，才能在90年代经济生活的各个方面开出科技之花，才能做到领导班子虽然多次换届，但对科技的认识和支持始终不变，一届比一届科技意识更强，使禹城科技强县的旗帜在齐鲁大地上高高飘扬。

参加禹城实验区工作的科技人员，长期坚持在生产第一线，相当一部分同志7~8个月，8~9个月远离妻儿，吃住在盐碱窝、吃住在风沙地、同群众一起挖沟栽树、跟农民一样耕种收打，无论酷暑严寒，无论白天黑夜，都要坚持在观测场，坚持在实验地，在长期的试验研究中，他们对禹城大地有了深刻认识，对禹城农田有了深厚感情。禹城土地上洒下了他们的汗水，他们的知识果实里凝聚着禹城营养的汁液，月复一月，年复一年，现在已走过了30个年头，一块又一块低产地通过科技治理开发出来，一代又一代科学家在禹城科技园地里被培育出来。这就是科技人员的"黄淮海精神"，一种同禹城发展同病相连的精神，一种忘我献身、艰苦创业、勇于攻难、持之以恒的精神。有了禹城人的科技意识加上科技人员的黄淮海精神铸成的禹城精神，就能产生改造自然，推动社会、经济、科技发展的强大动力。这种精神应当代代相传，永远相传。

世纪之交的一二十年，是我国农业现代化建设的关键时期。在过去农业发展的重大问题上都给出示范和带动作用的禹城市，今后要在科技兴农中作出新的样板、创造新的经验。

我们中国农业科学院愿跟禹城同志们和中国科学院等兄弟单位继续战斗在一起，胜利在一起，共同为国家的农业现代化作出新的贡献。我本人作为实验区创建时的一名小兵，实验区建设和发展的一名老兵，禹城大地上培育起来的一名科技工作者，也愿同各条战线上的战友们一起，继续沿着禹城实验区和禹城已经开辟的科技兴农的道路，去迎接新世纪的曙光。

（本文是在禹城实验区创建30周年纪念大会上的讲话，时任中国农业科学院副院长

1996年8月28日）

第八节　从禹城试验区到农业科技主战场

许越先口述　温瑾访问整理

时间：2009年2月3日下午

地点： 中国农业科学院图书馆楼 115 室

简介：

许越先（1940.7— ）1964 年毕业于南京大学地理系，同年被分配到中国科学院地理研究所。曾任地理研究所副所长，1995 年调任中国农业科学院副院长、研究员。长期从事区域农业和农业水资源研究，从 20 世纪 60 年代开始，对黄淮海平原旱涝碱治理、中低产田改造和区域农业发展，从点到面进行 30 多年多方位研究，取得一些有价值的研究成果。十多年来，对全国区域农业结构、区域农业集成创新和现代农业科技示范园的建设与发展开展研究，为国家有关主管部门提供了一些咨询意见。主要著作有《区域治理与农业资源开发》《节水农业研究》《土壤盐分的水迁移运动及其控制》《现代农业科技示范园：区域农业集成创新的平台》等。以上研究工作，曾获国家科技进步二等奖（1986）、中国科学院科技进步二等奖（1986）、第三世界科学院农业奖（1993）、北京市科技进步二等奖（2003）等。

黄淮海平原旱涝盐碱风沙的治理及区域农业发展，是我国改造自然、发展生产的举世瞩目的伟大成就，是将科技成果转化为现实生产力、科技行为转变提升为政府行为，进行区域农业开发的成功案例；是科技工作者群体长期深入实际，艰苦奋斗，多部门、多学科联合攻关的创举；把在 50 年以前，还是靠吃国家救济粮的贫穷落后的黄淮海平原，变成了国家最大的农业商品粮基地，把原来南粮北调最大粮食供给区，变为北粮南运重要的粮食调出区。这一奇迹般的历史变化，蕴含着几代科学家的心血和智慧。在长期工作实践中形成的黄淮海精神，是科技工作者的一种献身精神，也是中华民族伟大复兴历程中凝聚成的民族精神。在这个过程中，产生了许许多多动人的故事，值得回味，值得记忆，值得深思，值得传颂。

中国科学院开展的黄淮海农业科技工作，可分为两个大的阶段。第一阶段，从 20 世纪 60 年代中期到 80 年代中期，主要进行中低产田治理，是试验示范研究成果积累的阶段。第二阶段，从 1987 年下半年到 1993 年，农业"黄淮海战役"全面展开，是将点上经验向面上推广，将科技成果转化为现实生产力，取得宏观规模效益的阶段。两个阶段工作我都全程参加。我先从第一阶段谈起。

一、从禹城旱涝碱综合治理实验区到"一片三洼"科技攻关

1. 多灾缺粮的黄淮海平原拖了国民经济发展的后腿

黄淮海平原是黄河、海河和淮河三条河流冲积形成的大平原，涉及冀鲁豫苏皖京津七省市的 339 个县（市），总面积 37 万平方千米，耕地面积 2.9 亿亩，是国家的心腹之地。20 世纪五六十年代，区内有盐碱地 3 000 万亩，风沙地 3 000 万亩，旱涝瘠薄地

4 000 万亩，每年都有大面积耕地绝收，保收年粮食亩产也只有几十斤。农民种的粮食不能自给，国家每年都要从南方调运大批粮食，发放给农民以维持生存底线，这种"返销粮"，农民叫"救济粮"。黄淮海平原多灾缺粮的局面，拖了国民经济发展的后腿，国家决心要治理这片土地上的自然灾害，扭转"南粮北调"的局面，其中一项重要举措是引导科技工作者投身黄淮海治理的实际工作中来，中国科学院地理研究所就是一支非常活跃的力量。

2. 大学毕业就参加黄淮海工作

1964 年我从南京大学地理系毕业后，被分配到中国科学院地理研究所水文研究室工作。当时国家规定新毕业的大学生都要到农村参加一年的"四清"运动和劳动锻炼。

在寿县一年的"四清"运动和劳动锻炼于 1965 年 10 月结束。刚回到北京，领导就把我派到山东德州，参加"德州地区旱涝碱综合治理区划"的总结工作。这项工作从 4 月开始，前几个月是野外考察和调研分析，其中中国科学院地理研究所 18 人，其他是地方的科技人员，由中国科学院地理研究所自然地理研究室副主任汪安球带队。工作目的是在认识自然的基础上，提出治理区划，为改造旱涝盐碱等自然灾害提供科学依据，在黄淮海平原树立一个样板。

"德州区划"总结工作完成后，汪安球先生让我和王明远同志负责总结报告的印刷校对工作，直到 1966 年 2 月下旬，通知我回所准备参加北方 14 省抗旱工作团的工作。

3. 北方 14 省大旱，参加山东抗旱工作团

从 1965 年冬天起，北方 14 省连续几个月发生大旱，当时周恩来总理亲自部署，从中央和国家机关抽调人员，组成抗旱工作团，分别到各省支援抗旱工作。山东省工作团团长是林乎加同志，后来任北京市委书记、农牧渔业部部长，副组长是范长江同志，时任国家科协主席和国家科委副主任。我 2 月 27 日从德州回到北京，3 月 1 日乘快车前往禹城，400 千米路程，当时的快车竟用 7 个多小时。参加禹城抗旱的共 107 人，比水浒传 108 将少 1 人，大家戏称 107 将。这支队伍以中国科学院和国家科协为主，由范长江同志亲自挂帅，中国科学院地理研究所尉传英副书记等人参与领导，汪安球和遗传所余渊波同志参与业务指导。

4. 禹城旱涝碱综合治理实验区的诞生

当时的禹城县城距火车站 3.5 千米，我们到禹城后先在县城集中一段时间，动员、学习和劳动，然后分组下到各生产队（村）去，深入调研。到 5 月初，各组回到县城，进行整训。在县城时，我和地质所陈墨香同志等四人住在招待所一个平房，3 月 8 日晨突然感到剧烈摇晃，我们顾不得穿衣服跑到门外，后来才知道是河北邢台发生地震。5 月底工作团领导研究决定以南北庄为中心，将石屯、伦镇、安仁三个公社交界的 130 平方千米范围内周边环河相对封闭的区域，划为实验区进行抗旱的科学实验，范长江同

志亲自定名为"禹城旱涝碱综合治理实验区"。130平方千米实验区内，有13.9万亩耕地，其中11.5万亩是盐碱地，我们到实验区看到的到处都是一片片白花花的盐碱地和大量的红荆条。小麦地里缺苗的很多，老乡说因在幼苗时就被碱死"不拿苗"。当然现在这些现象都看不到了，今后的年轻人甚至不理解也想象不到了。"井灌井排"就是通过打机井，抽水灌溉抗旱，抽水后降低了地下水位，等于用井来排地下水，腾出地下库容，增加土壤渗透能力，减少涝灾，一灌一排使表层土壤含盐量减轻，这就是"井灌井排"作用的基本原理。

在两个多月的时间里，大家分工负责，全部精力投入到实验区的规划和建设中，我和鲁北根治海河指挥部的同志都在水利组，负责实验区排涝水系的规划工作。后来在实验区的基础上，中国科学院和中国农业科学院分别建立了试验站。历经多年的建设和发展，成为改造中低产田的成功样板，成为培育一代又一代科学家的科学园地，也是我学术发展和成长的摇篮。

5月底到8月8日，我们被撤回北京参加"文化大革命"。

5.历史应永记的两个人

第一个人是汪安球。

我参加德州区划工作总结时，第一次见到他，他也就是40岁左右的年纪。从德州到禹城大半年的时间里，我一直在他的领导下工作，所以印象很深。他是一位思想活跃的学者，知识渊博而又没有架子，年轻人很愿亲近他，他的大脑子像一本百科全书，随便问他一个地理、历史或社会问题，他都能对答如流。《红楼梦》他读了七遍，号称"半个红学家"。在德州区划结束时，他就计划选择禹城县作为深入治理改造盐碱地的一个点。他把这个想法向范长江同志汇报后，范长江同志采纳了他的意见，才把山东抗旱工作的基点放到禹城。很可惜，在"文化大革命"中，由于在深夜写大字报太疲劳，出现笔误，在大字报上写到被打倒的人的名字要打"×"，他把"×"打到领袖的名字上，被造反派揪斗，经不起折磨，在自家卫生间上吊自杀了。我认为禹城有今天，作为开创者他功不可没。

第二个人是范长江。

范长江带107人，到禹城南北庄"安营扎寨"，是他亲自选定的，他看着禹城县的地图说，南北庄在实验区的中心，不南不北，抗旱指挥部就设在这里。实验区的技术路线也是他亲自定的，就是采用巴基斯坦"井灌井排"的模式。他强调：实验区要用"实践"的"实"，不要用"试试看"的"试"。实验区技术路线确定后，如何启动？范长江向国家申报了100万元资金，这在当时是一个很大的数字，规划打310眼实验机井，打井的工作交给地质所陈墨香同志承担。打井后的第二年又遇到严重旱情，实验区外的玉米遍地枯黄，实验区内像沙漠中的"绿洲"，取得丰收。政府和农民看到这个景象，建设实验区的信心更高了。

范长江同志和我们在一起共同战斗了几个月，跟我们一起调研，一起劳动，一起学习和座谈。在听到一位同志关于学习群众经验的发言，他插话说，群众经验是我国农业生产宝库中的丰厚的财富，但同我们隔了一道墙，而现在我们把自己锁在外边，要找到一把打开这个宝库的钥匙，主要是放下架子，甘当群众的小学生。还有一次给我们作报告，再次号召我们到群众中去，认真学习群众经验，最后以豪迈的语气喊出："让黄淮海在我们脚下震荡！"

1966 年的夏天，"文化大革命"的风声越吹越紧，7 月范长江同志便被单位的造反派叫回去参加运动，后来在河南确山"五七干校"投井自杀。1973 年我到确山"五七干校"劳动，还看到了那口井。2009 年 9 月 24 日，山东省农业开发办公室和德州市政府召开"山东省农业综合开发 20 周年纪念座谈会"，在发言时，其中很长一段话是回忆范长江同志当年在开创禹城实验区中的事迹。同志们听了既感动，又鲜为所知，有的记者在会后又找我采访和了解。我真诚地希望，历史不要忘记他。

6. 烂禹城

20 世纪 60 年代，整个黄淮海平原都很贫困，由于禹城水灾更为频繁，比周围几个县更加困难，因此，我们一到禹城就听到流传"金高唐""银夏津""烂禹城""破陵县"的说法。还听到传说大禹在这里指导治水的故事。老县城城墙的一块石头上有文字记载。县城西北 8 千米的一块高地上有纪念大禹的禹王亭遗址。现在遗址上已建成宏伟的禹王殿和新禹王亭。

"烂禹城"这个称呼，在工作过程中我们深有体会。有一次在考察路上看到一个村子破破烂烂，村边农田都荒着，村里也没有人烟，问县里同志，他们说因为生活困难，整个村子的人都到东北去了，是新中国成立后的"闯关东"。据介绍在实验区里这样的"空心村"有七八个。还有一次在外边考察回来晚了，在禹城车站附近一家小餐馆用餐，吃饭的人还没有讨饭的人多。我们吃着吃着就有两个讨饭的小姑娘突然向我们碗里吐了两口唾沫。饭，我们就不能吃了，她们就拿去吃了。

3 月下旬，抗旱工作团分组驻村劳动和调研，我们组共 5 位同志先后在七里铺村和魏寨村，住农民家里，跟社员群众同吃同住同劳动。在村子一个月时间里，大部分是劳动，还有就是骑自行车出去考察。春天的禹城天天刮风，经常有扬沙天气，劳动和考察一天后，我们是头昏脑涨，浑身酸软，嘴唇干燥。吃的是红薯面蒸的窝窝头，晚饭能有一个炒青菜，早、中两餐都是以咸菜为主。住的是炕，我们 5 个人挤在一个炕上，炕比较小，腿都伸不开，但也能睡得很香。对睡眠干扰最大的是房东的一窝鸡，这窝鸡就养在我们住的房子里。每天早晨四点多钟公鸡就开始鸣叫，总把我们早早叫醒。这期间生活艰苦，但我们都很乐观，感到对我们的锻炼很有意义。

一天考察时,看到在徒骇河河堤上一个奇怪现象:远看一群人中抬着一顶花轿,近看轿下还有一个棺材,我越看越纳闷,轿子和棺材这两个不相容的东西怎么会放在一起呢?若是婚嫁却没有陪嫁,若是送葬却没人戴孝和哭声。我问村民,他们说这是"办鬼亲",是禹城一带的民俗。凡未婚男女去世,无论相差时间多久,若死去男女两家愿意,将女方尸骨放在男方坟里,也就在阴间完成了婚事。他们说是"人间有办鬼亲,阴间有办人亲"。虽然这是迷信,但也看到人们对爱情的美好追求。

7. 在"文化大革命"的日子里

1966 年 8 月,科技人员全部撤离禹城,回京参加"文化大革命"。之后在长达 10 年的时间里,禹城的领导虽然换过多次,但实验区的工作并没有因"文化大革命"完全停顿,同中国科学院的联系也没有中断。我在这期间又 8 次到禹城,分别来修编排涝规划,论证引黄灌溉的作用和影响,推广我们另一个课题"土面增温剂"的应用工作。每来禹城一次,就能看到禹城大地的可喜变化。使我深为感动的一件事,是一位年轻的农民刘同志,在实验区初期,跟着打井队做一些体力辅助工作。打井任务结束后,负责地下水位观测井的观测任务。全区有几十个观测井,每月上中下旬观测三次,可以领到 3 元钱的劳务费。文化大革命期间有五六年的时间,没有领导,也无劳务费,但他照常坚守岗位,坚持监测地下水没有中断一次。1977 年 3 月,我第八次来禹城安排我的试验项目。他把监测记录拿给我看,我顿时对这位普通的农民产生出由衷的敬佩。由于他无私的奉献和朴实的敬业精神,保持了观测数据的连续性,我们才能分析出地下水变化规律和土壤盐水变化关系,成为后来多篇学术论文引用的数据,从而为科学调控水盐动态提供了依据。

"文化大革命"期间,研究所体制有了大的调整,通过批判学科建所,把研究室全部打乱,按科研任务编成连队,军代表进驻,进行军事化管理。我当时在中国科学院地理研究所二连八班,主要任务是研制和推广应用一种能代替地膜覆盖的"土面增温剂",其中 1974—1976 年在河南商丘地区工作,由于地区生产指挥部领导的支持,成绩最为显著。后来我们又在禹城推广。

8. "文化大革命"后的禹城实验区

1977 年,应禹城县科委的邀请,我们继续在禹城开展工作。9 月 23 日,我们下火车后,县里派一辆小车把我们接到招待所,安排在最好的房间。同 11 年前相比,禹城各个方面都发生很大变化,县城已从老县城迁到火车站附近,并建了新县城。在南北庄盖了几排平房和庭院,禹城县新成立的改碱指挥部就设在这里。常务副县长杨德泉负责指挥部工作。科委马逢庆主任是指挥部办公室主任,常住南北庄。我们来到指挥部和马主任等人研究县里的要求和我们的想法,了解到实验区由于 300 多眼机井和排涝系统发挥了作用,农田林网基本形成,平整土地等农田基本建设也做得很好。实验区粮食亩产也由 11 年前的不到 50 千克提高到 400 千克。实验区的变化，令我们非常高兴，从而也增强了我们长期在这里工作的信心。

1979 年 3 月 25 日，山东省科委孙杰处长在杨德泉的陪同下来到实验区召开座谈会。参加座谈会的除中国科学院地理研究所三位同志外，还有中国农业科学院土壤肥料研究所，山东省林科所和鲁北根治海河指挥部的几位同志。从 20 世纪 70 年代以后这些单位也陆续来实验区开展工作。孙处长在会上首先传达了全国科学大会后山东省科技工作的部署。他说禹城实验区和中国农业大学主持的河北曲周实验区，都已列入"人与生物圈"的项目，对外开放。省科委刚结束的工作会议确定 521 个科研项目，其中重点 27 项，又突出攻克 9 项重中之重，禹城实验区是 27 项和 9 项的头一项。为此，他要求参加单位增加力量，共同努力，从高起点出发开展实验研究工作，省科委提供资金和条件。孙杰处长的话鼓舞人心。我在会上也发言，谈了中国科学院地理研究所的设想。这个座谈会成为实验区发展历程中一个标志性会议。它标志着以工程治理为主的阶段转变为以联系生产实际进行试验研究为主的阶段。

座谈会后，各单位在一起开了两天论证项目的科研协作会。孙处长再次来到南北庄定下来五个项目：一是实验区水盐运动规律与水盐平衡研究；二是井沟结合排灌体系布局与标准研究；三是土地合理利用、培肥地力研究；四是农田林网改善农田生态系统研究；五是高产稳产现代技术应用和样板田建设研究。其中第一、第二、第五项都有中国科学院地理研究所的研究内容，特别是第一项是由我们牵头，为此在实验区渠道上布设了 7 个水文测点，增设了 100 多个地下水观测孔和 20 多个土壤盐分取样点。中国科学院地理研究所气候室同志建立了水面蒸发站、气候观测站、观测地面气象梯度变化和遥感试验的观测塔。同年秋天中国科学院地理研究所挂牌成立了"禹城综合试验站"。

孙杰处长来禹城县座谈后，实验区的工作条件有了很大改善。在县"改碱指挥部"以南又盖了几排平房，专门给科研人员用的。人数最多的是中国科学院地理研究所，其次是中国农业科学院土肥所，土肥所也成立了"禹城改碱试验站"。

这一时期的工作条件虽有改善，但生活仍很艰苦。我们每次从北京到禹城都要背三个包，一个包是铺盖卷，一个包是文献资料，一个包是吃的东西，包括炸酱等。住下来后自己轮流做饭，到集市上买菜很便宜，鸡蛋两分钱一个，在日记里我还记载着跟卖鸡蛋的农村妇女讨价还价的故事。野外生活比机关生活艰苦，但生活在大自然环抱的生态环境里，田野、果园、树林、渠水，也给人以野趣的享受。

通过实验区十多年农业的快速发展，和多学科的联合研究，便形成了治理旱涝碱的禹城模式，就是后来广为传播和推广的"井、沟、平、肥、林、改"六个字。这是生产实践的结晶，也是科学实验的结晶，其实质是"综合"。长期来农口和水利口从事盐碱土改良研究的专家，一直分成两个学派，一是生物学派，二是工程学派。禹城模式提出后，双方都接受综合治理的观点，两派争议渐渐销声匿迹。在这期间我发表了《禹城实验区土壤盐分变化及影响因素分析》《土壤盐分的水迁移运动及其控制》等论文，对禹城模式 6 个方面技术的作用及其综合效应进行了理论分析，解读了禹城模式的科学内涵，受到社会的关注。水利部南水北调办公室还把文章作为他们调水规划的附件，用以支持他们的结论。

9. 在河北青县遭遇车祸

1981 年 11 月 16 日，中国科学院地理研究所左大康所长带队，乘坐一辆巡洋舰越野车，赶赴禹城参加实验区成果鉴定会。当车刚开过河北青县，迎面过来一辆大卡车，后面紧随一辆微型小货车，在加速超越大卡车时，和我们的车相撞。小货车被撞解体，司机骨折，动弹不得。我们的车被撞后又前行了 7 米，向右侧翻在路上。左所长坐在副驾驶座，身上有擦伤，问题不大。我和张仁华两人在前排座位后面的工具车厢内，坐在马扎上，由于后面没有依靠，两手一直紧抓前面靠背，撞车时只觉得马扎急速向右滑落，一点伤也没有。最惨的是在我前面的唯一一排座位上的 4 个人，吴长惠、程维新、洪加琏和孟辉。翻车时左边三条汉子一齐挤压在孟辉身上，但她当时没见外伤，后来才知道内伤很严重。程维新撞得头破血流，十分吓人。吴长惠直嚷肋部和腰部疼痛难忍。当我们从车里爬出来，把吴长惠、程维新重伤员扶在路旁，让他们坐下来休息。左所长安排我、孟辉、洪加琏三人陪吴长惠、程维新两人前去沧州医院救治，并负责和禹城联系，左所长、张仁华和司机留在现场，负责和司机班联系。正好这时有辆大卡车经过，把我们 5 人连同对方重伤司机一起送到沧州人民医院。经医院检查吴长惠 7 根肋骨骨折，程维新头部外伤，经处理包上纱布活像战场上的伤员。对方司机伤势最重，两腿骨折，鼻子下边穿个洞直到嘴巴，了解到他是济南服装二厂的职工，车上是他一人开车，无人照顾，我们都觉得救死扶伤应当不分单位，一视同仁，对他也要跟我们的人一样照顾。我和孟辉用担架抬着他在医院楼上楼下来回几次，直到把他在病房安顿好，并联系他们单位来人。

在青县出事时大约是上午 11 点，一直忙到下午 5 点多，禹城接车赶到，大家才聚到一起用晚餐，互相慰勉："大难不死，必有后福"。饭后赶到禹城已是深夜。

在这次车祸中表现最突出的是孟辉，内伤最重的也是孟辉。她当时在资环局办公室负责成果管理，是吴长惠请她一起来禹城参加成果鉴定。在事故现场和医院里，她和男同志一样抬伤员，办理各种就诊手续，跑来跑去，不叫苦，不说累。我跟她是初次见面，她的表现使我十分敬佩。回到北京一个月后，她感到右臂和右身麻木，到医院检查才发现颈椎第三、第四关节受损，在中医研究院等单位治疗，进展缓慢，到现在还有后遗症。孟辉的伤是内伤，不能立即发现，延误了最佳治疗时间，再加上伤后还坚持抬担架等体力劳动，也加重了病情。有经验的人说，凡是车祸不管伤势轻重，都要立即到医院全面检查，及时治疗。我们当时都无经验，也无经历，延误了孟辉的治疗，我们内心一直非常歉疚。

10. 与黄淮海工作相关的三个项目

第一，南水北调研究。

南水北调有东、中、西三条输水路线，东线和中线的供水区都是黄淮海平原，20世纪50年代新乡灌溉研究所所长栗宗嵩所长就提出从长江调水解决华北缺水的问题，70年代水利部正式开展南水北调规划研究。国家给中国科学院下达了"南水北调对自然环境影响"的项目，具体由中国科学院地理研究所左大康牵头，水文室刘昌明主任协助。在此之前我被室领导刚刚决定为水文室业务秘书，因此南水北调项目很多文字的起草和具体组织协调工作，都交给我来做。我也就成了南水北调的项目秘书。

1979年10月6日在禹城县宾馆召开项目协作会，参加会议的有来自中科院系统、水利系统、农业系统等10多个单位60多人，会议落实了13个课题。

1980年10月，联合国大学9位专家，在联合国环境规划署比斯瓦斯教授带领下来到北京，同中国科学院地理研究所组成"联合考察团"考察研究南水北调对沿线自然环境的影响。8日从北京出发，先沿中线由北向南考察河北、河南和湖北三省沿线地区，中国科学院地理研究所提供1辆小卡车（外国专家都带很大的旅行箱，卡车是放箱包用的），还有两辆面包车和一辆越野车，沿线考察了石家庄、新乡、郑州、南阳、丹江口、武汉等地。从武汉坐船转到南京，再乘汽车沿东线由南往北考察江苏、山东、天津的扬州、江都、淮安、徐州、济宁、禹城、沧州、天津大港等地，考察历经21天换了19个宾馆，对沿线自然、经济、社会、环境等问题作了全面了解。考察结束后，在北京联合举办"南水北调对自然环境影响"研讨会。研讨会论文编辑成《远距离调水》中英文两个版本出版。国家有关部门透露，东线调水工程将于2014年全面建成通水，我们的研究成果为处理调水的环境问题也曾提供过重要依据。

第二，"万亩方"。

1981年我国开始实施发展国民经济的第六个五年计划。"六五"科技攻关计划中，有一项低产田区域治理项目。1982年3月30日，左大康所长召集中国科学院地理研究所有关室主任和有关黄淮海研究同志20多人开座谈会，讨论能不能承担这个项目。他说："区域治理这个项目是国家计委、经委、科委联合下达的攻关项目，由院内外有关单位共同承担，院内由地学部和生物学部负责，而地学部布置给中国科学院地理研究所承担。具体任务就是在禹城和封丘实验区各划出1万亩耕地，投入先进实用农业技术，进行农业高产攻关"，这项任务简称"万亩方"。在一定面积农田里投入硬技术发展生产，这在中国科学院地理研究所研究历史上从未做过。左所长在主持会议的讲话中有点为难，他希望大家发表意见。会上讨论热烈，争议很大，多数人对项目没有信心。会议快结束前我作了发言，大概意思是：中国科学院很多研究所在黄淮海地区做了大量研究工作，是成龙配套的，现在国家要我们在禹城和封丘搞两个"万亩方"，我们应该以积极的态度承担下来，两个"万亩方"好像两个眼睛，对中国科学院在黄淮海的总体工作能起到"画龙点睛"的作用。这个发言扭转了会议的消极气氛，得到同志们的共鸣。左所长很兴奋，当即决策组织力量承担下来。经过3年紧张的工作，攻关任务完成很好。

从"六五"开始，以后的几个五年计划，都有中低产田区域治理项目，由于"六五"万亩方攻关取得很好结果。"七五"攻关便大胆地承担了"一片三洼"这个更为艰巨的任务了。

第三，"一片三洼"。

"一片三洼"是指原实验区13.9万亩的一片和三个荒洼池，包括历史上遗留下来从未种过庄稼的重盐碱荒洼北邱洼，由大大小小的沙丘连片形成的沙河洼，长期内涝积水的低湿地辛店洼。一片代表黄淮海地区大面积的中低产地，三洼代表风沙、盐碱和涝洼制约生产的三个类型。"一片三洼"通过科技攻关能够治理好，发展好，就会给黄淮海农业发展提供最有说服力的样板。这就是为什么李振声院长来禹城调研后，很快提出把点上的科技成果往面上推广的原因，也就是国务院陈俊生秘书长来禹城调研后写出《从禹城经验看黄淮海平原开发的路子》长篇报告的依据。

"一片三洼"由中国科学院地理研究所程维新总主持，中国科学院地理研究所张兴权、兰州沙漠所高安和南京中国科学院地理研究所庄大栋分别负责"三洼"工作，这项工作情况可以访谈他们，我就不多说了。

从禹城实验区到"万亩方"到"一片三洼"，虽然有科研单位和地方政府的结合，但仍以科技行为为主，积累大量用于生产的研究成果，只能作为实验研究链条上的一个环节，科研人员无力进行大面积推广。李振声、陈俊生等高级领导以敏锐的眼光，发现了这个问题，通过他们影响中央政府的决策，才催生了1988年区域农业综合开发国家计划。这项计划一直到现在还在实施，对我国农业的发展起了不可替代的作用。我认为从禹城这个案例中能看到科技行为转变提升为政府行为的过程，也就是过去常说的科研要走在经济建设的前面，现在所说的科技引领发展的道理。

二、中科院农业科技"黄淮海战役"

1. 农业科技"黄淮海战役"的酝酿和准备

1987年10月初，李振声副院长参加中国科学院河南封丘实验站开放会议，同省市领导研究把封丘经验推广到面上的问题。之后又到禹城调研，看到60年代开始治理的13.9万亩低产地建成中高产地的巨大变化，又考察了"一片三洼"。李副院长调研后认为禹城"一片三洼"的治理在黄淮海地区更具典型性，更应该把治理经验往面上推广。

1985 年 2 月，中国科学院地理研究所任命我为科研业务处处长，1987 年 3 月中国科学院任命我为中国科学院地理研究所副所长，院所和省地县的大部分决策我都参加了。1987 年 11 月 23—26 日，中国科学院地理研究所、兰州沙漠所、南京中国科学院地理研究所的有关同志专程到禹城和县领导共同研究提出了"将禹城试区经验推广到全县的初步意见"。山东省科委何宗贵主任在讨论中发表了重要意见。12 月 4 日，中国科学院地理研究所左大康所长亲自到禹城为李副院长和山东省领导来禹城做准备。12 月 7—8 日，李振声副院长、李松华、罗焕炎、左大康等和山东省委陆懋增副书记、省科委何宗贵主任、德州地委马宗才书记、王久祜副专员，在禹城召开院、所、省、地、县五方领导协商会，决定把禹城经验推广到德州地区。12 月 14—16 日，我和唐登银、程维新、胡朝炳同志，到德州和地区有关同志，组成联合工作组，起草了"将禹城经验推广到德州地区"的请示报告。12 月 18 日，时任山东省常务副省长的马忠臣同志听取了德州地委的汇报，认为这是一项战略性措施，符合山东省的需要。他提出再形成三个文件：禹城试区经验介绍；德州行署向省政府和中国科学院的报告；山东省和中国科学院向田纪云副总理的报告。联合起草工作小组，紧接着于 12 月 19—21 日，夜以继日地工作，完成了上述三个文件的起草。按马副省长的要求，呈田副总理的报告中将原计划向德州地区推广扩大到鲁北德州、聊城、菏泽、惠民、东营 5 个地（市）。

2. 田纪云副总理的讲话成为黄淮海工作的重要指导思想

1988 年 1 月 6 日，山东省政府朱启明顾问和德州地区领导，来京向李振声副院长转达了山东省领导和中国科学院领导一起向田纪云副总理汇报的意愿，李振声副院长向他们传达了 1 月 4 日田副总理接见周光召、李振声二位院领导讲话要点，包括同意中国科学院和地方政府共同承担黄淮海农业科技开发的意见。

李振声副院长所传达的田纪云副总理的讲话，其重点和实质是什么？讲话给中科院的农业科技工作发出什么样的讯息呢？大概意思是：首先分析了全国农业发展面临的严峻形势，就是在 1985 年前连续几年的快速增长后，粮食生产进入连续三年的"停滞不前、稳而不增"的局面，对国民经济发展带来明显影响。改变这种局面，只能采取积极措施，一靠政策、二靠科技、三靠投入，开创出农业发展的新局面，争取到 2000 年全国粮食产量达到一万亿斤。田副总理进一步指出"政策和科技潜力不可估量，看能否把潜力挖出来"。如何挖掘科技的潜力？他明确提出"农业开发与基地建设"的意见，国家重点抓东北的三江平原和黄淮海平原两大片。三江平原重点是荒地开发，黄淮海平原重点是中低产田治理开发，要按项目一片一片开发，建设几个商品粮基地。要把建设项目的土地占用费全部用于农业的土地开发，为了用好这笔资金，国家成立农业开发基金会，田副总理亲自任理事长，陈俊生同志任秘书长，李振声副院长参加基金会。黄淮海的农业开发，希望中国科学院、中国农业大学、中国农业科学院积极承担，要把成熟的技术经验大面积推广应用，转化为现实生产力。周光召院长当即向田副总理请战，要投入力量开辟黄淮海农业科技主战场。田副总理表示，要请战就下决心干一片。现在回想起来，周光召院长、李振声副院长1月4日向田副总理的汇报和请战，田副总理的讲话，成为中国科学院"黄淮海战役"重要的指导思想。我们在山东省各地考察和建立试区的过程中，对田副总理讲话都作了再转达。

3. 中科院农业科技"黄淮海战役"揭开序幕

1988年1月15—18日，中国科学院在北京召开"黄淮海中低产田综合开发治理研讨会"，参加会议的有25个研究所和院部11个局（办）的有关人员97人。周光召院长、孙鸿烈、李振声副院长等院领导出席会议并在会上讲话，邀请时任中央农村政策研究室杜润生主任、国家计委张寿副主任到会作报告。中国科学院地理研究所、南京土壤所、石家庄农业现代化所、南京中国科学院地理研究所在会上介绍了山东、河南、河北和淮北地区中低产地区治理开发的初步设想，另有20个单位作了专题发言。会议经过研讨，表示一定按照中央要求和院的部署，通过5~8年努力，在治理开发中低产田基础上，完成增产100亿斤粮食的硬任务，大家决心要把这场硬仗作为新的"淮海战役"来打。

会议在对黄淮海工作进行动员的同时，也作了具体部署：冀、鲁、豫、皖部分地区的78个县（市），8 000多万亩中低产田开发的地区，定为五区、三市、四县。其目标是通过6~8年的科技开发，新增100亿斤粮食。五区包括德州、惠民、聊城、菏泽、沧州地区；三市包括新乡、濮阳、东营；五县包括禹城、亳县、涡阳、蒙城、怀远等。中国科学院地理研究所牵头组织13所150人，承担山东工作区德州、惠民、聊城、菏泽、东营五个地市的任务。南京土壤所牵头组织13个所190人，承担河南工作区新乡、濮阳两个地、市的任务。石家庄农业现代化所牵头组织12个所108人，承担河北工作区沧州地区任务。南京中国科学院地理研究所组织6个所50人，承担安徽工作区淮北4县的任务。上述四个工作区域以山东、河南为重点，四区域负责人又被戏称为四个"司令"，我为山东工作区的"司令"。

2月22日人民日报和科技日报分别在头版头条发表文章，题为农业科技"黄淮海战役"将揭序幕——中国科学院决定投入精兵强将打翻身仗。这时才把最初借用的"淮海战役"更为准确的表述为中国科学院农业科技"黄淮海战役"。

在1月15日院"黄淮海"会议之前，中国科学院地理研究所就已明确了自己的任务，成立了"黄淮海"工作领导组，有唐登银、黄荣金、程维新、李宝庆、凌美华、戴旭等同志，我任组长。为了让我把主要精力放在主持黄淮海工作上，所领导研究决定把我在所内分管的工作全部交给别人。全院"黄淮海"会议后，山东片的工作立即行动起来。

4. 科学技术与生产见面会

我们接受任务后，内心充满激情，要扎实向前推进，首先要弄清院内各所能拿出什么技术成果，地方县乡等基层单位对农业科技有哪些需求？这个问题一直在我脑中琢磨。恰好 2 月 9 日德州行署王久祜副专员和地委农村工作部董昭合部长一行来中国科学院地理研究所商量工作。一见面立刻激活了一个创意，就是开"见面会"——科学技术与生产见面会。这个创意形成后，我很兴奋并拉着唐登银同志，晚上到王久祜、董昭合的宾馆，专门研究这个问题。他们听了十分高兴，当场商定：以中国科学院地理研究所和德州地区行署联合主办；会议日期定于 2 月 26—29 日，会议地点德州市；会议内容主要是地县领导和涉农企业介绍情况和技术需求，研究单位介绍适用技术，双方在会上对接洽谈；参加人员是中国科学院有关所和德州地直单位、县乡分管农业领导 200 人左右。我当场起草了会议通知，双方带回去向领导汇报。作为"序幕"后的第一场大戏的这个"见面会"，双方在一起商量和设计的时间不到一个钟头，会议通知不超过 150 字，我想这可能就是战时效率和作风吧。

2 月 26—29 日，科技与生产见面会在德州如期举行，李振声副院长和马忠臣副省长分别在大会上作了报告。虽然大家都未过完正月十五，但参会人员异常踊跃。中国科学院 28 个局、所的近百名科技人员到会，24 人在大会上介绍了 251 项农业科技成果，地区、县乡原计划 100 人参加会议，结果猛增到 600 多人。德州同志们兴奋地告诉我们，通常的会议越开人越少，而且会场内人声嘈杂。这次会却越开人越多，没有座位就站在走道上听。全场自始至终鸦雀无声。他们感到十分惊喜。白天听技术报告，晚上各县乡、企业领导就到各研究所的房间深入了解并洽谈合作意向，来洽谈的人从房内到走道排着长队等待见面，这种对科技的渴望和需求的场面，是科技人员从未见过的。他们也感到十分惊喜。

参会人员普遍认为会议开得成功，开得精彩，深受教育，深受鼓舞，进一步提高了对农业科技"黄淮海战役"决策的认识，开始找到了一条科技与生产相结合的改革路子，沟通了信息，增进了了解。通过双方共同努力，中国科学院有关所和德州地区 13 个县（市）达成协作意向 354 项，达成了在德州市、平原县、乐陵县、武城县、齐河县、夏津县建立 6 个新的治理开发试区的协议。会议还落实了中低产田开发的范围和面积，确立了组织领导体制。会议产生了广泛和深远的影响，河南、河北和安徽工作区也相继召开了这类会议。

5. "见面会"期间赶回北京参加田纪云副总理主持的会议

2 月 26 日晚上接到通知，要我赶回北京参加田纪云副总理主持的黄淮海农业开发工作会。27 日晨 4 点半乘所里带到会议上的巡洋舰越野车出发，用 7 个小时于中饭前赶到北京。会议下午 2 点开始，5 点结束。在会上田副总理重点讲黄淮海冀、鲁、豫、苏、皖五省都要分别做农业开发规划、农村改革和农业开发政策，再次强调农业发展一靠政策、二靠科技、三靠投入，科研单位也要给些事业费等。杜润生同志和农、林、

会战时，陆懋曾（左一）、李振声（右一）、许越先（右二）和大家一起劳动

水、计委等部委领导也做了发言，中国科学院周光召、李振声副院长、钱迎倩、李松华、赵其国同志也参加了会议。散会后我立即返回德州到达宾馆已是夜里12点。中国科学院地理研究所左大康所长、邓飞书记，几个所参会的主要成员都未睡觉，等我回去传达会议精神。我把会议要点介绍了半个小时。

应马忠臣副省长要求，3月29日上午在董昭合部长陪同下专程到济南，向马副省长汇报了会议情况。

6. 3月8日禹城农业开发大会战

"见面会"后，各县回去都传达了会议精神，禹城县还决定3月8日在沙河洼组织一次群众性的实施农业开发大会战。3月6日晚上，李振声副院长给我打电话说，"见面会"各县带队的都是副县长，要真正把工作抓起来，必须有第一把手的重视，3月8日禹城的大会战是很好的方式，已给山东省马副省长、陆懋增书记商量好，都来参加大会战，下午就召开县党政一把手会议，进一步部署开发工作。他要我通知中国科学院科技人员全部参加会战和会议。

3月8日上午，禹城县在沙河洼和辛店洼进行的农田建设万人大会战轰轰烈烈地展开，李振声副院长、陆懋增书记和马忠臣副省长、地区和各县书记、县长同大家一起劳动，场面十分壮观。

下午在禹城宾馆召开地县两个一把手会议，再次对黄淮海开发作深入动员，部署了开发规划工作，要求一把手亲自抓，不等不靠积极主动投入到开发中去。

7. 山东工作区的工作部署

"黄淮海战役"总目标是把现有科技成果往面上推广，围绕这个目标和山东工作的任务，我们做了具体部署，提出"突出中间，带动两翼，点面结合，步步为营"的工作方针。德州地区处于五个地（市）中间，原有工作基础最好，作为重点放在工作的突出地位，采取多点示范，向外辐射的工作方式。向东带动惠民和东营，向西带动聊城和菏泽。在实施步骤上大致分为两个阶段，第一阶段：开发先行、打开局面、奠定基础；第二阶段：稳定队伍、专题深入、发展成果。第一年主要把德州、聊城、东营三个地（市）的工作开展起来，第二年再开展惠民、菏泽地区的工作。

1988 年第一年的工作取得了可喜成效，在 7 个县（包括禹城）建立了 9 个开发示范区，示范面积扩大到 3 000 亩，辐射推广面积 90 万亩。示范推广的技术成果 39 项，建立了 3 个工作站，派驻 4 个科技副县长，组织相关人员先后在 5 个地（市）23 个县（市）全面考察和深入座谈，全院 13 个研究所 205 人已进入主战场。

8. 考察德州 4 县并建点

3 月 25 日至 4 月 4 日，我带队分别考察了乐陵、平原、齐河、武城 4 县，并同县领导商定选点建立示范区的具体事宜。首先到乐陵县，考察了沙荒地、涝洼地和枣粮间作三个类型。乐陵小枣中外闻名，肉厚、核小、病果少。十几万亩枣粮间作农田非常壮观。县里同志介绍在 60 年代困难时期全靠小枣营养，使枣区农民无人患肝炎病（当时各地肝炎病发病率极高），县里还有一棵古树称唐枣，传说唐初罗成在此拴过马。说明这里种枣历史悠久。枣粮间作之所以经久不衰，据留在乐陵试区工作的同志介绍有其科学道理，枣树根深、抗旱、发芽迟，不影响粮食作物生长。在每年 5 月干热风季节，有调节气温防干热风效果。在经济上除粮食收入外，又增加枣树收入，因此是一种立体高效种植方式。考察时一天我们又遇到风沙满天的天气。县里同志说，乐陵一带是抗日老区，原有很多树，都被日本鬼子伐光了，风沙危害很大。有一年不到 10 岁的姐弟俩，在田间玩，忽然吹来一阵风沙，看不见天日，姐姐拉着弟弟的手趴在条田沟里，风沙越来越大，把条田沟填平了，两个孩子被活活埋死在田沟里。这个悲惨的事件，足以说明风沙的危害之大。考察后中国科学院地理研究所气候室 4 位同志由叶芳德同志牵头，留下来在杨家乡和张家乡建立试区，开展风沙地利用和治理示范工作。

在平原县考察并跟县领导商定，选在尹屯乡重盐碱地建立示范区，由中国科学院地理研究所董振国、于沪宁同志负责。在齐河县考察后，决定在安头乡建立试区进行中低产地开发示范，负责人有中国科学院地理研究所的刘恩宝、巴音同志。到武城县考察时，长春中国科学院地理研究所赵魁义专程前来参加考察，并和县领导商定在大屯乡重盐碱地建立示范区，由长春中国科学院地理研究所赵魁义、富德义负责。

4 个县考察部署之后，由中国科学院地理研究所和兰州沙漠所分别在德州市（现在的德城区）的二屯乡和夏津县的双庙乡建立两个示范区，负责人分别是姜德华和赵兴梁同志。至此德州地区 6 个新试区基本落实启动。

9. 从夏津县再看风沙危害

人们都知道我国西北地区有沙漠和风沙危害，往往不明白在黄淮海平原地区也有大片沙丘为害。实际上这都是黄河惹的祸。黄河是中华民族的母亲河，但在 1 000 多年的历史上，却改道 9 次，决口泛洪"三年两次"，影响范围北至卫河到天津，南至淮河中下游。最后一次改道发生在 1855 年，从河南铜瓦厢决口改道，由原来经皖苏北部"夺淮"入海的河道改为现在经鲁北东营市入海的河道。新中国成立后 60 年没有发生一次决口，确实是水利建设上的一大伟绩。黄河是"地上河"，堤内河床比堤外农田高五六米，决口和改道河流带着大量泥沙，一泻千里，留下多处沙带和沙丘，形成岗、坡、洼交错的微地貌，平原上是"大平小不平"。前面讲到的禹城、乐陵都有风沙地。当我到夏津县考察时感到这个县的风沙地貌类型最为典型。兰州沙漠所的同志在"见面会"后，就组织人员到夏津调研，并建立了示范区。我 7 月 19 日到夏津时，他们已作出规划成果和治理改造方案。夏津示范区赵兴梁先生向我们介绍说：夏津县有西沙河、东沙河、北沙河三个沙带，总面积 28.6 万亩，都属季风性风沙。他把三条沙带又分若干小区，进行分类治理。他们工作细、进度快、治理措施科学有效。后来向省黄淮海农业开发办公室林书香主任汇报，给予高度评价。

1988 年是我的本命年 48 岁，参加黄淮海工作的大都是跟我年龄差不多、60 年代的大学毕业生。赵先生已年近 60，是一位非常专业也非常敬业的长者，大家都很尊重他。

我们现场考察 3 条沙带，由县政府张成道常务副县长陪同。我们看到大片沙丘地，只有稀疏的树木，附近的农田大都种棉花。张县长说有些年份棉花得种三次才能定苗。一次两次播种后，一场大风连土带棉籽被风吹跑，再接二连三地补种。他还说沙区刮风后房内也会落下一层沙，碗里、灶上、水里和食物上都有，一年一人要吃掉一块土坯那样多的沙子。当我们看到一个村子已有半个村正被沙丘吞埋，还露出点房顶，老百姓不得不搬迁。还有一户住着人的房子，沙丘已移动到家门口并埋了半边墙，严重威胁着这家人的安全。张县长告诉我，像这样的村子全县有好几处。真是触目惊心！但进一步激发我们快把黄淮海治理好的决心。张成道是位很有思想又能干实事的县领导。我到中国农业科学院工作时，他已升任为禹城县委书记。

1995 年，我调到中国农业科学院任副院长，那时中国科学院试验站已有三栋楼房，而中国农业科学院试验站还是在 20 世纪 70 年代的平房里办公。两个站工作条件反差太大。我在中国科学院地理研究所时对这种差异习以为常，但调到中国农业科学院就感到羞愧了。我想改善站上的工作条件，就找张成道书记商量。他非常热情和诚恳地对我说："许副院长我们是老朋友，你的事就是我的事，而且中国农业科学院也支持禹城做了很多工作。禹城的财政虽不富裕，也要凑出钱来给中国农业科学院盖栋楼，但中国农业科学院也要象征性出点钱"。听了他的话我非常高兴，就把中国农业科学院和中国科学院的房屋设施都拍成对比的照片，带到院党组会研究，虽然中国农业科学院经费紧张，但会议还是决定同意和地方共建这栋办公楼。这件事一直记在我心里，当然也记在中国农业科学院常年在试验站工作的同志们的心里。

10. 在聊城地区考察调研

德州地区的工作基本部署到位后，我们应邀到聊城地区考察、座谈，商定联合开发事项。4月13—21日我带领中国科学院地理研究所、兰州沙漠所、南京中国科学院地理研究所、长春中国科学院地理研究所共15人，考察了全区8县（市）50个点，最后一天召开"黄淮海农业开发专题报告会"，我们6位同志在会上作了发言，聊城400余人参加了会议。这次会议实际上开成了聊城地区的"科学技术与生产见面会"。当时聊城地委书记王乐泉同志（现任中央政法委副书记、政治局委员），在考察和报告会期间，跟我们举行了两次座谈。

各县（市）都非常重视和热烈欢迎我们考察，每到一县都是县委书记、县长亲自迎接。冠县张书记说：全县有20万亩盐碱地，34万亩沙荒地，中央采取黄淮海开发的措施，全县人民都非常高兴，今后我们这种落后地区一定会加快发展。这是中央对我们的关怀，也是中国科学院对我们的关怀。茌平县委徐书记一见面就激动地说："有人替农业说话我们感激不尽。老说农业是基础，基础不牢，上边的大厦也不会稳当，黄淮海综合开发，事关国家前途。过去常听说中国科学院考古发现多，引不起农民的兴趣，现在中国科学院出了明白人，替农民说话，这是全国农民的福"。各县都有类似张书记、徐书记这样的高度评价。从中可看出，当地人民对黄淮海开发的迫切要求，也可看到高层领导一个正确决策的民意基础。

11. 国务院陈俊生秘书长、李鹏总理相继视察禹城

1988年5月23日，陈俊生同志来禹城视察。下午2点我们在北京接到禹城县的通知。中国科学院地理研究所派两辆车，院所8人连夜行车，到禹城已是凌晨3点。24日我们陪同陈俊生同志一行，看了试验站。他对站上开展蓄水、保水、水的运动规律研究很感兴趣，并说节水潜力很大。他下午考察"三洼"，晚上听取汇报，第二天召开座谈会。山东省赵志浩省长，中国科学院李振声副院长都赶来参加会议。陈俊生充分肯定中国科学院和禹城县的工作，对20多年来科研人员长期在野外，每年有八九个月在示范区工作的这种献身精神给予高度评价，提出要给科技人员发奖。

陈俊生同志回到北京，于6月8日完成了《从禹城经验看黄淮海开发的路子》长篇调研报告。6月11日姚依林副总理批示"同意俊生同志的意见"。田纪云副总理批示："禹城的经验很好，报告所提建议也是可行的"。

6月17—18日，时任总理李鹏视察禹城，陈俊生秘书长、杜润生主任及7个部委领导同志陪同。周光召院长和李振声、胡启恒副院长、左大康所长等也专程到禹城。山东省梁步庭、陆懋增、姜春云等同志也来了。李鹏总理视察试验站看到蒸发试验和管道输水试验时，兴奋地说："华北缺水，要研究节水农业，中国科学院要写

左起刘安国、李振声、许越先在合影留念

个报告给我，我给你们批"。他还为试验站题词："治碱、治沙、治涝，为发展农业生产作出新的贡献"，在视察沙河洼时题词："沙漠变绿洲，科技夺丰收"。第二天在禹城宾馆召开大会，李总理在会上作报告，高度评价科研单位和地方政府的工作，指出"国家农业发展寄希望于黄淮海平原"，要建立资金和科技投入新机制，"要搞好节水农业"。

按照李总理的指示，院农业项目管理办公室刘安国主任，要我代院起草关于节水农业研究的报告。11月1日周院长亲自签发，逐级呈报陈俊生、田纪云及李鹏同志。总理11月6日批示："节水农业十分重要，我同意支持对节水农业进行研究，但主要是创造出一批适用的成果，而不是写一些学术性报告"。11月9日田纪云副总理批示："华北地区水源不足，将日趋严重，工业与农业争水的问题也将日益尖锐。因此，我认为在华北地区推广节水农业将是一项带有战略性的措施"。

接到总理的批示后，院领导让我主持这个项目。我们组织12个研究所的60多位专家，设置6个课题28个专题，分别在山东禹城、聊城，河南封丘，河北南皮等试区，投入8套节水技术、5个节水新材料、5个抗旱作物新品种等适用技术进行试验示范。于是节水农业研究也成为黄淮海主战场的重要组成部分。现在节水农业越来越得到国家的重视，各单位开展多方面的研究。李鹏总理批示的这个项目，是节水研究中起步较早的研究工作。

7月27日，《国务院关于表彰奖励黄淮海平原农业开发实验的科技人员的决定》公布。中国科学院地理研究所程维新获一等奖，左大康、许越先等5人获二等奖。程维新和其他单位获一等奖的16位同志一起应国务院邀请到北戴河度假。李鹏总理等中央领导接待了他们，并召开座谈会听取意见。田纪云副总理在会上作《希望有更多科技人员为农业的开发建设贡献智慧和力量》的重要讲话。18位农业科技人员向全国科技人员发出《积极投身于黄淮海农业开发事业的倡议书》。11月26日山东省召开表彰黄淮海平原农业开发优秀科技人员大会。中国科学院长期在山东驻点的42位科技人员分别授予一、二等奖。左大康、许越先、程维新等获一等奖。

许越先（右二）同国家开发办主任周清泉（右一）、山东省农业开发办主任刘玉升（左二）在一起

12．林书香同志拨款100万支持我们的工作

林书香时任山东省农业厅副厅长兼农业综合开发办公室主任（后任省计委主任、副省长），参加了中国科学院在山东的一系列活动，对我们的工作非常了解。1989年5月，我在聊城位山灌区研究灌区管理项目时，接到他打来的电话，"许所长你们在山东做了大量工作，对我省农业综合开发起到重要引导和示范作用，请你把工作情况

和需要的经费，写个简要报告给我"。接到这个电话我又兴奋了一阵，连夜写完申请 47.5 万元的报告。第二天亲自到济南向他报告，他听了情况，翻看一下报告内容，立刻说："你们的工作量很大，这 40 多万的经费是不够的，我给你 100 万，分两期给你"，并交代当时在场的开发办刘玉升副主任办理（刘玉升后接任开发办主任，是我们重要的合作伙伴）。我觉得批准的科研经费比申报数多一倍，这是空前罕见的事，也说明他对我们工作的肯定。林书香的表态使我深为感动，也深记在心，把这件事经常讲给同志们听。

13. 中央主要领导在中南海接见 27 位专家

中国科学院 1988 年工作会议期间，中央主要领导要在中南海接见中科院专家，院领导从有关研究所挑选 27 位专家到会，我和土壤所赵其国所长都在 27 人之列。接见地点在中南海怀仁堂小礼堂，11 月 8 日上午 9 点准时开始。中央常委和田纪云等领导同志到会。首先周光召院长一一介绍了 27 位专家情况，并简要介绍了中国科学院的办院方针及一年来的主要成效。李振声副院长重点汇报农业科技主战场情况，在谈到黄淮海和节水农业时，李振声副院长两次要我插话补充。胡启恒副院长重点汇报高技术研发工作。中央主要领导最后做重要指示，共讲四点：一是肯定中国科学院一年来的工作成效，特别是在主战场上与生产相结合，有突破；二是谈形势；三是讲我国今后科技发展方向；四是讲在改革开放条件下更好发挥科技队伍优势。我觉得 27 位专家中，我和赵其国同志是作为黄淮海农业科技主战场的代表。会议的一个重要内容也是关于农业科技，再次说明中央对农业的重视。我坐在第二排中间温家宝同志旁边。他当时任中央办公厅主任，在会议正式开始前主动同我做了简短的交谈。

14. 周光召院长在"黄淮海战役"一年后亲自到山东调研

1989 年 3 月初，我接到院里通知，院领导要到山东调研，要我参与陪同。3 月 6 日，我们乘坐一辆旅行面包车离京。我记得车上有周院长、李副院长、干部局张志林局长，办公厅葛能全副主任和刘安国、吴长惠、佟凤勤等同志。中国科学院地理研究所录像组陈杰修同志随队录像。3 月 6 日下午到达德州第一站，接着到武城、夏津、聊城、齐河，11 日到东营并召开黄淮海农业科技工作座谈会，然后到烟台和青岛调研其他领域的问题。周院长一路上和座谈时，对黄淮海工作充分肯定，并对下一步工作提出重要的指导意见。

15. "黄淮海战役"取得圆满成功

1993 年，我们承担国家农业开发办公室咨询研究项目"黄淮海平原农业综合开

在项目区现场，许越先（右一）向周光召院长（中）介绍情况

发深化方向"，要求在实地调研基础上，总结前 6 年的开发成效，为在 2000 年前进一步开发提供咨询建议。我回忆，当时我带领课题组用了一个多月时间，在冀、鲁、豫、苏、皖五省 31 个地市进行全面考察，到 90 多个项目区进行深入调研，同省地县三级政府领导座谈讨论 60 多次，获得大量第一手资料，结合我们自己搜集的有关文献，通过综合分析，提交了"研究报告"，取得很多重要结论。我们调研所到项目区，看到中低产田开发的路子，基本上都是应用禹城实验区"井沟平肥林改"的模式。当时我们就感到，禹城经验已在黄淮海大面积推广，而科研成果的推广，只有将实验研究的科技行为转变为集成科技、资金和政策的政府行为才有可能。

前几天我又翻阅了我们的"研究报告"，发现田纪云副总理确定的到 2000 年全国粮食总产达到 5 000 亿千克的目标，以及院领导向中央请战许诺的在 6~8 年内"黄淮海战役"涉及的 8 个地市新增 50 亿千克粮食，都提前超额实现。1988 年到 1993 年，黄淮海平原粮食总产由 864 亿千克，增加到 1 068 亿千克，6 年增 204 亿千克，增 24%，农业综合开发项目区增 87 亿千克，为全区粮食增产贡献 46%，项目区耕地面积仅占全区 23%。1998 年全国粮食总产突破 5 000 亿千克。

中国科学院"黄淮海战役"主攻的德州、聊城、菏泽、惠民（滨州）、东营、新乡、濮阳、沧州八个地市和安徽四县，6 年新增粮食 55.5 亿千克，其中山东工作区贡献 39 亿千克，德州贡献 13 亿千克。亩产也有大幅度提高，年平均递增 17 千克，比黄淮海全区平均 9 千克高 8 千克。现在回过头来看看这些数据，中国科学院长期来黄淮海地区的实验研究工作，为提升区域农业综合生产能力和农业的全面发展做出了巨大贡献。中科院"黄淮海战役"取得重大胜利和圆满成功！

三、禹城模式、禹城经验、黄淮海精神

1996 年 8 月，禹城县召开"纪念禹城实验区创建三十周年大会"，我在会上作了"从禹城农业发展看科技的力量"的发言。由于 30 年来我亲身见证了禹城农业的巨大变化，又有面上研究的积累，而且又从中国科学院调入中国农业科学院，我觉得应当在一定高度上，以禹城为案例，把科技与生产、精神与物质等问题，从理论与实际的结合上讲讲自己的认识。我用 15 分钟简要地讲了三个问题：禹城模式、禹城经验和黄淮海精神。禹城模式就是前面讲的"井沟平肥林改"综合技术治理中低产田的模式，这个模式在黄淮海平原全面推广，为北方区域农业发展，扭转南粮北调局面做出了独特贡献。禹城经验比禹城模式具有更为丰富的内涵，除了科技研发外，还包括多学科队伍的联合攻关，科技成果的多渠道转化，科技人员在政府的参政议政，科物政结合的科技承包，农业科技园区的创造，以及地方政府对科技强有力的支持等，其实质是科技与经济的紧密结合。禹城经验里蕴含着两个基本内容。一是禹城人的科技意识；二是科技人员的黄淮

海精神。黄淮海精神就是长期在艰苦环境下坚持农业科研及成果转化的刻苦精神，联合攻关团结奋斗的精神，为国家、为人民、为科学忘我献身的精神，在科学研究上孜孜不倦、持之以恒、勇于探索和创新的精神。禹城模式、禹城经验和黄淮海精神是我们的宝贵财富，充分体现了经济发展中的科技力量。

2002 年 11 月，学部联合办公室在广东中山市召开学风建设研讨会，当时负责学部办公室工作的孟辉同志，请李振声院士以黄淮海为主要内容准备一篇发言稿。李先生给我打电话，要我先起草，我很快赶写成"让黄淮海精神在新时期发扬光大"的稿子，把"黄淮海精神"的实质和具体表现作了进一步阐述，李先生作了部分修改，要我以两人的名义在会上发言，之后发言稿内容又被几个单位转载。

2009 年 9 月下旬，山东省农业开发办公室和德州市人民政府联合主办，在禹城召开纪念农业综合开发 20 周年座谈会。省开发办和德州市委、市政府主要领导及德州市各县有关部门同志参加，我、程维新、高安、欧阳竹应邀作为嘉宾出席。我们都在会上做了发言，我通过回顾禹城实验区和"黄淮海战役"的历程，认为黄淮海农业综合开发治理的成功，贵在综合、贵在联合、贵在结合、贵在坚持。

感谢山东的同志没有忘记我们！

（本文原载《农业科技"黄淮海战役"》，湖南教育出版社，2012 年）

相关文献资料链接

我同意俊生同志调查报告的意见。请纪云同志审阅。

姚依林

六月十一日

禹城的经验很好，报告所提建议也是可行的。同意印发有关部门、地区参酌。

田纪云

六月十一日

一、从禹城经验看黄淮海平原开发的路子

陈俊生

（一九八八年六月八日）

1988 年 3 月 12 日田纪云同志主持召开黄淮海平原五省开发座谈会之后。各地都在

积极进行开发的进一步论证、准备工作，有些地区已经开始了行动。黄淮海平原开发试点工作，早在20多年前即已在一些地方（如河南封丘、山东禹城等）开始，近几年中国科学院、中国农业科学院等科研单位，都投放了相当力量开展这项工作，并已取得了经验。为了了解开发工作情况，1988年5月下旬，我到黄淮海平原开发试点县之一的山东省德州地区禹城县做了几天调查。禹城县在改造中低产田和开发利用荒地方面，为黄淮海平原大规模的综合开发治理提供了可贵的经验。

（一）禹城的经验展示了黄淮海平原开发的成功前景

禹城县位于鲁西北，全县人口44.3万，耕地80.6万亩。到这里看了以后，给人两个深刻的印象：一是这里历史上旱、涝、沙、碱"四害"俱全，是黄淮海平原的一个缩影；二是他们在治理"四害"方面都创出了成功经验，给人们开发黄淮海以强烈的信心感。

禹城有过去多年治理的老样板，也有近几年树起的新样板。

我们先看了老样板。它是1966年由中国科学院和中国农业科学院以及山东省有关科研单位、高等院校共同在禹城创建的以南北庄为中心的旱涝盐碱综合治理实验区。共有耕地13.9万亩，其中盐碱地占80%，是全县盐碱最重、最集中、经济最落后的地方。22年来，经过科技人员和广大干部群众的共同努力，采取"井、沟、平、肥、林、改"配套治理，共打机井1 150眼，挖5级排灌沟3 960条，总长1 204千米，平整土地4.5万余亩，搬动土方1 250万立方米，植树350万余株，林木覆盖率由1966年的3%增加到18%，盐碱地由11万亩减少到了7 000亩，整个实验区发生了巨大的变化。过去"旱年赤地一片，涝年遍地行船，田间难见一棵树，到处取土熬硝盐"的景象不见了，出现在人们面前的是"渠成网，地成方，树成行，旱能浇，涝能排"的粮棉高产区。我们看到地里小麦普遍茂密旺盛，秆粗穗大，预计亩产可达300千克左右。整个实验区粮食平均亩产已由1966年的90千克提高到1987年的625千克，增长了6倍；棉花（皮棉）亩产从6千克增加到75千克以上，增长11倍；农民人均收入从44元增加到650元，增长了近14倍。1966年前正常年景每年吃国家统销粮150万~200万千克，现在每年向国家交商品粮400万千克，商品棉300多万千克。而开发的资本投入并不算高，1966—1985年，实验区总投资2 270.8万元，平均每亩160元。其中群众自筹1 500万元（主要是挖土方），占66%；国家投资770.8万元，占34%，平均每亩56元。

我们看了老样板后，又去看了近几年治理的三片新样板。

第一片：沙荒改造。位置在禹城沙河洼，面积1.64万亩，洼内沙土连绵，风起沙扬，荒漠一片，什么也长不起来。1987年春，在中国科学院兰州沙漠所帮助下，采取工程措施和生物措施相结合办法，平掉沙丘78个，营造固沙林带14条，植树4.3万株，开挖支、斗、农渠17条，动土30万立方米，建成果园500亩，农田1 500亩，树起一个 2 000 亩的治理样板。我们看到样板田里生长的葡萄、花生、豆子嫩绿茁壮。去年当年改造，当年收益 36.2 万元，扣除成本，净收入 27.5 万元。而总投资 45.34 万元（每亩平均 266.7 元）。其中群众投资 32 万元（主要是劳动积累），占 71%；国家投资 13.34 万元，占 29%，亩均 66.7 元，主要用于桥、涵闸和林网建设。总投资与净收入相比，投资回收期为 1.93 年。1988 年群众治沙的劲头更大了，采取同样办法又开垦沙荒 4 000 亩，剩下的 1 万亩计划 1990 年年底全部开垦起来。

第二片：渍涝地改造。位置在禹城辛店洼，面积 5 617 亩，是一片沼泽化的荒地。从 1986 年起：在中国科学院南京地理与湖泊所的帮助下，采取以渔为主，综合开发的原则，挖池养鱼，堆土造台田，共动土 55 万立方米：治理 1 000 亩，开挖鱼池 88 个，建造养鱼水面 400 亩，台田 400 亩。鱼塘养鱼，台田种植果树、苜蓿以及玉米、花生、棉花等。当年开发当年利用的水面亩产鲜鱼 255 千克，甘薯亩产 2 250 千克，黄豆 175 千克，夏玉米 314.7 千克：籽棉 175 千克。纯收入达 40 万元。总投资 93 万元，亩均 930 元。其中群众自筹 62.6 万元，占 67.3%；国家投资 30.4 万元，占 32.7%。总投资与第一年纯收入相比，两年即可收回投资。由于见效快、效益高，现在治理面积已迅速扩大到 2 500 亩。

第三片：重盐碱荒地改造。位置在禹城北丘洼，面积 2.7 万亩，耕层含盐量一般都在千分之六以上，重的高达百分之一，治理难度大，历史上是一片不毛之地。1986 年在中国科学院地理研究所帮助下，开挖排灌工程，营造农田防护林网，共动土 38.6 万立方米，新挖和续建排水渠 15 条，长 14.3 千米，营造防护林带 24 条，长 20 千米，使 1.2 万亩洼地达到干、支、斗、农渠配套，解决了排水问题。其中 2 000 亩重盐碱地得到了初步治理：种的棉花（皮棉）平均亩产 50 多千克，试种的西瓜、白菜亩经济纯收入达 800 元以上，甘薯亩产 3 750 斤。总投资 158.8 万元，亩均 132 元。其中群众自筹的占 75.5%，国家投资占 24.5%。按 1987 年总收入 96 万元，纯收入 62.4 万元计算，投资回收期为 2.54 年。

这些样板经验在全县推广后，使农村面貌发生了很大变化。党的十一届三中全会前的 26 年里，禹城农民人均纯收入 40 元左右，共吃统销粮 2.4 亿千克，花国家救济款 1 075 万元，累计欠国家贷款 1 175 万元。通过农村改革和推广实验区综合治理开发经验，促进了经济的发展。1987 年全县工农业总产值达 4.76 亿元，比 1978 年增长 2.7 倍；粮食亩产 596 千克，总产 2.6 亿千克，向国家提供商品粮 0.7 亿千克；皮棉亩产 75 千克以上，总产 64 万担（1 担 =50 千克，全书同），向国家提供商品棉 43 万担。人均纯收入 575 元，超过全国平均水平。

禹城的经验是可贵的，从中我们看出：黄淮海平原开发的潜力很大，搞好了，粮食、棉花和人均收入可以大幅度增长；投资不高，回收期不长，二三年就可以收回成本，完全可以搞经营式开发；旱、涝、沙、碱都有了成功的治理经验，为近期大规模开发黄淮海平原奠定了技术基础。

禹城县开发治理之所以成功，是因为以下原因。

1. 科学技术的投入是关键

二十多年来，中国科学院、中国农业科学院以及省内外的其他科研单位、高等院校的数百名科研人员，一直深入生产第一线，风里来，雨里去，离家别亲，蹲点实验，付出了巨大的劳动，为科学技术转化为生产力做出了重要贡献。大家看到，来自兰州、南京、北京的中国科学院治理荒沙、涝洼、盐碱的科技人员，在荒郊野外的沙滩上、鱼池旁建房为家，辛苦工作，无不感叹敬佩。

2. 引黄灌溉提供了重要条件

无论是治碱治沙都离不开水，都离不开有效的排灌条件，山东省的引黄灌溉系统使禹城80%的耕地可以灌溉，为开发治理创造了极为有利的条件。

3. 历届县级领导班子长期不懈的努力是保证

农业区域开发周期比较长，没有坚韧不拔、坚持不懈的精神是很难奏效的。禹城县历届县委、政府都把开发治理工作列入重要议事日程，抓住不放，一干到底。他们特别尊重知识和知识分子，为科技人员提供良好的服务，充分调动了科技人员的积极性。我们看到，禹城县为科技人员提供的试验场所和住房在当地算是相当好的。许多科技人员深有体会地说：这几年若没有县里为我们创造的良好条件，要取得现有的成果是不可能的。

4. 全县运用了世行贷款1 050万美元，为国家对开发建设投资提供了条件

(二) 对黄淮海平原开发的一些想法和意见

禹城县治理旱、涝、沙、碱的经验是成功的，但他们开发治理的路子基本上是依靠国家拿钱，政府组织、群众出劳务，科技人员无偿服务搞起来的。因此，在推广禹城经验时，应当进一步改革创新，在开发的体制和办法上要放得更开一些，搞得更活一些，会发展得更快，收效更好。

1. 建立新的科研与生产相结合的开发机制

科技投入是黄淮海开发的关键。过去的科技与生产的结合靠政府推动，以无偿服务为特点，是一种非利益型的结合方式，在商品经济条件下，有其自身的局限性。只有建立一个有活力的机制，使科技投入取得应有的报酬，才能更充分地发挥科技人员的作用，吸引更多的科技人员到黄淮海的开发行列中来，促使科技成果商品化。

这次在禹城调查中发现科技人员和当地干部正在酝酿和萌发着由无偿的技术服务转向有偿的项目承包和经营式开发的新方式。例如，单项技术承包。中国科学院的科研人员提出利用伏前桃的人工脱落来防治棉铃虫，达到增产目的。目前正在拟定承包一万亩

棉田的协议。综合技术承包。中国农业科学院科研人员提出从运用优良品种到先进的高产栽培技术，使10万亩玉米每亩增产50千克。这个承包项目已同地方初步达成了协议。产品系列开发承包。中国农业科学院麻类研究所科研人员提供一套红麻全秆的综合利用、开发技术，从同地方合资开办全麻纸浆厂开始，以厂为龙头，带动农民种植15万亩的红麻。为麻农提供良种，传授高产栽培技术，承包麻秆的收购加工。承包经营农业企业。中国科学院沙漠所、中国科学院地理研究所的科技人员准备直接经营适度规模的农业企业，以便开发后续技术，向农民提供技术服务，发挥示范效应。同时从收益中增加科研经费和福利基金。以上这些，都是科技与生产结合方面的新突破，正在开始向一个好的机制转变，应当积极支持。

2. 制定优惠政策，吸引大中城市和发达地区参加开发，建立加工业原料基地和食品生产基地

黄淮海的开发主要依靠当地的力量，同时也要吸收外地的力量，实行开放式的开发，做到资金来源多元化，开发主体多样化。现在黄淮海开发的粮、棉、麻、鱼、肉等，都是大中城市和沿海发达地区紧缺的东西。这些地方有不少是未开垦改造的"无主"地，对此不要再走开发、改造一块，分给农民一块的路子，应当把这些"无主"地收归政府所有，制定相应的优惠开发政策，吸引一些城市和企业投入到黄淮海的开发行列中来，发展大跨度、多层次、多形式的横向联合，形成新的经营性开发主体，是搞活开发的一条重要途径。具体办法要因地制宜，灵活多样。可以采取补偿贸易的方式，谁投资，谁受益，以产品补偿投资。也可以直接来人承包开发项目，经营商品生产基地，向当地缴纳承包费，产品归自己所有。我在江苏时苏州的同志曾提到，苏州市为了建立稳定的食品加工、饲料基地，拟投资参与黑龙江三江平原的开发。看来只要有适当的有吸引力的政策，就有可能把那些缺原料的部分大中城市和发达地区吸引到黄淮海来。因此，新的开发主体不仅可以让科研单位与地方政府结合，也可以让发达地区、大中城市与黄淮海地区结合，还可以让科技人员、大中型企业和种、养能手、专业大户独立承包经营开发。只要打开思路，办法还是很多的。这种开放式的开发，可以吸引更多的资金，更多的力量，加快黄淮海开发的速度。

3. 荒地开发要走规模经营的路子

黄淮海平原可垦宜农荒地1 033万亩，宜牧草场1 096万亩，宜林荒地1 024万亩，可养殖水面911万亩。从禹城县的情况看，有些荒地由政府组织开发起来后，又分给一家一户去经营，种植分散，形不成大面积的商品基地。对此，可以考虑荒地的开发不一定由政府包下来，也不一定开发后再分给各家各户，应走"能人承包开发，实行规模经营，缴纳承包费用"的新路子。这个"能人"主要是当地的"能人"，同时也包括来自发达地区、科研单位的承包者，可以独立承包，也可以和当地"能人"联合承包。在禹城县沙河洼，我们曾看到中国科学院兰州沙漠所的同志和当地合作，把2 000多亩沙荒治理得井井有条。若把黄淮海地区可开发利用的2 000万亩宜农宜渔荒地拿出来包给能人开发经营，政府收取少量用地管理费，并将其作为农业开发基金，即使每亩收10元，每年就可以收入2亿元。黄淮海的"无主"荒地、荒水大都可以考虑走这条由政府"炒"土地搞农业开发的路子。即使是有主荒地，也可以将荒地作股，由承包者开发、经营。

有些同志还建议，大量的、由家庭经营的中低产田，可以在户营基础上，让能人去承包产前产后服务，形成连片开发的商品基地。这种方式也可以试一试。

4. 建立经营式的开发实体

黄淮海开发在政府的领导下，依靠经济实体开发的方向是对的，但不能省、地、县层层都办开发公司。看来省、县办是有必要的。原来德州地区也想办，经过和他们共同商量，大家都同意地区可以不办，主要搞组织协调，检查监督。

开发公司对开发要统一规划，提出具体可行的开发项目。向全社会组织公开招标，引进竞争机制。公司作为发包方，同承包者签定承包合同，收取承包费，转化为新的开发基金，进行更大范围的开发，如此不断积累资金，循环滚动使用，使开发公司逐步形成有活力的区域开发力量，走出一条依靠开发积累资金，积累资金又用于开发的新路子。这样就可以在国家必要的扶持下，建立一个有活力的资金投入机制。

为了更好地把科技引入黄淮海开发，开发公司在项目招标时要强调科技界的参与是中标的必要条件，而国家开发投资正好作为他们与地方结合的粘合剂。最近，扶贫工作中搞大跨度的东西部联合开发贫困地区，走的就是这条路子。通过公开招标，招来相应的资金、人才和最佳开发方案。这样，地方依靠科技界和大中城市的积极性还会大大增加。禹城县已表示在这方面先走一步。

黄淮海，是综合性的开发，既包括中低产田的改造、荒地的治理，也包括农产品加工、乡镇企业的发展。单纯的农业开发，初级产品开发，难以富民富县，难以增加开发后劲，因此要提倡从初级产品生产到产品加工、销售一体化的系列开发，办农林牧结合、农工商一条龙的开发企业，发展复合经济，把黄淮海的开发和产业结构的变革结合起来，促进产业结构逐步高级化，积蓄自我发展能量。

5. 实行先易后难、以短养长的开发步骤

在目前开发资金比较紧张的情况下，一定要先拣肥的吃，先找容易的干，待积累了资金，有了丰富的经验以后，再啃骨头，打攻坚战。禹城的开发，农民投入主要是劳动积累，国家投资每亩平均一般五六十元，原因在于引黄工程的大钱都花过了，现在的投入基本上是田间工程和科学技术，花钱不多。山东省属于黄淮海范围的中低产田6 000万亩，有水利条件的4 000万亩左右。开发的第一步，就应该先开发有水利条件的中低产田和荒地，这样投资少，见效快，效益高。其他地方也要因地制宜：排出先易后难的

开发计划。

6.要有政策和物资保证

黄淮海开发必须制定一套优惠的，有吸引力的政策。

如吸引投资政策，吸引科技人员政策，以及土地政策等。还要有一定的物质保证。现在科技人员最头痛的是，承包上手以后，化肥、农药、地膜等农用生产资料没有保证，巧妇难做无米之炊。

7.黄淮海平原开发应有一个精干的协调指导班子

黄淮海是横跨冀、鲁、豫、皖、苏五省的大规模的开发区域，是我国一个大的农业开发工程。应当有一个小型的协调指导班子，其任务是，调查研究，提出整体开发规划的建议；检查监督资金使用效果，研究统一性的开发政策；总结交流开发经验，协调解决省与省之间的问题。黄淮海开发协调指导工作班子已经责成农业部在内部机构调整中建立起来。

当前，协调指导工作班子的主要工作：一是调查总结黄淮海开发试点的经验和问题，及时指导全面开发工作；二是拟定科技有偿服务方案和表彰、奖励在开发试点中有功的科技人员方案：提请国务院通令嘉奖，以动员更多的科技人员投入开发；三是对已提出的一些新的开发设想，可以在有关省先行试验，重点突破，不断摸索新的经验。

禹城的实践已初步展示了黄淮海农业开发的广阔前景，若能吸取禹城县和其他试点县的经验，采取有效措施和新的改革办法，扎扎实实地做好工作，黄淮海地区的农业开发成为增强我国农业后劲的一个重要因素是完全有可能的。

国务院办公厅秘书局　　一九八八年六月二十九日印发
山东省人民政府办公厅　一九八八年七月八日翻印

第二章
▌▌▌ 农业科技主战场山东项目区的治理开发研究

20 世纪 80 年代是中国农业发展的重要时期，1990 年全国粮食总产比 1979 年增加近 1 200 亿千克，年均增 109 亿千克，相当于 1952—1979 年年均增长量的两倍。10 年里农业产量出现 1984 年和 1990 年两个高峰，两峰之间有几年的徘徊。为了扭转这种徘徊局面，1988 年国家高层决策提出农业区域开发的重要举措，此举目的在于对增产潜力较大的若干区域实行政策、资金和科技的集中投入，开拓农业发展的新途径。

中国科学院在此之前，制定了继续加强基础研究和高技术追踪，大部分力量投入国民经济建设主战场的办院方针。为了配合国家农业开发任务，1988 年初院领导主动向国家请战，积极组织力量进入黄淮海平原农业开发主战场，并将此列为全院重大项目中的重点。本章是以这项"重中之重"项目的科技活动为背景，以鲁西北山东项目区的研究成果为依据，在《区域治理与农业资源开发》《农业综合开发与农业持续发展》等四本专著中，本人执笔的有关章节的基础上改编的。重点分析了 20 世纪 80 年代中后期到 90 年代初期区域治理、资源开发、农业发展成效，对农业科技集成创新驱动区域农业高速发展进行了理论归纳。

第一节　中国科学院农业开发主战场及山东项目区的部署

一、中国科学院农业开发主战场的形成

早在 1965 年和 1966 年，国家科委组织中国科学院和地方上的科技力量，在河南封丘和山东禹城创设了两个 10 万亩以上旱涝碱综合治理实验区，这是国家为了解决 60 年代前期农业生产的困难局面而最早建立的农业区域治理开发区。80 年代中期，这两个试区都有新的发展，其中禹城试区通过"七五"科技攻关，为治理黄淮海平原的主要低

产类型（风沙、盐碱、涝洼）提供了技术样板，并在原有试区建立了综合试验站。

中国科学院李振声副院长于 1987 年 9 月考察封丘，发现有很多科学技术成果，应当向外围推广。同年 11 月 17 日，他又听取了地理研究所禹城试区和禹城实验站负责人的汇报，再次提出已有科技成果向面上推广的问题。按此要求，院、所有关同志接连三次去禹城，两次去德州，同地县领导协商。根据协商意见，12 月 7—8 日，李振声副院长和中国科学院地理研究所负责人，山东省领导陆懋曾同志和省科委、德州地区和禹城县领导，在禹城开会，决定将禹城试区经验推广到德州地区。12 月 18 日，山东省马忠臣副省长听取德州行署和地理研究所的汇报，指出禹城经验应向整个鲁西北地区推广，商定由山东省人民政府和中国科学院联合向国务院呈报"关于在山东省德州等五地市推广中国科学院农业科技成果的请示"。请示报告认为"中国科学院具有多学科的技术优势，有较好的科学积累，将已有科技成果在德州等地区推广，符合集中力量面向经济建设主战场的总体部署。山东省有发展农业生产的巨大潜力，在德州等地区大规模推广农业科研成果，是加速全省商品经济发展的战略性措施。这一开创性工作的成功，将为鲁西北地区和黄淮海平原农业挖潜及进一步发展提供重要经验，为我国大面积推广农业技术提供重要经验，为科学的指导农业生产提供重要经验"。这段话，完全为几年来的实践所证实。

1988 年 1 月 4 日，田纪云副总理听取周光召院长和李振声副院长的汇报，同意中国科学院和有关省合作，推广区域治理科技成果和开展农业综合开发工作。1 月 15—18日，中国科学院在北京召开"黄淮海平原中低产地区综合开发治理工作会议"。参加会议的有院内 25 个研究所和院机关 11 个厅局的负责人，以及从事农业科研的专家学者。会议以改革的精神，动员和部署了"黄淮海"工作，总任务是围绕国家农业综合开发计划，将试区经验推广到面上，使科学技术转化为更大规模的生产力，为农业发展和粮食产量上台阶做出新贡献。会议决定将工作区分为山东、河南、沧州和淮北四大片，以山东、河南为重点。地理研究所为山东工作区牵头单位，许越先为山东工作区总负责人。三年来陆续参加这项工作的有 20 多个研究所的 200 多名科技人员。这些单位是中国科学院地理研究所、南京地理与湖泊所、兰州沙漠所、长春地理研究所、遗传所、地质所、植物所、动物所、沈阳应用生态所、长春应用化学所、兰州化学物理所、上海有机化学所、成都生物所、武汉植物所、化学所、上海植物生理所、武汉病毒所、武汉水生所、生态环境中心、合肥智能所和长春物理所等。

二、"主战场"山东项目区的工作成效

1988 年 1 月中旬，全院黄淮海平原治理开发工作会议，部署了黄淮海平原的总体工作，决定中国科学院地理研究所为山东项目区的牵头单位，项目区包括德州、聊城、

惠民、菏泽、东营五个地市，重点放在德州地区。总的任务是将点上经验推广到面上，使科学技术转化为更大规模生产力，为黄淮海平原农业开发和粮食上台阶做出贡献。

根据院领导要求，结合山东省实际情况。我们提出"突出中间，带动两翼，点面结合，步步为营"的总方针，因地制宜地在各地区采取了不同的工作模式。德州地区处于鲁西北五个地市的中部，是禹城县所在地区，最早提出将禹城经验推广到全区的建议，是工作的重点地区，放在全局工作的突出地位，采取多点示范，向外辐射推广的工作方式。向东带动惠民、东营，向西带动聊城、菏泽。聊城地区采取设工作站面向全区的形式。东营市采取同农场联合开发的形式。菏泽、惠民地区已同当地领导建立联系，实际工作尚未开展起来，明年将根据这两个地区情况，再同地方政府商量拟采取的工作形式。

按照以上总体部署，各参加单位共同努力，山东项目区在点、片、面和专题研究四个方面完成了 10 项工作任务，取得可喜成效。

（一）面上二项工作

1. 中国科学院和德州地区联合举行"科学技术与生产见面会"

1988 年 2 月 26—29 日在德州市召开。中国科学院 4 个局和 24 个研究所 100 名科技人员和有关领导参加，在会上介绍 251 项新技术和农业项目，会议期间同地方上签订多项技术合作意向书。德州地区有关局委和 13 个县市负责人及有关职能部门负责人原定参加会议 100 人，会议期间增加到 600 人，这些人有乡镇干部，也有专业户。说明农民对科学技术的渴望和地方政府的重视。会议对科技人员进入主战场起到了鼓舞和动员作用，对地方政府进行农业科技开发起到了发动作用。这次会议显示了中国科学院的科学技术优势，揭开了全院在"黄淮海"工作的序幕，推动黄淮海平原农业综合开发工作全面展开。

2. 德州、聊城、菏泽、东营、泰安五个地区（市）农业开发考察

为了让科技人员了解农业生产实际情况，落实工作任务，在"科学技术与生产见面会"后，及时组织中国科学院地理研究所、长春地理研究所、南京地理与湖泊所、兰州沙漠所和沈阳应用生态所的有关人员，从 1988 年 3 月 24 日开始，分四批考察了德州、聊城、菏泽、东营和泰安五个地区（市）的 23 个县（市）的 90 多个点位，所到之处，都受到当地政府的热烈欢迎和高度重视。在聊城地区考察时，地委和行署决定举行大型农业综合开发报告会，会议由专员亲自主持，各县主要领导人和地区有关部门负责人共 400 多人到会。中国科学院的 6 位同志作主要发言，对全区农业开发工作提出了重要建议。这次会议推动了全区农业开发工作。在菏泽地区考察时，地委书记亲自主持座谈会，会上提供了 9 条咨询意见。

（二）片上四项工作

1. 禹城县农业开发先走一步，带动了其他县工作的开展

禹城县是中国科学院长期的试验基地，该县北丘洼、沙河洼和辛店洼代表了黄淮海平原重盐碱地、风沙地和低湿洼地三种主要低产类型，南北庄周围一片代表中低产类型。中国科学院"七五"科技攻关在"一片三洼"建立了新的试验基地，提出了治理开发的配套技术。"科学技术与生产见面会"后，禹城县立即落实会议精神，会议结束不到10天，就在"一片三洼"组织了农业开发万人大会战。3月8日李振声副院长和山东省委、省政府陆懋曾、马忠臣等领导同志，一起参加了群众的会战，并召开了德州地区各县书记和县长会议，借禹城会战东风，进一步带动德州地区农业开发工作的展开。

在"七五"攻关基础上，1988年三洼新开发荒地7 500亩。按照中国科学院地理研究所、沙漠所和南京地理与湖泊所示范配套技术，安排了粮棉、林果、鱼类和水生植物，在沙河洼新开的沙地上安排了20亩葡萄、花生、大豆等示范。辛店洼开发了鱼塘、台田各144亩，鱼苗培育及成鱼养殖示范。河蟹养殖试验、水生经济植物扩种试验，以及河道拦网养鱼试验等，建立了鱼塘、台田生态工程数据采集系统，对当地近1 000亩鱼塘进行技术咨询和定点技术指导。在一片和北丘洼等地部署了2 000亩玉米大豆间作试验和28个棉花品种试验，安排1万亩棉花生物防治技术试验。在南北庄、北丘洼等地搞了50亩覆盖节水技术示范和3 000亩林粮间作示范。李鹏、陈俊生、杜润生等中央领导同志和周光召、李振声、胡启恒等院领导都曾到现场指导，给科技人员以很大的鼓舞。参加"一片三洼"工作的有中国科学院地理研究所、兰州沙漠所、南京地理与湖泊所、遗传所、动物所、植物所、古脊椎所。

禹城的工作扩大了范围和效益，充实了项目和内容。发挥了示范和带动作用，为山东省和黄淮海平原的农业科技开发作出新的贡献。

2. 在德州地区、聊城地区和禹城县设立了3个农业开发工作站

主要是在科技投入比较密集的地、县协调各所的工作，并协助当地政府制定和论证农业开发规划，引进技术、信息、资金和人才。

3. 为禹城、齐河、武城、宁津、临邑和乐陵选配了6位科技副县长，在德州、聊城、东营等地、市有4人应聘担任科技顾问

这些科技副县长和科技顾问，一方面在当地承担农业科技开发项目，另一方面积极参与政府有关决策，主动为当地引进技术和资金，成为中国科学院和当地政府联系的"桥梁"，办了很多实事。

4. 参加地区和县、市两级农业综合开发规划的编制，直接参加德州、聊城两个地区农业综合开发规划工作，为编好规划提供了重要建议

驻点专家组分别参加了所在县乡的开发规划工作，在工作中发挥了重要作用。如

1988年兰州沙漠所组织22人，在夏津县连续工作了3个多月，完成了全县28.5万亩风沙地整治总体规划，提出了"治用结合，以用促治，用中求治，因地治理"的原则，并提出开发沙区农业的指导思想。治理规划将全县风沙地分为9个整治小区，分两期治理。在规划基础上，该所建立了两个试区，分别代表风蚀性岗坡耕地和群集沙岗与低平旱地两种类型。夏津县按这个规划实施，取得了可喜进展。

（三）点上的工作

新设7个农业综合开发试区

鲁西北平原岗、坡、洼交互分布，旱涝、盐碱、风沙等自然灾害频繁发生，严重限制了农业生产的进一步发展。为了结合区域治理进行农业综合开发，我们在禹城试区长期工作的基础上，在德州地区的齐河、平原、夏津、武城、乐陵、德州市及东营市南郊区设立了新试区。这些试区可分盐碱地治理开发试区、风沙地治理开发试区、低湿洼地治理开发试区和城郊型农业开发试区等类型。试区选点注意了自然条件上的代表性、农业开发上的典型性、治理难度上的针对性以及同当地治理开发规划及重点项目区的耦合性。试区项目设计要求有新的适用配套技术，其中要有一两项代表试区特色的主导技术；还要有地面显示的平面布局，布局设计思想要考虑中心试区的集中显示，示范区和推广区不同层次显示和一定面积的规模显示。新建试区按这些原则，一般都有50~300亩的中心试验小区，1万~3万亩的示范区，在周围5万~50万亩类似自然条件地区有代表性。这些试区总试验面积约3 000亩，示范面积15万亩，推广辐射面积240多万亩。由于试区可以将治理开发技术在区内组装，通过典型示范和现场交流等多种形式，使配套技术和治理经验向外围推广辐射，尽快转化为宏观效益；同时试区还开展一些专题试验研究和后续技术的超前研究。因此，试区是农业区域治理开发技术的扩散源，又是科技成果转化为现实生产力的"转化器"。通过三年工作，开发试区取得了重大的综合效益，为黄淮海平原农业综合开发提供了新鲜经验和技术途径。承担试区任务的有中国科学院地理研究所、兰州沙漠所、长春地理研究所、南京地理与湖泊所和沈阳应用生态所。

（四）专题研究和新技术应用三项工作

1.为养殖业和乡镇企业发展投入和转让了一批新技术

鲁西北地区是一传统农业区，县、乡工业欠发达。为了帮助当地工业的发展，有些研究所的技术直接引入企业，形成一定规模生产力。如长春应用化学所新型地膜和大棚膜，已引进茌平县塑料厂，长春地理研究所的多元微肥技术，同武城县联合建厂生产，其产品已推广到十几个县，应用面积50多万亩；遗传所和动物所分别同乐陵市和齐河县联合兴办了"北京白鸡"和"法比兔"繁养场等。

2. 农业增产新技术应用试验

三年来，中国科学院化学所、长春物理所、长春应用化学所、生态环境中心、地质所、地理研究所、长春地理研究所、遗传所、上海有机化学所、植物所等单位共引用试验了 36 项新技术，其中 17 项有重要推广价值。包括黄腐酸制剂、光助生长剂和小麦生化营养素等植物生长调节剂；GT 粉剂、稀土元素制剂、多功能复合种衣剂、土面增温剂和种子磁化器等种子活力调节剂与种衣剂；多元微肥、专用复合肥、禾谷类作物根系联合固氮菌等新型肥料；低毒化学农药、生物农药和"EH"兽用药等新型农药。经在各试区和 20 多县的广泛试验应用，证明以上技术增产率一般都在 10% 以上，最高达 30%。

3. 开展节水农业、土壤微量元素调查等专（课）题研究

节水农业专题研究主要在聊城位山引黄灌区和禹城进行。土壤微量元素专题研究主要在聊城和武城进行。另外还开展了沙碱地改良与果粮间作示范研究（齐河县）、立体农业种植模式试验研究（平原县）、农业种植结构及其效益研究（德州市）、季节性风沙土地风蚀机制及其防治研究（夏津县）、枣粮间作农田生态及经济效益研究（乐陵市）、盐碱洼地综合改良技术研究（武城县）、滨海盐碱土综合配套技术研究（东营市）、禾谷类作物根系联合固氮菌应用研究、棉花高产栽培专家系统、高分子包复长效尿素、腐殖酸农药、小清河下游农用水资源综合开发技术 12 个课题研究，都圆满完成了任务，取得了多项研究成果。

中国科学院山东项目区在鲁西北农业综合开发中的十项科技投入，为当地社会经济的发展注入了新的因素，提高了地方领导干部和农民群众的科技意识，增加了农业发展的技术含量，也带动了科研单位的技术开发和学科发展，取得了重大的经济效益、生态效益和社会效益。据德州、聊城两个地区统计，粮食总产年平均增 6.8%，单产年平均增 9.2%，农业总产值年平均增 23.3%，皆高于黄淮海平原和全国平均值。原来多灾低产区，现已成为新兴商品农业基地。

中国科学院的工作得到国务院领导同志的重视。1988 年 5 月 23—25 日，当时担任国务院秘书长的陈俊生同志来到禹城，在治沙、治碱、治涝三个样板区和禹城站作了详细考察；充分肯定了农业科技开发的方向和成绩，他在"从禹城经验看黄淮海平原开发的路子"的报告中写道："禹城县在改造中低产田和开发利用荒地方面，为黄淮海平原大规模的综合开发治理提供了可贵的经验""禹城县开发治理之所以成功，科学技术的投入是关键"。陈俊生同志考察后，李鹏总理亲自来禹城视察，陈俊生同志和 9 位部委领导、山东省主要领导和中国科学院周光召院长、李振声、胡启恒副院长陪同总理考察。李鹏同志在禹城发表了重要讲话，指出"禹城为发展农业提供了很好的经验"。并为禹城站题词："治碱、治沙、治涝，为发展农业生产作出新的贡献。"总理视察以及对科学技术面向农业主战场工作的充分肯定，给科技人员极大鼓舞。

三、山东项目区的基本经验

经过三年工作，取得了可喜进展。总结工作实践，可以提炼出一些理性认识，归纳成以下几点基本经验。

（一）要在地方政府的统一领导下工作

黄淮海平原的农业开发在国务院统一领导下进行，山东省及各地市县按中央部署，结合当地实际情况，制定具体方针政策和规划方案。我们的工作只是这个总体开发的一部分，只有服从全局，服务地方，科学技术才能发挥应有作用。因此，各站、点及项目组都要在地、县统一领导下工作，积极主动地听取地方领导和黄淮海开发办公室的意见，参加有关的会议，工作方案和项目设计等重要事项都要请有关领导和部门审查。计划安排及工作中的困难和问题及时向地方领导请示汇报。在这些方面做得好的，工作就顺利。做得不好的，工作局面难以打开。山东项目区的工作要在省府领导下进行，我们同省政府有关领导和省黄淮海办公室领导同志多次接触听取意见和汇报工作，全省农业开发工作会议，每次都派人参加，他们对中国科学院的工作给予有效的指导和重要支持。

（二）加深了对农业开发和科技成果转化指导思想的认识

关于黄淮海平原农业开发的指导思想，我们认真学习了中央领导同志和山东省、科学院领导同志的有关讲话精神，联系山东项目区实际情况，指导自己的工作，重点理解认识以下两点。

（1）黄淮海平原农业开发属科技开发、项目开发、政策开发，需要技术投入、资金投入和政策配套。科技开发主要内容包括现有科技成果的推广、后续技术的开发、吸引科研单位和大专院校联合开发、当地先进典型经验的发掘和推广、农村技术人才的培训，我们只是农业科技开发中的一个方面军。

（2）将点上经验推广到面上，使科学技术转化为更大规模生产力。要实现这种转化，需要同时满足三个条件：一要有经过试验或实践证明能产生一定经济效益的成熟的技术成果；二要国家建设和生产发展对某项技术成果的现实需要；三要有一批既懂技术又了解生产的人进行转化的实践活动。在前两个条件具备的情况下，第三个条件尤为重要，在政策上、体制上、工作环境和工作条件上要有利于吸引更多的人投入开发工作，有利于调动他们的积极性和创造性，参加工作的人，本身也要有一定的思想素质、技术基础和献身精神。山东项目区的工作取得的进展，关键在于直接参加这项工作的同志一年来艰苦卓绝努力的结果。

（三）开发工作和专题研究相综合，以开发为重、开发先行

全院黄淮海平原工作属农业科技开发项目，按照项目性质首先要完成技术成果向直接生产力的转化，要出经济效益。同时，我们也要认识后续技术的重要性，正视科技人员已有的研究积累和长期脱离专题研究可能给学科和本人带来的种种困难和后果。因此也要开展必要的试验和专题研究，这方面工作一要结合开发项目，二要有明确应用前景，三要注意在开发、应用、基础三类研究中以开发为重，开发先行。

（四）点片面相结合是农业科技开发的机制创新

点的工作主要指各试区的技术示范和为当地的技术服务，是开发工作的基地；片的工作主要指工作站面向全地区或全县的技术咨询和引进；面的工作主要指鲁西北地区的考察、调查和技术咨询。在工作实践中，摸索出办点的三项主要任务；中低产地和荒地开发试验、示范和专题研究；农业和乡镇企业发展的技术和信息的全方位服务；参与当地总体开发规划和实施计划的制订。工作站的四项主要职责是：面向全地区农业开发重大问题的咨询服务；为当地经济发展引进技术、人才和信息；总结提高当地的农业典型经验；管理协调进入当地的院内各单位的人员与工作。面上五项主要工作是：考察了解地、县农业开发和乡村发展情况；学习当地好的经验；为选点选题和以后工作部署做准备；同地、县领导座谈，开展咨询服务；建立联系、互通信息。由此可见，点片面工作各有侧重，又互相联系。三者结合的创新机制，才能将黄淮海平原农业科技开发工作全面、深入、持久、有效的进行下去。

（五）各基点要把办好试区放在工作的首位

在基点的三项任务中，最重要的是配套技术的试验示范和推广，而试验示范必须有适当面积的试区。试区的选定要同当地开发规划的重点项目相吻合，在自然条件上有代表性，在内容安排上要有典型性，这样才具有示范的意义和辐射推广的价值，试区面积100~300亩较为合适，试区内容要有规划设计，技术内容要考虑实用先进，经营管理按直接经营、同地方联合经营、让农民承包经营三种方式，办好试区是各点首要任务，是检验各点工作的一项重要指标，要明确分工、专人抓好。

我们工作进展和主要成绩的取得，主要是各参加单位的科技人员辛勤努力的结果，特别是各站、点及项目负责人努力的结果。同时，山东省、德州地区、聊城地区、东营市、禹城、武城、平原、夏津、乐陵、齐河、德州市、宁津等省地县领导同志和黄淮海开发办公室提供有力支持和各方面的工作条件，这是我们工作取得成效的重要原因。中央领导同志和院领导的关怀和鼓励，院农业项目管理办公室、院技术条件局、国际合作局、资环局、生物科学局、物理化学局、院办公厅等部门的指导和支持也是我们工作取得成效的重要原因。各参加单位领导同志和业务、后勤管理部门，也做了大量工作。我们不能忘记新闻单位的同志们，他们发表了50多篇报道，让社会及时准确地理解和了解山东的农业开发，做了大量舆论宣传工作。

四、正确处理"主战场"上几个关系

农业综合开发主战场的科研活动不同于一般意义的研究课题。其主要特点是：由地学、生物学和技术科学多学科参加，将基础研究、应用研究和开发研究综合进行，集科技活动、生产活动和社会活动为一体，追求农业发展和科研成果的多项目标，是一场多兵种投入的全方位的野外立体战。正因为这项活动改变了过去在科研单位的封闭式研究为进入社会的开放式研究，才能使中国科学院面向经济的研究工作得到国家、地方和社会的理解与支持。对于这样大型项目的组织管理，处理好以下几个关系至关重要。

（一）正确认识"主战场"上地方领导、工作指导思想和工作方向等问题

在地方政府统一领导下，按照既定的方针和指导思想，把握好总体工作方向，是完成任务的根本保证。

黄淮海平原农业开发在国务院统一领导下进行。山东省及各地市县按国务院部署，结合当地实际情况制定具体方针政策和规划方案。我们的工作只是这个总体工作的一小部分，只有服从全局、服务地方，才能发挥科学技术应有的作用，有效地将科技成果转化为生产力。为此，各试区、站点、课题组都要在地，县统一领导下工作，主动听取地方领导的意见，工作方案和项目设计等重要事项都要请有关领导和部门审查，计划安排、工作中的困难和问题要及时向地方领导请示汇报。事实证明，凡在这些方面做得好的，工作就顺利，做得不好的，工作局面就难以打开。山东项目区的工作按全省部署多次听取省领导和省黄淮海办公室领导同志意见，派人参加省农业开发工作会议。他们给予我们有效指导和重要支持。

黄淮海平原农业综合开发的指导思想，我们的理解是，通过中低产田的综合治理和荒地资源开发，逐步建成功能完善、良性循环、稳产高产农田，提高粮棉油肉等农产品区域综合生产能力和社会总供给量。需要统一政策，统一规划；突出重点，连片开发；综合治理，综合开发；科技主导，点面结合。科技投入的主要内容包括现有科技成果的应用推广，后续技术的研究开发，吸引科研大院大所和大专院校联合开发，农村技术人才的培训和调动，当地先进典型经验的发掘和推广。我们只是农业科技力量中的一个方面军。

关于工作方向，始终把握将点上经验推广到面上，使科学技术转化为更大规模的生产力这一原则。为此，我们总结了转化的三个条件和五种方式。三个条件是：一要有经过试验证明能产生一定经济效益的成熟的技术成果；二要国家建设和生产发展对某些技术成果的现实需要；三要有一批既懂技术又了解生产的人进行转化的实践活动。黄淮海平原试区多年的试验研究和国家农业综合开发计划分别满足了第一、第二两个条件，第三个条件就显得重要和突出，中国科学院组织力量进入农业主战场为促进成果转化的实

践活动创造了条件，为了吸引更多的人投入这项工作，在政策上、组织管理上、工作环境上，要有利于调动科技人员的积极性和创造性。参加工作的人员，也要有一定的思想素质、技术基础和献身精神。转化的五种方式是：扩散式、辐射式、传递式、吸引式和渗入式。五种方式在山东项目区同时应用，使科技成果转化为区域宏观效益，将中国科学院面向农业主战场的工作不断向前推进。

（二）正确处理"主战场"上点、片、面的关系

点主要指开发试区，是技术试验示范基地；片主要指在一个地区或一个县的工作站；面主要指项目区的考察、调研和技术咨询。在工作中摸索出办点的三项主要任务：中低产地治理和荒地开发试验、示范和专题研究；农业发展和乡镇企业建设的技术和信息服务；参与当地农业开发规划的制订。片上工作的主要职责是：面向地区（县）农业开发中重大问题的咨询；为当地经济发展引进技术、人才和信息；总结提高当地农业的典型经验；院内各单位进入当地人员的管理和工作协调。面上的工作任务是：考察了解地县农业开发和乡村发展情况；学习当地好的发展经验；为选点选题做准备；同地、县领导座谈、开展咨询服务、建立联系、互通信息。点、片、面工作各有侧重，又互相联系，其中最重要任务是办好试区。三者结合，才能将"主战场"的科技工作全面、有效的开展起来。

（三）正确处理"主战场"上地学、生物学和技术科学三个学科之间的关系，农业综合开发需要对多项技术加以综合应用

中国科学院具有多学科和高新技术优势，但如果这些分散在各所的技术成果不能通过某一重大项目集中应用，其优势很难显示出来。黄淮海平原农业开发的实践证明，要将分散的技术形成整体优势，必须做到地区集中、技术力量集中和应用研究目标集中。按"三集中"原则，三年来将院内20多个研究所的几十项科技成果，集中应用于山东项目区农业综合开发这一总任务中，在较短时间内和多层面上，解决了区域治理和农业开发的若干重大技术难题，将中国科学院多学科的潜在优势变为现实优势。

"三集中"原则属"主战场"上科技投入战略问题，"战役"组织还要配置好多兵种的位置，主要是地学、生物学和技术科学的关系。地学有关专业的特长，是认识自然规律、开发利用自然资源和改造不利自然条件。在"主战场"上重点研究水、土、光、热、气等农业自然要素的影响机制，并进行重盐碱地、风沙地、低湿洼地等低产地治理，开发试区是他们工作的主要阵地。生物学有关专业的特长，是生物技术应用和生物资源开发，在"主战场"上重点开展生物新品种、病虫害防治、生物肥料等研究开发和应用推广，多以单项技术投入形式，同地方联合开发推广，或在试区示范推广，这些技术有利促进农业高产优质和农村经济全面发展。技术科学有关专业向农业渗透是近年来的新趋势，这些专业具有农业新技术的现有成果，也有进一步开发农业

高技术的潜能，在"主战场"上重点试验推广新型化学地膜、新型肥料、新型生物调节剂等农用新材料和新制剂，这些技术可以改善农田生态条件，提高农业产量。其投入方式，一般同试区或地方结合起来试验和推广，有的技术则直接转让地方企业或用某项技术产品建厂投产。

所谓现代农业本质上是用现代科学技术武装起来的农业，是农业发展中技术含量占主导地位的农业。提高区域农业的技术水平，要兼顾高、中、低产田，地学可以发挥改造中低产田的先导和基础作用，生物学和技术科学则可为高产优质高效农业发展提供新技术武装，使农村经济保持后劲。正确处理三者关系，摆正在"主战场"上的位置，是农业开发工作向纵深发展的重要条件。

（四）正确处理"主战场"上基础研究、应用研究和开发研究的关系

基础研究是认识自然现象、探索自然规律的研究活动。应用研究是运用基础研究成果，为满足某种社会应用目的寻找技术途径，或者是在生产实际中提出某些科学问题，研究提出新的技术方案和方法。开发研究是按具体、明确的应用目的，研究提出可用的设计，经过中间试验，可以直接转入生产。

关于科学与生产的关系，有人认为，19世纪以前是生产—技术—科学，20世纪以来是科学—技术—生产，反映了生产是科学的基础，科学是生产的前导。在当代则构成了一个完整的过程：生产—技术—科学—技术—生产，各个环节相互作用，两个过程结合成一个双向作用的过程，即一科学二技术三生产。科学是生产的"前导"，在生产力系统中处于中心地位，成为生产力发展的决定因素（高光，生产力理论若干问题的研究）。很显然，科学这个知识系统主要通过基础研究和应用基础研究获得，技术成果主要通过开发研究获得。

根据农业开发主战场的要求，开发研究是重点。但不能单一只搞开发研究，还要兼顾应用研究和基础研究。这样才符合科研规律，才能使开发研究建立在更为扎实的基础上，使农业科技开发工作具有活力和后劲。"主战场"上开发研究的安排，一是当地生产提出的技术问题的研究开发，二是技术研究新成果的田间试验，三是区域治理配套技术和农业高产技术的直接应用。上文列举约10项科技投入中，有7项都属开发研究。而14个专（课）题则属基础研究和应用研究。这些研究进一步深化了对区域农业自然条件和自然资源分布、变化规律的认识，揭示了农业经济产量与环境因子某些因果关系，研究了农业内部结构的一些特征，给出了提高产量水平的途径，为应用研究提供了新的理论积累。

（五）正确处理"主战场"上任务带学科的关系

参加农业综合开发工作，促进科技成果转化，取得经济效益、生态效益和社会效益，这是"主战场"上科技工作的主要任务。但作为科研单位，还不能停留在这一步，应当在确立效益意识的同时，明确任务带学科的道理。我们抓了以下几项工作：在改造自然过程中，继续深化对自然规律的认识，结合任务布置必要的试验观测项目；要求各试区在年终和三年工作总结中，同时进行学术总结，注意将规律性的认识上升到理论的高度；三年任务完成后，进行系统的理论总结，为学术论文的发表创造出版条件。通过任务带动，项目组成员在有关学报和论文集上共发表论文 180 多篇，内部印刷交流 80 多篇，出版论文集 5 本，专著 1 本，学术论著总计达 300 万字。这些论著将丰富和发展区域地理和应用地理等学科。

（本文原载《区域治理与农业资源开发》前言，中国科学技术出版社，1995 年）

相关文献资料链接

一、山东省人民政府，中国科学院
关于在山东省德州等五地市
推广中国科学院农业科技成果的请示

国务院：

遵照党的十三大报告中关于加强农业科学技术研究，积极运用科技成果，加快发展农业生产的指示精神，山东省人民政府和中国科学院研究商定，拟把中国科学院在德州地区禹城县试验的中低产田治理和荒地开发农业科技成果在山东省德州、惠民、聊城、菏泽地区和东营市全面推广。其中，德州地区规划方案已经落实，可先行一步，其他地市今年上半年落实规划方案，下半年全面推开。

德州地区辖十三个县（市），共有耕地 1 091 万亩，农业人口 523 万，党的十一届三中全会以来，全区农业发展很快，1987 年粮食总产量达 26.9 亿千克，按农业人口人均占有超过千斤；棉花总产量 700 万担，约占全国总产量的 1/10，由原来多灾低产地区成为重要的商品粮棉基地。但是，近几年来，粮棉产量出现徘徊局面。要使农业生产再上一个新的台阶，必须进一步挖掘农业生产潜力。现在，全区 300 多万亩高产田有待进一步提高，700 万亩中低产田增产潜力很大，150 万亩荒地尚未开发，宜渔的 20 万亩水面基本没有利用。

20 多年来，中国科学院先后有九个研究所对德州地区农业自然条件、自然资源和社会经济发展进行了科学考察。在禹城县建立了大面积旱涝碱沙治理、改造、开发的实验。示范区研究和推广了低产田综合治理和沙荒地、重盐碱地、低湿洼地等不同类型荒地开发配套技术，以及良种、养殖、林果、畜牧、生物防治、节水节能、地膜覆盖等先进技术措施。

这些成套技术的推广应用，使原来14万亩涝洼盐碱地发生了根本变化，粮食亩产量由50多千克增加到625千克，并使禹城县历史上遗留下来的沙荒地、季节性积水洼地和重盐碱洼地等对农业危害严重的问题，得到了初步解决。科技人员看到科研成果变为直接生产力，深受鼓舞，德州地区地、县、乡各级政府和农民群众也迫切要求扩大推广禹城经验。现在看来，在德州等五地市进行全面推广条件已经成熟，应当抓紧时机，积极推广工作，并在人力、物力、财力上给予必要的支持，加速这一过程的实现。

为此，我们进行了认真研究，对推广的成果内容、推广范围、预期目标、组织领导、实施方法、政策措施、经费来源及用途和经济效益等，进行了论证。计划用3~5年时间，将中低产田和荒地治理开发四套综合技术和若干单项技术，在德州地区推广，共计治理810万亩，其中，中低产田700万亩，盐碱沙荒地100万亩，水面10万亩。在部署上，以禹城县作为技术推广的实验基地，在其他县（市）建立21个推广示范区，以上实验示范区总面积为103万亩。通过实验、示范、技术培训和技术推广网络，带动全区推广工作。通过3~5年的治理开发，预计全区可增产粮食8.4亿千克，增产棉花204万担，提供商品粮5亿千克，商品棉900万担。同时，用五至八年时间将德州经验向惠民、聊城、菏泽地区和东营市推广，到"八五"计划后期，全省农业将会进入一个新的阶段。

以上计划安排，德州地区推广总投资需11.5亿元，经费来源主要靠农民自筹，这部分投入8.4亿元，占总投资的73%。省、地、县投入1.6亿元，占14%（其中省投3 000万元，地区投1 500万元，13个县、市共投3 600万元，其余从世界银行周转金及粮食"平转议"差价中解决）。请国家支持1.5亿元（其中贷款9 000万元，拨款6 000万元）占13%，主要用于实验、示范、推广、技术培训、节水工程、农田补充配套和荒地开发。其他4个地市，参照德州地区预算，每个地市请国家分别支持1.5亿元。

中国科学院具有多学科的技术优势，有较好的科学积累，将已有科技成果在德州等地区推广，符合集中力量面向经济建设主战场的总体部署；山东省有发展农业生产的巨大潜力，在德州等地区大规模推广农业科研成果，是加速全省商品经济发展的战略性措施。这一开创性工作的成功，将为鲁西北地区和黄淮海平原农业挖潜及进一步发展提供重要经验，为我国大面积推广农业技术提供重要经验，为科学的指导农业生产提供重要经验，为全省粮棉产量登上新台阶做出贡献。

五地市的规划方案容后上报，以上请示，请批复。

一九八八年二月一日

（本请示文件经集体讨论，许越先拟稿。山东省政府和中国科学院领导审定上报）

二、中国科学院黄淮海平原中低产地区
综合开发治理研讨会会议纪要

（一）

1988 年 1 月 15—18 日，在北京召开了"黄淮海中低产地区综合开发治理研讨会"，参加会议的有 25 个所、院机关 11 个厅局，共有领导、科学家、管理人员 97 人。周光召、孙鸿烈、李振声等院领导出席了会议。李振声副院长介绍了会前的准备工作，并传达了田纪云副总理的指示。周光召院长作了讲话，周院长在讲话中肯定了中国科学院的改革方向，并指出中国科学院有一支有水平、有觉悟、勇于拼搏的优秀队伍，把他们组织起来，明确目标、共同努力，就有能力做出贡献，国家有需要，我们有力量，提出的初步设想得到中央和各方面的支持。这是可以大显身手的很好的战场，既能为国民经济服务，又能在这个广阔试验场地做出国内外有水平的科学研究成果。孙鸿烈副院长与会议领导小组的同志一起研究制定了有关吸引和调动中国科学院科技人员投入国民经济主战场的政策，并作了讲话。

中共中央农村政策研究室主任杜润生同志、国家计委副主任张寿同志到会作了重要讲话。杜老说，中国科学院把国民经济作为主战场，服务于农业与地方结合进行大片的综合开发，找到了一个把科技力量和党的全套政策投入密切结合的办法，找到了这样结合的一种形式，这就是你们的一大突破。科学院这次面向国家最大的难题——农业，组织力量进行攻关，是非常非常有意义的一件事情。一是搞宏观研究，科学院要走在其他单位前头；二是搞微观机制研究，把微观研究与宏观结合起来，各种物理化学手段都上，综合学科优势发挥出来，在科学的基础上，就能做出其他单位做不到的贡献。张寿同志讲，这次中国科学院下了很大决心，用更大的规模投入到农业发展这样一个主战场上来，你们的科技方面储备，能量积累相当多，在这个战场应该释放出来，并能够付诸实施。我们国家计委将全力支持你们这项工作。

（二）

会上，中国科学院地理研究所、南京土壤所、石家庄农业现代化所、南京地理与湖

泊研究所分别代表四个基点汇报了与地方共同承包山东、河南、河北、淮北部分中低产地区治理与开发的初步设想，另有20个单位的代表或个人作了专题发言，并进行了充分的讨论。

与会代表在讨论中，认为院召开这次会议很重要，抓住了时机，有决心、够气魄，是科研人员多年来的愿望，也是大显身手的好机会，表示一定要做出成绩，为发展我国农业作贡献，为院争光。特别是在黄淮海地区战斗几十年的科研人员表示，现在中央要求中国科学院承包黄淮海部分中低产地区，在5~8年增产50亿千克粮食，农林牧副渔要全面发展，并取得经济、生态、社会三大效益，这是硬任务，是中央对我院的信任，院向中央请战，我们向院请战，把这项任务作为新的"淮海战役"来打，把有生之年奉献在黄淮海中低产地区的土地上。

（三）

在充分讨论的基础上，会后留下40多位研究所的领导和专家对任务、人员、经费作了进一步的落实。

冀、鲁、豫、皖部分地区的78个县，8 000多万亩中低产田开发工作的地区，定为五区、三市、四县。

五区：德州、惠民、聊城、菏泽、沧州地区。

三市：新乡、濮阳、东营。

四县：亳县、涡阳、蒙城、怀远。

中国科学院地理研究所牵头组织13个所150人，承包德州、惠民、聊城、菏泽4个地区和东营市。

南京土壤所牵头组织13个所190人，承包新乡、濮阳二市。

石家庄农业现代化所牵头组织12个所108人，承包沧州地区。

南京中国科学院地理研究所牵头组织6个所50人，承包淮北四个县（亳县、涡阳、蒙城、怀远）。

以上四大片，以山东、河南两片为重点。

（四）

会议拟订了《关于对参加"黄淮海"工作的科技人员实行承包津贴的规定》和《关于参加"黄淮海工作的科技人员专业职务聘任的几点规定"》，并完成了总体方案，给中央写了报告。

希望各单位认真传达杜老、光召同志等领导的讲话和会议精神，四大片要成立领导小组，各有关所也要成立领导小组，承包任务的负责单位要把会议情况向地方通报，进一步落实任务和承包办法。院里已正式向中央写了报告，我们只能把工作做好，在2~3年后见成效，不辜负中央的期望。

一九八八年一月二十一日

三、农业科技"黄淮海战役"将揭序幕

新华社记者　朱羽　孟祥杰

新华社北京2月21日电（记者朱羽、朱祥杰）运用现代科学技术改造中国农业并推动其跃上新的台阶，已成为中国科学院走上国民经济建设主战场这一战略性转变的极重要组成部分。

中国科学院院长周光召、副院长李振声日前向记者透露：经过3个月的调查研究，与省地领导同志多次共商后，中国科学院已作出重要决策，从今年起用5~8年的时间，投入精兵强将，深入黄淮海平原中低产地区，与地方联合承包。在地方政府统一领导下，和各兄弟单位密切协作，对冀鲁豫皖4省的数千万亩中低产田进行综合治理，以期彻底改变这些地区的后进面貌。实现农、林、牧、副、渔业大发展。

黄淮海地区涉及4省的五个专区（德州、聊城、惠民、菏泽、沧州）、三个市（新乡、濮阳、东营）和四个县（淮北地区的涡阳、怀远、亳州、蒙城）总耕地面积近8 000万亩，约2/3为中低产田，其中包括盐碱地1 000万亩，涝洼地590万亩，砂姜黑土地560万亩。

据了解，中国科学院目前从事与农业生产密切相关的地学、生物学与环境科学等方面工作的科技人员5 000余人。除基础研究外，为农业服务的科技工作主要结合水、土、生物资源的调查、治理与开发进行，试验基地主要分布在一些中低产地区，如黄淮海的盐碱地、沙地与砂姜黑土地、南方红壤丘陵、黄土高原水土流失区、东北盐碱地和沼泽地，西北华北的沙化地区以及沿海滩涂和未被充分利用的水面等，总计40余个。其中有些经过多年研究实践，积累了一些成熟的经验，培养了一批人才，将这些成熟经验尽快的由点推广至面以期获取更大的效益的时机已趋成熟。

据悉，中国科学院拟在黄淮海工作区全面推广已有科技成果，采用水利、生物的配套技术整治风沙地，采用鱼塘台田工程和放淤种稻整治涝洼地，采用综合措施改善土壤物理化学性质整治砂姜黑土地，促进作物产量提高、农业生产全面发展和农村产业结构的改善。同时，科学院的一些科技成果如优良品种的推广、种苗快速繁殖、昆虫性信息

素治虫、长效肥料和可控光解地膜的生产及使用、水果保鲜、牛的胚胎移植等都将在治理区农业生产中发挥作用。

目前，中国科学院仅在黄淮海地区已组织 25 个研究所的 400 多名科技人员（其中包括百余名高级研究人员）参加综合开发治理工作，所需资金将采取农民自筹、省地县投资及国家贷款和拨款相结合的投资方式。

中央有关领导与冀鲁豫皖 4 省领导对这一工作予以充分肯定并积极支持。

（本文原载 1988 年 2 月 22 日《人民日报》头版头条）

四、中国科学院　德州地区行署
科学技术与生产技术见面会纪要

（一）

中国科学院、山东省德州地区行署召开的科学技术与生产见面会于 1988 年 2 月 26—29 日在德州市召开。参加这次会议的有中国科学院 28 个局、所，中国农业银行总行，山东省科委、农业厅、水利厅、省农业科学院，德州地区有关部门和所辖十三个县市的专家、领导干部，共 700 多人。

这次会议的指导思想是：以改革的精神，探索科学技术与生产紧密结合的路子，促进科学技术直接转化为现实生产力，为各县（市）引进先进的科学技术牵线搭桥，加速技术成果商品化的进程，促进德州地区农村经济的发展与腾飞，为山东省黄淮海平原农业科技开发摸索经验。

中国科学院、山东省人民政府、德州地区行政公署对这次会议非常重视，李振声副院长、马忠臣副省长在工作繁忙的情况下亲临会议指导，并作了重要讲话。会议期间，中科院 28 个局、所近百名专家向各县（市）传递了大量科技信息，介绍了 200 余项实用技术和项目。德州地区行署专员赵林山同志和各县（市）人民政府的代表先后发言，介绍了当地的自然概况、经济发展现状、今后设想规划等，双方分别进行了对口交流和技术项目洽谈。

会议受到了广大科技工作者和广大干部群众的热烈欢迎，在科技界和社会上引起了强烈反响。来自四面八方的各位专家，不顾旅途辛劳，千里迢迢，风尘仆仆，来德州参加会议。对会议表现出极高的热忱；德州地区各县（市）、各部门纷纷要求增加会议代表，实现人数比通知确定的范围增加 500 余人。普遍反映，会议别开生面，开得很成功，令人开阔眼界，耳目一新，效果比预想得好得多。很多代表说，这次会议是一次人才荟萃，各路专家争相献计献策的会议；是一次科学家与实际工作者共商科技进步和农业开发大计的会议；是一次深化科技体制改革、务实求实的会议。人才之多，信息量之大，效果之好，都是德州地区前所未有的。

（二）

会议期间，山东省副省长马忠臣和中国科学院副院长李振声同志先后讲话。

马忠臣副省长在讲话中指出，黄淮海平原开发这一战略决策，是经过艰苦地、长期地、反复地努力和调查研究得出的结论。这一结论符合山东实际，也符合整个黄淮海地区的情况，得到了各级科技工作者和广大干部群众的拥护和支持。

接着，马忠臣副省长阐述了黄淮海平原开发的有关问题，主要是：

指导思想概括为三句话，九个字，即投资少、见效快、开放式。

投资办法："两头抬"，中央拿一半、地方拿一半，山东这一半，是若干头，几家抬，省、地、县、乡、农民各拿一部分。资金管理，原则上是管理项目，按项目拨款，按项目验收。为了加强资金管理，省准备成立一个农业开发基金会，隶属于省政府。下设农业开发投资公司，公司实行政企分开，独立核算，自负盈万，具有法人地位。

要拿几方面的政策。一是拿优惠政策，调动科技人员尤其是精兵强将的积极性，担负起农业上一个新台阶的重任。二是拿产供销一条龙的政策，搞加工增值，扩大效益。三是拿减免税收政策保护开发积极性。四是拿风险政策，实行利益共享，风险共担。

组织领导问题。省政府准备建立黄淮海平原农业开发领导小组，下设办公室，还要从全省 20 000 名农业科技人员中，抽调 15 000 名投入这个主战场，德州地区所有的县都是开发县，要求全部科技人员都投进去。

分步实施问题。全省大体分三步，第一步是"七五"后三年，第二步是"八五"，第三步是"九五"，共两个半五年计划。具体实施起来，不是每个项目都搞十三年，有的项目可能一冬一春就拿下来，有的要三年或五年，整个黄淮海两亿亩地是十三年。具体到每个项目，需要几年就是几年，实事求是，具体情况具体对待。马忠臣同志强调，要把竞争机制引入开发项目的承包。

最后，马忠臣副省长要求德州地区各级领导要把主要精力投入开发工作，注意认真总结经验，在黄淮海平原开发工作中起带头、示范作用。

李振声副院长在讲话中重点介绍了黄淮海平原开发这一战略决策形成的背景。传达了中央领导同志指示精神，国务院领导同志指出，当前农业生产，特别是粮食生产的形势是严峻的，两年的徘徊不前，稳而不增，给国民经济造成了明显的影响。实践教育我们，对农业和粮食问题的重要性，必须重新再认识。在农业问题上，我们面临着两种可能，一种是继续维持停滞、徘徊、稳而不增的局面，甚至最后形成萎缩；另一种是积极争取，采取措施，努力打破这种稳而不增的状况，逐步开创一个新的局面，使农业生产能够跃上一个新的台阶，而且能够实现"七五""八五"，一直到2000年的目标。我们必须避免第一种可能，争取第二种可能。根据国务院领导同志的指导精神，中国科学院在大量调查研究的基础上，经过反复讨论，提出了开发黄淮海平原的决策建议，得到国务院领导同志的肯定和支持。

李振声副院长指出，在开发过程中要注意处理好三个关系：一是正确处理好科学院与地方的关系，中国科学院在地方工作的干部和科技人员，要在地方政府的统一领导下，开展各项工作。二是正确处理好中国科学院与其他科研部门的关系，双方互相尊重，互相支持，取长补短，团结共事。三是正确处理好科技人员与群众的关系，科技人员要既做先生又做学生，既传播科技知识，又要虚心向群众学习。李振声副院长最后强调，在工作中要坚持实事求是，坚持按科学规律、经济规律办事的原则，要求广大科技工作者树立一种献身精神，为实现中央、国务院提出的战略目标而努力工作。

会议结束时，中国科学院地理研究所副所长许越先同志和山东省科委顾问孙杰同志等发言，德州地区行署副专员许志玉致了闭幕词。

（三）

出席会议的代表一致认为，这次会议收获很大，主要表现在以下几点。

1. 提高了对农业科技"黄淮海战役"战略决策的认识，这一决策反映了各级科技工作者和广大干部群众的共同愿望和迫切要求

对发展德州地区农村经济乃至整个国民经济具有十分重要的指导意义。党的十一届三中全会之前，德州地区是全国主要困难地区之一。三中全会后，这个地区农村经济有了较快的发展，基本解决了农民的温饱问题，但自1986年以来，农业呈现徘徊状态，发展后劲也不足。如何为农业寻找新的出路，使农业爬上一个新的台阶，已成为摆在我们面前的重要课题。国务院关于黄淮海平原中低产田开发的战略决策，为这一地区农村经济的发展找到了一条新的途径，展现了令人鼓舞的前景。全区约有700万亩中低产田，150万亩荒地，20万亩可供近期开发利用的水面，通过综合治理开发，必将为德州地区农村经济的发展注入新的活力，对整个国民经济的发展也将产生积极而深远的影响。

2. 开始找到了一条科技与生产相结合的改革途径

党的十三大提出把科教放在首位，把经济建设的重点尽快转到依靠科技进步和提高劳动者素质的轨道上来。这次会议是中国科学院落实党的十三大精神，集中力量投入国民经济主战场的一个实际行动，是科学技术与生产相结合的良好开端。为多学科、多项成果在一个地区形成一定规模的生产力做了一次有益的尝试。为形成科技同经济密切结

合的机制，推动技术市场的发展和技术成果商品化的进程，缩短科研成果运用于生产建设的周期迈出了可喜的一步，增强了全区农业应用科技成果的动力和活力。

3. 沟通了信息，增进了了解，为引进先进科学技术，开发治理中低产田打下了良好的基础

会议期间，通过专家传递信息，介绍实用技术和项目，使广大实际工作者受到一次生动、实际的科学技术教育，进一步增强了靠科教振兴经济的观念。德州地区各县（市）通过介绍当地的自然资源，农业开发现状和今后的设想、规划，使科技工作者找到了理想的科研基地和广阔的活动舞台，为科研、生产相互结合，相互促进，形成良性循环创造了条件。

4. 通过双方共同努力，中科院有关研究所与德州地区十三个县（市）共达成技术协作，转让意向 364 项

其中，农业 118 项、林业 10 项、畜牧业 40 项、水产业 10 项、乡镇企业 186 项，为今后科技运用于生产打下了基础。

（四）

这次会议在安排、组织科技与生产见面的同时，还对德州地区中低产田、荒地、水面开发问题及技术转让和项目承包的后续工作进行了研究部署。

1. 关于中低产田、荒地、水面开发治理的范围、目标和实施办法

计划从 1988 年开始用 3~5 年的时间全面治理开发中低产田 700 万亩，开发荒地 100 万亩，水面 10 万亩。经过治理开发，全区防旱除涝能力显著提高，农田林网基本形成，盐碱沙薄得到有效治理，农业机械化有一个较大的发展，基本建成农技推广体系，劳动者素质有所改善。实现上述目标，可使农民逐步富起来，社会财富和财政收入多起来，科研机构活起来，为农村经济的进一步腾飞打下一个坚实的基础。开发治理工作初步计划分三个层次：一是在禹城建立实验基地 33 万亩。二是示范区，初步设 21 个点，包括中低产田治理开发 52 万亩，盐碱荒地开发 8 万亩，低洼地开发 4 万亩，沙荒地开发 4 万亩，水面开发 2 万亩。三是推广带动区，主要指面上的中低产田和沙碱地 707 万亩。

2. 关于组织领导问题

为了加强对开发治理中低产田的领导、协调，会议确定成立由德州地区行署、中国科学院地理研究所、资环局、生物局、中国农业科学院、山东农业大学、山东省农业科学院等单位负责同志组成的协调小组。德州地区建立一个领导小组，下设一个精干的办公室，各县（市）也将建立相应的组织。要选配政治、业务素质较好、事业心强，有较强工作能力的同志负责这项工作。为了加强对科技工作的领导，促进科技与生产的结合，加速科技成果直接转化为生产力的进程，德州行署与中国科学院商定，各县（市）

可与有关研究所协商，聘请一位专家担任科技副县（市）长，对聘请的科技副县长，要名实相符，有职有权，充分发挥他们的作用。

3. 关于制定中低产田治理开发规划的实施方案

会议要求德州地区各县（市）要按照地区总的开发规划要求，立即组织力量进行考察论证，在考察论证的基础上着手制定中低产田开发规划和实施方案，要协助地区做好选点工作。中低产田和水面开发，各县（市）可各上报两个乡镇，经过筛选后确定一个。各县（市）所选示范点要具有代表性、典型性，真正能起到带头示范作用。对地区初步确定的治理盐碱荒地、低湿洼地和沙荒地示范点，各县（市）可以提出修订意见，类似情况的也可向地区申报。规划方案要尽快上报地区，地区在各县（市）制定和实施方案的同时，要组织一定力量，修订完善全区的开发规划和实施方案。

4. 继续做好技术洽谈的后续工作和试验研究项目的安排

中国科学院各研究所和德州地区各县（市），在这次见面会达成364项意向的基础上，要进一步加强联系，不断推动技术转让和项目安排的实质性进展，尽快签订项目承包和技术转让合同或协议，并采取切实步骤，逐步付诸实施。中国科学院有关研究所，要尽快将本单位项目内容，参加人员等汇总到牵头单位中国科学院地理研究所。

1988 年 3 月 1 日

（本纪要经大会秘书处讨论，郑若霖执笔完稿）

第二节　鲁西北地区中低产田区域治理概述

农业生产受自然因素、社会经济因素和生物本身生理机制等多方面影响，而作物必须的水、土、光、热、气等自然因素有一定的地域分布特征，使农业生产具有明显的区域差异。区域治理就是对一个区域内带有普遍性的自然限制因子和不利自然条件进行治理改造，达到提高中低产田产出率的目的。

全国高、中、低产田面积，分别占耕地总面积32.2%、32.9%和34.9%。在中低产田中，瘠薄地占36.0%，坡耕地占19.4%，干旱缺水地占15.2%，盐碱地占7.9%，渍涝地占7.8%，风沙地占6.9%，潜育化稻田占6.8%。黄淮海平原主要是瘠薄地、旱作地、渍涝地、盐碱地、风沙地和砂姜黑土地。鲁西北地区分布较广的是风沙地、盐碱地和易旱易涝的瘠薄地。

一、风沙地治理

中国沙地资源包括沙质荒漠、荒漠化和潜在沙漠化土地。风沙化和风蚀地总面积约 16 亿亩。黄淮海平原风沙地属季节性风沙化土地，历史上黄河决口泛滥留下的细沙，是现今风沙地的主要物质来源。冬春季节干旱多风是沙土移动的主要动力条件。地处半湿润地区，夏秋季节潮湿多雨，植被覆盖好，沙土较为稳定。这种季节性特点，再加上相对零星的分布和土性较强，治理开发比西北地区干旱、半干旱沙漠化土地容易。季节性风沙地又可分为流动沙地、风蚀性沙荒地、风蚀性耕地、潜在风蚀性沙土地。

根据聊城、德州、惠民、东营四地、市的统计资料，风沙区面积 951.7 万亩，占总面积 16.4%，其中风蚀性耕地面积 591.0 万亩，占风沙区面积 62.1%，鲁西北风沙地是历史上黄河决口泛滥造成的。据史籍记载，在黄河 6 次大迁徙、26 次决口改道和 1 590 次决口泛滥中，有 20 多次大范围决口泛滥波及鲁西北地区，每次决口改道在主流经过地带和决口扇中上部便沉积大量细沙土，岗沙地多呈西南—东北向条带状分布，与古今黄河流向基本一致，群众又称"沙河"。

中国科学院兰州沙漠所 1990 年在夏津县对风沙流结构和风蚀特征作了观测，得到一些初步结论，为风沙地的治理提供了科学依据。

夏津县 8 级以上大风次数平均每年 9.7 次，年平均风沙尘日数为 24 天，3—4 月占 50%。由于耕作面大面积连片暴露于强风之下，风能作用于地表时，土粒与其粘结的化学物质就会脱离土体而形成土壤风蚀。沙粒及其夹杂的细土随风运动的形式分为三种：一是悬浮状态；二是蠕移，即粗粒沿地面滚动；三是跃移，主要是中等颗粒呈跃动式移动。风沙流结构是指气流中不同层次输沙量随高程的分布状况，在风蚀岗丘顶部 2 米高程的风速为 12.6 米 / 秒时，对 0~20 厘米的输沙总量的观测结果表明，1 小时内离地面 6~14 厘米的高度的输沙量占离地 20 厘米高度输沙总量的 72.7%，说明这一高度为风蚀集中输送空间，在此高度内移动流沙的颗粒粒径基本是 0.25~0.10 厘米和小于 0.1 厘米的细沙和极细沙。流动沙丘的起沙风，据风洞测定 20 厘米高处起沙风速为 4.9 米 / 秒，相当于野外 10 米高处的起沙风速。

影响风蚀的主要因素有风蚀强度与风速、土壤质地、植被状况、降雨及耕作情况等。

净风和挟沙风的风蚀量相差悬除。在风速同为 19 米 / 秒的情况下，挟沙风（风沙流）对受风面的风蚀量相当于净风时的 73.5 倍。说明挟沙风除具有对沙面的剪切力以外，还具有因挟带沙粒的弹跳和蠕移对沙面产生一定冲击力，从而具有较大的风蚀强度。

风速越大，风蚀量越大。在不挟沙的净风条件下，风速由 6 级（12 米 / 秒）增加到 8 级（19 米 / 秒），流动沙丘沙的风蚀量由每分钟 1 030 克增加到 2 786 克。

风蚀量随土壤湿度增加而减少。当降水量为 1 毫米，表层沙含水量为 10.37%，风速为 18.4 米/秒时，仅个别干沙点有风蚀现象；当降水量为 2 毫米，表层沙含水量为 20.83%，风速为 21.3 米/秒时，沙面全被浸湿，无任何风蚀现象。

不同类型沙地风蚀量不同。同为 19 米/秒的净风时，流动沙丘风蚀量高达每分钟 2 786 克，风蚀岗丘（沙质土）仅为 10.9 克，相差 256 倍，未翻耕的风蚀耕地则不起沙，翻耕后风蚀量达 45.6 克。

风沙化地区土地风蚀的危害十分严重。据调查夏津县的风蚀模数为 1 400~2 800 吨/平方千米，河南省商丘县的风蚀量每平方千米可达 670~1 500 吨，山东惠民地区年风蚀量每平方千米为 2 500 吨左右。由于吹失表层细粒物质和土壤，鲁西北四地、市风蚀耕地每年吹失细土约 900 万吨，其中损失有机质 5.5 万吨，全氮 0.45 万吨，全磷 1.1 万吨，全钾 19.3 万吨。小麦、棉花等作物苗期枝叶幼嫩，风沙割打禾苗，造成减产甚至绝产，如惠民县联五乡 1979 年春天一场大风，500 亩麦苗被毁，产量只有 20 千克。

历史上每当自然植被不受人为干扰破坏时，风沙化土地便趋于好转，成为潜在风沙区。近几十年来，天然植被破坏严重，防护性能差，使潜在风沙区变为风沙化土地甚至流动沙丘。风沙区的风蚀作用，造成风吹表土、沙打禾苗、沙埋农田等危害，给风沙区生产、生活和生态环境带来严重后果。而山东、河南省风沙化过程还在发生和发展，因此风沙地的治理和开发应当放在区域治理的突出地位。

20 世纪 50 年代末期，曾进行过一次群众性的治理活动，主要是采取植树防风固沙单项措施，成效不大。鲁西北平原黄河故道风沙区现有人工固沙林 39.1 万亩，占风沙区面积 6.3%，占流动沙丘和风蚀性沙地面积 27.9%。在实践中人们逐渐认识到开发治理要从传统的造林固沙战略转变为提高风蚀耕地生产潜力和对沙荒地进行有效利用的综合治理开发战略。1986 年中国科学院兰州沙漠所在山东省禹城县，利用综合治理开发措施，取得了很好效益。1988 年该所又组织一批科技人员到鲁西北风沙化最严重的夏津县，该县风沙化面积 28.58 万亩，占全县总面积 21.8%。他们同当地有关部门一起，在全面调查基础上，完成了《夏津县整治规划图》等成果，提出治理开发沙区农业的指导思想，以改变生产条件为重点，以开发治理沙荒地和风蚀性耕地为主攻方向，以林、水、肥为主要措施，以增产棉、粮、果为主要目标，依靠科技、增加投入、农林牧全面发展，达到生态效益、社会效益和经济效益的统一。治理规划将全县三条沙河分为 9 个整治小区，第一期治理 5 个小区，第二期治理 4 个小区。并以县乡两级的 10 个治理示范区为样板，带动风沙地全面整治工作进行。通过调查、规划、试验、示范，形成封禁育草，保护天然植被；植树造林，固定流沙和浮沙；示范推广防风蚀的农业耕作技术；水土林综合治理，建立稳产高产田等成套的系列配套技术，为鲁西北地区和黄淮海平原风沙地治理做出了重要贡献。

二、盐碱地治理

盐碱地是我国北方的主要低产土壤之一，在华北、西北和东北均有广泛分布。全国盐碱地总面积约 1.15 亿亩，其中黄淮海平原在 50 年代初期有盐碱地 2 800 多万亩；60 年代初期，因过量引水，平原蓄水和排水不畅，盐碱土面积增加到 6 000 多万亩；60 年代中期以后，由于采取积极治理措施，盐碱土面积逐渐减少，盐碱危害程度明显减轻，80 年代后期，面积减至不到 2 000 万亩。鲁西北地区 1952 年有盐碱地 375 万亩，1962 年一度达到 685 万亩，1982 年已降至 369 万亩，90 年代初不到 300 万亩。

盐碱土是在气候、地形、水文等自然因素和灌溉不当等人为因素综合影响下形成的，具有季节性、反复性和可控性特点。在诸多因素影响中，直接的决定因素只有化学元素、水和土体三项，其中以离子形式出现的化学元素是土壤盐分的组成成分，水是土壤盐分的溶剂和载体，土体是土壤盐分存在和运动的空间场所。在水分循环过程中，溶解于水中的盐分随着水分运动和变化，在土体空间发生位移的过程，可称为土壤盐分的水迁移运动。

水迁移运动是土壤盐分累积、淋溶、水平迁移、季节变化和多年变化的根本原因。地下水和土壤水受热力作用进行的蒸发过程，使土壤盐分随水上移，并积累于表土层。降水和灌溉水受重力作用进行的下渗过程，使表土盐分随水下移。地表和地下径流以及壤中水流，可将溶解的盐分从一个地方迁移到另一个地方。地下水面和土壤毛细管蒸发面这两个特征面的升降及土体内水分从不同界面的进出状况，决定着土壤盐分运动的全部过程。

土壤水和地下水的水平补给和水分的垂直排泄（蒸发）属积盐型水迁移运动。受河渠和库区侧渗影响，抬高区域地下水位的地区和二坡地，则属于积盐区。土壤水和地下水得到垂直补给和水平排泄是脱盐型水迁移运动。夏季降水量大于蒸发量，属自然脱盐期。春秋雨季降水少，蒸发大，是季风气候条件下的自然积盐季节。

盐碱地的治理，实质上是采取人工措施，调节和降低地下水面和土壤毛细管水蒸发面，控制土壤外部条件（气象、水文、地形等）和内部因素（土壤结构、肥力状况）对盐分运动的不利影响，从方向上和数量上改变积盐型水迁移运动为脱盐型水迁移运动，并使这个过程持续稳定下来，不再逆转。其关键是降低春秋两个自然积盐期土壤含盐量和增强夏季降雨淋溶量。

在治理盐碱土的几项有效措施中，井灌井排的作用主要是通过降低地下水位和灌溉压盐，降低春季土壤含盐量。沟道排水排盐的作用主要是降低地下水位并将溶解于水的盐分排走，加速夏季土壤盐分的淋溶，减轻秋季土壤返盐量。农田林网可以在较大范围内发挥综合作用，既可降低春秋积盐期地下水位，又可改善农田生态环境，减少土壤蒸发返盐。培肥地力能改善土壤结构，调节土壤固相、液相、气相三相比例关系，改变土壤水分蓄存条件和活动状况，减少盐分上移数量。平整土地和改革耕作制度，是治理盐碱土的基础工作，可以消除土壤积盐的地形条件，巩固其他措施的改良效果。单项措施只能从某一方面影响土壤盐分运动，而多项措施的综合应用才能较快取得实效。

鲁西北地区在盐碱土治理中积累了多方面经验，出现了多种模式。其中禹城改碱实验区提出的井、沟、平、肥、林、改治理模式，将一片重盐碱地改良为高产田，全区13.9 万亩耕地原有盐碱地面积 11 万亩，治理后减至 1 万多亩，耕层土壤含盐量 1974年为 0.187%，1982 年降至 0.112%，1988 年只有 0.098%，将积盐型水迁移运动稳定地转变为脱盐型水迁移运动。同时粮食产量也由原来平均亩产（耕亩）90 千克，提高到 90 年代初期 900 千克。

盐碱地治理虽然取得明显效果，但平原地区生态环境仍很脆弱，还蕴含着土壤返盐的因素。徒骇、马颊河流域，由于引水灌溉面积扩大和入海水量减少，区域盐分累积量不断增加。1968—1979 年平均每年每亩地积盐 30.2 千克，是 1956—1967 年平均值 9.6千克的 3.2 倍；1980—1984 年平均每年每亩积盐 43.8 千克，是 1967 年前的 4.6 倍。

引水量增加和入海水量减少引起的区域盐量的增加，主要积累于土体的中深部，土壤上层仍呈现减少的趋势。根据禹城实验区多点长期实测资料，1974—1976 年盐碱化严重时期，6 月 0~30 厘米、30~50 厘米、50~100 厘米、100~150 厘米 4 个土层的平均含盐量分别为 0.178%、0.128%、0.128%、0.113%；1977—1982 年以井灌为主时期，4 个土层平均含盐量分别为 0.111%、0.114%、0.110% 和 0.110%；1983—1988 年以引黄灌溉为主时期，4 个土层平均含盐量分别为 0.112%、0.129%、0.139% 和 0.144%。三个阶段土壤含盐量的垂直变化相应表现为上重下轻、上下匀一和上轻下重三个分布型，第三阶段比第一阶段上层土壤盐分减少了 1/3，而 100~150 厘米中深层盐分则增加了 1/4，说明盐碱土治理，以表层效果明显。反映在统计数字上出现盐碱土减少的趋势，在作物危害上有减轻的现象。而实际上区域盐分平衡是累积的过程，只不过由于治理而被强制性压在下面，这种隐患应当引起足够的重视。

鲁西北地区的滨海盐土主要分布在东营市，盐土面积占东营市土地总面积 48.7%，今后要将治理改良与合理开发利用结合起来，充分发挥资源优势和生产潜力。主要措施拟发展棉花、水稻等适种作物，建立商品生产基地；利用滨海草地优势，发展畜牧业；利用滩涂和海水资源，发展养殖业和晒盐业。综合治理要区别情况，因地制宜，分区实施。

三、旱涝灾害治理

我国是旱涝灾害较多的国家，黄淮海平原尤为突出。据 1950—1979 年全国灾情统计，黄淮海平原平均旱灾面积占全国旱灾总面积 46.5%，作物减产三成以上成灾面积占全国 50.5%；洪涝水灾面积占全国 46.1%，成灾面积占全国 55.5%。据史料分析，鲁西北地区自 13 世纪末以来的 700 年间，共出现大小旱年 350 个，大小涝年 166 个（不包括黄河决口造成的 100 余次洪灾）。造成"赤地千里，大饥，人相食"的特大旱灾或连旱年，每个世纪都有几次。造成大面积绝产的特大洪涝年也经常发生。新中国成立后 1951—1991 年的 40 年，鲁西北地区旱年共 20 年，涝年 11 年。其中 1965 年、1968 年和 1972 年为大旱年，1961 年、1964 年为大涝年。根据方光迪的研究，季节性旱涝以春旱最频繁，频率为 87.8%，也就是"十年九春旱"。涝灾多发生于盛夏 7—8 月，其频率为 31.7%。旱涝年一般由季节性旱涝发展而成，但也不完全吻合。旱灾是一种累积型的渐变灾害，一般由两个以上季节性干旱或季节性连旱组成，如 1959 年的大旱就是因春旱、初夏旱、盛夏旱和秋旱的季节性连旱的结果。1965 年的大旱即由春旱、初夏重旱、盛夏重旱和秋季重旱所酿成。涝灾主要由暴雨引起，带有突发性，大涝年与季节性积累无明显关系，往往在一年之内旱涝交互出现，如大涝的 1961 年便是先旱后涝，表现为重春旱、初夏旱、盛夏重涝和秋涝的顺序；1964 年则是先涝后旱，旱后再涝，表现为重春涝、初夏重旱、盛夏重涝和秋涝的顺序。由于大涝的突发性特点，其经济损失更为严重。

降水季节分配不匀和年际变化大，是致灾的主要原因，地形条件和水利设施则是成灾大小的决定因素。鲁西北平原 6—8 月降水约占全年雨量 70%，而 3—5 月降水只占全年 13% 左右，因而易造成春旱夏涝。暴雨强度和次数则是洪涝灾害的主要原因。如 1961 年大洪涝主要是 7 月中旬的 3 场大雨所形成，1964 年大洪涝由春夏秋 6 场暴雨所形成，该年降水总量高达 1 058 毫米（德州站），是多年平均降水的 1.82 倍。而干旱年往往全年无暴雨出现，如鲁西北地区 1965 年和 1968 年大旱便是如此。

农作物的干旱主要因降水不能满足作物正常生长发育对水分的最低需求的结果。根据作物需水量和生育期有效降水量可以确定某种作物不同生育阶段的缺水量。正常降水年，黄淮海平原夏玉米生长期的降水量基本能满足需要。棉花生长期的降水能满足需要量的 65%~74%。小麦生长期缺水最严重，各地区差异较大，黄河以北德州、衡水、石家庄以北、运河以西地区为严重缺水区，全生育期缺水 350 毫米以上，拔节以后关键需水期缺水 230 毫米以上，降水只能满足小麦需水的 20%~25%。黄河以北的其他地区为重缺水区，全生育期缺水 300 毫米，关键需水期缺水 200 毫米，降水可以满足小麦需水的 25%~37%。黄河以南许昌至阜阳一线以北地区为一般缺水区，全生育期缺水 100~300 毫米，关键需水期缺水 140~200 毫米，降水能满足小麦需水的 35%~70%，但关键需水期只能满足 30%~50%。许昌至阜阳一线以南地区为轻度缺水区，全生育期缺水不到 100 毫米，降水可以满足 70%~80%，关键需水期只能满足 50%，若遇丰水年该区降水可以满足小麦生育需要。由此可见，小麦是受干旱威胁最大的作物，也是补充灌溉的重点作物。

为了解决农业生产的干旱问题，新中国成立后兴建了大量的水利工程，按适水种植原则调整了作物布局，研究提出了减轻作物生理干旱和保蓄土壤水分的技术措施，做到天旱地不旱，将旱情损失逐渐减轻，粮食产量不断提高。

新中国成立后国家先后提出根治淮河和海河，各地修建了排水配套工程，洪涝灾害明显减轻。对于低湿涝洼地治理，南京地理与湖泊所通过禹城辛店洼试验，提出了台基鱼塘的模式，将开发与治理结合起来，取得了综合效益，该模式已为很多地方借鉴。

（本文原载《区域治理与农业资源开发》总论第二节，中国科学技术出版社，1995 年）

第三节　鲁西北地区农业资源开发概述

农业资源是维持农业生产的物质和能量的天然来源。由于一定区域范围内的自然资源是有限度的，因而深入认识其数量、质量及空间分布规律，分析资源潜力和问题，做到科学、合理、有效的开发利用，提高有限资源的利用率，对支撑区域农业持续发展至关重要。

一、农业土地资源开发利用

全国农、林、牧、养殖水面和滩涂等各类农业用地总面积为 101.42 亿亩，占全国已利用土地面积 91.46%，按农业人口平均 8.82 亩。在农林牧用地中，耕地面积占 20.27%，林地面积占 29.05%，牧草地面积占 50.33%。

按土地调查数据，我国 20 世纪 80 年代有耕地 20.46 亿亩，国家统计数为 14.38 亿亩，两者相差 6.08 亿亩。在耕地中水田占 26.78%，水浇地占 17.55%，旱地占 55.67%。全国平均复种指数为 150.6%。

新中国成立后全国耕地面积和作物种植情况变化较大，详见表 2-1。

表 2-1　全国农作物播种面积变化

年份	耕地面积（亿亩）	播种面积（亿亩）	复种指数（%）	主要作物播种面积占总播种面积 %						
				小麦	玉米	稻谷	粮食作物总计	棉花	经济作物总计	其他农作物
1952	16.19	21.19	130.9	17.5	8.9	20.1	87.8	3.9	8.8	3.4
1957	16.78	23.59	140.6	17.5	9.5	20.5	85.0	3.7	9.2	5.8
1962	15.44	21.03	136.3	17.2	9.1	19.2	86.7	2.5	6.3	7.0

（续表）

年份	耕地面积（亿亩）	播种面积（亿亩）	复种指数（%）	主要作物播种面积占总播种面积 %						
				小麦	玉米	稻谷	粮食作物总计	棉花	经济作物总计	其他农作物
1970	15.17	21.52	141.9	17.7	11.0	22.5	83.1	3.5	8.2	8.7
1980	14.90	21.96	147.0	20.0	13.9	23.1	80.0	3.4	10.9	9.1
1984	14.68	21.63	147.0	20.5	12.9	23.0	78.3	4.8	13.4	8.3
1986	14.44	21.63	149.9	20.5	13.3	22.4	76.9	3.0	14.1	9.0
1990	14.28	22.25	150.6	20.7	14.4	22.3	76.5	3.8	14.4	9.1

由表 2-1 可知，从 1952—1990 年，耕地面积减少 11.8%，复种指数提高 20%，复种指数的增加基本可以弥补耕地减少的损失，反映在播种面积上大致可以稳定在 21 亿～22 亿亩；粮食作物播种面积的比例呈递减趋势，由 87.8% 减至 76.5%，而经济作物和其他农作物播种面积逐步增加：经济作物由 8.8% 增至 14.4%，其他农作物由 3.4% 增至 9.1%，说明种植业以粮为主，全面发展的布局结构逐步趋于合理，农村经济开始由产粮型向效益型的变化；粮食作物中北方的小麦和玉米、南方的稻谷三种主粮播种面积呈增加趋势，其中小麦占总播种面积比重增 3.2%，玉米增 5.5%，稻谷增 2.2%，三种作物合计增 10.9%，对照粮食作物播种总面积的减少，说明其他杂粮播种面积大幅度减少；经济作物中棉花面积波动较大，除 1984 年占总播种面积的 4.8%，创最高纪录外，其他年份很少超过新中国成立初期水平，1952 年棉花面积占经济作物播种面积 44.3%，而 1990 年降至 26.4%，说明其他经济作物比种棉经济效益更好，农民种棉的积极性受到影响。

鲁西北地区跟全国比较种植结构的变化有所不同。以聊城地区为例，1990 年比 1952 年耕地面积减少 21.7%，比全国减少速度快 1 倍；粮食总产比 1952 年增 218.7%，比全国平均增幅快 43.2%，1990 年作物播种总面积比 1949 年减少 11.1%，小麦、玉米、棉花三种作物占总播种面积比例都在增加，其中小麦由 32.2% 增至 37.8%，玉米由 15.0% 增至 18.3%，棉花由 9.1% 增至 34.0%。棉花播种面积大幅度增加，使这一地区成为全国重要棉花生产基地。

根据山东省土地资源调查办公室 1986 年的县级土地资源概查资料，聊城和德州地区全部、惠民和东营两地市黄河以北县（市），总土地面积 4 756.3 万亩，其中耕地面积 2 955.9 万亩，占总面积 62.1%。土地利用情况见表 2-2。

表 2-2　鲁西北地区土地利用状况（1986 年）　　　　　　单位：万亩

地区（市）	总面积		耕地	园地	林地	牧草地	居民占及工矿用地	交通用地	水域	未利用土地
	（千米²×10⁴）	（万亩）								
聊城	0.866	1 299.4	955.6（73.6）	18.0（1.4）	27.8（2.1）	0.03	154.0（11.9）	35.5（2.7）	62.5（4.8）	46.0（3.5）
德州	1.279	1 917.9	1 285.2（67.0）	22.1（1.2）	59.3（3.1）	9.0（0.5）	176.9（9.2）	75.4（3.9）	194.0（10.1）	96.0（5.0）
惠民（黄河北）	0.687	1 030.5	549.9（53.4）	4.2（0.7）	13.1（2.1）	74.4（7.2）	84.9（8.2）	15.9（1.5）	185.0（18.0）	103.1（10.0）
东营（黄河北）	0.339	508.5	165.2（32.5）	0.7（0.1）	9.2（1.8）	27.5（5.4）	37.3（7.3）	12.9（2.5）	112.0（22.0）	143.7（28.3）
合计	3.171	4 756.3	2 955.9（62.1）	45.0（0.1）	109.4（2.3）	110.9（2.3）	453.1（9.5）	139.7（2.9）	553.5（11.6）	388.8（8.2）

注：表内括号内数据为该项面积占总面积百分比

由表 2-2 可知，鲁西北平原由于农业开发历史悠久，土地利用率较高。农林牧等农业用地占总土地面积 66.8%，其中耕地占农林牧面积 93.0%，未利用土地仅占总面积 8.2%。

由表 2-2 还可看出土地利用的空间分布有以下特征：从西向东按黄河流动方向耕地比重由大变小，聊城地区最高，耕地占总面积 73.6%，德州地区占 67.0%，惠民地区占 53.4%，东营仅占 32.5%；牧草地比重从西向东增加，聊城地区少于 0.1%，德州地区占 0.5%，惠民地区和东营分别占 7.2% 和 5.4%；水域面积比重由西向东增加，四个地区分别占 4.8%、10.1%、18.0%、22.0%；未利用土地比重由西向东增加，四个地区分别占 3.5%、5.0%、10.0% 和 28.3%。土地利用的这些空间变化，说明鲁西北地区受黄河冲积影响，西部开发历史早于东部，土地利用程度高于东部。

由以上分析可以看到鲁西北地区土地开发利用的主要问题和改进方向：一是采取有力措施，制止非生产占用耕地的现象，将耕地面积减速降下来；二是提高现有耕地复种指数，增加播种面积；三是积极开发水面、滩涂和洼地，提高这些土地的生产力；四是适当开垦零星分布的宜农宜林荒地，扩大农业利用面积。

二、农业水资源开发利用

根据 1987 年水利电力部水文局的水资源评价数据，我国平均年降水总量为 61 889 亿立方米，地表水资源量为 27 115.2 亿立方米，地下水资源量为 8 287.7 亿立方米，重复计算量 7 278.5 亿立方米，平均年水资源总量为 28 124.4 亿立方米，占降水总量 45.45%。

新中国成立后我国兴建了大量水利工程，为水资源开发利用提供了重要条件。1980

年全国总用水量为 4 437 亿立方米，约为 1949 年的 4.3 倍。在用水量中地表水约占 86%，地下水占 14%。农业历来是用水大户，1949 年全国总用水量为 1 031 亿立方米，农业用水占 97.1%；1980 年农业用水比重仍占 88.2%，其中灌溉用水占全国总用水量 82.5%。

农业水资源开发主要是增加农田灌溉面积，1949 年、1952 年、1957 年、1962 年、1975 年、1980 年和 1988 年全国有效灌溉面积分别为 2.39 亿亩、2.90 亿亩、3.75 亿亩、4.30 亿亩、6.92 亿亩、7.33 亿亩和 7.19 亿亩。1980 年比 1952 年增 152.8%，1980 年以后有效灌溉面积基本稳定并略有下降，耕地灌溉率 1952 年为 17.9%，1988 年增至 50.5%。

黄淮海平原是我国水资源开发程度较高地区，水资源开发利用大致经历了三个阶段。第一阶段，20 世纪 50 年代初期至 60 年代末期，以开发利用地表水为主，兴建了大量水库和引水工程，现有 50 多座大型水库和一系列中小型水库，能够控制山区流域面积的 80%，其中绝大部分是这个时期兴建的。第二阶段，60 年代末期至 80 年代中期，以开发地下水和发展引黄为主，进行了大规模的机井建设，经过这个阶段开发，全区共打机井 153 万眼，地下水开采量在河北、河南等省占可开采量的 70%~90%；沿黄地区年引水量 90 亿~100 亿立方米，灌溉农田 2 000 万~3 000 万亩。第三阶段，80 年代以来，以节水技术开发为主，以提高单位水量利用率为目标，将节流提到与开源并重的位置。上述第一阶段，灌溉面积扩大了 20%，粮食总产大致增加 1.3 倍；第二阶段灌溉面积又扩大 20%，粮食产量增加 1 倍；第三阶段通过发展节水农业，将水的利用率提高 20%，使粮食产量再增加 30%~40% 是有可能的。由于这个地区水浇地面积的扩大，1985 年有效灌溉面积已达 1.6 亿亩，比 1949 年增长 7.9 倍，耕地灌溉率达 60%。

鲁西北聊城、德州、惠民、东营四个地（市）水资源开发利用同全国和黄淮海平原一样，也取得显著效益。

表 2–3 表明，从 1952—1982 年 30 年间，鲁西北地区有效灌溉面积增加了 1 574.5 万亩，增加 24.5 倍，这个数字远超过全国平均数。原来大面积的靠天雨养旱地变为水浇地是这个地区 80 年代粮棉增产幅度高于全国平均水平的一个重要原因。从表中还可看出，1957—1970 年侧重于地下水开发，13 年间纯井灌面积增加了 327.6 万亩，增 86.2 倍；1970 年后侧重于地表水开发，主要是恢复和发展引黄灌溉，使引水灌溉面积迅速增加，1982 年比 1970 年增加 802.3 万亩，增 3.1 倍。由于引黄灌溉的发展，改变了用水结构，1970 年引水比井灌面积少 71.0 万亩，而 1982 年引水比井灌面积多 507.1 万亩，超出近 1 倍，井灌面积占有效灌溉面积比重由 40.1% 减至 33.9%，引水灌溉面积比重由 31.6% 增至 64.8%。

表 2-3　鲁西北地区有效灌溉面积发展情况　　　　　　单位：万亩

年　份	1949 年	1952 年	1957 年	1962 年	1965 年	1970 年	1978 年	1982 年
合　计	37.6	64.3	323.3	207.1	393.6	823.1	1 563.5	1 638.8
纯井灌			3.8	4.8	48.5	331.4 (40.1)	636.2 (40.7)	555.6 (33.9)
引水灌溉	1.9	1.9	107.9	43.1	62.4	260.4 (31.6)	893.0 (57.1)	1 062.7 (64.8)
其他灌溉	35.7	62.4	221.6	159.2	282.7	164.3	34.3	20.5

注：表中括号内数据为该项面积占有效灌溉总面积百分比

在以上分析基础上，我们又统计了鲁西北德州和聊城两个地区耕地灌溉率和粮食总产资料（表 2-4），可以看出两者增长的同步关系，特别是 1965 年以后更为明显，1965—1990 年耕地灌溉率由 16.6% 增至 76.5%，粮食总产增 2.5 倍。

表 2-4　德州和聊城两地区耕地灌溉率

年　份	1949 年	1952 年	1957 年	1962 年	1965 年	1970 年	1978 年	1982 年	1990 年
有效灌溉面积（万亩）	35.6	57.9	267.2	193.3	363.3	723.3	1 345.4	1 389.1	1 466.7
耕地灌溉率（%）	1.4	2.2	10.3	8.7	16.6	34.4	68.2	70.8	76.5
粮食总产（亿千克）	16.0	18.4	18.8	9.1	16.1	19.0	27.9	32.3	56.0

农业水资源的开发有利于农业发展，但也带来一些新的问题，就鲁西北的情况，主要有以下几点：一是引黄和井灌比重的变化，使一些地下水丰富地区弃井引黄，对地下水开发和盐碱土改良不利；同时因黄河下游水量不稳，过于依赖引黄会带来被动，如 1992 年春夏季节发生干旱，黄河无水可引，造成一定产量损失。因此今后应注意地表水地下水联合调用，合理利用水资源。二是引黄灌区上游用水浪费严重，需采取措施提高水的利用率。三是黄河山东段非汛期引水含沙量 0.8%~1.1%，含盐量 0.05%~0.06%，每引 1 亿立方米的水量，随水引出 87.7 万吨泥沙，5.3 万吨盐，其中 60% 的泥沙在沉沙池淤积，25% 的泥沙淤积于渠道，15% 的泥沙带入田间。淤积于渠道的泥沙，年年清淤并堆积于两岸，长期累积起来，使引水渠上游沿岸地区生态环境出现新的风沙危害。引水带入农田的盐分，造成区域性土壤盐分累积。这些问题今后应有妥善解决办法。

三、农业生物资源开发利用

生物资源是指已被利用或具有潜在利用价值，用以扩大农牧业生产规模的动植物资源，是人类生存不可缺少的基本物质能量的源泉。其本质属性是生态系统能够输出的生物数量和品质以及现存生物量及其生产力用以供养人类和其他生物的负载能力。

农业生物资源通常包括种植业资源、森林（林业）资源、草场资源、畜牧业资源、渔业资源和经加工增值的土特产品资源等。

于沪宁对鲁西北地区生物资源进行系统的分析，认为该地区耕作历史悠久，培育的作物种类繁多，栽培作物品种资源丰富。据不完全统计，粮食作物、经济作物和油料作物有 40 多种，以小麦、玉米、棉花、大豆、花生等为主，瓜菜类有 44 种，闻名于世的德州西瓜早在汉代就有种植。由于气候和土壤等条件适宜多种树木生长，枣、桃、苹果、梨等果树栽培面积较大，乐陵金丝小枣和茌平园铃大枣久负盛名。

野生植物资源也很丰富，有旱柳、青檀等纤维植物，麻栎、拐枣等淀粉及糖类植物，楝树、黄连木等油脂植物，合欢、化香树等鞣料植物，山胡椒、紫穗槐等芳香油植物，槐、椿等树胶植物，紫草、红花等色素植物。

该地区有丰富的植物性药材资源和部分动物性药材资源，有种类繁多的农林业害虫天敌资源。据不完全统计，植物性药材约 211 种，捕食性天敌昆虫 92 种，寄生性天敌昆虫 96 种，其中以瓢虫科昆虫为优势。

鲁西北地区大型动物资源贫乏。畜禽资源种类较少，形体较大，优良的畜禽品种有鲁西黄牛、渤海黑牛、德州驴、白山羊、大尾寒羊和小尾寒羊等。水生动植物资源丰富，常见的水生植物约 27 种，淡水鱼约 68 种，东临渤海有各种海鱼和对虾。

过去长期偏重粮食生产，忽视了生物资源全面开发利用；已有的开发又多属第一性生产力的浅层开发，而深层加工和综合开发利用较为薄弱。因此，该地区生物资源开发有相当潜力。尤其是粮、棉、温带水果、海洋生物资源和野生植物资源具有区域优势，应加速发展深加工和开拓市场。

生物资源开发利用，要注意保护主要生态过程与生命支持系统；对种群规模进行合理调控；保护遗传基因的多样性，保留现存的生产物种，做到利用与维护相结合，促进生物资源永续利用，多方向多层次均衡开发；依靠现代科学技术，增加资源数量和扩充资源维度；建立农林复合生态系统，增加区域生态系统稳定性和产出率；保护种质资源，开发新生物资源产品。

四、农业气候资源开发利用

气候资源能够参与作物生产过程，可以直接转变为作物生产力。区域农业生产在很大程度上取决于气候资源状况。光、热、水等气候资源要素在时间上和空间上的组合特征，决定着农业气候资源同土地和生物等自然资源互相依赖，气候资源不能离开其他自然资源单独进行农业开发利用。现代人类活动虽然不能对气候进行大规模地改造，但改善和利用局地气候和小气候，已取得越来越大的成效。长期以来人们多从土壤、肥料、作物因素估算作物生产力，近来一些学者从光热水等气候因子对生产潜力进行理论分析和估算也取得新的进展。这意味着农业已从传统的向土地的单向索取，开始注意转向包括气候资源在内的多向开发。

于沪宁研究了黄淮海平原气温大于0℃期间小麦和玉米的光温生产潜力，最高每亩可达1 500千克。大于10℃期间一熟制光温生产潜力为每亩1 200~1 350千克。左大康等人计算黄淮海平原冬小麦光合潜力每亩为1 525~1 865千克，夏玉米光合潜力为1 000~1 250千克。由于水分、肥力和气候灾害等因素影响，实际产量很难达到生产潜力的理论计算值。为此，应当研究气候变率、波动与灾害，采取趋利避害的措施，力争提高光温利用率，实现高产。

农作物在自然条件下生长，每一生产环节都受气候影响，决定农业产量与气候波动有一定相关性。崔读昌的分析显示：从1951—1980年，我国粮食单产实际波动平均每年为5.1%，最大波动率为17.6%，最小波动率为0.5%；按气候波动产量估算，气候引起的产量波动为3.0%，最大波动值为13.8%，最小波动值不到0.1%。气候的中等波动足以构成对农业的严重冲击，而最大波动将会给农业产量带来十分严重影响。

于沪宁研究认为，气候灾害如旱涝、暴雨、霜冻、冰雹、干热风等，具有共同特点：不可避免性和可防御性，突发性与积累性，群发性与多元性，区域的普适性与空间变化的不均衡性，时间上的持续性、交替性与阶段性。减灾防灾要树立系统观，增强农业生态系统对灾害的综合抗御能力，措施上要体现工程和生物措施相结合。

人类对农业自然资源的利用，首先从生物资源开始，有目的的开发，即由生物资源到土地资源到水资源到气候资源。土地资源和水资源的开发利用是有一定限度的，现在已达到较高水平。生物资源和气候资源的开发还有很大潜力，特别是气候资源的利用率偏低，农业产量的进一步突破，在很大程度上取决于农业生物工程和农业气候工程。现阶段气候资源的开发利用应分别考虑种植业、林果业、牧渔业等各业特点，合理利用，并要选择适应当地气候条件的作物组合，搭配与气候变化节律相应的品种类型，培育提高光温利用率的品种，提出有利于吸收利用光能资源的群体结构的栽培方法，有条件的地方，要加速农业工厂化的进程。

鲁西北地区的气候特点，主要是雨热同步，有利于作物生长；光热资源充裕，变率较小；降水量偏少，春旱严重；降水变率大，易发生旱涝。地处暖温带半湿润季风气候区，适于多种作物生长，但气候要素变化不稳，对农业生产有不利一面。近年来这个地区对开发利用气候资源和防治气候灾害取得长足进展，塑料大棚和地膜覆盖面积逐年增加，延长了作物生长时间和对光温的利用率；立体种植、紧凑性玉米和小麦精播法的推广，从群体结构上创造了更好利用气候资源的环境条件；灌溉排水工程系统逐步完善，提高了抗御旱涝等气候灾害的能力。因此，农业发展速度高于其他地区。

（本文原载《区域治理与农业资源开发》总论第三节，中国科学技术出版社，1995年）

第四节　资源节约型高产农业开发

资源节约型高产农业是高产优质高效农业的一种形式，这种农业形式根据我国资源短缺的国情，强调的是在高产的同时，减少资源的消耗。立体农业（节地）、节水农业和调整高产农田的群体结构，都具有资源节约型高产农业特征。

一、立体农业

立体农业是利用不同种群生长发育对光、温、水、二氧化碳和养分要求的差异，应用农田生态系统中生态位原理，将两个以上种群种植共存在同一农田内的一种节地型农业类型。由于在地面以上不同作物叶层呈梯度分布，地下根层分布深浅错落有致，作物较充分利用地上空间和地下土层，实现节地、节水、高产、高效的生产目标，是人多地少地区发展资源节约型高产农业的重要方向。

鲁西北地区立体种植有悠久历史，2000 年前乐陵等市县就出现枣粮间作，近年来各地又试种并推广了枣—粮—棉模式、果—菜（瓜）—粮模式、泡桐—香椿—冬小麦模式、梨—香椿—棉花模式、冬小麦—波菜—棉花模式、夏玉米—夏大豆—食用菌模式等多种形式的立体种植形式。庭院经济也得到初步发展。

根据中国科学院地理研究所董振国等人在平原县等地的试验，立体种植能将复种指数由 1.5 提高到 2~2.5；光合叶面积的积算值增加 300~500，光能利用率比平面种植提高 50%~60%；作物层增厚，不同波长的太阳能得到合理利用；改善农田小气候，减轻干热风和病虫危害，如叶芳德等人对乐陵市枣粮间作地观测，风速比一般农田低 20%~40%，干热风比一般农田低一个等级；充分利用地力，经济收入比一般农田增加 1.5~2.0 倍。

立体种植的设计，首先要考虑生态位原则，即不同种群所占据、适应和利用的梯度空间位置。如农田中的气温以贴地层最高，随高度增加而递减；地温以表土最高，随深度增加而下降；光照强度以作物层顶部最大，中部次之，下部最弱。农田环境因子的这种空间分布差异所形成的多维生态位，为立体种植的主层种群和副层种群的选择和匹配提供了科学依据。

主层种群是立体农田结构中产量和经济收入最高的作物，光、热、水、肥等因子要首先满足主层种群需要。在此前提下，再选择一个以上副层种群相匹配，使之处于同主层种群不同的生态位上。在种群高度、空气温度、光照强度、根系分布、生育期和成熟期等方面与主层种群有不同的要求或保持一定的空间差和时间差。在枣粮间作中，粮食作物为主，枣林为副；麦—菜—棉模式中，前期小麦为主，后期棉花为主，菜为副；

玉米—大豆—食用菌模式中，玉米为主，大豆和食用菌为副。

立体农业可以实现资源节约和高产高效的多方面效益，是农民创造性和科学技术相结合的产物，今后有广阔发展前景，各地应认真总结经验，不断推出新的立体种植模式，因地制宜地积极推广。

二、节水农业

节水农业是以节约用水为中心的农业类型，是农田节水保水技术和农业适水种植技术的结合。通过实施节水灌溉、节水耕作方法和栽培技术、农田水分保蓄、适水种植等技术和措施，以及建立节水管理体制，提高区域有限水资源的整体利用率，保持农业持续发展。节水农业的主要目标是提高单位水量所创造的农业经济价值，既要提高农用水效益，又要提高农业产量。因此，节水农业的发展要建立在科学实验和新技术投入的基础上。

近年来，地学、生物学、水利学、农学、土壤学等有关学科领域，从不同角度对节水农业的重大科学问题和实用技术进行了多方面研究，取得可喜成果。水文水资源领域，重点研究了自然降水、地表水和地下水的空间分布和时程变化，及其同作物布局和种植制度的关系；分析了区域水资源利用现状和节水潜力；探讨提高区域水资源整体利用率的途径；对农田蒸发及作物耗水规律和土壤水分运动及调控措施进行了实验研究。土壤学领域，重点研究了土壤适宜含水量、土壤干旱的下限指标和土壤水肥配合关系等问题。植物生理生态学领域，重点研究提高水分利用效率（WUE）与作物经济产量（Yd）和作物耗水量（ET）的关系，三者关系可表达为：WUE=Yd/ET。探讨作物水分生产函数，大致有直线关系，二次曲线关系和指数关系三种形式。中国科学院水土保持研究所山仑等人认为，当水分为主要限制因素，产量水平较低时，ET 和 Yd 呈线性关系；在充分供水条件下，ET 和 Yd 呈抛物线关系。在两种关系转变中，确定变化的"拐点"，可确定水分不再是作物生长主要限制因子的界限，而研究三个参数的最佳组合，则是制定区域节水方案的理论依据。

农业节水工程和节水技术应用推广较快。我国从 20 世纪 60 年代中期开始在井灌区应用低压管道输水，至 80 年代末，已推广 3 000 多万亩，约占纯井灌面积 30%。低压管道一般可将井水利用系数由 0.6~0.7 提高到 0.95。渠系防渗工程是渠灌区减少输水损失的主要措施，一般可将渠系水利用系数由 0.45~0.50 提高到 0.70，有些省、区的衬砌渠道已具有一定规模，如新疆和河北，衬砌渠道占渠系总长 12%~15%。

在非灌区，有效降水形成的土壤水是作物生长的唯一水分来源，应重视增加土壤蓄水保水能力，减少农田棵间蒸发；在灌区，输水进入田间后，有效调控农田水分，可进一步提高水分利用率。因而农田覆盖、耕作保墒、依肥调水等技术，在节水农业中得到迅速推广。我国自1978年引进地膜覆盖技术，现已开发出多种型号产品，应用于40多种作物，年推广面积超过5 000万亩。新型土壤水分调节剂，是吸水性很强的高分子材料，在沙地和旱地上施用，能在种子和根系周围形成适宜的水肥小环境，在干旱缺水条件下，达到出苗发苗的目的。80年代以来，中国科学院的几个化学研究所分别研制的这类保水材料，在聊城、禹城、南皮等地试用，取得良好效果。

喷灌、滴灌等节水灌溉新技术，可做到按作物需要使土壤保持适宜的含水量，达到节水增产的目的。喷灌比渠灌省水30%~50%，滴灌比渠灌省水50%~70%。这两项技术一次性投资大，应因地制宜地推广。80年代中期，全国喷灌面积1 100多万亩，山东、河南、江苏等省面积较大。滴灌在辽宁省较为集中。

为了将基础研究和新技术示范推广综合为一体，解决节水农业中的一些科学技术难题，很多单位创办了节水农业综合试区。试区通过基础研究，试验探索节水农业中的重大理论问题，为节水农业进一步发展提供科学技术储备。同时将所代表的类型区急需的节水技术在试区组装，通过试验示范不断向面上推广，从而取得区域宏观节水效益。中国农业科学院灌溉研究所商丘试区和中国科学院石家庄农业现代化所的南皮试区是黄淮海平原两个重要综合节水试区。中国科学院地理研究所的禹城试区对农田蒸发和作物耗水规律作了长期研究，同时开展农田覆盖和不同灌溉方式对比的试验。聊城节水试区开展了以节水管理为中心的试验研究，均取得重要成果。

三、作物高产的群体结构特征

在满足一定的水肥条件，达到中高产水平的农田，欲进一步提高产量，采用科学的种植方法是重要的途径之一。中国科学院董振国等人在平原县等地对此进行了试验研究，从理论与实践的结合上，提出合理的作物群体结构是获得高产的关键因素。

作物群体结构分为作物群体数量性状、几何性状和空间散布性状。其中叶倾角、群体密度和叶方位角在群体性状诸要素中与产量构成关系最密切。

小麦灌浆期叶倾角大的品种，单株叶面积也大，作物层下位叶片光照条件较好，作物群体能在较长时间内维持较大的光合叶面积，有利于提高产量。鲁麦系列品种的叶倾角大于丰抗系列和泰山系列，如鲁麦12号叶倾角为83.5°，中抗8号为60.0°，泰山5号只有54.0°。

小麦精播高产栽培是山东农业大学研究提出的一项高产技术，1989年山东省推广846万亩，平均亩产400.5千克，比传统高产栽培方法增产10.4%。董振国等人的试验表明这种新方法在很大程度上是靠调整群体结构实现高产的。现将两种方法的群体密度动态变化和叶面积指数等群体结构要素及其与产量的关系分别进行对比分析。

表 2-5　小麦不同播种方法群体密度动态变化对比

项目	精播法	传统法	两法相比
每亩基本苗数	8 万 ~12 万株	25 万 ~30 万株	1:（2.5~3.1）
冬前茎数	60 万个	80 万 ~100 万个	1:（1.3~1.7）
春季最大茎数	80 万个	100 万 ~120 万个	1:（1.2~1.5）
成穗数	35 万 ~40 万穗	40 万 ~50 万穗	1:（1.4~1.25）
穗粒数	42.1 个	25.3 个	1:0.6
千粒重	43.8 克	42.5 克	1:0.97
平均亩产	527.4 千克	483.5 千克	1:0.92

表 2-5 数据对比说明，传统方法主要靠增加播种量、冬春茎数和成穗数提高产量；精播法主要靠提高穗粒和千粒重提高产量。在地力条件差或播种期推迟情况下，适当加大播种量，增加基本苗，缩小单茎营养面积，保证足够的麦穗数，依靠主茎和分蘖成穗创高产，这种传统方法曾发挥过重要作用。但现在的鲁西北平原水肥条件较好，近年来小麦亩产已超过 250 千克，需要探讨资源节约型高产栽培新方法。精播法可以减少播种量和基本苗，控制无效分蘖和过多的有效分蘖，扩大单茎营养面积，促进分蘖成穗，取得穗大、粒多、籽粒饱满，提高千粒重的增产效果，是小麦高产的新途径。

由于精播法和传统法的群体结构不同，叶面光能吸收率也有差异。小麦群体每生产 1 克干物质，叶面约需吸收 227.2 千焦耳光合有效辐射能，所以光能吸收率的差异必然影响产量的高低。光能吸收率与叶面积指数关系密切，两种方法叶面积指数对比如表 2-6。

表 2-6　小麦不同播种方法叶面积指数对比

小麦生育期	精播法	传统法
分蘖期及停长期	1.0~1.5	1.5~2.0
抽穗旗叶展开期	6.0~6.5	6.5~7.0
灌浆后期	5.5~4.5	4.0~3.5

试验显示，小麦灌浆期叶面积指数为 5 时，叶层可吸收光合有效辐射的 95%，几乎将入射的可见光全部吸收；小麦旗叶展开过大的群体叶面积指数过大（如大于 6），不但不能提高叶层可见光截获量，而且会导致灌浆叶面积下降并引起倒伏。从表 2-6 可见，精播小麦能控制后期群体过密，通风、透光好，灌浆期叶面积指数为 5 左右，对光能吸收极为有利，是干物质积累的基础，因此穗大，粒重、产量高。

试验还显示，小麦传统播法生殖生长期叶日积占全生育期叶日积 42%，精播法占 47%。生殖生长期叶日积大是精播高产又一原因。

夏玉米是 C_4 植物，叶片在光合作用时，不受光饱和的限制，在 CO_2 很低的情况下，也能进行正常的光合作用，所以玉米的增产潜力比小麦大。一般将玉米叶倾角大于或接近65℃的品种称为紧凑型，叶倾角小于50°的品种称为平展型。掖单4号吐丝期叶倾角为69.9°，科丹105号为65.9°，属紧凑型；沈单7号和中单2号分别为48.1°和47.4°，为平展型。长期来我国主要播种平展型玉米，近年来已大面积推广的掖单系列等紧凑型新品种，主要通过调整群体结构提高产量。紧凑型玉米叶倾角自上而下减少，群体叶层对太阳能截获量增多；种植密度较大，一般每亩5 000~5 500株，平展型一般每亩只有3 000~3 500株，因而在同样水肥条件下，紧凑型玉米产量大幅度提高。

高产玉米群体叶面积动态变化特征是"前快、中稳、后衰慢"。亩产750千克水平的紧凑型夏玉米（掖单4号）同平展型玉米（沈单7号）主要参数如表2-7。

由表2-7可知，紧凑型玉米净同化率虽然小于平展型，但由于各生育期叶面积指数、叶日积皆大于平展型，光能截获率始终大于平展型，加上密度大，单位面积干物质生产总量超过平展型。经济系数是籽粒干重分配的主要指标，在相同密度下；紧凑型经济系数明显高于平展型。从以上诸参数对比，可以看出掖单等紧凑型新品种高产的群体机制。

表2-7　紧凑型和平展型玉米叶层光能截获率比较

项　目	紧凑型	平展型
全生育期平均叶面积指数	3.85	2.78
全生育期平均叶日积	462	334
开花期光能截获率（%）	95	91
全生育期平均净同化率[克/（米²·日）]	5.82	6.31
经济系数（密度相同时）	0.54	0.49

（本文原载《区域治理与农业资源开发》总论第四节，中国科学技术出版社，1995年）

第五节　鲁西北地区区域治理开发试验区建设

区域治理和农业科技开发，主要通过典型示范法，由点到面将科技成果逐渐推开。典型示范就是在有一定典型意义的小区，建成以科技投入为主的试验示范区（试区），用以指导和带动面上的治理和开发，实现全区整体发展目标。

一、试区建设的原则和步骤

（一）试区建设的原则

1. 区域代表性原则

区域性主要是将区域治理开发急需的技术措施在试区组装，通过典型示范和现场交流等多种形式，使配套技术和治理经验向外围推广辐射，尽快转化为区域宏观效益，促进农业的持续发展。同时试区还开展一些联系生产实际的基础理论研究和后续技术的试验探索。因此，试区既是农业区域治理开发技术的扩散源，又是理论研究和新技术超前研究的基地，是科研技术部门联系生产实际的"结合部"，具有科学技术转化为现实生产力的重要机能。但因受区域自然条件制约，一个试区只能代表一定面积或某种类型，试区经验的扩散要做到因地制宜。

2. 建设的综合性原则

试区的综合性是由农业生产过程的复杂性和多因素影响所决定的。在具体实施中，主要体现在目标的综合、措施的综合、研究项目的综合和效益的综合。目标的综合，系指区内农业多种限制因素作为统一目标，加以综合治理。如鲁西北地区中低产地往往同时存在旱涝盐碱等灾害，试区的措施不只对某一种灾害，而要瞄准多种灾害的综合目标。措施的综合，一般将工程措施、生物措施和管理措施，加以综合应用，形成试区的综合治理模式。研究项目的综合，指试区将现有技术的应用推广、新技术试验探索和某些理论性专题试验研究综合为一体，开展多方面科研活动。效益的综合，指试区应当取得重要的经济效益、生态效益和社会发展效益，而不是单纯追求某一方面效益，忽视另一方面效益甚至出现负效益。

（二）试区建设的步骤

1. 试区选点

要求做到以下几点。

在自然条件上的代表性，一般能代表几万亩甚至几十万亩的面积，才能起到以点带面的作用。

在农业开发上的典型性，要求在不同类型中低产田或荒地，如风沙地、盐碱地、低湿洼地等开发中有典型意义。

在治理难度上的针对性，最好选在有较大开发价值而多年又未治理好的难度较大的小区，以显示科学技术投入的优势。

同当地治理开发规划和重点项目区的耦合性，既是科研单位的区域治理开发试区，又是当地政府的农业综合开发项目区；这样才能发挥两个积极性，成为区域整体开发系统的有机组成部分。

2.试区本底调查和总体规划

这是试区建设和发展的两项基础工作。本底调查应在点位确定后和规划制定前进行，调查内容包括水、土、生物等条件和资源状况，农业生产水平和社会经济状况，农业开发的基本情况和主要问题。调查报告要有准确的科学数据和分析结论。总体规划要有治理开发目标、具体项目内容和分期实施措施，要体现先进性和科学性。

3.科技项目试验示范设计

基本要求：一要有新的适用配套技术内容，其中要有一两项能代表试区特色的主导技术；二要有地面显示的平面布局，布局设计思想要考虑中心试区的集中显示，示范区和推广区的不同层次显示和一定面积的规模显示；三要有试验研究项目试验方案、观测规范和成果设计。

4.试区建设的实施

在以上工作基础上，实施各项措施，进行试区建设。鲁西北地区主要试区，一般采用水利先行、排灌配套、改良土壤、建设林网、调整农业结构、加强管理和科技及政策投入等措施。

二、鲁西北地区治理开发试区的建设与发展

鲁西北地区的区域治理和农业开发试区的建设与发展，大致经历 3 个阶段。

第一阶段，20 世纪 60—70 年代，以禹城试验区为开端，接着陵县、平原县、寿光县、茌平县等相继开展了小区试验研究。禹城试区创建于 1966 年，当时称禹城井灌井排旱涝碱综合治理实验区，这是我国建设较早的一个大型综合治理实验区，试验面积 130 平方千米，耕地 13.9 万亩。建区的指导思想是：通过机井和其他水利、农林措施，对旱涝碱三大自然灾害进行综合治理，改变落后面貌，提高生产水平，为黄淮海平原大面积低产田的改造提供科学依据和技术途径。经过多年持续努力，这些目标早已实现。区内自然条件和生产面貌发生了深刻变化，产生了重大效益，为同类地区农业发展提供了示范和经验。

第二阶段，20 世纪 80 年代前中期，以承担国家区域治理科技攻关任务为主要内容，重点发展了禹城、陵县和寿光三个试区。中国科学院、中国农业科学院、山东省农业科学院和山东省有关部门及有关地县，分别组成联合攻关队伍，在试区里形成若干配套技术，有效地治理了内陆和滨海盐碱土和其他自然灾害，按照治理与开发结合的原则，使试区经济迅速发展，将原来的低产地改变为中高产地，试区创造的经验已大面积推广。

第三阶段，1988 年国家决定黄淮海平原为重点农业综合开发区，国家和地方很多单位又建设了一批新试区。其中，中国科学院组织了 10 多个研究所的 200 多位科技人员，配合国家黄淮海平原农业综合开发任务，在禹城 3 个试区的基础上，在齐河、平

原、夏津、武城、乐陵、德州市、东营市和聊城地区设了新试区。这些试区都是按照上述建区原则和方法建立起来的，一般都有 50~300 亩的中心试验小区，有 1 万 ~ 3 万亩的示范区，在周围 5 万 ~ 50 万亩类似自然条件范围内有代表性。这些试区总试验面积约 3 000 亩，示范面积 15 万亩，推广辐射面积 240 多万亩，取得了重大的综合效益，为黄淮海平原区域治理和农业综合开发提供了新鲜经验。

三、鲁西北地区试区建设及其集成创新技术

按照代表性和典型性，可将这些试区分为五类。一是重盐碱地治理开发试区；二是风沙地治理开发试区；三是低湿地治理开发试区；四是城郊型农业开发试区；五是水肥药膜种等新技术综合开发试区。下面将介绍各试区的科技集成创新技术。

（一）重盐碱地治理开发试区

1. 禹城县北丘洼试区

北丘洼属于重盐化咸水洼地，总面积 2.77 万亩，其中可耕地面积 2.20 万亩，重盐碱荒地 0.57 万亩，重盐碱荒地集中分布区的地下水埋深 1.5 米上下，矿化度 3~9 克 / 升，土壤耕层含盐量 0.6% 以上。

1986 年建区以来，中国科学院地理研究所结合国家科技攻关任务在这里建立了试验区，首先通过调查制定了试区建设规划。按规划方案共开挖灌排支、斗、农渠 24 条，总长 44.5 千米，疏竣河道 8 条，长 21 千米，打通铁路、公路排水涵洞。新垦盐碱荒地 3 560 亩。通过平整土地、深翻、大水淋盐，浅群井抽咸，增施有机肥、秸秆覆盖、良种良法等技术，试区年增收籽棉 45 万千克，粮食亩产达 550 千克，为重盐碱荒地利用创出了一条新路。总结出重盐化碱水区综合整治与开发配套技术。

（1）浅群井强排强灌快速脱盐技术。该项技术采用的是射流泵井点系统，由群井子系统和射流泵子系统组成。群井子系统包括浅井、集水管、连接管等部件；射流泵子系统包括射流泵、贮水箱和动力机械。其原理是射流泵在井点管内形成真空度，有较大的抽气能力，能使地下水快速汇集到井点管内迅速排出。通过淡水强灌淋盐，浅群井强排，促使耕层土体迅速脱盐，地下咸水逐渐淡化，是一项快速治理重盐化咸水区的新技术。与该技术相配套的有平整土地、翻耕土地、大水淋洗、农业、化学、生物等技术措施。

（2）覆盖抑盐水盐调控技术。包括灌水淋洗、覆盖材料选择、覆盖方式、覆盖时间及其配套的其他技术措施。

（3）农牧业发展与土壤改良技术。主要有作物种植搭配、玉米秸青贮、麦秸氨化、秸秆过腹还田，新技术在畜牧业繁殖上的应用。

（4）混林农业技术。包括树种选择、行株距配置、盐碱地苗木栽培与管理技术。

（5）良种繁育与优质高产技术。包括良种引进、繁育与筛选，棉花摘早蕾增产技

术，植物活性物质的应用技术。

2．平原县尹屯试区

平原县尹屯重盐碱地综合治理开发试区位于平原县的金家大洼。可耕地 3.12 万亩，人口 4 350 人，包括 14 个自然村。碱荒地 1.20 万亩，占可耕地面积的 38.5%，中低产田 1.92 万亩，占 61.5%。开发区为盐碱土为主的浅平洼地。土壤贫瘠，耕作粗放，产量低而不稳。

开发区内的土壤含盐量高，盐碱土面积大。取样化验表明，0~50 厘米土层含盐量小于 0.1% 的非盐化土仅占 4.5%，含盐量在 0.1%~0.3% 的轻盐化土占 19.2%，含盐量 0.3%~0.6% 的中盐化土占 18.0%，含盐量 0.6%~1.0% 的重盐化土占 32.3%，含盐量大于 1.0% 的盐土面积占 26.1%，有的地块表层含盐量高达 3.86%。盐分组成以氯化物为主，属硫酸盐—氯化物盐土，部分地块为氯化物—硫酸盐土。

1988 年 5 月起，中国科学院地理研究所等单位同县、乡有关部门一起，对试区进行了全面调查，制定了总体规划，采取排灌配套、林网建设、调整农业结构、发展农区牧业、完善四项服务体系、制定五项开发政策等综合措施。共开挖引水渠 50 千米，植树 25.7 万株，新增灌溉面积 7 160 亩，改善灌溉面积 8 574 亩，完善排涝面积 12 871 亩；发展林带面积 2 100 亩。使试区自然面貌和生产面貌发生了深刻变化。

在试区内又根据土壤性质和生产现状，分为轻盐化（耕层含盐量小于 0.3%）立体种植区、中盐化（耕层含盐量 0.3%~0.6%）粮棉种植区、重盐化（耕层含盐量高于 0.6%）棉林果种植和低洼地台基鱼塘区四个治理开发类型区。设 170 亩中心试验小区，引进种子包衣、抗碱土、增产菌、微肥等农业新技术，并进行立体种植模式、固体增产菌、稀土微肥和多元微肥的万亩示范。在平原县、陵县的平陵大洼约 15 万亩范围内有代表性。通过治理开发，取得显著效益，并带动尹屯全乡农业的发展。1987 年全乡平均冬小麦单产 262 千克、夏玉米 275 千克，1990 年冬小麦单产 370 千克，增产 41.2%；夏玉米单产 457 千克，增产 66.2%。

3．武城县大屯重盐碱地治理开发试区

大屯试区的中心小区占地 300 亩，示范区 3 万亩，在武城县北大洼 5 万多亩范围内有代表性。1988 年 3 月开始，中国科学院长春地理研究所等单位同县、乡有关部门一起，对试区自然条件和治理开发进行了全面调查和规划。确定以盐碱地治理和中低产田开发为主，积极进行农业新技术推广应用，抓好生态农业建设，采取农林牧副综合发展的方针。将试区划分为种植示范区和综合经营示范区两部分。种植示范区，在新开垦的重盐碱荒地上种植小麦、棉花、玉米、大豆等，取得小麦单产 320 千克和籽棉亩产 150 千克的较高产量水平。应用多元微肥、光助素、化学诱变育种、黄腐酸抗旱剂、长效有机复合肥等农业增产新技术，取得良好效果。综合经营示范区包括综合配套技术改良重

盐碱地 20 亩、洼地种藕 3.04 亩、年产 50 吨的多元微肥厂和年养肉鸡 3 万只的马庄种禽养殖场，并以技术支持农民建成蔬菜大棚和磨菇养植。通过以上试验示范，充分显示了农业技术开发优势和区域示范作用。如多元微肥已在德州和聊城两个地区 10 多个县（市）推广了 50 多万亩。

4. 齐河县安头试区

安头盐碱地改良利用试区位于齐河县安头乡东南部，六六河以东，安孙公路以北，面积 2 000 亩。示范区地处黄河泛滥冲积扇下缘的黄泛溜道地段，是 1885 年黄河在李家岸决口所形成。黄泛过程沉积了大量泥沙，沉积层厚度 2~3 米，经风运积形成局部沙丘或沙岗，一般高 2~5 米。示范区土壤沙性大、肥力低。沙荒、沙地面积占 60%，沙碱地面积占 40%。土壤有机质含量 0.3%~0.4%，全氮 0.01%~0.02%，碱解氮 20~30 毫克/千克，速效磷 1~2 毫克/千克，速效钾 30~50 毫克/千克，均低于全县平均水平。

试区盐渍化土壤集中分布在洼地和洼缘坡地，地下水埋深一般为 1~2 米，潜水中含有较高的可溶盐，主要为重碳酸盐—氯化物或重碳酸盐—硫酸盐，矿化度 1~3 克/升，土壤盐渍化以轻、中度为主，含盐量 0.1%~0.5%，土壤 pH 值可达 8~9，土壤盐渍化有苏打化趋势。

1988 年中国科学院地理研究所等单位开始试区规划和建设，重点实施植树造林、整平土地、挖沟排水、修建台条田和灌溉渠道以及配套设施取得明显成果。

在试区内还开展了增产菌、土面增温剂、多元微肥等新技术示范应用，中国科学院遗传研究所和动物研究所进行了花生、大豆、玉米等新品种试验和良种繁育。

通过综合治理后，1989 年种植棉花 500 亩，平均亩产籽棉 184 千克，比治理前增产籽棉 50 千克，种植花生 300 亩，平均亩产皮果 189 千克，比治理前平均每亩增产皮果 45 千克。1990 年小麦平均亩产 249 千克，比治理前每亩增产 85 千克，根据两年三茬作物增收概算，可增加经济收入 13.8 万元，人均年收入增加 132 元。

5. 东营市南郊试区

该试区属滨海盐碱土综合治理开发试区，试区位于南郊畜牧场，全场盐碱地面积 3.9 万亩。中国科学院沈阳应用生态研究所同该场一起，重点开展滨海盐土高产水稻综合技术和盐碱地蔬菜冬植技术开发。

按照省市规划调查，要在南郊畜牧场 5 万亩土地上，开发建设一个规模化、标准化、系列化、机械化的 3 万亩水稻生产示范区。

（1）滨海盐土高产水稻试验示范。1988 年全场种稻面积 1 200 亩，单产 300 千克。1989 年水稻面积扩大到 1 700 亩，单产 400 千克。1990 年全场插秧面积 8 000 亩，工作取得较大成绩，三年迈了三大步。

（2）盐碱地冬种技术试验示范。在示范区建立的 2 亩大棚蔬菜地，经 3 年的生产实践和研究证明，在盐碱地发展大棚蔬菜生产是行之有效的。根据当地生产条件，产量也是可观的，三年来提供蔬菜 0.9 万千克，平均亩产 1 500 千克。

发展露地蔬菜栽培工作，从 1988 年的 9 亩地扩大到 1989 年的 37 亩，在 27 亩新开的菜地上，种植春茬蔬菜，如番茄、黄瓜、茄子、辣椒、甘蓝、冬瓜等，春茬蔬菜总产量达 4 万多千克，已满足了南郊畜牧场附近居民的蔬菜供应。秋茬又种植大白菜、萝卜、大葱、菠菜等，蔬菜产量达 11 万多千克，到年底两季蔬菜向本场提供 15 万千克，达到自给有余。1990 年，菜田种植的有甘蓝、茄子、辣椒、西红柿、葱、南瓜等。

（3）试验示范新技术应用。水稻耐盐 100 号：从辽宁盘锦引进试种；籼优 63：从徐州引进；在水稻苗期喷施有机酸；黄腐酸用于水稻浸种；660 B 浸种；在水稻孕穗期进行喷施丰产素。

经过综合治理，开发区内土壤性质得到了明显的改良。

土壤总盐量明显降低。土壤表层（0~25 厘米），含盐量从 1.69% 降到 0.018%；脱盐率达 89.3%；0~120 厘米含盐量从 1.3% 降到 0.1%，脱盐率达 84.6%。地下水矿化度从种稻前的 32.03 克/升，下降到 1989 年的 20.42 克/升。

改变盐基成分，增加交换容量。土壤表层交换量从 13.1 厘摩尔/千克，增加到 15.5 厘摩尔/千克；交换性钙从 4.46 厘摩尔/千克增加到 7.27 厘摩尔/千克，代换性钠从 4.33 厘摩尔/千克，降低到 0.61 厘摩尔/千克。

碱化度显著减少，表层土壤的碱化度从 27.08% 降低到 4.01%；0~120 厘米土层从 25.11% 降低到 9.77%。

（二）风沙地治理开发试区

鲁西北平原地处黄河下游，为黄泛冲积平原，风沙化土地占有一定比例，如夏津县有风沙化地 28.58 万亩，占全县总面积的 21.8%，平原、乐陵、禹城、齐河等县有相当数量的沙地。风沙地治理开发试区有：夏津县西沙河双庙和东沙河苏留庄试区、禹城县沙河洼试区、乐陵市杨家试区。

1. 夏津县风沙土治理开发试区

夏津县共有风沙地 28.58 万亩，占全县总面积的 21.8%，长期来给生态环境和农业生产带来严重危害。1988 年 4 月开始，中国科学院兰州沙漠所同夏津县有关部门，在全面调查基础上，完成了《夏津县风沙化土地综合开发治理规划》《风沙化土地类型图》和《风沙化土地整治规划图》等成果，制定了"治用结合、以用促治、用中求治、因地治理"的原则，提出开发沙区农业的指导思想以改变生产条件为重点，以开发治理沙荒地和风蚀性耕地为主攻方向，以林、水、肥为主要措施，以增产棉、粮、果为主要目标，依靠科技，增加投入，农林牧全面发展，达到生态效益、社会效益和经济效益的统一。治理规划将全县三条沙河分为 9 个整治小区，第一期治理 5 个小区，第二期治理 4 个小区，并以县、乡两级的 10 个治理示范区为样板，带动风沙地全面整治工作进行。中国科学院的技术主要应用于西沙河双庙示范区和东沙河苏留庄示范区。双庙示范区代表风蚀性岗坡耕地类型，试区面积 2 698 亩，其中风蚀中低产地 2 600 亩，主要目标是将风蚀耕地改造为高产地，并完成部分果粮间作地的治理改造。到 1991 年区内已修渠道 26 条，长 22.4 千米，营造防护林网总长 5.5 千米。设中心试验小区 180 亩，开展了以果树为主、果粮（棉）间作体系研究、固沙保土和土壤改良植物引种试验、经济植物和药用植物引种试验，完成 75 亩果园定植任务和 8 个果树新品种及樟子松、沙柳、葛滕、红三叶等植物引种。苏留庄示范区面积 11 461 亩，其中沙荒地 6 358 亩，低产田 3 603 亩，有林地 1 500 亩，代表沙荒地（群集沙岗）和低干旱地类型。试区主要目标是开垦沙荒地为基本农田和改造部分低产田为高产田。4 年开挖沟渠 33 条，长 31 千米；平掉沙丘土方 85 万立方米；营造防护林植树 20 万株，栽灌木 16 万丛，已完成 6 000 亩林网方田配套。风蚀耕地粮棉亩产提高 1 倍，试区人均收入由 38 元增加到 315 元。试区设中心试验小区 169 亩，主要研究以农为主、果粮（棉）间作耕作体系和配套措施、改土培肥和以粮（棉）为主耕作体系、小杂果和樟子松等引种试验。以上调查、规划、试验、示范，为山东省 870 万亩风沙地和黄淮海平原 3 100 万亩风沙地治理开发，提供了成套的系列技术和重要经验。

2. 禹城县沙河洼风沙土治理开发试区

禹城沙河洼位于县城北部，南距县城 30 千米，风沙荒地 1.64 万亩。1986 年中国科学院兰州沙漠所在沙河地区建立了实验研究基地，因害设防，采用"水利先行，林草紧跟，草田轮作，林网化果粮间作"等综合性配套技术措施，开发治理风沙荒地 1.33 万亩，占该区风沙荒地 81%。现在，该区初步形成一个人工建立的高效生态农业基地，取得了明显的效益，已在黄淮海平原同类地区得到推广和应用。

（1）沙河洼综合治理配套技术。风沙化土地水利改良与综合治理技术。主要包括沙荒地整体开发治理设计、水利改良、综合利用和稳定沙地农业系统建设等技术。

防风固沙与农田防护林体系建设技术。防护林带的防护性能取决于林带结构与配置，主要有林带的宽度、高度、密度、混交方式、横断面的形式等。据禹城多年风向资料，确定东西向为主林带，宽 10 米，间距 500 米；南北向为副林带，宽度 8 米、6 米、4 米，间距 600 米；主副林带又被护渠、护路林分割为 6 个田块，每块 75 亩。

沙地果树引种栽培技术。包括果树引种、定植、苗木培育、种子繁育、扦插、嫁接、整形修剪，早期丰产栽培等技术。

培肥改土技术。主要有绿肥引种栽培、大豆和花生等豆科作物种植、秸秆还田、秸秆与地膜覆盖等。

沙地立体种植高产技术。风沙化土地开垦初期，林带尚未发挥防护效益，主要靠农作物覆盖，增加地面盖度，固结沙面。定植果树幼龄期，套种农作物，可在短期内收到较好的经济效益，以短养长，定植当年葡萄园中套种花生，亩产达150多千克；套种黄豆，亩产120千克。

这个配套技术在季节风沙化土地治理中具有创造性，对于沙荒地的开发治理实用有效。

（2）沙地整治效益分析。沙河地区所辖村镇人均新增耕地1.2亩，1989年人均收入达650元，为1985年开发治理前370元的1.78倍。

沙河地区3年累计总产值572.8万元，纯收益304.6万元，产投比为2.13：1。

生态效益显著，1987年栽植的杨树由2.69米长到9米，胸径由1.62厘米增加到10.36厘米。输沙量由14.91克/（平方厘米·分）降到4.31克/（平方厘米·分），沙面粗糙度由0.56增加到12.67，起沙风速由流沙区的4.2米/秒提高到果园内的6.8米/秒，恶劣的生态环境逐步得到改善。昔日望而生畏的荒凉景观，现已初步形成田成方、林成网、渠成系的林网化格局。一个以林果为主，林果农牧副综合发展基地正在兴起，"沙漠变绿洲，科学夺丰收"的宏伟蓝图初步得以实现。

3. 乐陵市杨家风沙地治理开发试区

杨家试区以治理开发缺少水源的风沙地为主，试区位于杨家乡，总面积34万亩，其中沙荒地0.7万亩。1988年4月，中国科学院地理研究所等单位同市、乡有关部门，在本底调查基础上，制定了试区治理开发规划，采取以黄（河）补源，以井保丰、地表水地下水联合调度；建设农田林网、经济林和防护林相结合；应用农业增产新技术和培肥地力等技术措施，取得明显效果。开挖渠道7.5千米，新打机井56眼，新增灌溉面积6 000亩，建防护林带6千米，植树5万株，建苗圃47亩，新建果林2 500亩，开发风沙荒地1 000亩为新果园区。设中心试验小区1 000亩，引进口十面宝、黄腐酸抗旱剂、丰产菌和多元微肥等新技术。试区所在扬家乡治理开发前的1987年粮食和棉花总产分别为479.9万千克和43.8万千克，1991年分别达到836.8万千克和85.2万千克，分别增74.4%和94。5%。粮食平均亩产也由1987年385千克增加到655千克，棉花亩产由38千克增加到58千克。

（三）低湿地治理开发试区

低湿地治理开发区有两个：禹城县辛店洼开发试区和齐河县小周背河积水洼地开发区。

1. 禹城县辛店洼试区

中国科学院南京地理与湖泊研究所，1986年开始规划，实施一系列配套工程，取得明显治理效果。

辛店洼属低湿积水盐碱洼，治理措施上用挖鱼塘、建台田的生态工程措施，分区治理，充分利用水土资源，鱼塘养鱼养鸭、台田种果、粮、棉、牧草，饲养家禽、家畜，建立以渔为主，渔、农、牧、果同时发展的新型生态区。

辛店洼面积 5 617 亩，属季节性积水碟形洼地。1972 年开挖了穿过洼地北部与东部的丰收河、幸福河，为保证灌溉用水，蓄水位高，使辛店洼常年积水，洼底沼泽化，洼缘盐渍化，含盐量 0.50%~0.92%。人们曾经采用修低台田、围堰及挖沟排水等多种措施，由于排水问题难以解决，收效甚微。

低湿地整治与鱼塘—台田工程配套技术

按照总体规划完成两期工程，共开挖鱼塘面积 700 亩，建台田 700 亩，建设藕池 100 亩，蟹池 20 亩，水稻区 100 亩，改造中低产农田 700 亩、低产芦苇塘 500 亩，挖沟 26 条，修建桥涵 24 座，新建林带 6 条，植树 10 万株。目前已建成有鱼苗、鱼种人工繁育场、成鱼饲养场、河蟹饲养场、水生经济植物开发区和过水河道养鱼场。台田上建设果园 230 亩，实现了当年开发、当年见效的预期结果。辛店洼已建成黄淮海平原低湿积涝洼地新型的鱼塘—台田农业生态区，并总结与归纳出低湿地整治的配套技术。

（1）低湿地鱼塘—台田设计、施工技术。根据辛店洼水、土、盐的具体情况，在高程 17.5~19.0 米挖鱼塘、建台田，鱼塘、台田、路（沟）比为 4：4：2。塘深 2.0~2.5 米，台田高 1.5~2.0 米，长宽比为 5：3，面积一般为 5 亩。该结构侧渗距离短，便于淋盐、洗盐，边缘效应好。在春季干旱季节可通过调节鱼塘水位，控制台田的地下水埋深，预防台田返盐。

（2）鱼塘—台田立体开发与物种配置技术。按照优质、高产、商品价格高、市场销售好的原则，选择适生品种，充分利用空间，进行立体养殖与种植，收到较高的经济效益。

（3）成鱼养殖技术。包括鱼种搭配、放养时间、放养密度、饵料选择、鱼病防治等。

（4）鱼种、鱼苗繁育技术。包括人工繁育、鱼苗运输、鱼苗培育、冰期管理等。

（5）台田建设与培肥改土技术。主要有"埝、平、灌、肥、管"五字技术和塘泥返田、无机肥起动和增施有机肥、秸秆返田等。

（6）过水河道拦网养鱼技术。包括河道与网基位置选择、网目大小，拦网高度的确定、拦网结构等。

（7）水生经济作物种植和河蟹养殖技术。包括水生经济动植物幼苗运输、蟹池设计与建设、幼蟹的饲养与管理、蟹病防治与防逃技术。

2. 齐河县小周试区

小周乡黄河背河积水洼地共涉及 18 个行政村，8 500 人，现有耕地 6 000 亩，人均占有耕地 0.7 亩，常年吃统销粮，人均收入不足 300 元，是全县最贫困的地区。

小周乡七里阁背河积水洼地开发利用示范区，中国科学院地理研究所1988年创建1989年春至1990年底，在1 000亩积水洼地上，共开挖鱼池22个，面积215亩，放养水面100亩，造耕地600亩。

示范区现已开发100亩。通过科学种植和管理，获得了粮、鱼双丰收，100亩水面亩产鲜鱼350千克，总产3.5万千克。600亩台田，第一季小麦平均亩产300千克，第二季夏播大豆600亩，平均亩产150千克。

鱼池设计标准：

标准鱼池长150米，口宽26.5米，深3米，底宽17.5米，坡度1:1.5，鱼池占地6亩。挖鱼池的土可以造高出地面1米台田14亩。

台田设计标准：

按70米间距开挖鱼塘，鱼塘、台田相间平行排列。鱼池开挖后用大型挖掘机将土摊开铺平，再用推土机推平、压实，然后用人工进行精细平整，地面坡降万分之一，通过耕翻细作形成农田。台田四周坡度为1:1.5，田面四周设堰，一般堰高0.3~0.5米，一端设水簸箕，以利地面径流排出，防止水土流失。

滩地、边坡、沟旁植桑养蚕设计标准：

为充分利用土资源，在挖鱼池造地同时形成的滩地和沟路旁空闲地上，植桑养蚕，发展立体生态农业。按行距1米，株距0.6米，每亩植桑1 000株，1991年植桑100亩（折实面积），可养蚕100张，预计可产蚕茧2 500千克。

（四）德州市城郊型农业开发试区

二屯试区位于德州市二屯乡，示范面积21 884亩，其中第一期实施5 000亩，中心试验小区50亩。1988年中国科学院地理研究所等单位同市、乡有关部门一起提出开发总体目标，以开发中低产地为重点，增强农业后劲；以提高粮、棉、油、菜、肉、禽、蛋等农副产品生产量和商品量为目的，建立具有经济、社会、生态同步效益的城郊型农业生产体系，并由中心试区和示范区向全乡、全市推广辐射。同时开展农牧结合型立体农业综合开发研究、中低产地农业增产配套技术研究、城郊型农业结构布局研究。中心试区已建成农林间作、粮食高产、蔬菜高产和粮豆轮作4个功能小区。

示范区通过沟渠林路配套、农田水利设施配套和农机农艺综合配套，实行标准化统一管理，区内中低产田得到高标准开发。至1991年共修沟渠30千米，植树6万多株，新打机井339眼，埋设塑料软管2.4万米，暗管节水灌溉面积发展1 600亩。粮食产量连年大幅度上升。1987年德州市、二屯乡、示范区粮食亩产分别为624千克、564千克、560千克，中心试区为荒地。1991年分别为967千克、976千克、1 092千克和1 185千克。示范区由1987年低于全市平均水平10.3%，到1991年已高于全市平均水平12.9%。同时带动二屯乡由全市7个乡倒数第一，发展为全市前列的高产乡。在试区内还结合城郊型特点，实行农牧结合，促进养殖业发展；工农结合，促进乡镇企业发展；科技兴农，推广良种和多元微肥、光助素、黄腐酸抗旱剂和增产菌等新技术，带动了农村经济的全面发展。

试区所在的二屯乡，从1987—1991年粮食总产由1 321.9万千克增至2 039.9万千克，增54.3%，年平均增13.6%，农业总产值年平均增10.8%，农业总收入年平均增17.4%；农民纯收入年平均增6.22%。

（五）聊城地区水肥药膜种技术综合开发试区

开发区位于聊城市阎寺镇。自1988年来，开发区邀请了中国科学院地理研究所、沈阳应用生态所、化学研究所、武汉病毒研究所、长春应用化学研究所和遗传研究所的科技人员，以水、肥、药、膜、种五个方面为突破口，研究试验提高土地生产力的途径和方法。

1.位山灌区节水管理政策与技术研究

（1）节水营运管理及配套政策的研究。黄灌区的水资源相对丰富，浪费水的现象十分普遍，通过合理的营运管理，节水潜力是可观的。

高唐县旧城等四乡镇是节水营运管理及配套政策研究的重点，废弃按亩收取水费的传统习惯，改为在计量用水、按方收费上。首先要完善和新建相应的水利工程，1989年度即兴建测水量水桥23座，索道测流站2座，调配水涵闸2座，并对四乡镇内96条总长52.7千米的灌溉沟渠进行了清淤并兴修小型涵闸72座，配备了流速仪及水尺。

经实践，节水效果明显。1989年9月1日至1990年4月30日的灌水期，比上年度同期用水量减少1 478.04万立方米，亩次用水量亦从115.49立方米减少到93.8立方米，水费征收额减少29.56万元。

由于明显的节水和增产效益，高唐县人民政府决定，自1991年起在全县推广计量用水、按方收费的成果。

（2）黄灌区地下水开发与配套政策的研究。该项研究的主要目的在于探索在黄灌区上游开发地下水资源，以井灌代替黄灌，将节约下来的黄河水扩大灌溉面积，并研究地表水与地下水的互补关系，井灌与黄灌经济效益对比分析，以及井灌的管理体制与配套政策。

研究试点选在茌平县荇平镇的尚庄管区。这里浅层地下水丰富，具有良好的开发条件。但近些年来，完全依赖黄灌。

试点两年来，已打机井26眼，修复旧井10眼，埋设地下塑料输水软管7 710米，控制耕地面积约1 550亩。目前试区井灌面积已发展到3 000余亩，一年可节约黄河水75万立方米，节水效果明显。其经济效益亦可观；以红庙村为例，产量大幅度提高，1988年黄灌时粮食亩产750千克，总产58.46万千克。1989年以井代替，播种面积相同，亩产880千克，增产130千克，总产达68.6万千克。

2．农业新技术应用

（1）长效化肥。长效尿素在聊城地区有明显的增产作用。据聊城地区科技农业园提供的信息，与普通尿素相比，小麦平均增产 15% 以上。

在进行长效尿素田间对比施用的同时，还通过中国科学院沈阳应用生态研究所，在聊城市化肥厂进行了长效碳铵试生产，试验结果表明，长效碳铵可促进根系发育，有壮苗增产之效果，增产率一般在 10% 左右。

（2）生物农药及新型化学农药。棉铃虫和棉蚜虫是棉花的主要害虫，目前国内几乎全靠化学农药进行防治。但是，长期使用化学农药，害虫的抗药性逐渐加强，以及施药时间选择不当等原因，防治效果不佳，甚至造成严重的虫害，并伴随环境污染，给棉花生产带来很大困难。为稳定棉花生产，措施之一是开发新型农药，目前国际上愈来愈重视高效安全农药的开发，而生物农药是主攻方向之一。

自 1976 年起，中国科学院武汉病毒研究所与湖北国营蒋湖农场协作，在国内首次研制成功棉铃虫核型多角体病毒杀虫剂，该项技术引进聊城地区科技农业园，兴建了一座小型生物农药厂，并于 1990 年 6 月开始试生产。产品经地区及 8 县市植保站和地区农科所、农校等单位的田间试验表明，杀虫率一般在 90% 以上，显示了防治棉铃虫的良好前景。据地区农科所的试验报告，他们的分析结果认为：① 病毒杀虫剂具有较强的杀灭棉铃虫的作用，可将其控制在允许范围内，蕾、铃危害率低。② 病毒杀虫剂具有较好的不伤天敌、不产生公害的优点。③ 几个处理中以第一遍用病毒杀虫剂，第二遍用久效磷聚雾保心效果最好。④ 在施用中严格操作技术，掌握好喷药时机和喷药部位。当前存在的主要问题是，由于病毒的生产，必须通过生物培养来获得，也就首先要养好大批棉铃虫，要求熟练的技术和精心管理，具有一定难度。

（3）农田棚膜开发。农用薄膜的使用，能有效地提高土地的生产力，中国科学院长春应化所为茌平塑料厂提供了多功能大棚膜技术，取得了良好结果。

多功能大棚膜是由聚乙烯树脂添加助剂，采用先进的工艺配方制得。耐老化性能优越，具有较高的无滴防尘功能，该项技术产品的原材料易得，配方合理，加工工艺简便易行。

（4）良种的引进与繁育。中国科学院遗传研究所以莘县王奉水保试验站和东阿县大赵村为基点，并与地区棉办等单位密切配合，在面上布设了一些试点，均取得了较好的效果。如科红 1 号小麦、诱变 30 大豆、秦荔 414 棉花、矮早密、棉花以及甘薯等均获好评。

（本文原载《农业综合开发与农业持续发展》第五章第四节，中国农业科学技术出版社，1996 年）

第六节 鲁西北地区农业新技术引进应用

中国科学院山东项目区安排试验和示范应用一批新型化学、物理和生物技术。这一代农业技术的共同特点是，通过调节作物本身生理生化功能，改善种子和植株周围小环境条件，协调作物和自然的关系，增强生物抗逆性，促进生长发育，从而提高农业产量。由于单位面积上用量少、成本低、效果好，省工、省力、省钱，生产方便，使用简单，用后不污染环境，因而值得进一步完善和扩大应用推广。

一、植物生长调节剂

这类技术应用化学或物理方法，研制成某种剂型，通过拌种或喷施，调节作物的生理机能，以达到增产目的。如黄腐酸制剂、光助生长剂和小麦生化营养素等。

（一）黄腐酸制剂

黄腐酸以较高含量存在某些风化煤中，是我国开发的一种天然植物生长调节物质。黄腐酸制剂是腐殖酸中可以直接溶于水的组分。由于含有醌基、酚羟基、羧基等活性基因，用于拌种，可以改善根系对养分和水分的吸收，促进根系生长，增强作物抗旱能力。叶面喷施黄腐酸，能封闭部分气孔，减少株体蒸腾，明显减少干热风的危害。黄淮海平原冬春季节干旱少雨，小麦灌浆乳熟期常发生干热风，黄腐酸制剂的应用具有较好抗干热风和增产效果。3年来以中国科学院化学研究所的技术及河南省化学所附属工厂的产品（商品名抗旱剂1号），在聊城和德州两个地区10多个县广泛推广使用，增产率8.5%~18.4%。如临邑县1989年小麦施用黄腐酸拌种，单株分蘖增加0.25个，次生根增加1.35条，最大群体每亩增加3.2万条，亩穗数增加0.86万穗，穗粒数平均增加0.55粒，千粒重平均增加2.05克，亩产平均增加43.4千克，增产率9.38%。

（二）光助生长剂

光助生长剂成分包括稀土元素化合物、微量元素和生物发光材料，含有光合作用促进剂、光转换剂、生物致发光材料等。施用后可以促进光合作用和光能转换，提高作物光合率和酶的活性，有利于作物生长和干物质积累，使作物早熟增产。该项技术是中国科学院长春物理研究所研制，并引入武城县应用。1990年该县已推广1万亩，临邑县、德州市、乐陵市也作了应用试验。武城县15个乡镇测产结果，小麦可增产10%~15%，棉花增产10%左右，黄瓜增产20%左右。临邑县的试验表明，小麦亩穗数增加0.8万穗，穗粒数增加1.2粒，千粒重增加0.8克，产量增加29.2千克，增产率9.2%。

（三）小麦生化营养素

小麦生化营养素以氨基酸、维生素等生化营养物质为基质，并含有一定量的常量元素 和微量元素。在小麦及水稻、谷子等禾本科作物上应用，可提高叶片的叶绿素含量，增加光合速率和干物质积累，调节不同生育阶段生化过程，有利于协调作物同周围营养环境的关系，具有促进早熟、增强抗病和抗逆能力，达到增产目的。中国科学院长春应用化学所的这项技术，1989 年在聊城地区 3 个县试验，在小麦上喷施 4 遍者，平均增产 14%。

1990 年安排 300 亩示范，结果显示，亩穗数增加 1.39 万~2.93 万穗，穗粒数增加 0.5~1.9 粒，千粒重增加 0.8~1.0 克，亩增 42.7 千克，增产率 12.5%。

（四）抗菌素 660B

抗菌素 660B 是一种抗植物真菌病害的广谱抗菌素，系由中国科学院沈阳应用生态研究所研制，可应用于甜菜、小麦、棉花、水稻、蔬菜等多种作物。应用中表现了活性高、用量少、不污染环境、易于被生物吸收或分解、不易积累和无残毒性等特点。并对酸、光和热都比较稳定，对人、畜、植物均无毒害作用。沈阳应用生态所于 1989 年在东营市南郊畜牧场进行了抗菌素 660B 培育壮秧试验。

抗菌素 660B 培育水稻壮秧效果。水稻播种后，经 10~15 天进行苗期调查发现：① 工厂盘育苗 660B 处理小区较对照区表现叶色浓绿。② 发根力强，其长度比敌克松小区长 0.9 厘米，比对照区长 2.0 厘米，660B 小区幼苗根系盘结成白毡状，苗基部扁宽，而且有弹性。③ 株高、百株干物重均比对照优势，插秧后返青快，保苗好。这与 660B 富含腐殖酸类植物营养元素及若干种类生长刺激素和高效性生物抗菌素作用有关。④ 在育苗过程中观察，660B 处理小区幼苗表现有一定的耐高温性，如棚内温度高达 35℃条件下，幼苗仍然挺拔直立，叶色显绿，未出现干尖、卷叶症状。⑤ 660B 田间育苗水稻幼苗素质状况，如同工厂盘育苗，其幼苗的株高，百株干物重，根长均优于对照。

660B 处理区稻谷产量 1989 年为 466.6 千克 / 亩，1990 年为 550 千克 / 亩，分别比对照增产 18.6% 和 16.3%，可见其生产效益是显著的。

二、种子活力调节剂和种子处理技术

主要包括 GT 粉剂、稀土元素制剂、土面增温剂和种子磁化技术等。

（一）GT 粉剂

种子活力由本身基因所决定，并受环境因子影响。GT 粉包膜种子，可改善种子周围小环境，加速种子萌发和顶芽，获得增产。中国科学院生态环境研究中心的这项技术，在聊城地区不同点位试验，玉米主根长为对照 2 倍，次生根多 1/3；小麦种子萌发

2 天后，根长较对照增加 20.8％，芽长增加 16.7％，须根数增加 6.3％。GT 粉喷施，可使组织细胞伸长，刺激茎叶内物质的移动，加速同化物质的运转，延缓叶片的衰老，提高产量。小麦喷施比喷清水每亩增产 18.2 千克，增产率 7.7％；比不喷清水亩增 52.2 千克，增产率 25.8％。大田玉米平均增产 60~130 千克，增产率 21％~28％；棉花亩增皮棉 7.1 千克，增产率 11.5％。

（二）稀土元素制剂

稀土是有关 17 种化学元素的统称。使用稀土拌种，可提高种子发芽率，促进作物碳水化合物的代谢作用，有利于植株对养分的吸收和生长发育。中国科学院地质研究所 1988 年将此技术引入平原县和德州市，试验表明，小麦亩穗数比对照增加 2.8 万 ~4.3 万穗，穗粒数增加 0.4~1.5 粒，亩产增加 56.3 千克，平均增产率 13.1％。在试验示范基础上，1990—1991 年，在两县市用拌种和喷施小麦 10 万亩，测产结果，平均增产 10.7％，每亩增 44.9 千克，共计增产 516 万千克。

（三）土面增温剂

土面增温剂是 1970 年由中国科学院地理研究所和大连油脂化学厂共同研制的。土面增温剂是一种农田化学覆盖物。用有机成膜物质和乳化剂制成的水包油型乳状剂。用水稀释后，喷施于土面，形成一层连续覆盖膜，可抑制土壤水分蒸发，减少蒸发耗热，起到增温、保墒、抑盐作用。早春季节应用可适时早播，增加根系发育，培育壮苗，增加产量。地理研究所的这项技术，1988 年在齐河县花生上的应用试验结果表明，用后 32 天，土壤含水量由初始时的 12.2％降到 6％，而对照地已降至 4.6％。10 厘米深土层日平均温度提高 0.8~0.9℃，早出苗 3 天，花生增产 22％，棉花增产 18.5％。

（四）种子磁化技术

种子磁化技术是中国科学院长春物理研究所研制的农业物理增产技术。种子经磁化机处理解后，可增强种子生理活性，提高发芽势和发芽率，促进根系发达，提高幼苗素质和抗逆性能，增加作物产量。中国科学院长春地理研究所引入武城，继而在德州和聊城十几个县推广，应用于小麦、玉米、大豆、谷子等作物，均有增产效果。临邑县在小麦上应用，磁化三遍的亩穗数平均增加 2.11 万，穗粒数减少 2.3 粒，千粒重增加 0.96 克，每亩增产 26.4 千克，增产率 7.6％。

三、新型肥料

主要指通过化学或生物学方法研制的多元微肥、专用复合肥、禾谷类作物根系联合固氮菌等。

（一）多元微肥

黄淮海平原的土壤中，不同程度的缺少 Zn、Cu、Mn、Fe 等微量营养元素，植物一旦缺乏某种微量元素，即使 N、P、K 等基本肥料供给充足，也会发生病症。针对当地所缺微量元素，施用微肥，是提高产量的重要措施之一。植物必需的营养元素有 Zn、B、Mn、Fe、Mo、Cu、Cl 等，含有 3 种以上营养微量元素并能被作物吸收的称多元微肥。长春地理研究所在武城县建立了多元微肥厂，在德州、聊城地区十几个县应用推广，拌种或喷施于小麦、棉花、蔬菜等多种作物，面积达 50 万亩。武城县小麦喷施 1 次平均增产 11.4%，喷 2 次平均增产 47.9 千克，增产率 18.3%；棉花平均增产 17.4%。临邑县试验表明，小麦拌种加喷施，增产率为 16.2%，比单独拌种或单独喷施效果好。该县试验还可看出，拌种可明显增加亩穗数，而喷施可明显增加千粒重。

（二）作物专用复合肥

长春地理研究所根据不同作物的营养生理特征和不同地区土壤肥力条件，研究配制了作物专用复合肥。在肥料中添加了一定比例的有机助剂和化学农药，取得了作物抗盐碱、抗病虫、抗低温和增产效果。在武城县的大豆、棉花、玉米等作物上应用的专用复合肥，平均增产 16.4%。

（三）禾谷类作物根系联合固氮菌

禾谷类作物根系联合固氮菌是一种生物氮菌剂，它能固定大气中的氮并使之转变为能被植物吸收的氮素，促进作物发芽、生根，提高分蘖，增加有效穗数，从而提高产量。遗传研究所研究的这种固氮菌，经在禹城县等地小麦上施用，出苗后 50 天调查，茎含量为对照的 6 倍，叶部含氮量为对照的 3~16 倍，胚含氮量为对照的 2.5 倍，根含氮量为对照 2 倍以上，土壤含氮量比对照增加 10 倍。小区试验每亩可增产 9.6%~12%；玉米增产 9.2%~18.2%。遗传所的研究认为，这种联合固氮菌生活于作物根表和根皮层间隙，与根形成联合固氮，作物根系分泌物为菌提供碳源，固氮菌为作物提供可吸收的氮素，两者形成联合固氮。固氮菌能分泌植物生长素、赤霉素和细胞分裂素等植物生长调节素和生物活性物质，从而刺激植物细胞伸长，有利于花芽分化和蛋白质合成。因此，它是一项既可增产，又可改善土壤结构和营养能力，不污染环境的很有应用前景的新型肥源。

四、农药和兽药

本节介绍中国科学院化学研究所用腐植酸制剂防治蚜虫，中国科学院上海有机化学所研制的新兽药"EH"对治疗奶牛、黄牛卵巢机能失调和不孕症的临床效果。

（一）腐植酸制剂防治蚜虫

1989 年与聊城科委协作，开展用腐植酸制剂防治棉、麦蚜虫的试验、制剂分 3 种配方：第一种是 50% 腐植酸钠 +50% 洗衣粉；第二种是 10% 腐植酸钠 +90% 洗衣粉；

第三种是黄腐酸，使用时，有单独使用的，也有以一定比例代替有机磷农药的。

（二）新兽药"EH"

中国科学院上海有机化学所新研制的"EH"兽用药应用于不孕症的病牛进行临床试验效果观察，取得了良好的疗效。在上海地区、安徽省、浙江省等有关单位和牧场的大力支持和配合下，开辟了9个试验点共收治病牛140例，治愈133例，占受试牛的95％。

由于我国的黄牛饲养比奶牛饲养数量多，据调查，黄牛患不孕症的比例也非常高，能否应用新兽药开展对黄牛不孕症的治疗工作，这对药物的研制与应用，对发展我国的黄牛饲养业有着深远的意义。在山东省禹城县畜牧善医站有关部门的支持下，我们开展了部分试验工作，在全县开辟3个试点，共收治患卵巢机能失调不孕症黄牛20例，试验结果：发情率和受胎率达90％，效果显著，为今后开展大规模试验与应用打下了一定的基础。

（本文原载《农业综合开发与农业持续发展》第五章第四节，中国农业科学技术出版社，1996年）

第七节　鲁西北地区农业科技成果转化的条件和方式

认识了发展科技创新是农业现代化的关键，还要促进科技成果转化为现实生产力。科技成果的转化，要解决"源"和"流"两方面问题。所谓源就是要刺激和加速重大适用成果的研究，不断推出新技术；所谓流就是将新技术由研究者手中转移到农民手中，进入农业生产过程。根据我们在鲁西北地区多年试验研究和示范推广工作的体验，提出成果转化的三个条件和五种方式。

转化的条件是：① 经过试验证明有增产效益和推广价值的成熟的技术成果；② 经济发展对某项成果的现实需要；③ 科技人员和有关方面从事转化的实践活动。这三个条件在中国科学院主战场鲁西北项目区可以得到充分满足。

转化的方式主要有扩散式、辐射式、吸引式、传递式和渗入式。

一、扩散式

首先由科技人员设立试验示范小区，农民看到试验效果，将小区配套技术引入自己的生产过程，然后再逐步扩散开来。对农民尚未认识的新技术往往采用这种方式。扩散式转化的效益取决于：① 要有代表性典型性的示范小区；② 小区里要有先进的适用技术作为扩散源；③ 要有扩散面，即由中心向外围、由近及远、由科技先进户到广大群众，层层扩散，渐进推开。这种方式扎实稳妥，行之有效。我们设立的试区都是按这种方式实现转化的。

二、辐射式

是扩散式又一种表现形式。但比扩散式在更广的空间和更大的尺度上，将技术作远距离跳动式的传播。一般通过现场参观或传播媒介，超越行政界线，传到区外、省外。这种方式对推动科技进步，实现"转化"有重要意义。非常成功的典型经验和影响大的试区才能做到这一点。如已建设 20 多年的禹城试区，在 70 年代形成的"井、沟、平、肥、林"的治理模式，就曾辐射华北各省，甚至西北和东北的某些地区也曾借鉴过这些经验。

三、传递式

对于农民能够认识和相信，又易于操作的一些实用技术，通过科技人员和农民相结合，直接传递给农民，从而迅速提高大面积生产力。如长效尿素的推广，就属于这种方式。这是因为生产者对尿素早有认识，对这种新型尿素的应用就很积极。

四、吸引式

农业生产的主体（农民和地方政府），采取主动措施，邀请吸引科技部门和科技人员，将科技成果引入本地区，用以改造当地农业自然条件，发展农业生产。如 1988 年聊城地区曾三次派人来京请科技人员，科技工作站建立后，又采取多种方法，吸引更多的技术和人才，取得了很好的成效。

五、渗入式

对某些重大技术措施，政府决策人已经认识，但农民尚未认识。此时往往采取行政干预办法，有组织有计划地将这种技术灌输给农民，从而在某个行政单元内将其普遍渗入生产过程。其成效大小取决于：① 实施的技术是适合当地自然条件的成熟的技术；② 要做好思想发动和技术培训；③ 不要因局部失败而影响整体计划。武城县在全县推广多元微肥，就是在多点试验基础上，采取行政措施推广的。

以上五种"转化"方式，在鲁西北区域治理和农业综合开发中同时应用，从而使科学技术形成大规模生产力，并产生了以下两方面意义深远的影响。

（一）增强了地方领导干部和农民群众的科技意识

科技意识是人们的一种现代意识，对地方干部来说，实质上是领导农业走向高产，实现现代化，必须具备的对科学技术的一种认识能力，也是由领导农业生产的传统习惯和常规经验向深层次和高层次开拓发展应有的领导艺术的思想基础。这种意识与人们的科学文化素质、理论思想修养和对科技认识程度有关。干部的知识化、专业化、年青化为科技意识的提高提供了重要条件。中国科学院在鲁西北地区大量的科技投入，并通过多种形式同地方人员的结合，特别是通过实践使人们看到科技的力量，普遍提高了领导和农民的科技意识，这对科学技术转化为现实生产力将起到持久的作用。

（二）提高了农业增产的技术含量

农业增产的技术含量，可以表示科学技术在农业增产中的作用。发达国家农业增产量中，科技因素一般占60%~80%。我国大部分地区现阶段农业增产技术含量为30%~40%。农业发展低产阶段主要靠农民传统耕作方法，以体力投入为主，技术含量很低。低产变中产，要增加水肥投入。中产变高产，必须采取良种良法和其他技术投入。高产更高产，特别是建立高产优质高效农业，发展持续农业和吨粮田建设，一定要有大量的科技投入。近几年，鲁西北地区重视引进和推广农业新技术，农业增产的技术含量普遍提高。

（本文原载《区域治理与农业资源开发》总论第一节，中国科学技术出版社，1995年）

第八节　鲁西北地区治理开发成效

鲁西北地区，广义上指山东省西部和北部的聊城、德州、菏泽、滨州和东营等地、市。本节研究的范围只限聊城和德州两个地区，包括19个县（市）337个乡（镇）。总面积18 988平方千米，1993年耕地面积1 695.14万亩；总人口1 057.52万人；粮食总产量65.42亿千克，播亩平均单产329.0千克；棉花总产11.8万吨，平均亩产33.2千克。

本区是黄淮海平原的组成部分。在中国科学院科技投入的配合下，1988年国家开始实施农业综合开发时，起步早，成效显著。通过几年来向生产的深度和广度进军，生产面貌和生态环境发生了深刻变化，将农业生产推向了持续、快速发展的新阶段，使本区成为一个新兴的商品农业基地。分析这个地区农业开发成效及科技集成创新支撑，探讨农业可持续发展的途径，对传统农业区的农业现代化建设有一定意义。

农业综合开发是以改造中低产田为重点，以增产粮棉油肉糖为主要目标的政府行为。其着眼点在于对开发区内带有普遍性的农业限制因子和不利自然条件进行治理改造，有效提高中低产田综合生产能力，既要形成一个持续发展的区域生产系统，又要形成一个高效稳定的农业生态系统。其主要做法是选择潜力大、投资少、见效快的区域为农业综合开发区，中央政府、地方政府和农民群众各投入相应的资金，集中使用，立项开发，三年一期，分期进行。黄淮海平原是全国最大的重点农业综合开发区，鲁西北地区是该开发区组成部分。

本区从 1988—1993 年进行了两期开发，共投入资金 47 683 万元，其中中央和省投入 13 863 万元，地区投 772 万元，县（市）投入 7 990 万元，县以下自筹 12 019 万元，农行贷款 13 039 万元。通过治理开发已取得显著成效。

一、合理配置资源、提高资源利用率和产出率

农业综合开发的操作办法是立项开发，立项的原则是重点突出、远近结合、连片治理、先易后难。开发的重点是中低产田和荒地，但立项的先后要选择论证。初始阶段，一般选择生产潜力大、资源条件好、有一定技术基础、容易见效的区片。随着开发的深入和经验的积累，要有计划安排难度较大的类型区，使这些地区通过农业综合开发，实现改变自然面貌和生产条件的愿望。各专项措施都要服从项目区的需要，集中实施，从而有利于合理配置资源，提高资源利用率和产出率，取得较好的整体效益。

鲁西北地区六年来通过立项开发，共改造中低产田 353 万亩，粮食新增能力平均每亩 130~150 千克；开垦宜农荒地 45.8 万亩，亩产粮 400 千克以上；新打和修复机井 13 013 眼，扩大和改善灌溉面积 482.6 万亩。由于农业综合开发的带动，将全区农业生产推向了新的发展阶段。农业综合开发第二期完成的 1993 年同第一期开始前的 1987 年相比，粮食总产增加 22.08 亿千克，年平均增长 8.49%，比黄淮海平原全区同期平均增长率 3.96% 高 4.53 个百分点，比全国同期增长率 1.28% 高 7.21 个百分点。本区耕地面积仅占黄淮海平原的 5.93%，六年粮食总产增长量占黄淮海平原的 10.46%。1993 年粮食总产占黄淮海平原的 6.07%，粮食平均单产比黄淮海平原平均高 31.6 千克，其中小麦高 53 千克，玉米高 22.6 千克。这些数据说明，本区农业综合开发及全区农业发展状况，好于黄淮海平原和全国其他地区，农业资源开发利用效益较高，油料、肉类增长速度也高于其他地区，但农业总产值、农民人均收入和棉花增长速度慢于其他地区（表 2-8、表 2-9、表 2-10）。

表 2-8　六年农业综合开发粮、棉总产变化

地　区	粮食总产（亿千克）				棉花总产（万吨）			
	1987 年	1993 年	增加量	增（%）	1987 年	1993 年	增加量	增（%）
德　州	22.07	35.23	13.16	59.63	29.65	6.21	-23.44	-79.06
聊　城	21.27	30.19	8.92	41.90	26.45	5.59	-20.86	-78.86
鲁西北	43.34	65.42	22.08	50.95	56.10	11.80	-44.30	-78.97
黄淮海	864.30	1 068.04	203.74	23.75	244.35	141.59	-102.77	-42.06

表2-9 六年农业综合开发油、肉总产量变化

地 区	油料总产（亿吨）				肉总产（万吨）			
	1987年	1993年	增加量	增（%）	1987年	1993年	增加量	增（%）
德 州	1.56	1.59	0.03	1.8	6.83	19.33	12.50	182.9
聊 城	3.48	21.78	18.30	525.5	4.62	14.57	9.95	215.5
鲁西北	5.04	23.37	18.33	363.69	11.45	33.90	22.45	196.02
黄淮海	323.94	416.15	92.21	28.5	299.85	257.92	279.07	93.1

表2-10 六年农业综合开发农民人均收入、农业总产值变化

地区	农民人均收入（元）				农业总产值（亿元）			
	1987年	1993年	增加量	增（%）	1987年	1993年	增加量	增（%）
德 州	732	1360	353	48.2	35.75	77.55	41.80	116.94
聊 城	652	1092	151	23.1	32.37	61.30	28.93	89.35
鲁西北	692	1223	531	76.7	68.12	138.85	70.73	103.83
黄淮海	767	1746	997	130.0	976.88	2 359.35	1 382.47	141.52

二、改善了农业生产条件和农业生态环境

农业综合开发的基本点是综合。综合开发要结合综合治理，综合治理包括治理目标的综合和治理措施的综合。治理开发目标要综合考虑旱、涝、碱、沙等多种自然灾害，实行水土田林路综合治理，农、林、牧、副、渔全面发展。治理开发措施要将工程措施、生物措施和管理措施结合起来，经济发展同生态环境改善结合起来。由于水、土是影响产量的基本因素，综合开发往往以治水先行，以改土为中心，逐步把中低产田改造建设成稳产高产田。

鲁西北地区农业综合开发立项改造的中低产田和开垦的荒地中，相当一部分是盐碱地、风沙地和涝洼地。另外，六年立项造林26.3万亩，建设农田林网180.3万亩，开挖和疏浚一批排水配套工程，扩大和改善除涝面积255.7万亩。从而使这些地区的生产条件和生态环境得到改善。据对本区各乡镇1987—1991年有关资料分析，东北部宁津、乐陵、庆云和陵县、临邑东部64个乡镇，1987年中低产乡镇高达60个，低产原因主要是盐碱、涝洼、风沙和高亢缺水，经过四年农业综合开发，使这些低产农田得到治理，提高了环境质量，促进生态系统的良性循环，1991年原有中低产乡镇有55个达到1987年高产乡镇产粮水平，占原有中低产乡镇数91.7%。西北部夏津、武城、临清、高唐县的55个乡镇，是风沙、涝洼集中分布区，1987年中低乡镇多达54个，1991年只剩15个。西南部冠县、莘县及临清、聊城市的60个乡镇，风沙地集中、干旱缺水，

1987 年中低产乡镇 58 个，经治理至 1991 年只剩 27 个。

三、缓解了人口增长的压力

鲁西北地区 1993 年人口总数 1 057.52 万人，人口平均密度每平方千米 556.9 人，略低于黄淮海平原平均每平方千米 623.3 人的密度。农业人口 905.93 万，占全区总人口的 85.67%。农民人均耕地 1.87 亩，略高于黄淮海平原农民人均耕地 1.51 亩。人均粮食 618.6 千克，比黄淮海全区人均粮食 455.4 千克多 35.8%。比全国人均粮食 392 千克多 57.8%。

本区同全国一样，新中国成立后人口持续增长。除三年困难时期人口有所下降外，其余年份皆逐年增加。1993 年比 1949 年净增人口 442.44 万，年平均增 10.06 万人，年均增长率 1.63%。将 44 年人口增长划分为三个阶段（表 2-11，表 2-12），各阶段的特点如下。

表 2-11　鲁西北地区人口增长状况

年	总人口（万人）	农业人口（万人）	粮食总产（亿千克）	人均粮食（千克）	农民人均耕地（亩）	人口密度（人/平方千米）
1949	615.08	605.87	13.93	22.5	3.76	323.93
1953	644.24	633.42	—	—	3.68	329.29
1957	698.71	682.84	16.41	234.9	3.37	367.98
1962	657.48	643.07	8.43	128.2	3.07	346.26
1965	671.92	653.57	14.19	211.2	2.98	353.87
1970	759.91	741.24	17.01	223.8	2.52	400.21
1975	825.94	801.46	22.08	267.3	2.23	434.98
1978	854.70	826.86	24.90	291.3	2.12	450.13
1980	862.94	833.10	20.69	239.8	2.10	455.09
1984	919.87	880.18	36.49	395.6	1.98	484.45
1987	947.46	900.25	43.34	457.4	1.91	498.98
1993	1 057.52	905.93	65.42	618.6	1.87	556.94

（1）年均人口绝对增长量越来越多，第一阶段（1949—1978）年均增 8.26 万人，第二阶段（1978—1987）年均增 10.31 万人，第三阶段（1987—1993）年均增 18.34 万人。

（2）人口年均增长率第二阶段最低，为 1.21%；第三阶段最高，为 1.94%。第三阶段人口绝对增长和相对增长率都居高值，除生育控制因素外，可能与 60 年代外流人口返乡也有一定关系。

（3）农民人口增长以第二阶段最高，年均增 8.15 万人，年增长率 1.35%；第三阶段最低，年均增 0.95 万人，年增长率 0.11%。第三阶段总人口增长快，而农民人口增长慢，说明这个时期有大量农村户口转入非农业户口。从表 2-12 可大致推算，1987—1993 年增长的 110.06 万人，农业人口只增 5.68 万，非农业人口增加了 104.38 万，大大超过农业人口增长量。而 1949—1978 年 29 年农业人口增长了 220.99 万，非农业人口仅增加 18.63 万。1978—1987 年的 9 年期间农业人口增长了 73.39 万，非农业人口仅增 19.37 万。

表 2-12 鲁西北地区三个阶段人口增长对比

阶段	项目	总人口（万人）	农业人口（万人）	粮食总产（亿千克）	人均粮食（千克）	农民人均耕地（亩）	人口密度（人/平方千米）
第一阶段	1949—1978 年增	239.62	220.99	10.07	64.8	-1.64	126.2
	年均增	8.26	7.62	0.38	2.23	-0.057	4.35
	年增率（%）	1.34	1.26	2.72	0.99	-1.50	1.34
第二阶段	1978—1987 年增	92.76	73.39	18.44	166.1	-0.21	48.85
	年均增	10.31	8.15	2.05	18.46	-0.023	5.43
	年增率（%）	1.21	1.35	8.23	6.34	-1.10	1.21
第三阶段	1987—1993 年增	110.06	5.68	22.08	161.2	-0.04	57.96
	年增率	18.34	0.95	3.68	26.87	-0.007	9.66
	年增率（%）	1.94	0.11	8.49	5.87	-0.35	1.94

（4）人均粮食占有量，三个阶段逐步提高。第一阶段人均粮食长期低于 300 千克，1962 年只有 128.2 千克，最高的 1978 年 291.3 千克。29 年人均粮食增加 64.8 千克，平均每年仅增加 2.23 千克，年均增长率 0.99%。第二阶段人均粮食突破 300 千克，1987 年达到 457.4 千克，9 年人均粮食平均每年增 18.46 千克，年均增长率 6.34%。第三阶段人均粮食连续登上 500 千克和 600 千克两个台阶，1993 年达到 618.6 千克，6 年人均粮食增加 161.2 千克，年均增 26.87 千克，年均增长率 5.87%。说明本区在人口增长情况下，粮食增产能力较强，特别是农业综合开发的六年，进一步促进生产力的发展。

（5）农民人均耕地呈直线下降。1949 年为 3.76 亩，1965 年降至 2.98 亩，1984 年又降至 1.98 亩，1993 年只有 1.87 亩，44 年人均耕地减少一半。人均耕地减少，同人口增加和耕地面积减少两方面原因有关。三个阶段减少的速率越来越慢，第一阶段平均每年减 1.50%，第二阶段为 1.10%，第三阶段为 0.35%。

（6）人口密度增加同人口总量增长趋势完全一致。1949 年每平方千米 323.93 人，1970 年为 400.21 人，1987 年接近 500 人，1993 年达到 556.94 人。44 年平均每平方千米每年增加 5.30 人，其中第一阶段年平均增加 4.35 人，第二阶段年平均增 5.43 人，第三阶段年平均增9.66人。说明人口生存空间越来越小。

人口逐年增长，而耕地逐年减少。44年人口年平均增长率1.63%，耕地年平均减少5.79%，这个大趋势今后还会继续下去。主要出路是挖掘资源潜力，提高单产。农业综合开发正是在适当投入的前提下，提高开发区单位面积产量和生产综合能力的重要措施。农业综合开发前的1987—1993年人口年平均增长率1.94%，但粮食总产年增长率为8.49%，人均粮食年增长率为5.87%，都超过人口增长率。因此，农业综合开发对缓解人口增长压力，促进社会进步和经济繁荣具有重要意义。

四、中低产乡镇的治理开发成效

农业综合开发的重点是中低产田治理。其基本原则是选择增产潜力较大的地区，集中连片的进行综合治理开发，增强这些地区的农业基础设施，改善农业生产条件，使之尽快变成重要农业生产基地，带动农业迅速发展。因此，中低产田的治理成效及其对区域农业发展的带动，便成为衡量农业综合开发成效的标志之一。

本文所指中低产田是以乡镇为单元，以农业综合开发前一年（1987年）的粮食耕亩产量为基数，用1991年的产量同其对比，分析高中低产乡镇的变化。由于农业的不断发展，高中低产田是一个动态的概念，在不同的时间和空间有其不同的标准。为了分析农业综合开发的成效，1991年和1987年皆用同一个标准，这样才能看出那些中低产乡镇，经过开发达到当时高产的水平。

以上产量指标法的计算，首先统计1987年全区耕亩粮食平均产量，上下浮动15%得到上下两个界限，低于下限指标的为低产乡镇，高于上限指标的为高产乡镇，上下限指标之间的为中产乡镇。1987年本区粮食耕亩平均产量为489千克，上下浮动15%并稍作修正，确定低于420千克为低产乡镇，高于570千克为高产乡镇，420~570千克为中产乡镇。

本区共有373个乡镇，1987年低产乡镇63个，占16.9%；中产乡镇206个，占55.2%；高产乡镇104个，占27.9%。中低产乡镇合计占72.1%。这些乡镇相对集中分布在东北、东南、西北、西南的"四边"地区。高产乡镇相对集中分布在中部京沪铁路沿线和潘庄引黄灌区中下游地区，聊城地区的引黄灌区和徒骇河两岸也有几个零星分布的高产片。按1987年中低产乡镇分布状况，可将本区划为六个类型区。

1. 东北部中低产类型区

该区包括宁津、乐陵、庆云的全部和陵县、临邑的少部分乡镇共64个，其中只有乐陵中部4个乡镇高产，其余60多个全部是中低产乡镇。庆云北部和乐陵西北部几个低产乡，1987年的产量都低于400千克，崔口乡只有290千克。该区低产因素主要是低洼盐碱、高亢缺水和风沙干旱。开发治理要区别情况、综合考虑水土资源、做到排灌蓄引配套。

2. 西北部中低产类型区

该区包括武城、夏津大部和临清、高唐的部分乡镇共 55 个，中低产乡镇各占一半，其中亩产低于 400 千克的乡镇 25 个，腾庄、渡口驿和李楼等乡镇产量只有 200 多千克，是低产乡最集中的类型区。该区风沙地和低洼地广为分布，水资源紧张，成为农业发展的主要限制条件，治理难度大。

3. 西南部中低产类型区

该区包括冠县和莘县的大部及临清、聊城的部分乡镇共 60 个，除临清 2 个乡镇高产外，其余皆为中低产乡镇。其中 7 个乡镇亩产在 400 千克以下，5 个乡镇在 300 千克以下，岩集乡只有 191 千克，是本区产量最低的乡。风沙、严重缺水是该区主要低产因素。

4. 东南部中高产类型区

该区包括临邑和齐河两县大部和陵县、平原、禹城少数乡镇共 56 个，其中有 16 个高产乡镇，东南部个别乡镇属低产乡，其余大部皆为中产水平。该区引黄条件好，但有一部分乡镇低洼盐碱易涝，产量不稳。

5. 南部中高产类型区

该区包括阳谷、茌平、东阿和聊城大部及高唐一部分乡镇共 83 个，其中含 29 个高产乡镇，其余大都为中产水平。该区原有大面积低洼盐碱地，由于发展引黄灌溉和机井建设，并注意排水工程和地力培养，有些低产地得到初步改造，逐步成为中高产农田。

6. 中部高产类型区

该区包括德州市和陵县、干原、禹城的 55 个乡镇，除个别乡镇外，绝大多数乡镇 1987 年粮食产量皆高于 500 千克，其中有 36 个乡镇高于 600 千克，平原县腰站达 801 千克，处于本区最高水平。80 年代以前，该区的旱涝盐碱风沙灾害十分严重，土地生产力相对偏低。由于区域治理开发起步较早、引黄等水利条件较好、交通方便，原来自然条件和生产面貌发生较大变化，成为本区高产乡镇的集中分布区。

农业综合开发带动了本区农业的全面发展，粮食产量、农业产值和农民收入都有明显提高。1991 年全区粮食耕亩产量达 698 千克。按 1987 年高中低产乡镇划分标准，1991 年低产乡只有 1 个，仅占 0.2%；中产乡镇 60 个，占 16.1%；高产乡镇发展到 312 个，占 83.7%。中低产乡镇合计 61 个仅占 16.3%，同开发前的 1987 年 269 个相比，减少了 208 个，减少 77.3%。六个类型区高中低产乡镇变化见表 2-13。

由表 2-13 可知，中低产乡镇变化最大的是东北部中低产类型区，原来 60 个中低产乡镇有 55 个已进入高产行列，占 91.7%，尤其是宁津和庆云两县原有的中低产乡镇全部变为高产乡，中低产田治理改造取得明显进展。变化较大的有南部和东南部两个中高产区，分别有44和36个乡镇进入高产，分别占原有中低产乡镇的81.5%和90.0%。西南部和西北部两个中低产区虽有31个和39个乡镇提高到高产乡镇，但两个类型区仍有42个中低产乡镇，需继续治理改造。

表2-13　各类型区高中低产乡镇变化

类型区	乡镇数	1987年			1991年			中低产变高产	
		高产	中产	低产	高产	中产	低产	数量	%
东北部中低产区	64	4	44	16	59	5		55	91.7
西北部中低产区	55	1	28	26	40	15		39	72.2
西南部中低产区	60	2	40	18	33	26	1	31	53.5
东南部中高产区	56	16	37	3	52	4		36	90.0
南部中高产区	83	29	54		73	10		44	81.5
中部高产区	55	52	3		55			3	100.0
合计	373	104	206	63	312	60	1	208	77.3

本区19个县（市）的中低产乡镇变化情况见表2-14。由表2-14可知，德州地区212个乡镇，1987年高产乡镇73个，占34.4%；中产乡镇98个，占46.2%；低产乡镇41个，占19.4%。中低产乡镇合计139个，占65.6%。1991年高产乡镇发展到190个，占89.6%；中产乡镇只有22个，仅占10.4%；不存在低产乡镇。聊城地区161个乡镇，高产乡镇31个，占19.2%；中产乡镇108个，占67.1%；低产乡镇22个，占13.7%。中低产乡镇合计130个，占80.8%。1991年，高产乡镇发展到122个，占75.8%；中产乡镇减少到38个，仅占23.6%；低产乡只剩1个，占0.6%。

本区各县市中低产乡镇，经过六年的农业综合开发，其产量都有大幅度提高，原有3/4的中低产乡镇变为高产乡镇。但发展是不平衡的，主要表现在以下几点。

表2-14　鲁西北地区各县高中低产乡镇变化

类型区	乡镇数	1987年				1991年				中低产变高产	
		平均亩产（千克）	高产	中产	低产	平均亩产（千克）	高产	中产	低产	数量	%
德州地区	212	488	73	98	41	711	190	22		117	84.2
德州市	7	625	6	1		967	7			1	100.0
乐陵市	27	508	9	14	4	651	22	5		13	72.2
陵县	24	572	17	7		780	24			7	100.0
平原	18	646	15	3		910	18			3	100.0

（续表）

类型区	乡镇数	1987年				1991年				中低产变高产	
		平均亩产（千克）	高产	中产	低产	平均亩产（千克）	高产	中产	低产	数量	%
夏津	20	384		4	16	603	13	7		13	65.0
武城	15	395	1	4	10	571	8	7		7	50.0
齐河	21	507	5	16		684	20	1		15	93.8
禹城	19	596	13	6		809	19			6	100.0
临邑	20	534	6	13	1	676	18	2		12	85.7
宁津	25	483	1	22	2	758	25			24	100.0
庆云	16	400		8	8	701	16			16	100.0
聊城地区	161	490	31	108	22	627	122	38	1	91	70.0
聊城市	20	536	8	12		635	16	4		8	66.7
临清市	19	499	2	16	1	622	16	3		14	82.4
阳谷	21	536	7	14		704	21			14	100.0
莘县	28	443	1	18	9	578	14	13	1	13	48.2
茌平	22	583	11	11		684	20	2		9	81.8
东阿	14	532	2	12		579	9	5		7	58.3
冠县	22	415		12	10	611	14	8		14	63.6
高唐	15	500		13	2	645	12	3		12	80.0
总计	373	489	104	206	63	698	312	60	1	208	77.3

1. 德州地区中低产田治理成效好于聊城地区

开发前德州地区低产乡和高产乡相对较多，聊城地区中产乡相对较多。开发后的 1991 年，德州地区 117 个中低产乡镇发展为高产乡镇，占原有的 84.2%；聊城地区有 91 个中低产乡镇发展为高产乡镇，占原有中低产乡镇 70.0%。说明德州地区中低产田开发治理速度高于聊城地区。粮食耕亩平均产量也发生了相应变化，1987 年德州地区平均亩产 488 千克，1991 年提高到 711 千克，增 45.7%；聊城地区 1987 年平均亩产 490 千克，高于德州地区产量；1991 年提高到 627 千克，增 28.0%，平均亩产和增长幅度都低于德州地区。

2. 县县实现高产，但增幅不同

1987 年的高产县市只有德州市、平原、陵县、禹城和茌平 5 个县市，以平原县产量最高，平均耕亩产量达 646 千克。1991 年有 4 个县市仍居于领先地位，产量都超过 780 千克。特别是德州市，4 年提高 342 千克，在原来高产基础上，继续保持高速增长

势头。另外，乐陵、齐河、临邑、宁津、聊城市、临清、阳谷、莘县、东阿、高唐等
10个原有中产县市全部进入高产。增长幅度最高的是宁津县，亩产提高了275千克。
增长较慢的是东阿县，亩产只提高47千克。夏津、武城、庆云和冠县原有4个低产县
也全部实现高产，亩产增长皆在170千克以上。以庆云增幅最大，高达301千克，增
75.3%。这个速度也居于本区19个县市之首。同时也是原来没有高产乡镇，经4年开
发后乡乡变高产的一个县。

在农业综合开发的带动下，虽县县实现了高产，但乡乡实现高产的只有德州市、陵
县、平原、禹城、宁津、庆云和阳谷7个县市。中低产乡镇仍占一半左右的还有武城、
莘县、东阿三县，占1/3左右的有夏津和冠县。产量最高的德州市和产量最低的武城、
莘县和东阿相差达390千克，超过1987年260千克的差距。

3.出现一批高速发展乡镇和吨粮乡镇

农业开发增强了农业综合发展能力，形成一批高产乡镇。耕亩产量800千克以上的
乡镇数由原来2个增加到55个，占乡镇总数的14.8%。其中亩产800~900千克35个，
900~1 000千克9个，超过1 000千克的吨粮乡镇9个。平原县尹屯乡最突出，1987年
亩产只有533千克，1991年发展为亩产1 001千克的吨粮乡，增长87.8%。增幅80%
以上高产乡还有德州市陈庄乡、宁津县张宅乡、阳谷县杨庄乡等。德州市二屯乡和乐陵
市杨家乡增幅超过70%。1991年亩产900千克以上的18个乡镇列于表2-15。

表2-15 1991年亩产900千克以上乡镇

排	1	2	3	4	5	6	7	8	9
乡镇名	腰站	平原镇	陈庄	张华	冠场	黄河涯	姜孚	王凤楼	尹屯
亩产（千克）	1 100	1 088	1 071	1 046	1 028	1 015	1 012	1 010	1 001
排序	10	11	12	13	14	15	16	17	18
乡镇名	二屯	老城	刘潘	阳谷镇	廿里铺	宋官屯	神头	林庄	王果铺
亩产（千克）	976	970	967	964	960	955	947	942	936

4.粮食总产大幅度提高

表2-16是鲁西北地区、山东省、黄淮海平原和全国1987—1991年粮食总产。由
表2-16可知，本区1987年粮食总产43.34亿千克，1991年增长到54.83亿千克，比
1987年净增11.49亿千克，增长率26.45%。而同期山东全省、黄淮海平原和全国增长
率分别为20.52%、11.33%和11.18%。本区增长速度相当于黄淮海平原和全国增长率
的1.5倍。

表 2-16　鲁西北地区粮食总产增长　　　　　　　单位：亿千克

地区	1987 年	1988 年	1989 年	1990 年	1991 年	增长（%）
德州	22.07	22.23	26.49	25.38	28.71	30.09
聊城	21.27	22.23	25.12	24.66	26.12	22.80
鲁西北合计	43.34	44.46	51.61	50.04	54.83	26.45
山东省	325.0	339.37	325.0	335.49	391.68	20.52
黄淮海平原	866.76	844.16	906.53	935.05	964.97	11.33
全国	3 915.2	4 047.33	4 144.2	4 462.43	4 352.93	11.18

　　国家提出到 2000 年黄淮海平原的农业综合开发目标，粮食总产比 1987 年 866.76 亿千克增 250 亿千克，达到 1 116.76 亿千克，13 年总增长率 28.84%。本区 1987 年耕地面积为 1 722.26 万亩，占黄淮海平原总耕地 2.9 亿亩的 5.94%，按耕地面积分摊，本区 13 年应增 14.85 亿千克。1993 年粮食总产 65.42 亿千克，比 1987 年增 22.08 亿千克，提前 7 年达到 20 世纪末的农业开发增粮指标。由此看出，本区农业综合开发和中低产田改造已取得重大成效。

　　（本文原载《农业综合开发与农业持续发展》第五章第一、二、三节，中国农业科学技术出版社，1996 年）

第九节　鲁西北地区农业可持续发展能力分析

一、持续农业的一般概念

　　当前世界农业发展状况，在发达国家由于实现了农业现代化，农业的高投入、高产出、高速发展和生产力的迅速提高，使粮、肉等农产品增长超过人口增长的需要，甚至产生大量剩余。但同时引发了资源、环境等问题，使农业发展难以长期维持。在发展中国家，由于人口迅速增加，对农产品需求日益增长，在脱贫和发展过程中，引发资源破坏和浪费、生态环境污染和退化。农业生产与生态环境的失调，既影响当代人类的生存和发展，更不利于子孙后代的生存和发展。因此，世界农业正面临着如何处理农业与环境的关系，合理利用资源与农业持续发展相适应的问题。

　　针对当代人类面临的人口、资源、环境的严重性，20 世纪 80 年代国际上提出了持续农业发展战略。这种发展战略综合考虑了经济、社会、环境和技术因素的协调，以求保持生态环境不退化、促进农业长期持续发展。持续农业提出后，得到国际社会广泛的关注，有关国家和国际组织纷纷研究制定宣言文件，1987 年世界环境与发展委员会（WCED）提出"2000 年粮食：转向持续发展的全球政策"的报告，给出了持续农业的原则性概念。1988 年联合国粮农组织（UNFAO）制定了"持续农业生产：对农业研究的要求"的文件。1991 年联合国粮农组织与荷兰政府联合召开了"农业与环境"国际会议，会议宣言指出必须重视研究农业与环境的关系，提出了发展中国家"持续农业与农村发展战略"。1992 年在巴西召开的世界环发大会上，持续农业为各国政府所接受。由此可见，持续农业展示了当今世界农业发展的重要趋势，成为国内外新的研究热点和优先领域。

近年来我国政府和学术界对持续农业十分重视。"八五"国家科技攻关项目，将黄淮海平原农业持续发展列入专题研究。1992 年国家科委支持，开展了持续农业和农村发展研究。1993 年 5 月，召开了全国持续农业与农业现代化学术讨论会。同年 9 月在我国召开了"持续农业的资源综合管理国际学术会议"。1994 年 3 月，国务院通过了"中国 21 世纪议程：人口、环境、发展"的白皮书，将农业和农村的可持续发展确定为优先领域。

虽然国际上对"持续农业"的定义尚无统一的认识，但在强调稳定提高农业生产率、保持资源永续利用、保护生态环境、促进农业持续发展、以满足人口增长的需求的总目标上，理解是一致的。在众多的定义和解释中，联合国粮食组织 1991 年提出的生产、经济、生态环境三位一体发展的战略目标，更符合中国农业和农村发展状况：① 积极增加粮食生产，既要考虑自力更生和自给自足的基本原则，又要考虑适当调剂与储备，稳定粮食供应和使贫困者获得粮食的机会，妥善地解决粮食问题；② 促进农村综合发展，开展多种经营，扩大农村劳动力就业机会，增加农民收入，特别要努力消除农村的贫困状况；③ 合理利用、保护与改善自然资源，创造良好的生态环境，以利于子孙后代生存与发展的长远利益。

二、鲁西北地区农业可持续发展能力

持续发展能力表征一个区域可持续程度和发展实力，是农业生产各种支撑力和制约力动态平衡的结果。持续发展有一定的时空特征，不同的地区空间和不同的发展时期，其持续能力完全不同。因此，研究区域农业持续发展，首先要确定区域范围和划分时段。本文讨论的范围是鲁西北地区，时段的划分将 1949—1990 年共 41 年分为三个发展阶段，第一阶段 1949—1965 年，第二阶段 1965—1980 年，第三阶段 1980—1990 年。划分三个阶段的主要依据是：① 决定持续发展能力的主要因素变化的重大转折点；② 我国农业生产的实际状况和农村体制变化；③ 各阶段所含年份不能相差太大。以上划分的三个阶段，第一阶段代表了从土地改革、合作社到人民公社化及国民经济调整等农村体制多变时期，农村经济较为脆弱，生产波动很大；第二阶段代表在人民公社体制下，队为基础的集体生产方式，在生产条件上进行了大规模持续性农田基本建设，初步奠定了农业发展的农田工程基础；第三阶段处于改革开放和农民家庭联产承包责任制时期，新的农村经济体制和政策调动了农民积极性，在第二阶段农田基本建设基础上，通过创新驱动进入高速持续发展的局面。

（一）农业持续发展综合指数的增长

为了深入研究区域农业持续发展能力，我们采用定量与定性相结合的分析方法。定量指标用持续发展综合指数，指数的计算只简单考虑粮食总产量、棉花总产量、农业总产值和农民人均纯收入四个主要因素，各因素的权重分配，以发展阶段内四个因素年平均增长率，按 4:2:2:2 计算。这是根据鲁西北地区种植业占有绝对优势和粮棉播种面积比例的实际状况确定的。粮棉产量标志主要农产品生产能力，产值和农民收入标志生产的资金积累和再投入能力。其他地区如华南一些地区，棉花不一定是主要经济作物，在牧区和林区粮棉也不一定是主要产品，计算其综合指数应改用其他农产品作为主要因素。

本区农业持续发展综合指数及四个主要因素在三个阶段的增长变化列于表 2-17。为了便于对比，表中还列出了山东和全国的数据，由表 2-17 可得出以下结论。

（1）本区三个阶段农业持续发展能力逐步提高。其综合指数分别为 31.46、68.12 和 187.69。1980 年以前的两个阶段的发展能力皆低于全国和山东省，特别是 1965 年以前的发展能力不到全国平均值的一半。1980 年以后，本区农业主要因素的增长率进入高速发展阶段，综合指数接近山东平均水平，明显高于全国发展速度。根据综合指数和各影响因素的变化曲线，可以认为第一阶段为非持续强波动时期，第二阶段为低持续缓速发展时期，第三阶段为高持续快速发展时期。

（2）本区德州和聊城两个地区比较，德州地区第一、第二两个阶段综合指数分别为 26.64 和 50.52，低于聊城地区的 38.30 和 86.48，聊城地区第二阶段发展能力甚至高于山东和全国水平。但第三阶段德州地区综合指数高达 206.40，超过聊城地区 172.26。

（3）综合指数四个参数中有三个参数的增长趋势同综合指数增长相一致，只有棉花总产的增长率是递减的，尤其是 1980—1990 年平均增长率只有前两个阶段的一半，这是第三阶段持续发展能力低于山东省平均数的主要原因。棉花增长速度减慢又直接影响农业总产值和农民纯收入的提高，从而进一步影响持续发展综合指数的增长。

（二）主要农产品和产值持续增长能力

1. 粮食产量增长能力

1949—1990 年粮食产量增长见表 2-18。第一阶段 1949—1965 年粮食产量由 13.93 亿千克增加到 14.19 亿千克，16 年仅增 0.26 亿千克，年平均增长 0.12%。除几次小的

表2-17 鲁西北地区农业持续发展综合指数

地区	项目	年值 1949年	年值 1965年	年值 1980年	年值 1990年	总增长量 1949—1965年	总增长量 1965—1980年	总增长量 1980—1990年	总增长率(%) 1949—1965年	总增长率(%) 1965—1980年	总增长率(%) 1980—1990年	年平均增长率(%) 1949—1965年	年平均增长率(%) 1965—1980年	年平均增长率(%) 1980—1990年	持续发展综合指数 1949—1965年	持续发展综合指数 1965—1980年	持续发展综合指数 1980—1990年
德州地区	粮食总产	7.67	7.89	10.05	25.38	0.22	2.16	15.33	2.87	27.38	152.54	0.18	1.83	15.25	0.72	7.32	61.00
	棉花总产	0.15	0.38	0.91	1.50	0.23	0.53	0.59	153.33	139.47	64.84	9.58	9.30	6.48	19.16	18.60	12.96
	农业总产值	4.59	5.49	10.25	23.53	0.90	4.76	13.28	19.61	86.70	129.56	1.23	5.78	12.96	2.46	11.56	25.92
	农民人均收入	38	45	89	563	7	44	474	18.42	97.78	532.58	1.15	6.52	53.26	2.30	13.04	106.52
	综合指数														26.64	50.52	206.40
聊城地区	粮食总产	6.26	6.30	10.60	24.66	0.04	4.30	14.06	0.64	68.25	132.64	0.04	4.55	13.26	0.16	18.20	53.06
	棉花总产	0.18	0.56	1.62	2.63	0.38	1.06	1.01	211.11	189.29	62.35	13.19	12.62	6.23	26.38	25.24	12.46
	农业总产值	4.05	5.98	12.89	27.06	1.93	6.91	14.17	47.65	115.55	109.93	2.98	7.70	10.99	5.96	15.40	12.46
	农民人均收入	28	41	126	660	13	85	534	46.43	207.32	423.81	2.90	13.82	42.38	5.82	27.64	21.98
	综合指数														38.30	86.48	172.26
鲁西北	粮食总产	13.93	14.19	20.65	50.04	0.26	6.46	29.39	1.87	45.53	142.32	0.12	3.04	14.23	0.48	12.16	56.93
	棉花总产	0.33	0.94	2.53	4.13	0.61	1.59	1.60	184.85	169.15	63.24	11.55	11.28	6.32	23.10	22.56	12.64
	农业总产值	8.64	11.47	23.14	50.59	2.83	11.67	27.45	32.75	101.74	118.63	2.05	6.78	11.86	4.10	13.56	23.72
	农民人均收入	33	43	107	612	10	64	505	30.30	148.84	471.96	1.89	9.92	47.20	3.78	19.84	94.40
	综合指数														31.46	68.12	187.69
山东省	粮食总产	87.0	133.2	238.4	357.0	46.2	105.2	118.6	53.10	78.98	49.75	3.32	5.27	4.98	13.28	21.06	19.90
	棉花总产	0.81	1.99	5.37	9.75	1.18	3.38	4.38	145.68	169.85	81.56	9.10	11.32	8.16	18.20	22.64	16.32
	农业总产值	47.19	81.57	173.42	647.49	34.38	81.57	165.28	72.85	100.00	268.30	4.55	6.67	26.83	9.11	13.34	53.66
	农民人均收入	28	49	105	645	21	56	540	75.0	114.29	514.29	4.69	7.62	51.43	9.38	15.24	102.86
	综合指数														49.97	72.28	192.74
全国	粮食总产	1131.8	1927.5	3182.20	4518.41	795.7	1254.75	1336.3	70.30	65.10	41.99	4.39	4.34	4.20	17.56	17.36	16.80
	棉花总产	4.44	14.45	27.07	45.08	10.01	12.62	18.01	225.45	87.34	66.53	14.09	5.82	6.65	28.18	11.64	13.30
	农业总产值	326	604	2106.1	7662.1	278.0	502.1	556.0	285.28	248.69	263.81	5.33	16.58	26.38	10.60	33.16	52.78
	农民人均收入	58	107.2	191.3	629.8	49.2	84.1	438.5	84.8	78.48	229.16	5.30	5.23	22.92	10.60	10.46	45.84
	综合指数														67.0	72.62	128.72

减产年外，1949—1957 年基本保持增长势头，但 1957—1962 年出现产量大滑坡，1965
年得到恢复。说明这一阶段粮食缺乏持续增长能力。第二阶段 1965—1980 年，粮食总
产增至 20.65 亿千克，15 年增加 6.46 亿千克，年平均增长 3.04%。这个阶段也有几年
小波动，特别是 1978—1980 年连续两年减产，但总趋势保持低速增长，没有大滑坡。
第三阶段 1980—1990 年，粮食总产增至 50.04 亿千克，比 1980 年多产 29.39 亿千克，
年平均增长 14.23%，这个阶段前期发展高于后期，1986 年后有两年徘徊，但 10 年发
展大趋势显示了高速持续增长能力。

表 2-18　鲁西北地区粮食总产构成

年份	1949 年				1965 年			
项目	粮食总产（亿千克）	耕地面积（万亩）	播种面积（万亩）	单产（亿千克）	粮食总产（亿千克）	耕地面积（万亩）	播种面积（万亩）	单产（亿千克）
德州	7.67	123.0	1 358.5	56.5	7.89	1 019.3	1 191.6	66.2
聊城	6.26	1 042.5	1 304.1	48.0	6.30	929.9	961.9	65.5
合计	13.93	2 275.5	2 662.6	52.3	14.19	1 949.2	2 153.5	65.9
年份	1980 年				1990 年			
德州	10.05	884.3	942.2	106.7	25.38	865.7	783.8	323.8
聊城	10.60	865.0	819.5	139.5	24.66	844.4	831.6	296.5
合计	20.65	1 749.3	1 761.7	117.2	50.04	1 710.1	1 615.4	309.8

　　粮食总产由播种面积和播亩单产构成，播种面积又取决于耕地面积和复种指数的变
化。本区有关年份的总产构成因素见表 2-18。由表 2-18 可知，本区耕地面积逐步减
少，粮食播种面积也随之减少。1990 年和 1949 年相比，耕地面积减少 565.4 万亩，减
少了 44.3%；播种面积减少 1 047.2 万亩，减少了 39.3%。因此，总产量的提高主要是
单产提高的结果，而且单产增长速度要高于播种面积减少速度，才能保持总产增长。本
区 1990 年播亩单产比 1949 年高 257.5 千克，是 1949 年的近 5 倍，粮食总产是 1949 年
的 3.6 倍。

2. 棉花产量增长能力

　　本区是全国重点产棉区，棉花发展状况对该区经济和农民收入有举足轻重的影响。
41 年来棉花产量经历了三起三落的巨大变化。为了进一步分析三个阶段产量变化特征，
将有关年份数据列于表 2-19，由表 2-19 可得出以下几点认识。

　　（1）第一阶段后期即 1957—1965 年，徘徊了 8 年，1961 年和 1962 年处于产量
最低谷，总产只有 0.17 亿千克，亩产只有 8.1 千克。第二阶段 1965—1980 年，徘徊
了 15 年，其间只有 1970 年有一些回升，但很不稳定，1978 年再次出现低谷，总产仅
0.54 亿千克，亩产仅 16.7 千克，倒退到 1957 年和 1965 年产量以下。1980 年又有较大

增长。第三阶段 1980—1990 年，出现 1984 年和 1987 年两个产量峰值，但 1985 年和
1986 年两年减产。1990 年亩产已降至 1980 年以来的最低点，由于播种面积的增加，才
使总产下降幅度得到控制。

表 2-19　鲁西北地区不同时期棉花产量

年份	德州			聊城			合计		
	总产 （亿千克）	播面 （万亩）	亩产 （千克）	总产 （亿千克）	播面 （万亩）	亩产 （千克）	总产 （亿千克）	播面 （万亩）	亩产 （千克）
1949	0.15	132.2	11.4	0.18	137.6	13.0	0.33	269.8	12.2
1957	0.41	218.6	18.6	0.43	233.9	18.4	0.84	452.5	18.6
1962	0.095	125.0	7.6	0.079	84.3	9.5	0.17	209.3	8.1
1965	0.38	194.9	19.5	0.56	255.6	22.0	0.94	450.5	20.9
1970	0.41	178.2	23.0	0.53	196.8	27.0	0.94	375.0	25.1
1978	0.17	142.5	11.9	0.37	181.2	20.5	0.54	323.7	16.7
1980	0.91	208.3	43.7	1.62	266.6	60.5	2.53	474.9	53.3
1984	3.62	395.8	91.5	3.51	489.7	71.5	7.13	885.5	80.5
1986	2.26	300.6	75.2	2.05	319.7	64.0	4.31	620.3	69.5
1987	2.95	371.5	79.4	2.65	374.0	71.0	5.60	745.5	75.1
1990	1.50	360.3	41.6	2.63	456.9	58.0	4.13	817.2	50.5

（2）三个阶段产量相比，总趋势是增长的，其中 1980 年为低产变高产的转折年，
在此之前的各年总产都低于 1.0 亿千克，亩产低于 25 千克。从 1980 年起，总产都在
2.5 亿千克以上，亩产在 50 千克以上。产量最高的 1984 年总产曾创 7.13 亿千克、亩产
80.5 千克的最高纪录，同产量最低的 1962 年相比，总产相差 42 倍，亩产相差 10 倍。

（3）一般情况下，亩产、播种面积和总产三者同步升降，总产高的年份，播种面积
和亩产皆高；总产低的年份，播种面积和亩产皆低，由此造成高低年相比总产增幅高于
亩产增幅。这一点与粮食总产增幅低于亩产增幅的情况有所不同，说明棉花总产是靠增
加面积和提高亩产两个因素实现的，而粮食总产只能靠提高亩产一个途径。因而，正确
配置一个地区粮棉布局的用地结构，保持全区整体发展，是农业持续发展不可忽视的重
大问题。

（4）棉花产量的波动，最重要的原因，一是政策变动，二是灾害影响。棉花销售价
格和生产资料价格政策，及其同粮食的比较效益，直接影响农民植棉积极性，比种粮对
政策的依赖更为敏感。棉花生产期较长，要经历早春寒害和晚秋早霜及多种病虫害的侵
害，特别是 20 世纪 90 年代初期棉铃虫大暴发，对棉花生产带来重大损失。因此，棉花
要保持长期稳定发展，还要克服很多困难。

3.农业产值增长能力

农业总产值增长与粮棉产量增长趋势一致。1965年比1949年增长32.8%；1980年比1965年增长101.7%，比1949年增长167.8%；1990年比1980年增长118.6%，比1965年增长341.1%，比1949年增长485.5%。农业总产值构成中，种植业、林业、牧业、副业和渔业五业的产值，1990年比1949年分别增长442.0%、294.7%、986.5%、362.7%、3 254.5%。可以看出渔业和畜牧业增长最快，林业增长较慢。五业产值占农业总产值比重（表2-20），以种植业比重最大，其次是牧业，1990年这两业产值分别占农业总产值76.50%和15.89%；渔业产值最小，1990年仅占农业总产值0.73%。

表 2-20　鲁西北地区农业总产值构成　　（1980年不变价，亿元）

年份	地区	总产值	种植业	占（%）	林业	占（%）	牧业	占（%）	副业	占（%）	渔业	占（%）
1949	德州	4.59	3.82	83.33	0.07	1.52	0.48	10.45	0.21	4.57	0.006	0.13
	聊城	4.05	3.29	81.14	0.12	2.96	0.26	6.41	0.38	9.37	0.005	0.12
	合计	8.64	7.11	82.28	0.19	2.20	0.74	8.56	0.59	6.83	0.011	0.13
1965	德州	5.49	4.57	83.25	0.09	1.65	0.48	8.74	0.34	6.20	0.008	0.16
	聊城	5.98	5.03	84.06	0.096	1.61	0.31	5.18	0.54	9.02	0.008	0.13
	合计	11.47	9.6	83.68	0.186	1.62	0.79	6.89	0.88	7.67	0.016	0.14
1980	德州	10.25	8.38	81.76	0.19	1.86	1.00	9.67	0.67	6.55	0.015	0.16
	聊城	12.89	11.23	87.14	0.17	1.32	1.14	8.84	0.32	2.48	0.028	0.22
	合计	23.14	19.61	84.73	0.36	1.56	2.14	9.24	0.99	4.28	0.043	0.19
1990	德州	23.53	17.44	74.14	0.41	1.74	4.25	18.06	1.27	5.39	0.157	0.67
	聊城	27.06	21.26	78.56	0.34	1.26	3.79	14.01	1.46	5.39	0.212.	0.78
	合计	50.59	38.70	76.50	0.75	1.48	8.04	15.89	2.73	5.40	0.369	0.73
	比1949年增长	485.5%	442.0%		294.7%		986.5%		362.7%		3 254.5%	

40多年来，农业总产值结构比例发生较大变化，1980年以前，种植业产值一直占总产值82%以上，但1990年比1980年下降8个百分点；1980年前牧业产值占总产值比重不到10%，但1990年比1980年上升6个百分点。种植业比重的减少，牧业比重增加，说明农业结构更趋合理。

4.农民收入增长能力

农民收入既可表示农民对生产的投入能力，也表示农民生活水平提高的程度。特别在社会主义市场经济体制下，农民自有资金的多少，对农村商品经济发展和农业持续增长具有重要意义。1980年以前农民人均纯收入长期处于不到100元的低水平。1980—1984年增长最快，平均每年增长100元。1984年以后虽有波动，但总趋势仍保持较快增长。

1949—1980 年 30 年间仅增长 224.24%，而 1980—1990 年 10 年间增长了 471.96%。德州和聊城两地区比较，聊城增长速度又快于德州，特别在 1965 年以后更明显（表 2-21）。

表 2-21　鲁西北地区人均收入增长

地区	1949 年	1965 年		1980 年		1990 年	
	元 / 人	元 / 人	比 1949 年增（%）	元 / 人	比 1949 年增（%）	元 / 人	比 1949 年增（%）
德州	38	45	18.43	89	134.21	563	1 381.58
聊城	28	41	46.43	126	350.00	660	2 257.71
平均	33	43	30.31	107	224.25	612	1 754.55

三、农业可持续发展的科技支撑

鲁西北地区的农业持续发展能力，在不同的发展阶段表现出不同的特征。第一阶段 1949—1965 年为非持续强波动时期，持续发展综合指数只有 31.46。第二阶段 1965—1980 年为低持续缓速发展期，持续发展综合指数为 68.12。第三阶段 1980—1990 年为高持续快速发展期，持续发展综合指数提高到 187.69。第一、二两个阶段的发展指数皆低于全国平均值，第一阶段不到全国平均值（67.00）的一半。第三阶段明显高于全国平均数（128.72）。

德州地区农业持续发展综合指数第一、二两个阶段分别为 26.64 和 50.52，皆低于聊城地区的 38.30 和 86.48。但第三阶段综合指数值高达 206.40，超过聊城地区 172.26，说明德州地区自 80 年代以来，进入一个新的发展时期。

农业持续发展综合指数的四个参数中，粮食、农业产值和农民收入三项的增长能力，在三个阶段是逐步增长的，同综合指数趋势一致，只有棉花增长能力是递减的。

粮食总产在三个阶段的年平均增长率分别为 0.12%、3.04% 和 14.23%，1990 年粮食总产达 50.04 亿千克，比 1980 年（20.65 亿千克）净增 29.39 亿千克，平均每年增 3 亿千克，这种持续高速增长能力在全国是非常突出的。农业总产值在三个阶段的年平均增长率分别为 2.05%、6.78% 和 11.86%。农民人均收入在三个阶段的年平均增长率分别为 1.8%、9.92% 和 47.20%。棉花总产在三个阶段年平均增长率分别为 11.55%、11.28% 和 6.32%。

本区第三阶段农业高速持续发展，其原因是多方面的，如新的农村经济体制和政策调动了农民的积极性等，但农业综合开发中的科技支撑，提高了中低产田产出率则是一个重要因素。

农业综合开发前的 1987 年,全区耕亩平均产量 489 千克,按产量指标法上下浮动 15% 作为划分高中低乡的标准,在鲁西北地区的 373 个乡镇中,低产乡镇 63 个,占 16.9%;中产乡镇 206 个,占 55.2%;高产乡镇 104 个,占 27.9%。经四年的农业开发,按 1987 年高中低产乡镇划分的指标,1991 年低产乡镇只有 1 个,仅占 0.2%;中产乡镇减少到 60 个,占 16.1%;高产乡镇增至 312 个,占 83.7%。由于增强了农业综合发展能力,出现一批吨粮乡和亩产 800 千克以上的高产乡镇,800 千克以上的乡镇数由原来 2 个增至 55 个,占乡镇总数的 14.8%;其中吨粮乡镇 9 个。中国科学院主持的农业综合开发示范乡平原县尹屯乡,由 1987 年亩产 533 千克提高到 1991 年的 1 001 千克,四年增长 87.8%,发展速度最快,增幅 70% 以上的乡镇还有德州市陈庄乡、二屯乡,宁津县张宅乡,乐陵市杨家乡和阳谷县的杨庄乡等。

1987 年的高产县只有德州市、平原、陵县、禹城和茌平 5 个县市,以平原县产量最高,平均亩产为 646 千克。1991 年原有 14 个中低产县市全部达到高产县水平,其中宁津县亩产提高了 275 千克,庆云县亩产提高了 301 千克。德州地区干均亩产由 1987 年 488 千克提高到 1991 年的 711 千克,增 45.7%;聊城地区由 490 千克提高到 627 千克,增 28.0%。

农业综合开发以来,粮食总产同单产一样,也有高速发展。本区 1987 年粮食总产 43.34 亿千克,1991 年增长到 54.83 亿千克,平均每年增加近 3 亿千克,年平均增长率高达 6.61%,而同期山东省和全国的年平均增长率只有 5.13% 和 2.80%。

通过以上乡镇和县市粮食单产和本区总产的分析,充分说明农业综合开发是实现区域农业持续发展的重要因素。

本区不同类型区的发展能力是不平衡的。发展变化最大的是西北部地区,原来 60 个中低产乡镇有 55 个已进入高产行列,尤其是宁津县和庆云县中低产乡镇全部变为高产乡镇,中低产改造取得明显成效。南部和东南部地区也有较大变化,80% 以上的中低产乡镇变高产乡镇。西南部和西北部的冠县、莘县、武城、夏津等县虽然也有变化,但仍有 42 个中低产乡镇,占 1991 年鲁西北地区中低产乡镇总数的 79.0%。

通过农业综合开发达到区域农业持续发展;专业科研单位科技投入是关键。专业科研单位科技投入的主要形式是由科研单位建立试验示范区(试区),使之成为科技和农业生产结合的结合部,使先进的适用技术和成套技术通过试验示范向外围和面上推开,将科技成果转化为区域宏观效益。中国科学院自 1988 年以来,以地理研究所为总牵头单位,先后有 20 多个研究所的 300 多位科技人员,投入农业综合开发主战场,同山东省及有关地、市、县、乡的农业开发系统一起,在鲁西北齐河、平原、夏津、武城、乐陵、德州创建了新试区;在聊城、德州和禹城设立 3 个工作站。按照代表性和典型性,这些试区可分为五个类型：一是重盐碱地治理开发试区，如平原县尹屯试区和武城大屯试区；二是风沙地治理开发试区，如夏津双庙和苏留庄试区、乐陵市杨家试区和齐河县安头试区；三是低湿地治理开发试区，如齐河县小周试区；四是城郊型农业开发试区，如德州市二屯试区；五是水肥药膜种等新技术综合试验开发试区，如聊城工作站的试验示范工作。这些试区同禹城县原有的沙河洼、辛店洼和北丘洼试区及中国农业科学院等单位的试区相结合，在鲁西北地区形成了科技投入密集的网络系统。

每个试区一般都有 50~300 亩的中心试验小区，1 万～3 万亩示范区，在 5 万～20 万亩类似自然条件下有代表性。这些试区总试验面积约 3 000 亩，示范面积约 15 万亩，推广辐射面积 240 多万亩，为本区农业综合开发和农业持续发展提供了新鲜经验和技术途径。

中国科学院的有关所，通过试区共试验示范 36 项新技术成果，包括种子活力调节剂和种衣剂、新型肥料、新型农药和新型农膜。如黄腐酸制剂（抗旱剂 1 号）、光助生长剂、小麦生化营养素、GT 粉剂、稀土元素制剂和多功能复合种衣剂、土面增温剂、种子磁化技术、多元微肥、禾谷类作物根系联合固氮菌等，都有一定增产效果。这些制剂用量少，成本低，效果好，用后不污染环境，通过进一步试验应用，可为农业持续发展提供一定的技术保证。

（本文原载《农业综合开发与农业持续发展》第六章，中国农业科学技术出版社，1996 年）

第三章
黄淮海平原农业综合开发研究

第一节　研究意义和研究方法

1988 年开始的农业综合开发工作，是以改造中低产田为重点，以增产粮棉油肉为主要目标的政府行为。其着眼点在于对开发区内带有普遍性的农业限制因子和不利自然条件进行治理改造，有效提高中低产田综合生产能力，既要形成一个持续发展的区域生产系统，又要形成一个高效稳定的农业生态系统。其主要做法是选择潜力大、投资少、见效快的区域为农业综合开发区，中央政府、地方政府和农民群众各投入相应的资金，集中使用，立项开发，分期实施，三年一期。

黄淮海平原范围涉及京、津、冀、鲁、豫、苏、皖 5 省 2 市 339 个县、市，是我国最大的农业区。全区总面积 37 万平方千米，1993 年耕地面积 28 432 万亩（统计数），总人口 2.33 亿，粮食总产 1 068.1 亿千克，占全国 22.3%，播亩平均单产 297 千克。原有中低产田 2.28 亿亩，是全国农业开发潜力最大的区域，1988 年列为国家重点农业综合开发区，至 1993 年已进行两期。共开发中低产田 6135 万亩，开发荒地 336 万亩，合计增产粮食 86.6 亿千克，占黄淮海全区同期增产量的 42.5%。

按照国家农业综合开发实行集中连片开发的要求，各省项目区大都注意两期衔接和年际相连，形成一定区域规模。改善了中低产地区生产条件和生态环境，农业资源配置趋于合理，使区内资源潜力和区域优势得到发挥，从而取得重大成效。对这些成就需要进行系统的分析，对开发实践中的经验要进行科学总结，对后期进一步开发要给出深化的方向。为此，国家农业综合开发办公室 1994 年委托中国科学院地理研究所，承担"黄淮海平原农业综合开发深化方向"研究项目，许越先为项目负责人。项目分解为 6 个课题，经一年多工作，提交《研究报告》和《简要报告》及若干附件。主要附件32 份统计分析成果表、12 幅成果图解、25 份各地区典型经验总结、107 份省、地、市、县及项目区开发成效汇报材料。主报告 12 万字，简要报告 1 万字，附件材料 80 万字。

通过研究，得出一些重要结论：如占全区耕地面积 22.2% 的项目区粮食增产占全区 42.5%；中低产田粮食增产率高于高产田；黄淮海平原出现"北盛南衰"的趋势等。这些结论在农业综合开发成效分析中第一次量化，这对区域农业发展战略有重要参考意义。

研究方法：重点运用实地调研、数据分析、分类比较等方法。

实地调研：项目组从 1994 年 10—12 月，分两期先后到江苏、安徽、河南、山东、河北五省平原地区的 31 个地市、58 个县（市、区），实地考察 150 多个项目区，召开 60 多次座谈会，取得大量第一手文字材料和原始数据，为项目研究提供了充分依据。

数据分析：以国家农业统计年鉴 1987、1990、1993 年 339 个县的农业数据为主，建立数据库和计算机辅助系统，形成数据分析成果图表，给项目研究报告提供了有效数据信息的支持，同时应用卫星像片，对区内土地资源开发潜力进行分析。

分类比较。一是按 7 省市 43 个地市行政单位分类，二是按 4 类 14 区自然类型区分类，三是按高中低产县分为 6 个产量等级。对三组类型进行比较分析，得出各行政区、各类型区和不同产量等级县的粮食增产效果，从中得出重要研究结论。

以《研究报告》中本人执笔完成的部分，也是报告中的核心内容，整理编成本章的内容。

第二节　农业综合开发成效

一、改善项目区农业生产条件

通过六年开发，农田灌溉，除涝条件和土壤肥力明显改善，科技种田水平得到提高，项目区生产条件总体上有所好转。

1. 灌溉条件

冀鲁豫苏皖五省平原区 1993 年有效灌溉面积 17 714.11 万亩，比 1987 年增加 2 232.09 万亩，增 14.42%。其中井灌面积 9 947.71 万亩，占有效灌溉面积 56.16%，各省井灌面积占有效灌溉面积比例分别为：河北占 85.6%，山东占 48.7%，河南占 68.9%，江苏占 6.5%，安徽占 13.2%。

农业综合开发项目区，六年共修电力排灌站 1.27 万座，中小型蓄水和引水工程几十处，新打机井 31.09 万眼，改造旧井 11.96 万眼，铺设地埋管道 3.37 万千米，增加灌溉面积 2 896.2 万亩，改善灌溉面积 2 815.8 万亩。新打和改造机井占 1993 年全区机井总数 25.63%，新增和改善灌溉面积占全区灌溉总面积 32.25%，其中河北增加和改善面积 1 115.6 万亩，占该省灌溉总面积 20.99%；山东 1 580.4 万亩，占该省灌溉面积

33.07%；河南 1 254.0 万亩，占该省灌溉面积 31.74%；江苏 1 017.6 万亩，占该省灌溉面积 45.95%；安徽 744.4 万亩，占该省灌溉面积 51.20%（表 3-1）。

表 3-1　黄淮海平原灌溉条件改善情况

省、市	灌溉面积（万亩）					耕地灌溉率 %			项目区（万亩）		
	1987 年	1993 年	1993—1987 年（%）	增	井灌占（%）	1987 年	1993 年	1993—1987 年	增灌面	改善灌面	增改占总灌面（%）
河北	4 910.27	5 316.13	405.86	8.27	85.6	64.88	70.51	5.63	528.7	586.9	20.99
山东	4 368.91	4 778.87	409.96	9.38	48.7	65.17	72.31	7.14	817.0	763.4	33.07
河南	3 659.74	3 950.73	290.99	7.95	68.9	51.29	56.39	5.10	623.0	631.0	31.74
江苏	1 753.00	2 214.45	461.45	26.32	6.5	60.56	77.53	16.97	495.5	522.1	45.95
安徽	790.10	1 453.93	663.83	84.02	13.2	23.97	45.09	21.12	432.0	312.4	51.20
合计	15 482.02	17 714.11	2 232.09	14.42	56.16	55.10	65.04	9.94	2 896.2	2 815.8	32.25

由表 3-1 可知，说明黄淮海平原六年来新增灌溉面积和一部分灌区老化减少的面积，基本是由农业综合开发工程提供的补偿，并促进灌溉面积由原来萎缩徘徊转变为发展扩大，使全区耕地灌溉率由 1987 年的 55.10% 提高到 1993 年的 65.04%，增加 9.94 个百分点。灌溉条件的改善是中低产地区农业增产的重要原因之一。

2. 排涝条件

黄淮海平原位居黄、淮、海三大河流下游，地势低平，夏秋季节易受涝灾，是影响农业生产的重要限制条件。原有易涝面积 13 504.6 万亩，占耕地总面积 47.50%，其中淮河中下游的皖北和苏北地区易涝面积分别占耕地 60.64% 和 84.27%。经多年来的治理，1993 年全区除涝面积已达 11 284.0 万亩，占易涝面积 83.56%（表 3-2）。

表 3-2　黄淮海平原排涝面积

省、市	除涝总面积（万亩）	项目区增加和改善排涝面积		原有易涝面积	
		（万亩）	占除涝总面积（%）	（万亩）	占耕地（%）
河北	2 370.8	413.4	17.44	2 769.1	36.73
山东	2 858.0	596.6	20.87	3 563.0	53.91
河南	2 223.7	898.0	40.38	2 810.4	40.12
江苏	2 217.5	572.8	25.83	2 406.8	84.27
安徽	1 614.0	754.6	46.75	1 955.3	60.64
合计	11 284.0	3 235.4	28.67	13 504.6	47.50

农业综合开发项目区六年来修建了排水和除涝工程及桥、涵、闸等建筑物 37.40 万

座，提高了农田排涝能力，共增加和改善除涝面积 3 235.4 万亩，占全区除涝总面积 28.67%。其中河北项目区增加改善除涝面积 413.4 万亩，占该省 17.44%；山东 596.6 万亩，占该省 20.87%；河南 898.0 万亩，占该省 40.38%；江苏 572.8 万亩，占该省 25.83%；安徽 754.6 万亩，占该省 46.75%。除涝面积的增加和改善是农业增产的重要保障。例如，河北省南部邱县，1993 年 8 月 4 日暴雨降水量 303 毫米，全县农田积水面积 10 万亩，其中 4 万亩成灾，而原来易涝的项目区 6 万亩农田，18 小时将积水全部排完，没有一亩受淹，取得了丰收。

3. 改良土壤，推广良种和提高农业机械化水平

农业综合开发项目区，大都在中低产地区，土壤比较瘠薄，土壤结构不良，耕作粗放，良种的应用和农业机械化水平较低。通过农业综合开发综合治理，改良了土壤结构，改善了土壤肥力条件，土壤有机质一般可增加 0.2~0.3 个百分点，良种覆盖面可达 90%~100%，农业机械化水平也有较大提高。

4. 增加科技投入，提高项目区科技水平

农业综合开发科技投入的主要途径有以下几种形式。

（1）推广适用技术成果。各项目区改变生产条件和迅速发展生产力，迫切需要适用技术，为新技术推广创造了条件。六年来河北省项目区共推广适用技术 2 600 多项次，其中重大技术有棉花新品种"杂 29"等。江苏省组织科研单位在试验示范区推广新科技成果 82 项，其中水稻"节氮免磷"施肥技术等重大技术措施，深受农民欢迎。河北、河南普遍推广节水灌溉技术，使水资源利用率提高 30% 左右。

（2）建立农业综合开发科技试验示范区，加速科技成果转化。农业综合开发试验示范区，是选择有代表性的小区，将面上生产发展需要的技术措施在试区组装，通过试验取得成功经验，再向外围推广辐射，将科技成果转化为区域宏观效益，由点到面实现区域总体治理发展目标。这种试区既是农业新技术的扩散源，又是后续技术研究的试验基地，是科技同经济结合的结合部，具有科学技术转化为现实生产力的重要机能。试区通常由科研单位或大专院校主持，推广工作一般由政府操作，农业综合开发为试区的科技行为和在项目区推广的政府行为相结合，为不同类型中低产田治理和区域农业持续发展做出了重要贡献。

江苏省农业综合开发，在省、市、县建立三个层次的试验示范区，其中省级试区 8 个，聘请驻省国家科研单位和本省科研单位及高等院校科技人员在试区工作，直接开发面积 15.4 万亩，建立辐射试验点 215 个，推广辐射面积六年累积达 3 000 万亩，为全省农业综合开发提供了样板和经验。河北省吸引省内外 50 多个科研单位和大专院校科技人员，加上地方科技人员共 2 万人参加农业综合开发，在保定、邯郸、唐山等地、市，建成科技示范田 60 多万亩。保定地区以 16 个单位科技人员为依托，在 30 个乡镇

建设科技示范区，推广新技术 143 项，建成高效农田 25 万亩，将农业开发提高到一个新水平。山东省农业综合开发，一开始就注意吸引和调动国家和地方科研单位建立试区，中国科学院、中国农业科学院和省农业科学院在鲁西北地区共建成 12 个新试区，试验示范面积 15 万亩，推广辐射面积 240 万亩，为盐碱、风沙、涝洼地治理提供了配套技术。河南省在不同类型区建立了 6 个样板，通过招标分别由实力较强科技单位承担，取得显著成效。

（3）组织科技承包集团，大面积应用综合配套技术。科技承包集团是科技单位、物资供应部门和政府联合组成的"科物政"三结合的集团，以投入农业增产技术为主体，以一定化肥、农药等物资投入为保障，进行大面积的承包开发。承包目标、各方职责、职权利和奖罚条件皆通过合同方式予以明确规定。农业综合开发项目与科技承包集团的结合，是大规模推广科学技术的新的组织形式，可以取得投入少、产出多的科技效应。河北省邯郸市组织 17 个科研、教学单位 240 多名科技人员和当地 1 300 多名科技人员，分别承包了大名县黄河故道沙荒低产地开发和漳河滩地开发等项目，取得了多方面效益。河北省廊坊市 10 万亩玉米高产开发、河南省永城县 10 万亩小麦高产开发，也采用科技承包集团的形式，推广高产栽培技术，迅速推动生产发展。

（4）培训农民技术骨干，提高基层干部和农民科技意识。科技意识是人们的一种现代意识，对基层干部和广大农民群众来说，是领导和从事农业生产由传统经验向现代农业转变，必须具备的对科学技术的认识能力。农业综合开发在加强科技推广的同时，采取了多种形式进行科技培训，广泛提高了基层干部和农民的科技意识和文化素质。河北省六年累计培训技术干部 55.6 万人次、农民技术骨干 510.9 万人次。该省廊坊市为了推广玉米高产栽培技术，办了县、镇领导干部、农村技术干部和农民群众三级技术培训班，由专家直接讲课 30 多场，区、县、市自己组织培训 873 期，培训农民技术骨干 15.94 万人次，印发技术要点材料 16 万份。江苏省 8 个实验区培训科技专业户 238 户，培训农民技术骨干 8.24 万人次。山东、河南、安徽各项目区也都采取各种形式，培训了大量的技术农民。

二、项目区农民人均收入水平普遍提高

农业综合开发不仅是农业发展的基础工程，也是一项富民工程，缩小了中低产项目区同高产区的收入差距，加快了农民奔小康的步伐，项目区人均收入水平普遍提高。河南省二期开发项目区农民纯收入由开发前的 396 元增加到 1993 年的 718 元，增长81.3%。项目区开发前农民人均纯收入比全省平均水平 527 元低 131 元，而 1993 年却比全省平均水平 697 元高出 21 元。第二期项目区人均纯收入达到千元以上的有 405 个行政村，其中达到 1 200 元以上的 184 个，达到 1 500 元以上的 86 个。

河北省项目区，六年新增产值 24 亿元。第一期项目区人均收入增加 100 元左右。第二期项目区人均收入增加 173.1 元，达 734.7 元，超过非项目区人均收入增长速度。

山东省项目区农业总产值由开发前的 100 亿元提高到 173 亿元；农村社会总产值由开发前的 181 亿元，提高到 355 亿元。一期开发项目区人均收入增加 180 元，二期开发人均收入增加 444 元。项目区人均收入由比全省平均低 107 元，变成高于全省平均 17.3 元。

江苏省项目区人均纯收入，一期增 177 元，二期增 260.5 元。

安徽省一期项目区人均收入平均增 108.4 元。

农业综合开发项目区人均收入提高较快的主要原因，一是改变了生产条件，大幅度提高农产品产量；二是调整农业结构，增加高产高效农田和多种经营面积，发展了二、三产业；三是畜牧业和林果业产值比重的增长；四是同小康村建设相结合。

河南省浚县"火龙岗"项目区两期共开发 13.1 万亩，涉及 82 个行政村，开发前有 40 个行政村吃统销粮。开发后的 1993 年农民人均纯收入已由开发前的 151 元提高到 799 元，人均纯收入达到 1 200 元以上的村有 18 个。六年来农民已还贷款 1 120 万元，存款 1 800 万元，新建瓦房 8 万间，买电视机 4 500 台，收录机 5 200 台，修建学校 44 所，儿童入学率达 96%。群众称"党和政府第二次从经济上解放了火龙岗"。

河南省二期开发安排小康试点村 34 个，经过三年建设，人均纯收入由试点前一年的 590.6 元，增加到 1993 年的 1 058 元，大部分基本达到小康水平。江苏省淮阴市二期开发项目使 25 个贫困乡的 60 多万农民奠定了脱贫基础。

三、改善了农田生态环境

项目区通过中低产田和荒地开发、农田林网建设，基本形成了田成方、树成行、渠成网、路相通、桥涵闸配套的新格局。原来的盐碱、风沙、涝洼等多灾低产的农田生态系统大都变为高产高效良性循环的生态系统，农田面貌焕然一新。

黄淮海平原农业综合开发项目区，六年植树造林 503.5 万亩，其中河北 61.9 万亩，山东 142.1 万亩，河南 104.1 万亩，江苏 91.5 万亩，安徽 103.9 万亩。改良草场 147.2 万亩，其中河北 101.3 万亩，山东 41.0 万亩，江苏 4.9 万亩。项目区林木覆盖率一般增加 3~6 个百分点。项目区农田林网建设，一般能做到因地制宜，科学规划，高标准，高起点。网格面积 300~400 亩，可以减轻风沙和干热风危害，调节农田水热条件，改善农田小气候。有些地区将农田林网建设同枣粮间作和桐粮间作结合起来，实现林粮互补互促，既取得了环境生态效益，又产生一定的经济社会效益。如河北省沧州市枣粮间作面积达 181.1 万亩，占耕地面积 15.3%，通过农业综合开发扶植带动，今后计划每年新增 30 万亩。

四、取得了多方面的社会效益

1. 为农村精神文明建设奠定了物质基础

精神文明与物质文明有密切联系，物质文明是精神文明建设的基础。农村联产承包责任制以后，农村基层党组织作用削弱，农户分散经营，农民思想觉悟有所下降。农业综合开发，壮大了农村集体经济实力，密切了党群、干群关系，促进了精神文明建设。河北省鸡泽县康马昌村，开发前14年没能建起党支部，是一个"修不成路，栽不成树，计划生育迈不开步，粮食征购入不了库"的后进村。通过农业立项开发，农村经济发展较快，组建了党支部，增强了凝聚力，农民思想觉悟普遍提高，一跃成为全乡先进村。河北省昌黎县靖安镇西庄村，开发前有两个农民偷了公家的变压器，通过农业开发使产量提高，收入增加，思想意识随之变化，主动将变压器交还，并深有感慨地说："农业开发为农民办实事，生活好了，不忍心拿公家的东西，应当还给公家"。河北省广宗县是国家贫困县，农业综合开发增加了县财政收入和农民收入，该县县长在一次会议上情不自禁的连呼三声"开发万岁！"呼出了全县人民的心声。

2. 为恢复和建设农村社会化服务体系创造了条件

农业综合开发以前，很多地区的农村社会服务体系受到削弱和破坏，甚至有"土地分到户，不用村干部"的思想。开发项目区将服务体系建设作为一项重要内容，通过建立健全农业、水利、林业、农机、畜牧兽医、良种等各种服务组织，使社会化服务体系得到恢复和发展。开发区很多乡镇和行政村，做到服务"三统一""四统一"和"五统一"。

农业综合开发六年来，立项购买农机具15.4万台。购置仪器设备约3万台（套），修建晒场约35万平方米，建成一批种子仓库和其他设施，为社会化服务提供了有力的支撑条件。

3. 有利于资源合理配置，促进生产力发展

农户分散经营，投入水平低，资源产出率低，区域水土资源得不到合理配置和有效开发，制约了生产力的发展。农业综合开发实行国家、地方和农民的多元投入，可以集中优势的财力，进行区域性连片开发，使不利自然条件得到改造，资源潜力得到发挥，资源配置趋于合理，从而使农村生产力有大的解放和发展。

按集中连片开发的要求，各省都能注意项目区年际间相连和两期的相互衔接，形成一定的区域规模。通过总体规划，使区域水资源、土地资源、生物资源的开发互相配合，取得较好的综合效益。河北省两期开发相对集中在43大片，其中大于10万亩的17片，大于25万亩的5片，基本没有万亩以下的小片开发区；河南省按统一规划，将全省开发区分为3大片8个治理区，根据各治理区自然资源和生产现状，确定开发重

点、开发规模和开发步骤，先后对豫中南蜈蚣渠流域、豫北火龙岗地区和豫东 301 国道郑汴段两侧沙荒地治理、黄河故道背河洼地等 13 处作重点安排，六年来开发区规模 58 万亩 1 片，12 万亩以上 7 片，10 万亩以上 29 片，其他都在 5 万亩以上。江苏项目区也突出连片治理，二期开发 55 个项目区，连片面积 20 万亩以上 8 片，10 万 ~20 万亩 23 片，5 万 ~10 万亩 17 片，最小在万亩以上。山东省项目区相对集中在 129 个区片，每片面积平均 6.97 万亩。

连片治理有利于资源合理配置，发挥规模效益。河南省漯河市蜈蚣渠流域涉及 3 个县，连续六年集中安排治理低洼易涝地 58.5 万亩，自然条件和生产水平发生了深刻变化。河北省唐山市二期项目建设，"东治沙" 25.3 万亩，"西治洼" 11.7 万亩，"北治丘" 14.9 万亩，这种分类治理，重点突出的做法，更有利于区内资源合理配置，发挥区域优势，提高整体发展能力。

4．为农村商品生产和市场经济发展注入了活力

农业综合开发区多处于中低产水平，多种经营和龙头项目较少，农副产品加工转化率和出口创汇率低，商品生产和市场经济欠发达。农业综合开发后，将改善生产条件与调整种植结构相结合，尽量在项目区内实行区域布局规模化、生产专业化、产加销经营一体化。有些项目区做到了发展一片商品生产基地，兴办一个龙头企业，并培育农村市场，为农村商品生产和市场经济发展注入了活力。

农业综合开发安排了一些"龙头"项目，形成"公司加农户"的经营体制。这种体制是围绕支柱产业，建立专业化经营公司（龙头），公司向农户（龙尾）有偿提供生产资料、资金、技术和产品销售等系列服务。农户按公司计划和技术要求进行生产，农户生产的产品以合同价格交公司负责销售。"龙头"连着国内外市场，"龙尾"连着千家万户，公司和农户之间形成了风险共担、利益共享、互为依托的经济共同体。这种产加销一条龙、贸工农一体化的经营体制，调动了各方面积极性，带动一方经济的快速发展。河南省二期开发，投入 9 700 多万元，支持近 250 个龙头项目，1993 年产值达 41 000 多万元，带动了 14.8 万多户共同致富。1991 年起扶持的叶县养猪场，使该场年出栏瘦肉型猪达到 9 600 头，出口 7 680 头，创汇 107.5 万美元，年均税利 50 万元。利用"公司加农户"经营体制，向农民优惠供应种猪，负责农户技术培训和生产指导，实行保护价收购，扶持养猪专业户 763 户，其中存栏 100 头以上的大户 23 户。不仅带动了本县养猪业的发展，而且还辐射到三、四个邻县 6 万多农户。1989 年农业综合开发扶持淇县肉联厂 88 万元，建成一座 500 吨的冷库和一条时宰 1 000 只肉鸡的宰杀线，当年加工肉鸡 1 000 多吨，实现产值 900 万元。第二期农业综合开发又投入 600 万元，进口时宰 2 000 只肉鸡的屠宰设备，建成年产 4 000 吨肉鸡熟制品加工厂，采用"公司加农户"体制，使每只鸡有 1 元的利润，带动了千家万户致富，有力促进了该县畜禽养殖业迅速发展，为农村由自然经济向商品经济过渡奠定了基础。

农业综合开发还安排了一些出口基地项目，推进项目区创汇农业发展，拓展了外向型经济渠道。江苏省南通市第二期四个开发区，建设外向型经济企业54个。河南省通过农业开发扶持，建立56个出口创汇农业基地，新增创汇能力6 500多万美元，如禹州市果菜生产基地已发展2万亩，年创汇100多万美元；中牟县建成的大蒜出口基地，年出口能力增加8.2万吨，新增创汇能力2 000万美元。

第三节 主要农产品增长

通过六年开发，粮食和油料总产和单产大幅度增长，肉类产量提高，棉花在黄淮海全区有所减产，但在农业综合开发项目区保持增产。

一、粮 食

1. 黄淮海平原全区粮食增产情况

1987年黄淮海平原粮食播种面积36 060万亩，总产864.30亿千克，播亩平均单产241千克。1993年粮食播种面积35 889万亩，比1987年减少171万亩，减0.48%；总产1 068.04亿千克，增长203.74亿千克，增23.75%，年平均增长率3.96%；播亩平均单产297千克，比1987年提高56千克，增23.24%，年平均增9.3千克。各省、市粮食产量变化见表3-3。

由表3-3可知，六年来粮食播种面积，河北、山东两省增加，其他省市减少；粮食播亩单产普遍增长，其中北京增123.45千克，年平均增20.6千克；天津增59.61千克，年平均增9.94千克；河北增63.24千克，年平均增10.54千克；山东增72.81千克，年平均增12.14千克；河南增70.70千克，年平均增11.78千克；江苏和安徽增幅较低，年平均分别增0.73千克和1.98千克。总产增幅较大的是河北（35.53%）、北京（30.83%）、山东（30.24%）、河南（30.11%）；天津、安徽增幅较小，分别为20.99%和9.39%；江苏减1.77%。

2. 农业综合开发项目区粮食增产的贡献

农业综合开发项目区六年粮食增产能力为86.62亿千克，占黄淮海全区增产总量203.24亿千克的42.62%，占冀鲁豫苏皖五个农业综合开发省平原区增产总量193.77亿千克的44.71%。其中河北项目区增20.64亿千克，占该省平原区34.63%；山东项目区增20.44亿千克，占该省平原区32.15%；河南增18.53亿千克，占该省平原区29.42%；江苏和安徽项目区分别增16.23亿千克和10.78亿千克，详见表3-3。

表3-3 黄淮海平原粮食产量变化（1987—1993年）

省、市	面积（万亩）				单产（千克）				总产（亿千克）				项目区增	
	1987年	1993年	增加量	增（%）	1987年	1993年	增加量	增（%）	1987年	1993年	增加量	增（%）	亿千克	占总增（%）
北京	685.46	639.13	-46.33	-6.76	306.41	429.86	123.45	40.29	21.00	27.47	6.47	30.83		
天津	680.57	662.34	-18.23	-2.68	245.07	304.68	59.61	24.33	16.68	20.18	3.50	20.99		
河北	8 234.60	8 516.97	282.37	3.43	203.76	267.00	63.24	31.03	167.79	227.40	59.61	35.53	20.64	34.63
山东	7 970.80	8 135.53	164.73	2.07	263.74	336.54	72.81	27.61	210.22	273.80	63.58	30.24	20.44	32.15
河南	9 757.02	9 546.73	-210.29	-2.16	214.40	285.10	70.70	32.97	209.19	272.7	62.98	30.11	18.53	29.42
江苏	4 087.80	3 847.34	-240.46	-5.88	326.04	340.28	14.23	4.37	133.28	130.92	-2.36	-1.77	16.23	
安徽	4 643.90	4 540.65	-103.25	-2.22	228.56	255.70	27.14	11.88	106.14	116.10	9.96	9.39	10.78	
总计	36 060	35 889	-171	-0.48	241	297	56	23.24	864.30	1 068.04	203.74	23.75	86.62	42.62

二、棉 花

1. 黄淮海平原全区产量

1987 年黄淮海平原棉花播种面积 4 180 万亩，总产 244.35 万吨，平均单产 58.5 千克。1993 年播种面积 3 598 万亩，比 1987 年减少 582 万亩，减 13.9%；总产 141.59 万吨，比 1987 年减少 102.76 万吨，减 42.1%；平均单产 39.4 千克，比 1987 年低 19.1 千克，减 32.7%。

各省、市 1987 年和 1993 年棉花播种面积、总产和单产见表 3-4。由表可知，1987—1993 年棉花播种面积，北京、河南、江苏、安徽四省、市是增加的，其中河南省增 242 万亩，增 27.9%；安徽增 115 万亩，增 69.7%。天津、河北、河南三省棉花播种面积减少了 30%~40%。棉花亩产除北京、天津外，皆呈下降趋势，其中河北、山东减产最严重，分别减 51.4% 和 48.1%。总产量增长的省、市有北京、河南、安徽，其中河南省增 9.16 万吨，增 19.8%；安徽省增 4.10 万吨，增 46.5%，增幅较大；而天津、河北、山东、江苏四省市总产下降，河北减 67.7%，山东减 64.9%，两省合计减 114.14 万吨。

表 3-4 黄淮海平原棉花产量变化（1987—1993 年）

省、市	总产（万吨）				面积（万亩）				亩产（千克）				项目区增万吨
	1987年	1993年	增加量	增（%）	1987年	1993年	增加量	增（%）	1987年	1993年	增加量	增（%）	
北京	0.26	0.43	0.17	65.4	5	6	1	20.0	52.0	71.7	19.7	37.9	
天津	1.28	0.76	-0.52	-40.6	24	14	-10	-41.7	53.4	54.3	0.9	1.7	
河北	59.55	19.26	-40.29	-67.7	1 182	786	-396	-33.5	50.4	25.5	-25.9	-51.4	3.68
山东	113.88	40.03	-73.85	-64.9	1 702	1 153	-549	-32.3	66.9	34.7	-32.2	-48.1	13.32
河南	46.32	55.48	9.16	19.8	867	1 109	242	27.9	53.4	50.0	-3.4	-6.4	6.05
江苏	14.24	12.71	-1.53	-10.7	235	250	15	6.4	60.6	50.8	-9.8	-16.1	3.80
安徽	8.82	12.92	4.10	46.5	165	280	115	69.7	53.4	46.1	-7.3	-13.7	2.26
总计	244.35	141.59	-102.76	-42.1	4 180	3 598	-582	-13.9	58.5	39.4	-19.1	-32.7	29.11

2. 农业综合开发项目区产量

六年来棉花增产能力 29.11 万吨，其中河北 3.68 万吨，山东 13.32 万吨，河南 6.05 万吨，占本省增产总量 66.1%；江苏 3.80 万吨，安徽 2.26 万吨，占本省增产总量 55.1%。棉花新增能力由两个因素形成，一是中低产田开发中，有 10% 左右的耕地种棉，根据各地调查，项目区棉田不但没有减产，一般比开发前增产 10~20 千克；

二是新开垦的荒地，特别是河北、山东的盐碱荒地，大都作为棉田，其产量一般可达40~50 千克。

黄淮海平原是我国重要的产棉区，近几年由于棉铃虫等危害和棉花比较效益偏低等自然的和政策的多种原因，产量下降、面积减少。但农业综合开发项目区棉花却保持增产势头，其增产能力相当于全区减产总量的28.3%，对降低减产幅度有一定意义。

三、油　料

1. 黄淮海平原全区产量

黄淮海平原1987 年油料播种面积3 054 万亩，总产323.94 万吨，平均亩产106.1 千克。1993 年播种面积2 906 万亩，比1987 年减少148 万亩，减4.8%；总产416.15 万吨，比1987 年增92.21 万吨，增28.5%；平均亩产为143.2 千克，比1987 年提高37.1 千克，增35.0%。各省、市增产状况列于表3-5。

由表3-5 可知，山东、河南两省油料种植面积增加，其他省、市播种面积减少；各省、市单产普遍提高；总产量以山东、河南增幅最大，分别增71.8% 和45.2%。江苏、安徽、天津分别减产3.61 万吨、8.94 万吨和0.76 万吨。

2. 农业综合开发项目区产量

油料增产能力为36.30 万吨，占全区油料增产总量39.4%。其中河北项目区增4.73 万吨，占本省增产总量26.5%；山东项目区增7.88 万吨，占该省增产总量18.8%；河南项目区增11.57 万吨，占该省增产总量25.5%；江苏项目区增7.90 万吨，安徽项目区增4.22 万吨，而这两省油料总产皆为减产。油料作物平均亩产六年提高37.1 千克，平均每年增6.2 千克。

表3-5　黄淮海平原油料产量变化（1987—1993 年）

省、市	总产（万吨）				面积（万亩）				亩产（千克）				项目区增	
	1987年	1993年	增加量	增（%）	1987年	1993年	增加量	增（%）	1987年	1993年	增加量	增（%）	万吨	占总增（%）
北京	3.26	3.77	0.51	15.6	24	19	−5	−20.8	136.0	198.2	62-2	45.7		
天津	5.21	4.45	−7.6	−14.6	55	37	−18	−32.7	94.7	120.2	25.5	26.9		
河北	53.48	71.33	17.85	33.4	617	583	−34	−5.5	86.7	122.4	35.7	41.2	4.73	26.5
山东	58.23	100.04	41.81	71.8	36.8	474	106	28.8	158.2	211.0	52.8	33.4	7.88	18.8
河南	100.42	145.79	45.37	45.2	1 012	1 141	129	12.7	99.2	127.8	28.6	28.8	11.57	25.5
江苏	50.52	46.91	−3.61	−7.1	339	283	−56	−16.5	149.0	165.7	16.7	11.2	7.90	
安徽	52.81	43.87	−8.94	−16.9	639	369	−270	−42.3	82.7	118.9	36.2	43.8	4.22	
总计	323.94	416.15	92.21	28.5	3 054	2 906	−148	−4.8	106.1	143.2	37.1	35.0	36.30	39.4

四、肉　类

1. 黄淮海平原全区产量

黄淮海平原（未计北京）1987 年肉类总产 299.85 万吨，人均 14.96 千克。1993 年总产 551.91 万吨，比 1987 年增长 252.06 万吨，增 84.06%；人均 24.61 千克，比 1987 年增加 9.65 千克，增 64.51%。各省、市增产状况列于表 3-6。

由表 3-6 可知，各省、市肉类普遍增长，其中天津增 59.44%，河北增 74.96%，山东增 123.42%，河南增 118.63%，江苏增 28.76%，安徽增 47.69%。

2. 农业综合开发项目区产量

六年来肉类增长能力总计 38.11 万吨，占全区增长总量 15.12%，其中河北项目区增 1.72 万吨，占本省增长总量 3.12%，山东项目区增 9.56 万吨，占本省增长总量 9.78%，河南项目区增 9.46 万吨，占本省增长总量 14.63%，江苏项目区增 10.40 万吨，占本省增长总量 65.41%，安徽项目区增 6.97 万吨，占本省增长总量 48.37%。

表 3-6　黄淮海平原肉类产量变化（1987—1993 年）

省、市	总产（万吨）				人均（千克）				项目区增	
	1987年	1993年	增加量	增（%）	1987年	1993年	增加量	增（%）	万吨	占总增（%）
天津	7.20	11.48	4.28	59.44	8.65	12.90	4.25	49.20		
河北	73.46	128.53	55.07	74.96	15.84	24.81	8.97	56.63	1.72	3.12
山东	79.19	176.93	97.74	123.42	16.17	32.61	16.44	101.66	9.56	9.78
河南	54.51	119.17	64.66	118.63	10.29	19.98	9.70	94.25	9.46	14.63
江苏	55.28	71.18	15.90	28.76	24.97	28.79	3.82	15.29	10.40	65.41
安徽	30.21	44.62	14.41	47.69	13.98	17.90	3.92	28.03	6.97	48.37
总计	299.85	551.91	252.06	84.06	14.96	24.61	9.65	64.51	38.11	15.12

第四节　各省市项目区粮食增产对比分析

农业综合开发项目区粮食增产能力，包括中低产田开发和荒地开发增产能力。六年中低产田开发面积 6 135.2 万亩，其中河北 1 187.6 万亩，山东 1 368.1 万亩，河南 1 421.9 万亩，江苏 1 298.0 万亩，安徽 859.6 万亩。荒地开发面积 335.9 万亩，其中河北 73.1 万亩，山东 162.8 万亩，河南 23.8 万亩，江苏 76.2 万亩。中低产田开发增粮 79.90 亿千克，占 92.24%；荒地开发增粮 6.72 亿千克，占 7.76%。各省中低产田和荒地开发增粮能力见表 3-7。

中低产田开发一、二期平均亩增粮 130 千克，其中河北 162 千克，山东 126 千克，河南 127 千克，江苏 113 千克，安徽 126 千克。一、二期比较，开发面积第一期大于第二期，分别占 54.1% 和 45.9%；粮食增产能力第一期小于第二期，分别占 48.0% 和 52.0%；亩均增产能力第一期和第二期，分别为 116 千克和 149 千克。荒地开发面积第一期占 40.5%，第二期占 59.5%。平均每亩产粮 400 千克。

表 3-7　黄淮海平原农业综合开发粮食实际增产能力（1988—1993 年）

| 省别 | 期别 | 中低产田开发 | | | 荒地开发 | | | | 总计 |
		面积 （万亩）	增粮 （亿千克）	平均亩增 （千克）	合计面积 （万亩）	粮田 （万亩）	增粮 （亿千克）	平均亩增 （千克）	增粮 （亿千克）
河北	1	651.2	10.01	154	39.0	19.5	0.78	400	10.79
	2	536.4	9.17	171	34.1	17.1	0.68	400	9.85
	合计	1 187.6	19.18	162	73.1	36.6	1.46	400	20.64
山东	1	777.0	7.75	100	64.8	32.4	1.30	400	9.05
	2	591.1	9.43	160	98.0	49.0	1.96	400	11.39
	合计	1 368.1	17.18	126	162.8	81.4	3.26	400	20.44
河南	1								
	2								
	合计	1 421.9	18.05	127	23.8	11.9	0.48	400	18.53
江苏	1	697.9	6.85	98	21.4	10.7	0.43	400	7.28
	2	600.1	7.85	131	54.8	27.4	1.10	400	8.95
	合计	1 298.0	14.70	113	76.2	38.1	1.53	400	16.23
安徽	1	425.0	5.10	120	—				5.10
	2	434.6	5.69	131	—				5.69
	合计	859.6	10.79	126	—				10.79
全区		6 135.2	79.90	130	335.9	168.0	6.72	400	86.62

由表 3-7 得出以下初步认识。

一是六年全区农业综合开发粮食增产能力为 86.62 亿千克，其中中低产田开发增粮 79.90 亿千克，荒地开发增粮 6.72 亿千克。

二是六年共开发中低产田 6 135.2 万亩，开发荒地 335.9 万亩。

三是中低产田开发亩增粮食，全区平均为 130 千克。各省平均为：河北 162 千克，山东 126 千克，河南 127 千克，江苏 113 千克，安徽 126 千克。

四是一、二期比较，中低产田开发面积第一期大于第二期，分别占总面积 54.1% 和 45.9%；粮食增产能力第一期小于第二期，分别占 48.0% 和 52.0%；亩均增产能力第一期只有第二期的 77.9%，分别为 116 千克和 149 千克。

下面就不同产量等级、不同行政区和不同类型区粮食增产能力分别作详细分析。

一、不同产量等级粮食增产能力

以县为单元统计 1987 年和 1993 年粮食总产量、播种面积和播亩单产，按 1987 年单产高低划分 6 个产量等级：亩产低于 150 千克、150~200 千克、200~250 千克、250~300 千克、300~350 千克、高于 350 千克，计算进入每一等级各县 1993 年比 1987 年增产量，列于表 3-8。

由表 3-8 可知，随着亩产量的增高，单产增长率逐步减低，六个等级增长率分别为 45.1%、37.7%、23.3%、22.6%、19.9%、7.8%。增长绝对值以 150~200 千克最高，亩增 67.9 千克；350 千克以上高产田亩增量最低，每亩只增 29.4 千克。

表 3-8　黄淮海平原不同产量等级粮食增产能力

1987 年亩产等级（千克）	县数（个）	总产量（亿千克）			播种面积（万亩）					增量	增长率（%）
		1987年	1993年	增长率（%）	1987年	1993年	增长率（%）	1987年	1993年		
<150	32	32.1	47.7	48.3	2 524.6	2 581.8	2.3	127.3	184.6	57.3	45.1
150~200	72	132.5	186.8	41.0	7 358.3	7 530.9	2.4	180.1	248.0	67.9	37.7
200~250	101	272.1	327.9	20.5	11 951.4	11 678.3	-2.3	227.7	280.8	53.1	23.3
250~300	77	209.5	265.2	26.6	7 668.4	7 915.6	3.2	273.2	335.0	61.8	22.6
300~350	41	150.1	170.0	13.3	4 711.1	4 452.2	-5.5	318.6	381.9	63.3	19.9
>350	16	68.4	70.5	3.1	1 805.3	1 729.8	-4.2	378.4	407.8	29.4	7.8
总计	339	864.7	1068.1	23.6	36 019.1	35 888.6	-0.48	241	297	56	23.38

高产田增长率低于中产田更低于低产田。1987 年全区平均单产为 241 千克，按平均单产上下浮动 20%，求得高中低产田划分标准为 289 千克和 193 千克，将两个数适当修正后，确定高于 300 千克为高产田，低于 200 千克为低产田，200~300 千克为中产田。高中低产田三个档次增长率分别为 13.9%、23.0% 和 41.4%，年均增长率分别为 2.32%、3.83% 和 6.90%。总产量六年分别增 22.0 亿千克（占 10.9%）、111.5 亿千克（占 54.7%）和 69.9 亿千克（占 34.4%）。1987 年高中低产田面积分别为 9 882.9 万亩（占 27.4%）、19 619.8 万亩（占 54.5%）和 6 516.4 万亩（占 18.1%）。中低产田面积合计占总面积 72.6%，增产粮食占 89.1%；高产田面积占 27.4%，增产粮食只占 10.9%。

以播亩平均单产 300 千克和 200 千克作为划分高中低产县的指标，1987 年全区高中低产县（市）分别为 57 个（占 16.8%）、178 个（占 52.5%）、104 个（占 30.7%）；高中低产县播种面积分别为 6 516.4 万亩（占 18.1%）、19 619.8 万亩（占 54.5%）、9 882.9 万亩（占 27.4%）。经六年农业综合开发，低产县进入中产县 65 个，进入高产县 14 个，中产县进入高产县 125 个，降为低产县 1 个。中低产田升为高产田面积 14 119.5 万亩。1993 年高产县增加到 196 个（占 57.8%）、播种面积 20 635.5 万亩（占 57.5%）；中产县 117 个（占 34.5%）、播种面积 13 121.8 万亩（占 36.5%）；低产县只有 26 个（占 7.7%）、播种面积 2 131.4 万亩（占 6.0%）。

高中低产县的分布大致有以下规律：高产县集中分布在四片：北部京、津、唐、秦和石家庄市；西部河南省焦作、鹤壁和新乡部分县（市）；南部江苏省徐、淮、盐、连地区；东部山东省鲁北和鲁中地区。中低产县主要分布在南北两大片：北部海河冲积平原低产区（简称北部低产区）；南部黄淮平原中低产区（简称南部中低产区）。

二、不同行政区粮食增产能力

黄淮海平原各省（市）、地（市）六年粮食实际增量列入表 3-9。

表 3-9　黄淮海平原各省市粮食增产能力

省市区	总产（亿千克）				亩产（千克/亩）				播种面积（万亩）			
	1987年	1993年	增加量	%	1987年	1993年	增加量	%	1987年	1993年	增加量	%
北京市	21.00	27.47	6.47	30.83	306.41	429.86	123.45	40.29	685.46	639.13	-46.33	-6.76
天津市	16.68	20.18	3.50	20.99	245.07	304.68	59.61	24.33	680.57	662.34	-18.23	-2.68
石家庄市	29.94	43.92	13.98	46.69	285.62	396.22	110.60	38.72	1 048.20	1 108.49	60.29	5.75
唐山市	21.99	27.97	5.98	27.21	277.89	346.92	69.03	24.84	791.50	806.33	14.83	1.87
秦皇岛市	4.90	5.35	0.45	9.21	292.48	330.19	37.71	12.89	167.50	162.07	-5.43	-3.24
邯郸市	19.12	27.47	8.35	43.66	170.68	246.77	76.09	44.58	1 120.20	1 113.10	-7.10	-0.63
邢台市	17.37	21.89	4.52	26.01	169.04	203.87	34.83	20.61	1 027.60	1 073.61	46.01	4.48
保定市	4.48	6.46	1.98	44.15	220.96	315.69	94.73	42.87	202.80	204.56	1.76	0.87
沧州市	16.58	22.14	5.56	33.53	135.86	166.73	30.87	22.72	1 220.60	1 327.81	107.21	8.78
廊坊市	12.92	16.17	3.25	25.16	204.87	262.20	57.33	27.99	630.40	616.74	-13.66	-2.17
保定地区	26.93	36.18	9.25	34.36	214.01	281.14	67.13	31.37	1 258.50	1 287.02	28.52	2.27
衡水地区	13.56	19.85	6.29	46.38	176.69	242.88	66.19	37.46	767.30	817.24	49.94	6.51
河北省	167.79	227.40	59.61	35.53	203.76	267.00	63.24	31.03	8 234.60	8 516.97	282.37	3.43
徐州市	40.34	40.37	0.03	0.07	307.51	332.80	25.29	8.22	1 311.90	1 213.00	-98.90	-7.54
连云港市	20.89	18.81	-2.08	-9.95	365.73	349.75	-15.98	-4.37	571.30	537.85	-33.45	-5.86
淮阴市	59.02	58.79	-0.23	-0.38	326.54	341.15	14.61	4.47	1 807.50	1 723.39	-84.11	-4.65
盐城市	13.03	12.94	-0.09	-0.67	328.07	346.90	18.83	5.74	397.10	373.10	-24.00	-6.04
江苏省	133.28	130.92	-2.36	-1.77	326.04	340.28	14.23	4.37	4 087.80	3 847.34	-240.46	-5.88
蚌埠市	16.89	16.79	-0.10	-0.57	262.57	282.30	19.73	7.52	643.10	594.86	-48.24	-7.50
淮南市	6.20	6.96	0.76	12.21	264.58	295.16	30.58	11.56	234.50	235.71	1.21	0.52
淮北市	6.75	6.62	-0.13	-1.94	221.54	230.84	9.30	4.20	304.60	286.74	-17.86	-5.86

（续表）

省市区	总产（亿千克）				亩产（千克/亩）				播种面积（万亩）			
	1987年	1993年	增加量	%	1987年	1993年	增加量	%	1987年	1993年	增加量	%
阜阳地区	52.88	58.57	5.69	10.76	239.16	244.36	5.20	2.18	2 413.20	2 396.78	-16.42	-0.68
宿州市	24.08	27.17	3.09	12.82	229.65	264.64	34.99	15.23	1 048.50	1 026.56	-21.94	-2.09
安徽省	106.14	116.10	9.96	9.39	228.56	255.70	27.14	11.88	4 643.90	4 540.65	-103.25	-2.22
济南市	16.50	22.75	6.25	37.85	264.15	326.10	61.95	23.45	624.60	697.49	72.89	11.67
淄博市	10.78	14.83	4.05	37.57	268.02	401.43	133.41	49.78	402.10	369.43	-32.67	-8.12
枣庄市	13.15	16.77	3.62	27.52	305.31	406.60	101.29	33.18	430.60	412.42	-18.18	-4.22
东营市	5.16	8.67	3.51	67.98	201.92	268.22	66.30	32.83	255.64	323.17	67.53	26.42
潍坊市	9.41	12.49	3.08	32.70	316.10	429.60	113.50	35.91	297.80	290.67	-7.13	-2.39
济宁市	33.28	38.18	4.90	14.72	294.55	371.57	77.02	26.15	1 129.90	1 027.48	-102.42	-9.06
泰安市	24.08	26.63	2.55	10.61	305.52	390.43	84.91	27.79	788.10	682.20	-105.90	-13.44
滨州地区	13.72	20.71	6.99	50.93	218.06	292.35	74.29	34.07	629.10	708.32	79.22	12.59
德州地区	22.29	34.98	12.69	56.95	264.57	362.24	97.67	36.92	842.60	965.79	123.19	14.62
聊城地区	21.27	29.89	8.62	40.54	259.05	296.52	37.47	14.47	821.16	1 008.08	186.92	22.76
临沂地区	12.01	12.21	0.20	1.65	279.22	298.26	19.04	6.82	430.10	409.32	-20.78	-4.83
菏泽地区	28.57	35.69	7.12	24.92	216.58	287.56	70.98	32.77	1 319.10	1 241.16	-77.94	-5.91
山东省	210.22	273.80	63.58	30.24	263.74	336.54	72.81	27.61	7 970.80	8 135.53	164.73	2.07
郑州市	9.71	12.47	2.76	28.38	201.86	262.82	60.96	30.20	481.00	474.33	-6.67	-1.39
开封市	13.39	18.56	5.17	38.64	196.33	270.29	73.96	37.67	682.20	686.81	4.61	0.68
平顶山市	10.80	12.12	1.32	12.25	261.51	257.00	-4.51	-1.73	412.90	471.70	58.80	14.24
安阳市	13.01	17.58	4.57	35.11	213.36	299.05	85.69	40.16	609.60	587.77	-21.83	-3.58
鹤壁市	4.39	7.39	3.00	68.44	183.73	341.76	158.03	86.01	239.00	216.37	-22.63	-9.47
新乡市	17.99	24.43	6.44	35.79	225.40	324.29	98.89	43.87	798.20	753.30	-44.90	-5.63
焦作市	11.86	17.74	5.88	49.57	250.37	423.11	172.74	68.99	473.64	419.25	-54.39	-11.48
濮阳市	11.04	15.32	4.28	38.79	207.24	294.70	87.46	42.20	532.88	519.95	-12.93	-2.43
许昌市	13.17	18.44	5.27	39.99	249.01	326.14	77.13	30.98	528.70	565.28	36.58	6.92
商丘地区	24.88	33.10	8.22	33.03	193.17	263.06	68.89	36.18	1 287.80	1 258.18	-29.62	-2.30
周口地区	37.23	43.87	6.64	17.84	228.13	281.63	53.50	23.45	1 631.80	1 557.86	-73.94	-4.53
驻漯信地区	41.72	51.15	9.43	22.60	200.66	251.24	50.58	25.21	2 079.30	2 035.93	-43.37	-2.09
河南省	209.12	272.17	62.98	30.11	214.40	285.10	70.70	32.97	9 757.02	9 546.73	-210.29	-2.16
全区	864.30	1 068.04	203.74	23.75	241	297	56	23.38	36 060.15	35 888.69	-171.46	-0.48

1. 各省、市粮食增长率

1987年全区总产为864.30亿千克，1993年为1 068.04亿千克，增长203.74亿千克，增长率为23.57%，年平均增长3.93%。各省市增长率如下。

北京市　增量6.47亿千克，增长30.83%，年平均增长5.14%；

天津市　增量 3.50 亿千克，增长 20.99%，年平均增长 3.50%；

河北省　增量 59.61 亿千克，增长 35.53%，年平均增长 5.92%；

山东省　增量 63.58 亿千克，增长 30.24%，年平均增长 5.04%；

河南省　增量 62.98 亿千克，增长 30.11%，年平均增长 5.02%；

江苏省和安徽省因灾减产，分别减 2.36 亿千克和 9.96 亿千克。

2. 各省、市亩均实际量产量

全区播亩平均单产，1987 年为 241 千克，1993 年为 297 千克，增 56 千克，年平均增 9.3 千克。

其中，北京市增 123.45 千克，年平均增 20.5 千克；

天津市增 59.61 千克，年平均增 10.0 千克；

河北省增 63.24 千克，年平均增 10.5 千克；

山东省增 72.81 千克，年平均增 12.2 千克；

河南省增 70.70 千克，年平均增 11.8 千克；

江苏省增 14.23 千克，年平均增 2.3 千克；

安徽省增 27.14 千克，年平均增 4.5 千克。

3. 各省、市粮食播种面积增减

全区粮食播种面积，1987 年为 36 060.15 万亩，1993 年为 35 888.69 万亩，减少 171.46 万亩，其中北京减 46.33 万亩，天津减 18.23 万亩，河北增 282.37 万亩，山东增 164.73 万亩，河南减 210.29 万亩，江苏减 240.46 万亩，安徽减 103.25 万亩。

4. 各地、市粮食增产能力

由表可知，总产增长率高于 50%，有鹤壁、东营、德州和滨州 4 地市，江苏、安徽、河南三省淮河流域因灾增长率较低，其他大部分地区增长率都在 20%~50%。亩均增长超过 40% 的有鹤壁、濮阳、焦作、安阳、邯郸、保定市和溜博等 9 地市，江苏、安徽两省几个地区增长率较低，其他大部分增长率在 20%~40%。

三、不同自然类型区粮食增产能力

根据自然条件、基础产量和生产发展水平，将黄淮海平均划分为 4 大类型区和 14 个亚区。分别是西部山前平原区，包括燕山、太行山、伏牛山和鲁中 4 个山前亚区；中部海河平原区，包括冀中、豫北、鲁北 3 个亚区；黄淮平原区，包括鲁西南、豫东、苏北、豫南、皖北；东部滨海平原区，包括滨渤海、滨黄海。4 个类型区和 14 个亚区 1987—1993 年粮食增长量列于表 3-10。

表 3-10　黄淮海平原不同自然类型区粮食增产能力

分区	总产（亿千克）				亩产（千克/亩）				播种面积（万亩）			
	1987年	1993年	增加量	%	1987年	1993年	增加量	%	1987年	1993年	增加量	%
燕山山前区	59.28	74.22	14.94	25.20	274.93	352.60	77.67	28.25	2 156.16	2 104.93	-51.23	-2.38
太行山前区	103.27	146.28	43.01	41.65	229.80	323.11	93.31	40.60	4 493.74	4 527.27	33.53	0.75
伏牛山前区	44.40	54.69	10.29	23.18	223.64	267.72	44.07	19.71	1 985.10	2 042.73	57.63	2.90
鲁中山前区	98.14	116.21	18.06	18.41	292.07	369.75	77.68	26.60	3 360.30	3 142.91	-217.39	-6.47
山前平原区合计	305.09	391.40	86.31	28.29	254.34	331.19	76.85	30.22	11 995.30	11 817.84	-177.46	-1.48
冀中区	56.82	79.73	22.92	40.34	156.83	211.36	54.54	34.77	3 622.90	3 772.38	149.48	4.13
豫北区	28.43	37.59	9.17	32.25	214.93	297.59	82.66	38.46	1 322.58	1 263.28	-59.30	-4.48
鲁北区	58.62	88.78	30.16	51.45	256.38	329.73	73.34	28.61	2 286.36	2 692.51	406.15	17.76
海河低平原区合计	143.86	206.11	62.25	43.27	198.93	266.70	67.77	34.07	7 231.84	7 728.17	496.33	6.86
鲁西南区	40.45	48.81	8.36	20.68	229.97	298.58	68.61	29.83	1 758.90	1 634.82	-124.08	-7.05
豫东区	67.23	87.38	20.15	29.97	204.63	273.21	68.58	33.51	3 285.50	3 198.22	-87.28	-2.66
苏北区	110.79	109.01	-1.79	-1.61	325.60	340.93	15.34	4.71	3 402.80	3 197.29	-205.51	-6.04
豫南区	39.26	47.64	8.38	21.34	214.20	263.35	49.15	22.95	1 833.10	1 809.14	-23.96	-1.31
皖北区	106.14	116.10	9.96	9.39	240.38	255.70	15.32	6.37	4 643.90	4 540.65	-103.25	-2.22
黄淮平原区合计	363.87	408.95	39.57	10.71	247.50	284.38	36.88	14.90	14 924.20	14 380.12	-544.08	-3.65
滨渤海区	28.98	39.68	10.70	36.93	236.82	302.26	65.54	27.67	1 223.81	1 312.51	88.70	7.25
滨黄海区	22.49	21.91	-0.58	-2.59	328.36	337.05	8.68	2.64	685.00	650.05	-34.95	-5.10
滨海平原区合计	51.47	61.59	10.12	19.66	269.67	313.85	44.18	16.37	1 908.81	1 962.56	53.75	2.82
全区	864.30	1 068.04	203.74	23.57	241	297	56	23.38	36 060.15	35 888.69	-171.46	-0.48

1. 4个类型区比较

海河低平原区粮食总产和亩产6年增长率居4类地区之首，分别为43.27%和34.07%，其次为山前平原区，总产增28.29%，亩产增30.22%。

2. 14个亚区比较

太行山前平原区总产增41.65%，亩产增40.6%，居14个亚区之首，其次为鲁北区，总产增51.45%，亩产增28.61%，冀中区总产增40.34%，亩产增34.77%，豫北区总产增32.25%，亩产增38.46%。

第五节　选择五个重点开发区

重点开发区选择原则主要考虑潜力大、见效快、跨省连片，便于集中财力实施分散开发无力办好的工程项目，迅速增加区域整体宏观效益。重点开发区的操作，建议采取"统一规划、分省实施、联产承包、整体推进"的方针。

按照以上原则，我们初选五个重点开发区：北部低产区、南部中低产区、中部沿黄灌区、西部风沙区、东部滩涂区。前两区以改造中低产田为主，第三片以高产高效开发为主，四、五两片以荒地开发为主。

五个重点开发区的布局可以通俗地表达为：西治风沙东开滩，南北改造两片低产田，中部沿黄创高产。

一、北部低产区

包括河北省沧州市和衡水地区全部，保定地区、廊坊地区、邯郸市、邢台市和石家庄市部分县、市，共48个县（市）。1993年粮食播亩平均单产211.0千克，其中小麦平均单产229.0千克，玉米平均单产268.1千克，分别比黄淮海全区平均值低86.0千克、57.5千克和88.6千克。单产低于250千克的有37个县、市，占该区总县数77.1%，其中单产低于200千克的低产县20个，200~250千克产量偏低的中产县17个，分别占黄淮海全区同类型的76.9%和45.9%。

1988年农业综合开发以来，农业发展取得一定成效，有的县较为突出，如临漳县粮食单产由1987年196千克提高到1993年339千克，增产143千克，增73.0%；吴桥县由188千克提高到288千克，增100千克，增53.2%；广平县由161千克提高到263千克，增102千克，增63.4%；大名县由89千克提高到231千克，增142千克，增159.6%；内丘县由97千克提高到192千克，增95千克，增97.9%；雄县由114千克提高到271千克，增157千克，增137.7%；武邑县由143千克提高到257千克，增114千克，增79.7%。这些县的增产幅度，说明经过努力可以较快改变低产面貌。

本区中低产地面积达3 389万亩，占耕地总面积（修正数）的85%。在中低产地中盐碱型占33%，瘠薄型占37%，涝渍型和缺水型分别占11%和10%。除大面积中低产田之外，还有252万亩可垦荒地，主要属于盐碱型和涝渍型的荒地，集中分布在沧州、衡水、邢台和邯郸地区。本区农业综合开发以来，农业生产取得显著的成效，粮食增产的幅度亩均都在100千克以上。今后农业开发的任务重点是防治盐碱和提高土壤肥力，但解决水资源短缺更是改造中低产地、发展农业的关键，需要采取大的工程措施从区外进行调水以改善开发条件。

由上述情况，可以看出北部低产区是中低产田和荒地较为集中地区，也是农业综合开发增产潜力较大地区。虽然受水资源短缺和土地瘠薄等因素制约，但通过农业节水和跨省从黄河引水等措施，可以部分改善该区的开发条件，使土地资源优势得以发挥。其他经济作物，粮食亩增 160 千克，共增 14.4 亿千克；安排荒地开发 60 万亩。

二、南部中低产区

该区包括安徽省阜阳地区和宿州市，河南省周口地区、商丘地区的全部以及驻马店、漯河、信阳地区部分县（市），共 60 个县市。1993 年粮食播亩平均单产 263.0 千克，其中小麦平均单产 251.5 千克，玉米平均单产 319.8 千克，分别比黄淮海全区平均值分别低 34 千克、35 千克和 36.9 千克。大部分县市接近中产水平，开发条件相对好于北部低产区，通过开发治理可以较快达到高产水平。

本区有中低产地 6 050 万亩，占耕地面积的 78%，其中，中产地 4 542 万亩，占区内中低产地面积的 75%，这些中低产地以涝渍型为主，约占中低产地面积的 43%，其余为缺水型、风沙型和瘠薄型。本区可垦荒地资源很少，只有 47 万亩，主要属于风沙型荒地。

本区涝渍型中低产地都属于砂姜黑土，这种土壤土质黏重、容蓄水量低，极易产生涝渍现象，而且土壤僵瘦，严重限制了农业生产的发展。当前应在继续搞好水利建设的同时，适当扩大旱改水面积，侧重抓增肥改土措施和实行农林牧综合开发。

本区广泛分布的砂礓黑土是农业发展的主要限制因素，据第二次土壤普查资料，全国共有砂礓黑土 5 918 万亩，本区分布 3 641 万亩，占全国 61.5%。砂礓黑土占本区耕地总面积 52.3%。因此，改造治理砂礓黑土是今后农业综合开发的中心任务。

三、中部沿黄高产区

本区包括河南、山东两省沿黄的新乡、濮阳、菏泽、聊城、德州和滨州六个地、市，1987—1993 年粮食增 46.14 亿千克，占黄淮海全区增产总量的 22.7%。粮食播亩单产 309.9 千克，比黄淮海全区平均高 12.9 千克；小麦单产 319.1 千克，比全区平均高 32.6 千克；玉米单产 355.8 千克，比全区平均低 0.9 千克。

本区有中低产田面积 3 846 万亩，占耕地总面积的 75%，其中以瘠薄型、盐碱型和缺水型为主，分别占中低产地面积的 31%、23% 和 20%。区内有可垦荒地 352 万亩，主要属于风沙型荒地，集中分布在安阳、新乡、德州和菏泽等地区。

本区历史上长期受旱涝碱和风沙等自然灾害危害，粮食产量低而不稳，20 世纪 70 年代以来，由于大面积发展引黄灌溉和进行中低产地综合治理、农业生产得到迅速的发展，成为黄淮海平原粮棉高产区。今后农业开发在进一步扩大中低产地的改造规模和适当开垦一部分荒地，发展高产、优质、高效农业。

本区农业综合开发有鲜明的特点和优势，一是近期农业生产取得快速发展，由原来低产落后区一跃成为高产区；二是现有发展水平存在区域差异，还有中低产田需要治理；三是荒地面积大，土地资源相对丰富；四是水资源条件好，为高产高效农业发展提供了重要保障。

四、西部风沙区

黄淮海平原风沙土面积 3 050 万亩，其中起伏沙丘和垄状沙丘 1 150 万亩，平沙地 1 900 万亩。风沙荒地和沙质中低产面积 3 万 ~5 万亩的县有 14 个，5 万 ~10 万亩的县 39 个，大面积连片分布的县 52 个。豫北、冀南、鲁西的一些县市，由于历史上黄河改道和决口泛洪遗留大量泥沙，风沙地分布较为集中。豫东开封以及皖北和苏北的明清黄河故道流经的县市和河北省、北京市的永定河等河流经县市也有一定面积。

风沙土是黄淮海平原重要的低产土壤和后备土地资源，具有较大增产潜力和开发价值。但因风沙土多呈带状或片状分布于农区之中，不仅是沙区农业增产的主要障碍因素，而且是危害周围环境的风沙策源地。通过农业综合开发，进一步治理这个历史上的老大难问题，既具有社会经济意义，也具有环境生态意义，可以显示农业综合开发改造自然、重新安排山河的气魄，造福于子孙后代。

主要治理措施，一是统一规划、连片治理；二是水土林综合治理、水利先行；三是治理与开发相结合，粮、棉、林和油料作物统筹安排。通过开发建成具有沙地特色的油料和林果瓜菜商品基地。

五、东部沿海滩涂区

东部沿海滩涂涉及河北省秦皇岛、唐山、沧州，山东省滨州和东营，江苏省连云港、盐城和南通 8 地、市的 31 个县、市（区），总面积 1 830 万亩，其中潮上带 1 077 万亩，潮间带 753 万亩，另有 1 543 万亩浅海和辐射沙洲。有丰富的土地资源和生物资源，开发潜力很大。

按地理位置和农业开发条件，可将沿海滩涂分为北中南三段，各段基本情况如表 3-11。

沿海滩涂带的开发有三个特点和优势。

一是土地资源丰富。潮上带和潮间带已开发利用 655 万亩，尚有 1 175 万亩有待开发，占滩涂总面积 64.2%。另外，中段和南段每年新淤土地 5 万亩（中段 3 万亩，南段 2 万亩）。浅海和辐射沙洲利用率更低。

二是生物资源多样。由于沿海滩涂地处海陆交界带，咸淡水混合带，海洋生物、淡水生物和陆地生物共生带，为多种生物提供了特定的生存条件，适宜鱼、虾、贝、紫菜等名贵和精养动植物的产业开发。

表3-11　沿海滩涂分布状况

位置	地、市	县市区数	滩涂面积（万亩）			浅海和辐射沙洲（万亩）	海岸线（千米）
			合计	潮上带	潮间带		
北段	秦皇岛、唐山	7	456	315	141	300	391
中段	沧州、滨州、东营	10	584	372	212	1 050	685
南段	连云港、盐城、南通	14	790	390	400	193	954
合计	8	31	1 830	1 077	753	1 543	2 030

三是区位优势突出。位于全国对外开放前沿，对日、韩、美、俄和港台地区投资有吸引力，北段有京津唐秦等大中城市依托，中段有黄河连通，南段有欧亚大陆桥东方桥头堡和长江产业带的龙头上海紧邻，内外经济联系和市场条件十分有利。

本区有中低产田1 815万亩，以盐碱型和瘠薄型为主，分别占中低产地面积的40%和47%。除大面积中低产地外，区内有可垦荒地710万亩，还有潮间带海涂地401万亩，具有很大的开发潜力。本区今后农业综合开发的目标，以农、牧业和水产生产加工为主，带动滩涂产业的全面发展，逐步建成具有滩涂特色的生产创汇基地。

今后开发目标以农业综合开发为主，带动滩涂产业全面发展；以粮棉、林果、畜牧、水产生产加工为主，其中北段以水稻和水产养殖加工为重点；中段黄河口地区已列入农业综合开发计划，以棉花和畜牧业开发为重点；南段经长期开发，已有一定的经济规模，初步具备了技术和市场的支撑条件，再加上光温和雨量丰沛，已有引水工程，土壤易于脱盐改良，可作为滩涂开发的重点段，以粮（水稻）棉和水产养殖加工为主。

滩涂开发需修防潮堤围垦，单位开发面积投资强度大，但效益也很高，通过多渠道投入和规模承包经营等方式，资金回收较快。农业综合开发投入可以有偿投入为主，无偿投入占一定比例。

除以上五区外，江苏省徐州、淮阴市和河北省唐山市，可作为次重点区。三市共有耕地2 930万亩，占全区总耕地10.2%，水资源条件好，有一定开发潜力。

六、重点开发区综述

北部低产区以低产地治理和宜农荒地开发为重点，以增产小麦、玉米、棉花、油、肉为目标，以扩大水源、增加水浇地面积为主要措施，配合施肥改土和农田林网进行综合治理。

南部中低产区以中低产田治理为重点，以增产小麦、玉米、水稻、棉花、油、肉为目标，以改造砂礓黑土和机井建设为主要措施，配合排水工程，科学施肥和农田林网，进行综合治理。

中部沿黄高产区以高产高效农业开发，中产田治理和荒地开发为重点，以增产小麦、玉米、棉花、油、肉为目标，以科技投入和水资源合理利用为主要措施，建成大面积高产优质高效农田和吨粮田，为带动其他地区资源节约型高产农田建设提供经验和示范。

西部风沙区以荒地开发和低产沙地改造为重点，以增产油料及林果产品和改善生态环境为目标，以水资源开发和农田林网建设为主要措施，通过开发建成沙地瓜果菜商品基地和油料生产加工基地。

东部沿海滩涂区以滩涂荒地开发为重点，以增产稻、棉和水产品为主要目标，以围滩造田和水利工程为主要措施，区域布局以南段江苏滩涂和北段唐山市滩涂开发为主，建成具有滩涂特色的农产品和水产品生产加工创汇基地（表 3-12）。

表 3-12　重点开发区中低产地和可垦荒地面积

区域	土地面积（万亩）	耕地面积（万亩）		地类		类型						中低产地占修正耕地比重（%）
		统计	修正			盐碱型	风沙型	涝渍型	缺水型	瘠薄型	合计	
北部低产区	4 800	3 599	3 958	中低产地	面积（万亩）	1 142.86	264.36	382.86	345.42	1 254.67	3 389.99	85.65
					比重（%）	33.71	7.80	11.29	10.19	37.01	100.00	
				可垦荒地	面积（万亩）	119.97	48.68	83.15	0.09	0.36	252.25	
					比重（%）	47.56	19.30	32.96	0.03	0.15	100.00	
中部沿黄高产区	8 805	4 609	5 069	中低产地	面积（万亩）	898.58	361.52	596.59	770.30	1 219.26	3 846.25	75.88
					比重（%）	23.36	9.40	15.51	20.03	31.70	100.00	
				可垦荒地	面积（万亩）	89.66	171.42	21.11	23.80	46.56	352.55	
					比重（%）	25.43	48.62	5.98	6.75	13.22	100.00	
南部中低产区	11 595	6 979	7 676	中低产地	面积（万亩）	464.56	713.55	2 609.98	1 606.75	655.70	6 050.54	78.82
					比重（%）	7.68	11.79	43.14	26.56	10.83	100.00	
				可垦荒地	面积（万亩）	1.99	23.23	6.24	0.33	15.57	47.36	
					比重（%）	4.20	49.05	13.18	0.70	32.87	100.00	
东部滨海滩涂	6 330	1 691	1 860	中低产地	面积（万亩）	738.75	57.74	47.37	108.15	863.89	1 815.90	97.63
					比重（%）	40.68	3.18	2.61	5.96	47.57	100.00	
				可垦荒地	面积（万亩）	619.08	24.69	41.56	13.43	12.21	710.97	
					比重（%）	87.08	3.47	5.85	1.89	1.71	100.00	

除以上四个区外，豫北、豫东、鲁西的一些县市，风沙型中低产地和荒地分布比较集中，具有较大的增产潜力和开发利用价值，也应作为重点进行综合治理开发。

第六节 农业综合开发水肥投入对策

一、水资源开发对策

（一）北部低产区

1. 水资源利用现状和水利工程效益

北部低产区的水资源相当贫乏，人均、亩均水量均不及黄淮海平原平均数的60%。沧州、保定、衡水等地冬小麦全生育期缺水量364毫米，有效降水量仅能满足作物耗水的24%。据48个县（市）资料统计，该区1993年农业用水量占总用水量的87.7%，耕地灌溉率平均为63.5%，井灌面积占有效灌溉面积的85.8%。该区农业为用水大户，水资源开发利用率（为年实际用水量与可利用水资源量之比）很高（93.7%），亩均可利用水资源量（为可利用水资源量和非农业实际用水量之差与作物播种面积之比）不大（94立方米/亩），基本上是井灌区（表3–13）。

表3–13 农业综合开发重点开发区水资源开发利用率

重点开发区	代表地（市）、县（市）	可利用水资源量（亿立方米）	农业用水量（亿立方米）	播种面积（万亩）	亩均可利用水资源量（立方米/亩）	年用水量（亿立方米）	水资源开发利用率（%）	备注
北部低产区	沧州	14.40	11.42	1 626	76	13.48	93.6	
	邢台	15.91	14.17	1 397	91	17.37	109.2	
	邯郸	22.61	13.59	1 494	117	18.74	82.9	
	小计	52.92	39.18	4 517	94	49.59	93.7	
南部中低产区	宿县	29.70	2.36	1 233	238	2.70	9.1	根据有关省市、地（市）的水利统计年鉴和水资源评价资料统计。可利用水资源是按"地表水×0.7+地下水×0.8+引水量"计算。
	阜阳	86.71	9.27	2 397	358	10.28	11.9	
	周口	24.07	7.00	2 009	119	7.13	29.6	
	小计	140.48	18.63	5 639	246	20.11	14.3	
中部高产区	濮阳	12.64	8.70	626	197	9.00	71.2	
	聊城	24.33	19.93	1 336	176	20.71	85.1	
	德州	38.05	18.90	1 291	287	20.03	52.6	
	滨州	24.83	16.82	898	271	17.35	69.9	
	小计	99.85	64.35	4 151	234	67.09	67.2	
西部风沙区	开封	2.77	2.01	195	142	2.01	72.6	
	兰考	2.41	0.54	168	143	0.54	22.4	
	广平	0.49	0.37	50	84	0.44	89.8	
	大名	1.58	0.11	178	87	0.15	9.5	
	小计	7.25	3.03	591	121	3.14	43.3	

该区 1993 年除涝面积为 1 296 万亩，除涝率平均为 83.6%；治碱面积为 657 万亩，治碱率平均为 74.1%；无水土流失面积。

2. 水资源开发对策

北部低产区水资源开发对策是：合理发展井灌，强化农田节水，积极推进引江、引黄，实现地表水跨省区联合调度。

（1）合理发展井灌。衡水地区 1993 年平均 167 亩地一眼井，其中深井占 35.8%，浅井地下水位埋深已达 4.70 米，深井水位埋深 50.94 米。由于机井密度大，超量开采地下水，已出现地下水位持续下降，全市已处于地下水降落漏斗区，现冀、枣、衡漏斗面积约 5 200 平方千米，漏斗中心埋深约 65 米，漏斗中心开采强度约 50 万立方米／平方千米。因此，该区应控制深层地下水开采，合理发展井灌。

（2）强化农田节水。据沧州、衡水、邯郸、邢台 4 个地（市）的资源统计，1993 年地上垄沟总长为 880.65 万米，地下管道总长为 1 810.99 万米，喷滴灌面积为 0.83 万亩，分别为河北省相应值的 38.4%、40.2% 和 7.6%。

（二）南部中低产区

1. 水资源利用现状和水利工程效益

南部中低产区人均、亩均水资源量均略高于黄淮海平原的平均数。宿州、阜阳等地冬小麦全生育期缺水 100 毫米，有效降水量可满足作物耗水的 77%。据 28 县（市）资料统计，该区 1993 年农业用水占总用水量的 91.9%，农业为用水大户；耕地灌溉率平均为 43.5%；井灌面积占有效灌溉面积的 39.4%，为井渠结合灌区，并以渠灌为主。该区水资源开发利用率偏低（14.3%），但亩均可利用水资源量较多（246 立方米／亩），发展潜力很大，尤其是井灌（表 3-13）。

该区 1993 年除涝面积为 2 079 万亩，除涝率平均为 80.0%；治碱面积为 147 万亩，治碱率平均为 87.6%；水土保持面积为 103 万亩，水保率平均为 45.3%。

2. 水资源开发对策

南部中低产区水资源开发对策是：重点发展井灌，实现地表水、地下水联合调度。

该区降水量相对较多，地表水源相对丰富，但地下水利用程度较低，1993 年地下水开采量仅占年用水量的 32.2%，为地下水可采量的 29.4%。由此带来三方面后果：一是干旱年缺水灌溉，造成严重减产；二是地下水位高，雨季时腾不了地下库容接纳降雨入渗，造成农田渍害；三是地下水位高，通过地下径流每年约有占总量 24% 的地下水排入河道，加重了河流的排水负担，是加剧该区洪水灾害的原因之一。因此，今后要以发展井灌作为重点，实现地表水和地下水联合调度，既可解决农田灌溉问题，又有利于砂礓黑土区的排水，对防渍改土、防洪除涝有多方面的意义。阜阳地区 1993 年耕地面积为 1 650 万亩，已有排灌站 4 488 处，机电井 58 848 眼，排灌面积仅占耕地面积的

47.4%，平均 280 亩地一眼井。显然，该区现有的井、站设施，由于机、泵、渠系不配套，土地不平整，其效益没有充分发挥出来。这些井站的配套工程，花钱少，收效快，应该限期做出成效来。在此基础上，因地制宜地再兴建一些新的灌溉设施：一在河道有控制闸蓄水的地方走深沟引水、沿沟建站的路子，发展水稻灌溉；二在沿河湖易涝易渍的洼地，千方百计开辟水源种植取水，以稻治涝，夺取高产；三在地表水缺乏、地下水丰富的宜稻区和高产经济作物区，在充分发挥老井效益的基础上，可再打一些新机井；四在一般砂礓黑土河间地区，采取沟塘井结合的办法，打小口井，购喷灌机、流动机、低压泵等小型机具，进行冬小麦、夏玉米、棉花的灌溉，分片建设旱涝保收稳产高产农田。

（三）中部沿黄高产区

1. 水资源利用现状和水利工程效益

中部高产区人均、亩均水资源量均略高于黄淮海平原的平均数，并处于地表水、地下水资源双丰富的地区。德州、惠民、聊城等地冬小麦全生育期缺水量为 340 毫米，有效降水量仅能满足作物耗水量的 29%。据 50 个县（市）资料统计，1993 年农业用水占总用水量的 92.5%，耕地灌溉率平均为 76.9%，井灌面积占有效灌溉面积的 48.7%，水资源开发利用率较高（67.2%），亩均可利用水资源量亦多（234 立方米／亩），为水资源开发利用较好的地区（表 3-13）。

该区 1993 年除涝面积为 2 008 万亩，除涝率平均为 81.3%；治碱面积为 1164 万亩，治碱率平均为 80.0%；水土保持面积为 141 万亩，水保率平均为 62.6%。

2. 水资源开发对策

中部高产区水资源开发对策是：加强引黄灌区管理，恢复发展井灌，提高区域水资源整体利用率。

该区近 20 年来农村经济发展较快，引黄灌溉发挥了积极作用。该区地下水也很丰富。浅层地下水开采量仅占补给量的 37.8%。20 世纪 70 年代恢复引黄以前井灌发展较快，80 年代以来大量发展引黄，很多地下水条件较好地方亦弃井引黄，使地下水资源不能合理利用，并造成区域盐分累积等环境问题。引黄水的有效利用率不高，有些地方利用系数低于 0.4。为此，该区水资源合理利用的途径如下。

（1）科学引用黄河水，掌握春灌主动权。黄河利津站，1981—1993 年多年平均径流量为 259.8 亿立方米，春灌期占 13.3%、汛期占 64.6%、冬四月占 22.1%。处于上游区的地（市）应按计划或少引黄河水，而处于下游区的地（市）应采取早引、多蓄的办法相机引水，如滨州地区 1993 年在上游灌区开始灌溉时，已蓄水 1.5 亿立方米，为春灌创造了条件。

（2）实行地表水、地下水联合调度，促进农业生态系统的良性循环。

① 上游引黄灌区应鼓励发展井灌。德州地区齐河县贾市乡，该乡地处沿黄不引黄，全乡平均 60 亩地一眼井，全部采用井灌。粮食单产由原来的 200 多千克提高到 600 多千克，盐碱地面积由原来的 1.5 万亩减少到 0.1 万亩。

② 引黄灌区、井灌区均应引黄补源，提高地下水位。濮阳市 1991 年以来，已建 3 条濮清南引黄补源工程，设计灌溉面积 95 万亩，补源面积 181.5 万亩。滨州地区小清河以南为井灌区，多年来，由于采大于补，地下水位平均下降 8 米，形成 200 平方千米的地下水漏斗区。由于该区修建了引黄补源工程，目前地下水位下降现象已基本得到控制。

（3）抓测水量水，建立节水型农业生态系统。滨州地区引黄范围内的 7 个县（市）全部实现了计量供水、按方收费。按此管理，簸箕李灌区亩次用水量减少到 118 立方米，净用水量仅为 68 立方米。在测水手段上，采用微机控制自动测水，达到当天的水量当天计量到县。

（四）西部风沙区

1. 水资源利用现状和水利工程效益

西部风沙区人均、亩均水资源量均略高于黄淮海平原的平均数。开封等地冬小麦全生育期缺水量为 242 毫米，有效降水量可以满足作物耗水的 44%。据 12 个县（市）资料统计，该区 1993 年农业用水占总用水量的 96.4%，农业为用水大户；耕地灌溉率平均为 82.3%，但水资源开发利用率各县差异较大，亩均可利用水资源量偏低（表 3-13）；井灌面积占有效灌溉面积的 79.3%，为井渠结合灌区，但以井灌为主。

该区 1993 年除涝面积为 462 万亩，除涝率平均为 83.7%；治碱面积为 296 万亩，治碱率平均为 82.0%；无水土流失面积。

2. 水资源开发对策

西部风沙区水资源开发对策是：因地制宜，或发展井灌或开挖中泓、梯级利用，实行旱涝风碱薄综合治理。

河南省延津沙地农业科技开发试验示范区面积为 1 650 亩，除有耕地 250 亩外，其余均为沙质荒地，经过 1989—1993 年综合治理，通过打井灌溉、挖沟排涝、防风治沙、平整土地等，建成各类果树试验园 226 亩、苗木繁育基地 100 亩、杜梨改接梨树等生态经济型改造试验面积 380 亩、生产性示范果园 550 亩。投产比为 1∶2.8。

江苏省境内的黄河故道面积 226 万亩，1980—1994 年 15 年间，开挖疏浚中泓 400 余千米，配套各类建筑物 1.4 万余座，建成耕地 65 万亩、果园 25 万亩、林地 10 万亩、鱼池 7 万亩，目前年增产值可达 5 亿多元。

（五）东部沿海滩涂区

东部沿海滩涂区涉及河北省秦皇岛、唐山、沧州，山东省滨州和东营，江苏省连云港、盐城和南通 8 个地（市）的 31 个县（市），总面积为 1 830 万亩，另有 1 543 万亩浅海和辐射沙洲（表 3-14）。

表 3-14　黄淮海平原沿海滩涂分布与开发方向

| 位置 | 地市 | 县（市）数 | 滩涂面积（万亩） | | | 浅海和辐射沙洲（万亩） | 海岸线（千米） | 开发方向 |
			小计	潮上带	潮间带			
北段	秦皇岛、唐山	7	456	315	141	300	391	以水稻和水产养殖加工为重点
中段	沧州、滨州、东营	10	584	372	212	1 050	685	以棉花和畜牧业为重点
南段	连云港、盐城、南通	14	790	390	400	193	954	以粮（水稻）棉和水产养殖加工为主
合计	8	31	1 830	1 077	753	1 543	2 030	

江苏省沿海滩涂面积为 980 万亩，占黄淮海平原的 1/2，占全国的 1/4。现以江苏省沿海滩涂为例，说明其水文水资源条件和水资源开发对策。

1. 水文水资源条件

江苏海岸线分属 3 大水系：长江水系、淮河水系和沂沭泗水系。沿海全线入海口门大小近百处，入海水量为 297.6 亿立方米。水资源供需关系为：现状偏旱年份可供水量为 65 亿立方米，需水量为 109 亿立方米，缺水量为 44 亿立方米。但在一般年份和中等干旱年，基本上不缺水。

近岸 20 米等深线内属正规半日潮流，平均高潮间隙为 7~12 小时。海水盐度平均为 29.6%~32.2%。近海水域 pH 值为 8.0，氧含量在 90% 以上。营养盐类含量比较丰富。

长江水源丰富（大通站多年平均流量为 30 900 立方米 / 秒），通榆河等引江送水工程已开始实施，适宜发展农林牧和淡水养殖；海水 pH 值适中，氧含量和营养盐丰富，适宜发展海水养殖。

2. 水资源开发对策

江苏省沿海滩涂水资源开发对策是：外引长江水，内部水系配套。

根据沿海垦区特点，结合现有水系情况，外部水系建设，必须南引长江水，兴办必要的引排骨干工程，形成一个扎根长江、贯通垦区境内的河网水系。内部水系，根据不同利用情况安排沟渠系统，达到引、灌、排、降自如，使垦区土壤迅速脱盐。

通榆河工程为该区主要引江送水工程，已于 1987 年批准，并予以实施。与其联接的东西向河道，如东台河、丁溪河、江界河、川东港等已经扩浚，安丰抽水站业经改造，该河开通后，可给垦区送水 100 立方米 / 秒，滩涂开发用水即可基本解决，灌溉保证率可达 95%。

二、合理施肥

（一）化肥投入状况

黄淮海平原土壤有机质偏低，中低产田普遍缺磷少氮，部分地区缺钾。增施有机肥和化肥是提高产量的重要因素。

1993 年黄淮海平原化肥施用量总计 788.80 万吨，比 1987 年增加 323.61 万吨，是 1987 年的 69.57%。播亩平均施化肥 17.03 千克，比 1987 年增 6.95 千克。河北省平均亩施 16.20 千克，山东省 20.20 千克，河南省 15.32 千克，江苏省 22.42 千克，安徽省 12.03 千克。亩施化肥量低于 15 千克的地市有：河北省沧州、廊坊、保定（地区）、衡水，山东省菏泽地区，河南省开封、平顶山、许昌、商丘、驻漯信等地市。这些地市大都在北部低产区和南部中低产区，今后应适当提高化肥投入量，更重要的是科学施肥，合理施肥。

（二）科学施肥，合理施肥

1. 科学合理施肥的有关试验数据

（1）关于化肥投入与粮食产量的关系，河北省农业区划办公室提供的分析结果如表 3-15。

（2）全国化肥网的试验结果显示，80 年代前期黄淮海平原小麦的化肥投入产出比：氮为 1∶9.8，磷为 1∶9.1，钾为 1∶1.1。

表 3-15　化肥投入量与粮食产量的关系

产量水平（千克/亩）		<100	101~200	201~300	301~400	401~500	501~600	601~700
海河低平原区（中低产区）	亩施化肥（千克）	1.8	16.3	34.3				
	平均亩产（千克）	69.0	128.8	235.5				
	化肥∶产量	1∶38.3	1∶7.9	1∶6.9				
山前平原区（高产区）	亩施化肥（千克）		4.0	15.0	36.0	68.4	95.6	121.6
	平均亩产（千克）		152.1	256.6	340.4	445.3	541.1	663.9
	化肥∶产量		1∶38.0	1∶17.1	1∶9.5	1∶65	1∶5.7	1∶5.5

（3）徐州市的试验，60 年代末每千克氮肥可增产小麦 15~20 千克，玉米增产 20~30 千克，70 年代末每千克氮肥只增产小麦 10.2 千克，玉米 11 千克。

（4）据全国化肥试验网的试验，在保证氮钾供应的基础上，80 年代初黄淮海平原每千克磷肥增产小麦 9.1 千克，玉米 6.9 千克，80 年代后期每千克磷肥增产小麦 14.2

千克。

（5）唐山市的试验结果，在施用氮磷肥的基础上钾肥增产达 10%~20%，每千克钾肥可增产玉米 4.98 千克，水稻 5.97 千克。淄博市 1989 年的试验结果，在施用氮磷肥基础上，施用钾肥每千克可增产玉米 1.6~6 千克。

（6）中国科学院南京土壤所在皖北亳州、蒙城、涡阳、怀远等县市试验，小麦基础产量在 150 千克以下，最佳产量 275~325 千克，每增产 100 千克小麦需氮肥 5.0~5.5 千克，需磷肥 3.0~3.6 千克；当基础产量在 150 千克以上，最佳产量 325~425 千克，每增产 100 千克小麦，需氮肥 5.5~7.0 千克，需磷肥 3.5~4.0 千克。玉米每增产 100 千克，需氮肥 4.2~5.4 千克，磷肥 1.5~2.7 千克。

（7）中科院南京土壤所在皖北的试验，小麦对当季氮的利用率平均为 44.2%，对磷酸二铵中磷的当季利用率平均为 26.9%。

2. 科学合理施肥对策

根据以上试验结果，可以得出以下关于科学合理施肥的认识。

（1）中低产地，化肥投入产出比高，随着产量水平提高，投入产出比降低。因此，高产农田不能盲目多施化肥。

（2）近年来氮肥用量逐年增加，但肥效逐年下降；磷肥的增产效果越来越大，根据不同土壤类型和产量等级，提出氮磷合理施肥比例十分重要。

（3）钾肥在一些地方开始显出效果，特别在高产地区更为明显，从长远看，研究土壤中钾肥的动态及需求值得注意。

（4）微量元素肥料在增产中起重要作用，要因地制宜推广应用。

（5）研究提高化肥利用率的科学施肥方法，大力推广长效化肥。

（6）针对土壤不同肥力基础，不同土壤水分和不同作物，采取不同的施肥方案，方能收到最佳增产效果。

3. 按不同类型区合理调配肥料投入

由于不同类型的土壤养分水平有差异，不同地区的耕作制度、栽培作物及管理水平也不尽一致，所以应有不同的肥料投入及肥料分配。亳州市的大部分及涡阳县的西部地区，主要分布着含钾较丰富的淤土、淤黑碱土及两合土等，所以在这些地区的土壤中对主要粮食作物一般可不施钾肥，仅施一定量的有机肥即可，但要加强氮肥和磷肥施用。只有对某些喜钾作物如烟草等经济作物，有时需补施少量化学钾肥。蒙城县的大部、涡阳县的中部和东部以及怀远县北半部，主要分布着黑碱土、淀白黑碱土、黄碱土等，氮、磷水平较低而钾素水平中等到中上等，在这里除小麦要强调氮、磷肥及有机肥配合施用外，对棉、麻、烟、稻、薯类乃至玉米等作物，增施少量钾肥是高产所需要的。而怀远县中、南部的黑碱土、黄白土及水稻土等，土壤磷素水平多数已接近中等，因此磷肥用量可适当减少，但氮肥仍应强调。又因这些土壤钾素水平较低，为使棉花、水稻、红薯、黄麻等作物高产，尚需增施钾肥。

第七节　作物种植结构调整和优化

黄淮海平原粮食主产作物是小麦，玉米和水稻，这三种作物播种面积和单产水平，对粮食增产能力影响甚大。

1993 年黄淮海平原小麦总产 504.52 亿千克，占粮食总产 47.24%；播种面积 17 609.4 万亩，占全区粮食总播种面积 47.56%；六年增产 98.07 亿千克，占全区总增产量 48.13%；单产水平 286.5 千克。增产的主要原因，一靠提高单产，六年提高 44.05 千克，增产 73.84 亿千克，占 75.30%；二靠扩大播种面积，全区共增加 845.52 万亩，增产 24.23 亿千克，占 24.70%。

小麦产量的地区差异较大，亩产高于 350 千克的有北京市，河北省石家庄市，山东省淄博、枣庄、潍坊、济宁、德州，河南省焦作等地、市。低于 250 千克的有河北省邯郸、邢台、沧州，安徽省淮南、淮北、阜阳、宿州，河南省驻马店、漯河、信阳等地、市。

1993 年黄淮海平原玉米总产 327.34 亿千克，占全区粮食总产 30.65%；播种面积 9 176.54 万亩，占粮食总播种面积 25.57%；六年增产 99.40 亿千克，占全区增产总量的 48.79%，单产水平达 356.72 千克，比小麦高 70.2 千克，六年提高 85.85 千克，比小麦多 41.8 千克。玉米播种面积比六年前增加 761.02 万亩，增加产量 27.15 亿千克，占 27.30%；提高单产增产 72.25 亿千克，占 72.70%。单产超过 450 千克的地市有北京市，河北省石家庄市、山东省淄博、枣庄、潍坊、泰安，河南省焦作等。低于 300 千克的地市有河北省邢台、沧州、衡水，河南省郑州、平顶山、周口、驻马店、漯河、信阳等。

1993 年黄淮海平原水稻总产 94.98 亿千克，占全区粮食总产 8.89%，播种面积 2 039.18 万亩，占全区 5.68%，六年增产 15.69 亿千克，占全区增产总量 7.70%；单产 465.75 千克，六年提高 40.09 千克；亩产超过 500 千克的地市有北京市，天津市，河北省唐山，江苏省徐州、连云港市，安徽省淮北市，山东省济宁市，河南省周口地区等地、市。低于 400 千克的有河北省石家庄、邯郸、邢台、沧州、廊坊、保定，山东省德州、聊城，河南省郑州、濮阳、许昌、商丘、漯河等地、市。

1993 年黄淮海平原大豆总产 37.84 亿千克，六年增 6.01 亿千克，播种面积减少 269.78 万亩，其中河北、山东两省播种面积增 402.47 万亩，河南、安徽、江苏和北京市减 672.25 万亩。单产 118.04 千克，比 1987 年提高 26.45 千克。是产量最低的一种作物。

根据各地区产量水平和发展条件，建议河北省控制和减少水稻种植面积，中低产开发区要控制小麦面积，适当增加玉米面积，小麦农田要保障水肥投入，将小麦和玉米单产分别提高 60 千克和 100 千克。山东省控制并减少水稻面积，稳定小麦、玉米面积，将中低产地区小麦产量提高 60 千克，玉米产量提高 100~110 千克。河南省和安徽省要稳定小麦面积，适当发展水稻和玉米面积，中低产田要将小麦和玉米产量分别提高 70 千克和 100 千克。江苏调整要适度，全区共增加 845.52 万亩，增产 24.23 亿千克，占 24.70%。

第八节 农业综合开发典型模式和典型经验

"发展模式"是一定历史时期，代表某一社会经济领域或某一产业的发展方向，具有科学性、创新性、鲜明性和可操作性的先进典型经验。能在同类型条件下推广，从而带动整体的全面发展。"模式"的产生一要有社会经济发展的需要和导向，二要有资源和经济基础的特色，三要有理论与实践的结合，四要有带头人的策划和运作，五要有内部结构和体制的保障。"模式"是群众创造历史的具体体现，是生产力发展的积极因素，是正确指导建设和生产的一个认识来源，是不断推动事物由初级形式向高级形式演化的一种动力。两期农业综合开发的实践，各地涌现了很多模式和经验，对农村经济发展起了带动作用。发现和总结农业综合开发中的各类模式和典型经验，加以倡导和推广，对今后的农业开发的深化有重要意义。现选取 8 个方面 25 份典型材料作简要介绍。

一、中低产田治理开发模式

1. 山东禹城洼地治理开发模式

山东省禹城市于 20 世纪 60 年代中期就创建了旱涝碱综合治理实验区。国家"七五"攻关计划将该县洼地中的风沙型、低湿型和重盐碱型低产地和荒地开发列入项目计划。1988 年山东省有关部门和中国科学院地理研究所、南京地理与湖泊所、兰州沙漠所等单位以三个类型洼地治理作为农业综合开发的引路样板，为黄淮海平原农业综合开发提供了重要经验。1988 年李鹏同志视察后指出农业开发中科技投入的重要性。陈俊生同志考察后向中央提出了《从禹城经验看黄淮海平原农业开发的路子》的专题报告。

2. 河南延津风沙地治理开发模式

河南省延津县有风沙地 68 万亩。1988 年中国科学院兰州沙漠所科技人员，配合当地农业综合开发任务，在延津县连续进行七年的工作，完成了全县沙地治理总体规划。通过 2 000 亩的试验基地和 2 万亩示范区，应用推广沙地开发技术 7 项，新品种 20 余个，优良果苗 80 余万株，推广辐射面积 10 万亩以上。提出了"水为先导，防护配套；长短结合，以短养长；农林牧果，综合开发"的沙地开发经验。并探索出科技投入由专业试验型转变为科研经营型的新机制。

3. 河北雄县"东大洼"盐碱旱薄地开发模式

河北省雄县是黄淮海平原低产县，盐碱旱涝等灾害严重限制生产发展。1987 年播亩平均单产仅 107.7 千克，不到黄淮海全区平均数的一半。"东大洼"又是该县低产区，61 个行政村 20 多万亩耕地绝大部分"靠天吃饭"，单产仅 60 千克。两期农业开发，在以"东大洼"为中心的项目区共改造低产田 21 万亩，平均单产由 60 千克提高到 271 千克，由原来低于非项目区变为高出非项目区 102 千克。农民人均收入由 320 元增至 780元。这种严重低产落后区的连片大面积规模开发，较好地发挥了资源潜力，显示了农业综合开发的威力。

二、沿海滩涂开发模式

沿海滩涂区涉及河北、山东、江苏三省的 8 个地（市）31 个县（市、区），总面积1 830 万亩，其中潮上带 1 077 万亩，潮间带 753 万亩，土地资源和生物资源丰富，开发潜力很大。江苏省射阳县依托农业部南京农业机械化研究所，于 1992 年 3 月立项设立 10 087 亩的滩涂围垦实验区，通过三年工作，发生十大变化，其主要经验是：政府提供农田基础设施框架，农民承包实行规模经营，合理调整农业结构，农业全过程机械化生产。河北滦南县柏各庄镇同南段沿海滩涂射阳模式相呼应，在北部沿海滩涂形成了另外一种模式，他们的经验是，利用滩涂资源优势，实行种、养、加并重开发，自筹资金为主滚动发展，走出了一条乡镇级规模的滩涂经济腾飞的路子。

三、农业综合开发带动"两高一优"农业发展的经验

1. 河北省保定地区依靠科技进步加快"两高一优"农业发展的经验

保定地区于 1991 年年初，在农业开发区选择了 30 个乡镇为试点，探索发展"两高一优"农业的新路子，取得了显著效益。试点乡镇粮食单产三年增长 25%，达到 750千克。新上和扩建种养加项目 17 个，年新增产值 7 230 万元。培育和完善农副产品交易市场 21 个，形成了较强的龙头带动作用。优化了种植结构，建成"两高一优"示范田 25 万亩，新增经济效益 1.5 亿元。聘请吸引了 16 所大专院校和科技单位的 50 多名

专家到试点乡镇传授技术，使常规技术覆盖率达到90%。试点乡镇发生了五个变化，一是农业综合开发由基础设施为主向深层次技术开发转变；二是种植格局由单一、低效向多种经营和高效益转变；三是市场销售由初级产品向加工产品转变；四是社会化服务由种植业的耕、播、浇向大农业的产前、产中和产后系列服务转变；五是农村经济由传统农业向种养加一条龙、贸工农一体化方向转变。他们的主要经验是：制定规划，实行目标管理；完善科技网络，加强技术培训；积极引进技术和人才；增加资金投入；加强领导，抓点带面。

2. 河南省永城县以开发区样板引路带动全县小麦"两高一优"建设的经验

小麦是永城县的主导作物，每年播种面积140万亩左右。80年代后期，小麦产量连续徘徊，1989年亩产仅144千克，比历史最高水平减40.1%。为了扭转这种局面，1990年在农业综合开发项目区的20个村，率先建设6 600亩小麦高产开发样板田，聘请省、地小麦专家，通过良种引进及示范推广，新技术试验应用和人才培训等措施，发挥了科学技术的作用，使小麦高产开发获得成功。样板田平均亩产350.2千克，比对照田增产27.3%，其中65亩平均产量高达516.4千克。该县以开发区样板引路，以样板经验指导推动全县小麦"两高一优"建设，1991—1994年以项目区为重点，分别实施了10万亩、30万亩、50万亩和100万亩小麦"两高一优"的大规模开发，均取得重大成效。1993年50万亩小麦平均亩产超过400千克。1994年虽受多种灾害，100万亩小麦总产比上年增产2 570万千克。永城县依靠科技、树立样板、前走后跟、带动全县的小麦高产经验值得推广。他们的主要措施是：树立规模效益观念，加大开发力度；推行集团承包，强化风险奖励机制；突出重点，典型引路；改善生产条件，增加物资投入；推广模式化栽培，搞好技术培训；加强领导，坚持"七统一""三直供"（统一规划、统一品种、统一测土配方施肥、统一机耕整地、统一播种、统一供药防治病虫、统一浇水调度。良种由县种子公司直供、农药由植保公司直供、化肥按农田需肥配方由乡村组织货源直供）。

3. 安徽省宿州市在农业综合开发项目区基础上建设高效农业示范区的经验

宿州市南部206国道沿线高效农业示范区，是在农业综合开发项目区完成后进一步发展起来的，是农业综合开发的延伸和提高，其经验值得注意。206国道是经过宿州市贯穿南北的一条公路干线，沿线经济基础较好，交通方便，信息传递快，科技意识强，市场发展前景好。在农业开发基础上，按高起点、高标准、高质量、高效益，逐步建成科技高投入的园田化生产、机械化作业、规模化经营、产业化合理布局的高效农业示范区。1994年起步，成立了办事机构，制定了总体规划，选派了52名青年干部到示范区5个乡镇的农村挂职，两年多来已初显成效。

四、农业综合开发中的林业建设经验

1. 河南省许昌市农业综合开发中的林业建设经验

许昌市在农业综合开发中，林业建设紧紧围绕改造中低产田这个重点，以提高生态效益、经济效益和社会效益为目的，六年来共营造完善农田林网65万亩，建网格2 037个，植树263.1万株，建立名、优、特、新经济林基地8 960亩，育苗2 035亩。高标准的农田防护林网，使项目区生态环境和生产条件得到明显改善。项目区林木整齐一致，生长郁郁葱葱，给人"面貌为之一新"的直观感觉。他们的做法是：一是因地制宜，科学规划，高标准，高起点。一期开发网格平均面积398亩，二期开发网格平均面积319亩。二是应用新技术、新成果、选用优良适生树种，提高造林质量。三是狠抓管护，巩固造林成果。乡村组层层建立护林组织，确立专职护林员，合理解决管护人员报酬和制定奖罚办法，并下决心处治林木破坏分子。

2. 河北省沧州市农业综合开发推动枣粮间作发展的经验

沧州市金丝小枣品质好、产量高、面积大、栽培历史悠久。现有枣粮间作面积181.1万亩，占耕地面积15.3%。其中结果面积76万亩，年产小枣4 511.5万千克，占全市果品总产的1/6，直接收入1亿余元。枣粮间作这种立体农业科学种植模式，可以实现农林结合、枣粮互补、相互促进，达到生态效益、经济效益和社会效益的高度统一，是沧州农业的一大优势。该市农业综合开发对这一优势给予重点支持，项目区引路有力推动了全市的进一步发展。规划今后每年建设30万亩，到2000年发展到345万亩，全市人均枣粮间作0.6亩，重点县达人均1亩；增加有林地面积78.8万亩，提高林木覆盖率3.75个百分点；预计年产干枣9 000万千克，产值可达2.7亿~3.0亿元，仅此一项可使人均收入获得436元。

五、农业综合开发促进"公司加农户"和经济小区发展模式

1. 山东省利津县陈庄草场畜牧业发展模式

该模式以陈庄畜牧草场综合开发公司为主体，龙头带基地，公司带农户；以畜为主，多种经营；统一规划，规模开发；统分结合，养管并举。取得了迅速发展。

陈庄位于黄河三角洲的利津县，草地资源丰富，草地面积5万亩，可放牧辐射面积10万多亩，草场开发潜力很大。公司创建于1991年，得到黄河三角洲开发项目的支持，三年迈出三大步，1992年产值50万元，1993年产值150万元，1994年产值600万元。几年来相继建成扬水站、畜牧兽医站、肉牛育肥场、饲料厂、养鸡场、鱼池100亩、中华毛蟹池200亩、育封草场1.65万亩、人工草场3 000亩，带动59个农户。现

有存栏牛 300 头、羊 8 500 只、肉鸡 1 万只。在经营方式上采取草牧渔结合，集体饲养与家庭饲养结合，放牧饲养与工厂化饲养相结合。初步形成了商品牛生产基地和良种仔畜繁育基地及与之相配套的社会化服务体系。该公司被农业部授予全国"先进家庭牧场"称号，被东营市定为"畜牧业开发的样板工程"。

2. 江苏盐城专业化经济小区发展模式

经济小区是为了提高农业综合开发效益，加快农业开发资金的偿还和滚动使用，在农业综合开发项目区形成的专业化、商品化农副产品生产基地。盐城市农业综合开发，建成各类经济小区 84 个，总产值达 1.6 亿元。

阜宁县三灶乡"万户快速养猪致富工程"。1991 年他们同北京农业大学科技人员协作，通过改育猪种、改善外部环境、科学配料摧肥，使生猪出栏由原来 8 个月缩短到 100 天左右，平均日增重 0.6 千克，全乡年出栏肥猪 12 万头，户均收入增 960 元。

东台市许可镇兔毛市场。该镇高中村全村养兔 3.8 万只，1992 年利用农贷资金 6 万元建成兔毛市场，年成交额 1 500 万元，发展成全国十大兔毛市场之响水县小尖镇柳编生产基地。二期农业开发中，在原荒碱地、拾边地基础上，建成 3 000 亩绵柳生产基地。该镇农民吕方忠投资 15 万元，办了编织厂，联合 300 多户，生产 300 多种产品，相继打入日、美、德和东南亚的 20 多个国家，年创汇 13 万美元。

经济小区的建设对发展地方经济有多方面意义。一是示范作用；三灶乡快速养猪方法，在盐城市推广，发展专业村 60 个，农户普及率 80% 以上，生猪出栏百头以上农户 500 多家。二是提高了农业综合开发经济效益，有利于资金的偿还回收和滚动使用。三是促进农村市场经济发展，增加了城市农副产品的供给量。

六、农业综合开发依靠科技进步的经验

1. 江苏省组织科研单位和大专院校建立农业综合开发实验区的经验

在省政府领导下，针对不同类型低产土特点，组织 7 个科研单位和大专院校，建立了东海县白浆土、响水县滨海盐土、睢宁县花碱土、泗洪县砂礓黑土、丰县沙碱土、射阳县沿海滩涂、高邮县里下河湖荡区和如皋县高沙土 8 个农业综合开发实验区。

实验区以"增产改土"为目标，以试验示范为手段，投入实用技术和配套技术，形成了科技成果转化的新机制。江苏农学院在响水县滨海盐渍土实验区，提出了"引水洗盐、秸秆还田、植树种草、半粮半棉"的综合配套技术。南京农业大学在东海县白浆土实验区提出了"深耕改土、节水保肥、轮作换茬、培肥土壤"的配套技术。江苏省农业科学院和省农林厅在睢宁和丰县碱土改良实验区提出了"井渠结合、培肥改良、水旱轮作、化学改碱"的技术措施。中国科学院南京土壤所在泗洪推广"节氮免磷"水稻施肥技术。南通农科所在如皋沙土区探索了"两旱一水"三熟制。农业部南京农机化所在射

阳沿海滩涂同地方政府一起提出"集约化经营、农场式管理、机械化操作、社会化服务"的开发经营模式等成套经验。另外，根据科研机构各自的特色和优势，还引进作物良种 28 个，种畜 850 头（只），种禽 4.8 万套，推广新科技成果 82 项，建立辐射实验点 215 个，培养专业户 238 户，培训农民 8.24 万人次，技术推广辐射面积六年累积达 3 000 万亩次，为同类型低产农区的开发治理和全省农业综合开发工作提供了宝贵经验。

睢宁王集实验区是江苏省 8 个实验区之一，江苏省农业科学院针对该地区农业生产中存在的主要技术问题，围绕提高粮、棉、油、肉产量和经济效益的总目标，加速低产土壤改良，建立种、养、加、粮、饲、经、林、果、牧结合的农业生产结构，形成农业多次经济增值的优化模式，取得了明显效果。

2. 河北省邯郸市组成跨学科的科技"合成军"，实行科技承包的经验

河北省邯郸市，运用北京农业大学在曲周县改土治碱的经验，在农业综合开发中，组织北京农业大学、中国科学院、华北水利水电学院、河北省农业科学院、河北农业大学邯郸分校等 17 所大专院校和科研单位 240 多名科技人员，同当地 1 300 多名科技人员一起，组成多部门，跨学科的科技"合成军"，投入邯郸农业开发主战场，产生了农业科技开发投入少、产出多的"邯郸效应"。具体做法是，按项目进行科技承包，并签订开发承包合同、效益承包合同和债务偿还合同。在合同实施期间，参加承包集团的科技人员，主要服从承包集团负责人的领导，这种科技投入的机制产生了重大成效。大名县 20 多万亩黄河故道沙荒低产地，长期没有得到治理。这次农业开发，聘请北京农业大学土肥系教授和该校师生，同地县有关部门和基层干部 30 多人组成承包集团，采用植林固沙、秸秆还田、防渗灌溉、配方施肥等工程措施和生物措施，使该县三角店村千亩沙荒地实现园田林网化、农田水利化、节水灌溉管道化、耕作机械化、作物良种化，当年开发当年收益，并获得较高产量。经六年开发，三角店村技术成果已推广 8 个乡、镇 25 多万亩，新增粮食 6 892 万千克，棉花 215 万千克，花生 1 726 万千克，经济效益 8 747.6 万元。临漳县聘请河北农大邯郸分校牵头组成漳河滩 8 千亩沙荒地项目开发集团，带动 5 万亩沙滩荒地开发。

3. 河北省廊坊市大面积夏玉米依靠科技高产栽培的经验

河北省廊坊市每年玉米播种面积 220 万亩左右，总产占全市粮食作物的 45.6%。1985 年全市玉米平均亩产 250 千克，接着出现几年徘徊。为了探索玉米增产经验，1989 年在农业开发项目区安次区北旺乡安排了"夏秋粮两季吨粮技术示范推广"项目，聘请中国农业科学院佟屏亚先生主持。1 125 亩夏玉米平均亩产达 604.1 千克，比前三年产量翻了一番多，最高亩产达 794.8 千克。市政府总结了依靠科技进行玉米高产栽培的经验，加以大面积推广。1990 年农业综合开发立项开展"10 万亩夏玉米集约化高产栽培示范推广"工作，由于各地积极性高，项目区实播 19.07 万亩，分布在各县、市，验收的 12 万亩平均亩产 518.2 千克，总产增加 3 218 万千克，最高亩产达 812.4 千克。1991 年推广 50 万亩，1992 年扩大到 100 万亩。廊坊市地处我国夏玉米生产北部边缘地区，实现高产难度较大，他们连年大面积高产的成功，除了加强领导，搞好部门协作等条件，关键是靠科技。主要技术措施是"一换"（换松散型玉米品种为紧凑型玉米良种）、"二增"（增加密度、增施肥效、三改（改革种植制度、改变施肥技术和浇水方法），通过试验示范再大面积推广。与此同时，加强科技培训，科技人员亲自讲课，讲课对象分三个层次，一是市县、乡镇领导干部，题为"发展玉米生产重要意义及廊坊市玉米增产潜力"。二是农村技术干部，题为"架起一座科技通向农村的桥梁"。三是农民，题为"夏玉米亩产 600 千克栽培技术"，直接讲课 30 多场，最多一场听众 700 多人。在此基础上，各区、县市组织力量，举办这一技术培训班 873 期，培训农民技术骨干 15.94 万人次，印发技术要点材料（明白纸）16 万份，放映紧凑型玉米栽培录像 40 多场。固安县电视台在玉米播种期间将录像连续播放 18 天，科技入户率达 80% 以上。廊坊市通过玉米大面积高产栽培活动，实现了领导者、有关部门、科技人员、广大农民、政策、技术、物资、宣传等方方面面的组织协调、有机配合、优化组织、高效运转，为科学技术大规模的转化，形成区域宏观效益提供了可贵的经验。

4. 河南省柘城县村级科技人才培训经验

全县 23 个乡镇，476 个行政村，以农业开发项目区首先启动，每村选派一名同志参加学习。争取 2~3 年完成基期大型培训，每村受训学员不少于 3 人。请河南省农业大学教授作指导，主要传播种植业、养殖业、加工业等各项实用技术，并讲市场经济学。通过培训培养了一批发展农村经济的科技示范户和带头人，建立一支农民技术骨干队伍。通过学员技术辐射作用，提高农民整体科技素质，有利于农业新技术的转化推广。受训学员回村兼有农技推广、农副产品营销、科技信息转递、技术与劳务经纪人等多种职能。有的村以学员为科技副村长，推动了"公司加农户"经营模式的发展。这一举措对全面振兴农村经济，提高农业科技含量，实现小农户和大市场接轨有重要意义。为农科教结合探索了新的形式。

七、农业综合开发和农村经济发展新机制模式

随着农业综合开发工作的深入发展，各地探索和创造了一些新的机制。从东营、保定和邯郸三地市，选出了六个模式，主要是筹集资金、滚动开发、荒地拍卖和开发运作方面的经验。这些模式尚不完善，但代表了新事物、新方向，应当在实践中发展和提高。山东省广饶县股份制模式为农业综合开发拓宽了融资渠道。广饶县粮食银行经营模式为农业综合开发粮食生产提供了有力保证。山东省利津县劳务银行模式为农业综合开发吸纳农村剩余劳动力找到了一条行之有效的途径。山东省东营市土地银行模式为土地

资源转化为资本再投入创造了条件。河北省邯郸市邱县"四荒"拍卖的尝试，为农业综合开发推向纵深提供了新契机。河北省保定地区立项竞争机制在农业综合开发工作中配合运用，调动了各方面积极性，形成了团结奋进搞开发的生动局面。

八、第三期农业综合开发立项的经验

河北省衡水地区在认真总结前两期农业开发经验的基础上，对第三期开发提出了若干新思路。如"两路一圈"开发规划设想和自筹资金先搞框架建设，再通过评比竞争择优立项的做法，都富有创新性。

"两路一圈"开发规划，指的是京大公路（北京至大名）和沧州至石家庄公路两侧以及衡水市—景县—故城—枣强环行圈，包括沿路两侧 1 千米内的 50 万亩土地。

第二篇

区域水资源和南水北调研究

篇 首 语

20世纪 80 年代，本人主持和参与主持三个重大水资源研究项目：一是"南水北调及其对自然环境的影响"；二是"华北平原水量平衡"；三是"黄淮海平原节水农业综合研究"。三个水资源研究项目的重点区域还是黄淮海平原，通过研究除了提供项目总成果报告外，还发表了十多篇学术论文，分别编入本篇第四、五、六三章。

南水北调是中外瞩目的跨世纪宏伟工程，调水对自然环境会产生哪些影响？倍受社会各界关注。早在 20 世纪 70 年代末，中国科学院将此列入重点项目开展研究，地理研究所牵头，组织 30 多个单位的多学科队伍。通过研究，对长江下游及河口地区水体环境、血吸虫北移、输水水质、灌区次生盐碱化等诸多问题，作出了明确的科学结论。本人的论文"南水北调对自然环境影响的若干问题"对这些问题进行了综合分析，是南水北调研究的代表作之一。左大康、许越先合写的"南水北调及其有关的几个问题"，被新华社《新华文摘》转载后，在社会上产生广泛影响。

黄淮海平原是国家心腹之地，人口众多，经济发达，但水资源馈乏日趋严重。配合南水北调工程，中国科学院于 20 世纪 80 年代中期，立项开展"华北平原水量平衡研究"，地理研究所刘昌明、许越先、李宝庆牵头。通过研究，本人发表多篇论文，其中"黄淮海平原水资源区域补偿和区域调配"一文，是在国内较早对自然水资源的区域再分配作的探讨。"华北平原灌溉水的利用率和灌溉对环境的影响""我国北方地区水资源开发及其引起的生态环境问题"等几篇文章，重点分析水资源开发利用引起的生态环境问题，提出一些防患于未然的工程技术措施。

节水农业研究，得到国家高度重视。本人主持的"黄淮海平原节水农业综合研究"，是中国科学院呈报国务院、李鹏总理亲批的项目。项目组的十多个单位专家分工合作，多点深入，在农业节水政策、区域性节水、节水试验示范等方面，提交综合性研究成果。本人发表了"我国节水农业研究的主要趋势""提高农业用水有效性的水文学研究"等论文，主编《节水农业研究》一书。

河流水化学研究是本人早期自选项目，编入第七章的两篇论文分别刊登在《地理科学》和《地理研究》两个学报上，有一定的学术价值。

第八章土面增温剂及其在农业上的应用，是地理所抑制蒸发课题组在"文化大革命"期间一直坚持研发和推广的项目，本人主要参加河南商丘地区的推广。1974—1976 年以柘城县为基点，兼顾全区各县，在地方政府支持下，建厂、培训、做棉花育苗试验，取得规模化的重大进展。商丘地区革委会委托本人起草的"河南省商丘地区土面增温剂生产应用情况汇报"，在国务院《棉花工作简报》第十八期全文刊载，加上按语发到全国影响很大。为商丘地区写的三篇增温剂生产应用培训教材属科普性文字，也收入本篇。

第四章
区域水资源研究

第一节　黄淮海平原水资源区域补偿和区域调配

一、一般概念

在流域系统内，由上游山区进入下游的水量，可以补充平原地区水资源的不足，定义为水资源的区域补偿。由外流域调入的水量，定义为水资源的区域调配。水资源的区域补偿和区域调配，是通过蓄水和引水工程，对水资源空间分配不匀进行人为再分配的过程。一个区域的当地水资源和外区域的补偿与调配水量形成的水资源组合量，比只以当地水资源为标准，更能真实地反映现状供水的实际能力，应该在水资源评价的基础上进行认真研究，从而对不同地区水资源供需的现实情况作深入分析，为正确寻找解决区域缺水问题的途径提供依据。

水资源的区域补偿和区域调配是由以下条件决定的：一是水的再生性和流动性。水在自然界的循环，使地面水的消耗不断得到大气降水的补给，为区域补偿和调配提供了稳定的物质来源。水在一定势能下的流动，使区域补偿和调配成为可能。二是水资源供需状况的区域差异，产生了区域补偿和调配的现实要求。三是不同季节产水量的悬殊，为区域补偿和调配提供了蓄水调节的工程依据。四是社会经济和科学技术的发展，使水资源有可能按人的意志调配。

黄淮海平原 1985 年灌溉面积 1.6 亿亩，比 1949 年增长 7.9 倍。而北方 15 个省、区、市同期增长 5.6 倍，全国平均增长 3 倍。由此可见，这个地区水资源开发利用程度较高，是水资源区域调补量最大的地区，研究这个地区水资源的区域补偿和区域调配有典型意义。

黄淮海平原属缺水区，但平原内不同区域，因当地水资源、补偿水资源和调配水资源的不同，实际缺水情况有所不同。本文按水利部门水资源评价的分区系统，分析各区水资源的区域补偿和调配量，以及区域水资源组合量，比较各区的现状供水能力。分区系统包括滦河下游及冀东沿海平原区（简称滦河下游区）、海河北系平原区（简称海河北区）、海河南系平原区（简称海河南区）、徒骇马颊河平原及沿黄北岸平原区（简称徒马河区）、淮河北系平原区（简称淮北区）、南四湖西平原区（简称南四湖西区）、沂沭河下游平原区（简称沂沭下游区）。分析时还涉及各区相应的上游山区。

二、水资源区域补偿

黄淮海平原灌溉用水高峰期是 5 月，而河川径流高峰期是 8 月，灌溉高峰期比径流高峰期晚 9 个月。如果没有调蓄措施，上游径流量对下游进行自然补偿，水资源利用率是很低的，下游平原区不可能得到上游径流大量有效的补偿。兴建水库等蓄水工程，是将自然补偿变为有效补偿的重要措施。

即使有了工程措施，也不可能将理论计算的天然径流量全部利用。这是因为在暴雨集中的夏季，有一部分洪水和涝水排泄入海；山区径流的一部分水量被当地利用，其产水量不可能全部补偿下游地区；平原地区的实际取水量决定于工程系统的配套完善程度，而任何一个地区的工程都不能把水资源全部控制加以利用。因此，本文以山区径流量作为下游平原区最大自然补偿量，用以表征区域补偿潜力；以大型水库兴利库容作为最大有效补偿量，可以概略表征对平原的实际补偿能力。黄淮海平原各区水资源的最大自然补偿量和最大有效补偿量列于表 4-1。

表 4-1　黄淮海平原各区水资源区域补偿量

分区名称	面积（×10⁴平方千米）		平原面积山区面积	当地径流（×10⁸立方米）	区域补偿量（×10⁸立方米）		补偿系数	
	平原	上游山区			自然补偿	有效补偿	自然补偿	有效补偿
黄河以北								
滦河下游	0.74	4.71	0.16	5.27	49.78	23.5	9.45	4.46
海河北区	1.62	6.69	0.24	14.06	47.84	36.3	3.40	2.53
海河南区	7.35	7.52	0.98	32.55	99.16	38.7	3.05	1.19
徒马河区	4.05	0	—	20.77	0	0	0	0
合计	13.76	18.92	0.73	72.65	196.78	98.5	2.71	1.36
黄河以南								
淮北区	9.47	1.90	4.98	164.00	44.0	10.3	0.27	0.06
南四湖西	1.99	0	—	22.16	0	0	0	0
沂沭下游	3.97	2.00	1.99	95.00	69.0	24.7	0.73	0.26
合计	15.43	3.90	3.96	281.16	113.0	35.0	0.40	0.12
全区总计	29.19	22.82	1.28	353.81	309.78	133.5	0.88	0.38

由表 4-1 可知，黄淮海平原接受山区水资源最大自然补偿量为 3.0978×10^{10} 立方米，最大有效补偿量为 1.335×10^{10} 立方米，相当于平原径流量的 0.38（即区域补偿系

数）。平原内不同区域的水资源补偿量相差甚大。总的看来，黄河以北高于黄河以南。黄河以北最大自然补偿量为 1.9678×10^{10} 立方米，是平原径流量的 2.71 倍；最大有效补偿量为 9.85×10^9 立方米，是平原径流量的 1.36 倍。说明平原水资源大部分靠上游来水的补充。黄河以南最大自然补偿量为 1.130×10^{10} 立方米，是平原径流量的 0.40；最大有效补偿量为 3.50×10^9 立方米，只有平原径流量的 0.12。说明平原区水资源以当地径流为主。

水资源区域补偿量的大小与上游山区面积、平原当地径流量和工程蓄水能力有关。

区域补偿系数大的地区，一般上游山区面积比较大，平原同山区面积比值小，如滦河下游平原面积只是山区面积 0.16，海河北区平原面积是山区面积 0.24。这两个区的上游大面积的山区产水为下游相对较小的平原提供了丰富的补偿水量，补偿系数分别达到 4.46 和 2.58。淮北区平原面积是上游山区面积的 4.98 倍，沂沭下游平原面积是山区的 1.99 倍，由于山区面积小，只能给下游大面积的平原相对较少的补偿，这两个区的有效补偿系数只有 0.06 和 0.26。徒骇河马颊河和南四湖西各河属平原坡水河流，因此徒马河区和南四湖西区是没有山区补偿水量的两个区。

平原当地径流量大的区域，补偿量相对较少。如黄河以南淮北平原和沂沭下游平原产水模数均在 1.7×10^5 立方米 /（平方千米·年）以上，比黄河以北各区产水模数大，水资源的补偿量比黄河以北小。

区域补偿系数随工程蓄水能力提高而增大。如海河北区的补偿系数大于海河南区，除山区面积大小的影响外，还受工程蓄水能力的影响。海河北区上游大型水库已控制山区面积 93%，总库容占山区多年平均径流量的 194%，兴利库容占多年平均径流量的 71.7%，兴利库容提供的有效补偿量为 3.63×10^9 立方米，占最大自然补偿量的 76%，说明该区自然补偿的大部分已变为有效补偿。海河南区大型水库只控制山区面积 71%，总库容只占山区多年平均年径流量的 76%，兴利库容只占山区年径流量的 35.1%，兴利库容提供的有效补偿量为 3.87×10^9 立方米，只占山区最大自然补偿量的 39%，说明该区自然补偿量只有一小部分转化为有效补偿，水资源开发还有一定潜力。

三、水资源区域调配

气候水文条件决定了水资源分布的地区差异，社会经济发展的不平衡导致各地区需水量的不同。用工程措施，将余水区一部分水资源调配到缺水区，是从宏观上合理调度利用国土资源的重要措施。

黄淮海平原水资源总量不足，要维持工农业生产的持续发展，实施流域间的水资源调配必不可少。上面提到的水资源区域补偿基本顺河系东西向进行，大多数是西水东补。而水资源区域调配基本是南北向进行，其中较大的工程有北水（滦河）南调（海河北区）、南水（长江）北调（沂沭下游区及其以北）和中水（黄河）北引（徒马河区及其以北）南送（淮北区和南四湖西区）。引滦入津是滦河和海河两个流域间的水量调配，以城市供水为主要目标，这项工程从潘家水库引水，水库总库容 2.93×10^9 立方米，兴利库容 1.95×10^9 立方米，其中 1.0×10^9 立方米配给天津。

从长江调水到黄河以北的南水北调工程，已经提出三个方案，其中东线和中线两个方案都是向黄淮海平原输水。中线近期从丹江口水库引水，最终送水到北京，现正处于规划研究阶段。东线从长江下游江都抽水站引水，沿大运河最终送水到天津。将水送到东平湖的东线第一期工程已有一定基础。江都抽水站于 1961—1967 年建成后，一般干旱年可向苏北地区引江水 4.0×10^9 立方米，1978 年大旱，全年抽引 6.3×10^9 立方米，其中引入苏北灌溉总渠的 8×10^8 立方米，可以认为是调配到沂沭下游区的水量。淮河干流进入洪泽湖的水量，一部分也被调配到沂沭下游区，下文分析中暂未考虑。

黄河水引到南北沿岸的淮河和海河流域，是目前黄淮海平原水资源调配量最大的工程系统。黄河下游花园口水文站平均天然径流量为 5.80×10^{10} 立方米，下游河床高出两岸 3~5 米，为沿黄地区自流引水提供了有利条件。从 1952 年河南人民胜利渠开创下游引黄历史到现在，经历了曲折的发展过程。1971—1987 年，17 年平均每年引水 9.006×10^9 立方米，其中山东省占 64.6%，河南省占 35.4%。1973—1978 年，是引黄比较稳定的 8 年，平均每年引水量 8.76×10^9 立方米，可以认为这是向外区的调配量。在有效调配量中，北调进入徒马河区的占 51.1%；进入海河南区的占 9.6%；南引进入淮北平原的占 21.0%；东引进入南四湖西区的占 13.7%。其余 4.6% 引入济南及其以东沿黄地区。

由于水资源的区域调配，使黄淮海平原增加了 9.156×10^9 立方米的供水能力。黄河以北 5.320×10^9 立方米，相当于当地径流的 0.73，其中徒马河区调配量是当地径流量的 2.16 倍，是 7 个区中调配系数最大的；海河南区调配量只相当于当地径流量的 0.26。黄河以南调配量为 3.836×10^9 立方米，相当于当地径流量的 0.14，明显少于黄河以北地区，南四湖西区调配量是当地径流量的 0.54，是黄河以南调配系数最大的区域。

四、水资源区域组合

一个地区当地水资源（包括地下水）、上游水资源有效补偿量和外流域水资源调配量，构成了水资源区域组合量，这个量值表示区域现状供水能力。实际上，由于平原区地表径流难以全部控制，地下水资源无法全部开采，补偿和调配的水资源在供水中发挥很大作用。黄淮海平原各区水资源组合量和不同水源占组合量的比重，分别列入表 4-2 和表 4-3 中。

表4-2　水资源区域组合量

[总量单位：10^8 立方米　模数单位：10^4 立方米 /（平方千米·年）]

分区名称	面积（×10^4 平方千米）	当地水资源		调补水资源			组合水资源	
		总量	模数	总量	模数	调补系数	总量	组合模数
黄河以北								
滦河下游	0.74	16.21	21.91	13.5	18.24	0.83	29.71	40.15
海河北区	1.62	43.20	26.67	46.3	28.58	1.07	89.50	55.25
海河南区	7.35	120.42	16.38	47.1	6.41	0.39	167.52	22.79
徒马河区	4.05	71.98	17.77	44.8	11.06	0.62	116.78	28.83
合计	13.76	251.81	18.30	151.7	11.03	0.60	403.51	29.32
黄河以南								
淮北区	9.47	350.61	37.02	28.69	3.03	0.08	379.30	40.05
南四湖西	1.99	60.59	30.45	11.97	6.02	0.20	72.56	36.46
沂沭下游	3.97	153.64	38.70	32.70	8.24	0.21	186.34	46.94
合计	15.43	564.84	36.61	73.36	4.75	0.13	638.20	41.36
全区总计	29.19	816.65	27.98	225.06	7.71	0.28	1 041.71	35.69

表4-3　水资源组合量中不同水源比重

分区名称	水资源组合量（×10^8 平方千米）	当地水资源（×10^8 平方千米）				调补水资源（×10^8 平方千米）			
		地表水		地下水		区域补偿		区域调配	
		总量	比重	总量	比重	总量	比重	总量	比重
黄河以北									
滦河下游	29.71	5.27	0.18	10.94	0.37	23.5	0.79	−10.0	−0.33
海河北河	89.50	14.06	0.16	29.14	0.33	36.3	0.40	10.0	0.11
海河南区	167.52	32.55	0.19	87.81	0.53	38.7	0.23	8.4	0.05
徒马河区	116.78	20.77	0.18	51.21	0.44	0	0	44.8	0.38
合计	403.51	72.65	0.18	179.10	0.44	98.5	0.25	53.2	0.13
黄河以南									
淮北区	379.30	164.00	0.43	186.61	0.49	10.3	0.03	18.39	0.05
南四湖西	72.56	22.16	0.31	38.43	0.53	0		11.97	0.16
沂沭下游	186.34	95.00	0.51	58.64	0.32	24.7		8.0	0.04
合计	638.20	281.16	0.44	283.68	0.45	35.0	0.05	38.36	0.06
全区总计	1 041.71	353.81	0.34	462.78	0.44	133.5	0.13	91.56	0.09

从表4-2和表4-3可以得出以下几点认识。

1. 水资源的区域补偿和区域调配，已成为同当地水资源并重的供水水源

特别在严重缺水的黄河以北地区，调补总量达 1.517×10^{10} 立方米，相当于平原地表水资源的 2 倍，接近于地下水浅层淡水资源的综合补给量。其中海河北区平原调补量 4.63×10^9 立方米，超越当地地表水和地下水资源的总和 4.32×10^9 立方米，成为区域供水的主要部分。滦河下游和徒马河区的补偿量也都大于当地地表水资源量。

2. 水资源区域补偿和调配，改变了天然水资源地区分布不均的状况，缩小了区域水资源丰缺的差距

黄河以北地区当地水资源模数为 1.830×10^5 立方米 / （平方千米·年），相当于黄河以南地区的 50%。由于调补水量比较多，水资源组合量达 4.0351×10^{10} 立方米，组合模数上升到 2.932×10^5 立方米 / （平方千米·年），相当于黄河以南地区 71%。当地水资源模数最小的海河南区和徒马河区，不到沂沭下游和淮北区水资源模数的 50%，通过区域调补，组合水资源模数分别达到 2.279×10^5 立方米 / （平方千米·年）和 2.883×10^5 立方米 / （平方千米·年），缩小了它们之间的差距。

3. 以水资源区域组合量表征并比较不同区域的现状供水条件

以海河北区、沂沭下游区和滦河下游区较好，水资源组合模数分别达到 5.525×10^5 立方米 / （平方千米·年），4.694×10^5 立方米 / （平方千米·年）和 4.015×10^5 立方米/（平方千米·年）。其中海河北区，因有北京、天津两大城市，要占用区域供水相当大的部分，模数偏大不能完全反映农田供水的实际情况。供水条件较差的，在黄河以北为海河南区，水资源组合模数只有 2.279×10^5 立方米 / （平方千米·年）。黄河以南地区为南四湖西和淮北区。以上只是区际间的相对比较，而各区不同部位仍有差异，如海河南区西部山前平原是上游来水的主要补偿区，供水能力相对较好；低平原的黑龙港地区，水资源补偿和调配量都很少，供水条件最差。淮北平原的水资源组合模数并不低，但因当地地表水资源数量较大，而平原径流又很难调蓄，利用率不高，实际供水条件并不好。

4. 水资源区域补偿和区域调配，使供水水源出现多元化结构

黄河以北地区以地下水为主，占 44%；其次是区域补偿量，占 25%；地表水只占 18%，区域调配占 13%。黄河以南当地水资源占绝对优势，地表水和地下水分别占 44% 和 45%，区域补偿和调配量只占 5% 和 6%。在 7 个区中，以滦河下游区域补偿量占组合水资源比重最大，扣除外调 1.0×10^9 立方米，还占 46% 的比重。徒马河区的调配量占组合水资源量的 38%，居 7 个区的首位。

从以上分析可以看出，由于水资源区域补偿和区域调配，使黄淮海平原水资源空间组合出现了新格局。这种格局在黄河以北地区形成"C"形图式，即北、西、南三面因调补量大，水资源条件较好，中东部条件较差；黄河以南地区形成"T"形图式，即沿黄和沿运河地区水资源条件较好，中南部的豫东皖北地区较差。南北两片农业供水条件差的地区，今后应重点改善，并要加速发展节水农业。

（本文原载《节水农业研究》，科学出版社，1992 年）

第二节　华北平原灌溉水的利用率和灌溉对环境的影响

一、华北平原灌溉农业的发展

华北平原是中国最重要的农业区，现有耕地 1.8×10^7 公顷，主要作物有冬小麦，夏玉米、棉花等。1987 年粮食总产量占全国 19%，棉花总产量占全国 57%。

该地区年平均降水量，黄河以北 500~700 毫米，黄河以南 700~900 毫米，其中 60% 的降水集中于 6—8 月。小麦生长的冬春季节干旱少雨，季节性灌溉是农业发展的重要条件。

20 世纪 50 年代以前，灌溉面积仅占耕地面积 5%。新中国成立后的 40 年，灌溉农业有较快的发展，大致可分三个发展阶段：第一阶段从 20 世纪 50 年代初期至 60 年代中期，以开发利用地表水为主，兴建了一系列调蓄工程和引水工程，50 多座大型水库和大量的中小型水库，能控制平原上游山区流域面积的 80%，耕地灌溉率由 5% 增加到 25%；第二阶段从 60 年代中期到 70 年代末期，以开发利用地下水为主，农用机井由 10 多万眼发展到 150 多万眼，加上引黄灌溉的发展，耕地灌溉率由 25% 增加到 57%；第三阶段从 70 年代末期到 90 年代初，由于水资源短缺等原因，灌溉面积比 70 年代末期略有下降，农业灌溉进入了以节水技术开发为主、以提高农业用水效益为目标的新时期。

华北平原 80 年代末灌溉面积 10.33×10^7 公顷，其中地表水灌溉面积 4.86×10^7 公顷，占灌溉面积 47%；地下水灌溉面积 5.47×10^7 公顷，占灌溉面积 53%。黄河北部的海滦河平原以井灌为主，占灌溉面积 76%。黄河以南的淮河中下游平原以地表水灌溉为主，占灌溉面积 52%。主要引黄灌溉地区的徒骇马颊河平原，地表水灌溉比重最大，占灌溉面积 65%。

华北平原耕地灌溉率比较高的地区有：黄河以北的燕山、太行山山前冲积平原，黄河以南的淮河下游地区和沿黄河两岸地带，耕地灌溉率一般高于 60%。灌溉率比较低的有：海河下游低平原区和黄河、淮河之间的淮北平原，灌溉率一般低于 40%。

华北平原灌溉农业发展速度高于全国其他地区。1949 年有效灌溉面积只占全国 10.0%，1965 年为 15.8%，1985 年上升到 26.5%。每 1 000 人平均占有的有效灌溉面积，海滦河流域和淮河流域分别为 75 公顷和 59 公顷，居于全国各大流域前列。由于灌溉农业的发展，促进了粮食产量的提高，1962 年全区粮食总产仅 2.3×10^7 吨，1987 年增加到 8.8×10^7 吨，是 1962 年的 2.83 倍，而全国同期只有 1.47 倍。

二、地表水灌溉及灌水利用率

华北平原引用地表水灌溉有悠久的历史，过去只能用简单的设备进行小面积引用。兴建大型蓄水和引水工程，建设大面积的灌区，是从 20 世纪 50 年代开始的。下面分别对海滦河平原、徒骇马颊河平原的引黄灌区和淮河中下游平原的地表水灌溉及灌水利用率作一分析。

海滦河平原的渠灌面积占地表水灌溉面积的 76%，机电提水灌溉面积占 22%，其他形式的灌溉只占 1%。渠灌主要从水库引水，如河北省有 700 公顷以上灌区 165 处，1989 年引水量 4.65 35×10^9 立方米；实际灌溉面积 7.81 733×10^5 公顷，每年平均灌 2.32 次，第一、二级渠道渠水利用系数为 0.648，三级渠道至田间渠系水利用系数为 0.828，从渠首至田间渠系水总利用系数为 0.537。平均每公顷引水量 5 952 立方米（表 4-4）。单位水量灌溉面积 168 公顷 /10^6 立方米，这些数据说明海滦河平原地表水灌水利用率高于全国平均水平。

表 4-4 河北省 1989 年 700 公顷以上灌区灌水利用率

灌水次数	灌区数	实灌面积		年引水量		渠系水利用系数			每公顷用水量（立方米 / 公顷）	
		公顷	占总数 %	10^6 立方米	占总数 %	第一、二级渠道	三级渠道至田间	渠系至田间	渠首引水量	田间灌水量
全省合计	165	781 733	100	4 653.5	100	0.648	0.828	0.537	5 952	3 197
不足 1 次	34	3 667	0.5	16.8	0.4	0.695	0.837	0.582		
1 次	42	167 400	21.4	494.9	10.6	0.684	0.841	0.575	2 957	1 701
2~3 次	55	442 133	56.6	2 010.7	43.2	0.618	0.776	0.480	4 548	2 181
4 次以上	34	168 533	21.5	2 131.1	45.8	0.669	0.870	0.582	12 645	7 359

* 引自茹履绥：地表水灌区节水措施分析，1990

海滦河平原缺水严重，比较注意节约用水，其主要措施是：① 渠道防渗，可将渠系水利用率提高 20%，河北省已有各种防渗渠道 7 575 千米，占渠道总长度 15.1%。② 地下水和地表水联合利用，由于渠道和农田渗漏的水量有 70%~80% 可补给地下水，仅河北省灌水补给地下水约 1.5×10^9 立方米，利用井渠结合的形式可大幅度提高水资源利用率。③ 改善管理办法和提高田间灌水技术。

黄河下游的引水灌溉是从 1952 年开始的。1958 年引黄灌溉面积曾迅速发展到 4.73×10^6 公顷，1959 年下游引黄水量一度达 1.34×10^{10} 立方米。由于这个时期大引、大灌，忽视了排水，造成水资源大量浪费，并引起大面积土壤盐渍化。为此，1962 年被迫停止引黄。1965 年恢复后，至 1972 年引黄水量和灌溉面积基本稳定下来。

由表 4–5 可知，黄河下游引黄灌区 1971—1987 年，17 年平均引水量 9.24×10^9 立方米，平均灌溉面积 1.325×10^6 公顷，每公顷引水量 6 974 立方米，其中 70 年代单位面积引水量为 7 606 立方米 / 公顷，80 年代为 6 381 立方米 / 公顷。单位水量灌溉面积由 131.5 公顷 /10^6 立方米增加到 156.7 公顷 /10^6 立方米，水利用率提高了 19%。主要引黄区的山东、河南两省比较，山东省引水利用率明显高于河南省，河南省 17 年平均单位面积引水量 10 423 立方米 / 公顷，单位水量灌溉面积为 96 公顷 /10^6 立方米；山东省单位面积引水量为 5 825 立方米 / 公顷，单位水量灌溉面积为 172 公顷 /10^6 立方米，比河南省灌水利用率高 79%。

山东省提高引黄灌溉水的利用率的措施主要有二条，一是采用引黄补源提灌代替自流灌，二是实施用水计量，按量收费的管理办法，代替过去按面积收水费的老办法。

河南省和山东省开始都大量采用自流灌溉，灌渠和排水渠道分开，灌渠水位高于地面，排水渠道低于地面。这种灌水方式，可以适时适量供水，灌区上游引水量很大，下游用水没有保证，灌溉面积受到一定限制。现在河南省大部分灌区仍采用这种方式，而山东省则大部分改用引黄补源和提灌为主自的引黄模式，这种模式除主干渠外的输水渠系都是灌溉排水两用，渠水位低于地面，沿渠设置水泵，提水灌溉，或渗漏补充地下水，提高井灌保证率。灌区下游利用冬春季节和上游引水的间歇时间，引水补源，储水灌溉。这样就可减轻灌水高峰期上下游争水的矛盾，尽可能扩大灌溉面积，有利于地表水、地下水联合运用和当地水与外来水合理调配，提高了用水有效性。

表 4–5　黄河下游引黄灌区灌水利用率

年	河南			山东			合计		
	灌溉面积（$\times 10^3$ 公顷）	年引水量（$\times 10^9$ 立方米）	单位面积引水量（立方米 / 公顷）	灌溉面积（$\times 10^3$ 公顷）	年引水量（$\times 10^9$ 立方米）	单位面积引水量（立方米 / 公顷）	灌溉面积（$\times 10^3$ 公顷）	年引水量（$\times 10^9$ 立方米）	单位面积引水量（立方米 / 公顷）
1971—1980年平均	309	3.36	10 874	777	4.90	6 306	1 086	8.26	7 606
1981—1987年平均	363	3.58	9 862	1 304	7.05	5 406	1 666	10.63	6 381
17 年平均	331	3.45	10 423	994	5.79	5 825	1 325	9.24	6 974

山东省 1980 年以后，逐步采取用水计量，按灌水量收水费的管理办法，比按灌溉面积收水费明显提高灌水利用率。80 年代全省引黄水量比过去没有大的变化，但灌溉面积却有较大增加，单位水量灌溉面积平均达到 172 公顷 /10^6 立方米，渠系水利用系数由小于 0.44 提高到 0.53 以上。

淮河中下游平原地表水比黄河以北地区丰富,地表水灌溉面积超过井灌面积。地表水灌溉方式,以机电提水灌溉为主,占地表水灌溉面积的60%,渠道引水灌溉占39%,其他方式占1%。

三、地下水灌溉及灌水利用率

华北平原西部山前洪积冲积平原带,地下水补给条件较好,属全淡水区,矿化度小于2克/升,地下水开发利用强度最大。中部和东部河流冲积和湖积平原,有一定面积咸水,咸水和淡水多呈条带状相间分布,矿化度1~3克/升。东部滨海平原受海水影响,浅层淡水面积零星分布,深层淡水顶界埋深200~350米。华北平原2~5克/升,咸水面积占全区总面积8.4%,其中黄河以北占10.6%,黄河以南占6.3%;矿化度大于5克/升的咸水面积占全区总面积9.0%。在咸水分布区,深层淡水开发量较大。

华北平原的地下水灌溉,直至20世纪40年代,仍停留在土砖井灌溉阶段。一般井深6~8米,有的只有3~5米,靠人力和畜力提水,每小时提水量8~10立方米,灌溉效率很低,井灌面积占当时耕地面积5%以下。从50年代初至60年代中期,砖井大量发展,并出现少量机井,60年代初期仅河北、山东两省有砖井116万眼,井灌面积8×10^5公顷。60年代中期以后,大量发展机井灌溉,到80年代初期有机井153万眼,其中咸水区深井7万眼,井灌面积5.467×10^6公顷,占耕地总面积30%。

华北平原浅层地下水开采量占综合补给量52%,全区平均开采模数1.01×10^5立方米/(平方千米·年),由于各地地表水条件和同年型降水量的变化,地下水利用强度在空间上和时间上有较大差别。总的看来,北部和西部地下水条件较好地带开采量较大,机井密度大于15眼/平方千米。北部海滦河下游和南部淮河下游,机井密度较小,单位面积机井数小于8眼/平方千米。各省比较,山东省西北部因有引黄灌溉,地下水开采利用量只占补给量33%,江苏和安徽省北部地区地下水利用量占补给量的15%左右。河北、河南、北京等地、市,地下水利用程度较高,开采利用量占补给量的比例,河南省为65%,河北省达94%,若计入深层水的开采量,则高达110%,因超采地下而出现地下水位持续下降和大范围地下水下降漏斗。

地下水用作灌溉水源,可就近给农田送水,输水距离一般只有几十米到几百米,输水损失量比地表水小,渠系水利系数可达0.65~0.70,平均100米渠道损失量占抽水量的20%以下,如禹城试验区100米渠道损失率为19%。

提高地下水灌水利用率的途径,主要是采用低压管道输水。中国从20世纪60年代中期开始试用,80年代发展较快,根据茹履绥的研究,河北省1986年管道输水灌溉面积为4.5×10^5公顷,管道总长2.772×10^7米,1989年发展到7.3×10^5公顷,是1986年的1.62倍,管道总长5.123×10^7米。华北平原现有管道输水灌溉面积约2×10^6公顷，约占井灌面积 36%。

低压管道输水分地下固定式、地面移动式和地面地下结合的半固定式三种。地下固定式多用塑料硬管，少部分采用塑料软管，输水系统完全由埋入地下的管道组成，通过出水口将水直接送入田间；地面移动式主要是塑料软管，根据需要在地面以上可以自由移动，半固定式一般是输水干渠用地下管，末级渠道用地面移动软管。无论哪一种输水方式，都可将井灌地下水利用率由 0.70 以下提高到 0.95 以上，基本上没有输水损失，比土渠输水节水 30% 左右。

四、灌溉对环境的主要影响

华北平原长期受洪涝、干旱、盐碱、风沙等多种自然灾害的影响，农业产量低而不稳。经过综合治理，取得一定成效。但生态环境仍很脆弱。

农业灌溉需要大量开发地表水和地下水，必将改变水在空间上和时间上的自然分配状况，中止一些原有的水文过程，引发出一些新的水文过程，从而对环境产生多方面的影响。在华北平原地区，最主要的影响是，河流入海水量减少，区域盐分累积增加，以及地下水位持续下降并形成大面积降落漏斗。这些问题在海滦河平原更为严重。

1. 河流入海水量减少

因地表水的开发利用，使原来一部分入海水量转化为蒸发量；因地下水的开发利用，使原来一部分降水径流量转化为降水入渗量，随着灌溉农业的发展，必然引起河流入海水量的减少。

表 4-6　海滦河流域入海水量多年变化（$\times 10^9$ 立方米）

水系	1956—1959 年	1960—1969 年	1970—1979 年	1980—1984 年	1956—1984 年
滦河	7.63	4.27	4.47	0.53	4.16
海河北系	5.48	2.43	2.67	0.28	2.56
海河南系	10.90	7.84	3.32	0.26	5.40
徒骇、马颊河	0.17	1.65	1.18	0.39	1.07
全流域	24.18	16.19	11.64	1.46	13.19

由表 4-6 可知，海滦河水系 1956—1984 年 29 年平均入海水量 13.19 $\times 10^9$ 立方米。50 年代为 24.18 $\times 10^9$ 立方米，60 年代减少 16.19 $\times 10^9$ 立方米，70 年代减少到 11.64 $\times 10^9$ 立方米，只有 50 年代的 48%，是 60 年代的 72%，80 年代前期进一步减少到 1.46 $\times 10^9$ 立方米，只有 50 年代的 6%，是 60 年代的 9%。海河南系 80 年代入海水量只有 50 年代 2%，是 60 年代的 3%，是流域内各水系减少最多的地区。

2. 区域盐分累积量增加

灌溉农业的发展，使山区和外流域引入平原的水量和溶解于水中的盐分增加，而入海水量的减少，使区域排盐能力降低，造成区域盐分的累积。

表4-7 海滦河平原盐量平衡

分区名称	年份	年平均入区盐量（10^3吨）	年平均出区盐量（10^3吨）	盐量平衡（10^3吨）	平均每公顷耕地积盐（千克/公顷）
滦河下游	1956—1967年	1 388	1 533	-145	-326
	1968—1979年	1 229	1 245	-16	-36
	1980—1984年	559.5	148.9	410.6	924
海河北区	1956—1967年	1 751	1 818	-67	-63.5
	1968—1979年	1 505	1 273	232	219.9
	1980—1984年	981.9	142.5	839.3	796
海河南区	1956—1967年	4 856	5 247	-391	-89
	1968—1979年	3 277	1 711	1 566	355
	1980—1984年	2 025.1	139.9	1 885	428
徒骇马颊河区	1956—1967年	1 902	1 321	581	239
	1968—1979年	2 914	1 080	1 834	755
	1980—1984年	3 152.8	492.6	2 660	1095
全区合计	1956—1967年	9 897	9 919	-22	-2.6
	1968—1979年	8 925	5 309	3 616	434
	1980—1984年	6 719.3	923.9	5 795.2	695

由表4-7可知，海滦河平原1956—1967年12年平均，全区盐分以淋溶为主。1968—1979年12年，平均每年累积于区内盐量3 616×10^3吨，每公顷耕地积盐434千克，1980—1984年平均每年每公顷积盐695千克。积盐最严重的是引黄灌区的徒骇马颊河平原，1968—1979年平均每年积盐1 834×10^3吨，每公顷耕地积盐755千克，1980—1984年，每年每公顷耕地积盐1 095千克。区域盐分的积累，是大面积土壤盐渍化发生的潜在原因，应当引起重视。

3. 地下水位持续下降

在超量开采地下水的地区，20世纪70年代开始，地下水位呈持续下降趋势。如河北省1984年比1964年地下水位累积下降6.03米，其中1979—1984年下降3.14米。在地下水位下降严重的地区，出现大面积下降漏斗。至80年代地下水漏斗50多处，其中河北省平原区40处，在低水位期漏斗面积12 910平方千米，约占该省平原总面积18%。

地下水下降漏斗分浅层水漏斗和深层水漏斗。浅层水漏斗的水位遇到丰水年能出现较大的回升，危害性较小。深层水漏斗地下水补给困难，一旦形成，不易恢复。沧州漏斗和冀枣衡漏斗是华北平原两个最大的深层水漏斗。沧州漏斗 1969 年开始出现，1984 年中心水位最大埋深 74.5 米，从 1971—1984 年，地下水位累积下降 52.11 米，平均每年下降 4.0 米，影响范围最大时，低于海平面 20 米等水位线地区扩大到 2 693 平方千米。冀枣衡漏斗从 1968—1980 年，深层水位累积下降 41.04 米，平均每年下降 3.42 米，中心水位最大埋深 50.31 米，埋深大于 10 米的漏斗范围达 3 560 平方千米。

（本文原载《农业用水有效性研究》，科学出版社，1992 年）

第三节　黄淮海平原引水灌溉与土壤次生盐渍化

土壤盐分的积累和淋溶主要受水分运动的影响，在引水灌溉地区若引、蓄、灌、排关系处理不当，往往会发生土壤次生盐渍化。如黄河下游自 20 世纪 50 年代初期开始兴建引黄工程，1958 年引黄灌溉面积曾迅速发展到几百万亩，引黄水量达几十亿立方米，由于大引、大蓄、大灌，忽视了排水，引起大面积土壤盐渍化，1962 年被迫停止引黄。1965 年土壤恢复后，逐渐发展，至 70 年代初引水量基本稳定下来，1971—1987 年 17 年平均引水量 90 亿立方米，年平均灌溉面积 2 000 万亩左右，其中河南省平均引水 32 亿立方米，灌溉面积 480 万亩，山东省引水 58 亿立方米，灌溉面积 1 520 万亩。河南省自 1975 年后引黄灌溉面积基本控制在 400 万 ~600 万亩，而山东省 1977—1981 年已发展到 1 500 万亩以上，1982 年后每年引黄面积超过 2 000 万亩，有的年份甚至达 3 000 万亩左右。由于这一时期注意引水、蓄水、排水关系，再加上农田基本建设和综合治理的基础，除局部地区外，总体上盐碱地面积没有增加，有些地区还有减少的趋势。

为了进一步分析这个问题，我们用鲁西北地区不同时期的资料作了对比（表 4-8）。

表 4-8　鲁西北地区不同时期盐碱土面积和灌溉的关系

地区	年	盐碱地面积（万亩）	有效灌溉面积（万亩）				粮食总产（亿千克）
			合计	纯井灌	引黄引河	其他	
聊城	1952	105.0	30.40	—	—	30.40	7.74
	1962	212.0	106.41	1.61	23.30	81.50	4.17
	1972	95.0	471.40	271.90	136.40	63.10	8.79
	1982	72.0	673.40	361.60	306.90	4.90	13.49

（续表）

地区	年	盐碱地面积（万亩）	有效灌溉面积（万亩）				粮食总产（亿千克）
			合计	纯井灌	引黄引河	其他	
德州	1952	（170.1）	27.60	—	—	27.60	10.60
	1962	311.9	86.90	1.10	16.80	69.00	4.91
	1972	（210.2）	502.10	168.60	25.07	82.80	12.91
	1982	183.7	715.6	173.80	529.60	12.20	19.76
惠民（黄河北6县）	1952	99.8	6.37	—	—	6.37	4.99
	1962	160.7	13.76	2.10	2.93	8.73	1.64
	1972	127.4	128.50	4.50	115.30	8.70	4.74
	1982	113.1	249.70	20.20	226.00	3.50	7.03
合计	1952	374.9	64.37	—	—	64.37	23.32
	1962	684.6	207.06	4.81	43.02	159.23	10.72
	1972	432.6	1 102.00	445.00	502.40	154.60	26.44
	1982	368.8	1 638.70	455.60	1 062.50	20.60	40.28

由表 4-8 可知，这个地区从 1952—1962 年，引水灌溉面积（包括引黄和引河），从无到有增加到 43.02 万亩，盐碱地面积由 374.9 万亩增加到 684.6 万亩，粮食总产由 23.3 亿千克减少到 10.7 亿千克；1972 年和 1982 年，引水灌溉面积发展到 502.4 万亩和 1 062.5 万亩，盐碱地面积却减少到 432.6 万亩和 368.8 万亩，粮食总产相应提高到 26.44 亿千克和 40.28 亿千克。由此可将这个地区引水灌溉和土壤次生盐渍化关系分为两个情况不同的阶段：第一阶段，50 年代初至 60 年代初，引水灌溉面积增加→盐碱地面积增加→粮食产量下降；第二阶段，60 年代初至 80 年代，引水灌溉面积增加→盐碱地面积减少→粮食产量上升。鲁西北地区两个阶段变化趋势在黄淮海地区有普遍性意义。

两个阶段灌溉效益的不同，表明大规模引水灌溉和大面积土壤盐渍化之间没有必然的联系。问题的关键取决于灌排和其他措施能否有效控制土壤表层盐分的累积。第二阶段的事实，说明采取各项综合治理措施，对防止灌后次生盐渍化取得了显著效果。

禹城实验区是以治理盐碱土和旱涝灾害为主要内容的实验研究区，区内 13.9 万亩耕地原以井灌为主，1972 年潘庄引黄干渠从实验区西侧通过，区内改以引黄为主，1974 年盐碱化程度加重。1975—1982 年采取以井灌为主、以河补源的方针，盐碱地面积逐年减少。1982 年后群众又普遍引用黄河水，机井利用率很低，盐碱地面积没有明显增加。区内 10 个定位取土点历年 6 月 0~30 厘米土壤含盐量列于表 4-9。

表 4-9　禹城实验区定位点历年 6 月 0~30 厘米土层含盐量（%）

年份	1974年	1975年	1976年	1977年	1978年	1979年	1980年	1981年	1982年	1983年	1984年	1985年	1986年	1987年	1988年
郑庄	0.144	0.148	0.115	0.115	0.088	0.117	0.115	0.079	0.073	0.076	0.062	0.082	0.072		
三里庄	0.101	0.245	0.129	0.117	0.086	0.076	0.064	0.097	—	0.095	—	0.084	0.059	0.209	0.085
王子付	0.122	0.083	0.170	0.107	0.200	0.110	0.115	0.112	0.075	0.174	0.084	0.071	0.056	0.112	0.075
马庄	0.161	0.239	0.130	0.131	0.101	0.066	0.062	0.066	0.088	0.072	—	0.095	0.064	0.225	0.127
南北庄	0.141	0.090	0.220	0.073	0.065	0.060	0.065	0.240	0.161	0.128	0.098	0.193	0.057	0.183	0.173
太合	0.484	0.256	0.264	0.288	0.238	0.310	0.130	0.128	0.191	0.116	0.159	0.220	0.183	0.198	0.127
于庄	0.297	0.219	0.190	0.100	0.162	0.109	0.104	0.119	0.203	0.123	0.075	0.152	0.097	0.071	0.126
郭庄	0.140	0.076	0.112	0.106	0.111	0.080	0.052	0.079	0.060	0.092	—	0.148	0.117	0.102	0.083
张吾	0.117	0.257	0.088	0.106	0.079	0.046	0.079	0.095	0.070	0.050		0.086	0.064	0.170	0.073
朗屯	0.162	0.117	0.328	0.082	0.106	0.067	0.096	0.101	0.090	0.112	0.050	0.143	0.067	0.254	0.107
平均	0.187	0.173	0.175	0.123	0.124	0.104	0.088	0.112	0.112	0.104	—	0.127	0.084	0.169	0.098

由表 4-9 可以看出，1974—1976 年 0~30 厘米土层含盐量较高，平均为 0.173%~0.187%，1977—1982 年井灌为主阶段平均含盐量稳定在 0.088%~0.124%，6 年平均为 0.111%。1983 年后以引黄为主，除个别年份（1987 年）含盐量较高（0.169%）外，其他年份基本稳定在 0.084%~0.127%，6 年平均为 0.112%，没有出现持续增加和大面积返盐现象，同前 6 年比较变化不大。这些实测数据，进一步说明了引水灌溉不一定会加重土壤盐渍化，重要的是具备有效的水盐调控措施。

以上分别用统计和实测资料分析了引水灌溉后可以控制土壤盐渍化的发展，但从区域盐量平衡的观点看，黄淮海平原各流域由于区外引入的水量和盐量增加，而入海水量明显减少，从区内排出的盐分随着减少，将造成区域盐分的累积。我们根据海河流域不同时期的来水量和入海水量及相应的离子总量资料，分区计算的盐量平衡列于表 4-10。

表 4-10　海滦河平原盐量平衡

分区名称	面积（万平方千米）	年份	入区盐量（万吨）	出区盐量（万吨）	盐量平衡（万吨）	平均每亩积盐（千克/亩）
滦河下游	0.74	1956—1967年	138.8	153.3	-14.5	-13.1
		1968—1979年	122.9	124.5	-1.6	-1.4
		1980—1984年	56.0	14.9	41.1	37.0
海河北区	1.62	1956—1967年	175.1	181.8	-6.7	-2.8
		1968—1979年	150.5	127.3	23.2	9.6
		1980—1984年	98.2	14.3	83.9	34.5
海河南区	7.35	1956—1967年	485.6	524.7	-39.1	-3.5
		1968—1979年	327.7	171.1	156.6	14.2
		1980—1984年	202.5	14.0	188.5	17.1

（续表）

分区名称	面积（万平方千米）	年份	入区盐量（万吨）	出区盐量（万吨）	盐量平衡（万吨）	平均每亩积盐（千克/亩）
徒骇马颊河区	4.05	1956—1967年	190.2	132.1	58.1	9.6
		1968—1979年	291.4	108.0	183.4	30.2
		1980—1984年	315.3	49.3	266.0	43.8
全区合计	13.76	1956—1967年	989.7	991.7	-2.2	-0.1
		1968—1979年	852.5	530.9	361.6	17.5
		1980—1984年	671.9	92.4	579.5	28.1

由表4-10可以看出，海滦河平原50年代中期至60年代中期，全区盐量基本平衡，总体上排出量略大于进入量，平均每年减少2.20万吨，平均每亩减少0.1千克。60年代中期以后，全区盐量平衡出现正值，其中1968—1979年平均全区每年积累361.6万吨，每亩积盐17.5千克，1980—1984年平均每年积盐579.5万吨，平均每亩积盐28.1千克。四区相比，以徒骇马颊河流域积盐最严重，三个阶段每年每亩平均积盐量分别为9.6千克、30.2千克和43.8千克。

黄淮海平原通过多年治理，盐碱土逐渐向有利方向变化，但生态环境的良性循环十分脆弱，在一定条件下还会发生逆向变化，长期的区域性积盐即是该区重要的不稳定因素。

从宏观上看以积盐为主，而从耕层实际情况看，含盐量又逐渐减轻，对这个矛盾现象的认识，可以用表4-11显示的数据进行分析。

表4-11　禹城实验区不同深度土层逐年6月含盐量（%）变化（10个定位点平均值）

土层（厘米）	1974年	1975年	1976年	1977年	1978年	1979年	1980年	1981年	1982年	1983年	1984年	1985年	1986年	1987年	1988年
0~30	0.187	0.173	0.175	0.123	0.124	0.104	0.088	0.112	0.112	0.104	0.088	0.127	0.084	0.169	0.098
30~50	0.135	0.119	0.131	0.102	0.106	0.115	0.113	0.135	0.115	0.105	0.100	0.140	0.095	0.225	0.110
50~100	0.129	0.126	0.130	0.096	0.104	0.105	0.111	0.131	0.115	0.119	0.121	0.144	0.099	0.231	0.118
100~150	0.109	0.109	0.120	0.103	0.100	0.103	0.111	0.127	0.113	0.123	0.126	0.145	0.101	0.245	0.124

从表4-11可以看出，1974—1976年盐碱化较重时期，土壤含盐量在土体的垂直分布，表现为上重下轻型，10个定位点3年平均含盐量，0~30厘米为0.178%，30~50厘米和50~100厘米皆为0.128%，100~150厘米则降为0.113%。1977—1982年以井

灌为主时期，土壤含盐量表现为上下均一型，6 年平均含盐量，0~30 厘米为 0.111%，30~50 厘米为 0.114%，50~100 厘米为 0.110%，100~150 厘米为 0.110%。以引黄灌溉为主的 1983 年以后，土壤含盐量表现为上轻下重型，6 年平均含盐量，0~30 厘米为 0.112%，30~50 厘米为 0.129%，50~100 厘米为 0.139%，100~150 厘米为 0.144%。由此可以得出以下认识：①盐渍化地区在治理前，土壤盐分主要积累于土壤上层，对作物危害严重，易为人们直接观察；②经井灌等综合治理，外区来盐量很少，本区盐分可以不断排出，土体上下层均匀脱盐，对盐碱土能够做到根治；③引水灌溉结合其他治理措施，可以明显降低耕作层盐分，从而减轻对作物直接危害，但盐分明显淋洗到土壤下层，特别是 50 厘米以下土层盐分累积量增加，表面上不为人们觉察，实际上潜伏在下面，留下了很大的隐患，应当引起足够的重视。

（本文原载《第六次全国水文学术会议论文集》，科学出版社，1997 年）

第四节　我国北方地区水资源开发及其引起的生态环境问题

一、我国北方水资源概况

我国北方 15 个省、市、区（北京、天津、河北、河南、山西、山东、内蒙古、陕西、甘肃、青海、宁夏、新疆、辽宁、吉林和黑龙江），北方地区水资源比南方贫乏，主要表现在三个方面：一是水资源总量不足，供需矛盾突出；二是可利用水资源有限；三是地区分布不平衡，严重缺水区供水更加困难。20 世纪下半叶，进行了大规模的水资源开发，取得了重大效益，同时也引起了一系列生态环境问题。

（一）水资源总量不足，供需矛盾突出

北方 15 个省、市、区总面积为 567 万平方千米，占全国 55%，人口占全国 42%，工农业生产总值占全国 45%，水资源总量只占全国 20%，其中河川径流量只有全国 18%，按人平均的河川径流量，只相当全国平均数的 42%，世界平均数的 11%。这些数据显示，北方用全国 1/5 的水资源支撑着全国一半左右的经济、土地和人口。中国本身是一个水资源贫乏的国家，按人平均的河川径流量，排在世界各国的第 88 位。由此可见，北方地区缺水更为严重。

表 4-12　中国北部和南部主要河流径流量比较

流域	年径流量	每公顷耕地平均径流量		每人平均径流量	
		（亿立方米）	与全国比值	（立方米）	与全国比值
淮河	530	4 220	0.16	425	0.16
黄河	580	4 800	0.18	766	0.28
海河	284	2 820	0.11	321	0.12
辽河	151	3 210	0.12	533	0.20
松花江	259	6 480	0.25	1 631	0.61
南方主要河流					
珠江	3 070	58 980	2.42	4 142	1.54
浙江、福建河流	2 001	64 111	2.43	3 136	1.18
长江	9 794	39 650	1.51	2 832	1.01

中国北部地区主要河流有松花江、辽河、海河、黄河和淮河，这些河流的河川径流量都明显低于南方各河。如全国第二大河的黄河多年平均年径流量 580 亿立方米，是长江的 5.9%，是珠江的 18.9%，海河的年径流量只有长江的 2.9%，珠江的 9.3%。5 条大河径流量按流域内耕地面积平均和按人口平均只有全国平均数的 11%~28%。其中平均数量低的是海河流域，分别为全国的 11% 和 12%（表 4-12）。

（二）可利用水资源有限，加剧了供水紧张的状况

北方河流同南方河流比较有三个特点，这些特点决定了各河径流的可利用量偏低。

一是河流含沙量高。由于上中游水土流失严重，因此北方河流普遍多沙。如海河水系永定河官厅水文站多年平均含沙量 16 千克/立方米，黄河陕县水文站多年平均含沙量 37 千克/立方米，而长江以南各河含沙量一般低于 0.5 千克/立方米，河流含沙量高，易造成河道和水库淤积，减少水库寿命和河道输水能力。同时，还必须留有足够的水量携沙入海，因而减少了河川径流的可利用量。如黄河下游平均每年进入 16 亿吨泥沙，其中入海 12 亿吨，要输送这些泥沙，至少要 200 亿~240 亿立方米水量，在 580 亿立方米径流总置中，可利用水量就不到 380 亿立方米。

二是河川径流年际变化大，供水能力不稳定。按实测最大和最小年平均流量计算：黄河陕县水文站最大和最小值分别为 2 091 立方米/秒（1937 年）和 635 立方米/秒（1978 年），相差 3.3 倍；松花江哈尔滨水文站分别为 2 680 立方米/秒（1932 年）和 387 立方米/秒（1920 年），相差 6.9 倍；淮河蚌埠水文站分别为 2 280 立方米/秒（1921 年）和 117 立方米/秒（1966 年），相差 19.5 倍。许多流域往往出现 3~6 年的连续枯水期，这时更增加了供水困难，并给社会经济和人民生活带来重大影响。而南方各河最大年和最小年流量相差都在 3 倍以下，水源相对稳定。

三是水资源年内分配不均，减少了可利用水量。多数河流 6—9 月径流量占全年

70% 左右，这个时期的水量又高度集中于几次大暴雨产生的洪水径流，为了减少洪涝灾害，大部分洪水必须及时排泄入海，特别是下游平原地区几乎无法对洪水进行调节，这也降低了河川径流的可利用程度。

北方各流域平均，可利用径流量为河川径流总量的 61%，包括地下水在内的可利用水资原量为水资源总量的 67%，区域水资源总量不多，其中一部分又无法利用，这就加剧了水资源紧张状况。

（三）水资源区域分布和经济发展不平衡，华北地区供需矛盾最突出

水资源紧缺是我国北方的共同问题，但由于气候、地形、地理位置和经济发展水平的不同，华北、西北、东北三区水资源供需状况亦有差异（表 4–13）。

表 4–13　华北、西北、东北三区水资源量

区名	面积（万平方千米）	年平均径流量（亿立方米）	水资源总量（亿立方米）	水资源模数（万立方米/平方千米）	单位耕地面积分摊水量（立方米/公顷）
华北	69.65	893.0	1 178.5	17.54	3 520
西北	418.68	2 488.5	2 741.8	8.13	11 182
东北	79.04	1 317.0	1 529.0	20.76	7 543
北方合计	567.37	46 985	5 449.3	14.42	6 962
全国总计	953.4	27 115.2	28 124.4	29.46	19 577

由表 4–13 可知，华北区水资源总量（北京、天津、河北、河南、山西、山东等省市）为 1 178.5 亿立方米，按耕地平均每公顷只有水资源 3 520 立方米，相当于东北区的 1/2，西北区的 1/3。这个地区又是全国的人口密集、经济发达的地区，需水量大，水资源开发程度较高，供需矛盾突出。由于西北区（陕西、甘肃、宁夏、青海、新疆、内蒙古等省、区）干旱少雨，因此单位面积产水量只有 8.13 万立方米/平方千米，小于其他两区，但水资源总量较多，开发利用程度较低。东北三省单位面积产水量为 20.76 万立方米/平方千米，居北方三区之首，区内农业种植指数低，作物生长季节与雨季同步，耕地灌溉率相对较低，供需矛盾没有华北区严重。但辽河流域水资源偏少，供水也很紧张。

二、我国北方水资源开发利用现状

兴建水库等蓄水工程是调节径流季节分配不匀、开发利用地表水资源的重要工程措施。北方各省共有水库 16 500 多座，总库容 1 715 亿立方米，占径流量 36%。按水库库容占流域径流量比例，黄河流域占 84%，海河流域占 75%，淮河流域占 72%，辽河流域占 82%。通过水库、引水和提水等各种水利设施提供的供水能力约占可利用径流

量的 57%。其中开发强度较大的海滦河流域，供水能力占河川径流可利用量的 88%。

中国的地下水开发有悠久的历史，过去大多用人力和蓄力提水，利用量少，效率低。进入 20 世纪 70 年代，北方平原开始大规模利用机电设备开采地下水，机电井发展到 200 多万眼，每年开采浅层地下水 370 多亿立方米，占全国地下水开采量的 92%。说明南方各流域主要依靠地表水，几乎不用地下水。北方地区又以海滦河平原地下水开发强度最大，平均每年开采量约占地下水补给资源的 87%。

农业是用水大户，1985 年北方农业供水量 1 465 亿立方米，占北方供水总量79.2%，占全国农业用水量 40.2%。北方 15 省、市、区 1949 年有效灌溉面积 417 万公顷，只占全国 26.2%；1965 年发展到 1 217 万公顷，占全国 36.8%；1985 年进一步发展到 2 313 万公顷，占全国 48.3%（表 4-14）。北方 1985 年有效灌溉面积是 1949 年的5.5 倍。而南方 1985 年有效灌溉面积只是 1949 年的 2.1 倍。中国北方灌溉面积占耕地比重，1949 年为 5%，1985 年上升到 23%。随着灌溉面积扩大，农业用水量成倍增加，如黄河流域 1919 年引用水量 39.6 亿立方米，1949 年为 74.2 亿立方米，1979 年为 270亿立方米，占河川径流量 46.5%。其中 90% 以上是农业灌溉用水。

表 4-14　北方地区有效灌溉面积（万公顷）

区名	1949 年	1957 年	1965 年	1979 年	1985 年
华北	183	521	599	1 396	1 384
西北	205	375	531	626	668
东北	29	101	87	258	261
北方合计	417	997	1 217	2 280	2 313
全国总计	1 593	2 739	3 306	4 830	4 793

1985 年北方工业和城镇生活用水 384 亿立方米，占北方供水总量 20.8%。中国北方工业和城市发展也很快，特别是大庆、胜利、华北等大油田建设，山西、鲁西、淮北、冀东等煤炭基地建设，一些钢铁和重化工基地建设，以及北京、天津等许多大城市发展，使中国北方工业和城镇生活用水增长超过南方。1949 年占全国工业城镇用水29.5%，1985 年占 51.1%。

水资源的大量开发，保障了中国北方社会经济的持续发展。特别是农业生产，将过去只靠雨养的 1 900 万公顷旱地，建成高产的水浇地，使粮棉等农产品大幅度增长，对有 11 亿人口和 8 亿多农民的大国来说，具有重大意义。但水资源大规模开发也导致了严重的生态环境问题。

三、水资源开发引起的主要生态环境问题

（一）工业和农业争水矛盾尖锐，农用水量减少，农业受旱减产

由于水资源总量有限，工业的发展必然挤占一部分原来向农业供水的水源，工农业争水日趋尖锐，有些地区大量压缩农业用水，以保证城市和工业用水。造成灌溉面积减少，在干旱年造成大面积减产。如中国重要能源基地的山西省，多年平均供水能力64亿立方米，而实际需水超过70亿立方米，工业和城市用水40年来增加45倍，造成农业用水极为紧张，1985年全省水浇地面积比1980年减少7%。80年代中期，河北省有水利设施的360万公顷耕地，约一半不能进行正常灌溉。

（二）地表水大规模开发利用，引起下游和入海水量明显减少，河流生态功能失调

由于上游兴建水库工程，控制了山区流域面积80%以上，中下游平原区修建了大量的拦河蓄水闸，沿河大量提水引水，再加降水量减少，因此导致海河、辽河、淮河和黄河等河流70年代以来下游来水和入海水量明显减少，甚至出现断流现象。

以海滦河为例，20世纪50年代平均每年入海水量224.0亿立方米，60年代平均每年为161.9亿立方米，70年代减少到每年116.4亿立方米，80年代前5年平均每年只有14.6亿立方米。由于来水量减少，因此海河各水系下游平原河段只有汛期短时期有水，河床干涸天数300多天。黄河和淮河干流近河口段也曾出现短时期断流现象。

入海水量减少，使河流生态功能失调，并影响航运和水产业的发展。如海河各大水系平原段50年代可以全线通航，60年代航程缩短，80年代航运全部中断。

（三）引水灌溉面积的扩大，增加了土壤盐分的累积

中国北部河水矿化度偏高，黄河和海河为400~500毫克/升，淮河300~400毫克/升。灌溉引水量的增加和河水入海量的减少，使水中溶解的主要化学离子累积在土壤中，如黄河下游灌区每公顷土地每年积盐约480千克。北部平原和西北内陆各引水灌区都有类似的问题，这些地区原来都分布着大面积盐碱地，经过长期治理改造，80年代盐碱化程度有所减轻。大量引水灌溉带来的区域盐分的累积，在一定条件下是发生大面积土壤次生盐碱化的一种潜在威胁。

（四）蓄水和引水引起泥沙淤积

蓄水工程和引水工程改变了河流泥沙的运移过程和空间上的分配关系，使水库库区、平原输水河渠和河口段造成泥沙淤积，入海泥沙量减少。如黄河下游随水引出两岸的泥沙每年约1.4亿吨，这些泥沙约20%进入农田，30%沉积在渠首段的沉沙池内，还有50%左右沉积在输水渠道和排水河道内，每年从河渠清出大量泥沙堆积于两岸，给附近农村和农田带来新的风沙危害。

水库在蓄水同时，也拦截大量泥沙，根据西北和华北20座大中型水库调查，平均

年淤积量占总库容 3%~17%。

（五）缺少足够的水量稀释污水和废水，加重了下游环境污染

直接排入河道的工业和城镇生活污水、废水，由于缺少必要的水量稀释，河流和区域环境污染严重。北方各河污水和径流比值较高，海滦河流域污径比为 0.110，居全国各河之首；其次是辽河和山东半岛诸河，污径比为 0.054；黑龙江为 0.046，黄河为 0.031，淮河为 0.024。长江以南各河只有 0.005~0.015。

（六）地下水超量开采而导致地下水位持续下降，形成大面积地下水降落漏斗

水源紧缺的城市和地区，靠超采地下水维持供水能力，导致地下水位持续下降，并形成大面积地下水下降漏斗。1982 年河北省出现 31 处，占全省平原面积 20%，1989 年淮河平原出现 9 处地下水下降漏斗。

北京市 70 年代以来累积超采地下水 30 多亿立方米，地下水位下降 12~20 米，地下水下降漏斗面积达 1 000 平方千米。天津市地下水连年超采，地下水位累积下降 30~40 米。天津地下水下降漏斗达 7 300 平方千米。天津、沧州、衡水和德州深层地下水降落漏斗已连成一片，沧州漏斗中心水位埋深已达 80 米，水位低于海平面面积 1.4 万平方千米。由于地下水位下降，因此天津、北京、邯郸等地局部地区出现地面下沉，天津市最大沉降量 2.46 米，大连、秦皇岛和山东莱州等地出现海水入侵。

解决以上问题的主要对策是：推行节水型经济、加强水管理和实施水资源区域调配。

第五节　黄河断流对下游社会经济及农业发展的影响

一、黄河断流对下游经济社会发展的影响

黄河流经北方 9 个省区，干流全长 5 464 千米，流域面积 87 万平方千米，耕地面积 2.25 亿亩，总人口 1.3 亿。全流域平均年降水 467 毫米，其中三门峡以上流域面积占 91.5%，年平均降水量 450 毫米，上游甘肃部分和宁蒙河套地区，年平均降水只有 250 毫米。降水季节分配不匀，7—9 月占年降水 60%~70%，1—6 月降水较少，河川径流相应较少。

黄河流域天然年径流量 580 亿立方米，其中可供水量为 370 亿立方米，人均水资源相当全国平均的 25%，亩均水资源为全国平均的 17%，河口镇以上 1972—1993 年平均来水量 227.6 亿立方米，其中 1—6 月为 82.3 亿立方米，占全年 36%，1—6 月正是上游来水低值期，正是下游用水高峰期，此时，各省、区争相引水矛盾突出，往往酿成

断流。

黄河是中华民族的母亲河，是我国北方社会经济发展最重要的资源补给线。但是，自 1972 年第一次出现自然断流以来，25 年间的断流频数断流历时和涉及的河段不断增加，断流情势日趋严重。河口段利津水文站，20 世纪 70 年代最长断流时间一年只有 21 天，20 世纪 80 年代为 36 天，进入 90 年代断流历时急剧升高，1991—1996 年分别为 16 天、82 天、61 天、75 天、122 天和 133 天。20 世纪 70 年代平均断流河长 130 千米，80 年代平均为 150 千米，90 年代平均 300 千米，最长的年份已到开封附近，影响河段 683 千米。

黄河断流已成为国人近年关注和焦虑的热点问题，这是因为它带来的影响和后果是多方面的。其一，作为中国第二条大河和中华民族的发展重地，曾哺育出人类东方的文明和灿烂的中华文化，这条世界著名的大河若年年断流或成为季节性河流，而又拿不出解救的对策，有损于国家民族的形象。其二，黄河流域是我国能源和重化工基地，有很多水电、煤碳、石油、化工等大型工业，黄河断流会给经济发展带来重大危害。1995 年断流后曾造成胜利油田减产 260 万吨，沿岸工厂企业因无水被迫停产，直接损失 40 多亿元。其三，黄河流域农业在全国占有重要地位，粮食总产约占全国 15%，棉花总产约占 35%，油料总产约占 12%，甜菜总产约占 17%，肉、蛋、奶产量分别占 7%、15%、13%。特别是下游河南、山东两省引黄灌溉和引黄抗旱耕地，将受严重影响。其四，黄河断流引起流域生态功能变化和生态环境破坏，导致下游和河口地区生物资源减少、土壤盐碱化等一系列生态问题。

二、对下游引黄灌区农业的影响

黄河下游沿岸地区年降水量 600~650 毫米，冬小麦生育期有效降水量 150~250 毫米，缺水 400~450 毫米，有效降水量只能满足作物耗水量的 30%~50%，春天拔节后的关键需水期缺水量 150~250 毫米，由此可见灌溉是小麦丰产的基本保障，在干旱年份若没有灌溉条件就会大幅度减产甚至绝产。

1952 年在河南省新乡地区开始兴建引黄工程，揭开了下游引黄灌溉的新篇章。40 多年来下游引黄五经曲折，到 90 年代引黄已发展到河南、山东沿黄十几个地（市）50 多县（市），每年引黄灌溉面积达 3 000 万亩以上，年引水量 90 亿~100 亿立方米，对灌区农业发展发挥了关键性作用。

黄河下游引黄灌区共建有引黄涵闸 76 座，虹吸引水 31 处，扬水站 26 处，设计引水能力 4 073 立方米/秒。有万亩以上灌区 90 处，其中 30 万亩以上大型灌区 28 处，100 万亩以上超大型灌区 8 处，设计灌溉面积 3 620 万亩。1971—1987 年平均引水量 92.4 亿立方米，实际灌溉面积为 1 987.5 万亩。

黄河断流影响严重的是山东河段两岸灌区，特别是鲁北聊城、德州、滨州，东营等地。鲁北地区引黄灌溉经历了探索、停灌和复灌的曲折发展历程，至90年代初鲁北地区共修建引黄工程27处，设计引水能力1 010立方米/秒，设计灌溉面积1 887万亩。其中，有效灌溉面积为1 473万亩，四级配套120万亩，干支两级配套465万亩，灌溉面积在30万亩以上的灌区有11处，30万亩以下的有16处。

山东省引黄灌区多年平均灌溉面积为1 499万亩，年纯效益可达3.53亿元，德州地区1979—1988年年平均引水量为21.43亿立方米，灌溉面积为625万亩，粮食总产为405万吨，棉花总产为5万吨，引黄前后旱年粮食，棉花单产分别增加113%、71%。

1. 位山引黄灌区的经济效益

聊城地区的位山引黄灌区始建于1958年、1962年停灌，1970年复灌。设计灌溉面积432万亩，设计引水能力240立方米/秒。

1970—1990年该灌区累计引水量为1 944 931万立方米，年均92 616万立方米，累计灌溉面积5 986万亩，年均285万亩；作物年均亩增产量是：小麦61.7千克，玉米33.3千克，棉花6.5千克；单亩灌溉效益45.22元；单方水灌溉效益0.22元。

2. 潘庄引黄灌区的经济效益

德州地区的潘庄引黄灌区设计灌溉面积为500万亩（其中自流灌区占41.9%），占德州地区总耕地面积的45.4%。

1972—1990年该灌区引水量为174亿立方米，年均9.2亿立方米，其中非汛期引水量占85%。1972—1984年作物年均亩增产量是：小麦79.5千克，秋粮23.0千克，棉花21.5千克，自流灌溉单亩灌溉效益为27.03元，自流灌溉单方水灌溉效益0.062元。

以引黄面积较大的齐河、平原县和水源缺乏、基本不引黄的夏津县相比较，1972—1981年10年平均，齐河、平原比夏津每亩增产20.25千克，以平原县引黄10年来与灌前相比，10年平均夏秋粮每亩增产33千克。

3. 簸箕李引黄灌区的经济效益

惠民地区的簸箕李引黄灌区于1959年兴建，后因灌水无度等原因，土地盐渍化，1962年停灌。1966年因旱复灌，至1984年累计引水48亿立方米，年平均引水量2.53亿立方米，累计灌溉耕地1 069万亩，年均灌溉56.3万亩。1972—1984年作物年均亩增产量是：小麦50.5千克，秋粮67.0千克，棉花7.5千克，单亩灌溉效益32.04元，单方水灌溉效益0.071元。

黄河断流150千米将直接影响簸箕李灌区小麦和棉花产量，断流300千米，潘庄灌区和簸箕李灌区的灌溉用水受到影响，严重影响农业的进一步发展。

第六节　黄河治理研究中的几个问题

黄河多年平均输沙量为 16 亿吨，其中 4 亿吨淤积在下游河道内。据叶青超等人的研究，黄河从 1855 年铜瓦厢决口到 1982 年期间，花园口到利津河段的泥沙沉积厚度平均为 7.64 米。自 1855—1954 年的 100 年间，年平均沉积厚度为 6 厘米，1954—1959 年为 8.3 厘米，1965—1982 年为 9.6 厘米。由于长期的泥沙淤积，而且淤积速率不断增加，使黄河下游河床日益抬高。目前，黄河河底一般比背河地面高 5~8 米，某些局部河段，如开封附近的黄河河底，已高出两岸地面 10 多米。今后黄河下游河床还将继续抬高，从而给防洪带来巨大困难。

新中国成立后，黄河下游出现过两次较大洪水，1958 年花园口的洪峰流量为 22 300 立方米/秒，1982 年为 15 300 立方米/秒，1982 年的洪峰流量比 1958 年少 7 000 立方米/秒，但由于这 24 年间黄河下游河床不断升高，1982 年有 400 多千米河段的水位比 1958 年还高出 1~2 米，淹没了黄河滩地，威胁着黄河大堤，不得不运用东平湖滞洪，才免除险情。这说明黄河下游的防洪问题日趋紧迫。

黄淮海平原是我国政治、经济和文化的中心区域。平原内有大中城市 18 个，耕地 2.7 亿亩，人口近 2 亿，人口密度平均每平方千米 560 人。根据 1983 年统计资料，黄淮海平原粮食产量占全国总产量的 18%，棉花产量占 58%，大豆、花生和烤烟各占全国总产量的 1/4。黄河下游河道，横贯黄淮海平原，并成为海河和淮河两个流域的分水岭。黄河下游万一出事，黄淮海平原的工农业生产将遭到严重损失，农田大面积沙化，原有水系被打乱，海河治理工程或治淮工程，以及长期兴建的排灌系统将受到严重破坏，铁路、公路交通中断，成千上万的人民生命财产将失去保障，其经济损失和政治影响都将是很大的。

面对这个严峻的现实，黄河水利委员会和沿黄各省人民做了大量的工作，治黄取得了巨大的成绩。新中国成立 30 多年来安全渡过了 8 次 10 000 立方米/秒以上的洪水流量，没有发生过伏汛决口，保证了黄淮海平原内经济建设的顺利进行，经济发展持续增长，人民得以安居乐业。

黄河安危，事关大局，这是大家共同关注的问题。为了治理黄河，学术界和工程技术界都做过许多研究，但仍有大量的科学问题，亟待进行深入的研究。

一、水土保持是治黄的根本

黄土高原的水土流失是黄河泥沙的主要来源，搞好水土保持则是治黄的根本。为了防御黄河洪水，加高培厚大堤是必要的。但大堤加高有一定限度，且大堤越高，决口损失必将越大。在"上拦、下排、两岸分滞"方针指导下，安排种种工程措施的同时，加速黄土高原水土保持和综合治理，使治标与治本结合进行，减少入黄泥沙，才是"釜底抽薪"之策。

在黄河输送的 16 亿吨泥沙中，粒径大于 0.05 毫米的粗泥沙约占 43%，淤积下游河道的 4 亿吨泥沙中，粗泥沙约占淤积量的 69%。黄河水利委员会、清华大学、中国科学院等单位，对粗泥沙产沙区的地理分布都进行过研究，认为粗泥沙主要来源于黄土高原丘陵沟壑区，集中分布于内蒙古的伊克昭盟、陕北榆林地区、晋西北临黄地区和陇中泾、渭河河源区，面积约 10 万平方千米。以上粗泥沙主要产沙区，也是黄河泥沙的主要来源区。钱宁等人将黄河下游洪水来源分为六种组合，认为造成下游河道严重淤积的，主要是来自粗沙产区的洪水。龚时昭和熊贵枢等人认为，黄土丘陵沟壑区坡蚀和沟谷侵蚀所产生的泥沙，都可以经过各级支流，输入龙门以下的黄河干流，即这一地区泥沙的输移比接近于 1。这些研究结果说明，黄河泥沙主要产沙区的水土流失如得到控制，将大量减少进入干流的泥沙量。因此，采取有效措施搞好主要产沙区特别是粗沙区的水土保持工作，将财力物力技术力量相对集中到这个地区进行重点治理，具有特别重要的意义。

黄河中游地区修建水库和其他水土保持措施，是从 20 世纪 50 年代末 60 年代初开始的，但大量的水土保持工作是 1970 年后开展起来的。黄委会有人计算 70 年代以来平均减沙效益为 17.3%。无定河是黄河的一条多沙支流，输沙量曾占黄河的 1/6，其中粗沙占 1/4。该流域的丘陵沟壑区面积仅占 1/3，产沙量却占该流域的 4/5。对这个流域采取了"综合治理，集中治理，连续治理"的方针，并进行类型分区，按不同类型，实施不同治理措施。实践证明，该流域采用工程措施和生物措施相结合，梯田、坝地、林、草、小水库等措施，都取得了很好的水保效益，1971—1980 年平均输沙量比 1961—1970 年平均入黄泥沙量减少 53.5%，而相对应期间的降水量仅减少 10%~20%。山西离石王家沟流域，经过治理，泥沙也减少一半左右。以上事例说明，减少黄土高原的土壤侵蚀，虽然是长期的艰巨的任务，但只要采取正确的方针和积极的态度，是完全可以做到的。

当前的一个严重问题是，有些地区人为的破坏作用超过治理的速度。西峰水土保持试验站对马莲河流域的调查，说明该流域 30 年的治理效果，基本上被同一时期各种人为破坏所抵销。新中国成立后黄土高原人口增长了一倍多，为解决人口成倍增长的吃饭问题，导致了大量开垦荒地，陡坡耕种，水土流失越加严重。大规模的经济建设，如修筑铁路、公路、开矿、水利工程等，若措施不当，将加重水土流失。黄河中游两岸的晋陕蒙等地，大型煤田的开采，如不妥善处理废土矿渣，也将造成严重水土流失，增加入黄泥沙量。因此，人口的增长，经济的开发，给水土保持工作带来了新的困难。针对这个问题，应当采取有效措施，使群众较快地改变生产与生活面貌，制止陡坡开垦，严禁毁草砍林，最大限度地减少经济建设带来的水土流失，并综合考虑、经济效益、社会效益和环境效益的统一。为了治黄的根本利益，可以研究对该地区的经济活动采取特殊的政策。

二、侵蚀规律的研究

要有效地开展水土保持工作，必须深入进行流域侵蚀规律的研究。这里涉及暴雨径流、土壤性质、植被作用、侵蚀方式、侵蚀类型区的划分、自然侵蚀和人类加速侵蚀等问题的研究，也涉及定位实验研究工作的深入。

暴雨径流是造成黄土高原水土流失的主要外营力。由于季风气候的影响，这个地区6—9月降水量，集中了全年雨量的70%以上，并且多以暴雨形式出现。根据晋西和陕北某些流域的资料，全年水土流失量约80%以上发生在6—9月，其中7、8两月更为集中。王万忠的研究认为，1~4小时的短历时降雨，20~50毫米的中等雨量和每小时平均降雨强度为5~20毫米或5分钟最大降水量超过7毫米的暴雨，是引起水土流失最重要的外动力因素。这个结论如果能从水力学和土力学的理论加以论证，将会更有说服力。

暴雨径流的侵蚀作用，包括雨滴对地面的打击力和流水的冲刷力。不同的降雨径流条件、丘陵沟壑区的不同区位、沟间地和沟谷地的不同部位，其侵蚀作用和产沙过程是不同的。雨滴打击力与雨滴大小、雨滴降落速度有关。雨滴对裸露地面的打击，会引起土粒的粉碎并造成土壤空隙的堵塞，阻碍降雨向土壤的入渗，从而增大径流量和水流冲刷力。植被能保护地面免受雨滴直接打击，增加降雨入渗，削减径流量，同时也能增大地面粗糙度，因而也削弱了暴雨径流的侵蚀力。土壤物理化学性质不同，植被类型及其组合的不同，影响侵蚀能力也不同。研究上述各种不同侵蚀环境因素造成水土流失的临界条件，侵蚀机理，侵蚀过程中的物质运动和能量转换，特别是研究高含沙条件下的侵蚀过程与机理，将有助于水土保持研究工作的深入。

重力侵蚀和水力侵蚀的交替进行，也是黄土高原水土流失的重要原因。重力侵蚀主要发生在黄土沟谷谷缘线以下，它所产生的崩塌和浅层滑坡，往往是产沙的一种重要方式，也是加速沟谷前进、沟谷向两岸扩张的一种侵蚀方式。过去对重力侵蚀的研究较少，缺乏定量的研究方法，目前还无法估算这种方式引起的侵蚀量。

景可等人认为，黄河粗泥沙有1/3来源于黄土高原的基岩地层，基岩经物理化学风化，特别是寒冻风化之后，经侵蚀作用进入黄河。对这种产沙地层的地区分布，寒冻风化过程与速度，也应在研究中予以重视。

黄土高原土壤自然侵蚀、自然加速侵蚀与人为加速侵蚀对产沙量的影响，是值得探讨的问题。在没有人类活动或人类活动影响很小的条件下，黄土高原的植被条件和植被类型怎样？气候条件怎样？自然侵蚀量有多大？这是需要弄清的问题，因为只有搞清了自然侵蚀的"本底"值，对人类活动在黄土高原土壤侵蚀中的作用、对水土保持效益的评价以及黄土高原的治理对策，才有比较可靠的科学依据。

景可等人曾计算出三千年前黄河年输沙量为 10.75 亿吨，陈永宗的研究认为近 30 年来黄土高原的侵蚀量已达 22 亿吨，比新中国成立初期增加了近 1/3。景可等人估算的数据虽然还有待进一步研究，但如果把他提供的数据看作自然侵蚀产沙量的话，从上述资料可以看出，人为加速侵蚀几乎比自然侵蚀量增加了一倍。可见人类活动对加速侵蚀的巨大影响是十分明显的。

三、下游河道泥沙淤积规律的研究

水土保持措施的减沙作用是缓慢的。在抓紧这方面工作的同时，开展下游河道泥沙淤积规律的研究，设法多途径减轻黄河下游河道的泥沙淤积，也是当前治黄工作的急需。

黄河下游河道淤积，取决于来水来沙条件和河床边界条件。黄河下游汛期来水量占全年径流量的 60%，而同期来沙量却占全年 85% 以上，黄河水少沙多的特点，在汛期尤为突出。这是黄河下游河道严重淤积的主要原因。今后应进一步研究来水来沙在时间上和空间上的变化，分析变化的原因，探索减少淤积的途径。

为了解黄河下游河道的淤积过程与淤积特征，应着重研究不同来水来沙条件下河道输沙能力和输沙机理；研究现行河床、生产堤、滩地等对输沙与淤积的影响；研究不同来水来沙对河床边界条件和河流纵剖面调整的影响，以及预测未来水沙变化及河道淤积速率。以上问题，与河道变化及河道整治的工程措施都有直接关系，需要进行系统的理论研究。

1855 年以来河口三角洲的演变过程、堆积模式、河口尾闾变迁，以及河口延伸与下游河道淤积的关系，也应进行研究，以便探讨河口三角洲的发展趋势，并为河口治理与当地的油田开发提供咨询服务。

关于下游河道的减淤，有一些成功的经验。河南、山东两省利用黄河洪水和泥沙放淤改土、放淤固堤和引黄淤灌等办法，直接为当地农业生产服务，因而受到群众的欢迎。有人提出利用小北干流、温孟滩、原阳—封丘、东明和台前等干流河道两岸滩地放淤。根据黄委会资料，这五片放淤总面积达 2 500 多平方千米，可放淤泥沙 330 多亿吨，可减少下游河道淤积 160 多亿吨，但方案涉及大量的投资、尤其是大量的移民问题。有人提出兴建龙门、小浪底和碛口等干流水库，利用死库容拦泥减淤，在几十年内保持下游河道的冲淤平衡或减少淤积。同时还可利用干流水库调水调沙，例如小浪底水库建成后，可以利用它保持的长期有效库容，进行调水调沙，可以长期地使下游河道的淤积量减少 1 亿吨左右。但也有人认为利用干流水库调水调沙、攻沙入海的设想，会相应地加速河口的淤积延伸速度，从而引起河流的溯源淤积，并和河道的沿程淤积相叠加，因而将引起下游河道的普遍抬高。此外，还有许多下游河道减淤的方案，如从南水北调中线调长江水入黄河的冲沙方案等，都需要深入进行研究。

治黄研究工作是多方面的。我们提出的以上三个方面的问题，只是治黄工作中比较重要而又比较紧迫的问题。以上研究都应立足于全流域，将上中下游联系起来，将点、线、面联系起来。黄河的治理工作还要把治理和利用相结合，近期利益和长远利益相结合，微观研究和宏观研究相结合。组织好跨部门跨学科的联合攻关，一定会取得较好的成果。

（本文原载《中国科学院院刊》，1984 年第 4 期，作者左大康，许越先）

第七节　黄河山东段引黄灌溉及其后效研究

一、山东段引黄灌溉发展概况

黄河自东明县上界流入山东省，至垦利县入渤海湾，流经菏泽、聊城、泰安、济南、德州、滨州、东营等区的 25 个县市，其中包括上段沿黄的东濮油田和河口区的胜利油田，总人口约 4 600 万，耕地 7 000 万亩。黄河山东段全长 579 千米，集水面积为 17 723 平方千米，占全河的 24%。本区地处暖温带季风气候区，年降水量为 570~680 毫米，年平均蒸发量为 1 730~2 447 毫米，年平均气温为 11.7~14.2℃，年平均湿度为 58%~69%。

黄河山东段水沙资源的分布特点是：多年平均径流量为 395 亿 ~425 亿立方米，有沿程递减的趋势，其年内分配不均，3—6 月径流量仅占全年的 18.5%~22.1%，但 7—10 月可占全年的 58.9%~61.2%；多年平均输沙量的分布规律与径流量一致，其值为 9.83 亿 ~10.73 亿吨，3—6 月输沙量仅占全年的 8.2%~9.9%，但 7—10 月可占 81.2%~84.7%（表 4–15）。

表 4–15　黄河山东段主要站平均径流量、输沙量、含沙量统计表

项目	站名	各月总量												全年	统计年份
		1	2	3	4	5	6	7	8	9	10	11	12		
径流量（亿立方米）	高村	14.38	11.78	24.68	24.87	24.60	19.75	49.23	71.97	68.42	60.96	34.72	19.91	425	1951—1989
	洛口	13.79	11.59	20.76	21.30	20.82	17.87	47.62	72.33	69.20	63.52	36.99	19.56	415	1949—1989
	利津	13.56	11.37	19.08	19.01	18.50	16.53	44.91	89.67	66.08	61.14	35.70	19.29	395	1950—1989

（续表）

项目	站名	各月总量												全年	统计年份
		1	2	3	4	5	6	7	8	9	10	11	12		
输沙量 （亿吨）	高村	0.103	0.095	0.296	0.284	0.253	0.225	1.71	3.37	2.34	1.30	0.562	0.201	10.73	1951—1989
	洛口	0.056	0.062	0.231	0.256	0.225	0.202	1.52	3.03	2.27	1.34	0.530	0.136	9.86	1949—1989
	利津	0.036	0.039	0.184	0.221	0.204	0.195	1.51	3.08	2.33	1.40	0.518	0.111	9.83	1950—1989
含沙量 （公斤/立 方米）	高村	7.19	8.06	12.01	11.42	10.27	11.37	34.81	46.78	34.15	21.26	16.18	10.09	25.24	1951—1989
	洛口	4.09	5.37	11.12	12.00	10.82	11.32	31.87	41.84	32.82	21.15	14.34	6.95	23.73	1949—1989
	利津	2.64	3.42	9.65	11.65	11.01	11.78	33.69	44.16	35.30	22.94	14.52	5.75	24.98	1950—1989

自 1972 年复灌以来，本区引黄灌溉有了较大的发展。到目前为止，鲁北地区共修建引黄工程 27 处，设计引水能力为 1 010 立方米 / 秒，设计灌溉面积为 1 887 万亩，其中，有效灌溉面积为 1 473 万亩，四级配套 120 万亩，干支两级配套 465 万亩，各灌区的基本情况见表 4–16。德州地区 1972—1991 年引水 317.8 亿立方米，引沙 29 346.7 万吨，平均每年引水、引沙量分别为 15.9 亿立方米和 1 467.3 万吨（表 4–17）。

表 4–16　鲁北地区引黄灌区基本情况表

名称	所在地区	设计流量 （立方米 / 秒）	灌溉面积（万亩）		兴建时间
			设计	有效	
潘庄	德州地区	150	500	380	1971
位山	聊城地区	240	432	385	1958
李家岸	德州地区	100	266	205	1971
邢家渡	济南市	75	159	143	1973
陶城铺	聊城地区	50	117	29	1987
簸箕李	滨州地区	60	110	65	1959
韩墩	滨州地区	60	75	50	1958
王庄	东营市	80	41	40	1969
官家	东营市	40	15	21	1966
郭口	聊城地区	22.7	37	18	1984
小开河	滨州地区	25	30	22	1971
16 处小灌区	德州、滨州地区	107.2	105	115	
合计		1 009.9	1 887	1 473	

表4-17 德州地区各引黄灌区逐年引水、引沙量统计表 （水量：万立方米；沙量：万吨）

年份	潘庄		李家岸		韩刘		豆付窝		德州地区	
	水量	沙量	水量	沙量	水量	沙量	水量	沙量	水量	沙量
1972	22 990	315.60	38 108	381.28	14 036	256.00	986	20.84	76 120	973.72
1973	51 350	716.40	36 631	338.08	8 867	214.99	536	11.33	97 390	1 280.80
1974	65 939	766.80	40 214	294.76	6 640	91.00	121	5.00	112 914	1 157.56
1975	45 170	631.20	37 264	514.97	6 123	135.01	1 095	41.02	89 652	1 322.20
1976	57 390	421.20	47 231	247.48	8 612	77.99	758	16.22	113 991	762.89
1977	18 248	981.60	57 609	635.69	7 224	151.00	7 106	204.98	150 187	1 973.27
1978	57 085	458.20	40 329	161.28	5 649	77.00	4 629	168.98	107 692	865.46
1979	55 300	938.21	54 384	883.66	9 398	198.98	2 785	66.00	121 867	2 086.85
1680	60 612	769.56	66 611	765.96	5 250	88.01	3 233	63.98	135 706	1 987.51
1981	99 541	896.00	61 522	587.22	9 037	134.02	1 588	24.01	171 688	1 641.25
1982	138 284	824.26	47 825	294.31	11 243	93.00	2 216	17.39	199 568	1 228.96
1983	113 161	1 156.61	65 648	512.39	9 221	125.00	3 449	46.00	191 479	1 840.00
1984	79 650	553.22	46 025	184.63	4 099	23.58	829	14.40	130 603	775.84
1985	67 209	357.62	46 904	354.29	10 196	154.01	3 302	34.00	127 611	899.92
1986	154 907	1 247.87	69 296	499.81	9 034	77.00	4 030	40.99	237 267	1 865.68
1987	157 353	778.21	60 956	208.73	7 867	119.74	1 300	27.48	227 476	1 134.16
1988	138 800	706.75	70 195	235.62	6 597	100.40	3 070	65.70	218 662	1 108.48
1989	189 653	2 421.18	104 959	915.14	6 823	103.58	5 847	123.60	307 282	3 563.77
1990	102 612	1 079.09	58 039	329.50	3 168	48.22	2 732	57.76	166 551	1 514.56
1991	124 344	1 325.36	59 709	279.32	6 046	53.89	4 360	32.24	194 459	1 690.82
合计	1 859 604	17 317.94	1 109 459	8 624.10	155 130	2 322.68	53 972	1 081.93	3 178 165	29 346.66
平均	92 980	865.90	55 473	431.21	7 757	116.13	2 699	54.10	158 908	1 467.33

在确保黄河入海径流不低于200亿立方米的前提下，黄河仍有100亿~140亿立方米的水资源可供利用。鉴于当前只有三门峡水库在非汛期向黄河下游调节水量，因此引水量应维持在100亿立方米左右，并且以冬季引水为宜（表4-18）。据预测，在黄河小浪底水库建成后的20年内，每年可引水北上30亿~45亿立方米，本区引黄灌溉保证率可望从现在的40%提高到75%。

表4-18 黄河下游各水平年未开发径流量统计表

项目 保证率（%）	沿黄地区引水量（亿立方米）	余水量				
		全年（亿立方米）	春季（%）	夏季（%）	秋季（%）	冬季（%）
50	94.70	247.28	0.2	42.1	44.0	13.7
75	144.60	297.43	1.0	43.0	42.7	13.3
90	194.52	247.51	0.0	42.3	43.1	14.6

二、典型灌区引黄灌溉的经济效益

1. 德州地区引黄灌溉的经济效益

德州地区 1979—1988 年引黄水量为 21.43 亿立方米，灌溉面积 625 万亩，粮食总产为 225 万吨，棉花为 25 万吨，粮、棉总产分别为引黄初期（1965—1971 年）相应值的 2.3 倍和 6.3 倍（表 4-19）。就粮、棉单产而言，旱年引黄后分别为引黄前的 10.2 倍和 3.9 倍（表 4-20）。

德州地区引黄灌溉经济效益明显，除回收年限略长以外，其他三项指数均符合规定要求，见表 4-21。

表 4-19　德州地区不同阶段粮棉产量对比表

项目 \ 年份	1949—1958年	1959—1964年	1965—1971年	1972—1978年	1979—1988年
降水量（毫米）	611	729	526	600	479
引黄量（亿立方米）	0	0	1.44	12.48	21.43
灌溉面积（万亩）	0	0	40	395	625
粮食（万吨）	108	56	97	128	225
棉花（万吨）	4.0	2.2	4.0	2.5	25

表 4-20　德州地区典型年粮棉单产对比表

项目	旱年 引黄前（1968年）	旱年 引黄后（1989年）	旱年 引黄后/引黄前	涝年 引黄前（1968年）	涝年 引黄后（1989年）	涝年 引黄后/引黄前
年降水量（毫米）	309	350	1.13	786	812	1.03
年引黄水量（亿立方米）	1.07	32.76	30.6	1.13	16.66	14.7
粮食（千克）	66	670	10.2	132	649	4.9
棉花（千克）	14	55	3.93	21	42	2.0

表 4-21　德州地区引黄灌溉效果分析指标

	项目	效益费用比	净效益（亿元）	回收率（%）	回收年限（年）
计算值	超购价格	4.50	50.51	37	10
	1980年不变价格	3.42	34.98	27	11
规定值		>1	>0	>7	5
评价		经济合理	效益大	方案可行	年限较长

2. 聊城地区位山灌区引黄灌溉的经济效益

位山引黄灌区设计灌溉面积为 432 万亩，设计引水能力为 240 立方米／秒。1970—
1990 年年均引水量为 9.26 亿立方米，年均灌溉面积为 285 万亩，耕亩毛用水量为 325
立方米。作物年均亩增产量为：小麦 61.7 千克、玉米 33.3 千克、棉花 6.5 千克。灌区
平均灌溉效益为 11 730 万元，单亩灌溉效益为 45.22 元，单方水灌溉效益为 0.22 元，
单方水成本为 0.028 元，益本比可达 3.68。

三、典型灌区引黄灌溉对土壤盐碱化的影响

鲁西北地区在 50 年代初期有盐碱地 375 万亩；60 年代初期，因为过量引水、平原
蓄水和排水不畅，盐碱地面积增至 685 万亩；60 年代中期以后，由于积极治理，盐碱地
面积不断减少，80 年代初已降至 369 万亩（表 4-22）。

表 4-22　鲁西北地区不同时期盐碱地面积和灌溉的关系

年份	盐碱地面积（万亩）	有效灌溉面积（万亩）				粮食总产（亿千克）
		合计	纯井灌	引黄引河	其他	
1952	374.9	64.37	—	—	64.37	23.32
1962	684.6	207.06	4.81	43.02	159.23	10.72
1972	432.6	1 102.00	445.00	502.40	154.60	26.44
1982	368.8	1 638.70	455.60	1 062.50	20.60	40.28

1. 土壤次生盐碱化发展的原因

（1）引黄干渠侧渗的影响。1981—1982 年引黄济津时，3 条输水线路在四女寺至九
宣闸区段平均每千米损水 35.5 万立方米。其中潘庄引黄干渠禹城实验区段，距渠 700
米之内，渠道过水 10 天后，地下水位即抬升 1 米左右，年侧渗补给量可达 634 万立
方米。

（2）农田灌排系统不配套的影响。由于人们有重灌轻排的思想，农田灌排系统不配
套，排水不畅，致使区内盐分不断积累。徒骇河、马颊河流域 1980—1984 年平均每年
每亩积盐 43.8 千克，为 1956—1967 年的 4.6 倍（表 4-23）。

表 4-23　徒骇、马颊河流域区域盐量平衡

年份	入区盐量（万吨）	出区盐量（万吨）	盐量平衡（万吨）	平均每年每亩积盐 [千克/（亩·年）]
1956—1967	190.2	132.1	58.1	9.6
1968—1979	291.4	108.0	183.4	30.2
1980—1984	315.3	49.3	266.0	43.8

2.防止土壤次生盐碱化的措施

（1）渠道衬砌，以减少渠道侧渗。潘庄灌区总干渠衬砌后，渠道水利用系数由原来的 0.806 上升到 0.896，每年减少渗漏约 1.34 亿立方米，扩大灌溉面积 39 万亩。

据位山灌区渠道衬砌对比试验表明，衬砌渠道与非衬砌渠道的流量损失率分别为 1.81% 和 10.21%，即衬砌后可以减少输水渗漏损失 82.3%。

（2）实行地表水、地下水联合调度，控制地下水位。引黄灌区应提倡井渠结合，特别是 5、6 月应多用井灌。位山灌区地下水可开采量为 4 亿立方米，目前仅利用一半。该灌区在政策上采取措施鼓励灌区上中游尽量多开发地下水资源，以井水灌溉，以黄水补源。其具体做法：一是合理调度引黄水，优先把黄河水送到下游地下水贫乏的高亢贫水区；二是提高引黄水收费标准，井灌区暂不收水资源费，不参加清淤。这些措施既有效地控制了地下水位，又显著提高了水资源利用率。

四、典型灌区泥沙、沙化问题及其治理研究

黄河山东段河水含沙量春灌期间为 11.02~11.31 千克/立方米，汛期为 31.92~34.25 千克/立方米。1972—1990 年德州地区潘庄灌区年均引沙 841 万吨，其中非汛期引沙占 67%；李家岸灌区年均引沙 439 万吨，其中非汛期引沙占 52.7%。

潘庄、李家岸两灌区泥沙分布情况是：沉沙池占 45.2%，灌溉系统占 26.8%，排水系统占 19.1%，田间占 8.9%。

潘庄、李家岸两灌区已处理的泥沙占 87.9%，已还耕面积占 80.1%，平均每 1 立方米水需投资处理泥沙资金 0.003 2 元，处理 1 吨沙投资 0.45 元，还耕 1 亩地投资 1 140 元（表 4-24）。

表 4-24　德州地区引黄灌区泥沙处理指标统计表

项目		单位	潘庄灌区	李家岸灌区
总沙量	引黄水量	亿立方米	174	105
	总进沙量	万吨	15 994	8 345
	应处理泥沙量	万吨	15034	7144
	已处理的泥沙所占比例	%	84.8	90.9
占地	泥沙处理占地面积	亩	54 899	47 186
	已还耕面积所占比例	%	73.2	87.0
投资	总投资	万元	6 839	2 365
	每立方米水需投资处理泥沙费	元	0.004	0.0023
	处理 1 吨沙投资	元	0.53	0.37
	还耕 1 亩地投资	元	1 703	576

引黄灌区泥沙处理的措施如下。

（1）选择合适的引水口和分水比，减少泥沙入渠。引水闸宜选择在多年经常靠流的固定弯道上，布设在弯道顶点下 1/4 弧长处；分水比不宜过大，应小于 20%~30%；引水角宜尽量减少。

（2）利用沉沙池沉淀泥沙，减少入渠含沙量。沉沙池的形式以枣核形条渠为好；沉沙池比降小，宽度大，沉沙效率高；沉沙池尾部宜安设节制闸，沉沙效率可提高 25%~30%；沉沙池在使用过程中，进出水口必须保持一定落差。

（3）进行渠道衬砌，提高渠系挟沙能力，实行逐级输沙下泄。渠道衬砌后，宽深比减少，糙率减少，流速增加。由于渠道挟沙能力与流速的 3 次方成正比，与宽深比的 0.5 方成反比。因此，衬砌后的渠道的挟沙能力可以大幅度提高。

（4）利用黄河水沙资源，发展建材加工业、放淤改土。①在沉沙池周围建大型建筑材料厂，生产砖、灰沙砖和水泥管，既可获得较高的利润，又可节约耕地（每处砖厂年节约耕地 40~50 亩，并且每年清沙造地 20 亩）。②"引黄淤背固堤"和"引黄淤洼"。引黄放淤宜在汛期进行。山东省引黄淤洼已有 150 万亩，放淤用水一般年达 10 亿立方米。③抬高地面，淤改土地。利用推移式沉沙条渠（网状）或格田化沉沙渠沉沙、淤改。潘庄灌区已还耕 73.2%，全部盖红压沙，其中一般配套工程占 58.4%，高标准配套工程占 6.9%。

（本文原载《第六次全国水文学术会议论文集》，科学出版社，1997 年，作者吴凯，许越先）

第五章
南水北调及其对自然环境的影响

第一节　南水北调及其有关的几个问题

一、跨流域调水的国际动向

跨流域调水在古代早已实行，但远距离多目标的大规模调水，还是 20 世纪 60 年代以来的事情。与跨流域调水有关的科学研究，也是同时期以来新兴的研究领域。

从巴基斯坦、美国、印度、苏联、澳大利亚和西班牙等国完成的跨流域调水工程来看，除巴基斯坦的西水东调工程年调水量较大（148 亿立方米）、美国加利福尼亚的北水南调工程输水线路较长（900 千米）外，其他工程规模都较小，年调水量一般都不超过 50 亿立方米，工程投资费用只几亿美元。这反映出各国对大型调水工程的实施都很慎重。因为大型调水工程是一项极复杂的任务，需要研究的问题很多。例如，是否需要调水的问题，调水线路的选择及其比较，工程技术问题，投资大小与经济效益问题，对自然环境和社会环境的影响问题，与调水有关的政策与法律问题，以及国家经济力量和技平是否能适应的问题等。需要进行全面的系统的研究，才能得出比较肯定的结论。

大家都知道，规模很大的苏联叶尼塞河、鄂毕河到咸海、里海的调水工程，年引水量 5 000 亿立方米。这个调水设想在 30 年代就有人提出，但到目前还一直在进行科学研究。美国现正在规划的有 13 个调水方案。其中规模最大的调水方案是从阿拉斯加和加拿大的河流调水经五大湖水系到美国西部各州和墨西哥北部。该项工程的基建投资预计每 10 亿立方米的调水量需 7.5 亿美元。由于投资巨大和调水对自然环境的影响还研究得不够，不少人认为这类特大型调水设想应当搁置起来。

1980 年 10 月，联合国大学组织美国、日本、埃及、西德和加拿大等国 9 位专家，同中国科学院和水利部等单位的同行共同举行了跨流域调水学术讨论会，会上联合国环境规划署科学顾问比斯瓦斯博士（A.K.Biswas）指出：如果中国南水北调能够实施，将是 20 世纪世界上最宏伟的水利工程。

二、我国南水北调问题的提出及规划设想

我国位于亚洲的东南，东邻太平洋，南距印度洋也不远，西北靠近欧亚大陆中心。在这种海陆地理位置和季风气候的影响下，我国的年降水量一般从南向北、从东南向西北减少，降水量的年际变化则从南向北、从东南向西北增加。降水量的年内分配也不均匀，我国东部季风气候区一般夏季降水最多，冬季最少。越向高纬，夏季降水量集中的趋势越明显，且往往以暴雨形式降落。春季是大秋作物播种和小麦生长发育的时期，正是农作物需水较多的季节，但这个时期淮河以南地区春季降水量只占年总量的 20% 左右，而淮河以北的黄淮海平原，春季降水量尚不到年总量的 15%。同时春季黄淮海平原气温上升快，空气干燥，又多大风，蒸发能力很强，3—6 月的蒸发力可达 300~400 毫米，比同时期的降水量要大 3~4 倍。因此，春季往往"十年九旱"，造成农业减产。

河川径流的年内分配主要受降水的影响。我国东部和西北地区夏季河川流量最大，冬季最小。黄淮海平原夏季河川径流量占年总量的 60% 以上，冬季大多低于 6%，春季淮河以北地区低于 10%，是我国东部地区春季径流量占年径流量比值最小的地区。径流年内分配不均的这种特征，对水资源的利用带来了许多困难。汛期和多水年的洪水由于缺乏充分的调蓄条件，只能让它白白流入大海，而春季缺水时水资源的供需矛盾又很突出。

河川径流的年际变化与降水量、流域的自然条件和流域面积大小有关。一般说来，径流越大年际变化越小。如河川径流的年际变化以变差系数（C_v 值）表示，则长江为 0.12~0.15，是我国水量最稳定、年径流的年际变化最小的河流，这很有利于水资源的利用。黄河的 C_v 值为 0.45 左右，淮河 0.55~0.65，海河高达 0.60~0.75。这对水资源的利用是很不利的。西北地区的平原、盆地和广大荒漠区，C_v 值在 0.8 以上。

长江水资源丰富，年径流量达 9 800 亿立方米。而淮河的年径流量只有 530 亿立方米，黄河 560 亿立方米，海滦河 283 亿立方米，西北的甘肃、新疆和内蒙古内陆流域 735 亿立方米。长江年径流量约为淮河年径流量的 19 倍，黄河的 18 倍，海滦河的 35 倍，甘肃、新疆、内蒙古内陆河流的 13 倍。长江平均年径流量占全国总量的 38%，而淮河只占 2%，黄河占 2.1%，海滦河仅占 1%。此外，根据水利电力部的资料，长江流域每亩耕地平均拥有径流量 2 650 立方米，淮河流域只 263 立方米，占长江流域的 1/10；海滦河流域的 167 立方米，仅占长江流域的 6%。

从地下水资源的情况来看，水文地质部门曾计算了黄淮海平原地下水年平均水位下降到 4 米时的综合补给量。计算结果表明，黄淮海平原 30 万平方千米范围内，共有淡水资源（矿化度小于 2 克/升）476 亿立方米，目前已开采了 250 亿立方米，虽然还有一定的开采潜力，但不能从根本上解决黄淮海平原的缺水问题。

考虑到长江流域水多，黄淮海平原水少，水土资源很不平衡，西北地区水土资源更不平衡，为了加速北方工农业生产发展，便提出了南水北调的问题。50 年代中期水利部门曾对调水问题做过一些研究，1959—1961 年，中国科学院组织科研人员和工程技术人员对长江上游调水线路进行了野外实地考察。70 年代以来，黄淮海平原广大地区缺水问题日益突出，京津等城市生活用水和工矿企业用水日趋紧张，农作物春旱严重，而今后工农业生产还将有较大的发展，用水还将有较大的增长。于是近些年来从长江向黄淮海平原和天津、北京等城市的跨流域调水问题又重新提到了日程上来。水利部门提出了从长江下游（东线）和中游（中线）引水北调的初步规划，并先后组织有关工程技术人员和科研人员对这两条线路进行了实地调查。至于从长江上游（西线）调水到西北地区，由于调水线路所经过的地方自然条件极其复杂，调水线路太长，工程难度较大，总干渠要通过许多高山峻岭，目前难以实现。

规划中的东线与中线南水北调都属于大型跨流域调水工程。所谓大型调水系指年调水量超过 100 亿立方米的工程。东线调水方案是从长江下游江都抽水站引水北送，沿大运河经过洪泽湖、骆马湖、南四湖和东平湖等湖泊将水送到天津。引水干渠长 1 150 千米。江都抽水流量为 1 000 立方米 / 秒，淮河为枯水年抽长江水 300 亿立方米。中线调水方案的远景设想是从三峡水库引水，近期从丹江口水库引水。干渠经汉、淮分水岭的方城缺口，沿伏牛山东麓，在郑州西北桃花峪穿过黄河后，大致与京广铁路线平行，最后将水送到北京。干渠长 1 265 千米。丹江口水库的运用如改为以灌溉为主，现有年调水量为 93 亿立方米，如水库大坝加高到 175 米，蓄水位达 170 米时，年平均引水量可达 237 亿立方米。两条线路的调水工程完成后，可为沿线城市和工矿企业提供水源，发展南北航运，并可灌溉和改善灌溉面积 1.41 亿亩，其中东线调水工程灌溉 6 400 万亩，中线 7 700 万亩。

我国的东线与中线南北水调也涉及许多复杂的问题，需要组织有关人员进行深入的研究。下面对几个问题作一些探讨。

三、为什么要由长江远距离输水

有人提出能不能在原有引黄灌溉基础上，增加对下游两岸地区供水量，不必从长江远距离输水。我们认为从长远的意义看，解决黄淮海平原缺水问题，黄河并不具备这个条件。通过黄河和长江水资源的对比，就可以清楚认识这一点。

黄河干流全长 5 400 千米，流域面积 75 万平方千米，流域内人口 0.82 亿，耕地 1.96 亿亩，灌溉面积 0.64 亿亩，每人平均占有年水量 683 立方米，每亩耕地占有年水量 280 立方米，灌溉面积占耕地面积 33%。

长江干流全长 6 300 千米，流域面积 180 万平方千米。流域内人口 3.45 亿，耕地

3.70 亿亩，灌溉面积 2.27 亿亩。每人平均占有年水量 2 840 立方米，每亩耕地占有年水量 2 650 立方米，灌溉面积占耕地面积 61%。

由此可知，从流域面积看，长江虽然只是黄河的 2 倍，但每人平均占有年水量是黄河的 4.2 倍，每亩耕地占有年水量是黄河的 9.3 倍。由于黄河流域现有灌溉面积比重仅及长江一半，未来流域开发增加的耗水量占本流域水资源量的比重将要超过长江流域，从而使两条河流资源的悬殊越来越大。

黄河流域河川径流特点是水少、沙多、水量变化不稳。最大年径流量为 856 亿立方米（1964 年），最小年径流量为 241 亿立方米（1928 年），大小相差 3.6 倍。下游含沙量，每立方米水含沙高达 25~30 千克。黄河径流量沿程变化非常特殊，大致可分为四段。兰州以上流域面积占花园口控制面积的 31%，天然径流量占 58%，是黄河水资源的主要来源。兰州至河口镇流域面积占 22%，这段区间无大支流注入，气候干旱，径流量出现负值。河口镇至花园口流域面积占 47%，径流量占 44%，但因流经黄土高原，含沙量很高，给引水应用带来一定困难。花园口以下至河口 760 多千米河段，流域面积只占全流域 2.7%，由于泥沙淤积，河床高出两岸 6~8 米，属"地上河"，区间来水量很少。

黄河两岸的劳动人民，引水灌溉，发展农业有着悠久的历史。大约为 1 000 万亩，用水量约 70 亿立方米，引水量较大的是兰州至河口镇区间，素有"黄河百害，唯富一套"之称。70 年代以来，花园口以上引水量已达 160 亿立方米。花园口以下，引黄灌溉是从 1952 年开始的，至 70 年代后期，平均每年引水量约 100 亿立方米，其中 1—6 月占 60% 左右，抗旱面积 2 400 亩。

由于天然径流量被大量引用，黄河可用水资源日趋减少，春季下游水量严重不足，近年来已多次出现断流现象。据 1969—1978 年 10 年实测资料平均，花园口每年下泄量仅 374 亿立方米；河口入海水量，平均每年只有 331 亿立方米（利津站），其中大部分为汛期泄水量，处于含沙高峰期，利用起来比较困难。主要灌溉期 3—6 月水量只有 55 亿立方米，其中 3 月 17 亿立方米，4 月 18 亿立方米，5 月 14 亿立方米，6 月 6 亿立方米。10 年间共断流 8 次，最长断流时间近 20 天，最长断流河段从河口一直到济南以上。这对胜利油田，下游航运和渔业生产带来了严重危害。

兰州以上的河川径流量，是开发我国西北地区重要而宝贵的水源。那里水少地多，粮食基地、草地和林地建设，城市和工、矿企业发展都要增加用水量。上下游争水的矛盾将更为突出。如果以缩减西北地区用水量来增加华北地区供水，不一定是合理的。按黄河水利委员会提出的黄河流域初步规划，到 20 世纪末，花园口以上灌溉面积将发展到 1.3 亿亩，每年工农业总用水量将达 410 亿立方米，届时花园口下泄水量不足 150 亿立方米。下游地区除为沿河城市、工矿企业供水和渔业用水外，现有灌区引水将难以保障，欲扩大灌区增加引水就更无能为力了。当然，在近期若错开主要灌溉季节，避开高含沙量时期，在有条件解决泥沙的情况下，利用冬春季节黄河含沙量较小的特点，适当调引黄河水还是可能的，不过代价是昂贵的。

长江流域，河川径流特点是水量丰沛、含沙量小、多年变化比较稳定。大通站实测最大年径流量 13 600 亿立方米（1954 年），最小年径流量 6 750 亿立方米（1978 年），大小相差 2 倍。下游多年平均含沙量，每立方米水仅含半千克沙，是黄河下游含沙量的 1/50。

长江河川径流的沿程变化大致可分为三段。宜昌以上流域面积占全流域面积 56%，年平均径流量占 46%；宜昌至汉口流域面积占 27%，年平均径流量占 29%；汉口至大通流域面积占 12%，年平均径流量占 20%。产水量自上游向下游逐渐增加，这个重要的地理特征告诉我们，从长江中下游调水不会引起像黄河那样上下游争水的严重矛盾。

近 30 年来，长江流域共修建大中小型水库 4 万多座。灌溉面积的扩大，工业和城市用水的增加，使长江水量也趋于减少。在降水量大致相同的情况下，1956—1975 年 20 年平均径流量比 1946—1955 年 10 年平均径流量大约减少 14%。今后国民经济建设事业的发展还将继续耗用长江的一部分水资源。据长江流域规划办公室预估，到 20 世纪末灌溉面积比重达到 97% 时的农业用水以及工业用水、生活用水、防污稀释用水的总量，扣除灌溉回归水和其他回收水量后，平水年净用水量约 1 900 亿立方米，届时长江平水年仍有 8 000 亿立方米的余水。如果实施一条线路调水，只用去长江余水 4%。两条线路同时调水，也不超过余水量 9%。这些数据展示了十分乐观的前景，它说明了到 20 世纪末，长江可用水资源同黄河一样也在减少，但仍有大量余水可资外调。当然，枯水季节调水可能会给河口地区带来一定环境影响，但在权衡利弊基础上，可通过合理调度予以解决。这跟黄河因下游断流引起河流生态功能的严重失调的性质是完全不同的。

通过黄河和长江水资源变化及今后用水量对比，不难看出，南水北调规划为什么要由长江远距离输水的道理。在这里我们还没有分析长期大量引黄由泥沙带来的问题。

四、关于调水的环境后效

南水北调实质上是用工程措施，改变水在地区上和时间上分配不匀的状况，便水资源得到充分合理的利用。在大范围内对水的大量调动，必然引起自然环境的某些变化，这就是人们通常所说的环境后效。由于环境后效直接影响调水的经济效益，不仅产生于用水区，而且影响水量调出区和输水沿线地区，所以大型调水工程，一般都把环境后效研究作为调水可行性论证的重要内容之一。我国南水北调东线和中线两条线路，实施后将贯串江、淮、黄、海四大水系，涉及苏、皖、鲁、鄂、陕、豫、冀、京、津、沪等

10个省、市。这里是我国的政治中心，又是全国经济、文化的精华地区。在调水前深入开展环境后效研究，提出防患于未然的方法和措施，具有重要和深远的意义。

1. 枯水季节调水对长江河口的影响

长江口由崇明岛分为南北两支，北支因上口不断淤浅，径流量越来越少，南支是排泄径流的主要通道，作为上海市主要供水水源的黄浦江，直接与长江口相接，长江口地区自然环境的任何变化都将给上海市带来影响。前几年长江水量连续偏枯，长江口海水入侵有时非常严重，1978年盐水一直入侵到距海口120千米的江苏省常熟的望虞河附近，使上海市供水水质恶化。东线调水由于减少引水口以下径流量，预计枯季调水将加重盐水入侵。华东师范大学等单位提出，当大通站流量少于15 000立方米/秒时应不调水或少调水。另外，调水后径流减弱和潮流加强，将加重河口泥沙的倒灌和淤积，这个问题绝不能忽视。

2. 东线调水对沿线湖泊和水生生物的影响

东线输水干线经过洪泽湖等几个淡水湖泊。这些湖泊水域环境条件较好，历来是我国淡水渔业基地和多种水生植物富产区。据中国科学院水生生物所研究，调水后由于天然湖泊将改为输水道和蓄水体，湖水的深度、流速、含沙量将发生相应变化，从而给藻类、浮游生物、水草等植物和螺、蚌等底栖动物以及鱼类带来一定影响。

3. 南水北调引起血吸虫病北移的问题

目前血吸虫的中间宿主钉螺，分部的最北点不超过北纬33° 15′。江水北调后，会不会把钉螺引向北方扩大血吸虫病流行区呢？根据江苏省血吸虫病防治研究所实验研究，认为钉螺存活受气温、土温、土壤等条件限制，调水后引起血吸虫病北移的可能性不大。

4. 关于水质的问题

长江和输水沿线河流、湖泊水质现状基本是好的，但东线引水口附近及输水线段局部地区，由于工业废水废渣和城市污水排放，水质已受到不同程度污染。为了防止污水北送，输水干渠沿线有关单位应对污染物采取有效处理措施，工程设计也应考虑实际情况，处理好调水水源保护问题。

5. 关于输水干线与河道交叉带来的环境问题

调水地区天然河流流势大都是自西向东，而两条输水干线都是自南向北延伸，这就必然要与许多河流交叉。在规划中，对河道交叉虽都做了工程技术方面的考虑，但由于淮河、海河中下游地势平坦，洪涝灾害严重，多次交叉会不会加重这些灾害，值得深入研究。

6. 关于引起灌区气候变化问题

南水北调灌区总面积很大，调水后每年输入的水量相当于原有的年降水量。水量平衡关系和下垫面条件的改变，会引起农田温度、湿度、蒸发量等中小尺度气候的变化。

7.关于灌区土壤次生盐渍化问题

这是决定南水北调成败的关键问题。据有关方面统计，南水北调地区现有盐碱地约 4 000 万亩，另外还有 7 000 万亩潜在盐碱土，在不利因素影响下，这些土地最容易发生土壤次生盐渍化。预计调水后首先受到影响的地区是，输水干线及各级配水渠道两侧、蓄水工程周围地区、灌后地下水位大幅度升高的农田及原来井灌变为引水渠灌的地区。总体看来，东线灌区将比中线灌区严重。针对这种情况，应积极研究防治措施，并使其纳入调水规划设计方案，使土壤次生盐渍化危害减少到最低限度。

五、投资与经济效益

东线调水有大运河作为输水干渠，只要加宽和加深就可以利用。黄河以南有洪泽湖等几个大型湖泊作为调蓄水体，能基本上满足调蓄的要求。以上是东线工程有利的地方。但黄河以北，输水沿线没有天然湖泊可以利用，需修建平原水库，利用天然河道等进行调蓄。此外，由于黄河沿岸地区地势高于长江引水口江面约 40 米，拟建 15 个梯级逐级提水，总扬程约 65 米，才能将水送过黄河。这就需要修建大型抽水站几十座，年耗电量 30 亿~50 亿度。据有关部门估算，东线工程的总投资，包括总干渠、扬水站、电站、穿黄工程在内，34 亿~40 亿元。有人认为若加上支线工程、灌区配套和排水系统，将达 100 亿~120 亿元。我们认为，这只是一个保守的估计，如防治水污染及其他一些没有预计到的费用，可能还是不少的。

中线输水干线的渠首高程为 149 米，北京为 50 米，可以自流输水。但没有现成的输水干渠，由丹江口水库到北京要全部新开渠道。中线也缺少东线那样现成的大型调蓄体，需要新建一些调蓄水库。此外，丹江口水库大坝加高后，水库总库容 210 亿立方米增加到 330 亿立方米。以上所述，都需要占用大量土地，其中包括不少良田，还要造成大量移民。这些费用将是十分可观的。中线干渠还要跨过 168 条天然河道，为解决河道交叉问题，也将增加工程费用。预计中线工程的总投资，包括移民费和土地征用费等，将比东线工程大得多。

工程建成后，中线调水的运行费用可能比东线低。有人估计，黄河以北地区，用于农田灌溉的水费，每立方米约 0.1 元，如以每亩农田灌水 250 立方米计，则每亩地的水费将高达 25 元。对农业而言，这将是一项昂贵的代价。农民由于增产不一定增加收入，很有可能不愿意用调来的水进行灌溉。这样就与调水的主要目的之一是发展农田灌溉，促进农业生产的稳定和高产相互矛盾。

是否可以不收水费和采取国家补贴水费的办法呢？一般说来这是不妥的。应当制定农业灌溉用水的收费标准和办法，只有实行收费，才能达到节约用水，促进农民平整土地，防止大水漫灌，做到适时灌水和改进农田管理的目的。甚至有可能促进农村采用喷灌和滴灌等新灌溉技术。在井灌发达的地区，或者在地下水位较高、水质较好而有井灌条件的地区，更要征收水费，才能防止废井灌而全部采取渠灌。这是防止地下水位上升和土壤次生盐渍化的有效途径。

以上所述，东线或中线的调水工程都需要巨大的投资。从目前国家经济实力来看。这当然是一项较大的负担。但随着国家经济建设事业的发展，修建这样宏伟的改造自然的工程还是有可能的。因为南水北调工程可以分期实施，分段发挥效益，而整个工程完成后，其经济效益和社会效益也是十分可观的。首先是城市和农村的生活用水将得到改善。这是稳定社会秩序，提高人民生活水平的一个方面。其次是输水沿线地区的煤炭、石油、电力和其他矿产资源的开发，钢铁、石油化工等工业基地的建设，食品工业和各类轻工业的兴建都将得到水源的保证。特别应当指出，目前有不少地区，新工业基地的建设，水源能否得到保证已成为决定性的前提。最后干渠将把江、淮、黄、海四大水系联成一个四通八达的水网，沟通内河外海的航运，这将为南北货物运输、城乡物资交流和内地与沿海的物资交流提供有力的支援。而且，随着水体的扩大、水产养殖事业将得到发展。疗养区、旅游区、水上公园等都可以有计划地得到安排。由于灌溉条件的改善和灌溉农田的扩大，农业生产将获得显著的提高。

总之，投资与经济效益的计算，是涉及许多部门许多方面的复杂问题，需要进行深入研究，才能得出比较可信的结果。尤其是调水的经济效果还和国家今后的长期经济建设规划有关，这就更增加了研究工作的难度。

六、结　语

关于大型跨流域调水问题，根据我们知道的情况，各个国家都普遍存在着争论。一部分人举出各种理由赞成调水，另一部分人也举出各种理由反对调水。我国的南水北调问题，当然也不会例外。其原因是大型跨流域调水涉及的问题很多，除了前面已经提到的以外，还有各个部门、各个地区之间的利害关系，受益部门和地区当然主张调水，而受害部门和地区则反对调水，因此，就更增加了问题的复杂性。我们认为，对待这类关系子孙后代幸福的伟大工程，要采取既积极又慎重的态度。要加强各个有关方面的科学研究，要在全面系统的综合研究基础上，权衡利弊得失，对可能出现的问题，要研究避免或减轻其危害的可能途径和措施。不经过仔细研究最好不要仓促从事。

解决黄淮海平原的缺水问题，目前的主要任务是挖掘本地区水资源的潜力，从各个方面节约用水。应当承认，本地区的地表和地下水资源还有一定的潜力，尤其是节约用水还大有潜力可挖。根据 1975 年联合国粮农组织的资料，世界各国用于谷类作物的灌溉水量约为 130 000 亿立方米，但由于水在输送、贮蓄和使用过程中自然损耗，总用水量几乎增加到 300 000 亿立方米，即 57% 的水是无效水分。我国的情况可能大大超过这个比例，这是值得引起重视和大力改进的问题。一般说来，从灌溉系统的末级渠道到农田这一输水区是灌溉系统中用水效率最低的地区之一。由于责任不明，无人管理，水的损耗比例最大。此外，由于责任不明，也造成了设计上的不合理和无人维护管理。应当改变只重视研究干渠水量的损失，而很少研究这类输水区水量损失的情况。由于农业用水是当前的主要用水户，因此，改进灌溉制度，研究确定不同作物的灌水定额，加强灌溉系统管理，尽快研究按用水量收费的标准和方法，推广先进的灌溉技术，是节约用水的当务之急，也是当前节约用水的主要方面。此外，地表水和地下水如何统一调度，联合运用，也是应当认真研究的问题。工业上的循环用水和废水的再利用，农业上如何改进耕作制度，作物布局上能否增加春播作物面积，更多的利用多雨季节的水量，也是提高水资源利用率的有效途径。

（本文原载《地理知识》，1982 年 8、9 期，新华社《新华文摘》，1982 年 11 期转载）

第二节　南水北调对自然环境影响的若干问题

自然环境具有空间变异性的特点。在人类活动影响下，某一环境要素发生变化，往往导致其他环境因素以至整个环境系统的变化。水利工程是对环境中最活跃的因素水的调节和控制，在取得工程效益的同时，也会出现种种环境变异的问题。特别是当代大型和超大型水利工程的兴建，对自然环境的影响更加复杂、更为广泛。

中国中东部南水北调工程，包括东线和中线两个方案，是一个宏伟庞杂的工程系统。研究这个工程系统对调水所涉及地区自然环境的影响，预测调水后环境变化的趋势，探讨防患于未然的措施和方法，具有重要和深远的意义。本文仅就中国学术界在这方面讨论中提出的若干问题，作一综合分析。

一、南水北调对长江流域水资源的影响

长江是中国第一大河。1978 年流域内人口 3.42 亿，耕地面积 3.74 亿亩，大中城市和工矿基地 40 多个。粮食产量约占全国 40%，棉花产量约占全国 35%，工业总产值约占全国 40%。受调水直接影响的中下游地区则是流域内粮棉集中产区和工商业最发达地区。

由于长江流域在中国经济上占有如此重要地位，有人对外调江水表示担心。他们认为，长江水量的年内分配，汛期（4—10 月）水量占 80% 左右，枯水期（11 月至次年

3月）水量仅占20%。近30年来，长江流域共修建大中小型水库4万多座，总库容超过1 000亿立方米，灌溉面积已扩大到1亿亩，工业和城市用水也在不断增加，长江水量已趋于减少。考虑将来用水量进一步增长，长江流域的水资源并不富裕，长江水北调只不过是"以贫济贫"。

根据实测资料，长江下游大通水文站多年平均流量29 200立方米/秒，年径流总量平均为9 209亿立方米，占全国径流总量的35%以上，相当于19条黄河，17条淮河，41条海河的水量。长江水量年内变化虽有洪枯季节差别，但和北方河流相比，这种差别相对而言是很小的。因此，我们认为，长江水量比较丰富，变化比较稳定，东线调水1 000立方米/秒，只占大通水文站年平均流量的3.4%，对长江下游水资源不会产生明显影响。中线调水，按丹江口水库现有规模，可调水109亿立方米，待续建后，调水量平均为237亿立方米。水库最小下泄量比建库前枯水季平均流量少100多立方米/秒，约占汉口站枯水季平均流量的1%，占大通站枯水季平均流量的0.8%，因有湖泊调节，对长江中下游水量变化基本没有影响。对汉江下游的航运和灌溉产生的影响，可通过水库合理调度，结合远景航运规划，采取必要的工程措施予以解决。

关于长江流域水资源供需问题，应从经济发展的长远目标着眼，结合南水北调工程进行全面规划。为了保障长江流域本身的用水，在枯水年和枯水季节可适当少调或不调。

二、南水北调对长江航道的影响

长江是中国最重要的一条内河航道，干、支流货运量约占全国水运总量的65%。干流自宜宾至入海口长2 880千米，终年不冻，均可通航。宜宾至宜昌段1 032千米，航道条件比较复杂。至于中下游，宜昌至上海1 800多千米航道，只有湖北省境内宜昌以下汉口以上河段较为弯曲，河床不稳。其他河段航行条件均较好。中线和东线调水，不涉及长江上游的水量，预计不会增加上游航行的困难。中下游水量虽有减少，减少的水量不会对航道产生大的影响。

三、东线调水对长江口海水入侵的影响

这是上海市和江苏省非常关心的一个问题，他们组织了科研单位对此进行了专门研究。

长江口最宽处达90千米。河口段由崇明岛分为南北两支，北支由于上口不断淤浅，淡水径流量较少，枯水和洪水季节都被盐水所控制；南支是长江排泄径流的主要通道，盐水入侵没有北支严重，但枯水期海水亦可上溯至吴淞以上。黄浦江是上海市工农业用水和生活用水的主要水源，由于黄浦江在长江口处汇入长江，枯水期海水倒灌常引起

吴淞、闸北、杨树浦等水厂供水氯化物和硬度的增加。1978 年，由于中上游来水较少，盐水入侵一直到距海口 120 千米处的江苏省常熟的望虞河附近，黄浦江的水厂几乎全受影响。根据华东师范大学和南京水利科学研究所的研究，当大通站流量超过 16 000 立方米 / 秒，东线调水 1 000 立方米 / 秒，不会引起河口地区盐水明显增加。当大通站流量小于 16 000 立方米 / 秒，枯水期调水会在不同程度上加剧盐水入侵的影响。南水北调应从工程方案和调水时间上充分考虑这个问题，以避免上海市供水水质的恶化。

四、东线调水对水生生物的影响

东线调水将使长江口径流量减少，长江冲淡水范围缩小，海潮上溯，河口盐分增高。一些以喜盐生物为饵料的鱼类可能沿河口内移，一些外海性鱼类将趋近岸边，近海渔场中的某些鱼类如黄鱼、带鱼的洄游路线将受到一定影响。

东线调水沿途流经洪泽湖、骆马湖、东平湖、南四湖等淡水湖，湖泊水面积总计约 560 万亩，水深 2~4 米，湖水中含有丰富的营养盐类和大量的浮游生物，是我国重要的淡水渔业基地和芦苇、莲藕、菱角等水生植物的富产区。

调水后湖泊维持高水位时间较长，静水或缓流水体变为速流水体，泥沙含量增加，湖水透明度减小。由于湖泊环境的变化，对水生生物会带来一定影响。根据中国科学院武汉水生生物研究所的研究，东线调水后，沿线湖泊中的藻类、水草和浮游生物等将要减少，螺、蚌等底栖动物产量将降低，草食性鱼类如草鱼、鳊鱼以及产卵于水草上的鲤鱼、鲫鱼等鱼类将随着减少。

山东省水产研究所根据调水后湖洼水面面积的增加，则认为水产资源不但不会减少，反而会增加。

五、关于输水水质的问题

南水北调地区天然水质较好，长江水的矿化度 200 毫克 / 升左右，由长江向北逐渐增加，至海河流域增至 500 毫克 / 升左右。输水沿线水体中几种主要污染物的含量在大部分线段尚未超过国家规定的地面水标准。但在局部地区因工业废水、废渣的排放，使水质受到不同程度的污染，而且污染情况随着工农业生产的发展将进一步严重。例如，东线引水口附近、洪泽湖等处酚、氰、汞的含量都已超过地面水标准。因此，南水北调工程应考虑水源保护，沿线工矿企业应控制废物的排放，防止污水北调。

六、关于血吸虫病北移的问题

中华人民共和国成立前，血吸虫病曾在长江中下游 10 个省、市流行，患者达 700 多万人。近 30 年来，各级政府采取种种灭螺防治措施，病人已减少 70%。现在钉螺分布最北点在江苏省宝应县境内（北纬 33° 15′）。流动的水能把水中的生物带到遥远的地方，某些病菌也可随着水流向它处传播，调水后血吸虫病会不会随水北移，这个问题引起人们普遍关注。

由于血吸虫病中间宿主——钉螺生存需要一定水文气象条件，北方冬天气候寒冷，钉螺很难生存。江苏省血吸虫病防治研究所采取现场和实验室相结合的方法，对钉螺在宝应以北地区存活情况进行了初步研究，在 -2℃ 恒温条件下。30 天内死亡 90% 以上。过去沟通南北的大运河并没有使钉螺北迁，也证明北方气候不宜于生存。根据以上分析，南水北调后血吸虫病北移可能性不大。

七、南水北调对气候的影响

目前对这个问题研究得还很不够，本文只能根据某些试验资料和分析成果作初步推测。

一般说来，灌溉农田土壤湿润，热容量较大，蒸发量和空气湿度增加，土壤温度和近地层气温昼夜变化较为平缓。根据北京西郊的试验资料，4—5 月，冬小麦地灌溉后地表最高温度比未灌溉地低 8~9℃，最低温度比未灌溉地高 1.0~2.5℃。地表温度日变幅，灌溉地为 14.0℃，未灌溉地为 23.7℃。关于近地层空气湿度和温度的变化，冬小麦地灌溉后，地面以上 20、50、100、150 厘米高，13 时空气相对湿度比未灌溉地分别大 20%、13%、12%、2%；地面以上 20 厘米气温比未灌溉地低 4℃左右，日变幅为 16.7℃未灌溉地日变幅为 21.5℃。离地面 150 厘米气温日变幅趋于一致。两者分别为 16.1℃ 和 16.0℃。南水北调工程实施后，黄淮海平原新增和改善灌溉面积总计为 1.41 亿亩，预计灌区空气湿度和温度将受到调节，将对中小气候带来明显影响。

南水北调后，水面面积和灌溉面积大幅度增加，必然引起用水区区域总蒸发量增大。

据初步估计，年蒸发量比原有蒸发量增加 20%~30%。蒸发量的增加，加速了水分循环过程，由此将引起其他气候因子的变化，有的学者认为，干旱季节如 5 月降水量将增加 2%~4%。

八、南水北调对灌区土壤盐碱化的影响

这个问题在南水北调学术讨论中曾引起激烈争论。有的学者根据其他一些国家灌溉土地大面积沼泽化、盐碱化的事实，联系中国 30 年来盐碱土改良中出现的曲折和反复，指出南水北调必然要加重灌区盐碱化程度，主张工程规划要全面考虑旱涝碱综合治理。

有的学者根据国内外很多改良盐碱土的成功经验，指出调水灌溉和盐碱土治理并不矛盾，南水北调是发展北方农业生产的当务之急，不能因小失大，因噎废食。更多的人

则认为土壤盐碱化是决定南水北调成败的关键问题,要进行深入的研究,认真探索解决问题的途径。

南水北调灌区,按土壤地球化学过程从西向东可分为三个地带:一是山前洪积冲积平原带,地下水埋深大于 5 米,矿化度 0.5~1.0 克 / 升,土壤地球化学过程以淋溶为主,不存在土壤盐碱化问题。二是河流冲积平原带,由黄河、海河等河流冲积而成,地势平坦,但中小地形岗洼交错,地下水埋深 2~4 米,局部地区不到 2 米,地下水矿化度由 1~2 克 / 升至 5 克 / 升,土壤地球化学过程以累积为主,广泛分布着内陆盐碱土。三是滨海平原带,位于沿海 30~40 千米的狭长地带,海拔高程不到 10 米,地下水埋深不超过 1.5 米,地下水矿化度 10 克 / 升以上,土壤地球化学过程受海水影响,多为滨海盐碱土。

30 年来,南水北调地区盐碱土面积是变化不定的。据河北、山东、河南省统计,50 年代中期三省共有盐碱土 2 800 万亩。60 年代初期,因引黄灌溉和平原蓄水,盐碱土发展到 4 800 万亩。70 年代中期,由于海河等流域经过治理,提高了排水标准,加上发展机井灌溉,降低了地下水位,这一时期盐碱土面积降至 2 100 万亩。70 年代末,面积约 2 900 万亩。现在,南从淮河流域沙颖河水系,北至京津一带,共有盐碱土 4 000 万亩,约占黄淮海平原耕地面积 15%。另外,还有 7 000 万亩潜在盐碱土,在不利因素影响下,这部分土地最容易发生次生盐碱化。

黄淮海平原有着良好的热量条件和丰富的土地资源,因存在土壤盐碱化和其他一些自然灾害,粮食产量低而不稳。据 289 个县的调查,1976—1978 年三年平均每亩粮食产量,150 千克以下的 173 个县,占 60%;150~200 千克的 1 个县,占 25%;200 千克以上的 43 个县,占 15%。

南水北调东线灌区和中线的大部分灌区皆处于河流冲积平原带,原有地下水位较高,土壤盐碱化比较严重。在现有管理水平和技术条件下,大量外水调入必然引起地下水位抬升,盐碱土面积将随着扩大,在输水干线和各级配水渠道两侧、地下径流受到阻滞地区、蓄水工程周围和井灌变为渠灌地区将首先受到影响。

防止次生盐碱化的途径,应从两个方面采取措施,一是提高现有管理水平,严格控制灌水数量和灌溉时间,改进灌溉制度和灌水方式,尽量防止农田地下水位大幅度升高。二是在广大灌区积极推广实验区和实验点行之有效的经验,采取应有的技术措施,如修建排水系统,排灌工程配套,实行渠灌和井灌相结合,植树造林,培肥地力,渠道两侧和蓄水体周围要有防渗和截渗工程,尽量减少侧渗影响。这样可以减轻次生盐碱化的危害程度。

(本文原载《远距离调水》,科学出版社,1983 年)

第三节　南水北调（东线）对土壤盐碱化影响的初步探讨

东线调水沿线地区和规划灌区是我国盐碱土集中分布地区之一。20世纪50年代末和60年代初，由于大量引水灌溉，土壤曾出现大面积次生盐渍化，给农业生产带来较大危害。南水北调工程实施后会不会再次发生类似情况，这是人们普遍关心的问题，被认为是南水北调成败的关键。本文从几个方面对这个问题作了初步探讨，并分析了大规模引水灌溉和大面积次生盐碱化的关系，调水系统对局部地区次生盐碱化的影响范围，提出了为减轻这些影响需要采取的主要措施。

一、调水地区盐碱土现状

国务院批准的东线第一期调水工程于1990年完成后，将引江水到黄河南岸东平湖。至于黄河以北的后续工程及最终输水规模还有待今后确定。本文讨论的地区范围仍按水利电力部有关单位1976年初步规划的输水线路和主要灌区为依据，并照顾行政区的完整性，涉及江苏省徐淮地区（含盐城地区一部分）、山东省鲁西南和鲁西北地区、河北省沧衡地区，共计包括107个县、市，总面积11.86万平方千米，总耕地9 707万亩，南水北调规划灌溉面积约占这个地区全部耕地的一半。

东线调水地区位于长江、淮河、黄河、海河四大水系下游，属河流冲积平原，土壤地球化学过程以累积为主。按河水离子总量计算，每100亿立方米的水中，黄河含有盐分470万吨，淮河各水系平均含盐220万吨，海河各水系平均含盐550万吨。在长期地质历史时期，经这些河流多次反复泛滥冲积，在成土母质和浅层地下水中留下大量盐分。区内地下水矿化度小于2克/升的面积约占70%，2~5克/升约占12%，5克/升以上约占18%，咸水和微咸水面积占一定比重，为土壤积盐提供了重要条件。

东线调水地区在气候上属半湿润而又经常发生干旱的地区。从南到北，年降水量由900毫米逐渐降至500毫米；年蒸发力则由800毫米逐渐升至950毫米，区内大多数县，市年蒸发力大于年降水量，特别是春秋两季，随着强烈的蒸发作用，土壤往往发生季节性积盐过程。又因微地形岗坡沣交错，盐碱地多是斑状分布。

区内各地由于地貌、地质、土壤、水文、气候等自然条件差异和治理程度的不同，盐碱土分怖很不平衡。总的看来，徐淮地区现有盐碱土较轻，黄河以北地区较重。微地形起伏中的二坡地和封闭洼地、现黄河和废黄河背河洼地、地下水矿化度和地下水位较高地区以及滨海一带是盐碱土集中分布区。

50 年代后期至 60 年代初期，大量引水，引、蓄、灌、排关系处理失当，曾出现大面积次生盐碱化，1961—1963 年，区内盐碱地面积一度达到 2 450 万亩，约占耕地面积 25%。20 多年来，不断总结经验、加强治理，盐碱地面积逐步减少。1981—1983 年，盐碱地面积为 1 020 万亩，约占耕地面积 10%。不同地区盐碱土基本情况见表 5–1。

表 5–1　不同地区盐碱土情况

地区	总面积（万平方公里）	耕地	1961—1963 年盐碱地		1981—1983 年盐碱地		含行政单位
			（万亩）	占耕地（%）	数量（万亩）	占耕地（%）	
徐淮地区	3.63	2 420	620	25.6	130	5.4	徐州、淮阴、盐城专署一部分，共 22 个县、市
鲁西南地区	2.75	2 256	433	19.2	160	7.1	济宁、菏泽专署、枣庄市，共 25 县、市
鲁西北地区	3.20	2 957	820	27.7	443	15.0	聊城、德州、惠民专署，共 34 县、市
沧衡地区	2.28	2 074	580	28.0	287	13.8	沧州、衡水专署，共 26 县、市
合计	11.86	9 707	2 453	25.3	1 020	10.5	107 个县、市

* 数据来源于有关地区水利部门统计资料。行政单位按市管县以前建制

二、调水后防止大面积盐碱化的问题

这里提到的大面积盐碱化是指类似 60 年代初期，盐碱地面积占总耕地面积 25% 以上的情况。为了探讨大规模引水和大面积盐碱化的关系，可以先分析一些实例。

（一）从江苏省引淮、引江灌溉情况看

江苏省徐淮地区位于淮、沂、沭、泗诸河及废黄河下游，历史上是有名的"洪水走廊"，土地易涝易碱。50 年代后期大搞河网化，大量引水灌溉，盐碱地面积迅速增加。70 年代重新发展引水灌溉，并逐步扩大引淮、引江规模，每年可拦蓄地表水 40 多亿立方米，盐碱地面积不但没有随引灌面积扩大而增加，反而逐渐减少。从表 5–1 可知，80 年代初比 60 年代初减少 60% 左右。粮食产量 1981 年已达 66.5 亿千克，是 60 年代平均产量 24.5 亿千克的两倍多。

（二）从山东省引黄灌溉情况看

山东省沿黄的荷泽、聊城、德州、惠民四个地区，从 50 年代中期开始引黄，1961 年引黄水量为 23 亿立方米，这时盐碱地面积发展到 1 183 万亩，后被迫停止引黄。60 年代后期，逐渐恢复并扩大了引黄灌溉面积，1969 年引黄水量 5.6 亿立方米，1975 年

为 34.9 亿立方米，1980 年达 57.1 亿立方米，超过了 60 年代初期规模，但盐碱地面积仅 585 万亩，不到那时的一半。在棉花总产达 1 600 万担情况下，粮食总产达 66.5 亿千克，是 60 年代初期的二三倍。

（三）从济宁地区和沧州地区引湖引河灌溉情况看

山东省济宁地区大部分处于南四湖湖滨区。1951 年引水灌溉仅占耕地 3%。1961 年发展到占耕地面积 13%，盐碱地面积 68 万亩，粮食总产量 7 亿千克。1982 年引水灌溉达 290 万亩，占耕地 38%，盐碱地面积降至 18 万亩，粮食总产达 22 亿千克。

河北省沧州地区 1956 年开始发展引水灌溉，当时灌溉面积 57 万亩，全区盐碱地 336 亩。1959 年引水灌溉增加到 310 万亩，1961 年盐碱地发展到 430 万亩，粮食产量下降到 4.45 亿千克。1969 年重新发展引水灌溉，至 1975 年地面水灌溉面积接近 60 年代初，盐碱地面积仅有 167 万亩，粮食总产量提高到 12.5 亿千克。

（四）从禹城实验区定位观测资料看

山东省禹城实验区是以治理盐碱土和旱涝灾害为主要内容的定位实验研究区。全区面积 130 平方千米，耕地 14 万亩。自 1972 年潘庄引黄干渠输水后，实验区西侧 14 千米直接受干渠侧渗影响。区内每年从这条渠道引水灌溉 4 万亩左右，引水量约 1 200 万立方米。由于有 1 000 眼机井，全区灌溉实行以井为主、井渠结合原则，在发展灌溉同时，排水系统全面配套，区内盐碱化程度渐轻。1966 年建区时有盐碱地 11 万亩，占耕地面积 80%，粮食总产仅 960 万千克。1981 年只有 2 万亩盐碱地，占耕地面积 14%，粮食总产达 2 255 万千克。从 14 个定位取土点资料（表 5-2）可看出，虽然个别点位个别年份土壤含盐量有上升起伏现象，但总的趋势是近五六年来比前几年有显著下降，并基本上稳定上来。

以上实例中盐碱土面积的统计与实际情况可能会有一定出入，但用以地区间和时段间的比较并联系粮食产量进行分析，仍可看出不同阶段的大致趋势。

第一阶段，50 年代至 60 年代初期，引水灌溉面积增加→盐碱地面积增加→粮食产量下降。

表 5-2　禹城实验区各定位点历年 6 月土壤耕层含盐量　　　　单位：克/100 克土

取土点号	1974 年	1975 年	1976 年	1977 年	1978 年	1979 年	1980 年	1981 年	1982 年
1	0.144	0.148	0.115	0.115	0.088	0.117	0.115	0.079	0.073
3	0.471	0.219	0.222	0.213	0.109	0.319	0.279	0.206	—
5	0.101	0.245	0.129	0.117	0.086	0.076	0.064	0.097	—
7	0.122	0.083	0.170	0.107	0.200	0.110	0.115	0.112	0.075
8	0.161	0.239	0.130	0.131	0.101	0.066	0.062	0.066	0.088
10	0.207	0.141	0.106	—	0.093	0.115	0.070	0.115	0.104

（续表）

取土点号	1974 年	1975 年	1976 年	1977 年	1978 年	1979 年	1980 年	1981 年	1982 年
11	0.152	0.100	0.150	0.102	0.146	0.278	0.287	0.164	0.323
12	0.141	0.090	0.220	0.073	0.065	0.060	0.065	0.240	0.161
13	0.484	0.256	0.264	0.288	0.238	0.310	0.130	0.128	0.191
14	0.297	0.219	0.190	0.100	0.162	0.109	0.104	0.119	0.203
17	0.140	0.076	0.112	0.106	0.111	0.080	0.052	0.079	0.060
18	0.117	0.257	0.088	0.106	0.079	0.046	0.079	0.095	0.070
19	0.084	0.102	0.228	0.075	0.076	0.195	0.202	0.202	0.343
20	0.162	0.117	0.328	0.082	0.067	0.106	0.096	0.101	0.090

第二阶段，70 年代至 80 年代初期，引水灌溉面积增加→盐碱地面积减少→粮食产量上升。

两个阶段灌溉效益的不同，表明大规模引水灌溉和大面积土壤盐碱化之间没有必然的联系。问题的关键取决于社会经济技术条件和实施的措施能否有效控制灌后盐碱土的发展。第二阶段引灌后初步防止了大面积盐碱化的发生，并还有继续减少的趋势，说明近年来防治措施是有成效的，基本经验是可取的。归纳起来主要有以下几条。

1. 改善了农田排水条件

东线调水地区地势低平，长期以来排水不畅，50 年代片面强调以蓄为主，忽视农田排水，造成地下水位大幅度上升，带来土地盐碱化，粮食大减产的后果。60 年代中后期以来，淮河流域和海河流域修建了大量排水工程，排洪排涝能力数倍增加。如徐淮地区排洪能力由新中国成立初期 8 000 立方米 / 秒增加到 24 000 立方米 / 秒，机电排灌动力发展到 121 万千瓦左右，原有 1 600 万亩低洼易涝地已有 92% 得到不同程度治理。南四湖流域先后治理几条骨干河道，实行高低水分排，建机电排灌站 900 多处，装机 12.5 万千瓦。鲁西地区开挖和疏浚了三条骨干河道，排洪能力由 700 立方米 / 秒增加到 3 300 立方米 / 秒，30 平方千米以上支流治理了 110 条，农田排水能力大为增加。河北省自根治海河以来，各大水系都有新的入海尾闾，排洪能力由 4 620 立方米 / 秒提高到 24 680 立方米 / 秒，排涝能力由 414 立方米 / 秒提高到 3 180 立方米 / 秒。由此可见，自 60 年代中后期以来，农田排水条件逐步改善，排水标准不断提高，做到有灌有排，控制了区域地下水位的上升，这是防止灌区次生盐碱化的一项重要措施。

2. 大量发展机井灌溉

60 年代中期以前，调水地区机井很少，农用地下水主要采用土砖井，每眼井抽水量和灌溉面积较小。60 年代中后期，特别是 70 年代以来，机井灌溉迅速发展。如山东省沿黄四个地区，1958 年有土、砖井 86 万眼，农用机井极少，1980 年年底配套机井发展到 16 万眼。现在本文研究地区共有配套机井 36.4 万眼，平均 280 亩耕地有 1 眼机井。机井灌溉，降低了地下水位，腾出地下库容，能够收到灌溉压盐、减轻表土积盐、增加雨季降水淋盐等多方面效果，这是盐碱土改良中又一有效措施。

3.在有水源保障的低洼地区扩种水稻

进入 70 年代，水稻面积大幅度增加。例如，徐淮地区旱改水后，每年水稻面积都在 600 万 ~650 万亩，占耕地 25% 左右。南四湖湖滨区 1964 年水稻仅 14 万亩，1971 年后保持在 80 万 ~120 万亩。黄河背河洼地一带也有一定面积的水稻田。发展水稻地区，一般安排在有地表水源的低洼易涝易碱地方，并尽量连片栽种，有利于土壤盐分淋洗和产量的增加。

4.注重土壤培肥

培肥地力，增加土壤有机质，改良土壤结构，可以提高土壤蓄纳水分的能力，增加水分下渗量，减少蒸发量，从而控制表土盐分积累。十多年来，各地提倡种植绿肥，这是培肥地力的重要途径。化肥和磷肥施用量普遍增加，提高了土地生产力。如徐淮地区 70 年代中期绿肥面积曾达到 1 200 万亩，约占耕地 50%，1981 年平均每亩施化肥 61 千克（实物量）。其他地区也有类似情况。实行农业生产责任制后，土壤肥力进一步提高。这项措施与其他措施相结合，加速了土壤脱盐过程。

5.社会经济技术水平的提高

从 60 年代到 80 年代的 20 年间，我们国家经济建设迅速发展，社会物质财富和文化技术水平普遍提高，农田基本建设有了较好基础。因此，盐碱土发生发展规律已为更多的人所掌握，水利工程规划设计进一步科学化，农民科学种田和改良盐碱土的知识逐步普及，农用机械生产能力大大增加，农业责任制调动了改土种田夺高产的积极性。所有这些都从总体上增强了人类社会改造自然、改良盐碱土的能力。

由于社会的进步和各项具体措施的成效，一方面在 60 年代无法控制的灌区大面积盐碱化的问题，到 80 年代得到了初步解决。再过 30 年，南水北调大致可以全线通水，那时的经济技术水平会有进一步提高，现行有效措施将进一步发展，防止像 60 年代初期那样大面积盐碱化的发生应当比现在更容易做到。这是从调水地区全局情况看。另一方面，对局部地区发生次生盐碱化的可能也应给予足够重视，并采取必要对策。

三、调水系统对局部地区次生盐碱化的影响

次生盐碱化一般是由地下水位升高引起的，而地下水的补给通常来自水平和垂直两个方向。当主要来自降水和灌溉入渗等垂直补给时，土壤盐分先发生淋洗再发生累积，表土积盐较轻；当主要来自河流、渠道、蓄水体侧渗的补给，土壤盐分只进行单相累积过程，次生盐碱化主要发生在受这些原因影响的地区。因此，调水系统的影响预计主要

表现在以下几个方面。

1. 输水干线和各级配水渠道侧渗的影响

当输水渠道水位高出两侧地下水位时，由于水压力和土壤透水性的作用，渠水便从渠底和渠边向两侧渗漏，补给并抬高两侧地下水位。据水利电力部海河水利委员会计算，1981 年 10 月至 1982 年 2 月引黄济津时，三条输水线路在四女寺汇流后过水总量6.9 亿立方米，自四女寺至九宣闸损水总量为 9 370 万立方米，损水率为 14.6%，平均每千米损水 35.5 万立方米。由于输水正是隆冬季节，蒸发量很小，沿线又严格控制引水，故这部分损失量可认为主要消耗于渠道渗漏。引黄济津三条渠线之一的潘庄引黄干渠是一条地上渠，渠水位和当地地下水位相差 4~8 米。1981 年 11 月 19 日开始向天津送水，至 1982 年 1 月 15 日闭闸。在此期间从禹城观测到的地下水位变化列于表 5-3。从表中数据可以看出，距渠 700 米之内，渠道引水几天后，地下水位即抬升 1 米左右。距渠 1 200 米，1 个月后仅抬升 0.5 米左右，并且基本稳定下来。但停止输水后地下水位随即下降。

表 5-3　潘庄干渠引水后地下水埋深

井孔号	28 号	19 号	24 号
孔渠距（米）	200	700	1 200
11 月 11 日	1.57	2.42	2.15
11 月 21 日	1.80	2.45	2.28
12 月 1 日	0.78	1.33	2.40
12 月 11 日	0.81	1.67	2.15
12 月 21 日	0.89	1.78	2.01
1 月 1 日	1.02	1.97	1.99
1 月 11 日	0.11	1.58	0.91
1 月 21 日	0.14	1.72	1.98
2 月 1 日	0.48	1.92	2.11

南水北调东线输水干线全长 1 150 千米，设计水位平于或高于地面的线段总计约360 千米，包括洪泽湖至骆马湖间 80 千米，河北省黑龙港输水线 16 千米和德州以北264 千米。按单侧影响距离 1.5 千米计，两侧 1 000 平方千米范围内的 100 万亩耕地将受到次生盐碱化影响。各级配水渠道引水量比干渠小，引水间断进行，虽然渠线总长会超过干渠，预计影响范围将不会超过上述范围。

2. 地下径流受到阻滞的影响

地下水流向一般同地面坡向一致，在调水地区大致呈东—西向或西南—东北向，与输水干线方向近于正交。这个地区地面坡度为 1/5 000~1/3 000，地下径流速度十分缓慢。当干渠长期连续输水渗漏形成地下水高水位带，像一条"地下水坝"一样会阻挡地下径流，在干渠两侧出现回流区或滞流区。这种影响将主要发生于德州以北线段，影响范围距干渠西侧 3~5 千米。

3.蓄水体周边侧渗的影响

南水北调规划的蓄水工程，黄河以南主要利用洪泽湖、骆马湖、南四湖等天然湖泊蓄水，黄河以北主要利用洼淀、坑塘、河网蓄水。南四湖按蓄水 20 亿立方米计，上级湖蓄水位 34.5 米，下级湖 33.5 米。山东省湖西地区低于蓄水位的面积约 750 平方千米，70 万亩耕地将受到影响。黄河以北较大的蓄水洼淀有：千顷洼、小南海、大浪淀、杨埕水库、中捷水库等。五大洼淀蓄水量按 20 亿立方米计，蓄水位一般高出地面 3~5 米；按 10 亿立方米计，蓄水位高出地面 1~3 米。周围约 500 平方千米范围 50 万亩耕地受到影响。黄河以北坑塘很多，利用很少。如沧州地区有坑塘 9 000 多个，深度大于 2 米的占一半左右，初步改造利用的仅 2 000 个，一次有效蓄水约 0.42 亿立方米。若长期蓄水，利用不当也可能引起土壤盐碱化。

河道蓄水是通过建闸调蓄水源，蓄水后大闸上游水位将被抬高，从而影响两岸地下水。据山东省有关单位调查，鲁西北马颊河、徒骇河和德惠新河三条骨干河道，现有 34 座拦河闸，能拦蓄水量 5 亿立方米，其中有 5 座闸上游 3 千米长，两侧各 500 米范围内的土地因受其影响发生盐碱化，其他各闸因蓄水位较低，影响较轻。三十多座闸引起的次生盐碱化面积约 5 万亩，平均每座闸影响 0.15 万 ~0.2 万亩。

4.井灌渠灌结构变化的影响

由于江水矿化度较低，引水方便，调水后可能会有一部分井灌区以渠代井，甚至引江弃井，尤其在靠近水源地带。这样势必减少地下水的开采量，增加外来水补给源，引起地下水位上升，加重这些地区盐碱化程度。

调水系统对局部地区次生盐碱化的影响，按以上主要线段和地区估算 400 多万亩，不到总耕地面积的 5%。针对这些情况，若在工程规划设计和将来供水管理上采取相应措施，其影响范围将会减少。

四、需采取的主要措施

调水地区土体和地下水中含有一定盐分，自然条件又有利于表土返盐，盐碱化的潜在危险将长期存在。近年来盐碱化程度减轻，仅仅是将盐分控制在土体下部。调水后不但不会将盐分大量排出区外，而且还会增加区内盐分积累。从长远观点看，应当在现有治理基础上，采取进一步措施，才能使盐分得到较为稳定的控制。为此建议采取以下诸项措施。

1. 渠道衬砌

减少渠道渗漏影响，常采用渠内衬砌防渗和渠外开沟截渗两个办法。但截渗沟排走的往往是未被利用的水源，同时塌坡淤积需经常清淤。相比之下，在渠水位高出地下水位线段搞衬砌，是减少渠水外渗、防止两侧地下水位抬高、减轻盐碱化的可靠措施。渠道衬砌投资较大，但对南水北调这样大型工程，不但有利于减轻对两侧盐碱土的影响，而日有利于节约水源，是一项重要的基础工程。

2. 完善排水系统

完善的排水系统能从一个方面控制灌区地下水位上升。这项工作最好在调水前期做好。每个灌区尽量做到灌排分开、各成系统；结合地形特点，灌渠宜在较高部位，排沟宜在较低部位；有条件地区逐渐实行明渠排涝，暗管排水。

3. 植树造林，提高生物排水能力

据山东省林业科学研究所在禹城的观测资料，一株四年生八里庄杨树年蒸腾量为9.68吨，1千米长的林带年排水量为1.94万吨，由11行八里庄杨树形成的林带，在林带和沟道共同作用下，比附近农田地下水位平均低0.16米，一侧影响可达60~70米。由此可见，在渠道两侧和灌区建造林带和林网，对吸收渠道渗漏水量、降低地下水位、防止次生盐碱化均有重要意义。

4. 井灌区应坚持以井为主，井渠结合方针

调水后农业供水重点在严重缺水地区，地下水源丰富的井灌区应坚持以井为主，井灌不能满足需要的地区可提供补充水源，做到井渠结合。为了实现这个方针，供水水费应适当高于机井抽水成本，通过经济措施鼓励多用井水，防止以渠代井。

5. 水稻田适当集中

黄河以南地下水位高的低洼地区，调水后还可适当扩大水稻面积。黄河以北因水源有限，成本高昂，一般不宜大量发展，更不宜分散栽种。因为分散在旱作田块，对周围土壤盐碱化影响很大。在一些有开发价值的大洼地、蓄水体周围和河北省运河东部地区可适当考虑集中种植，这样有利于重盐碱地的改造和利用。

6. 建立统一管理体制

调水后的管理体制，应将引水调度、工程维护、环境影响和试验研究等工作统管起来，并要制定一整套制度，如各灌区配水方案、不同地区水费征收标准、农田灌溉制度，以及地下水位和土壤含盐量最高允许值等。并要建立灌区水盐动态观测网，超过规定允许值，应采取措施限制或停止供水。

（本文原载《华北平原水量平衡与南水北调研究》，科学出版社，1985年）

第四节　向天津市的跨流域引水

一、天津市的水源危机

天津市居华北门户，1980 年总面积 1.13 万平方千米，人口 760 万，其中市区人口 310 万，工业、商业、交通运输和文化教育事业发达，在我国国民经济中占重要地位。

天津城市供水历史上以海河为水源。1958 年以来，海河上中游修建大量控制工程，流入天津市水量明显减少。进入 20 世纪 70 年代，天津用水已感紧张，水源构成随之发生根本变化，由原来稳定单一水源变为多途径供水，汛期用水仍可从海河取水；汛后断流时，靠北大港水库、独流减河和海河在汛期洪蓄的水量供水；与此同时，大量开发地下水，至 70 年代末期，全市各类开采井已有 3 万眼，总开采量达 5 亿~6 亿立方米。这样仍不能满足供水需要，每年枯水季节还要从北京的水库引水，在 70 年代 10 年内，总共从北京水库引水 33 亿立方米，1980—1981 年又引水 12 亿立方米。

华北地区 1979 年和 1980 年后连续干旱，密云、官厅等大型水库蓄水量低于或接近库容。8 月中旬，国务院召开京津用水紧急会议，决定密云水库只保北京，不再向天津供水，天津供水由黄河临时引水接济，黄河水到来前，全市用水自行解决。

1981 年 8 月 3 日密云水库停止向天津送水时，天津勉强可用的蓄水量不足 1 000 万立方米，当时全市每天用水约 110 万立方米，也就是说，这样一个数百万人口的大城市只有几天的储备水源，而离计划引来黄河水还有三个月时间，其水源危机程度可想而知。

为了战胜水荒，市委和市政府采取一系列有力措施，对城市生活用水、近郊菜田用水和工业生产用水分别限定用水指标：对耗水量大而短期内无法压缩用水量的工厂，有计划的关停；菜田用水实行定量、定时、定泵点；生活用水实行定量供应，定时加压；切实保护好城市供水水质。由于采取这些严格的节水措施，并把于桥水库死库容以下水量引入市区救急，再加上潮白北河、北运河和卫河上游相继降雨，国务院于 1981 年 8 月 16 日电令冀鲁豫三省将卫河水送给天津。这样，当黄河水到来时，天津人民才度过了这期水荒。

天津地处海河尾部，海河各支流均经天津入海，正因为过去有海河充足的水源，才为城市发展和内河航运提供重要条件。那么，为什么天津市现在会出现严重水源危机？这要从海河流域水资源开发利用和天津市需水量增加两个方面进行分析。

海河是华北地区一条重要河流，由蓟运河、潮白河、北运河、永定河、大清河、漳沱河、滏阳河、漳河、卫河 9 条重要支流汇合而成。流经山西、河南、山东、河北、北京、天津等省、市，流域面积 26.5 万平方千米，其中山区面积 14.4 万平方千米，平原面积 12.1 万平方千米。全流域年平均径流总量 233 亿立方米，每亩地分摊地表径流量 176 立方米，相当于全国平均数的 1/10，是全国各主要流域中最低的。1958 年以来，全流域修建大中小型水库 2 000 多座，总库容 260 亿立方米，可以控制山区流域面积 85%，致使各河下泄水量逐渐减少。1950—1959 年，年平均入海水量达 223 亿立方米，1973—1981 年，年平均入海水量仅 8.8 亿立方米，1978—1981 年等严重干旱年份，入海水量只有 3 亿~4 亿立方米。

海河下泄水量日趋减少，而天津的需水量由于工农业生产的发展却日益增加，缺水问题越来越严重。1949 年全市工业总产值仅 6 亿多元，市区人口只有 190 万。1980 年工业总产值比 1949 年增长 30 倍，市区人口增加 1 倍，1957 年近郊商品菜地面积 8.5 万亩，1977 年发展到 20.1 万亩。1979 年全市工业、居民生活和农业灌溉毛供水总量已达 38 亿立方米。当 1979—1981 年连续干旱年份，海河来水离实际需要相差太远，加上本地供需和开采地下水，仍不能满足需要。既然天津所处的海河流域无力提供天津新需的全部水源，不得不实行跨流域远距离引水，以解决水源供需矛盾。

二、引黄济津

向天津市的跨流域引水，首先考虑的是从黄河引水。这种考虑的可取之点是：黄河是紧邻海河的一条大河，水量虽不十分丰富，但每年仍有一定的入海水量；黄河下游河床高于海河平原，顺地形坡降可实现自流引水；有现成的输水河道可以利用，不需增修太大的水利工程，便可临时输水救急。

黄河全长 5 400 千米，流域面积 75 万平方千米，流经西北和华北地区九个省、区。全流域多年平均天然径流量 560 亿立方米，郑州附近花园口水文站实测年平均径流量 470 亿立方米，其中兰州以上地区来水占 58%。上游主要集水区离下游甚远，上下游枯水机遇较小，有利于下游地区相机引用。

引黄济津有三条线路：一条是通过河南省人民胜利渠引水，在新乡附近入卫河送至天津，输水线全长约 850 千米。一条是从山东省位山三干渠引水，在临清附近入卫运河送至天津，输水线全长约 600 千米。再一条是从山东省潘庄干渠引水，在德州附近入卫运河送至天津，输水线全长约 480 千米。1972—1973 年、1975—1976 年引黄济津皆经人民胜利渠引水，1981—1982 年输水时三条线路同时使用，1982—1983 年只用位山和潘庄两条线路输水。

人民胜利渠是新中国成立后修建的第一条引黄渠道。原设计思想，一是引黄灌溉，二是引黄济卫。1952 年 4 月 10 日正式开闸放水。

位山引黄干渠也是一条重要引黄渠道，1958 年 10 月 1 日开始放水。潘庄干渠渠道首位于山东省齐河县境内，修建时间稍晚，1972 年 5 月 1 日开始放水。

1981—1982 年引黄济津时，人民胜利渠于 10 月 15 日放水，至 1982 年 1 月 9 日闭闸，86 天送进卫河水量 3.85 亿立方米。潘庄干渠和位山三干渠分别于 11 月 27 日和 28 日提闸放水，历时 50 天，送入卫运河总水量 3.06 亿立方米，三条线路从黄河总计引出水量 9.9 亿立方米，进入卫运河 6.91 亿立方米。

引入卫运河的水，经南运河在静海县九宣闸入津，然后一部分水经南运河、子牙河入海河，一部分水经马厂减河入独流减河。

团泊洼水库和北大港水库，从引黄闸放水后经过近半个月时间，于 1981 年 10 月 28 日九宣闸才开始收水，至 1982 年 1 月 20 日收水结束，共收水 4.47 亿立方米。

这次引黄济津后，1982 年春夏两季海河流域继续干旱，天津市缺水仍很严重，国务院决定再次引黄济津。位山、潘庄两闸于 1982 年 11 月 1 日和 11 日先后放水，截至 1983 年 1 月 4 日，两闸共放水 6.6 亿立方米，加上河北有岳城水库放水 1.2 亿立方米，天津实收水量 6.2 亿立方米。为了将这千里之外引来的水用好，天津市规定城市日供水量为 75 万立方米，其中人民生活用水 25 万立方米，近郊商品菜田用水 10 万立方米，市区工业用水 40 万立方米。这个供水标准同其他大城市相比是很低的，例如，北京市 1978 年平均每人每天生活用水为 196 升，上海市为 109 升，南京市为 114 升，武汉市为 138 升，而天津市不到 70 升。引来的黄河水，不但向天津市提供了急需的水源，使这个工业城市在连续干旱年份战胜了水源危机，而且全市人心安定，生产欣欣向荣，在国民经济调整期间保持了一定的发展速度。

引黄济津作为一项临时措施，对缓和天津用水紧张发挥了一定的作用，但也存在不少问题，其中最突出的是泥沙问题。黄河是世界上著名的多沙河流，花园口站每立方米水中约含 33 千克泥沙，含沙量较低的冬季每立方米水也含有 11 千克泥沙。历次引黄济津都在冬季进行，其中躲过黄河多沙时期是原因之一。即使在冬季引水，每引出 10 亿立方米的水，需放出 800 多万立方米泥沙。1981—1982 年引黄济津时，放出 600 万~700 万立方米泥沙，大部分淤积于引黄干渠和卫河上中游河段。河道淤积会影响输水和卫河行洪，需使用大量人力物力于清淤工程。因此，引黄代价很高，据估计天津净用水 1 立方米约需 1 元钱。另外，黄河水量变化不稳，枯水季节流量不大，有时海口附近甚至断流。因此，黄河难以解决天津市长期稳定供水问题。从滦河引水则是近期内开辟新水源的一个重要途径。

三、引滦入津

滦河是海河流域北邻的一条较大的河流，发源于燕山山脉，流经内蒙古一部分地区及河北省张家口、承德、唐山地区入渤海。全长 885 千米,流域面积 4.46 万平方千米,其中山区面积 4.40 万平方千米。滦河流域面积比海河流域和黄河流域面积小的多,但滦河流域地处燕山迎风面,在季风气候影响下,年平均降水量 700 多毫米,比我国北方其他流域降雨充沛。河川径流量相对丰富,水量变化较稳定,过去开发利用程度较低,滦县站多年平均径流量 46 亿立方米。另外,河流含沙量比黄河少,水质较好,向天津输水比从黄河输水距离短,只要建设必要的输水工程,可以向天津市跨流域提供一部分较为稳定的水源。

开发滦河水资源的计划早在 1973 年就开始实施,1981 年国家重新审定了开发规划,确定先保城市和工业,再保农业的方针。

工程设计采取引滦入津和引滦入唐分别输水的方案。

引滦入津工程项目包括潘家口、大黑汀两座水库工程,引滦入黎水工程,黎河输水整治工程,于桥水库扩建工程,州河输水整治过程,专用引水输道工程,尔王庄平原水库工程及新开河自来水厂工程。输水线路由潘家口水库放水,经大黑汀水库抬高水位,并在坝下总干渠设分水闸分水,分别向天津和唐山两路送水。向天津输水线路在河北省迁西县境内穿过 9.67 千米长的分水岭隧洞进入黎河,循黎河输水,并在天津市蓟县境内经于桥水库调蓄后,再利用州河输水至九王庄,然后放水专用渠道,最后输水进入市区。沿途经过 6 个县、区,输水线全长约 223 千米。

引滦工程的总水源潘家口水库是一座综合性水利枢纽工程,属多年调节水库,总库容 29.3 亿立方米,一般年份调节水量 19.5 亿立方米,可分给天津 10 亿立方米,分配给唐山市 3 亿立方米,分配给唐山地区 6.5 亿立方米。大黑汀水库位于潘家口水库下游 30 千米处,总库容约 3.4 亿立方米,对潘家口水库进行月调节和日调节。引滦入津引水流量,设计进入引水隧洞 60 立方米 / 秒,于桥水库以下专用渠道设计流量 30~50 立方米 / 秒。

引滦入津工程于 1982 年 5 月正式开工,预计 1983 年"十一"通水。通水后可以缓解天津市用水紧张,并在近期内促进工农业生产的进一步发展。但要实现 1990 年工业总产值翻一番,2000 年翻两番的长远发展目标,从滦河引来的水仍然不够。据天津市水利局估计,1985 年全市总需水量约 41 亿立方米,其中市区需水 13 亿立方米;1990 年全市需水近 50 亿立方米,其中城市需水 20 亿立方米;2000 年全市需水约 65 亿立方米,其中城市需水 32 亿立方米。滦河来水作为补充水源大体可保持 1985 年城市用水的供需平衡。1985 年以后特别是 1990 年以后,天津市补充水源的解决,人们对南方的江水调入天津寄予很大希望。

（本文是未发表手稿，1983 年）

第五节　中国科学院和联合国大学对南水北调地区
科学考察报告

一、考察情况

根据中国科学院和联合国大学协议，1980 年 10 月 5 日至 11 月 3 日，联合国大学九位专家同中国专家共同对我国南水北调沿线地区进行了科学考察，并就调水对自然环境影响问题举行了学术讨论会。

这次为期一个月的学术活动，是在中国科学院地学部、外事局的领导下，由地理研究所主持和组织的，综考会和南京土壤所参加了组织筹备工作。

全部活动分为三个阶段

第一阶段，10 月 5—7 日，在北京由中国科学院中国科学院地理研究所专家介绍了调水地区自然地理概况和调水对自然环境影响的若干问题，水利部规划设计管理局专家介绍了南水北调工程规划研究情况。外国专家分别报告了有关调水方面的学术论文。

第二阶段，10 月 8 日至 26 日，在野外实地考察。先由北京至武汉沿中线调水地区考察，然后由南京至北京沿东线调水地区考察。沿途经过河北、河南、湖北、江苏、山东、天津六个省、市的 24 个城镇。历时 19 天，实际行程近 4 000 千米。考察的项目有：丹江口水利枢纽、江都抽水站、南四湖二级坝等大、中型水利工程十一处；输水干线与黄河、沙颍河等河道交叉点五处；洪泽湖、骆马湖、南四湖、东平湖等四个湖泊；河北省石津灌区、河南省引黄人民胜利渠灌区、江苏省里下河灌区和山东省禹城井灌区等四个灌区；参观了河北省藁城地下水回灌试验、江苏省王集井灌井排改碱实验、山东省禹城旱涝碱综合治理实验四个科学实验区；访问了中国科学院武汉水生生物所、南京土壤所、南京中国科学院地理研究所、北京中国科学院地理研究所四个科研单位，访问了河南省七里营人民公社。考察期间，所到省、市水利厅、局及各科学实验区，水利部江、淮、黄、海四大流域机构共十六个单位作了情况介绍。

第三阶段，10 月 27 日至 11 月 3 日，在北京举行学术讨论会。参加会议的除了来自五个国家的外国专家外，还有来自科研、水利及高等院校 34 个单位的国内代表 50 多人。会议前四天，中外专家一起，集中讨论了南水北调的必要性可行性和南水北调对自然环境影响两个问题，会议程序按专题进行，讨论方法分中心发言和自由发言。讨论的八个专题是：调水地区水资源和水量平衡、调水必要性可行性、水量调蓄、水质、灌区土壤盐碱化及其防治、东线调水对长江口海水入侵的影响、东线调水对水生生物的影响、调水地区土地利用及作物组成。有 11 位代表就以上专题分别作了中心发言。黄秉维、熊毅、姚榜义、陈梦熊、黄万里、华士乾、陈益秋、范兴中、李驾三、祝寿泉、刘昌明、黄让堂、方生等著名科学家和水利专家在会上发表了重要意见。会议后两天，集中安排九位外国专家谈他们对南水北调的看法。11 月 3 日上午会议闭幕。

11 月 3 日下午 4 点，方毅副总理接见了联合国大学专家。

二、学术交流

外国专家通过实地考察和会议交流，对我国水利建设、南水北调及其对自然环境影响等方面发表了很多意见，现将他们的主要看法归纳如下。

（一）认为中国水利建设发展快，工程规模大，技术水平高，南水北调中复杂的工程技术问题，中国都可以自己解决

联合国环境规划署科学顾问比斯瓦斯说："中国的水利工程在世界上只有美、苏两国可以相比，我一点也不怀疑你们有能力解决南水北调中的技术难题"。埃及灌溉部副部长阿布一·赛义德说："我们两国都是发展中国家，但你们的水利设施已走在我们前面"。

（二）认为中国农田灌溉事业搞得好，但排水系统，特别是田间排水工程落后

美国科罗拉多大学农业化学教授斯科戈伯说："我在中国看到的灌区，可以说是世界上比较好的：而田间排水工程却比其他国家落后得多"。阿布一·赛义德指出"田间排水系统要配套。北方灌区要发展地下暗管排水，以解决土壤渍害和盐碱化问题。"他建议中国专家去埃及考察排水工程。

（三）认为中国农业用水浪费严重，管理不当

建议我们早立水法，加强经济核算，健全管理制度。当了解到我国北方渠水灌溉的利用率还不到 50% 时，日本岩手大学农业工程专家冈本雅美指出："这个数字是世界上利用率最低的"。当了解到农民用水不花钱，只按灌溉面积收取抽水电费时，联合国大学自然资源部官员麦克唐纳幽默的说："别的国家还没有这样'好'的政策"。美国农业经济专家斯通和尼科姆等人指出："这样会鼓励人们浪费大量水资源，过量用水对农田也没有好处。"他们建议今后既要收电费，也要收水费，而且要按实际用水量收费，在水源缺少地区还可适当提高水费，以利节约用水。在管理上他们建议成立专门机构并要制定水法。

（四）关于南水北调的必要性可行性，外国专家认为首先应充分开发利用北方当地水资源，然后再考虑远距离调水

考虑调水也要在调查研究基础上慎重从事。比斯瓦斯说："南水北调是人类历史上最大的水利工程项目，实际投资可能要比现在预计的多得多。花这么多钱，效益到底如何？应当认真权衡"。他认为"实现调水有三个前提：工程技术、管理水平和对自然环境影响的研究。目前只具备第一个条件，而三个条件中有一个不成熟，工程就不能上马"。冈本雅莫指出："对于这项 20 世纪世界上最大的水利工程项目，一定要慎重，并且要对已有工程存在的问题进行认真研究。

（五）关于南水北调对自然环境影响的研究，外国专家认为是一个重要的研究项目，是调水可行性分析和调水规划不可缺少的组成部分，要组织多方面专业人员进行持续的研究，要积极参加国际学术活动，加强同国外的交往

美国地理学家格雷尔和西德水化学水文学家赫尔曼指出："不能把水的污染、土壤盐碱化等问题放在一边，单纯搞调水规划"。比斯瓦斯说："要调水应事先弄清对自然环境可能产生那些影响，如河口、水生生物、气候、疾病、土壤盐碱化等。这方面的研究，至少还要再做五六年工作，才能得出结论"。他建议多派出一些研究人员到外国考察。

阿布一·赛义德在介绍阿斯旺高坝给埃及自然环境带来的一些问题时提到："埃及灌溉部设有大坝副作用的研究中心，对这些问题进行专门研究"。

三、学术合作

这次学术会议，是继中国科学院主持召开的石家庄会议和水利学会主持召开的天津会议后，在两年多时间内召开的第三次讨论南水北调问题的会议。会议共收到中方论文 34 篇，外宾论文 8 篇，在大会上报告了 19 篇，有些研究成果很受中外专家的重视。

1978 年 7 月，在石家庄会议上商定了研究南水北调及其对自然环境影响的 30 个课题，承担任务各单位的研究进展是不平衡的。有的工作做得多一点，有的做得少一点。但存在的共同问题是资料不足，深度不够。特别是包括地下水在内的水资源的估算，因引用资利和估算方法的不同，估算结果甚为悬殊，在会上争议很大。由此涉及对调水必要性的看法，在会上也有分歧意见。

会议期间，中国科学院地学部召开了两次"南水北调对自然环境影响"课题牵头单位会议，商讨如何调整研究内容，保证重点，使研究计划更为切实可行。

通过学术会议的各项活动，大家加深了对一些问题的认识，进一步明确了调水后效研究的重要性。代表们认为，南水北调这项人类改造自然巨大工程的实施，必将对自然环境、社会环境和人类生产活动带来一系列影响。在工程兴建前，就应研究它的有利方面和不利影响。研究限制不利影响的途径、方法和措施。不管什么时候调水，从哪条线路调水，现在都应抓紧时间把有关课题的研究坚持搞下去，为调水提供更多更有价值的科学数据和研究成果。同时，代表们也希望中央和地方有关领导部门从经费、设备、人员和计划安排等方面为这项研究创造必要的条件。

在考察和会议期间，除了学术交流外，地理研究所副所长左大康和联合国大学专家组组长比斯瓦斯就今后双方合作等问题交换了四次意见，商谈的主要内容如下。

作为这次学术活动的基本成果，将出版"远距离调水对自然环境影响问题"专著，全书分三部分：外国远距离调水经验，中国南水北调及其对自然环境影响的基本情况，有关课题的研究报告。第一部分由这次来华的外国专家撰写，第二、三部分由我们承担。总共字数20万~25万字，用中文和英文两种版本出版，在国内外同时发行。中文出版费由联合国大学资助。科学院中国科学院地理研究所和联合国大学各有二人担任主编。该书中文版已同科学出版社联系，初步计划明年第三季度出版发行。

比斯瓦斯建议在中国开办远距离调水对自然环境影响训练班，由中国科学院地理研究所、国务院环境办公室、联合国大学和联合国环境规划署共同主持，时间是四个星期。学员由中国和第三世界国家选派，其比例各占一半。主讲人由他自己负责邀请，经费由联合国大学和联合国环境规划署提供。

比斯瓦斯对南水北调的后效研究很有兴趣，提出今后要经常联系和长期合作，他将他们当中的四个人推荐给我们进行这方面合作，埃及的阿布一·赛义德、日本的冈本雅美、美国的尼料姆和他本人，他希望我们的研究工作抓紧进行，待两三年后再来中国举行一次学术会议。

建议我们多派人出国考察和学习。比斯瓦斯提出他可以帮助联系，阿布一·赛义德代表埃及灌溉部表示：今年可派1人，明年再派1人，1982年可派2人，去埃及考察排水系统和阿斯旺高坝的后效问题，全部经费由埃及提供。这个安排将通过外交途径正式向中国提出。

另外，赫尔曼教授提出，我国可派1人去西德拜·罗依特大学学习水化学，他们负责培养取得博士学位，费用由他们负担。作为交换条件，他们将派1人来华工作三个月，专门研究中国环境污染问题。

（本文由考察组组长左大康所长安排，许越先拟稿）

第六章
▮▮▮ 节水农业研究

第一节　我国节水农业研究的主要趋势

秦岭、淮河以北的 15 个省、区、市，耕地面积占全国的 54%，水资源总量只有全国的 20%。水资源紧缺成为农业发展的严重限制因素。黄淮海平原是我国最重要的农业区，区内有耕地 1 800 万公顷，1987 年粮食产量约占全国 20%，棉花产量约占全国的 57%，要在 20 世纪末实现新增粮食 250 亿千克的目标，研究和推广节水农业是一项意义重大的措施。

近年来，地学、生物学、水利学、农学、土壤学等有关学科，从不同的角度，对节水农业的重大科学问题和实用技术，进行了多方面研究，推动了节水农业的迅速发展。本文从基础研究、应用推广研究和综合试验研究等方面，对我国节水农业研究的部分进展和主要趋势作一初步分析。

一、节水农业的基础研究

农田供水的水源有地表水、地下水和自然降水。从水源到形成作物产量，水在自然界的迁移转化要经过三个环节。第一个环节通过输水（或降水）转化为农田土壤水分；第二个环节通过作物吸收由土壤水转化为生物水；第三个环节通过作物复杂的水生理过程形成经济产量。我国节水农业的基础研究，主要围绕这三个环节，重点研究了节水农业基本概念、农业节水的水文水资源基础、土壤学基础和作物生理生态基础。

（一）节水农业的基本概念

基本概念涉及节水农业研究目标、研究方向和研究范畴，是节水农业研究应当首先明确的问题。按供水条件，通常将农业分为灌溉农业和旱作农业（雨养农业）两种类型。节水农业同这两种类型有何关系，很多人在探讨节水农业的含义时对此提出了各种看法，可归纳为两种观点。

一种观点认为节水农业只指节水灌溉农业。席承藩等指出，节水型农业是灌溉农业的一种新的形式，实质上就是节水型灌溉。粟宗嵩也有类似观点。第二种观点认为是采用节水措施为主的灌溉农业和旱地农业的总称。贾大林指出，节水农业是在充分利用降水的基础上采取水利和农业措施提高水的利用率和水的利用效益的农业，是节水灌溉农业和旱地农业的结合。山仑等指出，节水农业系指充分利用自然降水和有限灌溉水的农业，要解决的中心问题是提高自然降水和灌溉用水的效率。由懋正等认为，节水型农业是从资源利用和经济生态效益出发，通过调整农业结构，适水种植，实行节水的水利措施和农业措施，发挥系统的整体功能，达到节水、增产、增收的目的。

笔者于 1989 年 1 月和 10 月，在两次全国性学术会议上提出了自己的观点：节水农业是以节约用水为中心的农业类型，是农田节水、保水技术和农业适水种植技术的结合和统一。包括节水灌溉、农田水分保蓄、节水耕作方法和栽培技术、适水种植的作物布局及节水管理体制的建立。通过这些技术和措施，提高一个缺水地区有限水资源的整体利用率，保持农业的稳定发展。节水农业最关心的问题是提高单位水量所创造的农业经济价值。既要提高农用水效益，又要提高农业产量。这个认识属上述第二种观点。

（二）节水农业的水文水资源基础研究

这方面研究从宏观和微观两方面进行。宏观上重点研究自然降水、地表水和地下水的空间分布和时程变化，及其同作物布局和种植制度的关系；分析区域水资源利用现状和节水潜力，划分节水农业类型区，给出区内的节水模式；探讨提高区域水资源整体利用率的途径。微观上重点研究农田蒸发及作物耗水规律、土壤水分运动及调控措施等。

中国科学院、水利部、农业部等有关部门先后开展了水文、水利和水资源区域分异研究，分别提出了各类区划方案。20 世纪 50 年代配合中国自然区划开展了中国水文区划研究，划分了 13 个一级区 46 个二级区和 89 个三级区。80 年代初配合全国农业区划开展了第二次水文区划工作。同期进行了水利化区划工作。这些区划研究成果为分区指导节水农业的布局和发展提供了重要基础资料。

水利部门和地质部门于 20 世纪 80 年代进行了大规模的水资源评价工作，对各流域和地区的水资源数量、质量和可利用量作了详细的分析和评价，为研究区域水资源开发利用状况和农业节水潜力，认识严重缺水区合理用水节约用水的必要性和紧迫性，提供了科学依据。

作物耗水量和耗水规律的研究，是农田水量平衡和制定节水灌溉制度的基础工作。中国科学院地理研究所，从 20 世纪 60 年代初期开始，使用水力蒸发器等器测法，对不同作物耗水规律进行了系统的试验研究。80 年代在禹城试验站又采用大型原状土自动称重蒸发器（Ly-simeter）测定主要作物需水量。程维新、赵家义根据德州和禹城的资料，得到不同年型冬小麦耗水变化曲线；确定冬小麦耗水量为 436~544 毫米，夏玉米耗水量为308~392毫米。刘昌明等人通过对华北平原10个试验站资料的综合分析，得到小麦生育期耗水量在黄河南北分别为431毫米和466毫米，夏玉米耗水量分别为366毫米和359毫米，棉花耗水量分别为632毫米和695毫米。

1980年由中国农业科学院农田灌溉研究所牵头，组织全国性协作，对我国10多种主要作物需水量和需水规律进行了全面研究，编制了作物需水量图，给出了作物需水量空间分布的高、低值区和干旱中心，提出了北方主要作物关键灌水期与节水灌溉制度。

作物耗水量包括作物蒸腾量和棵间土壤蒸发量两部分，其中棵间蒸发量占有相当比例。根据德州站的试验资料，小麦生育期棵间蒸发量占农田总蒸发量的50%~60%。蒸发消耗的这部分农田水量，可通过农田覆盖等技术措施加以调控利用。

有效降水量是天然降水量扣除地表径流量和入渗补给地下水而直接转化为土壤水的部分。我国北方无论是灌溉农业还是旱作农业，有效降水量都是全年作物耗水的主要来源，灌溉只带有季节性和补充性。因此，有效降水量的时空分布特征及其与作物生育期耗水量的适应程度，成为研究适水种植、提高降水资源有效性的依据。

刘昌明等人计算了华北平原分区有效降水量及6个代表站点主要作物生育期有效雨量。得出黄河以北平原区平均每亩为282立方米，黄河以南为340立方米。在此基础上，笔者分析了三种主要作物生育期有效降水量同作物耗水量的耦合关系，得到了表6-1的数据。由表6-1可知，一般水平年有效降水量能满足黄河以南小麦需水量的55%~82%，在黄河以北只能满足29%~37%，黄河南北相差甚大。棉花生育期有效降水量在黄河南北相差不大，能满足需水量的65%~74%。夏玉米生育期有效降水量基本上都能满足作物的需要。

表6-1 有效降水量（PE）和作物耗水量（ET）耦合关系

作物	阜阳		许昌		徐州		新乡		德州		唐山	
	PE	$\dfrac{PE}{ET}$	PE	$\dfrac{PE}{ET}$	PE	$\dfrac{PE}{ET}$	PE	$\dfrac{PE}{ET}$	PE	$\dfrac{PE}{ET}$	PE	$\dfrac{PE}{ET}$
小麦	354	0.82	237	0.55	357	0.60	175	0.37	158	0.33	138	0.29
夏玉米	335	0.92	375	1.02	411	1.12	367	1.02	368	1.03	416	1.16
棉花	420	0.66	455	0.72	440	0.70	451	0.65	474	0.68	515	0.74

范如华计算了河北省低平原有效降水量，小麦孕穗和灌浆需水关键期有效降水量只能满足作物需要的10%，棉花需水关键期花铃期有效降水量可供给需水量的80%~90%。说明小麦生育期有效降水量同作物耗水量的耦合关系最差，需要重点进行补充灌溉。

（三）节水农业的土壤学基础研究

土壤是作物赖以生存的基础，农田供水和作物吸收水分皆通过土壤来实现，土壤有关问题的研究与农业节水措施的科学应用关系密切。近年来，国内重点进行土壤适宜含水量、土壤干旱的下限指标和土壤水肥配合关系等方面研究，取得了一些初步结果。

李正风等根据 1982—1983 年在河南省的试验研究，提出夏玉米生长期土壤适宜含水量，并以土壤水分占田间持水量的百分数为干旱的下限指标，这个指标在苗期和拔节期 0~40 厘米土层为 60%，抽雄开花期 0~60 厘米土层为 70%，灌浆期 0~60 厘米土层为 60%。若低于下限指标，就要发生土壤干旱，造成减产。低于适宜水分下限 10%~15%，发生轻度干旱；低于下限指标 20%~25%，发生重旱。发生严重干旱时，玉米减产百分数，苗期为 5.75%，拔节期为 24.78%，抽雄开花期为 29.65%，灌浆期为 39.82%~50.27%。

王辛未的研究说明，小麦、玉米、棉花等旱作物，适宜土壤水分下限为土壤持水量的 65%~70%，土壤水分高于或低于这个指标，对作物生育和产量均有不利影响。从土壤水分适宜含量到严重干旱减产之间有一定变幅。根据这种情况，在有限水资源地区，灌溉水的调度和管理面临两种选择，一是保证一部分灌溉面积，使其保持适宜土壤水分和提高单产。二是降低土壤水分指标，扩大灌溉面积，提高水效益和宏观经济效益，增加区域总产量。节水农业灌溉应选择后一种方式。如文献分析，将土壤水分由田间持水量的 70% 降为 60%，其田间耗水量可减少 30%~40%，灌溉水量可减少一半，仍能获得理想的单位面积产量。

在农田生态系统中，水效益受多种因素的影响，其中肥力是主要影响因素。研究水肥投入的定量关系，优化水肥投入比例，有利于节水、节肥、提高产量。茜大彬等人 1984—1985 年在河北省衡水地区的试验分析，得出如下结果：在原有亩产 100 千克地力基础上，获得较大保证率产量的水肥投入为：亩产 350 千克左右，每亩投氮 15~18 千克，磷 6~10 千克，灌水 140~180 立方米，总耗水量 295~320 立方米；亩产 250 千克左右，每亩投氮 10~15 千克，磷 4~6 千克。灌水 90~130 立方米，总耗水量 250~270 立方米；亩产 150 千克左右，每亩投氮 5 千克、磷 2.5~3.5 千克，浇一次关键水 40~50 立方米，总耗水量 200~300 立方米。

（四）节水农业的生理生态基础研究

节水农业的中心问题是提高水分利用效率（WUE），水效率的提高取决于经济产量（Yd）和作物耗水量（ET），三者关系可表达为：

$$WUE=Yd/ET$$

近年来我国一些单位对这种关系开始初步探讨，建立了作物水分生产函数，大致有直线关系、二次曲线关系和指数关系三种形式。

山仑等认为，在三者关系中有两种情况，在水分为限制因素、产量水平较低时，ET 和 Yd 呈线性关系；在充分供水条件下，ET 和 Yd 呈抛物线关系。在两种关系的变化中，寻找变化的"拐点"，即可确定水分不再是作物生长主要限制因子的界限；而研究三个参数的最佳组合，则可为缺水地区制定节约用水方案提供依据。

陈志雄等根据他们在河南封丘的试验资料，绘制了雨养麦田产量响应曲线，非常典型的反映出 ET 和 Yd 的抛物线关系。

山西省水利科学研究所的试验表明，冬小麦亩产量125~350千克时，产量与供水成正比关系增加，增产量与增水量的比为3.9：1.0；亩产350~574千克时，产量增加快，而耗水增加慢，增产量与增水量的比为9.3：1.0。亩产超过574千克，产量增加而耗水量不增加。

从这个结果可以看出，在该试验条件下，"拐点"在500千克左右，再进一步提高产量，主要取决于施肥等其他农业措施。

中国科学院石家庄农业现代化所，根据河北省太行山前平原的冬小麦试验资料，建立以下关系：

$$Yd=-220.5768+2.3372ET-2.4260 \times 10^{-3}ET^2$$
$$WUE=0.2349+3.5000X10^{-3}ET-0.5085 \times 10^{-5}ET^2$$

由上两式分别求导出产量最高时每亩为342.4千克，对应的耗水量为481.7毫米。最佳耗水量为375.6毫米，相应的产量为315.0千克。两者相比，最佳耗水量比最高产量耗水量减少106.1毫米，减少22%，而亩产量仅减少27.4千克，减少8%，保证产量和水分利用率均处于较高水平上。张和平等人的研究也得出类似的结论。

文献指出，不同地力条件下"拐点"是不同的，随着地力水平提高，最适的灌溉定额上限得以延伸，如能保证关键期灌水，低产田浇一次，中产田浇两次，高产田浇三次，即可基本满足地力对水分的要求，取得较高产量，并可节约大量灌溉用水。他们提出的不同地力条件下灌溉定额与产量的关系如下：

$$高肥地：Yd=320.39+3.0620x-0.0061x^2$$
$$中肥地：Yd=223.80+3.2736x-0.0095x^2$$
$$低肥地：Yd=189.90+2.0828x-0.0078x^2$$

产量同耗水量的关系，不但取决于全生育期总供水量，而且也取决于这些水分在不同生育期的分配状况。在旱作农田和有限水源地区，比较重视作物不同生育期缺水生理忍耐力的研究，如生理过程对水分亏缺的反应、作物不同生育期缺水的水分生理指标、作物需水临界期等方面，都有新的研究进展。

杨传福等人从植物生理的角度，探索了干旱同小麦不同阶段生长发育的关系，找出了小麦耐旱的生理指标。在干旱缺水条件下,土壤水分减少,细胞液浓度变大。不同生育期细胞液浓度的下限指标为:拔节前11.3%,拔节至抽穗期间13.0%,抽穗后14%。当大于下限指标,细胞内正常的代谢作用受到阻碍。在植株内,叶片吸取力的大小制约着水分移动的方向与快慢,吸取力大小随水分亏缺程度而变化,由此定出小麦不同生育阶段叶片吸取力的耐旱下限指标;返青—拔节期9个大气压,拔节孕穗期10个大气压,抽穗期11个大气压。大于下限指标,就会影响正常生长。土壤干旱程度同细胞液浓度和叶片吸取力均呈负相关,在亩产250~350千克条件下,各生育期耐旱生理指标和土壤水分下限值列于表6-2。

表6-2 小麦各生育期耐旱的土壤水分及生理指标下限

生育阶段	细胞液浓度 (干物重%)	叶片吸取力 (大气压)	土壤含水量(%) (0~60厘米)
返青—拔节	11.3	9.0	15.0
拔节—抽穗	13.0	10.0	15.0~15.5
抽穗—成熟	14.0	11.0~15.0	14.5~15.0

作物需水临界期是作物一生中需水强度最大、对缺水最敏感、对产量影响最大的时期。大部分作物出现在由营养生长向生殖生长转变期间。小麦的需水临界期为孕穗、灌浆期。夏玉米为开花、灌浆期。棉花需水临界期为盛花期。在缺水情况下,参照作物耐旱下限指标,将有限水源优先灌溉处于需水临界期的作物,可以有效地发挥水资源的作用。

二、农业节水工程和节水技术应用推广

(一)输水系统的节水工程和节水技术

按照粟宗嵩分类法,农田灌水方法分为地上灌、地面灌和地下灌三种。其中通过输水渠系引水或井灌进行地面灌溉,仍然是应用最广泛的一种。

输水系统的输水损失量占灌溉用水各种损失的主要部分,如美国输水损水量约占引水量的22%,日本为39%,巴基斯坦为42%,前苏联为50%。我国全国平均约为50%,黄淮海平原略高于全国平均数,约为55%。因工程、技术、管理等各种原因,输水损失在各地有较大差异,引黄地区损失水量较大,据黄河下游24个引黄灌区调查,平均输水损失高达67%,渠系利用系数仅为0.33。海河各灌区输水损失相对较少,如河北省1989年万亩以上灌区渠首至田间的平均渠系利用系数为0.537,损水量只占46.3%(表6-3)。井灌区因输水距离短,输水损失一般占抽水量的30%~40%,每百米渠系损水量占17%~19%。

表 6-3　河北省 1989 年万亩以上灌区灌溉情况统计表

项目 灌水次数	灌区数		实灌面积		年引水量		渠系利用系数			亩均渠首灌水量	亩均田间灌水量
	处	占总数百分比	万亩	占总数百分比	10^4 立方米	占总数百分比	渠首至斗渠口	斗渠口至田间	渠首至田间	立方米 / 亩	立方米 / 亩
全省合计	165	100	1 172.6	100	455 346	100	0.648	0.828	0.537	396.8	213.1
未灌和不足 1 次	34	20.6	5.5	0.5	1 676.4	0.4	0.695	0.837	0.582		
灌 1 次	42	25.5	251.1	21.4	49 489.4	10.6	0.684	0.841	0.575	197.1	113.4
灌 2~3 次	55	33.4	663.2	56.5	201 069.2	43.2	0.618	0.776	0.480	303.2	145.4
灌 4 次以上	34	20.5	252.8	2.5	213 110.5	45.8	0.669	0.87	0.582	843.0	490.6

　　输水损失绝大部分消耗于渠系渗漏。减少输水损失的主要措施是实施渠道防渗工程和低压管道输水技术。

　　国外从 30 年代开始应用衬砌减少渠道渗漏，现已出现多种防渗材料。我国近年来也取得较快进展。1978 年水利系统开展了渠道防渗科研协作攻关，取得的实用技术成果，逐步得到应用推广，有些省、区的衬砌渠道已具有一定规模，如新疆防渗渠道长 31 000 千米，占各级渠道总长的 12%。河北省衬砌渠道长 7 575 千米，占渠道总长 15.1%。

　　渠道防渗材料，按其物理性状可分为刚性护面材料（如混凝土、水泥沙浆、沥青混凝土、砖和石料等），多用于表面衬砌；膜料护面材料（如沥青膜、塑料薄膜、合成橡胶膜等），多用于埋铺；土料防渗材料（如压实土料、压实渠床等）。刚性护面造价较高，但防渗效果好，使用年限长，我国应用较多。土料防渗造价较低，但防渗效果较差。

　　低压管道输水，美国从 20 世纪 20 年代、前苏联从 50 年代开始研究应用。70 年代一些发达国家逐步推行，用以代替明渠输水。1984 年美国低压管道灌溉面积已达 9 648 万亩，前苏联有管道总长 218 000 千米，管灌面积占总灌溉面积 63%。我国从 60 年代中期开始应用，现在北方 15 省、区、市，已推广 3 000 多万亩，约占纯井灌面积的 30%。

　　低压管道输水方式，可分地下固定式、地面移动式和地面地下结合的半固定式三种。地下固定式多用塑料硬管，少部分采用塑料软管，输水系统完全由埋入地下的管道组成，通过出水口将水直接送入田间；地面移动式主要是塑料软管（群众称"小白龙"或"小黑龙"），根据需要在地面以上可以自由移动；半固定式一般是输水干渠用地下管，末级管道在地面上灵活使用。

防渗渠道一般可将渠系水的利用系数由 0.5 提高到 0.7，低压管道输水可将井灌水利用系数提高到 0.95 以上。黄淮海平原渠灌面积约为 6 800 万亩，井灌面积约为 8 200 万亩，通过输水系统节水工程和节水技术推广，区域水资源整体利用率可提高 10%~20%。

（二）农田水分调控技术

对于旱作农业来说，有效降水形成的土壤水是作物生长的唯一水分来源，增加土壤蓄水保水能力，减少农田棵间蒸发，十分重要；对于灌溉农业来说，田间灌溉是灌溉系统的最后一环，在输水过程采取节水措施的同时，应用新技术手段调控农田水分，可进一步提高灌水利用率。因此，农田覆盖、耕作保墒、依肥调水等调控措施，在节水农业中得到迅速推广。下面重点分析农田覆盖节水技术的发展趋势。

按覆盖材料，可将农田覆盖分为化学覆盖（地膜、化学制剂等）、物理覆盖（沙子等）和生物覆盖（秸秆、草、粪等），这些材料覆盖地面可以改善土壤水、肥、气、热状况，改变作物蒸腾和棵间蒸发的比例关系，提高水分有效利用率，有利于作物生长和增产。因而引起国内外广泛重视。如日本地膜覆盖面积已占旱作总面积的 16.7%，美国少雨地区秸秆覆盖也较为普遍。

我国秸秆覆盖有悠久历史，同地膜等化学材料比较，有成本低、就地取材等优点，并能有效保蓄农田水分，减少棵间蒸发，在小麦等作物上覆盖，有明显增温、保墒、增产效果。中国科学院地理研究所、中国农业科学院、河北省灌溉中心试验站等单位，分别在山东禹城、河南商丘、河北南皮等地，对秸秆覆盖的调温节水效益作了试验研究。王拴庄等通过试验揭示：冬小麦从播种至拔节前，农田水分消耗以棵间蒸发为主，秸秆覆盖使阶段耗水量平均减少 35.0~54.9 毫米，蓄存于土壤的这部分水量，供小麦生长关键需水期利用，提高了农田的产出效率。据 1988—1990 年试验，秸秆覆盖量为每亩 500 千克，小麦亩产量增加 41.7~64.6 千克，耗水系数减少 0.089~0.281 毫米／千克，水分生产率提高 0.089~0.292 千克／毫米（表 6-4）。

表 6-4　覆盖与不覆盖冬小麦耗水量和产量比较

灌水次数	处理	阶段耗水量（毫米）		耗水总量（毫米）	实收产量（千克／亩）	水分生产率（千克／毫米）	耗水系数（毫米／千克）
		播种至拔节	抽穗至收获				
0	不盖秸秆	97.5	149.3	246.8	218.2	0.884	1.313
	盖秸秆	55.1	165.9	221.0	259.9	1.176	0.850
	盖与不盖比	−42.4	+16.6	−25.8	+41.7	+0.292	−0.281
1	不盖秸秆	111.4	191.0	302.4	289.1	0.956	1.046
	盖秸秆	76.4	248.9	325.3	339.9	1.045	0.957
	盖与不盖比	−35.0	+57.9	+22.9	+50.8	+0.089	−0.089

（续表）

灌水次数	处理	阶段耗水量（毫米）		耗水总量（毫米）	实收产量（千克/亩）	水分生产率（千克/毫米）	耗水系数（毫米/千克）
		播种至拔节	抽穗至收获				
2	不盖秸秆	154.5	198.1	352.6	340.7	0.966	1.035
	盖秸秆	108.7	217.4	326.1	401.9	1.232	0.811
	盖与不盖比	−45.8	+19.3	−26.5	+61.2	+0.266	−0.224
3	不盖秸秆	160.3	235.9	396.2	360.2	0.909	1.100
	盖秸秆	105.4	248.3	353.7	424.8	1.201	0.833
	盖与不盖比	−54.9	+12.4	−42.5	+64.6	+0.292	−0.267

地膜覆盖具有增温作用，能加快作物生长发育进程，同时使降雨和灌溉水入渗途径以垄沟为中心向膜下和地中入渗；地膜能阻隔土壤进入大气的水分，减少土壤水分蒸发，在膜面凝结的水滴，滴入土壤，可以增加表土湿度。因而具有保墒、保肥、增温的综合效益。据刘毓中研究，棉田覆盖地膜，0~20厘米土层日平均地温比露地棉高2.5~4.6℃；土壤含水量多1.0%~3.5%，出苗提早5~6天，开花期提早5~9天，为早发增产创造了条件。

我国自1978年引进地膜技术，现已开发出多种型号产品，为大面积推广提供了条件。现在已有40多种作物应用地膜覆盖，年覆盖面积达5 000万亩，跃居世界第一位。

目前国内外主要使用低密度聚乙烯膜，这种膜原料紧张，成本较高，在农田不易降解，造成土壤污染。针对这些问题，很多单位开始研制新型地膜，其主要趋势是向就地降解、填料改性和减小厚度三个方向发展。例如中国科学院长春应用化学研究所研制了光分解地膜，已大面积推广，现在又研制线性聚乙烯和改性低压聚乙烯为基料的新型光解膜，以及添加经特殊处理的天然无机原料作为填料的新型地膜；兰州化学物理所跟踪世界生物降解膜的技术发展，开始研制适应我国自然特点和原料特点的生物降解地膜；上海有机化学研究所研究了新型光敏催化剂，上海石油化工总厂塑料厂应用这种光敏剂开发了超薄型（约7微米）光降解地膜，用料比原来约节省一半。

新型土壤水分调节剂，包括各种型号的保水剂、吸水剂和抗旱剂，是一种吸水型很强的高分子材料，能吸收数百倍乃至千倍于自身重量的水分，同时还有吸收微量元素和吸肥的性能，而且具有吸水快、释放水慢的特点。在沙地和旱地上应用，能在种子和根系周围形成适宜的水肥小环境，在干旱缺水的条件下，达到出苗、发苗的目的。20世纪60年代初期，美国最早研制成功这类化学制剂。近10年来，很多国家都在积极开发新剂型。80年代以来，中国科学院化学研究所和上述三个研究所分别研制了黄腐酸抗旱剂和其他型号的吸水剂，并在中国科学院南皮、禹城、封丘、聊城等农业节水试区示范推广，取得良好效果。

（三）喷灌、滴灌等节水灌溉新技术

渠灌、井灌等常规地面灌方法，是在土壤水分降低到一定程度时，向农田进行人工补水，以增加土壤蓄水量。这种灌水方法，必然造成灌水前表土干燥，灌水时表土被水饱和，使根层土壤水分不能连续保持在比较合适的程度。实际上植物吸水取决于根系的吸水能力和土壤向根系的供水能力，这些因素又受植物、土壤和气象条件的影响。喷灌类似于天然降水，通过灌溉植株并向土壤补水，同时调节空气和土壤的湿度；滴灌是以少量的不断供水，湿润作物根区的土壤。这样就改变了地面灌溉的不足，做到按作物需要使土壤连续保持适宜的含水量，达到节水增产的目的。据一些地区的试验，渠灌用水效率为 0.45~0.55，井灌为 0.55~0.65，管灌为 0.95，喷灌为 0.70，滴灌为 0.90，喷灌比渠灌省水 30%~50%，滴灌比渠灌省水 50%~70%。

喷灌最早在国外出现于 19 世纪末期，1939 年全世界喷灌面积为 150 万亩，1960 年为 3 750 万亩，1973 年为 1 亿亩，1980 年达到 3 亿亩，其中美国和苏联两国共有 2.38 亿亩，占 79%。滴灌技术于 20 世纪 60 年代初期首先出现于以色列，在极其干旱缺水的国家和地区受到欢迎，现已在 26 个国家推广，总面积约 507 万亩。

我国 50 年代初期开始进行喷灌研究和试验，1984 年年底全国建有喷灌设施 1 285 万亩，实灌面积 1 164 万亩，累计投资约 11.92 亿元，其中山东、河南和江苏三省都超过百万亩。喷灌设备分固定式、半固定式、大型机组移动式和小型机组移动式，其中轻小型移动式应用最广，推广面积占喷灌总面积的 83%。

我国于 1974 年引进滴灌技术，通过技术改进与创新，降低了成本，提高了效益，现已推广 15 万亩，其中 70% 集中在辽宁省。

喷灌和滴灌除设备本身的问题外，一次性投资强度大，属"昂贵"的灌溉技术。今后宜在山坡地、严重干旱缺水地区和城市保护地栽培的经济作物上重点推广。

三、节水农业综合试验研究

节水农业综合试验研究，通常是在综合试验示范区进行。综合试区是将基础研究、实用技术应用推广研究和新技术的探索综合为一体，取得农业节水的综合效益。它既是节水技术的扩散源，又是节水农业超前研究基地。

综合试区的基本任务是：将代表类型区迫切的农业节水问题和急需的节水技术在试区组装，通过试验形成综合配套的技术措施和节水模式，采取现场示范等多种形式将配套技术或重要的单项技术不断向面上推广辐射，使试验区技术成果尽快转化为区域宏观效益，促进农业的持续发展；同时开展节水农业的水文学、土壤学、植物生理学、农业栽培学和生态学问题的基础研究，探索并能回答节水农业中的重大理论问题，为节水农业进一步发展提供科学技术储备。

对综合试区的基本要求是：要有明确的配套技术内容，其中一二项是代表试区特色的主导内容；要有地面显示的布局设计，设计思想要考虑中心区集中显示，示范和推广的同层次显示和一定面积的规模显示；要有试验、示范目标、数据采集和成果设计；要有技术经济效益分析，并形成技术推广可行性的结论意见。

20多年来，黄淮海平原和黄土高原等地区出现了一批中低产地治理开发综合试区，对推动本地区农业发展起积极作用。1988年中国科学院组织十余个研究所100多位科技人员，开展黄淮海平原节水农业综合研究，在6个研究课题中，除了宏观研究和节水新技术开发研究外，其他4个课题都属综合性试验研究，其中南皮试区进行多方面综合试验示范研究，禹城试区以作物需水量和覆盖技术为主的专题综合研究，封丘试区以水肥关系为主的专题综合研究，聊城位山引黄灌区以节水管理为中心的试验研究。农业和水利科研部门和高等院校也都开展了节水农业综合试验研究，其中以商丘试区内容最全面。

南皮试区的自然条件和水源条件在严重缺水的河北省黑龙港地区有代表性。黑龙港地区包括海河下游低平原的51个县（市），耕地3490万亩。20世纪50年代和60年代，贯彻以排为主的水利方针，地表水源减少。70年代大规模开发地下水，包括一部分深层地下水，致使地下水位持续下降，形成有名的沧州漏斗和冀枣衡漏斗。80年代以来，水的供需矛盾更加突出。到1988年年底，沧州地区机井密度为每平方千米4.64眼，深浅井的比例为1：2.95。在这样一个缺少地表水源的地区，如何用好有限的地下水源，提高水的利用效率，成为这个地区节水农业研究的重要问题。

针对以上问题，中国科学院石家庄农业现代化研究所，在"六五"和"七五"科技攻关中，重点安排了节水农业试验研究内容，1989年列为中国科学院节水农业综合试区，初步形成了百亩试验区、千亩示范区和万亩推广区三个层次，吸收了新型地膜、吸水剂、新型塑料管材和抗旱新品种等多项新技术，提出了深浅井混用—管道输水—小畦灌溉—适水种植的节水农业发展模式，取得了显著节水效果。

按照这个模式，小麦亩次灌水量40立方米，比原来亩次节水26立方米，水的利用效率提高30%。管道输水比土垄沟渠系利用系数提高45%~50%。每亩40个小畦，比每亩10~20个大畦节水30%~50%。1989年小麦灌溉试验表明，浇三水每亩 ET 468.5毫米，Yd 329.3千克，WUE 0.70千克/毫米。在返青、孕穗和灌浆期浇三次水，WUE可达0.78千克/毫米。浇二水WUE为0.63千克/毫米。浇一次水，WUE 0.58千克/毫米。不浇水旱地，WUE 0.50千克/毫米。灌溉需水量最大的作物是冬小麦，其次是夏玉米和棉花，试区提出的节水型农业结构是：小麦占总耕地的36%，棉花占17%，杂粮占27%，苜蓿占20%。相应的水资源优化分配比例是：小麦用水占总用水量74.6%，夏玉米占15.2%，棉花占10.2%，杂粮和苜蓿靠雨养。适水种植可供选择的措施是：

当地下水开采模数由平均每平方千米 80 000 立方米增加到 100 000 立方米，冬小麦播种面积可由 36% 增加到 46%，当可采地下水资源降到每平方千米 60 000 立方米时，小麦只能占总耕地的 29.8%。试区提出，在浅层淡水较好地区，机井密度以每平方千米 13~15 眼为宜，平均每年单井开采量为 5 000~6 000 立方米，每眼井保浇 30~50 亩，在地下水埋深 4~6 米情况下，每平方千米开采量控制在 80 000 立方米，可以维持采补平衡。南皮试区的节水模式和以上结论，为黑龙港地区节水农业发展提供了样板。

商丘试区的自然条件可以代表河南省豫东地区。这个地区的河流属平原坡水类型，没有蓄水条件，春旱时缺少地表水源，浅层地下水因强烈开采造成水位下降。因此，开展节水农业综合研究有重要意义。

水利部、中国农业科学院农田灌溉研究所，在商丘试区的科技攻关任务中，以节水农业为重点内容。1989 年在商丘县的观音堂乡进行深入的研究，形成了综合试验、分区指导的模式。将全乡按水源条件和生产水平分为四个类型区，针对各区特点提出农业节水措施和发展方向。丰产灌溉类型区，水源条件好，能满足需水要求，采取管道输水、小畦灌溉等节水措施，提高水的利用率和单产水平。有限灌溉类型区，水源条件尚好，但不能满足需水要求，采取灌关键水，充分发挥有限水源的作用，力求节水增产。抗旱灌溉类型区，缺少灌溉水源和灌水工程，在旱地农业基础上，利用地下浅薄层淡水，进行抗旱灌溉，取得一定水平的产量。旱地农业类型区，完全没有灌溉条件，采取培肥地力、耕作保墒、秸秆覆盖、适水种植等措施，充分利用有效降水和保蓄土壤水分，为旱地农业发展改善了水分条件。

商丘试区有耕地 2 万亩，通过综合措施和分区指导，平均节水 30% 以上，节能 30%，省地 2%。过去一眼井浇 50 亩，现在可浇 80~120 亩。该试区的四种节水类型，不但在豫东地区，而且在黄淮海平原有普遍意义。

（本文原载《节水农业研究》，科学出版社，1992 年）

第二节 提高农业用水有效性的水文学研究

推广节水农业已成为我国北方农业发展的重大措施。这项措施对充分合理利用水资源，保持农业持续稳定的发展，具有重要意义。节水农业的核心问题是提高农业用水有效性。本文仅从水文水资源学的角度，对其中某些问题作一分析。

一、节水农业发展的区域水土资源分析

中国北方15个省、市、区总面积和耕地面积分别占全国的20%。按耕地面积平均水资源为7 000立方米/公顷，相当于全国平均数的37%。1985年北方15省市区有效灌溉面积2 313万公顷，农业用水量占北方供水总量的79.2%。这些数据说明，北方地区水资源供需矛盾突出，提高农业用水有效性十分重要。

按地理位置和水资源供需状况，可将北方15省粗略划分为三大区（表6-5），华北区单位面积产水量平均为16.95立方米/平方千米，耕地分摊水资源3 525立方米/公顷，不到东北的1/2，西北区的1/3；有效灌溉面积由1949年仅占耕地5.5%发展到1985年占耕地的41.3%，约占北方三区总灌溉面积的60%。由于华北区灌溉面积和农业用水量增加较快，供水紧张，已成为北方农业节水的重点地区。

表6-5　北方三区水土资源概况

	耕地面积（万公顷）	每公顷耕地平均水量（立方米）	有效灌溉面积（万公顷）			平均产水量/平方千米（万立方米）
			1949年	1965年	1985年	
华北	3 349	3 525	184	598	1 384	16.95
西北	2 453	11 130	204	531	669	6.52
东北	2 027	7 710	33	87	260	19.76
北方合计	7 829	6 990	421	1 216	2 313	9.65
全国总计	14 366	18 945	1 593	3 306	4 793	28.46

西北地区幅员辽阔，干旱少雨，单位面积产水量平均为6.52立方米/平方千米，约为华北区的1/2，东北区的1/3，耕地分摊水资源量为11 130立方米/公顷，高于其他两区。由于农业水资源开发难度大，灌溉面积发展较华北区慢，1949年占耕地面积的8.3%，1985年占耕地面积的27.3%。在灌区推广节水农业，有利于扩大灌溉面积；在旱作地上应用节水保水技术，有利于提高水资源利用率。

东北地区单位面积产水量高于其他两区，主要作物冬小麦和玉米的生育期与降水期同步性较好，可以充分利用降水资源。因此，灌溉面积相对较少，仅占耕地面积的12.8%，现阶段农业水资源供需矛盾不大，节水农业发展没有其他两区紧迫。但在辽河流域缺水却很突出。

二、农业节水潜力的水源类型分析

农田供水从水源到作物产量，要经过三个环节的转化，即通过输水由水源转化为农

田土壤水分;通过作物吸收利用由土壤水转化为作物水;通过作物复杂的生理过程,由作物水分的参与而形成经济产量。因自然的、管理的和工程技术的种种原因,在三次转化过程中都存在水量损失,将无效损失变为作物有效利用的这部分潜在水量称农业节水潜力。不同水源条件的节水潜力存在一定差异。

农田供水的水源条件,按资源量可分充足灌溉水源、有限灌溉水源和无灌溉水源等类型。按供水方式可分地表水源(渠灌)、地下水源(井灌)和天然降水(雨养)等类型。一般在有地表引水条件和地下水富水区供水比较充分,纯井灌区水源有限,完全靠雨水的旱作地缺少灌溉水源。

地表水可用蓄水工程将丰水期的水蓄存起来,供枯水期利用,既能调节降水在时间上分配不均的状况,又能通过引水工程进行远距离输送,对水资源空间分布不均进行区域调配。这种时空二维调节和大尺度调配的功能,使地表水比地下水和土壤水具有更好的开发利用价值。因此,区域水资源开发首先应开发河川径流资源。如华北地区于50年代和60年代兴建了50多座大型水库和众多的中小型水库,引水灌溉迅速发展,耕地灌溉率由1949年的5.5%提高到1965年的18%。这一时期灌溉供水主要来自地表水。但是,引用地表水输水距离远,渠系工程复杂,输水损失量大,农业节水潜力相应较大。多数灌区渠系利用系数仅0.4~0.5,有的灌区只有0.3~0.4。北方15省农业年用水量1 400多亿立方米,若应用节水措施将渠系利用系数增加0.1,减少的这部分输水损失用来扩大灌溉面积,可增加水浇地约253公顷,相当于东北3省或西北陕、甘、青、宁4省区现有的灌溉面积。

地下水是可用工程设施进行开发的一种水源,也可对降水时间分配不均进行调节,但只能就近开采利用而不能进行空间的大范围调度。一般在地表水源不足的地区比较重视地下水的开发。如华北地区在大量修建引水工程以后,于20世纪70年代才进行大规模机井建设,80年代初农用机井迅速发展到150多万眼,进一步促进耕地灌溉率,由1965年的18%提高到1979年的42%。井灌输水距离虽然较近,但也有一部分输水损失,渠系利用系数一般为0.6~0.7。用管道输水代替土渠输水,可将渠系水利用率提高到0.95。北方15省区市每年地下水开采量约412亿立方米,若有80%的井灌改用管道输水,减少的损失水量可扩大和改善灌溉面积180公顷,相当于陕、青、宁三省现有灌溉面积。

由天然降水补给的土壤水在时间和空间上都很难用工程措施加以调节,只能被作物就地吸收利用。这类只靠降水而无灌溉水源的雨养农田约占北方总耕地面积的70%。其中华北地区约占60%,西北地区约占73%,东北地区约占87%。应用科学方法和技术措施适当调控土壤水分,将棵间蒸发更多转化为作物有效水分,可大面积提高天然降水的利用率。

三、适水种植的水文水资源分析

适水种植是根据有效降水的季节变化和水源地域分布状况，因地制宜地调整作物结构和熟制，以达到充分利用降水资源和提高水的利用率的目的。因此需要研究降水和农田蒸发等水文学问题。

有效降水是指天然降水扣除地表径流和入渗补给地下水而直接转化为土壤水的部分。在北方地区，一般可占年降水量的80%~90%。北方15省年降水量有较大差异，华北地区500~700毫米，西北大部分地区为200~400毫米，东北地区600~700毫米。

作物生育期耗水量即农田总蒸发量，包括作物蒸腾和棵间蒸发两部分。程维新、赵家义等在山东省德州和禹城等地对华北平原小麦、玉米、棉花等主要作物耗（需）水量作了长期的试验观测。结论为不同年份冬小麦耗水量变化在436~544毫米；夏玉米耗水量变化在300~392毫米。刘昌明等通过对黄淮海平原10个试验站资料的综合分析，黄河以南小麦平均耗水量为431毫米，夏玉米耗水量为366毫米，棉花为632毫米；黄河以北小麦平均耗水量为366毫米，夏玉米为359毫米，棉花为695毫米。

黄淮海平原小麦生育期有效降水在黄河以北能满足小麦需水量的29%~39%，黄河以南可满足55%~82%；夏玉米生育期有效降水，在黄河南北基本都能满足生育需要；棉花生育期有效降水能满足需水量的65%~74%，在黄河南北差别不大。由此可见，灌溉带有地区性、季节性和补充性，补充灌溉的重点作物是越冬的小麦，其次是棉花。在华北地区适水种植应考虑在水源条件较好地方安排冬小麦—夏玉米1年2熟制，水源条件较差的地方安排1年1熟或2年3熟制。

西北地区作物生育期有效降水只能满足棉花需水量的40%~50%，玉米需水量的70%~80%，冬小麦需水量的25%~40%，春小麦需水量的40%~50%。大部分地区宜于1年1熟制。灌溉条件较好的地方多种小麦和棉花，灌溉条件较差和没有灌溉条件的地方多种谷子和玉米等作物。

东北地区降水量较多，但纬度高，光热资源较差，也只能1年1熟制。春小麦和玉米生育期降水量可以基本满足作物需要，补充灌溉量不多，特别是吉林和黑龙江省，虽然水源条件好，但灌溉面积并不大，只占耕地面积的15%以下。

四、农田节水的水文试验研究

（一）农田供水量与产量的函数关系

为了提高单位水量所创造的经济价值，获得大面积节水增产效益，需要研究供水量与作物产量的函数关系，找到作物不同生育期缺水忍耐力和下限值、最高供水极限量和最佳供水量。这项工作要靠系统地试验研究才能完成。许多试验表明作物耗水一般随产量增加，但并非完全成正比关系。如山西省水科所进行的冬小麦灌溉试验，产量125~350千克时，增产与增水比为3.9：1.0，两者增长关系呈正比；产量350~550千克时，增产与增水比为9.3：1.0。这说明产量增长多，耗水增长少；产量超过550千克时，产量增加而耗水量不增加，增产主要取决于供肥等因素。

中国科学院石家庄农业现代化所根据河北省有关试验资料研究了小麦水分生产函数，可分为三个阶段；第一阶段自起始点至平均增产量最高点，此阶段总产量随灌溉量增加而增加；第二阶段由平均增产量的最高点到总产量的最高点，此阶段单位面积灌溉利用率较高；第三阶段出现在最高产量以后，总产量随灌水量增加而减少。第一阶段灌溉的增产效益尚未充分发挥出来；第三阶段增加灌水量反而减产。从节水和经济上看这两个阶段灌溉均不合理，第二阶段节水经济效益较好。他们进一步求得冬小麦产量最高时，灌水量为2 550~3 450立方米 / 公顷，而经济最佳灌水量为2 250~2 700立方米 / 公顷。后者比前者节水300~750立方米 / 公顷，产量仅减少24~60千克 / 公顷。该结论说明，在灌溉水源有限的情况下，实施第二阶段灌水量虽然局部地区单位面积产量稍有减少，但区域整体水效益明显提高，增加了区域总产。

（二）农田棵间蒸发量及其控制

棵间蒸发是农田水分中没有被作物直接吸收利用的部分。根据中国科学院地理研究所在德州的试验结果，小麦生育期棵间蒸发量可占农田总蒸发量的54%~62%；在不同生育期，棵间蒸发量有所不同。小麦从播种到拔节，棵间蒸发量较大，占总蒸发量的70%以上；拔节到收割占总蒸发量的40%以下（表6-6）。

表6-6 冬小麦农田蒸发量和棵间蒸发量　　　　　　　（德州，1963—1964年）

生育期	时间	农田蒸发量（毫米）	棵间蒸发量（毫米）	棵间蒸发占农田蒸发（%）
播种—分蘖	10月3日至11月5日	47.5	42.5	89.5
分蘖—越冬	11月6日至12月5日	32.5	26.9	82.8
越冬—返青	12月6日至2月21日	46.5	44.1	94.8
返青—拔节	2月22日至3月20日	36.0	28.3	78.6
拔节—抽穗	3月21日至4月25日	85.5	35.6	41.6
抽穗—收割	4月26日至6月5日	202.9	66.2	32.6
全生育期	10月13日至6月5日	450.9	243.6	54.0

用化学地膜或作物秸秆等覆盖农田可以阻滞土壤水分与近地层的水分交换，调节土壤水热状况，减少棵间蒸发量，在土体内保留更多的水分供作物吸收，从而提高水分有效利用率。根据河南省新乡市水科所等单位在封丘县的试验，每亩覆盖400千克秸料，

在灌水的情况下小麦平均耗水量比不覆盖地减少 20%；灌溉 60 毫米水量覆盖地耗水量减少 19%，增产 15%~30%。

（三）节水高产的水效益试验

水效益一般指每毫米的水获得的产量，该指标可衡量节水高产的综合效益。中国北方平均水效益约为 0.47 千克 / 毫米，黄淮海平原平均水效益约为 0.6 千克 / 毫米。我国一些单位从节约用水和提高产量两方面开展了提高水效益的试验研究，取得了一些科学数据。中国科学院南京土壤研究所，1989 年在河南省封丘县对夏玉米进行了试验观测，在没有灌溉的情况下，100 亩平均亩产 399 千克，水效益 1.15 千克 / 毫米。其中 13% 的高产地块达 1.48 千克 / 毫米。中国科学院地理研究所 1989 年在禹城进行两组春玉米试验，水效益分别达到 1.30 千克 / 毫米和 1.89 千克 / 毫米。

（四）区域水资源供需平衡的节水模式

河北省黑龙港地区是严重缺水区。因地下水超采引起地下水下降漏斗等环境问题。因此，节约用水，保持资源平衡十分重要。中国科学院石家庄农业现代化所根据南皮地区地下水补给模数，提出深浅井联用—管道输水—小畦灌溉—适水种植的农业节水模式，取得较好效果。提出节水型农业结构是：小麦、玉米占耕地 36%，棉花占 17%，杂粮占 27%，苜蓿占 20%。水资源分配比例是：小麦用水占 70%，夏玉米占 15%，棉花占 10%，杂粮和苜蓿靠雨养。这些研究成果，对保持有限水源的资源平衡，提高农业产量有重要意义。

第三节 黄淮海平原小麦生育期有效降水的初步研究

有效降水是天然降水量直接转化为土壤水可供作物有效利用的部分。

由于有效降水是旱作（雨养）农业中作物供水最重要来源，同时也是灌溉农业中确定补充灌溉量和制定灌溉制度的依据，所以有效降水时空分布及其与作物耗水的耦合关系的分析在节水农业研究中有重要意义，引起很多人的兴趣。

有效降水量（P_E）的计算，通常是用降水量（P）减去地表径流量（R）和地下水入渗补给量（G）。

$$P_E = P - R - G \tag{1}$$

黄淮海平原小麦生育期是 10 月至第二年 6 月初，降水量和次涵降水量都不大，产生径流和补给地下水很小，可以忽略不计，则

$$P_E = P \tag{2}$$

一、有效降水的空间分布

我们统计了 24 个站 1980—1989 年 10 年的降水资料，计算了黄淮海平原不同地区小麦生育期有效降水量，见表 6-7。

表 6-7　小麦生育期 P_E 值

单位：毫米

黄河以北		黄河以南	
地名	P_E	地名	P_E
北京	102	济南	153
唐山	135	菏泽	181
天津	131	开封	189
保定	98	郑州	214
石家庄	130	济宁	176
沧州	128	徐州	273
衡水	112	商丘	236
德州	118	宿州	308
惠民	144	淮阴	294
聊城	158	蚌埠	339
安阳	160	许昌	273
新乡	179	阜阳	359

由表 6-7 可知，

（1）P_E 值由北向南逐渐增加，河北省中部和北京市 P_E 值最小，为 100 毫米左右；低值中心保定只有 98 毫米，河南和安徽沿淮河北岸一带 P_E 值最高，大于 300 毫米，高值中心阜阳为 357 毫米。最高值和最低值相差 259 毫米。

（2）黄河以北地区有效降水量空间变化较小，地区差异不明显，从北京到新乡相距 600 千米，P_E 值只差 77 毫米；黄河以南地区有效降水量空间变化较大，地区差异明显，特别是郑州—开封—商丘一线以南地区，变化更快，商丘到阜阳南北仅相距 170 千米，P_E 值相差 121 毫米。

（3）黄河以北地区东部受海洋影响，P_E 值比西部同纬度略有增加。黄河以南地区东西向变化不大。

20 世纪 80 年代是华北平原偏旱的年代，保定、德州、商丘、阜阳 4 个代表站的 10 年平均降水量和有效降水量占年降水量的比值（P_E/P）列于表 6-8。

表 6-8　代表站 P_E/P 值

地名	P（毫米）	P_E（毫米）	P_E/P（%）
保定	475.1	98	20.6
德州	483.9	118	24.4
商丘	634.8	236	37.2
阜阳	919.5	357	38.8

由表 6-8 可知，有效降水量占全年降水量的比值，由北向南增加，北部的保定只占 20.6%，而南部的阜阳为 38.8%，黄河以北地区有效降水量占全年降水量 20%~30%；黄河以南地区为 30%~40%。从全区来看，北部和南部小麦生育期有效降水量与全年降水量悬殊更大，如全年降水量，阜阳只是保定的 1.94 倍，而有效降水量是保定的 3.64 倍。这说明南部雨量的季节分配相对比较均匀，小麦生育期雨量有利于作物生长；北部年雨量本来就少，小麦生育期雨量更少，对作物生长发育极为不利。

二、不同生育阶段有效降水量的分配

作物对水分的需要，一方面取决于全生育期的供水量，另一方面取决于水分在不同生育阶段的分配状况，特别是作物需水临界期的供水状况。作物需水临界期，是作物生育全过程中需水强度最大、对缺水最敏感、对产量影响最大的时期，大部分作物出现在由营养生长向生殖生长转变的时期，小麦需水临界期为拔节后的孕穗、灌浆期。

小麦由播种到收获，经过幼苗、分蘖、越冬、返青、拔节、孕穗、灌浆、成熟等生育阶段，拔节后的四个阶段包括需水临界期在内统称需水关键期，拔节前的四个阶段统称一般需水期。主要代表站不同生育期的有效降水量见表 6-9。

表 6-9　代表站不同生育期 P_E 值　　　　　　　　　　　　　　单位：毫米

地名	一般需水期		关键需水期	
	播种—返青	占总有效降水量的 %	拔节—成熟	占总有效降水量的 %
保定	37	37.8	61	62.2
聊城	65	41.1	93	58.9
商丘	116	49.2	120	50.8
阜阳	220	61.6	137	38.4

由表 6-9 可以揭示一个重要规律，小麦生长前期即一般需水期有效降水量占全生育期有效降水量的比例由北向南增加，如保定占 37.8%，聊城占 41.1%，商丘占 49.2%，阜阳占 61.6%；关键需水期有效降水量占全生育期有效降水量比例由北向南

减少，如保定占 62.2%，聊城占 58.9%，商丘占 50.8%，阜阳占 38.4%。有效降水量按生育期的这种分配关系，使有效降水量较少的北方地区相对集中于关键需水期，有利于作物生长。

三、小麦生育期缺水分析

天然降水量若能满足小麦各生育期的需水要求，不必进行灌溉就可取得一定水平的产量。由于黄淮海平原受季风气候的影响，60%~80% 的雨量集中于不是小麦生长期的 6—9 月，而小麦生育期间则干旱少雨，缺水严重，所以季节性补充灌溉则是取得稳产高产的重要条件。各地缺水量可根据生育期耗水量（ET）和有效降水量的耦合情况来确定。表 6-10 是根据 ET 和 P_E 关系计算的小麦全生育期水分亏缺值，其中 ET 值引用《华北平原农业水文与水资源》一书的资料。

表 6-10　不同地区小麦生育期缺水量（ET-P_E）　　　　单位：毫米

黄河以北			黄河以南		
地名	ET-P_E（毫米）	P_E/ET	地名	ET-P_E（毫米）	P_E/ET
北京	375	0.214	济南	278	0.355
天津	346	0.275	菏泽	250	0.420
唐山	342	0.283	济宁	255	0.408
沧州	349	0.268	郑州	217	0.500
保定	379	0.205	开封	242	0.439
衡水	365	0.235	徐州	158	0.633
石家庄	347	0.273	商丘	195	0.548
德州	359	0.247	宿州	123	0.715
惠民	333	0.302	蚌埠	92	0.787
聊城	319	0.331	淮阴	137	0.682
安阳	317	0.335	许昌	158	0.633
新乡	298	0.375	阜阳	74	0.828

由表 6-10 可以看出，小麦生育期有效降水量，在黄河以北只能满足小麦需水量的 20%~37%，新乡、聊城等地有效降水相对较多地区丰水年降水量也只有 210~250 毫米，只能满足小麦生育需水量（477 毫米）的 50% 左右，天津、北京、德州、衡水、保定等地北部地区只能满足 30% 左右。黄河以南可以满足 36%~83%，南部许昌、宿州、蚌埠、淮阴一线以南地区丰水年降水量超过作物需水量，可以满足小麦生长发育的要求。

表 6-11　不同地区小麦关键需水期缺水量（$ET-P_E$）

黄河以北			黄河以南		
地名	$ET-P_E$	P_E/ET	地名	$ET-P_E$	P_E/ET
北京	240	0.221	济南	188	0.311
天津	220	0.286	菏泽	181	0.337
唐山	221	0.282	济宁	185	0.322
沧州	231	0.250	郑州	166	0.392
保定	247	0.198	开封	182	0.323
衡水	243	0.211	徐州	153	0.407
石家庄	231	0.250	商丘	162	0.440
德州	240	0.221	宿州	151	0.447
惠民	216	0.299	蚌埠	166	0.465
聊城	215	0.302	淮阴	146	0.392
安阳	220	0.286	许昌	136	0.502
新乡	207	0.328	阜阳	136	0.502

　　不同地区小麦关键需水期缺水量列于表 6-11，由表 6-11 可知：黄河以北缺水 200~250 毫米，黄河以南缺水 130~200 毫米。比较可以发现，在开封—商丘—微山湖一线以南地区，关键需水期缺水量大于全生育期缺水量。这种现象说明，在这一地区小麦生长前期降水量较大，有一部分余水蓄于土体，而关键需水期雨量反而不足，同样需要补充灌溉才能取得小麦丰产。如阜阳在小麦播种到拔节前有效降水量比作物需水量多 59 毫米，而拔节后有效降水量比作物需水量低 136 毫米。

　　由作物耗水量（ET）和有效降水量（P_E）的耦合关系得出的小麦全生育期和关键需水期的缺水量，可以将黄淮海平原划为四个区。黄河以北德州、衡水、石家庄以北和运河以西地区为严重缺水区，小麦全生育期缺水 350 毫米以上，拔节以后关键需水期缺水 230 毫米以上，有效降水量只能满足小麦需水的 20%~25%。黄河以北的其他地区为重缺水区，小麦全生育期缺水 300 毫米，关键需水期缺水 200 毫米，有效降水量可以满足小麦需水的 25%~37%。黄河以南许昌至阜阳一线以北为一般缺水区，小麦全生育期缺水 100~300 毫米，关键需水期缺水 140~200 毫米，有效降水量可以满足小麦需水的 35%~70%，但关键需水期有效降水量只能满是需水量的 30%~50%。许昌至阜阳以南地区为轻度缺水区，小麦全生育期缺水量少于 100 毫米，有效降水量可以满足小麦全生育期需水量的 70%~80%，关键需水期缺水量小于 140 毫米，关键需水期有效降水量只能满足 50% 左右，丰水年有效降水量可以满足小麦生长需要。

第四节　河北省低平原地区主要作物农田水分盈亏分析

河北省低平原地区系指太行山麓洪积平原以东，京、津两市以南的海河冲积平原。海拔高程不到 50 米。包括衡水、沧州地区的全部及廊坊、保定、邢台、邯郸地区一部分，含 49 个县市，耕地 3 490 万亩，人口 1 510 万，1980 年粮食总产量 30.4 亿千克。

本区地势平坦，土层深厚，光热资源丰富，发展农业生产的潜力很大。据统计，日照时数 2 700 小时左右，太阳年总辐射量 115~130 千卡 / 平方厘米，气温 ≥ 10℃ 日数 200~210 天，积温值 4 200~4 500℃。无霜期 200 天左右。日照时数和太阳总辐射量均大于长江中下游地区和太行山麓平原区，但粮食亩产还不到这两个地区的一半。其主要原因之一是水资源不足及季节分配不匀，由此产生生态功能失调，带来旱涝盐碱等一系列自然灾害，限制了农业生产的发展，成为黄淮海平原治理难度最大的一片。欲取得区域开发预期目的，需要多项措施的配合。本文主要通过农田水分盈亏状况的分析，为合理利用当地水资源提供一个方面的依据。

一、作物需水量

作物需水量包括作物蒸腾和棵间土壤蒸发，即作物的农田总蒸发量。在土壤水分条件不成为作物生长发育的限制因素时，作物需水量的多少，主要决定于气候条件、土壤给水性能和作物的生物学特征。

彭曼指出，在农田充分供水条件下，农田蒸发力 E 与同一气象条件下的自由水面蒸发 E_0 有简单的比例关系，即

$$E=aE_0 \tag{1}$$

关于水面蒸发 E_0，已有各种各样的计算公式。国内外的检验和评论，一股认为彭曼法能获得较好的结果，因为它是从能量平衡—空气动力学理论出发，所建立的综合分析公式。弓冉等利用 1964—1970 年 4—10 月官厅水库 100 平方米蒸发池的水面蒸发实测资料对彭曼公式进行了检验。按彭曼式计算时，进行了海拔订正和日照对蒸发影响的订正。计算结果，4—5 月基本一致，6—8 月计算值略高，9—10 月计算值略低。河北低平原海拔在 50 米以下，本文在采用彭曼公式计算 E_0 时没有进行上述订正，但利用 1959—1965 年天津、济南、安阳月总辐射实测值和相同时期的日照百分率 S/S_0，建立了春夏秋冬四季计算太阳总辐射 Q 的经验公式。

春季 $Q=Q_A（0.12+0.60S/S_0）$相关系数 $r=0.92$

夏季 $Q=Q_A（0.13+0.55S/S_0）r=0.83$ \tag{2}

秋季 $Q=Q_A$（0.13+0.58S/S_0） $r=0.89$

冬季 $Q=Q_A$（0.18+0.52S/S_0） $r=0.76$

式（2）中 Q_A 为大气上界太阳辐射，太阳常数取 1.96 卡 /（平方厘米·分）。用式（2）替代彭曼式中的总辐射计算式，然后用彭曼式和河北低平原 31 个气象站的资料对冬小麦生长期（10 月至翌年 5 月）、棉花（4 月 11 日至 10 月底）和夏玉米（6 月 11日至 9 月 20 日）生长期的 E_0 值进行了计算。

彭曼根据英国气候条件下矮秆牧草地两年实验观测资料，确定式（1）中蒸散系数 a 值冬季为 0.6，夏季为 0.8，春秋季 0.7，年平均值为 0.75。阿尔巴捷夫等人根据苏联的实验资料，确定了不同的 a 值，并用式（1）计算过苏联的农作物需水量。我国许多灌溉试验站也进行了这方面的实验。弓冉等根据石家庄灌溉试验站资料，求得冬小麦 a 值为 0.75，棉花为 0.82，夏玉米为 0.78。程维新等根据山东德州和禹城多年的作物需水量和水面蒸发的实验资料，确定了华北平原主要作物的 a 值：冬小麦和棉花为0.9，夏玉米为 1.0。本文根据北京、石家庄、新乡和德州等地作物需水量的实测资料和作物生长期内按彭曼式计算的 E_0 值求得冬小麦的 a 值为 0.78，棉花为 0.72，夏玉米为 0.78。由于各地测定水面蒸发的仪器很不一致，E_0 测量值相差很大，难以进行比较，故采用 E_0 计算值来求得 a 值。

按式（1）计算了河北低平原地区小麦、棉花和夏玉米整个生长期的需水量。可以看到冬小麦的需水量为 400~470 毫米，平均为 441 毫米。棉花 613~708 毫米，平均 666毫米。夏玉米为 350~405 毫米，平均 384 毫米。以上是中高产作物多年平均需水量。

二、农田水分补给量

农田水分总补给量（W_a），包括直接从自然界得到的天然补给量（W_g）和通过工程措施得到的灌溉补给量（W_i）两部分，即

$$W_a=W_g+W_i \tag{3}$$

天然补给量的表达式（以毫米表示）可以写成：

$$W_g=P+C-R-I \tag{4}$$

式中，P 为作物生育期的降水量；C 为地下水通过毛管对土壤水分的补给量；R 为地表径流量；I 为降雨入渗补给地下水量。

根据 31 个县站资料计算，河北省低平原地区多年平均降水量为 551 毫米，青县、沧州、大城等地降水量较多，超过 600 毫米；西部衡水、巨鹿、南宫、深县、枣强、新城等地年降水量仅 500 毫米左右；其他大部分地区均在 500~600 毫米。小麦生育期降水量为 115 毫米，占年雨量 21%。夏玉米生育期降水量为 414 毫米，占年雨量 75%。棉花生育期降水量为 519 毫米，占年雨量 94%。几个主要代表站降水量见表 6-12。

式（4）中 C 值大小取决于地下水埋深、土壤物理性质、地面覆盖和作物组成等因素。由于影响因素多，空间变化大，而研究区内又缺少实验资料，本文引用了河南省地理研究所等单位搬口实验站和安徽省水利科学研究所五道沟实验站的资料，对 C 值进行了近似的估算。搬口站夏玉米生育期 C 值，1979—1981 年 3 年平均为 72 毫米，棉花为 181 毫米。五道沟站小麦生育期 C 值，在地下水埋深 2 米时，1965—1976 年 12 年平均为 84 毫米。

表 6-12　作物生育期降水量　　　　　　　　　　　　　　　单位：毫米

代表站	多年平均	小麦生育期	夏玉米生育期	棉花生育期
沧　州	630.6	115.3	479.3	591.0
河　间	570.6	109.6	436.3	534.8
衡　水	500.1	116.5	350.3	455.4
饶　阳	540.3	112.4	395.4	497.9
坝　县	537.9	87.2	417.9	506.6
大　成	589.9	151.9	405.3	532.6
南　宫	508.2	123.5	353.9	458.0
多年平均	551.4	115	414	519

R 和 I 两项是根据水利电力部天津勘测设计院等单位编写的《海滦河流域水资源调查评价初步分析报告》有关图件查算的。

R 值的分布，坝县、文安、南皮一线以东地区在 50 毫米以上，肃宁、饶阳一带和枣强、清河、临西、馆陶一带，径流深小于 25 毫米，其他大部分地区径流深均在 25~50 毫米，全区总平均约 41 毫米。

I 值受降雨强度、地下水埋深、土壤物理性质及前期含水量等多种因素影响，不同地区和不同年份可以相差很大。河北省低平原地区 I 值大于 125 毫米的县有固安、雄县、安平、广平等八县，占总县数 16%。100~125 毫米的有东光、南皮、南宫、清河、馆陶、大名等 20 个县，约占总县数 41%。75~100 毫米有献县、衡水、饶阳、曲周等 21 个县，约占总县数 43%。全区平均约 100 毫米。

区内农田灌溉以抽取地下水灌溉为普遍，引地表水灌溉仅限于水源条件较好的局部地区。大量开采地下水是从 70 年代初期开始，至 1980 年全区配套机井已发展到 15.4 万眼，灌溉面积达 1 300 万亩，占全区耕地面积 37.3%。因水文地质条件差异，各地开采量相差较大。东部沿海黄骅、盐山、海兴、孟村、沧州、沧县一带，中西部肃宁、河间、任丘、献县、高阳、衡水、枣强、深县、武强、冀县、饶阳、新河、广宗、巨鹿，北部文安、大城、坝县等 23 个县，有大面积咸水分布。浅层水开采条件较差，年开采量小于 50 毫米。北部固安、雄县、东部交河、吴桥、东光、青县，南部大名、魏县、广平、馆陶等 10 县，开采条件较好，年开采量一般大于 100 毫米，其他 16 个去年开采量均在 50~100 毫米。全区平均约为 64 毫米。

有条件引用地表水灌溉的地区集中分布在南部和北部，北部灌区主要在白洋淀周围和大清河两岸，包括固安、永清、坝县、文安、大城、雄县、安新、高阳及任丘、河间两县北部地区。南部广平、大名、魏县北部及曲周县南部地区属于民有灌区和滏阳灌区。另外衡水、深县一带虽属石津灌区，但水源没有保障，特别是干旱年份一般无水可引。沧州地区南运河和漳卫新河沿岸各县在有水季节也可以引水，但到春旱时期往往水源枯竭。总的看来，廊坊、邯郸西部地区引水条件较好，衡水、邢台两地区条件较差。

三、农田水分盈亏量

农田水分盈亏量（B）在无灌溉条件下是农田水分天然补给量和作物需水量之间的差值。

$$B=W_s+（W_1-W_2）-E \tag{5}$$

$$或 B=（P+C）-（R+I）+（W_1-W_2）-E \tag{6}$$

在灌溉条件下加上灌溉补给量（W_1）

$$B=（P+C）-（R+I）+（W_1-W_2）+W_i-E \tag{7}$$

式中 W_1、W_2 分别表示作物生育期开始和结束时土壤含水量，其差值表示时段始末土壤蓄水变量（W）。其他各项含义同上，单位皆以毫米表示。

（一）冬小麦生育期农田水分盈亏量

河北省低平原地区降水集中于 7—8 月，地表径流量（R）和补充地下水的渗透量（I）均发生于这个时期，其他各月可以忽略不计。故冬小麦生育期农田水分盈亏量的计算可简化成：

$$B=（P+C）+（W_1-W_2）+W_i-E \tag{8}$$

在一年只种一次冬小麦的情况下，播种时大多数年份土壤水分比较充足，而成熟收割时正处于春旱末期，土壤水分较少。假设土壤容量为 1.3，小麦生育期前后土壤含水量相差 6%，则小麦对 1 米土层土壤水分的利用量为 78 毫米。按式（8）计算高产小麦全生育期在无灌条件下的全区平均农田水分亏缺量为 164 毫米。考虑地下水开采量，尚亏 100 毫米。在冬小麦和夏玉米（或夏谷子）连作条件下，（W_1-W_2）作为零值处理，则全区平均农田水分亏缺量为 242 毫米。考虑地下水平均开采量，尚亏约 180 毫米。

根据沧州、衡水、坝县、大名四站近 20 年降水资料统计，小麦生长期降水没有一年能满足需要，缺水小于 100 毫米只有 3 年，缺水大于 200 毫米 4 年，其他 13 年缺水 100~200 毫米。

冬小麦生育期长达 8 个月，根据我们计算，小麦返青的 3 月，需水量逐渐增大，如果小麦越冬前土壤墒情很好，返青期是不缺水或缺水不多的。4、5 月是小麦拔节、抽穗、灌浆和乳熟期，需水量占小麦生长期总需水量的 50%~60%。衡水 4、5 月降水量只有 52.6 毫米，需水量和降水量差值达 202.4 毫米，若没有补充灌溉，将严重影响小麦产量。

沧州、南皮一带及邯郸地区南部，小麦生育期需水量超过 460 毫米，廊坊地区西部不到 420 毫米，其他地区一般在 420~460 毫米。沧州地区中部和廊坊地区东部小麦生育期缺水超过 180 毫米，邯郸地区和邢台地区南部缺水不到 140 毫米，其他地区缺水 140~180 毫米。

（二）夏玉米生育期农田水分盈亏量

夏玉米生长期正是一年的多雨季节，其中 7—8 月降水占玉米生育期降水量的 80% 以上。由于产生地表径流和降雨入渗补充地下水，降水量不可能全被玉米利用。按式（6）计算全区平均夏玉米生育期农田水分亏缺 39 毫米（W_1—W_2 作为零值处理）。根据上述沧州等 4 站 20 年降水资料统计，降水基本能满足需要或有余水的年份约占一半，缺水 100 毫米以上的严重干旱年份占 1/4。需要补充灌溉的只是少数年份。夏玉米抽雄期一般在 7 月中下旬到 8 月上旬，抽雄期对水分很敏感，缺水过多将发生"卡脖子"旱，造成严重减产。沧州等 4 站 20 年资料表明，7—8 月降水不足的年份，沧州、大名为 4 年，坝县 6 年，衡水 9 年。

沧州、南皮一带及邯郸地区南部，夏玉米生育期需水量较多，一般超过 400 毫米，沧州地区南部和衡水、邯郸地区西部缺水较多，一般超过 40 毫米，甚至 80 毫米。文安、大城、青县等地基本不缺水或少有盈余。

（三）棉花生育期农田水分盈亏量

按式（7）计算的棉花生育期农田水分平均亏缺量为 107 毫米。沧州等 4 站 20 年降水资料统计，基本不缺水的年份约占 25%，缺水 250 毫米以上的年份占 25%，缺水 250 毫米以下年份占 50% 左右。

棉花播种出苗的 4—5 月，正是干旱少雨季节，降水量只占棉花生育期总降水量的 10%，多数年份需浇水造墒才能下种。6 月是棉花现蕾期，也是棉花需要水分的关键时期，从表 2 可看出，棉花营期的降水量不能满足作物生长的需要。7—8 月是棉花的铃期，铃期需水量 220~250 毫米，降雨低于 220 毫米或超过 400 毫米对棉花生育都不利，按沧州等 4 站 20 年资料，降水不足年份，沧州和大名为 3 年，坝县 5 年，衡水 8 年。降水超过 400 毫米年份，沧州 11 年，坝县 8 年，衡水 4 年，大名 5 年，除局部地区外，大多数年份降水适合铃期需要。

沧州、南皮一带及邯郸地区南部，棉花需水量较大，一般为 680~700 毫米；廊坊地区需水量相对较少，一般在 640 毫米以下。缺水严重地区分布在邢台和衡水地区西部及沧州地区南部，缺水量 120 毫米以上。文安、大城、青县一带缺水较少，一般不到 80 毫米。

四、结 论

河北省低平原地区冬小麦生育期需水量为 400~470 毫米，棉花为 613~708 毫米，夏玉米为 350~405 毫米。在没有灌溉条件下，一年二熟制小麦生育期缺水 242 毫米左右，一年一熟制缺水 164 毫米左右。夏玉米生育期缺水 39 毫米左右。棉花生育期缺水 107 毫米左右。加上地下水现有灌溉能力，仍不能满足主要作物对水分的需要。

主要作物生育期农田水分盈亏量有一定地区差异。沧州、南皮一带及邯郸地区南部是作物需水较多地区，廊坊地区相对较低。沧州地区东部和廊坊地区东部小麦缺水最多，超过 180 毫米；邯郸地区及邢台地区南部缺水相对较少，一般不到 140 毫米。夏玉米和棉花缺水严重地区分布于沧州地区南部和邢台、衡水地区西部；文安、大城、青县一带缺水相对较少。

每年 4—5 月是小麦需水高峰期和棉花等春描作物下种、出苗的关键时期，农田水分供需矛盾最突出，将有限的浅层地下水资源主要用于这个时期，有利于产量提高。

据 1981 年统计，本区小麦播种面积约占总耕地面积 48%。在地表水和地下水源较好地区，小麦可保持现有面积。衡水、邢台两地区及沧州地区西部和滨海几个县，地下成水面积大，地表水源无保障，小麦面积应适当减少，以缓和农田水分供需矛盾。

南水北调东线第一期工程予 1990 年可输水至东平湖，第二期工程的最终输水量及供水范围还有待今后确定。在河北低平原地区农田缺水严重的情况下，南水北调最好尽早向黄河以北送水，并为农业提供一部分水源。在引入江水前，要保持农业一定发展速度，应当充分挖掘本地水资源潜力并加以合理利用。

（本文原载《华北平原水量平衡与南水北调研究》，科学出版社，1985 年，作者左大康，许越先，陈德虎）

第五节　黄淮海平原节水农业综合研究初步进展

1988 年 11 月，国务院李鹏总理、田纪云副总理批示，中国科学院主持黄淮海平原节水农业综合研究项目。项目由地理研究所牵头，一年来参加研究的 14 个单位 140 名科技人员，在有关地方领导支持下，做了大量工作，取得了初步进展。

这项研究共分 6 个课题：

黄淮海平原农业水资源与节水农业发展战略研究；

聊城位山引黄灌区节水管理、政策与节水技术研究；

河北南皮节水农业万亩试区配套技术试验示范；

山东禹城节水农业万亩试区配套技术试验示范；

河南封丘节水农业万亩试区配套技术试验示范；

节水新材料、新制剂和抗旱作物新品种开发及试验推广。

研究的目标是：① 在灌溉农业中做到节约用水的同时实现高产；② 在旱地农业中做到增加少量供水达到显著增产。为此，三个万亩试区和聊城位山灌区各试验点通过适用技术配套和节水农业发展模式研究，将水的利用率提高 20%；同时开展面上宏观研究，为将点上经验推广到面上提供分区依据。节水新材料和抗旱新品种研究，为点上不断提供新的技术内容，并为节水技术大面积推广增强技术后劲。一年来研究工作取得初步进展。

一、黄淮海平原农业水资源与节水类型分区研究

中国科学院地理研究所按县统计了灌溉面积和 1985 年作物播种面积等基础数据。开展了部分地区灌溉水源、灌溉方式、作物熟制、作物需水量、有效降水和节水措施的调查及资料分析。经分析得出小麦生育期有效降水量占生育期总需水量的比重，唐山为 29%，德州为 33%，徐州为 60%；夏玉米有效降水所占比重，唐山为 116%，德州 103%，阜阳为 92%；棉花生育期有效降水所占比重，唐山为 24%，德州为 68%，徐州为 70%，由此可见，农田水分的实际亏缺量存在明显的地区差异，据此可以划分不同的资源平衡和节水类型，给出不同的节水农业发展模式。

二、聊城位山引黄灌区节水管理和节水技术研究

中国科学院地理研究所等单位，在聊城地区和有关县的支持下，重点开展节水管理，节水政策和节水技术试验研究，分别在高唐县旧城和韩寨、茌平县尚庄、聊城市孙堂和双庙、东阿县姜楼设立 6 个试验示范点。聊城地区决定匹配经费 48 万元，现已拨出 27 万元。

旧城试验示范区包括四个乡镇，通过测水量水按方收费到乡（一部分按斗渠用水量收费），实施适时适量灌溉，达到节水和完善管理的目的。1989 年试区内进行了渠道清淤、安装量水设施、培训量水技术人员，并到有关局、站进行了调研。

尚庄试区以地下水开发及配套政策研究为主。这个试区引用黄河水很方便，地下水也很丰富。通过开采地下水并配备管道输水和农田节水措施，将节省下来的黄河水送到下游缺水地区，以提高全灌区水资源的整体利用率。1989年有1600亩面积上新打机井14眼，修复旧井4眼，打观测井6眼。其中地下输水暗管控制面积460亩。

孙堂试区以输水系统节水技术与泥沙入田试验为主。通过头沟衬砌与衬砌对比试验以及节水减沙、输沙到田的合理渠型试验研究，探讨输水系统节水潜力及配套政策。1989年完成了一条斗沟的衬砌工程和试区内渠系进出水量量水设备安装，举办了测流技术人员培训班。

双庙试区位于聊城市西部高亢缺水地区，既无地表水源，又因地下水埋藏太深尚未发展井灌。在这里主要进行旱作农业试验。1989年开展了地下水和土壤调查，打1眼试验井，布设了输水暗管，引种了80亩抗旱型棉花和大豆，喷施了腐殖酸抗旱剂的试验。

另外，在韩寨还进行了地下微咸水开发试验，在姜楼对引黄沉沙地区沙地开发进行了试验，利用位山引黄干渠上的11个测站的资料，对泥沙运移和沉积规律进行了初步分析。

三、南皮节水农业万亩试区的工作进展

1. 试区代表性

河北省黑龙港地区，包括沧州地区、衡水地区及保定、邢台、邯郸、廊坊等地区的部分县（市），共含51个县（市），耕地3490万亩。新中国成立40年来，该区水利条件发生了深刻变化，50年代和60年代，贯彻以排为主的水利方针，地表水源大大减少，70年代中期大力开发深层地下水，致使地下水位逐年下降，形成了有名的沧州漏斗和冀枣衡漏斗。80年代以来，水的供需矛盾更加突出，人们开始探索利用浅薄层淡水，浅井有了较大的发展。到1988年年底，沧州地区机井密度为每平方千米4.64眼，深浅井的比例为1∶2.95，衡水地区机井密度为每平方千米4.99眼，深浅井的比例为1∶1.58。在这样一个缺少地表水源地区，如何用好有限的地下水灌溉水源，有效地提高水的利用率，使农业生产得到持续的发展，便成为这个地区节水农业的重要问题。南皮县位于沧州地区南部，其自然条件和水源条件在黑龙港地区有很好的代表性。

2. 试验内容

南皮试区位于南皮县常庄乡，通过"六五"和"七五"科技攻关，在节水农业试验研究方面有一定基础，目前这个试区可分四个层次，一是常庄乡范围内的适水种植研究，二是万亩节水配套技术综合试验示范，三是张拔贡村重点节水小区示范，四是百亩集中试验场。通过前期工作，中国科学院石家庄农业现代化所提出了浅井提水—管道输水—小畦灌溉—适水种植的节水农业发展模式，受到地方政府和群众的欢迎。

常庄乡有耕地 4.39 万亩，有浅井 584 眼，深井 28 眼，浅井密度每平方千米 10.7 眼。万亩试区有浅井 132 眼，机井密度每平方千米 14.6 眼，张拔贡小区有耕地 1 630 亩，其中水浇地 800 亩，占耕地面积 49%，有机井 26 眼，春灌时平均出水量 10~15 立方米/时，资源模数为 12.53 平方米/平方千米，地下水位每下降 1 米，每平方千米可提供 4 立方米的灌溉水量，试验场有耕地 300 亩，深井 1 眼，浅井 2 眼，地下管道 1 100 米。

试验场设计以机井控制地块为依据，管带在地块中间铺设，两侧做成垂直于管带的小畦，输入管分别向两侧送水。每眼井配塑料管带 200~300 米，输水长度 300~400 米，每亩地做成 30~40 个小畦，畦长 10 米，畦宽 1.5~2.0 米，用农田节水工程，配合不同灌期、不同肥力和不同灌水量等试验，得到了初步的试验结论和较好效益。

3. 试验结论和节水效益

（1）利用浅水抽水—管道输水—小畦灌溉—适水种植的农业节水模式，小麦亩次水量 40 立方米，比原来亩次节水 26 立方米，水的利用率提高 30%；比试区外亩次节水 44 立方米，水的利用率提高 46%，张拔贡重点小区 800 亩灌溉面积，按保浇 3 次计算，每年每亩可节水 5.76 立方米，扩大灌溉面积 384 亩，可浇水浇地面积占耕地面积比例由 49% 增加到 73%。

（2）管道输水能使进入农田水量占提水量 95%，而土垄沟只有 45%~50%，亩次浇地时间土垄沟为 7~12 小时，管道输水只要 3~4 小时。每亩 40 个小畦，每亩亩次灌水量只要 40 立方米。对比每亩 30 个畦亩次需 50 立方米，20 个畦需 60 立方米，10 个畦需 80 立方米。因此，现用每亩 40 个小畦，可比原来每亩 10~20 个大畦节水 30%~50%。

（3）小麦灌溉试验表明，浇三水每亩总耗水量 468.5 毫米，产量 329.3 千克，水效益为 0.7 千克/（毫米·亩），在返青、孕穗和灌浆期灌三次水，产量最高，达到 387kg，水效益可达 0.78 千克/（毫米·亩）。浇二次水总耗水量为 430.6 毫米，产量 270.6 千克，水效益为 0.63 千克/（毫米·亩）；浇一次水总耗水量 363.9 毫米，产量 209.4 千克，水效益为 0.58 千克/（毫米·亩）。

浇水的旱地总耗水量 266.7 毫米，产量 132.6 千克，水效益为 0.5 千克/（毫米·亩）。由此可见，灌水三次比不灌小麦，每亩多供水 136 立方米，可增产 254.4 千克，每立方米水增产 1.88 千克小麦。

（4）灌溉需水量最大的是冬小麦，其次是夏玉米，再次是棉花。节水型农业结构是：小麦占总耕地 36%，棉花占 17%，杂粮占 27%，苜蓿占 20%。相应的水资源优化分配比例是：小麦用水占总用水量 74.6%，夏玉米占 15.2%，棉花占 10.2%，杂粮和苜蓿靠雨养。适水种植可选择的措施是：当地下水开采模数由平均数 8 立方米/平方千米，增加到 10 立方米/平方千米，冬小麦播种面积占总耕地由 36% 增加到 46%，当可采水资源降到 6 立方米 / 平方千米，小麦只能占总耕地 29.8%。再一个措施是，改小麦—夏玉米—年两熟为小麦—夏玉米—春玉米两年三熟制。两年三熟制两年总产可达 1 500 千克，一年两熟制，两年总产 1 200 千克，两年三熟制比一年两熟增产 25%，每亩节水 80 立方米。如果把黑龙港地区 1 600 万亩水浇地的一半改为两年三熟，即可节水 6.4 亿立方米。

（5）在浅层淡水较好地区，机井密以每平方千米 13~15 眼为宜，平均每年单井开采量 5 000~6 000 立方米，每眼井保浇 30~50 亩。在地下水埋深 4~6 米情况下，每平方千米开采量控制在 8 立方米 / 平方千米，可以维持采补平衡。实现这个目标，需在黑龙港地区积极推广南皮试区的浅井提水—管道输水—小畦灌溉—适水种植的节水农业发展模式。

四、禹城节水农业万亩试区的工作进展

禹城试区在鲁西北引黄区和风沙地治理区有一定的代表性，这个节水万亩试区的工作分三个方面。一是农田覆盖节水保墒配套技术，二是沙地节水新技术，三是作物需水量试验。中国科学院地理研究所今年初步试验表明，春玉米耗水量为 427~483 毫米，亩产 555~911 千克，水效益为 1.40~1.89 千克 / （毫米·亩），农田覆盖试验主要在北丘洼进行，用于玉米和棉花两种作物，沙地节水试验在沙河洼进行，主要开展果园滴灌试验。

五、封丘节水农业万亩试区的工作进展

南京土壤所等单位开展以下工作。

一是开展了玉米雨养农田高产试验，在没有灌溉情况下，百亩试区平均产量为 398.5 千克 / 亩，水效益为 1.15 千克 / （毫米·亩），其中 13% 的田块玉米亩产在 500 千克以上，水效益达 1.48 千克 / （毫米·亩），24% 的地块亩产在 450 千克以上，水效益为 1.34 千克 / （毫米·亩）。

二是在百亩试区内完成了地下管道输水工程。

三是安排了 4 亩微灌试验。

四是水肥配合试验，包括小麦水肥交互作用试验，不同肥量和不同水量安排了 28 个小区；高产小麦水肥调配试验示范 100 亩。

五是土壤改良剂、保水剂、抗旱品种试验。

六、节水新材料新制剂和抗旱作物新品种试验

1. 节水新材料研制

地膜由于其保水保墒保肥增温及抑制表土返盐的综合效益，使作物增产效果显著。

目前国内外主要使用低密度聚乙烯做农用地膜，美国到 1990 年预计使用量为 19 万吨，我国每年用量近 30 万吨，居世界之冠。但这种地膜不易降解，残膜造成土壤污染，针对这类地膜的弱点，中国科学院长春应化所研制了光分解地膜，上海有机化学所研制了光膜催化剂。由于聚乙烯膜原料紧张，价格上涨，必须开发新的较为廉价的新型地膜。为此，近 20 年来。国际上开展了生物降解地膜的研制，美国研制的淀粉—聚（乙烯—丙烯酸）共聚物型生物降解地膜，目前已在美国南部及意大利投入使用。中国科学院兰州化学物理所计划在 3~5 年内研制、完善和推广 2~3 种新型实用的多功能生物降解地膜，包括淀粉基生物降解膜、多功能生物降解膜、淀粉—有机酸型黑色膜。

新型塑料改性地面带和输水管研制

塑料暗管和地面软管输水，已成为我国北方井灌区正在推广的一种节水技术。但当前普遍采用的硬质塑料管材，管壁厚，耗用原材料多，成本高。针对这些问题，长春应用化学所开展新型输水塑材的研制，其目标有三，一是减小管壁厚度，使新管材壁厚只有硬管的 5%~10%，但输水效能不降低；二是加入廉价的无机填料，初步配方选用 $CaCO_3$，填料（约占 1/5），减少聚乙烯基料，降低了成本，三是延长使用寿命，今年已提供小批量在禹城试区应用。

填料改性聚乙烯地膜研制

由于地膜主要原料聚乙烯树脂生产远远满足不了需求，长春应化所研制填料改性聚乙烯地膜，在聚乙烯地膜内添加经特殊处理的天然无机材料，作为填料，1989 年开展实验室试验。

线性聚乙烯和改性低压聚乙烯光解地膜研制

因高压聚乙烯原料短缺，而"七五"期间有 24 万吨线性聚乙烯和 42 万吨低压聚乙烯投放市场，研制开发以这两种原料为基料的光分解地膜，可以代替高压聚乙烯膜，并且可将膜的厚度由 15 微米减少为 5~7 微米，1989 年长春应化所已在实验室小试。

淀粉基生物降解地膜研制

兰州化学物理所 1989 年年初在实验室研制了 100 多平方米投入田间试验，禹城试区用于棉花覆盖，同聚乙烯膜具有相同效果。但膜在地里保留时间短，河南封丘试区用于西瓜覆盖，在地里最多只能放置一个月。因此，1989 年 6 月对该膜进行了改性，在地里放置 3 个月仍完好，膜的贮存稳定性估计在一年以上，并且摸索了在工业化条件下成膜的可能性。该所还研制了淀粉基黑色膜，目前已完成实验室小试的任务，明年可提供一定量在田间进行小区试验。

超薄型光降解聚乙烯（PE）地膜的研制

上海有机化学所重点对 FC-6 光敏催化剂进行了改革合成工艺路线的研究，并合成三种新型光敏催化剂各 50 克，提供给上海石油化工总厂塑料厂，该厂利用这种催化剂研制了三种型号超薄型光降解 *PE* 地膜 70 余千克，已在南皮试区作小区应用试验。光降解聚乙烯（*PE*）地膜是指在使用期间性能上与普通地膜一样具有保墒、防寒和增温等作用，因而能达到农田节水、农作物早熟和增产的目的，而且在使用后期，又能自动光敏降解，达到残膜基本不污染土地的目的，特别是超薄型（约 7μ 厚度）光降解 *PE* 地膜，可节省约一半的原材料。

2．节水新制剂试验应用

主要是各种型号的保水剂和抗旱剂，这是一种吸水性很强的高分子材料，能吸收数百倍乃至千倍于自身重量的水，而且具有吸水快，释放水慢的特征，还有吸收微量元素和吸肥性能。在沙地和旱地上应用，能调节土壤含水量，在种子和根系周围形成适宜的水肥小环境，从而提高土壤内水肥利用率。20 世纪 60 年代初，美国最早研制成水解淀粉接枝共聚丙烯腈高聚物，1981 年年产数千吨，日本三洋化成工业（株）1979 年产 1 000 吨，近 10 年来，很多国家都在积极开发新产品。80 年代开始，中国科学院有几个研究所开展了这方面研制，尚无定型产品大量生产，1989 年参加节水农业项目的抗旱剂和保水剂研究的有以下几种。

PG 型抗旱剂研制

上海有机化学所试验的 PG 型抗旱剂，是同美国植物生长调节剂 CCC 的类似物，其效果相当，但成本较低，1989 年该所研制出 5 种 PG 型抗旱剂共 430 克，分别在南皮、禹城和封丘进行了试验。

保水剂研制

兰州化学物理所研制的保水剂，现已推出 LSA 和 LPA 两个型号，应用于苗木长途运输、牧草播种和蔬菜定植，证明具有抗旱性能，并提高成活率。

长春应化所研制的保水剂，经在春玉米拌种试验，比对照提早出苗 3~5 天，产量增加 14%。

黄腐酸抗旱剂试验推广

北京化学所研制的黄腐酸抗旱剂，1989 年在北京和山东 8 个县和三个万亩节水试区大面积应用，平均增产 8%~11%，聊城地区喷施可增产 15%。

3．抗旱作物品种引进推广

抗旱品种引进原则是，水源条件较好地区，在同样供水条件下产量明显高于其他品种；水源条件不好地区，不浇水或少浇水仍有一定的产量水平。前者如科单 105 玉米，经区试比目前的高产品种掖单 4 号增产 12.2%，抗旱指数（水浇地产量—旱地产量 / 水浇地产量）小于 15%，而掖单 4 号为 19.3%。说明抗旱性能较好，后者如科 181、矮旱 1 号夏播棉，收麦后直播，密度高达每亩 8 000~16 000 株，生长期短，适应瘠薄旱地，皮棉产量可达每亩 75 千克，另外科红 1 号小麦等抗旱品种，在禹城和聊城都作了试验，以上品种是遗传所提供的。

4.虚实并存节水耕作方法试验示范

黑龙江农业现代化所在南皮试区作了试验，布置了冬小麦、夏玉米、棉花、红薯、大豆五种作物6块试验地和3块示范地。初步结果表明，新耕作方法红薯亩产1 703.25千克，比一般耕作方法增产32.2%，旱地玉米亩产361.6千克，比一般耕作增产8.6%，棉花至10月18日每亩产籽棉135.85千克，比一般耕作增产18.8%。

（本文是许越先关于项目进展的总结材料，1989年12月）

🔍 相关文献资料链接

中国科学院
关于开展黄淮海平原节水农业
综合研究的报告

俊生、纪云并李鹏同志：

1988年6月中旬，李鹏总理在河北、山东调查研究时，针对黄淮海平原缺水的实际情况，多次强调节水农业的重要性，在禹城考察期间明确指出：对节水农业这个大课题，要下点功夫，立个项。总理的指示点出了黄淮海平原农业开发的要害，也指出了今后中国科学院在黄淮海地区工作的深入方向。同年8月，中央在北戴河开会期间，田纪云副总理指示，让我院李振声副院长继续努力抓好黄淮海工作。为此我们组织了节水农业的专题调查，起草了研究方案，先后对方案讨论了四次，最后一次召集十三个研究所的有关专家三十多人，进行了论证，现将这个方案报上，请审查。

黄淮海平原现有耕地2.7亿亩，其中增产潜力较大的中低产田2亿亩，到2000年要实现新增粮食250亿千克的开发目标，水是最主要的限制因素，由于水源有限，节水成为发展该地区农业生产的战略措施。

黄淮海平原农水资源的主要特点是时空分配不均匀，经常发生干旱，小麦及其他农作物需要进行补充性灌溉。这个地区的年降水量从北向南500~1 000毫米，其中6、7、8三个月降水量占60%以上，可利用的灌溉水资源总量不到800亿立方米，地表水和地下水各占一半左右。地表水源相对集中分布于江苏北部，河南、山东两省沿黄地区和河北、河南两省的西部山前冲积平原地带，其他地区引水条件较差，可利用地表水资源比较贫乏。浅层地下水分布较广，但河北省和沿海一带有大面积咸水区。目前开发地下水的农用机井已达 140 万眼。全地区水浇地面积占总耕地面积 55%（其中地表水灌溉面积占 20%，地下水灌溉占 35%），无水灌溉的雨养农田占 45%。

黄淮海平原的当地水资源进一步开发潜力不大，例如，河北省浅层地下水年开采量已占允许利用量的 90% 以上，河南省占 70%，有些地区，特别是河北省黑龙港地区，打了不少深井，每年深层水开采量占允许利用量的 192%，超采近一倍，已形成多处漏斗和引起局部地面下沉。

根据黄淮海平原水资源特点和缺水现状，今后农业用水应以节水为中心，以提高区域性水的利用率和增产效益为目标，以合理调控水源、推广节水技术和提倡适水种植制度为主攻方向。

农业节水的主要对策如下。

一、减少灌水损失，扩大灌溉面积

山东、河南部分引黄灌区，农田灌溉水的利用率仅 0.45，输水损失占一半以上，井灌水的利用率也只有 0.7，河北平原每亩毛引水量 375 立方米，而实际进入农田仅 300 立方米，采用渠系衬砌或管道输水等节水措施，可使地表水渠系利用率提高到 0.65，地下水提高到 0.95。按此推算，在现有水源条件下，全区灌溉面积比例可由 55% 提高到 75%。根据试验，小麦地灌溉和不灌溉的产量相差一倍，通过节水措施，如能将现有小麦灌溉面积增加 10%，其增产效益就十分显著。

二、提高土壤水保墒能力，抑制土壤无效蒸发

本区天然降水入渗以后形成的土壤水，能满足棉花需水量的 70%，夏玉米需水量的 90%，小麦需水量的 20%~30%。根据中国科学院禹城站的研究结果，在农田总蒸发中，大约 50% 被作物利用，还有 50% 白白从土面蒸发掉，如果采取耕作、覆盖或其他提高土壤蓄水保墒能力的措施，就可以控制住大部分或部分无效蒸发，从而提高灌溉水利用率。

三、调整作物布局，提倡适水丰产种植

不同作物的耗水量不一样，不同作物生长期与天然降水耦合程度也不一样。因此，作物布局要考虑水源条件，尽量做到因地制宜，达到节水与丰产的双重目的。

四、制定节水的调度管理制度

水资源的浪费和调配不合理，与现行的管理制度有关。例如，兴建地表水引水工程

的投资由国家负担，而机井建设投资由农民负担。因此，在有引水灌溉条件的地区，即使地下水丰富，农民也不愿发展井灌，从而影响地表水的区间调度。同时，目前各地引水灌溉收费太低，一般是按地亩收费，而不是按实际用水量收费，结果是鼓励浪费。因此，完善节水的调度管理体制，做到地表水与地下水、当地水和外来水的统一合理调度，需要制定相应的用水管理制度。

五、制定缓解缺水的总体节水战略

要在全区水资源调查研究基础上，分析节水潜力，预测用水变化，提出远景设想，制定总体节水战略，并按照水资源丰缺情况和供需状况，划分若干类型区，因地制宜地推广节水技术和作物熟制。

中国科学院在50年代进行了华北平原土壤调查，60年代在黄淮海平原建立了中低产治理试验区，80年代又组织联合攻关，按照点、片、面相结合的原则，取得了大量科技成果。在水研究方面的主要开展了水资源调查、分析和计算，区域水资源供需平衡分析，节水技术试验与示范以及保水剂和节水材料的研制等，对节水农业研究有一定的科学积累，可以组织生物学、地学、化学等十多个研究所的有关科技力量，进一步开展多学科的综合研究。

针对黄淮海平原节水农业中的主要问题，今后我院将充分利用南皮、禹城、封丘三个试验区的已有条件，按照点上试验、片上示范和面上推广相结合，科技人员、地方政府和群众相结合，节水管理政策研究和节水技术开发相结合的原则，尽快提出适宜在面上推广的配套节水技术和总体节水战略。

完成上述研究，五年共需经费300万元，其中前三年需经费200万元（我院设法安排50万元），望予以解决。

节水农业研究，是中国科学院"黄淮海战役"深入发展的重要内容，我们将加强对这项工作的组织和领导，为我国北方地区节水型农业的形成和发展贡献应有的力量。

妥否，请批示。

1988年11月1日

（本报告通过专家集体讨论，许越先执笔完稿，周光召院长签发，李鹏总理、田纪云副总理于11月6日、11月9日分别作了批示）

第七章
▐▐▐ 河流水化学研究

第一节　我国入海离子径流量的初步估算及影响因素分析

一、中国入海离子径流量估算结果

1959 年，乐嘉祥、王德春估计了 1958 年这一年从全国领土上被带走的盐分有 3.29 亿吨，其中外流入海量为 3.35 亿吨。1962 年，郭敬辉、郭知教估算的全国河川每年离子径流量为 4.51 亿吨，其中外流入海量为 4.05 亿吨。中国科学院《中国自然地理》编辑委员会，根据 1970 年前的资料，估算的全国离子径流量为 4.24 亿吨，其中外流入海量为 3.78 亿吨。

现在，水化学观测资料列最长的可达 20 多年，有可能将离子径流的研究深入一步。这对探讨流域物理过程、化学过程和生物过程的综合作用，分析河川径流的物质组成和化学性质，评价地面侵蚀，研究水文循环和地理环境间的相互关系，具有一定的理论意义和实际应用价值。

为此，我们选了三十条河流，统计了各河感潮段以上最接近河口的控制站 1961—1980 年间的 30 000 多个实测数据，估算了不同海域离子径流量及各个离子入海量，计算了主要江河离子径流量、离子总量和离子径流模数，并对各月离子径流量分别作了估算。本文提到的入海离子径流量指的是外流区各条河流输送入海的离子总量，包括由我国沿海直接入海和国际河流流经我国的部分，不含内陆流域，总面积 612 万平方千米。

估算方法，第一步根据水文资料先算出月平均离子总量，有的站则以月中的观测数据代替全月平均值。第二步以月平均流量和月平均离子总量相乘，求出月平均离子流量。第三步以各月平均离子流量乘以各月秒数，得各月入海离子径流量，十二个月的和即年离子径流量。第四步以年离子径流量除以年平均离子流量得年平均离子总量。通过这样流量加权平均算出来的年离子径流量和离子总量较接近实际情况，算术平均法算出来的数值一般比流量加权法偏大 10%~20%。控制站以下无资料地区按该河离子径流模数推算，没有测站河流按同一类型区有资料河流数值推算，这两部分地区估算精度受一定影响。

估算结果，全国平均每年入海离子径流量为 34 507.9 万吨。其中输进渤海 3 504.5 万吨，输进黄海 1 884.6 万吨，输进东海 16 136.0 万吨，输进南海 7 843.0 万吨（包括澜沧江），通过国际河流输进太平洋所属海域 34 82.9 万吨，输进北冰洋 120.0 万吨，输进鄂霍次克海和日本海 1 536.9 万吨。

每年输送入海的主要离子量，钙离子 5 322.3 万吨，镁离子 1 200.8 万吨，碳酸根离子 89.2 万吨，重碳酸根离子 21 828.3 万吨，这些离子输进各海域的量值见表 7-1。

表 7-1　每年输进各海域的主要离子量　　　　　单位：万吨

海洋名称	入海流域面积（万平方千米）	年入海离子径流量	Ca	Mg	Na+K	Cl	SO₄	CO₃	HCO₃
总计	612.00	34 507.9	5 322.3	1 200.8	2 242.7	1 368.0	2 456.6	89.2	21 828.3
渤海	133.59	3 504.5	360.4	146.7	473.1	286.1	571.5	25.2	1 641.5
黄海	33.41	1 884.6	276.5	68.0	155.2	108.4	130.2	19.7	1 126.6
东海	201.99	16 136.0	2 765.2	569.3	633.4	440.7	1 066.6	0	10 660.8
南海	86.08	7 843.0	1 271.2	215.9	469.3	319.5	456.8	32.7	5 077.6
印度洋有关海域	62.46	3 482.9	460.5	132.2	296.2	104.1	120.1	11.6	2 358.2
北冰洋有关海域	5.09	120.0	12.7	0.4	23.7	19.2	5.0	0	59.0
鄂霍次克海和日本海	89.38	1 536.9	175.8	68.3	191.8	90.0	106.4	0	904.6

为了比较不同地区离子径流及其模数的大小，我们将外流区划成九个类型区，分别作了估算（表 7-2）。离子径流量最大的是长江流域，每年入海量为 14 823 万吨，占全国入海总量 42.96%。全国外流区离子径流模数平均为 56.39 吨/（平方千米·年），长江流域及其以南地区径流模数较大，一般大于 60 吨/（平方千米·年），其中珠江和两广、台湾等地平均可达 95.79 吨/（平方千米·年），是东北地区的 6 倍，华北地区的 3 倍。

表 7-2 中国各流域入海离子径流量

流域名称	流域面积		离子径流量		离子径流模数 [吨/(千米²·年)]
	(万平方千米)	占外流区百分比(%)	(万吨)	占外流区百分比(%)	
全国外流区总计	612.00	100	34 507.9	100	56.39
东北各河流域	116.60	19.05	1 982.1	5.48	16.23
华北各河流域	31.90	5.21	1 075.8	3.12	33.72
黄河流域	75.25	12.29	2 181.2	6.32	28.99
淮海及山东半岛各河流域	32.63	5.94	1 776.9	5.15	54.46
长江流域	180.72	29.53	14 823.0	42.96	82.02
浙闽各河流域	21.27	2.48	1 313.0	3.80	61.73
珠江和两广台湾各河流域	62.39	10.15	5 954.5	17.26	95.79
西南各河流域	86.39	14.12	5 371.4	15.56	62.18
西北入北冰洋流域	5.09	0.83	120.0	0.35	23.58

我国每月入海离子径流量约为 2 875.6 万吨，每天入海 95.9 万吨，每秒钟 11 吨。按平均离子径流模数计算，1 亩地空间范围，每年从大气和地表淋溶的离子量约为 37.6 千克。

离子总量是构成河水矿化度的主要成分，离子总量大的河流矿化度高。离子总量最大的是海河流域，该流域子牙河扬柳青站为 417 毫克/升，永定河大北市站为 509 毫克/升，南运河临清站为 585 毫克/升，徒骇河堡集闸站为 940 毫克/升。黄河流域仅次于海河流域，花园口站的离子总量为 468 毫克/升。其他几条大河的离子总量是：澜沧江戛旧站 219 毫克/升，淮河蚌埠站 195 毫克/升，西江(浔江)大湟江口站 179 毫克/升，长江大通站 156 毫克/升，松花江佳木斯站为 130 毫克/升。由此可见，离子总量的空间分布，从海河、黄河高值区向北向南呈逐渐减少的趋势。

离子径流量是离子总量和河川径流量共同作用下形成的，径流量大的河流，离子径流量相应较大。径流量相当而离子总量大的河流，离子径流量相对较大。我国几条大河控制站的年离子径流量依次为：长江大通站 13 893 万吨，西江(浔江)大湟江口站 2 733.6 万吨，黄河花园口站 2 097.3 万吨，澜沧江戛旧站 825.6 万吨，海河各河总计 643.5 万吨。

离子径流量的季节变化与河川径流的季节变化相一致，从全国来看，一般春秋较大，冬春较小。最大月发生的时间由南往北推迟，华南和东南沿海各河大都在 6 月，长江是 7 月，海滦河和辽河是 8 月，黄河、松花江是 9 月。最低月一般发生在 1—3 月，长江、黄河、淮河、海河、珠江等大江大河都发生在 2 月。有少数河流一年之内出现两个高值或两个低值，华南等地受台风影响较大的河流往往出现两个低值。按 14 条河流平均值计算，1—3月离子径流占全年11.3%，4—6月占全年24.4%，7—9月占全年41.2%，10—12月占全年22.8%，上半年约占1/3强，下半年将近占2/3。

离子径流量的多年变化，20世纪70年代比60年代有减少的趋势，如长江大通站1961—1970年10年平均离子径流量为1.455亿吨，1971—1980年10年平均为1.335亿吨，比前10年减少8.2%；松花江佳木斯站1961—1970年10年平均离子径流量为760万吨，1971—1980年10年平均为730万吨，比前10年减少3.9%。

二、离子径流影响因素分析

离子径流量是河川径流的重要组成部分之一，影响河川径流的所有因素对离子径流都会产生影响。但由于离子径流是反映流域水循环过程中化学侵蚀、淋溶、搬运的能力，下垫面条件起着更大的作用。地质构造和气候条件是决定离子径流量的两大主导因素。受这两个因素制约，土壤、植被、河道及流域特征则是次一级的影响因素，这些因素不同组合，是离子径流产生区域差异和时间变化的基本原因。

在气候因素中，降水和气温对离子径流有着直接影响。降水量大，地面侵蚀和淋溶能力强，河川流量大，离子径流量相应较大。气温高表示热能输入量大，岩石风化和植物生化过程活跃，可提供更多的水溶物质。由于我国在季风气候控制下，夏季高温多雨，是离子径流的峰值期；冬季降水少、气温低，是离子径流的低值期。我国降水量和气温的地理分布由北向南增加，决定了单位面积上提供的离子径流量呈现了自北向南逐渐增加的趋势，例如，每平方千米每年产生的离子径流量，东北各河平均为16.23吨，华北各河平均为33.72吨，淮海及山东半岛各河平均为54.46吨，长江流域为82.02吨，珠江及两广地区各河平均为95.79吨。

地质条件是离子径流形成的物质基础，是所有因素中最稳定的影响因素。气候为离子径流提供能源和水源，地质则为离子径流提供物质材料，主要影响离子总量和离子组成，其次是地质构造形成的地貌特征影响产流汇流过程，对离子径流量产生间接影响。山区河流地形陡峭，水急流畅，水与岩石和土壤接触时间短暂，溶解的盐分相对较少，离子总量（矿化度）较低，如浙闽地区不到100毫克/升；平原或盆地区，坡度较小，水流缓慢，淋溶的盐分相对较多，离子总量较高，如黄河、淮河流域高原和平原面积较大，离子总量一般为400~500毫克/升。水文地质条件对离子总量也有影响，冬春季节，河流以地下水补给为主，水中溶解的化学物质较多，这是冬春时期河水矿化度高于夏秋季节的主要原因，有些地区如黑龙江流域，封冻期长，地下水补给较少，河水离子总量较低，只有130~150毫克/升。

在离子径流量的两个组成部分中，河川径流量的时空变化主要受降水影响，有明显地带性规律，而离子总量变化主要受地质条件影响，没有地带性规律。由于降水—径流影响更为强烈、更为活跃，导致离子径流量及其模数的分布有着地带性变化趋势。但也有少数河流，地质或土壤影响占主导地位，就会出现例外情况，如南运河临清站，由于离子总量高，离子径流模数达 68.28 吨 /（平方千米·年），高于南部的黄河流域和淮河流域的数值。

土壤对离子径流的影响，表现在不同的土壤结构、质地、化学性质可为流域提供不同产流条件和离子组成。土壤结构能支配土壤水分状况，土壤质地影响地表径流，降雨入渗能力和地表侵蚀作用，土壤化学性质则影响地表和地下水的化学淋溶量和离子组成。如注入渤海的黄河、海河和辽河流域，土壤盐渍化程度较高，河水离子总量相应较高，而且钠和氯离子含量较多。

由于植被易受人类活动的影响，使水文过程的调节受到影响。因此，植被是影响离子径流的一个可变因素。天然植被可减轻地面侵蚀，河水矿化度一般较低；植被的破坏必然增加风蚀和水蚀强度，河水矿化度会随着升高。黄土高原和华北地区森林覆盖率很低，这是黄河和海河离子总量较高的又一原因。陆生和水生植物，通过枯枝落叶、根系和残体的分解，影响土体和水体的理化性质，对离子径流产生间接或直接影响。

流域与流域之间具有分水边界。在历史时间内，一个流域的自然地理过程与其他流域有着不同的特征，河流则是整个流域自然地理过程综合产物。因此河道及流域特征如河谷发育、流域形状及干、支流混合过程，会给离子径流带来一定影响。

土地垦殖和利用、工矿企业的发展、水利工程的兴建等人类活动对离子径流影响越来越明显。工矿企业排污能改变某一河段水质。水库、闸、坝等蓄水工程能改变河流对离子的输送能力，如黄河和海河因大量蓄水和引水，河口段有时断流，使入海离子径流量减少，而使下游平原区的累积量增加。长江、松花江等江河近年来离子径流量比 60 年代减少，与水资源开发利用有一定关系。

一个流域将大气降水收集起来，并把其中的一部分通过地表和地下径流汇入河道，地形、土壤、植被影响径流速度，地表风化物和径流过程中的可溶物质为离子径流提供了物质条件，利用河口控制站估算的离子径流量是这些因素综合影响的最终结果。地面侵蚀是离子径流形成的前提，而离子被不停送入海洋，又为地面侵蚀进一步进行准备了条件。因此，离子径流及其影响因素的研究，有助于揭示水文循环与地理环境之间的相互关系。

第二节　长江上游离子径流量的估算及时空变化特征

一、长江上游离子径流量的估算结果

河水迁移的物质主要有悬移质和溶解质两部分，分别称为固体径流和溶质径流。固体径流的形成是由于地面侵蚀产生的固体物质在水力作用下汇入河流的物理过程，其主要物质是不溶于水的泥沙。溶质径流的形成是由于水的溶蚀作用而进入河流的溶解物质发生的化学过程，其主要物质是可溶性离子和胶体。其中以 8 个主要离子的输送形成的离子径流为主体。由于离子径流是河流水文要素之一，研究其时空变化规律具有一定理论和实用价值，早在 60 年代初期，就引起水利学界和水文地理学界的注意，乐嘉祥、王德春和郭敬辉、郭知教等分别估算了全国的离子径流量。1981 年和 1984 年又发表了两次全国离子径流量的估算成果。

长江上游是全国流域侵蚀比较严重的区域，重点研究这一区域离子径流的量值及时空变化特征，对分析长江河川径流的物质组成和化学性质，探讨流域系统的化学过程、物理过程和生物过程的综合作用，揭示流域水文循环和地理环境间的相互关系，具有重要意义。

长江上游（宜昌以上）干流长 4 529 千米，集水面积 100.55 平方千米，主要支流有雅砻江、岷江、沱江、嘉陵江、涪江、渠江、乌江等。干流上段称金沙江。选用干支流 10 个主要控制站 1985 年的水化学资料，并参照每年平均流量资料，按下式计算了各站年平均离子径流量（R_a）：

$$R_a = \sum_{i=1}^{12} D_i Q_i T$$

式中 D_i 为月平均离子总量，Q_i 为月平均流量，T 为月相应历时（s）。同时还计算了离子径流的其他特征值，包括 8 个离子量、离子总量、离子流量和离子径流模数。

离子径流量的大小取决于流域气候条件和下垫面因素。长江上游降水量和河川径流量较大，流域风化侵蚀作用较强，离子径流量相对较多，宜昌站年平均离子径流量是 $9\ 140.3 \times 10^4$ 吨，占长江流域的 61.7%，但流域面积只占全流域的 55.6%；宜昌站离子径流量占全国外流区的 26.5%，流域面积只占外流区的 16.4%（表 7-3）。

表 7-3　长江上游（宜昌）、长江流域和全国外流区离子径流量比较　　单位：×10⁴ 吨

	长江上游	长江流域	长江上游占长江流域 %	全国外流区	长江上游占全国外流区 %
流域面积（×10⁴ 平方千米）	100.55	180.72	55.6	612.00	16.4
年	9 140.3	14 823	61.7	34 508	26.5
1 月	289.1	544	53.1	1 266	22.8
2 月	237.9	499	47.7	1 162	20.5
3 月	291.1	657	44.3	1 529	19.0
4 月	393.5	915	43.0	2 130	18.5
5 月	663.3	1 381	48.0	3 215	20.6
6 月	998.0	1 600	62.4	3 724	26.8
7 月	1 482.5	2 153	68.9	5 013	29.6
8 月	1 385.6	1 861	74.5	4 333	32.0
9 月	1 294.8	1 754	73.8	4 084	31.7
10 月	1 087.9	1 612	67.5	3 752	29.0
11 月	634.4	1 113	37.0	2 391	24.5
12 月	362.2	734	52.1	1 709	22.4

长江上游离子径流量中各主要离子成分，以 HCO_3^- 占的比重最大，为 $5\,946.9 \times 10^4$ 吨，占离子径流总量的 65.1%；其次是 Ca^{2+}，为 $1\,586.3 \times 10^4$ 吨，占总量的 17.4%；其他几个离子径流量为 SO_4^{2-} 661.3×10⁴ 吨，占总量的 7.2%；Na^++K^+ 347.4×10⁴ 吨，占总量的 3.8%；Mg^{2+} 313.8×10⁴ 吨，占总量的 3.4%；Cl^- 284.6×10⁴ 吨，占总量的 3.1%；CO_3^{2-} 溶解很少（表 7-4）。

表 7-4　长江上游干支流控制站年离子径流量　　单位：×10⁴ 吨

河名	测站	总量	Ca^{2+}	Mg^{2+}	N^++K^+	Cl^-	SO_4^{2-}	CO_3^{2-}	HCO_3^-
长江干流	宜昌	9 140.3	1 586.3	313.8	347.4	284.6	661.3	0	5 946.9
金沙江	石鼓	1 222.2	166.6	43.9	119.2	127.9	90.5	11.3	662.8
雅砻江	小得石	940.2	138.7	40.9	45.3	20.2	18.9	5.4	670.8
安宁河	湾滩	92.9	14.1	3.6	5.3	2.3	1.6	0.1	65.3
岷江	高场	1 425.8	373.4	56.0	38.4	30.4	134.3	32.0	761.3
沱江	李家湾	309.9	61.4	11.0	14.3	5.6	33.8	5.1	168.6
嘉陵江	武胜	589.9	96.2	26.8	22.9	9.3	58.8	2.5	373.4
涪江	小河坝	315.1	55.5	12.9	8.4	7.0	30.3	2.9	198.1
渠江	罗渡溪	410.4	78.3	11.7	12.3	8.9	44.3	2.1	252.8
乌江	武隆	1 101.5	215.8	39.2	14.5	10.6	111.8	0	709.6

二、长江上游离子径流的空间分布和季节变化

长江上游地形多样，自然条件复杂，降水季节变化明显，因而离子径流及其主要特征值的时空分布有一定差异。各大支流控制站的离子径流量（表7-4），以岷江高场站最多，为 $1\,425.8 \times 10^4$ 吨，其次是金沙江石鼓站和乌江武隆站，分别为 $1\,222.2 \times 10^4$ 吨和 $1\,101.5 \times 10^4$ 吨。为了便于比较，将长江上游分为5个区域，每个区或按主要控制站计算值，控制站以下面积按控制站离子径流模数推算值，按此方法估算的不同区域离子径流量及其占长江上游比例为：雅砻江和安宁河流域 $1\,042.8 \times 10^4$ 吨，占11.4%；岷江和沱江流域 $1\,796.9 \times 10^4$ 吨，占19.7%；嘉陵江、涪江和渠江流域 $1\,436.6 \times 10^4$ 吨，占15.7%；乌江和赤水河流域 $1\,432.0 \times 10^4$ 吨，占15.6%；渡口以上金沙江流域 $1\,372.7 \times 10^4$ 吨，占15.0；渡口以下干流区间 $2\,061.0 \times 10^4$ 吨，占22.6%。说明宜昌站离子径流量主要来自干流区间和岷江沱江流域。

在离子径流总量中，不同离子径流量悬殊很大。阳离子以 Ca^{2+} 含量最高，阴离子以 HCO_3^- 含量最高，决定了长江上游水的化学性质属碳酸盐类钙组水。HCO_3^- 离子径流量，一般都占总量50%以上，其中以雅砻江最高，是总量的87.3%，岷江占比例较低，只是总量的53.4%。Ca^{2+} 离子径流量占总量的比例以岷江最高，为26.3%；金沙江最低，只占总量的13.7%。

离子径流量是河水离子总量和河川流量共同形成的。离子总量是河水矿化度的主要组分。表7-5给出了长江上游主要控制站离子总量及其组成，按流量加权法计算的宜昌站离子总量为202.7毫克/升。各主要支流中，超过200毫克/升有金沙江石鼓、沱江李家湾、嘉陵江武胜，乌江武隆和涪江小河坝；其他主要支流低于200毫克/升。金沙江和沱江为两个高值区，安宁河和岷江是两个低值区。

表 7-5　长江上游主要控制站离子总量及组成

流域	测站	离子总量（毫克/升）		主要离子量（毫克/升）							年平均流量（立方米/秒）
		算数平均值	流量加权平均值	Ca^{2+}	Mg^{2+}	Na^+K^+	Cl^-	SO_4^{2-}	CO_3^{2-}	HCO_3^{2-}	
长江干流	宜昌	218.4	202.7	37.9	7.5	8.3	6.8	15.8	0	142.1	14 300
金沙江	石鼓	281.0	269.6	38.3	10.0	27.4	29.4	20.8	2.6	152.4	1 320
雅砻江	小得石	209.4	197.8	30.9	9.1	10.2	4.5	4.2	1.2	149.3	1 507
安宁河	湾滩	135.0	120.1	20.6	5.3	7.8	3.4	2.3	0.2	95.4	229
岷江	高场	178.3	159.2	46.7	7.0	4.8	3.8	16.8	4.0	95.2	2 840
沱江	李家湾	287.5	243.2	57.0	10.2	13.3	14.5	31.4	4.7	156.4	404
嘉陵江	武胜	241.7	222.2	39.4	11.0	9.4	3.8	24.1	1.0	153.0	842

（续表）

流域	测站	离子总量（毫克/升）		主要离子量（毫克/升）							年平均流量（立方米/秒）
		算数平均值	流量加权平均值	Ca^{2+}	Mg^{2+}	Na^+K^+	Cl^-	SO_4^{2-}	CO_3^{2-}	HCO_3^{2-}	
涪江	小河坝	229.1	205.2	40.4	9.4	6.1	5.1	22.0	2.1	144.0	487
渠江	罗渡溪	217.5	191.0	41.5	6.2	6.5	4.7	23.5	1.1	134.0	678
乌江	武隆	228.3	218.3	44.7	8.1	3.0	2.2	23.3	0	147.0	1 600

  长江上游离子径流量的年内变化同全国基本一致。宜昌站离子径流最大月是 7 月，为 $1\,482.5 \times 10^4$ 吨。最小月是 2 月，为 237.9×10^4 吨，大小相差 6.2 倍。各月离子径流量占长江流域和全国外流区的比例，以 8 月和 9 月所占最高，分别占长江全流域的 74.5% 和 73.8%，占全国外流区的 32.0% 和 31.7%。这些数据说明，8—9 月，在外流区 1/6 的区域内，产生了 1/3 离子径流，溶蚀强度比其他地区高一倍。4 月占全国比例最低，离子径流量只有长江流域的 43.0% 和全国外流区的 18.5%。宜昌站其他各月离子径流量见表 7-3。

  长江上游主要支流离子径流的季节变化同宜昌站相似。但由于受降水年内分配的影响，最大月和最小月出现月份不完全在 7 月和 2 月，如离子径流最大月发生在 8 月的有金沙江、雅砻江、沱江和涪江。乌江则出现在 6 月。离子径流量最小月发生在 3 月的有金沙江、安宁河和涪江。岷江则发生在 1 月。主要支流各月离子径流分配见表 7-6。

表 7-6 长江上游主要支流控制站逐月离子径流量 单位：$\times 10^4$ 吨

河名	金沙江	金沙江	金沙江	金沙江	金沙江	金沙江	金沙江	金沙江	金沙江
测站	石鼓	小得石	湾滩	高场	李家湾	武胜	小河坝	罗渡溪	武隆
全年	1 122.2	940.2	92.9	1 425.8	309.9	589.9	315.1	416.4	1 101.5
1 月	35.6	27.0	2.5	37.7	9.0	16.9	8.5	6.0	31.3
2 月	29.0	18.2	1.8	37.9	5.4	12.7	6.5	4.5	27.4
3 月	26.4	30.3	1.5	46.5	6.1	15.4	6.3	10.2	37.6
4 月	42.5	29.7	1.6	61.7	8.6	29.4	11.7	26.0	72.4
5 月	71.3	47.7	2.3	161.4	17.1	46.3	19.9	44.3	162.4
6 月	103.7	95.3	11.0	110.3	31.6	47.1	26.7	39.4	191.9
7 月	181.9	156.1	16.3	259.6	63.1	97.2	60.8	78.8	164.3
8 月	213.3	167.8	15.8	242.0	66.7	84.9	61.3	41.1	120.4
9 月	194.4	154.6	17.2	184.1	46.0	161.6	52.0	93.2	93.2
10 月	120.1	112.1	10.5	154.4	30.3	81.5	33.4	56.5	64.0
11 月	65.5	60.9	5.6	69.1	15.0	31.6	16.5	20.0	56.3
12 月	38.5	40.5	6.6	61.0	11.0	25.3	11.5	10.0	40.1

由于枯水期地下水和裂隙水占河水补给的比重较大，河水矿化程度较高，离子总量一般高于汛期，最大月往往出现在 1—12 月，最小月出现在 7—8 月。宜昌站 1 月平均离子总量为 250.4 毫克 / 升，随后逐月减少，至 8 月降至 184.1 毫克 / 升，从 9 月开始又逐渐增高（表 7–7）。离子总量随时间变化的趋势同流量的月变化方向相反，但由于径流量是影响离子径流的主导因素，因而离子径流的年内变化基本同流量的月变化一致。从表 7–7 还可看出，离子总量的各分量的月变化不完全一致。如 Mg^{2+} 和 Cl^- 以 2 月最高，K^++Na^+ 和 SO_4^{2-} 以 3 月最高，但比重最大的 HCO_3^- 和 Ca^{2+} 以 1 月和 8 月为最高和最低，决定了离子总量的月值变化规律。

表 7–7　宜昌站主要离子逐月多年平均值　　　　　　　单位：毫克 / 升

月份	Ca^{2+}	Mg^{2+}	K^++Na^+	Cl^-	SO_4^{2-}	CO_3^{2-}	HCO_3^-	离子总量
1	44.3	9.2	7.6	7.8	19.7	0	161.8	250.4
2	41.4	9.5	9.3	7.9	16.9	0	164.6	249.6
3	38.9	8.8	10.2	7.4	20.3	0	158.6	244.2
4	40.4	7.5	8.1	6.3	17.4	0	146.9	226.6
5	36.5	6.8	6.8	6.2	14.7	0	137.1	208.1
6	35.3	6.4	9.5	6.7	15.0	0	132.6	205.9
7	32.7	5.6	7.8	5.7	11.8	0	120.9	184.5
8	32.2	5.8	7.8	5.7	12.1	0	120.5	184.1
9	33.2	6.1	8.9	6.3	12.8	0	121.2	188.5
10	36.5	7.3	7.6	6.3	13.0	0	137.6	208.3
11	41.1	8.0	8.2	8.0	20.0	0	147.6	233.1
12	42.0	9.0	7.8	7.7	15.7	0	156.0	238.2

三、长江上游流域溶蚀强度

流域系统将大气降水汇集起来，产生地表和地下径流，同时将可溶盐带入河流形成离子径流。地质条件和气候条件是影响离子径流的主导因素。植被、土壤、流域特征和人类活动则是次一级的影响因素。岩石溶蚀和植物分解是离子径流的主要物质来源，降水和径流则是离子径流的动力条件和迁移的载体。

长江上游地形特点是四周为高山和高原，中间是低山和丘陵的四川盆地。山区广泛分布碳酸盐岩和较松软的页岩等岩石，丘陵区垦殖面积大，河流纵横其间，水土流失严重。再加上盆地内人口密集，河网发达，加剧了地面剥蚀强度。以上地质地形特点为雨水淋溶提供了有利条件，而该地区降水和径流丰富，就决定了长江上游成为全国溶蚀强度较大地区和离子径流的高值区。全国外流区离子径流模数平均为 56.4 吨 / 平方千米，长江全流域平均为 82.0 吨 / 平方千米，长江上游为 90.9 吨 / 平方千米，高出全国平均值，其中岷江、沱江、涪江和渠江的离子径流模数都超过全区平均值，以乌江和沱江流域溶蚀强度最大，离子径流模数 133 吨 / 平方千米。金沙江上段溶蚀作用最弱，离子径流模数仅 52.5 吨 / 平方千米，只有乌江和沱江流域的一半（表 7–8）。

表 7–8　长江上游主要支流流域离子径流模数和侵蚀模数

河流	测站	集水面积（10^4 平方千米）	离子径流模数 [吨 /（平方千米·年）]	侵蚀模数 [吨 /（平方千米·年）]
长江干流	宜昌	100.55	90.9	512
金沙江	石鼓	23.27	48.3	86.6
雅砻江	小得石	11.83	79.5	267
岷江	高场	13.54	105.3	366
沱江	李家湾	2.33	133.0	527
嘉陵江	武胜	7.89	74.8	939
涪江	小河坝	2.95	106.8	630
渠江	罗渡溪	3.81	107.7	687
乌江	武隆	8.30	132.7	384

比较长江上游化学溶蚀和物理侵蚀，可以看出两者因形成的机制和物质基础的不同，其空间分布特征各有不同的情况；而年内季节变化因都受降水径流主导因素的影响，出现相同的变化趋势。

长江上游多年输沙量为 $51\,430 \times 10^4$ 吨，中游汉口站输沙量为 $43\,000 \times 10^4$ 吨，下游大通站为 $46\,800 \times 10^4$ 吨。说明上游是长江流域主要侵蚀产沙区，也是中下游河道淤积的主要原因。上游的泥沙又主要来自金沙江和嘉陵江，分别占宜昌站来沙总量的 46.7% 和 30.9%。流域侵蚀模数以嘉陵江最高，达 939 吨 /（平方千米·年），渠江、涪江和沱江流域也都超过 500 吨 /（平方千米·年），岷江，乌江、雅砻江和金沙江石鼓以上地区，侵蚀模数低于 400 吨 /（平方千米·年）。

物理侵蚀和化学溶蚀在年内各月的变化趋势基本一致，峰值出现在 7 月或 8 月，最低值出现在 2 月。但月际间的变化速率相差甚大，化学溶蚀比物理侵蚀变化平稳。如宜昌站离子径流量最大月是最小月的 6 倍，而输沙量却相差 291 倍。渠江罗渡溪站相差高达 9 800 多倍。涪江小河坝站 11 月至翌年 4 月 6 个月的离子径流量占全年 20%，而输沙量却只有全年 0.3%，这几个月地面侵蚀量十分微弱。长江上游年输沙量是输盐量（离子径流量）的 5.6 倍，但逐月比较，却有 4 个月（12 月和翌年 1—3 月）化学溶蚀量高于物理侵蚀量。

由于影响离子径流的自然因素和社会经济因素的不同组合，长江上游的溶蚀强度存在地域差异。大致可分南部、北部和西部三大类型区。

南部类型区淋溶强度大，侵蚀强度小，主要河流乌江上游山高坡陡，大部分地区切割破碎，地表多出露硅酸盐和砂页岩，中游地形起伏较小，易被淋溶。同其他地区比较，植被覆盖最差。降水量最大，年降水量达 1 150 毫米。但降水的月较差小，有利于化学离子溶蚀。因此，乌江流域溶蚀强度高于其他两区，因暴雨强度比其他流域少，侵蚀产沙强度弱于干流北区，离子径流模数高达 132.7 吨 /（平方千米·年），高于长江上游区平均值 50%；而侵蚀模数仅 384 吨 /（平方千米·年），仅及长江上游区平均值的 75%。

北部类型区淋溶强度较大，侵蚀强度最高。主要河流有岷江、沱江、嘉陵江、涪江和渠江。岷江、嘉陵江上游为川北、陇南高中山区，河流切割强烈，岩性为黄土，灰岩及变质岩，岷江、沱江、嘉陵江、涪江和渠江中下游为四川盆地和川西山区，分布着灰岩和页岩，易被风化。流域降水量 900~1 000 毫米，降水高度集中于 7—9 月，且暴雨多。地质和气候的以上特点，最易于侵蚀产沙，也有利于化学淋溶。淋溶强度仅次于南部乌江流域，侵蚀强度超过其他二个类型区。离子径流模数 75~130 吨 /（平方千米·年），侵蚀模数 500 吨 /（平方千米·年）以上，其中嘉陵江高达 900 吨 /（平方千米·年）以上。

西部类型区属化学溶蚀和物理侵蚀强度最小地区。主要河流有金沙江、雅砻江等。金沙江上段和雅砻江流经青藏高原，海拔一般 3 500~4 500 米。这个地区谷深坡陡、岩质坚硬，不易造成风化和水土流失。年降水量仅 650~700 毫米，气温偏低。地质条件和气候条件决定了这一地区为长江上游淋溶和侵蚀强度最小地区，离子径流模数 50~83 吨 /（平方千米·年），侵蚀模数 80~250 吨 / 平方千米，都低于长江上游区平均值。

（本文原载《地理研究》学报，第 10 卷第 4 期，1991 年 12 月）

第八章
土面增温剂及其在农业上的应用

第一节 河南省商丘地区土面增温剂生产应用情况报告

商丘地区使用土面增温剂情况介绍

商丘地区总耕地 1 000 万亩，其中棉田 126 万亩。全区农业学大寨运动深入发展，粮棉产量连年上升。为进一步加快农业生产步伐，两年来，我们制成并大量生产了土面增温剂，在棉花育苗上大面积应用，在红薯、玉米、水稻、泡桐、蔬菜等作物上初步试验，均取得了显著效果，为棉花和各种早春作物提前播种，夺取高产开创了一条新路。

土面增温剂是一种农田化学复盖物，它是用某些矿物油渣（渣油、脂肪酸残渣）、植物油渣（棉油、香油渣）、沥青、高碳醇、火碱为主要原料，在一定设备一定工艺条件下，制成的膏状物。用水稀释，喷洒于土面，形成一层均匀的薄膜，这层薄膜具有保墒、增温、压碱等作用，其抑制蒸发率为 50%~80%，能使日平均地温提高 3~4℃，夜间加盖草帘可提高 6~7℃，中午最大增温值 12~15℃。

棉花育苗使用土面增温剂，可以代替塑料薄膜，做到早播、早发、早熟、增加伏前桃，减少霜后花，获得较大幅度的增产，一般比大田直播提早 15~20 天，产量增加 20%~30%。

土面增温剂是 1970 年由中国科学院地理研究所和大连油脂化学厂协作研制成功的。前几年，北京、大连等地在一些作物上应用试验，都很成功。我们在 1973 年冬去北京学习，1974 年春在商丘地区 59 个公社，发动群众，用锅灶、手摇钻等简单工具，生产成品 40 吨，育苗移栽棉田 1 万亩。当年秋天，遇到长期阴雨、早霜等自然灾害，大田直播普遍减产，增温剂育苗移栽田块，一般都增产。由此群众尝到了甜头，干部也有了劲头，1974 年 10 月，全国土面增温剂经验交流会在商丘召开，给我们以很大的鼓舞和推动。1975 年生产和应用的规模更大了。经过 1974 年冬天，1975 年春天以来，土法为主，社办为主，自力更生建厂117个（其中包括队办5个，学校办5个），占当时公社总数的88%，使用增温剂的生产队27 700多个，占全区产棉队总数的90%。育苗45万床，实际移栽20万亩，形成了"社社办厂，队队使用，家喻户晓，人人皆知"的广泛群众运动。

这一新事物，两年内在商丘地区得到了迅速发展，我们的做法是：学理论抓路线，扶植新生事物；加强党的领导，做好统筹安排；建厂坚持自力更生，土法上马；推广实行"生产、研究、使用"和"群众、领导干部、技术人员"两个三结合；工厂布局以公社为主，经营管理供销社负责。一百多个厂，地区没出一分钱，没拿一斤钢，资金和设备都是县、社自己解决的。

在建厂过程中，各地普遍用大铁锅和汽油桶代替皂化罐和乳化罐，节省了大量钢材，采用提高锅位、自流出料的办法，减少了一批管道和动力机件，这种土法小型工厂，投资不超过千元，群众办得起，好使用，便于推广，在全国土面增温剂经验交流会议上，给予很高的评价。

1974年产品只有60号沥青棉油渣一种制剂，而且还要在配方中加进10%的农用柴油。1975年经过多次试验，解决了10号沥青、渣油等原料的制造工艺问题，找到了用香油渣代替棉油渣的技术措施，成倍降低了高碳醇的投料配比，完全抛掉了柴油。由单一型号制剂增加到10余种制剂，制成了10号沥青棉油渣制剂，沥青棉油皂制剂、沥青渣油棉油渣制剂、沥青脂肪酸残渣制剂、渣油香油渣制剂、脂肪酸残渣制剂等新产品。这样便扩大了就地取材的范围，缩小了外产原料的比例，节省了大量的农用柴油，降低了生产成本。

群众对增温剂的推广非常欢迎。他们将增温剂育苗的长势、产量和成本同塑料薄膜育苗和大田直播作了对比，得出的结论是：推广增温剂有利于就地生产，大量普及；有利于培育壮苗，提高产量；有利于节省资金，扩大再生产。在苗床里，增温剂育苗一般没有塑料薄膜育苗出得早长得快，夜间盖上草帘后，可以接近塑料薄膜苗。但是由于增温剂培育的棉苗在大自然条件下经受了锻炼，棉苗粗壮，根发达，抗逆能力强，移栽后返苗早，成活率高，生长速度快，20~50天便可赶上和超过塑料薄膜苗，平均产量接近，如柘城县大朱生产队，1974年增温剂育苗移栽57亩，平均亩产皮棉65.75千克，塑料薄膜育苗亩产65千克，大田直播亩产48.5千克。

农用塑料薄膜不仅严重供应不足，而且成本是增温剂的好多倍，1亩棉田育苗时需塑料薄膜3~4千克，每千克4元左右，投资12~16元，按最好情况覆盖三年计算，每年每亩合5元左右，有使用非农用薄膜的，大多数情况下不能覆盖三年，成本就更高了。增温剂每亩用量也是3~4千克，每千克0.3元，投资只要1元上下。育苗移栽比直播每亩节省棉种5~6千克，算上这笔账，使用增温剂育苗，等于不花钱。全地区用增温剂育苗移栽面积如扩大到 60 万亩，较之用塑料薄膜可节省资金几百万甚至上千万元。群众赞扬说：增温剂育苗就是好，管理方便花钱少，根系发达棉苗壮，抗寒抗风病害少，移栽返苗生长快，早发早熟产量高。

据全国土面增温剂会议介绍的材料看，如果把土面增温剂在全国推广，北方各省可将水稻、玉米、棉花、烟草、蔬菜、树苗等播种期提前一个节气，为高产稳产奠定较好的基础；江淮流域可以迅速扩大双季稻种植面积，提高复种指数；在南方各省试验应用，有希望找到防止早稻烂秧的措施，在橡胶等热带作物上应用，有可能研究出战胜冬季寒流的新方法。

一年来有 13 个省、市、自治区一千多人到商丘地区参观，说明增温剂已引起广泛注意。由于我们经两年特别是 1975 年大范围的推广试验，积累了一些经验，所以下一个生产年度（1975 年冬 11、12 月，1976 年 1、2 月）计划新建和改建工厂 156 个（每个公社一个厂），平均每厂生产 30 吨，全区生产、使用 4 500 吨，用于大面积的棉花育苗和大面积红薯育苗，同时在水稻、玉米、泡桐育苗和蔬菜生产方面也扩大使用，让它代替 4 500 吨塑料薄膜，节省红薯育秧煤炭 5 万吨，节约大批农业投资，把棉花、玉米、红薯等春播作物提前半月二十天。

为了实现这个目标，已准备了织草帘所用的麦秆 1 500 万千克；已开会总结了上年度建厂生产、使用方面的经验；建厂材料、资金，自力更生解决；本地原料如棉油渣、香油渣，自己筹划；高碳醇自己采购。唯有沥青和渣油共 1 500 吨，火碱 30 吨，因为是国家计划分配物资，上级有关部门已帮助解决。

本文是许越先于 1975 年 7 月为河南省商丘地区革委会生产指挥部起草的汇报材料，刊登在国务院《棉花工作简报第 18 期（1975 年 11 月 4 日）》发至全国各棉区。按语如下：

按：使用土面增温剂育苗较塑料薄膜成本低，且易于由社、队自力更生地生产，各地可参考商丘经验试行，并注意研究对土壤有无不良影响。

第二节　棉花土面增温剂育苗移栽的试验研究

遵照毛主席关于"必须把棉花抓紧"的伟大教导，商丘地区广大人民群众在地委的正确领导下，学理论，抓路线，鼓干劲，促生产，战天斗地，科学种田，大力推广土面增温剂棉花育苗移栽新技术，取得了很大成绩。1974 年冬天到 1975 年春天以来，在全区范围内，自力更生、因陋就简、土法上马，建成增温剂厂117个，生产增温剂1 335吨，育苗实栽面积20万亩，形成一个生产和使用增温剂的广泛群众运动。

为了配合地区大面积推广工作，进一步测定土面增温剂的保墒增温效应，探索它在棉花育苗中的合理使用方法，研究其改善农田水热状况的基本规律，以便更好地为农业生产服务，在商丘地委和柘城县委的亲切关怀和直接领导下，组成了由县社领导干部、贫下中农、地理研究所和县蹲点的科技人员共同参加的科学试验小组，在柘城县李原公社后营九队，进行了棉花增温剂育苗移栽的试验研究。此外，我们还对全区大面积推广增温剂育苗进行了调查。无论是小区试验结果，还是大面积应用实践，都说明了这项技术措施是成功的，起到了早播种、早出苗、早移栽的作用，为棉花优质丰产创造了有利条件。

在大量生产和推广增温剂育苗中，人民群众的许多发明创造和积累的新经验，大大丰富了增温剂的理论研究和应用研究。但是，增温剂在棉花育苗上的应用仅仅是第二年，对大部分社队来说还是第一次，由于经验不足，方法不当，有少数单位使用效果不明显，个别造成失败。因此，从理论与实践的结合上，对试验效果和基本经验进行总结，正确分析某些单位失败的教训，深入探讨使用过程中提出的一些新问题，对增温剂的研制、应用和推广都具有重要意义。

一、试验布置

试验区位于商（丘）周（口）公路66千米路碑之南侧，土壤属微碱性沙壤土，肥力中等。为了使土壤起始水分条件一致，试验区的主要苗床采用阳畦方格育苗，播种前一天灌明水5厘米深。试验项目如下。

1. 不同覆盖物试验

塑料薄膜覆盖、增温剂加草帘覆盖、增温剂覆盖和无覆盖对照。

2. 不同播期试验

由3月10—30日，每间隔5天插种1次，共分5个播期。

3. 不同制剂试验

柘城县李原脂肪酸渣制剂、柘城县城郊沥青棉油渣制剂、吉林省四平脂肪酸渣制剂（固体）等。

试验小区内的主要苗床，设有2厘米气温和最低温度表；地面（0厘米）温度表、地面最低温度和地面最高温度表；5厘米、10厘米、15厘米、20厘米地温表。3月15日至4月10日每日8点、14点、20点3次定时观测，日平均温度按中央气象台规定的方法计算其中3月23日14点至24日20点，为昼夜逐时观测；3月28日6点至3月30日20点为昼夜每2小时观测1次。

试验区内安装一个雨量筒，设有两个 3 000 平方厘米自动供水式土壤水分蒸发器，其中一个使用土面增温剂。另一个为对照。每日 8 点观测。

试验小区的苗床土壤含水量，3 月 26 日和 4 月 4 日取样测定两次。

二、试验效果

增温剂育苗，由于高分子长链膜抑制了土壤水分蒸发，减少于汽化热的消耗，具有明显的保墒、增温效应，为棉籽萌发提供了较好的水热条件。应当指出，今春出现前旱后涝倒春寒特别是 4 月中下旬连续阴雨低温，全区降水量高达 130~170 毫米，在这样不利的天气条件下，增温剂育的棉苗，经受了低温、霜冻、雨涝、大风、病害等自然灾害的考验，仍然能够建立苗期优势。

1. 保墒效应

棉籽发芽需要较多的水分，必须吸足相当自身重量一倍的水分，才能发芽出苗。播种后的土壤含水量，保持在 18%~20%，最为适宜，如低于 15% 棉籽萌发出土困难。

根据土壤蒸发器 3 月 28 日至 4 月 15 日 19 天的连续观测，用增温剂的总蒸发量为 21.9 毫米，对照为 91.3 毫米，增温剂的土壤水分蒸发抑制率为 75.9%，相当于每亩苗床节水 46.3 立方米。又据苗床土壤取样测定，3 月 20 日播种，4 月 4 日取样，0~5 厘米土壤含水量，增温剂苗床为 22.6%，加盖草帘后为 20.1%，塑料薄膜苗床降至 16.8%，对照苗床仅有 12.6%。这说明土面增温剂能有效地抑制土壤水分蒸发，使苗床保持良好的墒情，保障了棉苗出土生长对水分的需要。不用增温剂的对照苗床，棉籽已经变干，苗床不浇水，根本无法出土。

2. 增温效应

根据温度观测资料，增温剂苗床 0~5 厘米日平均地温比对照高 3~4℃，最多相差 6.5℃，中午最大增温值可达 11℃，可使棉花播期提前 20~25 天。它的增温特点有以下几个方面。

（1）增温剂膜只要不被破坏，有效期可延续 40 天以上。增温效应前期大于后期，尤其是最初几天，增温更为明显，如 3 月 25 日播种，3 月 28 日至 4 月 10 日 5 厘米 14 天平均地温，增温剂和增温剂加盖草帘的苗床分别增温 3.3℃和 4.4℃，而前 7 天的增温值分别为 4.3℃和 5.9℃（表 8-1）。

（2）增温剂的增温深度可到 30 厘米，最大增温值出现在 0~5 厘米，随着深度的增加，增温值逐渐降低，20 厘米深仍能增温 2℃左右。它除了增加地温外，还可以提高贴地层的气温，距地面 2 厘米处的气温日平均值比对照高 1℃左右（表 8-1）。

表 8-1 不同处理苗床日平均温度比较

观测深度（厘米）	塑料薄膜		增温剂（盖帘）		增温剂		对照日平均
	日平均	增温值	日平均	增温值	日平均	增温值	
0	20.0	5.3	17.4	2.7	17.2	2.5	14.7
5	18.8	5.8	17.4	4.4	16.3	3.3	13.0
10	17.8	5.3	16.9	4.4	15.2	2.7	12.5
15	17.3	5.0	16.2	3.9	14.2	1.9	12.3
20	16.7	4.3	15.8	3.4	14.5	2.1	12.4
地面最低	11.2	5.5	11.7	6.0	7.0	1.3	5.7
地面最高	34.6	6.7	28.5	0.6	30.5	2.6	27.9
2厘米气温	19.5	4.6	16.2	1.3	15.7	0.8	14.9
前7天平均（5厘米）	19.5	8.1	17.3	5.9	15.7	4.03	11.4

（3）增温剂的增温效应日变比规律是：白天高于夜间，最高增温值出现在午后14点左右，最低增温值出现在凌晨日出以前。增温剂加盖草帘后，夜间增温高于白天。如3月25日播种，28—30日昼夜连续观测资料，增温剂苗床5厘米地温，白天增温6.3℃，夜间增温4.7℃；加盖草帘后，白天增温6.7℃，夜间增温7.2℃（表8-2）。

表 8-2 不同处理苗床昼夜连续观测温度比较

处理	3月20日播种						3月25日播种						4月1日
	3月23日夜间			3月24日白天			3月28日夜间			3月29日夜间			
	0厘米	5厘米	最低	0厘米	5厘米	最低	0厘米	5厘米	最低	0厘米	5厘米	最低	最低
塑料薄膜	10.4	13.7	3.0	23.6	19.2	6.6	16.1	18.1	7.8	26.3	23.4	7.0	7.0
增温剂（盖帘）	11.1	13.2	5.2	22.0	18.7	6.3	15.6	17.3	9.3	22.9	21.5	6.0	6.0
增温剂	5.5	9.3	-1.7	21.1	17.8	0.4	11.9	14.8	3.4	23.4	21.1	-0.5	-0.5
对照	3.1	6.6	-2.3	17.4	13.4	-0.3	8.3	10.1	2.0	18.8	14.8	-0.7	-2.7
备考	20点至7点12小时平均		23日凌晨	8点至19点12小时平均		24日凌晨	8点至6点6次观测平均		28日凌晨	20点至18点6次观测平均		29日凌晨	

根据3月23—30日64小时连续观测资料，5厘米地温，大于12℃以小时累积的温度总和，增温剂比对照高1.9倍，加盖草帘后高2.5倍。大于12℃的有效生长时间，增温剂比对照高0.5倍，加盖草帘高1倍，而和塑料薄膜接近（表8-3）。3月23—24日连续观测，也有相同的规律。

表 8-3　不同处理苗床连续观测的温度总和与有效生长时间比较

项目	塑料薄膜	增温剂（盖帘）	增温剂	对照
> 12℃有效生长时间（小时）	61.4	61.2	48.0	30.2
有效生长时间占总观测时间（%）	96.4	95.8	75.0	46.6
> 12℃的温度总和（以小时累计）	525.3	425.1	360.9	116.9

同塑料薄膜相比，增温剂的增温效果，还赶不上塑料薄膜，特别是白天最高温度和气温，塑料薄膜苗床要比增温剂苗床高 6℃以上。但是，加盖草帘后，夜间平均温度同塑料薄膜相差不大，最低温度甚至可以高于塑料薄膜，从表 8-1 可以看出，14 天平均比塑料薄膜高 0.5℃。

加盖草帘的增温剂苗床和不盖草帘的增温剂苗床相比，白天最高温度相差不大。

夜间最低温度，平均高 4.7℃，比对照高 6.0℃。3 月 23 日和 4 月 1 日，对照苗床出现 −2.3℃和 −2.7℃的低温，增温剂苗床也降至 −1.7℃和 −0.5℃，这两个处理的苗床都有霜冻，加盖草帘的增温剂苗床分别为 5.2℃和 6.0℃，没有任何冻害。以上事实充分说明了增温剂加盖草帘能显著提高苗床夜间温度，它是防寒保温促进棉苗生长的一项重要措施。

（4）不同类型的天气直接关系到增温效应的大小。太阳辐射能是苗床最重要的热源，它的辐射强弱和日照的长短，决定着苗床的热量收支，并影响着土壤水分的蒸发，从而直接关系增温效应的大小。一般来说，晴天增温值最大，以增温剂加盖草帘苗床为例，5 厘米日平均地温增温 6.5℃。阴雨天气，由于蒸发量减少，增温值降低，仅有 3.6℃（表 8-4）。

表 8-4　不同天气类型 5 厘米地温的增温效应比较

天气类型	塑料薄膜		增温剂（盖帘）		增温剂		对照	观测日期
	日平均	增温值	日平均	增温值	日平均	增温值	日平均	
晴天	16.1	7.8	14.8	6.5	12.5	4.2	8.3	3 月 23 日
多云	16.0	6.0	15.4	5.4	13.1	3.1	10.0	3 月 24 日
阴有小雨	14.7	4.2	14.1	3.6	12.5	2.0	10.5	3 月 25 日

3. 育苗效果

为了鉴定增温剂的育苗效果，我们着重从增温剂育苗的出苗状况、棉苗长势、抗逆能力和移栽返苗 4 个方面与塑料薄膜苗对比分析。

（1）出苗状况。塑料薄膜具有较高的增温效应，所以它的突出优点是出苗早、快、齐，在一般情况下，增温剂苗床无论加盖草帘与否，均赶不上塑料薄膜苗。从 3 月 10 日、15 日、20 日、25 日四个插期的出苗期来看，塑料薄膜苗要比同期播种的增温剂加草帘苗早 2~5 天，播期愈早，出苗期相差天数越多。但是，增温剂喷洒如果得当，成膜好，并根据天气变化及时揭盖草帘，出苗期也能缩短，从而赶上或接近塑料薄膜苗，达到 5~6 天顶土，8~9 天全苗。例如，永城县薛湖公社黄营生产队，3 月 21 日播种，5 天见苗，10 天全苗和塑料薄膜育苗相近。

（2）棉苗长势。增温剂育苗的特点是，株矮粗壮、子叶肥大、叶色油绿、根系发达。塑料薄膜育苗的特点是，棉苗细高、现真叶早、叶色淡绿、主根较长（表 8-5）。壮苗先壮根，从地上部分的株高与地下部分主根长度比例来看，3 月 20 日播种，4 月 27 日移栽时，塑料薄膜苗为 1∶1.16，增温剂加草帘苗为 1∶1.84，增温剂苗为 1∶1.41。再从侧根分析，塑料薄膜苗虽然根数较多，但比较细短，颜色黄白，最大侧根长为 4.5 厘米。增温剂苗的侧根普遍较长，色白嫩粗，最大侧根长为 5.5 厘米。在一般情况下，增温剂苗比塑料薄膜苗粗壮。

表 8-5　不同处理苗床的考苗比较

处理	株高（厘米）	茎粗（毫米）	子叶宽（厘米）	真叶数（片）	主根长（厘米）	侧根数（条）	株高∶主根长	棉苗病害	备考
塑料薄膜	8.0	1.9	3.7	1.8	9.3	24.5	1∶1.6	子叶有严重病斑	3 月 20 日播
增温剂（盖帘）	4.5	2.3	4.1	1.5	8.3	23.3	1∶1.84	子叶有轻微病斑	种 4 月 27 日调查每处
增温剂	4.4	2.8	3.7	1.3	6.9	12.6	1∶1.41	子叶有轻微病斑	理考苗 6 株
对照	1.8					2.3	1∶1.31	子叶尚未展开	取其平均值

（3）抗逆能力。由于增温剂苗一出土就经受大自然的锻炼，所以对灾害性天气和病害具有较强的抗逆能力。例如，3 月 31 日和 4 月 1 日两次霜冻，增温剂苗床，即使不盖草帘，凌晨经受了近两个小间的零下低温，最低温度降到 -0.5℃，经过霜冻已出土的棉苗部分冻倒，日出两小时后，被冻棉苗逐渐复元，以后也没有发现异常现象。相反，塑料薄膜苗，虽有覆盖，如覆盖不严，或薄膜有破洞之处，在其附近都有棉苗冻死冻伤现象。凡被冻伤的苗，日出后干枯发黑而死。永城县顺和公社梁庄东队，塑料薄膜苗高而细弱，4 月上旬炼苗时，有 20%~30% 的苗被风吹干子叶，而该队的增温剂苗壮实，没有被风吹干子叶的现象。特别是 4 月中下旬，连续十多天的阴雨低温，对塑料薄膜苗造成很大危害，棉苗基茎部和子叶普遍发生较重的病害，造成子叶枯萎和大量死苗。柘城县大仵公社牛油坊生产队，24 床塑料薄膜苗，子叶全部脱落，死苗率为 30%，其增温剂苗无死苗现象。在连续阴雨低温期间，增温剂苗，除因管理不善、暴雨冲毁防

风墙压毁部分棉苗外，基本上无死苗现象，其发病率也较低。贫下中农说："增温剂苗能抗寒、抗风、抗病。"

（4）移栽返苗。为了观测移栽返苗及生育期生长情况，我们在大田布置了试验区，每个处理定 10 株棉苗，每 5 天调查 1 次，并在特定阶段进行普查，这些调查说明：塑料薄膜苗虽在苗床期间生长较快，一般比同期播种的增温剂苗多 0.5~1 片真叶，真叶叶片也较大，但移栽后，对新环境适应性差，返苗期长，生长速度慢，死苗率较高。增温剂苗较粗壮，适应性强，成活率高，生长速度快，其返苗一般比塑料薄膜苗缩短二、三天。

根据大田 90 株棉苗定株观测，移栽后第 17 天除苗高外，真叶数和真叶大小都赶上和超过了同期塑料薄膜苗。以 3 月 15 日播种为例，4 月 29 日移栽时，塑料薄膜苗真叶数比增温剂加草帘苗平均多 0.6 片，叶片面积也大。可是移栽后 18 天，增温剂加草帘苗的真叶数，反比塑料薄膜苗多 0.4 片，真叶面积也大 0.3 厘米 × 0.6 厘米。移栽后一个月，除塑料薄膜苗期所形成的高腿外，子叶节以上的株高，增温剂加草帘苗也超过了塑料薄膜苗，真叶数和叶片面积仍然保持优势（表 8-6）。

表 8-6　移栽后 17 天真叶数大小比较

处理	播种日期	移栽日期	返苗日期	5月2日调查		5月17日调查			6月1日调查			备考
				苗高（厘米）	真叶树（片）	苗高（厘米）	真叶树（片）	真叶面积厘米	苗高（厘米）	真叶树（片）	真叶面积（厘米×）厘米	
塑料薄膜	3月15日	4月29日	5月7日	6.9	2.2	8.8	3.5	2.5×3.0	11.0	6.1	4.2×4.4	①20株棉苗定株观测的平均值 ②真叶面积指最大叶片面积
增温剂（盖帘）	3月15日	4月29日	5月4日	5.0	1.6	6.5	3.9	2.8×3.6	9.0	6.2	5.2×4.9	

据移栽大田后 37 天（6 月 6 日）典型棉株调查，除苗高外，所有调查项目中，增温剂加草帘苗都优于塑料薄膜苗，如现蕾期早 7 天，每株蕾多 2 个，真叶总面积大 21 平方厘米，侧根数多 22 条，侧根总长度长 500 厘米（表 8-7）。

表 8-7　移栽后 37 天考苗调查比较

处理	播种日期	移栽日期	子叶节高(厘米)	株高(厘米)	茎粗(毫米)	真叶(片)	现蕾日期(日)	蕾数(个)	第一果枝着生节位	第一果枝着生高度(厘米)	真叶总面积(平方厘米)	侧根数	侧根总长度(厘米)	最大根长(厘米)	苗高:最大根长
塑料薄膜	3月15日	4月29日	9.5	9.5	4	9	6月6日	1	9	9.0	268	30	540	28	1:1.47
增温剂(盖帘)	3月15日	4月29日	5.5	8.5	5	9	5月30日	3	7	6.0	289	52	1 040	33	1:2.35
冷床育苗	3月25日	4月30日	5.0	5.5	2.5	5		0	0		163	9	63	11	1:1.05

移栽后 50 天，对五个重复的 2 071 棵棉苗现蕾情况的普查，增温剂苗第一果枝平均着生节位比塑料薄膜低 0.7 节，平均现蕾率高 3.5%，现蕾总数多 144 个，单株平均现蕾数多 0.11 个（表 8-8）。

表 8-8　移栽后 50 天现蕾情况调查比较

播期	调查日期	处理	调查株数	现蕾株数	现蕾率(%)	现蕾总数	平均单株蕾数	单株最多蕾数	现蕾期	第一果枝着生节位
3月10日	6月15日	塑料薄膜	190	111	58.4	257	1.4	13	5月27日	(缺查)
		增温剂	190	92	48.8	210	1.1	7	6月2日	(缺查)
3月15日	6月15日	塑料薄膜	189	74	39.0	170	0.9	5	6月6日	(缺查)
		增温剂	189	115	60.5	286	1.5	6	5月30日	
3月20日	6月12日	塑料薄膜	167	59	35.3	150	0.9	5	6月3日	7.8
		增温剂	169	25	14.8	41	0.24	4	6月5日	7.1
3月21日	6月12日	塑料薄膜	322	69	21.4	113	0.36	4	6月5日	8.3
3月23日		增温剂	333	106	31.9	240	0.72	6	5月31日	7.3
3月25日	6月12日	塑料薄膜	151	30	19.9	65	0.4	4	6月5日	7.7
		增温剂	171	55	32.2	122	0.7	6	5月31日	7.6
		直播增温带	33	18	54.6	73	2.2	10	5月28日	7.0
4月16日	6月15日	直播	303							
3月10—25日	6月12—15日	塑料薄膜	1 019	343	33.8	755	0.74			8.0
		增温剂	1 052	393	37.3	899	0.85			7.3

从移栽到现蕾的这些调查，可以清楚看到，增温剂育苗移栽大田后可以赶上和超过塑料薄膜苗。

三、探讨几个问题

1. 关于苗床型式问题

今年苗床有阳畦与平畦两大类，阳畦中又分斜面与平面两种。增温剂育苗采用哪种形式好？实践证明，以阳畦为好。斜面阳畦接受太阳辐射能较多，增温效应较好，但主根生长方向与钵体方向不一，移栽伤根较多。平面阳畦虽不如斜面阳畦增温效果好，但苗床水分条件均匀，主根与钵体方向一致，管理方便。平畦增温效应没有阳畦好，但它比较省工。无论哪种苗床，都要注意排水，防止雨涝淹苗。阳畦苗床下雨时还要注意护理挡风墙，以防墙塌压苗。采用斜面阳畦时，床面斜度不要太大，以上下高度相差1~2个钵体为宜。

2. 关于齐苗后是否从苗床中除掉增温剂残膜问题

有的同志认为，增温剂所形成的覆盖膜，在齐苗后已经完成了历史使命，应当结合间苗、除草、松土，除去残膜，以利通气，提高地温，才能达到壮苗，如睢县董店公社赵堂生产队就是这样做的。然而，也有不少同志认为，棉苗虽已出齐，制剂膜已被顶破，但仍有一定的增温保墒效应，不应轻易除去。永城县薛湖公社黄营生产队，4月5日下午10时，对3月21日播种的8个苗床进行观测，松土除膜的苗床，5厘米地温比没有松土除膜的低4.7℃。因此，他们认为不除膜温度高，棉苗长势好。柘城县大仵公社大朱生产队，也认为松土除膜棉苗要停长几天。究竟要不要除膜？什么时候，什么条件下除膜？如果松土，是将残膜除掉，还是选它留在床面？哪种制剂要除膜，哪种制剂不除膜？这些问题都值得进一步试验研究。

3. 关于直播增温带问题

今年试验中出现两种情况，一种是成功的经验，如柘城县李原四队、苏庄四队，在麦棉间作地里搞直播增温带，出苗很好，睢县尚屯公社付庄生产队3月23日至4月1日每三天播种一期，四期增温带出苗都很整齐。这些单位的做法是：平播不起垄，浸种条播或穴播，每穴不少于5~6个籽，播后喷水，覆土过筛，厚度不超过2厘米，抹平播带，喷6~8寸宽增温带，每亩用剂30~40千克。另一种情况是，出苗率较低，加上用剂多，投资大，认为今后大面积推广有一定困难。根据商丘县五里杨大队去年的试验，认为直播用增温剂不但可以早播种，早出苗，不伤根，而且抗旱力强，不易早衰，并提高棉花产量，是探索棉花高产的一个途径。今后随着增温剂成本的降低，大田直播增温带有进一步试验的价值。

四、几点初步结论

1. 关于苗床覆盖物

我们认为，以增温剂加盖草帘为最好，它不但可以防寒、防霜、防风、防雨，而且能显著提高苗床夜间温度，促进棉花生长，减少棉苗病害。由于棉花主要在夜间生长，若夜间温度过低，会导致棉花生长迟缓，甚至停长，出现小苗老化现象。加盖草帘后则可以避免这种情况，有利于培育壮苗。根据我们试验，3 月 20 日播种的增温剂苗床，加盖草帘比不盖草帘的早齐苗 2 天。4 月 27 日的调查，主根平均长 1.4 厘米，侧根多 10.5 条，真叶多 0.2 片。柘城县大仵公社大朱生产队，126 床增温剂苗，有 125 床坚持每夜必盖，阴雨低温必盖，直到移栽前 5 天停止复盖，不但出苗整齐，床床棉苗基本无病害，绝大部分棉苗苗壮，未加盖草帘的一床棉苗矮小，生长较慢，雨后子叶不同程度感染了病害。和塑料薄膜苗相比，增温剂盖帘苗出苗期虽晚 5~2 天，移栽时真叶少 0.6~1 片，但它的根系发达，茎叶肥壮，栽后返苗早，生长快，15~20 天便可以赶上或超过塑料薄膜苗。同时，它的成本低，投资少，每亩棉田的育苗投资只有 1 元上下，仅相当于塑料薄膜育苗投资的 1/8 左右，符合优质、高产、投资少的原则，今后应大力推广。

增温剂加盖草帘，应当加强苗床管理，注意及时揭盖草帘。日出后，地温迅速升高，8 点前后就要揭帘；日落前地温开始降低，下午 5 点左右一定盖好。不论有无霜冻，夜夜都应这样，大风、阴雨、低温时也应盖上，直到移栽前几天停止。

2. 关于增温剂的育苗时间

我们认为应比塑料薄膜育苗晚 3~5 天，阳畦增温剂加盖草帘，可从 3 月 15 日开始，没有草帘覆盖，3 月 20 日以后播种为宜。这是因为既要做到提前播种，又要考虑棉花生长习性。由于它是喜温作物，在早春播种时，要掌握当时的地温，晚霜及所用增温剂的增温效应等条件。据商丘气象台的观测，5 厘米地温多年平均值，稳定通过 8℃ 的时间是 3 月 13 日，通过 10℃ 的时间是 3 月 22 日，平均终霜期是 4 月 4 日，最晚年份是 4 月 18 日。若在 2 月 10 日前播种，基础温度太低，加上增温剂的增温值，仍不能达到棉籽萌发的温度。根据我们试验，3 月 10 日播种的出苗期长，出苗率低。若把播种时间推迟到 3 月底以后，出苗虽好，但离大田直播时间较近，失去了育苗早栽、早发的意义。

3 月寒流活动频繁，天气多变，从 3 月 15 日开始播种时，还应注意当时的天气状况，要在冷尾暖头抢晴播种，在上午 10 点至下午 3 点，喷洒增温剂效果最好。

3. 试验的几种增温剂均有良好的增温效应

由于原料和工艺条件的不同，几种制剂各有特点。柘城县李原厂酸渣制剂，颜色棕褐，呈中性，稀释和喷洒方便。柘城县城郊厂沥青棉油渣制剂，色泽深黑，能吸收较多的太阳辐射，部分原料可以就地取材，生产简便。此外还对吉林省四平酸渣制剂进行了小面积观测，它成固体状，便于储运，保墒，增温能力和李原酸渣制剂相同。

4. 增温剂育苗的成败，除制剂喷洒均匀、成膜好外，主要取决于种籽、底墒和覆土

我们的结论是：种籽是前提，底墒是基础，覆土是关键。种籽精选，浸种催芽。出苗率较低是今年育苗中存在的普遍现象，这和去年秋季阴雨低温，早霜提前，种籽成熟度差直接有关。种籽质量差，不仅降低出苗率，而且成为棉苗感染病害的主要途径之一。因此，要从"中喷花"中精选籽粒饱满、成熟度较高、无病害的棉籽留种。同时要浸种催芽，达到水分吸足、种皮软化、子叶分层、胚芽萌动、胚根露白。

底墒灌足，钵体润透。底墒是棉籽发芽的基础，一般年份春旱严重，因此必须灌足底墒水，使用营养丰富、水温较高的坑塘沟河水，更有利于棉苗出土。方格育苗，要灌明水二寸，营养钵育苗要使钵充分润透，新钵不喷水不行，喷水不透外湿里干也不行。

覆土选择，厚薄得当。钵体一定要平齐，播种深浅一致。棉籽含有大量的脂肪和蛋白质，它发芽时需要较多的氧气，由于增温剂形成的覆盖膜，减少了土壤的空气交换，加之，营养土中有机质的分解和土壤微生物的活动，也增加了氧气消耗。如果播种过深，不仅棉苗顶土困难，往往会造成氧气缺乏，所以覆土要选择疏松的细沙土或肥沃的两合土，避免使用黏性大、易龟裂、板结、跑墒的黏土。覆土以 1.5 厘米为最好，过厚过薄对出苗都不利。贫下中农说："深了闷死，浅了干死，不深不浅覆土一扁指。"如采用"贴金法式覆土效果最好，具体做法是：播种后，先盖 1~1.5 厘米的两合土，再撒 1~2 毫米的细沙土，用泥抹子抹平，并喷湿床面，随即喷施增温剂。

总之，今年增温剂棉花育苗获得了良好的效果，贫下中农赞扬说："增温剂育苗就是好，管理方便花钱少，根系发达苗矮壮，抗寒抗风病害少，移栽返苗生长快，早发早熟产量高。"广大群众在生产、使用增温剂中，积累了很多经验，例如商丘地区农科所和睢县等部分社队利用增温剂和农药复配，用于防治棉花病虫害，能延长药效，提高杀虫能力。

而我们的试验还跟不上形势的发展，试验中也有不少问题，这些都有待于改进和提高。我们深信，在各级党委的领导下，在大搞群众性的科学实验中，增温剂一定会扩大应用范围，为夺取农业生产的全面丰收，发挥更加积极的作用。

（本文是地理研究所抑制蒸发课题组撰文，许越先是研究骨干，原载商丘地区科委编印的内部刊物，《科学实验》，1975 年 5 月）

第三节　土面增温剂对作物根系发育的影响

根系在作物生命活动中起着特别重大的作用。它与土壤环境之间有着复杂的相互关系，土壤中的水分和矿物营养通过根系吸收，维持着作物生命活动的正常进行；它通过输导系统与茎、枝、叶保持着经常的物质交换，直接影响着作物地上部分的生长发育；它参加许多有机化合物的合成，以供给植株和果实形成所必须的化合物；作物对不利自然条件和病虫害的抗御能力以及一些有价值的经济特性都同根系发育密切相关。因此，它对决定作物产量具有重要意义。苏联学者 1937 年在棉花上试验，对照地 0~50 厘米土层全部根系重量，每公顷 228.4 千克，籽棉产量 8 800 千克；通过综合措施促进根系发育，每公顷根系重量 627.4 千克，比对照地增加了两倍，籽棉产量 37 000 千克，比对照地增加了 3 倍多。

人们在长期的栽培实践中，充分认识了根系发育与产量的关系，很多农业技术措施如灌溉、施肥、除草、深耕、松土、培土等都是为了改善根系生长条件而进行的。土面增温剂在我国试制成功后，几年来经全国各地试验推广，在水稻、棉花、红薯、玉米、苗木、蔬菜等作物上广泛应用，证明它能给根系发育提供较好的水热条件，使作物长出发达的根系，为培育壮苗、增加产量开辟了一条技术新路。

一、土面增温剂覆盖的农田水热状况

目前在农村采用的育苗方法有温室、火坑、塑料薄膜等，其共同特点是通过人工控制和调节农田水热条件，以满足早春作物发育生长的需要。土面增温剂育苗也是一种人工控制地温的育苗方法，但由于它所提供的水分和热量在覆盖膜上下的分配状况跟以上几种方法不同，因而对幼苗特别是根系发育影响也明显的不同，下面从三个方面分析土面增温剂覆盖的农田水热状况，并同塑料薄膜覆盖进行比较。

（一）光照条件

塑料薄膜育苗，秧苗的地上部分和地下部分全被塑料薄膜所覆盖。塑料薄膜的透光率，使用前约为 90%，使用时由于沾有水汽和"水滴"，只有 70%；旧膜透光率约为 70%，使用时只有 50%，因此光照条件受到很大限制。土面增温剂喷于地表后，贴地形成一层均匀连续的薄膜，秧苗的地下部分为薄剂新覆盖，地上部分仍然在大自然条件下生长，因此光照充足，可以实现全光育苗。

（二）热量状况

塑料薄膜育苗的热量来源主要靠吸收太阳的短波辐射，由于棚内气流交换小，保温效应明显，因此，气温高于地温。增温剂育苗的热量来源除了吸收太阳辐射外，大部分是由于覆盖膜抑制了土壤水分蒸发，减少了土体的蒸发耗热，从而提高了地温。跟塑料薄膜覆盖完全相反，增温剂覆盖是地温高于气温。河南省拓县棉花育苗，1975 年 3 月 28 日至 4 月 10 日 14 天日平均温度，塑料薄膜苗床 5 厘米地温为 18.8℃，2 厘米高的气温为 19.5℃；增温剂苗床 5 厘米地温为 16.3℃，2 厘米高气温为 15.7℃。

（三）水分状况

塑料薄膜覆盖气温高，土壤水分蒸发量大，棚内空气不流通，形成高温高湿的环境。增温剂覆盖因能抑制土壤水分蒸发，土壤含水量比塑料薄膜覆盖充足，空气湿度和自然气温基本一致，比塑料棚内湿度小的多。柘城县棉花育苗，1975 年 3 月 20 日播种，4 月 4 日取样 0~5 厘米土壤含水量，增温剂苗床为 20.1%，塑料薄膜苗床降至 16.8%，对照苗床仅有 12.6%。

从以上分析可以看出两种育苗方法提供的水热条件在地面以上和地面以下的分配状况是完全不同的，对作物地上部分和地下部分的影响也因此不同。水稻等作物地上部分的生长主要决定于生长点附近的温度，而根系则完全决定于地温。当地温适合时，即使气温不合适，一般地上部分生长也相当良好。同时，湿度较高时，因地上部分吸收空气中的水分，也抑制和影响根系的生长。塑料薄膜育苗湿度大、光照弱、气温高，秧苗地上部分长得快，主茎细而高，幼苗"旺"。增温剂育苗地温高于气温，土壤水分较好，空气湿度正常，光照充足，因而根系发达，生长敦实，幼苗"壮"。

二、土面增温剂育苗根系发育特点

根系吸取土壤养分和水分的能力，主要决定于：根系生长势及其分枝发育状况、根系总长度和总表面面积、根系在土层中的分布范围（根的深度广度和角度）、根的生理特点（根的吸收能力、溶解能力和抗逆能力）。

为了综合比较根系在这些方面发育程度，在苗期可用根量指数表示，它通过下面简单公式计算：根量指数 = 根长／苗高，对同一苗龄的不同处理而言，这个指数越大，表示根系越发达，吸收能力越强，苗株偏低生长稳壮。在不同地区不同作物上试验结果表明，增温剂苗的根量指数一般大于塑料薄膜苗，无覆盖的对照苗最小。根量指数随着苗龄而变化，但增温剂苗在早期苗龄的根量指数值皆大于同期其他处理。其根系发育特点是：主根粗壮，侧根发达，入土较深，分布较广，活力旺盛，吸收力强。

表 8-9　水稻苗期根系调查资料

年份	处理	播期	考苗期	根数	平均根长（厘米）	总根长（厘米）	苗高（厘米）	叶数	茎粗（厘米）	根量指数
1971	增温剂	4月2日	5月23日	15.0	9.7	145.5	22.7	6.8	0.5	6.4
	塑料膜	3月29日	5月23日	14.8	9.0	133.2	25.6	7.2	0.5	5.2
	对照	4月2日	5月23日	10.1	6.1	61.6	12.5	5.0	0.2	4.9
1972	增温剂	3月28日	4月25日	5.6	8.9	49.8	3.8	2.5		13.1
	塑料膜	3月28日	4月25日	5.6	6.6	37.0	8.0	2.6		4.6
	对照	3月28日	4月25日	无须根	2.5	2.5	1.1	10		2.3

表 8-9 是北京市大兴县东芦二队水稻试验调查资料，试验在湿润育秧秧床里进行。从表中可看出：增温剂秧苗地上部分和地下部分皆比对照好；跟塑料薄膜秧苗相比，苗株偏低，但基茎较粗，根多根长，根量指数大。1971 年，播后 55 天冲根取样，增温剂苗高为 22.7 厘米，根数 15 条，总根长 145.5 厘米，根量指数 6.4。塑料薄膜苗高为 25.6 厘米，根数 14.8 米，总根长 133.2 厘米，根量指数 5.2。对照苗高仅 12.5 厘米，根数 10.1 条，总根长 61.6 厘米，根量指数 4.9。

其他地区试验也获得了同样结果。如沈阳市城郊公社七家大队，1973 年 4 月 15 日播种的水稻，5 月 1 日调查，增温剂苗的根量指数为 7.0，塑料薄膜苗为 5.0，沙子覆盖苗为 1.6。湖北省湛江县浩口中学，1975 年 3 月 27 口播的水稻，4 月 15 日调查，增温剂苗的根量指数为 4.0，塑料薄膜苗为 3.2，对照为 1.9。江苏省建湖县火炬大队，1975 年 4 月 10 日播的水稻，5 月 15 日调查，增温剂苗的根量指数为 8.1，塑料薄膜苗为 6.4，苕子覆盖苗为 7.4。

表 8-10　棉花苗期根系调查资料

处理	播期	调查期	主根长（厘米）	侧根数	侧根着深（厘米）	苗高（厘米）	茎粗（毫米）	真叶数	根量指数
增温剂	3月20日	4月26日	8.3	23.3	0~4	4.5	2.3	1.6	1.8
塑料膜	3月20日	4月26日	9.3	24.5	0~3	8.0	1.9	2.2	1.2
对照	3月20日	4月26日	0.5	0	—	0		0	—

表 8-10 是河南省拓城县后营九队 1975 年营养钵育苗根系调查资料。从表 8-10 中可看到，增温剂苗的主根长和侧根数略小于塑料薄膜苗，根量指数为 1.8，也大于塑料薄膜苗。

嫩枝和芽的形成与生长在很大程度上决定于蛋白质中氨基酸成分的多少，这与根系活动关系密切。因为植物的光合作用在叶内形成的糖分向下移动，到达根部后与磷酸及碳酸一起形成各种有机盐，继续与根部吸收的氨盐发生变化，形成各种氨基酸的混合物。土面增温剂苗的根系发达，长势较旺，主茎粗壮输导力强，有利于光合作用的进行和氨基酸的形成，从而促进了嫩枝和芽的加速生长。因此，增温剂膜的作用虽然只有30多天，但它培育出发达的根系及强壮的苗株，不但在苗期，而且在各生育阶段都有持续的影响，即使苗期株高不如塑料薄膜苗，移栽后仍能很快赶上和超过塑料薄膜苗，俗话说的"根深才能叶茂"是有科学根据的。

移栽后增温剂苗的根系发育特点是：新根生长快，分枝多，根茎粗，扎得深，分布广，侧根与主根交角小，说明大都向斜下方伸展，极有利于对养分水分的吸收，有利于植株的固定。由于根系发育的这些特点，移栽后返苗快，成活率高，各生育期都相应提前，构成产量的各要素值较多，增产效果明显。具体数据可分别见下列表格，其中表8-11、表8-12、表8-13是湖北省监利县程集公社1976年水稻生育期资料，表8-14、表8-15是河南省拓城县1975年棉花生育期资料。

表8-11　早稻生育期调查资料

处理	播种期	立针期	移栽期	返青天数	分蘖期				收割期
					始期	盛期	末期	历时天数	
增温剂	3月31日	4月5日	4月30日	2	5月6日	5月20日	5月25日	19	7月17日
塑料膜	3月31日	4月2日	4月29日	6	5月8日	5月20日	5月28日	20	7月17日
对照	3月31日	4月11日	5月2日	7	5月11日	5月26日	6月5日	24	7月20日

表8-12　早稻生长情况调查资料

处理	调查期	根数	根长	株高	主茎粗	叶数	分蘖数
增温剂	6月5日	45.0	18.5	48.5	1.10	10.0	2.2
塑料膜	6月5日	36.5	14.7	41.0	0.83	9.5	2.0
对照	6月5日	34.0	19.2	38.7	0.85	9.0	1.8

表8-13　早稻生长情况调查资料

处理	穗（兜）	总穗数	粒（穗）	实粒	空壳	空壳率（%）	千粒重（克）	实产（千克/亩）	增产率（%）
增温剂	13.4	1 608	64	47	17	26.6	25	514.95	26.6
塑料膜	12.5	1 500	67	46	21	31.3	25	469.6	15.5
对照	10.7	1 284	58	45	13	22.4	25	406.6	

表8-14　早稻生长情况调查资料

处理	播种期	移栽期	调查期	侧根数	侧根总长（厘米）	最大根长（厘米）	株高（厘米）	茎粗（毫米）	真叶数	初蕾期	蕾数
增温剂	3月15日	4月29日	6月6日	52	1040	33	8.5	5.0	9	5月30日	3
塑料膜	3月15日	4月29日	6月6日	30	540	28	9.5	4.0	9	6月6日	1
对照	3月15日	4月30日	6月6日	9	63	11	5.5	2.5	5	—	0

表 8-15　早稻生长情况调查资料

处理	主根长（厘米）	主要侧根数	侧根总长（厘米）	侧根站深（厘米）	最粗根茎（厘米）	侧根秘主根交角	基茎粗（厘米）	皮棉产量（千克/亩）
增温剂	7.6	17	238	0~7.5	0.7	55°~60°	1.71	73.0
塑料膜	6.3	16	229	0~5.0	0.6	70°~75°	1.56	70.0
对照	29.0	10	104	0~4.5	0.4	80°~85°	1.34	63.7

三、应用土面增温剂作物产量与根量的关系

在品种、土肥和管理等条件相同的情况下，凡是应用土面增温剂的作物，一般比塑料薄膜增产 5%~10%，比对照增产幅度更大；水稻为 10%~15%，棉花 10%~20%，玉米 10% 左右，蔬菜 15%~40%，苗木的生长量增加 10%~20%，红薯比火坑育苗增产 8%~15%。例如，湖北省荆州地区 1976 年 16 个点的早稻对比试验结果，增温剂苗的产量高于对照有 15 个点，16 个点的总平均产量，对照为 386.05 千克，塑料薄膜为 405.85 千克，增产率 5.1%；增温剂为 223.63 千克，增产率 15.9%。河南省柘城县，1975 年三个棉花对比试验点，增温剂育苗移栽产量皆高于塑料薄膜苗和对照苗，三个点平均亩产皮棉，直播为 62.7 千克，塑料薄膜为 69.4 千克，增产率 10.7%，增温剂为 72.75 千克，增产率 15.7%。

应用增温剂作物普遍增产，原因是多方面的，但最基本的原因是它具有发达的根系。关于苗期和中期根系发育特点及其与地上部分关系，上面已经谈过。为了考察作物成熟期的根系状况，及其与产量的关系，可用根质系数进行比较，这个系数和苗期根量指数含义相同，都是地下部分和地上部分的比值，根量指数是二者生长量的比数，而根质系数则是二者干物重的比数，用简单公式表示。

根质系数 = 根系干重 / 茎枝叶干重 × 100%。

表 8-16 是拓城县两个棉花试验点 1975 年的调查资料，从这两组试验数据可看到，棉花产量是随着根量的增加而增加的，其增产率是随着根质系数而变化的。增温剂棉花根系干物重比塑料薄膜和直播棉花都大，产量相应也高，每增加 0.5~1 千克根量，便可增加 0.5 千克皮棉。轩庄大队试验田，增温剂、塑料膜和直播对照三个处理的每亩根系干物重，分别为：32.23 千克、28.59 千克、21.40 千克、每亩实收皮棉分别为 73.0 千克、70.0 千克、63.7 千克。它们的根质系数分别为 19.6%、17.9%、14.3%，增产率相应为 14.5%、10.1%。俗话说："壮苗先壮根，壮根是根本。"这是有科学道理的。

表 8-16　棉花产量与根量关系

| 地点 | 处理 | 根系干物重 | | 茎枝叶干物重 | | 根质系数（％） | 产量（千克／亩） | | 皮棉增产率（％） |
		（克／株）	（千克／亩）	（克／株）	（千克／亩）		皮棉	籽棉	
轩庄大队	增温剂	7.53	32.23	38.47	164.65	19.6	73.0	196.2	14.5
	塑料膜	6.68	28.59	37.32	159.73	17.9	70.0	189.2	10.1
	直播	5.00	21.40	27.00	115.56	14.3	63.7	178.7	
后营九队	增温剂	11.3	45.2	61.1	244.4	18.5	86.7	238.2	18.4
	塑料膜	9.6	39.6	56.1	223.2	17.1	82.7	227.2	13.6
	直播	5.1	20.1	36.1	144.7	14.1	73.2	205.7	

　　水稻蔬菜等作物的产量也是随着根量增加而增加的，由于这方面资料不多，还不能像棉花那样进行精确的计算，但有些试验结果也很能说明问题，如哈尔滨市靠河创业队，1976 年 5 月 7 日播籽（比塑料薄膜晚播 7 天），6 月 16 日插秧，8 月 3 日调查，增温剂苗株高 63 厘米，比塑料薄膜高 10 厘米，由于都采用晚熟品种，1976 年是个低温年，严重影响了成熟度，造成减产。但由于增温剂秧苗根系发达，抗旱能力强，促进早熟，虽然也减产，但减产幅度比塑料薄膜苗小的多，塑料薄膜苗空壳率 80％，亩产仅有 21 千克，增温剂苗空壳率 60％，亩产 75 千克。根重每穴 3.0 克，每亩约重 90 千克。干根重增加二倍多，产量增加近三倍。

　　树木育苗和嫁接应用增温剂，不但能增加苗木生长量，而且能增强吸收养分的能力，提高经济价值。河南省宁陵县 1975 年在胡桑上试验，使用与不使用增温剂比较，单株产桑量增加 77％，单叶平均增重 0.2 克，桑叶硝态氮含量提高 11％，每千克蚕食叶量减少 1.6 千克，成熟提早 9 小时，每头蚕平均增重 1.7 克，蚕茧个体增重 25％~27％。

　　应用增温剂有明显的增产效果，增产的原因是什么？各地同志曾作了一些研究，本文着重从作物根系发育的角度来探讨这个问题。由于资料不足，对某些问题的分析不够深入，有些结论难免带有局限性和片面性。在引用的资料中，因棉花苗期缺总根长数据，根量指数是用主根长代替总根长计算的，棉花成熟期的根量是用拔根取样的方法得出，比实际根量偏低，但用以相对比较不同处理的差异还是可以的。由于根系对作物生长具有重要意义，认识根系发育特点，探索增强根系方法，特别是土面增温剂对作物根系的影响，将能为农业高产优质低成本找出新的途径，应当引起人们的充分重视，以加强这方面的试验研究工作。

（本文是未发表的手稿，1976 年）

第四节　商丘地区土面增温剂生产应用培训教材选编

一、增温剂工厂的建造、生产和管理

（技术员训练提纲）

1975 年商丘地区增温剂生产应用取得了很大成绩，全区兴建增温剂厂 117 个，其中社办 107 个，生产能力日产 1~2 吨；队办 5 个，学校办 5 个，生产能力日产半吨左右。截至 3 月底，共生产成品 1 335 吨。这些工厂都是社办为主，自力更生，因陋就简，土法上马建造的，地区没出一分钱，没拿一斤钢，将来仍要坚持这个原则。为了使今后的建厂和生产更快更好的进行，经地区增温剂生产应用经验交流会集体讨论拟定了这个技术员训练提纲。

（一）建厂

按工厂设备可分双锅、单锅两大类型。

双锅型：由化料室、皂化锅、乳化锅、动力机件、成品池五个部分组成。皂化锅和乳化锅都是在水浴锅内各坐一汽油桶，内装搅拌器，用作皂化和乳化。两锅并列，以管道相连，乳化锅比皂化锅低 1 米左右。成品池一般是水泥地下池，也有用大缸代替。这类厂以柘城县城郊厂为代表。

单锅型：将皂化和乳化工序集中在一个锅内完成。又可分水浴和明火加温两种，水浴同双锅型，明火加温不要水浴锅，只要一个汽油桶，直接用明火供热进行皂化和乳化，如夏邑县会亭增温剂厂。

关于化料，有的在室内，有的在室外。夏邑县孔庄公社厂，室外棚下生产，大锅化料，一火多用，这种方法节省燃料，空气流通，供料及时，生产安全。

关于搅拌，要注意速度和安装，搅速要保持在每分钟 150 转以上，最好有调速装置，为了防止物料外溅，减少物料在皂化时的旋转强度，安装时要使搅拌器做到下翻上压中间扩散，并在皂化锅内壁与搅拌叶片错开的部位焊接一些铁棍。

关于水浴铁锅和水泥交接处漏水问题，可以用加盖封闭、降低水位、蒸气保温的方法解决。如柘城县大仵公社增温剂厂。

关于出料管口，要装在乳化锅内汽油桶的最低部位，并使出料管道向成品池方向倾斜。

关于动力设备，一般是电机或柴油机，最好两套，以便备用。

关于校办、队办工厂，大都是人工操作的小型设备，如商丘县平台公社房楼大队。另外还有一类机械化程度较高的工厂，只有柘城县李原公社一个厂。

（二）生产原料和制造原理

1. 主要原料

（1）沥青。原油馏出汽油、煤油、柴油并提取润滑油之后，所得之黑色浓稠的石油残油，略经加工，即成沥青，是一种成膜物质。按用途可分道路沥青、建筑沥青和普通沥青三类；按理化性质，又分为不同牌号，今年生产主要是 10 号沥青和 60 号沥青两种。

（2）渣油。渣油又叫重油，也是一种成膜物质，是原油馏出轻质馏分后，常减压蒸馏塔底得到的物质。

（3）脂肪酸残渣。石蜡氧化或从动植物油中提取脂肪酸后的釜底残渣，就是脂肪酸残渣，简称酸渣，是成膜物质。

（4）植物油渣。棉籽、芝麻等油料，经加工处理提油后剩下的残渣，加碱反应后，能生成皂类，具有乳化作用。

（5）高碳醇渣。石蜡氧化或从椰油、鲸油中制取脂肪醇，其釜底残渣为含 16 碳以上的混合醇，在工业中尚无重大用途，在增温剂生产中，可作乳化剂，也能提高结膜能力。今年所用的北京醇渣即椰 1 号醇渣，天津醇渣为石蜡氧化的合成醇渣。

（6）火碱。即氢氧化钠，和油脂反应后生成皂类。

2. 制造原理

沥青、渣油、酸渣等成膜物质都不溶于水，加热熔化后，在一定设备内同火碱、棉油渣、高碳醇和水充分混合，在一定温度条件下通过机械搅拌作用，成膜物质被分散成微小的颗粒，并被一部分皂类和乳化剂所包围，生成一种既不上浮又不下沉的乳状液，冷却后成膏状物，这种膏状物能为水所稀释即增温剂。

（三）产品配方和制造工艺

（1）沥青、棉油渣制剂。配方：① 10 号沥青 30%；棉油渣 15%；高碳醇 2%~4%；火碱 0.2%；水 51%~53%。② 60 号沥青 26%；棉油渣 13%；高碳醇 2%~4%；火碱 0.2%；水 57%~59%。

工艺流程：将沥青和高碳醇混合熔化成稀液，棉油渣和碱水混合加温至 90℃ 左右，同时倒入皂化锅，搅拌 3~5 分钟，加开水以每分钟 200 转的速度继续搅拌 15~20 分钟即可放出成品。

（2）沥青、棉油皂制剂。配方：沥青 30%；棉油皂 10%；高碳醇 2%；火碱 0.5%；水 58%。

工艺流程：以棉油皂代替棉油渣，工艺流程同①。

棉油皂的制作方法：毛棉油 40%，火碱 5%，水 55%，将火碱放至 90℃的水中，棉油加温至 90℃，保持温度不变，慢慢加入碱液，边加边搅拌，30 分钟后即成膏状物，滴在纸上不透纸，滴在水中很快扩散呈乳白色即成。

（3）沥青、脂肪酸残渣制剂。配方：沥青 20%；酸渣 20%；高碳醇 3%；火碱 0.5%~1.1%；水 57%。

工艺流程：将沥青、酸渣、高碳醇分别用明火熔化，依次倒入皂化锅，搅拌 5 分钟，再徐徐加入 90℃左右的碱溶液（浓度 5%~10%），搅拌 20 分钟，加开水继续搅拌 5~10 分钟。放出成品。

（4）沥青、渣油、棉油渣制剂。配方：10 号沥青 15%；渣油 15%；棉油渣 15%；高碳醇 3%；火碱 0.2%；水 52%。

工艺流程：分别用明火熔化沥青、渣油、高碳醇、棉油渣，依次倒入皂化锅，搅拌混合 5 分钟，慢慢加入浓度 5%~10% 的碱水，皂化 15~20 分钟，再将开水慢慢倒入锅内，继续搅拌 5 分钟即成。

（5）渣油（或 60 号沥青）、香油渣制剂。配方：渣油 32%；香油渣 16%~20%；高碳醇 1%~3%；火碱 0.6%；水 45%~50%。

工艺流程：将渣油和高碳醇混合熔化，搓碎的香油渣同碱水（浓度 5%~10%）混合加温至 90℃左右，同时倒入皂化锅，搅拌 15 分钟，加入热水继续搅拌 10 分钟，放出成品。

（6）渣油、酸渣、香油渣制剂。配方：渣油 17%；酸渣 15%；香油渣 11%；高碳醇 3%；火碱 0.8%；水 53%。

工艺流程：分别用明火熔化渣油，酸渣和高碳醇同时倒入皂化锅，充分搅拌混合后，再把搓碎的香油渣倒入，搅拌 5 分钟，加入浓度为 3% 的热碱水，搅拌 20 分钟，加进热水，继续搅拌 10 分钟即成。香油渣制剂配入酸渣能提高制剂浓度，增加稀释倍数，改进产品质量。

（7）脂肪酸残渣制剂。配方：酸渣 20%；平平加 0.3%；高碳醇 5%~8%；火碱 0.4%；水 71%~74%。

工艺流程：明火熔化酸渣至 90℃，火碱用热水配成 3% 的溶液。酸渣倒入皂化罐，慢慢加入碱溶液，边加边搅拌，约 5 分钟后，倒进乳化罐，依次加入高碳醇、热水、平平加，在 80~90℃温度下搅拌 20 分钟，保温水换成冷水冷却，继续搅拌，待温度降至 35~40℃放出成品。

（8）无醇制剂。配方：石蜡沥青 28%；棉油渣 22%；水 50%。

工艺流程：明火熔化沥青，棉油渣加入配方水量的一半混合，加温至 90℃，拌成糊状，将沥青和棉油渣同时倒入锅内，搅拌 15~20 分钟加热水，继续搅拌 10 分钟放出成品。

（四）质量鉴定和次品挽救

1. 鉴定方法

（1）外观。合格的沥青制剂呈棕黑色，细腻有光泽。次品颜色暗黑，颗粒较粗，油水分层。

（2）黏性。用手指沾取成品，再沾水少许，两指搓擦不聚结成块为好。若聚块拉丝为废品。

（3）碱性。pH 值 7~8 较好。

（4）水溶性。稀释 3~5 倍不破乳即能使用。

（5）稳定性。放置 15~20 天油水不分离较稳定。

2. 次品挽救方法

（1）出成品前发现质量不好，应查明是料温不够，碱量不足或乳化剂太少，哪种原因造成，根据情况，可追加适量火碱或高碳醇、棉油皂和其他乳化物质，继续搅拌乳化，能收到一定效果。

（2）出成品后发现水溶性不好或不稳定，切勿同好成品相混，单独加温至 80~90℃，慢慢加入占次品重量 10% 的洗衣粉溶液（浓度为 4%），经搅拌后，即可补救。或者加入 0.5%~1% 的皮胶（加 20 倍的水熬化后使用），搅拌均匀，用热水稀释随即使用。

（3）油水分离的残品，应专门存放，滤去水分后，重新生产。

3. 影响产品质量的因素

（1）搅拌的影响。强烈的机械搅拌是分散沥青颗粒的重要手段，在一定范围内，搅速越快，颗粒分散得越细，每分钟不应少于 150 转。

（2）温度的影响。皂化和乳化都需要一定的温度条件，不论水浴还是明火加温，都要使皂化时的温度保持在 80~90℃，乳化时温度保持在 70~80℃，并要求锅内物料温度上下均匀。出成品后不要同成品池内温度低的成品相混。

（3）加碱影响。根据原料性质和酸价确定碱量，加碱速度不要太快。

（4）加水速度的影响。加水要求 90℃ 以上的热水，加水速度不宜太快，快速猛然加入，会使料物聚结成块，影响质量。

质量好的成品，是各种条件综合作用的结果，而单一因素的影响，就能造成次品或残品，所以在生产时，一定要严格掌握每一环节，少出次品或不出次品。

（五）成品包装、存放和运输

增温剂是膏状物，必须注意包装、运输和存放。根据数量，用缸、罐、坛、桶、塑料袋包装都可以，但要注意三点：一要把包装用水洗净，二待成品冷却后包装，三要检查包装用具有无破损，装好后注意封口，以免运输时外流损耗。存放时不要和酸、碱及各种化肥、磷肥接触，不要混进脏东西和其他杂质；冬天结冰时，应放在室内或红薯窖内，以防成品冻结分离。

（六）生产管理和成本核算

生产管理，在1975年生产中各厂都取得了一定的经验，今后继续提倡一社一厂，供销社经营，经济单独核算，资金自筹或生产队预付。各县都要配备得力干部抓好这项工作，公社应有一名主要领导干部负责，供销社要抽一名负责同志专抓。厂内人员要分成班组，确定组长，明确分工，生产时注意化料、配料、制作、出料等工序的连续性，做到日夜分班连续作业，平衡生产。要制定必要的规章制度和操作规程，严明劳动纪律，实行安全生产。要不断提高产品质量，降低成本。要注意抓大事，学理论，促生产，反对利润挂帅、物质刺激。

生产成本理论上，由原料、动力（油、电）、燃料和职工工资等费用构成。每班5人按生产500千克成品计算，需沥青150千克，棉油渣75千克，高碳醇10~20千克，火碱1千克，合计75~80元。煤、油、电等燃料动力费用5~6元，工资5~6元，设备折旧及原料损耗约20元，总计110元左右。平均每千克0.22元。若工厂管理和人员组织不当，成本会相应提高。

每栽1亩棉花，育苗需3~4千克，每亩投资不超过1元。育苗比大田直播，每亩可节省棉种5~6千克，每千克0.16元，这样计算，使用增温剂基本不花钱。

二、棉花增温剂育苗移栽操作规程

（技术员培训提纲）

通过两年实践，棉花增温剂育苗移栽，凡是使用得当的均获良好效果，使用不当的有失败教训。1975年7月商丘地区在柘城县召开具有实践经验的领导干部、贫下中农、技术人员等60余人参加的经验交流会。认真总结了两年来棉花增温剂育苗移栽的经验教训，在此基础上制定了棉花增温剂育苗移栽操作规程。

（一）建床

根据棉田情况，以便于移栽便于苗床管理为原则，因地制宜选择建床位置。苗床最好建在地势较高，背风向阳地方。较好的床型有斜面阳畦和平面阳畦两种。

1. 斜面阳畦

畦宽1米，畦长因地而定，一般10~13.33米，四周有防风墙，北墙高0.5米，南墙高0.1米，东墙、西墙都是北高0.5米，南高0.1米，成北高南低倾斜。光照强度大，热量收入多，床温高，背风向阳，便于排水防涝，利于覆盖防寒，适合于营养钵育苗。建床时，先建四周围墙，然后于南墙北侧挖土 0.1 米深，填于北墙南侧，平整成坡度为 5∶1 床面，畦南挖排水沟。

2. 平面阳畦

长宽及防风墙、排水沟与斜面阳畦相同，然后将畦内挖土 0.1 米于畦外，床面成一水平面，便于灌水，适合方格育苗。

（二）制钵

1. 钵土的配制

钵土以两合土最好，不能使用盐碱土。两合土地，用 80% 的表层肥土，20% 的腐熟过筛的优质肥料；淤地黏土，用 70% 的表层肥土，20% 的腐熟过筛的优质材料，10% 的草木灰或细煤渣。沙土地同两合土地。钵土、肥料于 2 月初以前备好掺匀浇入粪尿堆闷。于打钵前一两天，视钵土干湿情况加水或加尿使其湿度手握成团，平胸落地散。

2. 打钵与摆钵

适当组织人员，随打随摆于床面。打钵要求钵体吃饱，用力均匀，钵高一致，钵体完整。摆钵要求照隙挤实，钵面平整。切勿打钵用力不均，钵体残缺不全，摆钵高低不平。

3. 方格育苗

床面先撒一层草木灰、细沙土或麦糠，以便于起苗。床土配制同营养钵土，配好后填于床中，撒开摊匀 0.1 米厚，用锨拍实。

（三）育苗

1. 选种

种子必须精选好，进行粒选或水选。晒 2~3 次，提高发芽率。种子不选不晒，发芽率低，出苗不齐，病害严重。

2. 种子处理

温汤浸种（三开一凉，种子浸入水后水温保持 55~60℃）浸泡半小时，不断搅拌，然后再对冷水浸 24 小时，使种皮发软，子叶分层，胚芽萌动，捞出晾到短毛发白，拌入 0.5% 的西力生或 0.8% 的赛力散防病。播种晚的也可催芽，以使提前出苗。

有条件的地方可以实行硫酸脱绒处理种子，出苗快、苗齐、病害少。

3. 喷钵、灌水

下种之前营养钵必须喷透，方格苗床必须浇足底墒，切勿钵喷不透，底墒不足就下种。营养钵喷水要进行多次才能喷透，检验方法：一看颜色发暗；二用秫秸一插到底为准。方格苗床灌明水 0.033~0.067 米深。

4. 播种

营养钵育苗，每钵下种 2~3 粒，棉籽摆开，用手轻轻捺一下钳入土中。方格育苗，先用划格器或打穴器，划 6.7 厘米方格（穴）下种，每格（穴）下种 2~3 粒。

5. 覆土

营养钵育苗或方格育苗都必须覆盖过筛的细碎湿润土。

覆土厚度 1.5 厘米为宜，厚不能超过 2 厘米，薄不能少于 1 厘米。即二指深，一指好，过了三指出不了。覆盖淤土，盖土后再撒一层薄沙土，刮平抹光。

（四）增温剂的使用

1. 使用时间

根据气候情况，棉花增温剂育苗，加盖草帘等，于 3 月 15 日开始为宜。晴天使用结膜快，成膜好。以上午 10 点至下午 4 点以前喷洒最好。

2. 稀释倍数

沥青制剂每千克加水 6~10 千克；脂肪酸残渣制剂每千克加水 10~14 千克。质量差的制剂适当减少稀释倍数。

3. 稀释方法

不论哪种制剂，首先按比例称好制剂和水量，先用少量水把制剂和成糊状，搅拌均匀，使其无颗粒，无块状，然后慢慢加入适量的水，随加水随搅拌，使其充分混合均匀。稀释最好用坑水，含矿物质多的井水。

4. 用量

每亩苗床用原液 100~125 千克，每平方米用 150~175 千克。质量差的可酌情增加。

5. 喷洒方法

先将稀释好的溶液用纱网过滤其杂质，用喷雾器进行喷洒。喷洒前先将床面喷洒少量的水，使表土无缝隙。喷洒增温剂 2~3 遍，均匀一致，使床面形成均匀薄膜。不能用喷壶喷洒或泼于床面。这样结膜不匀，用量多，效果差。喷雾器用后要及时清洗干净。

（五）苗床管理

1. 种子下地，管字上马，固定专人，一管到底

2. 覆盖

夜晚苗床覆盖是提高苗床温度，使其早出苗，促使幼苗生长，减少苗期病害的有力措施。根据观测夜晚覆盖草苫、高粱秆箔、增温纸、席、单子，使苗床地面最低温度提高 4~6℃。下种后至移栽前 5 天每夜都要进行覆盖。下午日落前 4 点左右盖好，上午 9 点左右揭开。遇阴雨、低温、大风天气，白天不揭或晚揭早盖。

3. 保护薄膜

要防止人、畜、鸡、犬损害薄膜。

4. 及时检查出苗情况

下种后若 7 天没有顶土的，就有问题，要查明原因，及时解决。

5．及时间苗、定苗、除草、治虫

齐苗后要及时间苗，长出一片真叶及时定苗，发现害虫要及时消灭。发现病害要及时防治。

6．浇水、施肥

一般出苗不需浇水，如遇板结、顶块或干旱影响出苗时，应酌情浇适量水。以喷洒为好，如若钵体缺墒，可于畦上部挖洞灌水侧浇。喷水后第二天上午要趁湿破除顶块，没有顶块的增温剂膜不要破除，使其继续保墒增温。

（六）移栽

1．时间

棉苗移栽要求气温稳定在15℃以上，才不致形成老苗。根据气候情况应于4月20日前后开始移栽。

2．起苗

苗要轻起、轻运、轻栽；随起、随运、随栽，尽量减少伤根。营养钵苗，起苗前不需浇水，以减少烂钵伤根。方格育苗移栽前必须浇透水。

3．冲沟施肥

按照密度，定好行距，用犁开沟，沟施细施，根据株距，摆钵移栽。

4．栽苗

大小苗分开栽，深浅适宜封白不封绿。栽时先封半截钵，随浇团结水，水下渗后，封土到适宜深度。栽后要及时管理，深锄保墒，提高地温，促苗早发。

（七）大田直接应用

大田直播棉花喷洒增温带，作法是：先冲沟施肥浇水，散土时整地下种，覆土1.5~2厘米厚，刮平抹光，用喷雾器先喷水再喷洒0.16~0.2米宽增温带，每亩用原液30~40千克。

三、柘城县推广推广土面增温剂基本经验

（技术员培训提纲）

增温剂是1973年冬天在柘城县试制成功的。1974年春天，各公社自制工具，土法上马，搞了14个小型设备，生产成品13 000千克，育苗移栽大田3 700亩，产量一般比直播增加20%~30%。如大仵公社大朱生产队，增温剂育苗移栽57亩，平均亩产65.75千克，塑料薄膜育苗移栽亩产65千克，直播亩产48.5千克。群众赞扬道："增温剂育苗就是好，管理方便花钱少，根系发达棉苗壮，抗寒抗风病害少，移栽返苗生长快，早发早熟产量高。"

从1974年的应用中，群众看到了效果，尝到了甜头，今年使用增温剂的劲头更大

了。根据粮棉生产的实际需要和贫下中农的迫切要求，县委决定今年在全县大规模推广。在地委的大力支持和县委的正确领导下，去冬今春先后在全县掀起了建厂、生产和应用的三次高潮，形成了广泛的群众运动，取得了显著成果。共建成增温剂厂9个，生产成品23万千克，比去年增长18倍，使用的生产队3 474个，占生产队总数的98%，育苗72 000床（1 050亩），移栽大田28 000亩（占移栽面积的63%），用于大田直播补苗折合10 000亩左右，全县16万亩棉花，每4棵就有一棵是增温剂培育的棉苗。由于代替了塑料薄膜，从中节省资金40余万元。

先后来我县参观指导的有6个省23个地区，1 200余人，产品支援外地37个单位5 000余千克。

除了在棉花育苗上大面积应用外，还在红薯、水稻、蔬菜等作物上试验，都获得了成功。为促进全县农业生产的大上快上，发挥了很大作用。

（一）土法上马建工厂自力更生威力大

工厂筹建工作是从1974年8月开始的，到年底九个厂全部建成投产。这九个厂，可分成三种类型。第一种类型是"李原型"，以李原公社厂为代表，它是照北京中国科学院地理研究所厂图纸仿建的，以生产脂肪酸残渣制剂为主，投资万元左右，日产3吨产品，可供4~5个公社使用，这类厂机械化程度较高，生产能力强，质量比较稳定。

第二种类型是"城郊型"，以城郊公社厂为代表，生产沥青制剂为主，投资千元左右，日产2吨，可满足2~3个公社应用，这类厂是我们自己设计、自力更生，土法上马建造的，设备简单投资少，有利于就地取材，迅速推广。

第三种类型是"大件型"，是大件五七干校，在去年小型设备基础上改建的，投资百元左右，日产半吨，适合于队产队用。

为了多快好省的把这批工厂建成，建厂前，县委对资金、设备、规模等各种情况进行了分析，指出增温剂工厂应当以"社办为主，土法为主"，经营管理由供销社负责。根据县委指示精神，我们作了全面规划，考虑李原厂有其特点和长处，但投资大设备多，可先搞一个。

"大件型"厂型小，产量低，不能满足大面积应用的需要。因此，我们将建厂重点放在"城郊型"上面，决定先在一个公社试建，取得经验，再向全县推开。

任务下达后，城郊供销社职工干部和技术人员，破除迷信，解放思想，苦干巧干，用一部柴油机、一个化料室、两口大铁锅、两个汽油桶作为基本设备，代替了热水锅炉、皂化罐、乳化罐，节省了很多的钢材。用抬高锅位、自流出料的办法代替机泵抽料，减少了一批管道和动力配件，经过一个月的日夜奋战，终于将这座土法小型工厂设计安装成功。

这类工厂设备简单，投资不大群众办得起用得上，便于推广。地委十分重视，把它当成新生事物加以提倡，很快在全地区遍地开花。

李原厂担负着四个公社使用增温剂的生产任务，厂子大，建厂设备本公社不能完全解决。在县委领导下，组织社会主义大协作，县化肥厂、机械厂、水厂等12个单位，支援一些钢材和管道，加上他们自己修旧利废，挖掘潜力，不到两个月，也建成投产。

1974年10月，全国土面增温剂经验交流会参观了这两个工厂，得到代表们的好评。

城郊、李原两个厂建成后，培养了一批建厂土专家，积累了一定的经验。紧接着，陈集、大仵、起台、牛城、慈圣、远襄6个公社，按城郊厂型仿建成功。

（二）学习理论促生产敢想敢干闯新路

各厂生产从元旦前后正式开始，到3月20日基本结束，由于中间供料不及时等原因停产了一段时间，实际生产一个月左右，一般每厂出成品2万~2.5万千克，城郊、李原两厂产量较高，分别生产了5.5万千克和6万千克。

在生产过程中，遇到了棉油渣、高碳醇、平平加等原料供不应求，10号沥青熔点太高，水浴锅漏水等生产问题和技术问题。群众通过学理论，促生产，大胆试验，敢想敢干，把这些问题一一解决了。1974年主要生产60号沥青棉油渣制剂，其方法是先将沥青、高碳醇、棉油渣分别用明火熔化，然后投入皂化锅，同时加进10%的柴油，再加碱皂化。皂化和乳化时，水浴锅的温度80~90℃。今年生产，进料大部分是10号沥青，它的熔点很高，需加温到220℃以下才能完全熔化使用，而水浴锅的温度一般只有90℃，因而熔化了的沥青，投入皂化锅后立即降温变浓，搅拌皂化困难。最初按60号沥青方法生产，皆遭失败。这时城郊厂组织了三结合试验小组，反复做了147次小型试验，终于创造了高温高速工艺流程，成功地将10号沥青棉油渣制剂生产出来。他们的作法是：先将沥青和高碳醇混合用明火熔化，棉油渣和碱水熔液混合用明火加温至90℃左右，再同时倒入皂化锅，以每分钟200转的速度搅拌20分钟左右即可放出成品。

10号沥青制剂生产成功，打开了人们的眼界，增强了信心，接着在全县出现了技术革新的热潮。城郊厂经过试验，又将柴油从配料中减掉，将高碳醇的比例由5%降到2%。

李原厂先后从北京、大连、天津等地运进不同类型的高碳醇，给生产带来了很大困难，他们作了70多次试验，采取调节加碱量的办法，收到了较好的效果。牛城、起台等公社厂棉油渣不够，用棉油皂生产也取得了成功。大仵厂发现水浴锅漏水，采用加盖封闭，降低水位，蒸气保温的方法，保正了正常生产。

各厂在突破了一个又一个的技术难关后，创造了不少新设备新工艺。制成了10号沥青棉油渣、脂肪酸残渣、沥青棉油皂和沥青香油饼4种新产品，这样就扩大了就地取材的范围，缩小了外产原料的比例，节省了大量的农用柴油，降低了生产成本。

在今年生产中，我们比较重视产品质量问题。为此我们采取了一些措施，主要是狠抓两个生产环节，应用两种鉴定方法，次品采取两项补救措施。

两个生产环节是：一先试验后生产。由于原料性能不同，投料之前坚持桶桶取样试验，找到合理配方后，再进行生产。二掌握好影响质量的温度、搅拌和时间这三个基本条件。皂化温度不低于80℃，搅拌速度每分钟不要少于150~200转，时间不能少于半小时。

两种鉴定方法是：一水测法，用木棍沾取成品，放入水中往返摆动3~5次，若脱离木棍，均匀溶于水中；或者将制剂用4~6倍水稀释破乳为好。二目测法，用木棍沾取成品观察，颜色发亮，质地细腻拉丝为好。

两项补救措施：一是用明火或水浴将次品加温到80~90℃，再加0.4%的洗衣粉溶液，溶液重量为制剂的10%。二是将次品中的水滤去，用明火溶化，重新加工使用。

（三）发动群众齐心干科学种田结硕果

1975年增温剂育苗时间，一般从3月15日开始，25日结束，比大田直播提前20天左右。

1975年全县使用增温剂育苗的生产队有几千个，参加应用操作的技术人员和专业队员达几万人，这既是一场战胜早春低温干旱的大规模生产斗争，又是一次广泛的群众性科学试验活动，为了把这一仗打好，我们主要从干部领导、群众发动和技术指导3个方面做了过细的工作，要求干部抓好点，技术送到队，思想工作做到人。3月初召开了4百多人的棉花专业会，以增温剂使用为主要内容；3月14日召开了千人电话会，进行了深入广泛的思想动员；各公社和生产队先后召开了各种类型的现场会和试播会；棉花办公室和各增温剂厂分别印了使用技术要点和产品使用说明；育苗期间，县社主要领导同志分头深入到基层检查指导。由于我们加强了党的领导，充分发动了群众，普及了使用方法，1975年大规模应用，取得了初步成功。

据一些社队观测，增温剂的效果十分明显，其抑制蒸发率为80%左右，日平均地温增加3~4℃，中午最大增温值可达10~12℃，出苗时间比塑料薄膜晚一二天，比冷床对照早十多天，一般六七天顶土，八九天齐苗。

4月中旬，柘城县连续阴雨低温，降水量达130毫米，塑料薄膜苗普遍受寒生病，子叶枯落，造成一定死苗，增温剂苗由于经受大自然的锻炼，抗逆能力强，病害较轻。大朱、大李、苏庄等队坚持夜间、雨天盖好草帘，基本没有苗病发生。

使用塑料薄膜育苗，成本是增温剂的10~15倍，每亩棉田同样都要3~4千克，塑料薄膜的投资为12~16元，增温剂只要1元左右。因此，群众说：推广增温剂有利于就地取材，大量生产；有利于培育壮苗，提高产量；有利于节省资金，扩大再生产。

群众认识了真理就会齐心干，棉花推广增温剂育苗也是这样，大部分生产队操作认真，并有很多的发明创造。有的队为了整平床面，专门请来泥水匠用泥抹子抹平，有的队是黏土地，为了防止床面板结龟裂，跑到十几里路以外拉来熟沙土复于床面；有的队创造了"贴金"覆土办法，就是覆上两合土后又复上一层薄薄的细沙土；有的队十分注意观察育苗效果，坚持每天量地温；有的队为了解决苗床防霜问题，社员自动拿出床单、床席和盖房用的麦秸秆，像这样动人的事例是很多的。

群众使用增温剂，研究增温剂，积累了很多宝贵的经验。例如大朱生产队特别注意选种浸种，浇足底墒水，平整床面，覆土得当。尤其是夜间和下雨、刮大风时，坚持盖好草帘，1975 年 126 床增温剂棉苗，床床棉苗苗壮。他们还将使用操作方法编成顺口溜：

> 播前浇足底墒水，棉种精选浸泡匀，
>
> 复土只要一扁指，床面平整"贴层金"，
>
> 晴天无风使用好，午饭前后抓紧喷，
>
> 夜间雨天盖好帘，苗齐苗壮根系深。

增温剂在棉花育苗上大面积应用，虽然取得了一定成绩。但是，发展是不平衡的。好的和比较好的苗床占 83%，效果不明显的占 17%。出现一批增温剂育苗移栽 30 亩以上的生产队，也有个别生产队（约占全县 2%）是没有使用的"空白队"。根据我们调查，凡是出苗不好的，主要有四个原因：一是种子不好，发芽率低，再加上浸种方法不当，造成出苗不齐；二是底墒水不足，润钵不透不匀，因严重缺墒，影响出苗；三是覆土太厚，床面不平，有些苗床覆土不但超过 2 厘米，甚至超过 3~4 厘米，棉芽顶不出来；四是增温剂喷洒不匀或剂量不够，影响使用效果。发现这些问题后，我们采取了一些补救办法，如适当浇水和加盖塑料薄膜，都能收到一定效果。

（四）几点体会

棉花增温剂育苗这个新生事物，在柘城县推广仅仅两年，得到了较快的发展，我们的做法和体会如下。

1. 领导重视，积极支持

县委和各级党组织对增温剂推广工作十分重视，非常支持，对建厂生产和使用中的问题，经常研究解决，并成立了由县棉花办公室和科委等单位组成的增温剂领导小组。

2. 发动群众，大打人民战争

增温剂在全县大量生产，广泛应用，必须依靠广大群众，大打人民战争。生产时，由于群策群力，攻克了很多难关，使用时，群众也有很多发明创造，提高了育苗效果，经过实践锻炼，涌现了一大批技术骨干队伍。

3. 学理论抓路线，不断提高思想认识

增温剂是一项新生事物，推广时，生产单位和使用单位都有少数人存在思想顾虑，

遇到这种情况，我们就组织这些单位学理论，开展革命大批判，并布置现场试验，组织参观。这样就提高了人们的思想认识，调动了各方面的积极因素。

4. 坚持正确办厂方针，搞好两个三结合

我们在建厂生产中，坚决贯彻自力更生、勤俭办厂的方针。做到土法上马，因陋就简，少花钱多办事，收到很好的效果。在推广中坚持"领导干部、群众、技术人员"和"研究、生产、使用"两个三结合，发挥了很大作用。

增温剂是一种很好的农田覆盖物，在农业生产上应用有广阔前途。今后，我们还准备推广到其他作物上，让它为农业生产的更快发展作出新贡献。

（本文是许越先为河南省商丘地区生产指挥部起草的土面增温剂培训教材，写于1975 年 7 月，刊于商丘地区科委编印的内部刊物《科学实验》，1975 年第 5 期）

第三篇

区域农业结构研究

篇　首　语

1999 年国家实施农业结构的战略性调整，本人跟踪这个热点问题进行研究，提出"农业结构调整的系统观""农业结构调整的表层问题和深度问题"等研究思想，发表"我国种植业结构变化的分析"等文章。

1999—2005 年，国家水利部先后开展北方 14 省水资源规划和全国水资源规划两个项目研究，其中为农业水资源配置提供规划依据的农业结构、布局及其预测研究课题，委托中国农业科学院牵头，许越先、陈印军主持。两个课题研究报告，为水利部两项水资源规划提供了翔实的基础性量化资料。

依照本人关于农业结构调整的研究思路，结合水利部两个课题的研究实践，2006 年指导袁璋同学完成"我国中部地区农业产业结构的演进及调整优化方向研究"的博士论文。这篇论文是我和袁璋对全国农业结构进行系统研究的成果，现把论文的第五到第十章改编成本篇的三章。第一章（全书第九章）研究分析 1952—2004 年全国农业结构的三个阶段，重点分析 1998—2004 年战略性调整阶段农业各产业的变化，并对东部中部西部三大地区农业结构变化进行比较分析。第二章（全书第十章）对中部地区在我国农业发展中的地位、农业结构和农业布局变化（1980—2004 年）进行全面研究分析，并划分为北区、中区和南区，对三个区域农业结构变化作了深入分析，还对 2004 年各省（区）农业结构状况作了剖析。第三章（全书第十一章）重点阐述区域农业结构调整优化方向及科学技术措施。全篇数据翔实，层次清晰，图文并茂，结论明确，虽然是十多年前的论文，至今仍有文献价值和参考意义。

本篇作者：袁璋、许越先

第九章
■■■ 我国不同时期农业结构调整的分析（1952—2004 年）

新中国成立后，农业结构进行多次调整，本章重点对 20 世纪下半叶到 21 世纪初期 50 多年全国的农业结构的调整，归纳为三个阶段进行分析：一是被动适应性调整，是在计划经济时期农村集体所有制阶段的调整（1952—1978 年）；二是主动适应性调整，是在计划经济向市场经济过渡时期的调整（1978—1998 年）；三是市场经济条件下农业结构战略性调整阶段（1999—2004 年）。三个阶段农业结构调整的动因和结果不同，每一阶段又有一些小的调整，其中对前两阶段的结构变化只作一些粗略的分析，重点对第三阶段的战略性调整的变化、成效和问题做较为详细的分析。

第一节　我国农业结构调整的三个阶段（1952—2004 年）

一、我国农业结构被动适应性调整阶段（1952—1978 年）

这一阶段的农业结构的调整，是在计划经济和"以粮为纲"的方针指导下进行的。农业生产按政府指令实行计划种植。农业发展和农业结构以解决民众生活最低需要为宗旨，以追求农产品产量快速增长为目标。农业生产虽有发展，但农业结构不合理，农业生产效益不高，农业结构调整的主体只有政府一方，农民是被动的。农业结构的调整和变化只能被动的适应这一目标。

表 9-1　我国农业经济要素的变化（1952—1978 年）

年份	农业产值/全国GDP	农业劳动力/全社会劳动力	种植业产值/农业总产值	林业产值/农业总产值	畜牧业产值/农业总产值	渔业产值/农业总产值	粮食播面/总播面积	经济作物/总播面积	其他作物/总播面积
1952	50.5	83.5	85.9	1.6	11.2	1.3	87.8	8.8	3.4
1957	40.3	81.2	82.7	3.3	12.1	1.9	85	9.2	5.8

（续表）

年份	农业产值/全国GDP	农业劳动力/全社会劳动力	种植业产值/农业总产值	林业产值/农业总产值	畜牧业产值/农业总产值	渔业产值/农业总产值	粮食播面/总播面积	经济作物/总播面积	其他作物/总播面积
1962	39.4	82.1	84.7	2.2	10.9	2.2	86.7	6.3	7
1965	37.2	81.6	82.1	2.7	13.4	1.8	83.5	8.5	8
1970	35.2	80.8	82.1	2.8	13.4	1.7	83.1	8.2	8.7
1975	32.4	77.2	81	3.1	14.2	1.7	80.3	9.6	10.1
1978	28.1	73.8	80	3.4	15	1.6	80.3	9.6	10.1

资料来源:《中国农村经济统计大全（1949—1986）》,农业出版社,1989 年

由表 9-1 可以看出以下问题：①从 20 世纪 50 年代到 70 年代农业虽然有所发展，但工业发展更快，使农业在国民经济中的份额有了明显下降，农业 GDP 占全部 GDP 的比重由 50.5% 降低到 28.1%，但是农业劳动力占全社会劳动力的比重只从 83.5% 下降到 73.8%，两者的变化并不同步，说明农业劳动生产率没有提高。② 1952—1978 年，种植业产值比重一直保持在 80% 以上，养殖业一直在 16% 以下，没有形成相对独立的产业部门。农业结构属典型的种植业为主体的结构类型。③全国农作物总播种面积中，粮食作物所占比重高达 80% 以上，经济作物和其他作物所占比重不到 20%，以粮食种植为主的特点十分明显。④畜牧养殖肉产品结构中猪肉占 90% 以上，以养猪为主的畜牧业结构特点也很突出。可以认为这一时期全国农业表现为粮—猪结构特征。

这一时期农业结构和农业发展的指导思想在当时农产品严重短缺的条件下，有其历史的合理性和必要性，其效果是保障全国多数人民的温饱，但从农业结构功能看，长时间存在重视种植业轻视畜牧养殖，重视粮食轻视经济作物发展，重视数量增长轻视品质提高。农业结构系统各产业之间比例失衡。农业产值和产量虽然也在缓慢增长，但农业系统的总体产出率低。

二、我国农业结构主动适应性调整阶段（1978—1998 年）

1978 年后，农村实行家庭联产承包责任制，从根本上改变了集体所有制的生产关系，农民得到一定程度的自主权，调动了农民生产积极性和主动性。政府、农户和市场是农业结构调整的行为主体。

1981 年，中央转发了国家农委《关于积极发展农村多种经营的报告》的通知，改变了"以粮为纲"的农业发展政策，提出"绝不放松粮食生产、积极发展多种经营"的方针，要求农业同林业、畜牧业、渔业和其他副业之间，粮食生产同经济作物生产之间要保持合理的结构，实现农林牧副渔全面发展。1984 年后，又提出发展多种经营和非

农产业的农村经济调整政策。1992 年，中央提出实行社会主义市场经济体制，使市场成为农业结构调整的导向之一。同年，国务院发出了《关于发展高产优质高效农业的决定》，提出进一步把农产品推向市场，以市场为导向继续调整和不断优化农业生产结构，将传统的"粮食—经济作物"二元结构逐步转向"粮食—经济作物—饲料作物"三元结构，推进以流通为重点的农业产业一体化经营，并提出优良品种是发展高产优质高效农业的关键环节，要依靠科技进步发展高产优质高效农业。这些政策促进了我国农业结构的主动调整，到 1992 年已初步改变了原有的结构单一和效率低下的农业结构模式。

由表 9-2 可以看出，1980—1992 年农业的 GDP 占整个国民生产总值的比重从 30.1% 降到了 1992 年 21.8%，再降到 1998 年的 18.6%；农业就业人员的比重从 68.7% 降低到 1992 年的 58.5%，再降到 1998 年的 49.8%。在农业内部，渔业的比重上升很快，从 1980 年的 1.7% 提高到了 1992 年的 6.8%，再提高到 1998 年的 9.9%；畜牧业也从 18.4% 增加到了 1992 年的 27.1%，再提高到 1998 年的 28.6%，而种植业则从 1980 年的 75.6% 下降到 1992 年的 61.5%，再降到 1998 年的 58%。在种植业内部，粮食播种面积占总播面积的比重也从 1980 年的 80.1%，降低到 1992 年的 74.2%，再降到 1998 年的 73.1%。到 1992 年，农业内部结构尽管仍以种植业为主，种植业内粮食生产仍占主要地位，但是，农业结构已经开始向合理方向调整，拓宽了农业内部发展空间，促进了农业生产效率的提高。

经过这一阶段的农业结构调整，使粮食产量达历史最高水平，1998 年总产达 51 230 万吨，单产达 4 502.3 千克 / 公顷（300.2 千克 / 亩），畜禽产品、水产品和蔬菜等农产品的产量持续增长，水果生产得到快速发展，农村非农产业也得到较快的发展。农产品供给结构不断优化，肉蛋奶等畜产品大幅度增加；畜牧业、林业、水产业的全面发展，以及荒山、荒地、草场、草滩、水面的综合开发利用，大大增加了农民在农业内部就业的机会。通过产前、产中、产后关联部门的发展拓展了农村非农就业空间。

经过 20 年的调整，农业结构发生了可喜变化：①农业劳动生产率进一步提高，从事农业劳动力占社会总就业比重 73.8% 降到 49.8%。②农林牧渔业全面发展，四个产业产值比重趋于合理，种植业产值占农林牧渔业总产值比重 80.0% 降到 58.0%，其他三个产业总值合计由 20.0% 升到 42.0%。③农林牧渔各业总产量大幅度提高，特别是粮食总产由 1978 年提高到 1998 年约 10 246 万千克。但是，这一阶段的结构调整，是基于解决农产品整体短缺矛盾的调整，仍属于适应性的调整。这种调整尽管提出了优质高效，但是主要追求高产和产量增长的目标没有改变。因而一方面出现了大部分农产品的阶段性、结构性的供大于求，另一方面又出现了农产品供给不能满足消费者对优质和多样性农产品消费需求的现象。

表 9-2 1980—1998 年农业结构的变化

年份	农业占全部GDP 比重 %	农业劳动力占总就业比重（%）	农业内部结构（%）			
			种植业	林业	畜牧业	渔业
1978	28.1	73.8	80.0	3.4	15.0	1.6
1980	30.1	68.7	75.6	4.2	18.4	1.7
1981	31.8	68.1	75	4.5	18.4	2
1982	33.3	68.1	75.1	4.4	18.4	2.1
1983	33	67.1	75.4	4.6	17.6	2.3
1984	32	64	74.1	5	18.3	2.6
1985	28.4	62.4	69.2	5.2	22.1	3.5
1986	27.1	60.9	69.1	5	21.8	4.1
1987	26.8	60	67.6	4.7	22.8	4.8
1988	25.7	59.4	62.5	4.7	27.3	5.5
1989	25	60	62.8	4.4	27.3	5.3
1990	27.1	60.1	64.7	4.3	25.7	5.4
1991	24.5	59.7	63.1	4.5	26.5	5.9
1992	21.8	58.5	61.5	4.7	27.1	6.8
1993	19.9	56.4	60.1	4.5	27.4	8
1994	20.2	54.3	58.2	3.9	29.7	8.2
1995	20.5	52.2	58.4	3.5	29.7	8.4
1996	20.4	50.5	60.6	3.5	26.9	9
1997	19.1	49.9	58.2	3.4	28.8	9.6
1998	18.6	49.8	58	3.5	28.6	9.9

资料来源：相关《中国统计年鉴》《中国农村统计年鉴》

三、我国农业结构战略性调整阶段（1999—2004 年）

1999 年开始农业结构调整，是在农业发展进入新阶段，农业发展受市场、资源的约束，部分农产品卖难，优质品短缺，农产品生产结构与市场消费结构不相适应的情况下提出来的。中央分析农业经济形势的变化提出农业结构的战略性调整，所谓战略性调整，它不是农产品数量的简单增减，而是在保障供给的基础上，全面优化农产品品质；不是局部地区的产业比例调整，而是发挥比较优势，全面推进优势农产品的区域布局；不是仅仅着眼于调整农业生产结构，而是着眼于整个农村经济结构的优化，着眼于农村城镇化水平的提高，促进城乡经济社会协调发展；不是只涉及生产力要素结构的调整，而且也涉及与之密切相连的农村经济体制等生产关系层面的调整。通过调整，是要全面提升农业和农村经济结构整体素质，增强竞争力，促进农民收入持续增长，实现与国民经济战略性调整的有机衔接。

通过这一阶段调整，农业结构的主要变化是：农业就业人员占总就业比重有所下降，从 1998 年 49.8%，下降到 2004 年 46.9%，农业劳动力转移仍然任重道远。粮食作物的种植比重从 73% 下降到 66%，下降了 7 个百分点；经济作物种植比重从 13.7% 增加到 16.0%，增加了 2.3 个百分点；蔬菜和瓜类的种植比重从 9.0% 增加到了 12.8%，增加了 3.8 个百分点。

四、结　论

第一阶段是在计划经济时期集体所有制条件下进行的，农民只能被动的服从于计划种植，种植业产值在农业总产值中的比重长期占 80% 以上，粮食作物面积占农作物总播面积 80% 以上，畜牧业产品结构中猪肉占 90% 以上。这一时期的农业结构是典型的种植业主导下的粮猪结构，产业间比例失衡，农业系统的总产出率低。

第二阶段是在计划经济向市场经济过渡的环境中进行的，农村联产承包责任制赋予农民一定的自主权，农产品生产适应市场变化进行调整，政府出台一系列政策，指导农民进行主动适应性调整。种植业产值比重降到 58.0%，畜牧业和渔业的养殖业比重上升至 38.5%，各产业部门均处于快速发展状态，1998 年粮食总产达 51 230 万吨，单产达 300.2 千克/亩的历史新纪录。

第三阶段是进入农业发展新时期后中央提出战略性性调整，种植业产值比重进一步降低至 50.1%，养殖业比重增至 41.7%，基本形成了种养并重的结构。但这一时期因各地过分强调发展经济作物，粮食作物播种面积减少了 10.7%，粮食总产降至 46 947 万吨。粮食作物和非粮作物种植比例从 73：27 变为 66：34，经济作物面积比重增加 7 个百分点。粮食播种面积减少较大的省有山东、浙江、河北、江苏、湖北等省。

第二节　战略性调整阶段农业结构的变化

一、全国一二三产业结构的变化

从表 9-3 可以看出，从 1998—2004 年的 6 年内，第一产业在国民经济中的份额基本上一直下降，从 18.6% 下降到 15.2%。第二产业比重缓慢上升，从 1998 年的 49.3% 增加到 2004 年的 52.9%，增加了 3.6 个百分点。第三产业先升后降，从 1998 年的 32.1% 上升到 2002 年的 34.3%，2003、2004 年又下降至 31.9%。

表 9-3　全国三次产业结构的变化

年份	第一产业		第二产业		第三产业	
	亿元	占 GDP%	亿元	占 GDP%	亿元	占 GDP%
1998	14 552.4	18.6	38 619.3	49.3	25 173.5	32.1
1999	14 472.0	17.6	40 557.8	49.4	27 037.7	32.9
2000	14 628.2	16.4	44 935.3	50.2	29 904.6	33.4
2001	15 411.8	15.8	48 750.0	50.1	33 153.0	34.1
2002	16 117.3	15.3	52 980.2	50.4	36 074.8	34.3
2003	16 928.1	14.4	61 274.1	52.2	39 188.0	33.4
2004	20 768.1	15.2	72 387.2	52.9	43 720.6	31.9

资料来源：根据相关《中国统计年鉴》计算

二、全国农林牧渔产值结构变化

在农业内部，种植业产值的比重从 1998 年的 58.0% 下降到 2004 年 50.1%；畜牧业比重从 1998 年的 28.6% 上升到 2004 年的 33.6%；林业、渔业比重基本稳定（表 9-4）。

表 9-4　农林牧渔产值结构变化　　　　%：占农业总产值比重

年份	种植业		林业		畜牧业		渔业	
	亿元	%	亿元	%	亿元	%	亿元	%
1998	14 241.9	58.0	851.3	3.5	7 025.8	28.6	2 422.9	9.9
1999	14 106.2	57.5	886.3	3.6	6 997.6	28.5	2 529.0	10.3
2000	13 873.6	55.7	936.5	3.8	7 393.1	29.7	2 712.6	10.9
2001	14 462.8	55.2	938.8	3.6	7 963.1	30.4	2 815.0	10.8
2002	14 931.5	54.5	1 033.5	3.8	8 454.6	30.9	2 971.1	10.8
2003	14 870.1	50.1	1 239.9	4.2	9 538.8	32.1	3 137.6	10.6
2004	18 138.4	50.1	1 327.1	3.7	12 173.8	33.6	3 605.6	9.9

资料来源：根据相关《中国统计年鉴》计算

三、全国农作物播种面积的变化

1. 全国农作物总播种面积基本稳定

全国农作物总播种面积，1998 年为 15 570.6 万公顷，2004 年为 15 355.3 万公顷，比 1998 年减少 215.3 万公顷，减少 1.4%。减少的这个数字，基本属于年度间的正常摆动，没有出现异常减少的情况。说明经过几年的调整，全国农用土地总体生产能力并未受到大的影响，粮食作物播种面积减少，是在作物总播种面积基本稳定的条件下农业种植结构内部变化的结果。

各省市区农作物总播种面积变化详见表 9-5。播种面积增加的主要是黑龙江、吉

表 9-5　各省市区农作物总播面积、粮食作物和非粮食作物播种面积变化

单位：万公顷

地区	农作物总播面积			粮食作物面积			非粮食作物面积			占总播面积 %		
	1998 年	2004 年	增减	1998 年	2004 年	增减	1998 年	2004 年	增减	1998 年	2004 年	增减
全国	15 570.60	15 355.28	-215.32	11 378.70	10 160.62	-1 218.08	4 191.90	5 194.66	1 002.76	2.69	3.38	0.69
北京	53.50	31.25	-22.25	42.27	15.45	-26.82	11.23	15.80	4.57	2.10	5.06	2.96
天津	57.80	50.43	-7.37	44.66	26.35	-18.31	13.14	24.08	10.94	2.27	4.77	2.50
河北	909.80	869.54	-40.26	730.57	600.34	-130.23	179.23	269.20	89.97	1.97	3.10	1.13
辽宁	363.00	372.33	9.33	303.92	290.67	-13.25	59.08	81.66	22.58	1.63	2.19	0.57
上海	55.60	40.44	-15.16	35.25	15.47	-19.78	20.35	24.97	4.62	3.66	6.17	2.51
江苏	805.80	766.90	-38.90	594.63	477.46	-117.17	211.17	289.44	78.27	2.62	3.77	1.15
浙江	392.00	277.84	-114.16	279.95	145.45	-134.50	112.05	132.39	20.34	2.86	4.76	1.91
福建	291.90	251.93	-39.97	202.86	148.24	-54.62	89.04	103.69	14.65	3.05	4.12	1.07
山东	1 113.80	1 063.86	-49.94	813.25	617.63	-195.62	300.55	446.23	145.68	2.70	4.19	1.50
广东	554.00	480.80	-73.20	352.90	278.97	-73.93	201.10	201.83	0.73	3.63	4.20	0.57
广西	629.30	636.82	7.52	375.77	351.12	-24.65	253.53	285.70	32.17	4.03	4.49	0.46
海南	93.80	82.69	-11.11	57.12	47.18	-9.94	36.68	35.51	-1.17	3.91	4.29	0.38
山西	403.80	374.15	-29.65	329.67	292.54	-37.13	74.13	81.61	7.48	1.84	2.18	0.35
内蒙古	602.70	592.40	-10.30	503.07	418.11	-84.96	99.63	174.29	74.66	1.65	2.94	1.29
吉林	406.20	490.40	84.20	356.72	431.21	74.49	49.48	59.19	9.71	1.22	1.21	-0.01
黑龙江	919.40	988.84	69.44	808.89	845.80	36.91	110.51	143.04	32.53	1.20	1.45	0.24
安徽	856.40	920.04	63.64	599.10	631.22	32.12	257.30	288.82	31.52	3.00	3.14	0.13
江西	580.40	518.28	-62.12	341.45	335.01	-6.44	238.95	183.27	-55.68	4.12	3.54	-0.58

（续表）

地区	农作物总播面积			粮食作物面积			非粮食作物面积			占总播面积 %		
	1998 年	2004 年	增减	1998 年	2004 年	增减	1998 年	2004 年	增减	1998 年	2004 年	增减
河南	1 256.70	1 378.97	122.27	910.20	897.01	-13.19	346.50	481.96	135.46	2.76	3.50	0.74
湖北	769.60	715.59	-54.01	472.81	3 712.4	-1 015.7	296.79	344.35	47.56	3.86	4.81	0.96
湖南	793.60	788.62	-4.98	507.48	4 754.1	-320.7	286.12	313.21	27.09	3.61	3.97	0.37
重庆	361.50	343.53	-17.97	290.06	2 516.4	-384.2	71.44	91.89	20.45	1.98	2.67	0.70
四川	971.40	938.75	-32.65	733.77	6 476.5	-861.2	237.63	291.10	53.47	2.45	3.10	0.65
贵州	451.40	469.50	18.10	312.86	3 037.2	-91.4	138.54	165.78	27.24	3.07	3.53	0.46
云南	522.60	589.00	66.40	388.63	4 158.5	272.2	133.97	173.15	39.18	2.56	2.94	0.38
西藏	22.90	23.12	0.22	20.04	179.8	-20.6	2.86	5.14	2.28	1.25	2.22	0.97
陕西	469.70	409.98	-59.72	403.01	3 134.1	-896.0	66.69	96.57	29.88	1.42	2.36	0.94
甘肃	376.80	366.89	-9.91	289.05	2 534.6	-355.9	87.75	113.43	25.68	2.33	3.09	0.76
青海	56.70	47.33	-9.37	38.49	244.7	-140.2	18.21	22.86	4.65	3.21	4.83	1.62
宁夏	100.50	115.83	15.33	81.74	791.7	-25.7	18.76	36.66	17.90	1.87	3.16	1.30
新疆	327.90	359.23	31.33	158.56	1 413.9	-171.7	169.34	217.84	48.50	5.16	6.06	0.90

资料来源：中国统计年鉴。全国资料未包括港、澳、台地区。下同。

林、辽宁等东北 3 省及中西部地区河南、云南、安徽、贵州、新疆、宁夏、广西、西藏共 11 个省区。在实施退耕还林政策以来，西部有 6 个省区农作物总播种面积没有减少反而增加，这个现象值得研究。播种面积减少的主要是东部地区和中西部部分省区，其中浙江、广东、山东、江苏、福建、河北、江西、湖北、山西、陕西和四川 11 省共减少 594.58 万公顷，占面积减少省区的 84.6%。减少比例大的省市有北京减少 41.6%，浙江减少 29.1%，上海减少 27.3%，青海、福建、广东、天津、陕西、海南、江西等省市减少 10% 以上。

2. 粮食作物和非粮食作物种植比例发生了可喜变化

在农作物总播种面积基本稳定的前提下，各地粮食作物播种面积和经济作物为主的非粮食作物播种面积的比例关系发生了较大变化。1998—2004 年，全国粮食作物播种面积由 11 378.7 万公顷减少到 10 160.62 万公顷，减少 10.7%；同期经济作物等非粮食作物种植面积由 4 191.9 万公顷，增加到 5 194.6 万公顷，增加 23.9%。粮食作物和经济等非粮作物种植比例由 73：27 变为 66：34，经济等非粮作物在比例关系中增加 7 个百分点，从全国总体情况看，增加的这个比例使种植结构趋向优化。

3. 农作物种植结构变化的区域类型

在粮食作物和非粮食作物种植结构调整中，各省市区调整强度有所不同。按照农作物总播种面积、粮食作物播种面积、非粮食作物播种面积三个要素增减情况，大致分为五个类型。

Ⅰ 三增型，即上述三要素全面增长，包括黑龙江、吉林、安徽、云南 4 个省。

Ⅱ 二增一减型，总播面积增、非粮食作物面积增、粮食面积减。包括河南、辽宁、新疆、广西、贵州、西藏、宁夏 7 个省区。

Ⅲ 一增二减低减型，非粮食作物面积增加，农作物总播面积减少低于 10%，粮食作物播种面积减少低于 15%。包括四川、重庆、湖南、山西、甘肃 5 个省。

Ⅳ 一增二减中减型，同Ⅲ型相同的是，农作物总播种面积减少低于 10%，不同的是粮食作物播种面积减少超过 15%。包括山东、江苏、湖北、河北、内蒙古 5 个省市区。

Ⅴ 一增二减强减型，同Ⅲ、Ⅳ型相同的是非粮食作物面积增加，不同的是农作物总播面积减少超过 10%，粮食作物面积减少超过 15%。包括北京、上海、浙江、天津、广东、陕西、青海 8 省市区。

除上述 5 个类型外，江西和海南 2 省的总播种面积、粮食作物播种面积、非粮食作物播种面积都减少，属特殊类型。

上述 5 个类型中，Ⅰ 型中作物总播种面积、粮食作物播种面积和非粮食作物播种面积全面增加的 4 个省，都在中西部地区，与其他 4 个类型的主要区别是粮食播种面积增加。Ⅱ型与Ⅰ型的相同之处是农作物总播种面积和非粮食作物播种面积增长，不同之处是粮食作物播种面积减少，该型 7 个省区也在中西部地区。Ⅲ、Ⅳ、Ⅴ型共同点是非粮

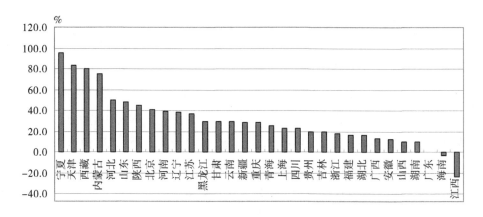

图 各省市区非粮食作物播种面积 2004 年比 1998 年增减百分比

食作物面积增加，农作物总播种面积和粮食作物面积减少，只因减少程度不同，而分成低、中、强减 3 个类型。各省市区作物播种面积增减数详见上图、表 9-5。由表可知，粮食作物面积减少，超过 100 万公顷的有山东、浙江、河北、江苏、湖北 5 省，大都在东部地区；减少 50 万 ~100 万公顷的有广东、四川、内蒙古、陕西、福建等粮食重要产区。粮食面积调减超过 20% 的省市区有北京（-63.4%）、上海（-56.1%）、浙江（-48%）、天津（-41.4%）、青海（-36.4%）等省市。

在农业结构调整中，各省市区经济作物等非粮食作物面积普遍增加，只有江西和海南两省有所减少。增加 20 个百分点以上的有宁夏、天津、西藏、内蒙古、河北、山东、陕西、北京、河南、辽宁、江苏、黑龙江、甘肃、云南、新疆、重庆、青海、上海、四川等省区市，主要集中在东部、西部地区。2004 年非粮食作物占作物总播种面积 40% 以上的省市区有北京、上海、天津、浙江、广东、山东、福建、海南、广西、湖北、青海、新疆等。不超过 30% 的有黑龙江、吉林、山西、陕西、内蒙古、云南、辽宁、重庆、西藏等省区。黑龙江、吉林两省因气候等自然条件更适应粮食作物发展，经济作物面积增加受到限制；山西、陕西、内蒙古、云南、辽宁、重庆、西藏等省区还要继续扩大经济作物比例，改善种植结构单一问题。

四、全国粮食作物种植结构的变化

（一）全国粮食作物面积和产量连年下降

从 1998—2003 年，全国粮食作物种植面积、粮食总产量和粮食单产皆处于逐年下降的趋势，2004 年有所回升。稻谷、小麦、玉米、大豆、薯类等几种主要作物播种面积和产量列于表 9-6。

从表 9-6 可知，全国粮食作物播种面积 2003 年降至最低点 9 941.01 万公顷，2004 年回升至 10 160.62 万公顷，但与 1998 年相比，减少 1 218.08 万公顷，减 10.7%。其中稻谷减283.5万公顷，减9.1%；小麦减814.8万公顷，减27.4%；玉米增加20.67万公顷，增0.8%；薯类减54.32万公顷，减5.4%；大豆增加108.90万公顷，增12.8%；粮食播种面积减少幅度过大，是粮食总产减少的主要和直接原因，是农业结构调整中的严重问题。

表9-6　全国粮食作物播种面积、总产、单产变化　单位：万公顷、万吨、千克/公顷

作物名称		1998年	1999年	2000年	2001年	2002年	2003年	2004年	2004年与1998年相比的增加量	增减（%）
粮食	播种面积	11 378.7	11 316.1	10 846.3	10 608.0	10 389.1	9 941.01	10 160.62	-1 218.08	-10.7
	总产量	51 230	50 838.6	46 217.5	45 263.7	45 705.8	43 069.5	46 947.2	-4 282.8	-8.4
	单产	4 502.3	4 492.6	4 261.1	4 266.9	4 399.4	4 332.5	4 620.5	118.2	2.6
稻谷	播种面积	3 121.4	3 128.4	2 996.2	2 881.2	2 820.2	2 650.79	2 837.88	-283.52	-9.1
	总产量	19 871.3	19 848.7	18 790.8	17 758	17 453.9	16 065.6	17 908.9	-1 962.4	-9.9
	单产	6 366.1	6 344.7	6 271.5	6 163.4	6 188.9	6 060.7	6 310.7	-55.4	-0.9
小麦	播种面积	2 977.4	2 885.5	2 665.3	2 466.4	2 390.8	2 199.69	2 162.6	-814.8	-27.4
	总产量	10 972.6	113 888	9 963.6	9 387.3	9 029	8 648.8	9 195.2	-1 777.4	-16.2
	单产	3 685.3	39 469.1	3 738.3	3 806.1	3 776.6	3 931.8	4 251.9	566.6	15.4
玉米	播种面积	2 523.9	2 590.4	2 305.6	2 428.2	2 463.4	2 406.82	2 544.57	20.67	0.8
	总产量	13 295.9	12 808.6	10 600	11 408.8	12 130.8	11 583	13 029	-266.9	-2
	单产	5 268	4 944.6	4 597.5	4 698.5	4 924.4	4 812.6	5 120.3	-147.7	-2.8
大豆	播种面积	850.0	796.2	930.7	948.2	871.95	931.29	958.9	108.9	12.8
	总产量	1 515.2	1 424.5	1 541.1	1 540.7	1 650.7	1 539.3	1 740.4	225.2	14.9
	单产	1 782.6	1 789.1	1 655.9	1 624.9	1 893.1	1 652.9	1 815	32.4	1.8
薯类	播种面积	1 000.0	1 035.5	1 053.8	1 021.7	988.1	970.17	945.68	-54.32	-5.4
	总产量	3 604.2	3 640.6	3 685.2	3 563.1	3 665.9	3 513.3	3 557.7	-46.5	-1.3
	单产	3 604.2	3 515.8	3 497.1	3 487.4	3 710	3 621.3	3 762	157.8	4.4

资料来源：根据相关《中国统计年鉴》计算

（二）各省市区粮食产量变化的区域类型

2004年和1998年比较，大致分为总产单产双增型、单增型、双减型三个类型。

双增型：是粮食生产稳定发展的类型，包括河南、安徽、云南、重庆、江西、西藏、贵州7个省区。

单增型：共18个省市区，只有吉林是总产增加，单产减少；其他河北、福建、上海、浙江、江苏、山西、新疆、湖北、陕西、山东、湖南、海南、四川、甘肃、青海、广西、新疆17个省市区皆呈总产减少而单产增加。

双减型：共6个省市区，多数总产减10%以下，单产减5%以下，如天津、辽宁、广西、黑龙江少数省市区，属减产幅度偏小或总产单产有一项减幅偏小类型。北京、广东总产减25%以上，单产减5%以上；属减产幅度较大类型。

不同类型总播面、总产、单产变化详见表9-7，分析三个类型的变化，可以得到以下几点认识。

（1）双增型和单增型中总产量增加的8个省区，都在中西部地区。吉林主要靠扩大种植面积增加总产量，单产反而是降低的。安徽、河南、重庆、江西、贵州、西藏、云南的平均单产分别提高20.7千克/公顷、343.9千克/公顷、678.3千克/公顷、408.5千克/公顷、269.1千克/公顷、1 097.7千克/公顷、234.7千克/公顷，安徽、黑龙江、云南的播种面积也有增加，河南和安徽两个粮食大省在农业结构调整中，保持总产和单产的双重发展，其经验很值得总结和重视。

表9-7 各省市区粮食总产和单产不同类型变化

类型	省市区	总产（万吨）				单产（千克/公顷）			
		1998年	2004年	增减	增减（%）	1998年	2004年	增减	增减（%）
双增型	西藏	85	96	11	12.9	4 241.5	5 339.3	1 097.7	25.9
	重庆	1 122.5	1 144.5	22	2.0	3 869.9	4 548.2	678.3	17.5
	江西	1 555.5	1 663	107.5	6.9	4 555.6	4 964.0	408.5	9.0
	河南	4 009.6	4 260	250.4	6.2	4 405.2	4 749.1	343.9	7.8
	贵州	1 100	1 149.6	49.6	4.5	3 515.9	3 785.1	269.1	7.7
	云南	1 319.5	1 509.5	190	14.4	3 395.3	3 629.9	234.7	6.9
	安徽	2 591	2 743	152	5.9	4 324.8	4 345.6	20.7	0.5
单增型	内蒙古	1 575.4	1 505.3	−70.1	−4.4	3 131.6	3 600.2	468.7	15.0
	上海	212.6	106.3	−106.3	−50.0	6 031.2	6 871.4	840.2	13.9
	浙江	1 435.2	834.9	−600.3	−41.8	5 126.6	5 740.1	613.5	12.0
	山西	1 081.5	1 062	−19.5	−1.8	3 280.6	3 630.3	349.7	10.7
	海南	210.8	190.1	−20.7	−9.8	3 690.5	4 029.2	338.8	9.2
	青海	128.2	88.5	−39.7	−31.0	3 330.7	3 616.7	285.9	8.6
	山东	4 264.8	3 516.7	−748.1	−17.5	5 244.1	5 693.9	449.7	8.6
	湖北	2 475.8	2 100.1	−375.7	−15.2	5 236.4	5 657.0	420.6	8.0
	新疆	836.6	796.5	−40.1	−4.8	5 276.2	5 633.4	357.1	6.8
	湖南	2 647.9	2 640	−7.9	−0.3	5 217.7	5 553.1	335.4	6.4
	甘肃	872	805.8	−66.2	−7.6	3 016.8	3 179.2	162.4	5.4
	福建	958.1	736.5	−221.6	−23.1	4 723.0	4 968.3	245.3	5.2
	河北	2 917.5	2 480.1	−437.4	−15.0	3 993.5	4 131.2	137.7	3.4
	江苏	3 415.1	2 829.1	−586	−17.2	5 743.2	5925.3	182.1	3.2
	陕西	1 303.1	1 040	−263.1	−20.2	3 233.4	3 318.3	84.9	2.6
	宁夏	294.9	290.5	−4.4	−1.5	3 607.8	3 669.3	61.5	1.7
	四川	3 519.7	3 146.7	−373	−10.6	4 796.7	4 858.6	61.9	1.3
	吉林	2 506	2 510	4	0.2	7 025.1	5 820.8	−1 204.3	−17.1

（续表）

类型	省市区	总产（万吨）				单产（千克/公顷）			
		1998年	2004年	增减	增减（%）	1998年	2004年	增减	增减（%）
双减型	天津	210.1	122.8	-87.3	-41.6	4 704.4	4 660.3	-44.1	-0.9
	辽宁	1 828.9	1 720	-108.9	-6.0	6 017.7	5 917.4	-100.3	-1.7
	广西	1 557.1	1 398.5	-158.6	-10.2	4 143.8	3 983.0	-160.8	-3.9
	黑龙江	3 008.5	3 001	-7.5	-0.2	3 719.3	3 548.1	-171.2	-4.6
	广东	1 947.6	1 390	-557.6	-28.6	5 518.8	4 982.6	-536.2	-9.7
	北京	239.2	70.2	-169	-70.7	5 658.9	4 543.7	-1 115.2	-19.7

资料来源：根据相关《中国统计年鉴》计算

（2）单增型中有17个省市粮食总产量减少，主要是播种面积减少的原因，其单产都有不同程度的增长，其中内蒙古、上海、浙江、山西、海南、青海、山东、湖北、新疆、湖南、甘肃、福建等省市区单产增幅较大，平均单产分别增468.7千克/公顷、840.2千克/公顷、613.5千克/公顷、349.7千克/公顷、338.8千克/公顷、285.9千克/公顷、449.7千克/公顷、420.6千克/公顷、357.1千克/公顷、335.4千克/公顷、162.4千克/公顷、245.3千克/公顷；河北、江苏、陕西、宁夏、四川5省区单产分别增137.7千克/公顷、182.1千克/公顷、84.9千克/公顷、61.5千克/公顷、61.9千克/公顷。在农业结构调整中调高单产也是一个重要目标，上述两个类型共有24个省市区包括大多数粮食主产区的单产有所增长，说明这些地区新品种新技术和农民的生产投入仍保持较好的势头。

（3）单增型和双减类型，共有23个省市区的粮食总产量降低，其中山东、浙江、江苏、广东、河北、湖北、四川、陕西、福建9个省减产幅度较大，分别减748.1万吨、600.3万吨、586万吨、557.6万吨、437.4万吨、375.7万吨、373万吨、263.1万吨、221.6万吨，9省共减产4 162.8万吨，占全国减产总量的97.2%，减产的主要原因除吉林因单产严重降低外，其余8省减产原因皆是播种面积大幅度调减引起的。

（4）农业生产受自然、社会和经济影响，气候往往对产量具有主要影响作用。东北辽宁、吉林、黑龙江三省单产分别减100.3千克/公顷、1 024.3千克/公顷和171.2千克/公顷，这种大范围区域性大幅度减产，一般是受区域性干旱、寒害影响的结果。

（三）几种主要粮食作物种植结构的变化

稻谷、小麦、玉米等大宗粮食作物种植结构的变化

稻谷、玉米、小麦播种面积占全部粮食播种面积的3/4左右，产量占全国粮食总产85%~86%，对全国粮食生产起着支配作用。1998—2004年，全国粮食总产量的减少，稻谷占45.8%，小麦占41.5%，玉米占6.2%。全国粮食播种面积的减少，稻谷占23.3%、小麦占66.9%。经6年调整三种作物在粮食作物结构中的地位发生微小的变化。稻谷和小麦占全国粮食总产量的比例分别降低 0.7 和 1.8 个百分点、玉米上升 1.8 个百分点。稻谷、小麦、玉米播种面积占粮食作物面积比例分上升 0.5、1.7 和 2.8 个百分点（表 9-8）。

（1）稻谷。稻谷是我国第一大粮食作物，2004 年总产占粮食总产 38.1%，播种面积占 27.9%。2004 年比 1998 年总产减 1 962.4 万吨，减 9.9%，单产减 55.4 千克 / 公顷，减 0.9%，播种面积减 283.52 万公顷，减 9.1%。总产增加的只有辽宁、吉林、黑龙江、江西、贵州、云南、宁夏、西藏 8 个省区，单产增加的有浙江（666.3 千克 / 公顷）、福建（287.7 千克 / 公顷）、海南（217.3 千克 / 公顷）、内蒙古（1 617.9 千克 / 公顷）、黑龙江（1 207.5 千克 / 公顷）、江西（298.5 千克 / 公顷）、湖北（254.4 千克 / 公顷）、湖南（251.7 千克 / 公顷）、重庆（309.2 千克 / 公顷）、贵州（278 千克 / 公顷）、云南（41.6 千克 / 公顷）、西藏（1 168.8 千克 / 公顷）、甘肃（1 038.2 千克 / 公顷）等省区。面积增加的有辽宁、吉林、黑龙江、江西、河南、云南等省。大部分稻谷主产省市的总产和面积都有大幅度下调，其中浙江、广东、江苏、福建、广西、湖北、四川 7 省的总产共计减少 2 034.1 万吨，占稻谷减产总量的 103.7%，播种面积减少占全国的 92.3%。

（2）小麦。小麦是我国第二大粮食作物，2004 年比 1998 年总产减 1 777.4 万吨，减 16.2%；平均单产 4 251.9 千克 / 公顷，比 1998 年增 566.6 千克；播种面积 2 162.6 万公顷，比 1998 年减 814.81 万公顷，减 27.4%。有一半省市区的播种面积大幅度下降超过 30%，福建、辽宁、吉林、上海、北京、浙江、黑龙江、江西减少 70% 以上，广东、内蒙古减少 60% 以上；湖北、青海、广西减 50% 以上；重庆、天津、湖南、四川、山西、江苏减 30% 以上。单产增加的有 22 个省市区，其中几个小麦大省有较大幅度增加，使全国小麦平均单产提高 566.6 千克 / 公顷，如吉林增 1 559.6 千克 / 公顷、西藏增 1 131.3 千克 / 公顷、江苏增 1 013.3 千克 / 公顷、安徽增 976.0 千克 / 公顷、河南 931.9 千克 / 公顷、浙江 792.6 千克 / 公顷，单产减少的主要是华北和西北地区，如北京、湖北、甘肃、天津、青海、宁夏、广东、贵州等省市区。

表 9-8 主要粮食作物种植结构变化 单位：%

	1998 年		2004 年		2004 年比 1998 年增减	
	播种面积占全国	总产占全国	播种面积占全国	总产占全国	播种面积	总产
稻谷	27.4	38.8	27.9	38.1	0.5	-0.7
小麦	26.2	21.4	27.9	19.6	1.7	-1.8
玉米	22.2	26.0	25.0	27.8	2.8	1.8
大豆	7.5	3.0	9.4	3.7	1.9	0.7
薯类	8.8	7.0	9.3	7.6	0.5	0.6
其他	7.9	3.8	0.5	3.2	-7.4	-0.6

资料来源：根据相关《中国统计年鉴》计算

（3）玉米。玉米是我国第三大粮食作物，2004 年总产比 1998 年减 266.4 万吨，减2%；单产减 147.5 千克 / 公顷，减 2.8%；播种面积增 20.69 万公顷，增 0.8%。各省市区产量和播种面积增减的特点是：除宁夏和天津少数市区外，多数省市区总产、单产和播面基本同步增长。山西、内蒙古、安徽、新疆、湖南、重庆、贵州、广西、宁夏、浙江、云南、福建、西藏 13 个省区的总产皆有增加。其中山西、内蒙古、安徽、新疆总产增产幅度较大，分别增 155.8 万吨、108.2 万吨、94.3 万吨、86.7 万吨。总产减少主要分布在东北地区吉林、黑龙江省，占减产总量 140.7%。单产减产最大是吉林省，其他如河南、宁夏、陕西、黑龙江、江苏等省区减产幅度也较大。

（二）大豆、薯类及其他粮食作物种植结构变化

大豆、薯类及其他粮食作物播种面积约占粮食作物播种面积 22%，在农业种植结构中不占主要地位，但对粮油加工产业和调剂人们的饮食品种有重要意义。

（1）大豆。1998 年全国大豆播种面积 850 万公顷，2004 年增加到 896.4 万公顷，增加 108.88 万公顷，增 12.8%；总产量增 225.2 万吨，增 14.9%；单产增 32.5 千克 / 公顷，增 1.8%。近几年大豆的市场需求量快速增长，大豆进口量已超过国产量，在农业结构调整中，国家和各地方政府采取种种政策措施，使大豆生产得到初步恢复和发展，近几年种植面积和产量都有所增加。发展较快的省市区有黑龙江、安徽、吉林、四川、云南、辽宁、新疆等省区。

（2）薯类。1998 年全国薯类播种面积 1 000 万公顷，2004 年为 945.7 万公顷，面积略有减少。2004 年全国总产 3 557.7 万吨，比 1998 减 46.5 万吨；单产 3 762 千克 / 公顷，比 1998 年增 157.7 千克 / 公顷。播种面积减少主要是在东中部少数省，面积增加的主要是西部云南、甘肃、贵州、青海，东北黑龙江、辽宁等省。

（3）其他粮食作物。主要包括高粱、谷子、杂豆等小作物，这些作物往往在水肥条件较低，山丘区和零星土地上都能种植，历史上种植范围广，面积较大。但由于新品种更新和栽培技术等原因，产量较低，其种植面积越来越小。2004 年全国播种面积 710.99 万公顷，占粮食作物面积 7%。除黑龙江、四川、安徽、重庆、贵州省播种面积比 1998 年有所增长外，其他省市区播种面积均比 1998 年减少。

五、全国经济作物种植结构的变化

1. 经济作物所占比重有所提高

全国农作物总播种面积 2004 年为 15 463.6 万公顷，比 1998 年减少 1.4%。在农作物总播种面积基本稳定的前提下，经济作物播种面积占农作物总播面积比重由 13.7% 上升到 16.0%，增加了 2.3 个百分点。

在种植结构调整中，上海、江西、广东、浙江、海南、山西 6 省市经济作物面积

有所减少，其余 25 个省市区都有不同程度的增加。增加 10 个百分点以上的有天津、辽宁、山东、吉林、北京、西藏、陕西、河北、甘肃、江苏、重庆、河南、湖北、黑龙江、四川、云南、贵州、宁夏、青海 19 个省市区。增长在 10% 以下的有新疆、安徽、内蒙古、广西、福建、湖南 6 个省区。

分析 1998—2004 年全国经济作物播种面积、总产和单产（表 9-9）看出，棉花播种面积在 372.56 万 ~569.29 万公顷波动，2004 年比 1998 年棉花播种面积增加 27.7%；总产在 382.9 万 ~632.4 万吨波动，2004 年比 1998 年棉花总产增加 40.5%，单产基本保持稳定增长，由 1998 年的 1 009.4 千克 / 公顷增加到 2004 年的 1 110.8 千克 / 公顷，增长 10.1%。

油料播种面积在 1 291.87 万 ~1 540.04 万公顷波动，2004 年比 1998 年棉花播种面积增加 11.7%；总产在经过 2001—2003 年 3 年徘徊之后，2004 年达 3 065.9 万吨，比 1998 年增加 32.5%，单产基本保持稳定增长，由 1998 年的 1 791.1 千克 / 公顷增加到 2004 年的 2 124.6 千克 / 公顷，增长 18.6%。

糖料作物播种面积严重下滑，由 1998 年的 198.45 万公顷下降到 2004 年的 156.81 万公顷，下降 21%，总产略微下降 2.2 个百分点。单产基本保持稳定，2004 年比 1998 年增长 23.7%。

麻类作物播种面积、总产和单产基本保持快速增长，2004 年和 1998 年相比，麻类播种面积增加 47.9%，总产增 116.8%，单产增 46.5%。

烟叶生产处于徘徊状态，2004 年和 1998 年相比，烟叶播种面积减少 7.0%，总产增加 1.8%，单产提高 9.5%。

药材生产发展迅速，2004 年和 1998 年相比，药材播种面积增加 245.6%。

2. 几种主要经济作物种植结构的变化

（1）棉花。2004 年全国棉花播种面积 569.29 万公顷比 1998 年增 123.35 万公顷，增 27.7%，总产达历史最高 632.4 万吨，比 1998 年增加 182.3 万吨，增 40.5%，单产比 1998 年增加 10.1%，总产增加的有山东、河北、新疆、安徽、天津、湖北、山西、陕西、甘肃、江苏等 14 个省市区，其中山东、河北、新疆 3 省区增产 146.3 万吨，占全国增产量的 80.3%。全国大部分省市区棉花单产都有增加，仅有内蒙古、云南、重庆、贵州、甘肃、河南 6 个省市区减少，大部分位于西部地区。全国 25 个产棉省市区中，山东、河北、河南、新疆、天津、山西、陕西、甘肃、内蒙古、北京、安徽、吉林 12 个省市区播种面积增加，其中，山东、河北、河南、新疆 4 省区播种面积增加 128.8 万公顷，占全国面积增加的 104.4%。四川、江西、浙江、湖南、湖北等 13 个省市区面积减少。

表9-9　全国经济作物播种面积、总产和单产的变化　　单位：万公顷、万吨、千克/公顷

作物名称	项目	1998年	1999年	2000年	2001年	2002年	2003年	2004年	2004年与1998年增减	（%）
棉花	播种面积	445.92	372.56	404.12	480.97	418.42	511.05	569.29	123.35	27.7
	总产	450.1	382.9	441.7	532.4	491.6	486	632.4	182.3	40.5
	单产	1 009.4	1 027.7	1 093.1	1 106.8	1 174.9	951	1 110.8	101.4	10.1
油料	播种面积	1 291.87	1 390.59	1 540.04	1 463.1	1 476.67	1 499.0	1 443.07	151.16	11.7
	总产	2 313.9	2 601.2	2 954.8	2 864.9	2 897.2	2 811	3 065.9	752	32.5
	单产	1 791.1	1 870.5	1 918.7	1 958.1	1 962	1 875.3	2 124.6	333.5	18.6
糖料	播种面积	198.45	164.39	151.43	165.43	181.77	165.74	156.81	−41.62	−21
	总产	9 790.4	8 334.1	7 635.3	8 655.1	10 292.7	9 641.6	9 570.7	−219.7	−2.2
	单产	49 334.3	50 697.1	50 421.3	52 318.8	56 624.9	58 173.0	61 033.7	11 699.4	23.7
麻类	播种面积	22.47	20.51	26.19	32.32	33.78	33.74	33.21	10.77	47.9
	总产	49.5	47.2	52.9	68.1	96.4	85.3	107.3	57.8	116.8
	单产	2 203.6	2 300.1	2 021.9	2 108.5	2 852.8	2 528.2	3 230.9	1 025	46.5
烟叶	播种面积	136.11	137.4	143.74	133.94	132.78	126.44	126.56	−9.55	−7
	总产	236.4	246.9	255.2	235	244.7	225.7	240.6	4.2	1.8
	单产	1 736.8	1 797.2	1 775.7	1 754.2	1 842.5	1 785	1 901.1	164.2	9.5
药材	播种面积	37.18	48.24	67.56	82.74	96.28	124.82	128.48	91.3	245.6

（2）油料。2004年全国油料播种面积1 443.07万公顷，比1998年增151.16万公顷，增11.7%，总产达历史最高的3 065.9万吨，比1998年增加752.0万吨，增32.5%，单产达2 124.6千克/公顷，比1998年增18.6%，全国棉花总产除山西、江西、天津、广东、海南5省市有所减少外，其余26省市区均有所增加，其中，江苏、安徽、湖北、河南、四川5省共增加620.1万吨，占全国总增产量的82.5%。

全国大部分省市区油料单产都有增加，仅有吉林、内蒙古、辽宁、北京、山西5省市区减少。全国共有湖北、河南、江苏、四川、黑龙江、安徽、辽宁、内蒙古等19个省市区油料播种面积有所增加，其中湖北、河南、江苏、四川、黑龙江5省油料播种面积共增加139.98万公顷，占全国总增加量的92.6%。

（3）糖料。2004年全国糖料总产9 570.7万吨，比1998年减少2.2%，单产增23.7%，播种面积减少21%。2004年广西、云南、广东3省区产量（7 803.1万吨）占全国的81.5%，播种面积占全国的73.7%。2004年比1998年广西、云南、海南、浙江等11个省市总产增加，其中广西产量增幅最大达1 421.6万吨，广东、黑龙江、新疆等省区总产下降，全国糖料生产更加向广西、云南等优势产区集中。

（4）麻类。麻类生产飞速发展，全国播种面积、总产、单产都有明显的提高，2004年播种面积比1998年增加48%，总产增116.8%，单产增46.5%。种植布局向黑龙江、

云南、湖南优势产区集中。3 省区 2004 麻类总产年为 66.6 万吨，占全国麻类总产的 62%，播种面积 17.47 万公顷，占全国麻类总播种面积的 52.6%。

（5）烟叶。种植区域向云南、贵州、河南、湖南等优势产区集中。2004 年全国烟叶总产 240.6 万吨，比 1998 年增加 4.2 万吨，播种面积 126.56 万公顷，比 1998 年减少 9.55 万公顷。云贵豫湘是我国烟叶集中产区，4 省烟叶总产占全国总产的 61.5%，播种面积占全国的 62.4%。

（6）药材。所有省市区药材都快速发展。2004 年全国药材总播种面积 128.48 万公顷，比 1998 年增加了 913%，其中河南、甘肃、陕西、湖北、四川、湖南、安徽 7 省药材播种面积 78.87 万公顷，占全国药材总播面积的 61.4%。

通过上述分析看出，经济作物波动幅度大于粮食作物，综合宏观政策、市场需求、资源条件和技术支撑等因素，可以得出以下结论。

（1）随着人民生活水平提高，对棉花的需求会越来越大，受市场影响，棉花生产波动幅度会较大。总的看来，棉花播种面积、总产会缓慢提高。要合理确定我国棉花生产的规模和布局，使棉花生产向具有比较优势的地区集中，应从经济发达的东部地区向经济欠发达的西北地区转移。

麻类播种面积、总产将会有较大的提升，其种植布局将向黑龙江、云南、湖南等优势产区集中。

（2）近期我国食油供求都将快速增长。尽管油料作物面积有所扩大，一时还难以满足国内需求。当前要立足自给，适度进口。提高油料作物单产是满足供给的有效途径。

（3）当前国际食糖供大于求，我国应根据需求，控制总产，稳定价格，优化生产布局，向广西、云南等优势区域集中。

（4）烟叶播种面积、总产将保持相对稳定，布局集中于云南、贵州、河南、湖南等优势产区。

（5）随着人们对药材保健功能认识的加深，以及国外市场对中草药的逐步认识，药材的需求将会大幅度增加，因此药材会有很大的发展潜力，各省市区应加大对药材发展的支持力度。

总之，通过结构调整，经济作物得到了迅速发展，生产和市场的关联度也越来越大，经济作物相对集中的优势产区正在形成，区域分工和比较优势得到了初步发挥。

第三节 我国东部、中部、西部农业结构变化的
比较分析（1980—2004 年）

一、农产品增长对全国增长总量贡献率比较

从表 9-10 可以看出，东中西部地区粮食、棉花、油料、糖料、瓜菜、肉类、禽蛋、牛奶等主要农产品，在 20 世纪 80 年代、90 年代和 21 世纪初期的增长贡献率列于表 9-10。从表 9-10 中可知，在 20 世纪 80 年代、90 年代和 2001—2004 年，中部地区粮食、油料、糖料增产贡献率都高于东西部地区；棉花只在 80 年代高于东西部，在 90 年代高于西部低于东部，在 2001—2004 年低于东西部；瓜菜 90 年代高于西部低于东部，在 2001—2004 年低于东西部；肉类在 90 年代、2001—2004 年高于东西部，仅在 80 年代低于东部；禽蛋生产在 80 年代和 90 年代高于西部低于东部，在 2001—2004年高于东西部；牛奶生产在 80 年代和 2001—2004 年高于东西部，仅 90 年代低于东部地区。

表 9-10 主要农产品增长贡献率比较　　　　单位：%

	地区	粮食	棉花	油料	糖料	瓜菜	肉类	禽蛋	牛奶
80 年代	中部	51.1	42.0	50.5	18.2		32.4	31.7	49.3
	东部	32.0	31.8	26.9	59.3		41.4	57.9	26.2
	西部	16.9	26.0	22.6	22.5		26.2	10.5	24.5
90 年代	中部	87.3	41.7	61.3	84.1	35.4	41.7	35.9	30.2
	东部	−27.1	114.7	30.3	68.8	48.7	41.0	55.0	40.7
	西部	39.8	−56.6	8.4	−52.9	15.9	17.3	9.1	29.2
2001—2004 年	中部	112.2	−2.8	57.2	−51.8	15.1	43.1	44.2	54.7
	东部	−44.6	65.4	−10.9	145.4	59.3	30.0	39.6	31.5
	西部	32.4	37.1	53.8	6.4	25.6	26.9	16.1	13.9

资料来源：根据相关《中国统计年鉴》计算

二、农业经济结构变化比较

1. 农业总产值增长比较

表 9-11　东、中、西部地区农林牧渔总产值比较

		1978 年	1985 年	1990 年	1995 年	2000 年	2002 年	2004 年	2004—1990 年 增长率（%）
总产值 （亿元）	东部	603.8	1 644.2	3 539.8	9 982.4	12 125.9	13 310.8	17 047.4	129.9
	中部	537.8	1 281.2	2 643.9	6 785.4	8 409.2	9 241.9	12 682.5	115.5
	西部	255.8	692.8	1 478.5	3 573.6	4 380.9	4 837.9	6 509.1	89.4
占全国 总产值（%）	东部	43.2	45.4	46.2	49.1	48.7	48.6	47	0.8
	中部	38.5	35.4	34.5	33.4	33.8	33.7	35	0.5
	西部	18.3	19.1	19.3	17.6	17.6	17.7	18	-1.3

注：资料来源《中国统计年鉴》。总产值增长率根据 1990 年不变价计算

1990—2004 年，中部地区农业总产值增长 115.5%，同期东部地区增长 129.9%，西部增长 89.4%。由于增长缓慢，占全国总产值的比重由 34.5% 仅上升 0.5 个百分点至 35%，而东部地区上升 0.8 个百分点至 47%，西部地区下降 1.3 个百分点降至 18%（表 9-11）。

2. 农林牧渔业产值结构比较

表 9-12　东、中、西部地区农林牧渔产值结构的比较

项目	地区	1978 年	1990 年	2000 年	2004 年
种植业占（%）	全国	80.0	64.7	55.7	51.5
	中部	81.2	68.8	57.5	51.6
	东部	78.9	61.1	51.8	47.2
	西部	77.3	65.8	62.8	54.5
林业占（%）	全国	3.4	4.3	3.8	3.8
	中部	4.4	4.4	3.9	4.1
	东部	3.1	4.1	3.5	3.2
	西部	3.6	4.6	4.1	4.0
畜牧业占（%）	全国	15.0	25.7	29.7	34.5
	中部	13.8	24.0	32.7	36.3
	东部	14.5	25.7	27.0	30.3
	西部	18.9	28.5	31.2	36.9

（续表）

项目	地区	1978 年	1990 年	2000 年	2004 年
渔业占（%）	全国	1.6	5.4	10.9	10.2
	中部	0.6	2.9	5.9	5.4
	东部	3.5	9.0	17.6	16.4
	西部	0.2	1.0	1.8	2.0

资料来源：根据相关《中国统计年鉴》计算

通过改革开放 20 多年发展，中部地区畜牧业有了很大的发展，畜牧业已在农业发展中占有重要地位。从表 9-12 可以看出，从 1978—2004 年，中部地区种植业产值占农业总产值的比重由 81.2% 下降为 51.6%，下降了 29.6 个百分点，速度快于西部（22.8 个百分点），慢于东部（31.7 个百分点）。畜牧业产值由 13.8% 提高到 36.3%，上升了 22.5 个百分点，快于东部与西部（分别为 15.8 与 18 个百分点）。

三、种植业结构比较

1. 种植业产业结构播种面积比较

表 9-13　种植业结构与播种面积的比较

	项目	1980 年	1985 年	1990 年	1995 年	2000 年	2004 年
全国	粮食作物占（%）	80.1	75.8	76.5	73.4	69.4	66.2
	经济作物（含瓜菜）占（%）	12.8	18.8	18.5	22.1	26	28.8
	其他作物占 %	7.1	5.5	5	4.5	4.6	5
东部	粮食作物占（%）	79.6	75	75.6	72.9	67.4	61
	经济作物（含瓜菜）占（%）	13.8	22.3	21.7	25.1	30.6	35.8
	其他作物占（%）	6.6	2.7	2.8	2	2	3.2
中部	粮食作物占（%）	77.8	74.8	76.6	73.3	70	69.4
	经济作物（含瓜菜）占（%）	13.1	18.5	18	22.5	25.8	26
	其他作物占（%）	9.1	6.7	5.4	4.3	4.2	4.6
西部	粮食作物占（%）	85.3	79	77.7	74.5	71.1	66.8
	经济作物（含瓜菜）占（%）	10.4	16	17.3	20.3	22.8	26.3
	其他作物占（%）	4.2	5	5	5.2	6.1	6.9

资料来源：根据相关《中国统计年鉴》计算

从 1980—2004 年，中部地区种植业结构由粮食作物、经济作物（含瓜菜）和其他作物播种面积比重 77.8：13.1：9.1 调整为 69.4：26.0：4.6。粮食作物比重下降了 8.4 个百分点，经济作物上升了 12.9 个百分点，其他作物下降了 4.5 个百分点。可以看出，中部地区粮食作物比重下降慢于东部西部地区（分别下降 18.6 和 18.5 个百分点），农作物种植结构以粮食作物为主的局面变化不大。由于粮食作物种植比重下降慢，中部地区粮食种植比例由 1978 年的最小（77.8%）变为 2004 年比例最大（69.4%）（表 9-13）。

2. 面积和产量增减情况比较

从 1980—2004 年，中部地区农作物总播面积增加了 635.99 万公顷，高于东部与西部地区；粮食总产增加了 9 576.9 万吨，远高于东部与西部地区；粮食单产提高了 138.5 千克/亩，也高于东部与西部地区（表 9-14）。

表 9-14　1980—2004 年种植业发展变化比较　面积：万公顷；总产：万吨；单产：千克/亩

		农作物总播面积	粮食作物播种面积	粮食总产	粮食单产
全国	增减量	717.18	-1 562.79	14 891.7	125.7
	增减（%）	4.9	-13.3	46.5	69
东部	增减量	-378.17	-1 205.55	2 101.2	130.5
	增减（%）	-7.1	-28.6	15.8	62.1
中部	增减量	635.99	-72.12	9 576.9	138.5
	增减（%）	10.4	-1.5	80.4	83.2
西部	增减量	459.36	-285.12	3 213.6	107
	增减（%）	14.3	-10.4	46.9	64

资料来源：根据相关《中国统计年鉴》计算

3. 小麦、玉米、稻谷三大作物粮食产量结构

表 9-15　粮食作物产量结构的比较　单位：%

项目	地区	1980 年	1985 年	1990 年	1995 年	2000 年	2004 年
稻谷	全国	43.6	44.5	42.4	39.7	40.7	38.1
	中部	47.2	45.3	44.6	40.1	41.7	38.6
	东部	44.7	46.9	43.0	41.6	43.3	40.2
	西部	35.0	37.9	37.1	34.9	33.9	33.1
小麦	全国	17.2	22.6	22.0	21.9	21.6	19.6
	中部	14.6	22.1	22.7	23.9	24.8	22.2
	东部	18.0	22.0	19.8	19.0	19.1	18.1
	西部	21.0	24.9	25.5	24.0	21.0	18.6
玉米	全国	19.5	16.8	21.7	24.0	22.9	27.8
	中部	19.3	17.0	19.6	23.3	21.9	28.2
	东部	17.7	15.2	23.8	26.1	22.7	28.0
	西部	23.1	19.7	21.1	20.9	25.1	26.6

（续表）

项目	地区	1980	1985	1990	1995	2000	2004
大豆	全国	2.5	2.8	2.5	2.9	3.3	3.7
	中部	1.9	1.9	1.7	2.1	2.4	2.1
	东部	4.1	4.5	3.8	4.4	5.2	5.8
	西部	0.9	1.1	1.2	1.1	1.3	1.7
薯类	全国	9.0	6.9	6.1	7.0	8.0	7.6
	中部	8.7	7.0	5.9	6.2	6.7	6.1
	东部	7.9	5.3	5.2	5.7	6.7	5.3
	西部	11.2	9.7	8.7	11.3	12.5	14.5
其他	全国	8.2	6.4	5.3	4.5	3.5	3.2
	中部	8.3	6.6	5.5	4.2	2.5	2.7
	东部	7.7	6.1	4.5	3.2	3.0	2.5
	西部	8.7	6.7	6.5	7.8	6.3	5.5

资料来源：根据相关《中国统计年鉴》计算

从 1980—2004 年，中部地区粮食产量结构中，小麦由 14.6% 上升为 22.2%，上升 7.6 个百分点，高于东部（上升 0.1 个百分点）与西部地区（下降 2.4 个百分点）；玉米由 19.3% 上升到 28.2%，上升 8.9 个百分点，高于西部（上升 3.5 个百分点），低于东部（上升 10.3 个百分点）；稻谷由 47.2% 下降为 38.6%，下降了 8.6 个百分点，高于东部（下降 4.5 个百分点）与西部（下降了 1.9 个百分点）（表 9–15）。

4. 非粮作物种植结构比较

从 1980—2004 年，中部地区非粮面积由 1 361.63 万公顷增加到 2 069.74 万公顷，增长了 52%，低于东部（76%）与西部（158%）增长比例，反映了中部地区种植结构还是以粮食为主，非粮作物发展相对较慢。中部地区经济作物播种面积占非粮作物面积的比重由 47.7% 上升到 52.6%，上升了 4.9 个百分点，高于东部与西部地区。瓜菜面积比重由 11.3% 上升为 32.5%，上升了 21.2 个百分点，高于西部（增 15.5 个百分点），低于东部地区（增 36.5 个百分点）。

四、养殖业结构比较

1. 畜禽产品产量比较

从 1980—2004 年，中部地区肉类生产由 392.96 万吨增加到 2 696.06 万吨，增加了 5.9 倍，高于东部（4.7 倍）与西部（4.4 倍）；在全国肉类生产的比重由 32.6% 上升到 37.2%，上升 4.6 个百分点，高于东部（下降 2.1 个百分点）与西部地区（下降 2.5 个百分点）。禽蛋生产由 1985 年的 195.7 万吨增加到 999.6 万吨，增加了 4.1 倍；在全国禽蛋生产中的地位基本稳定在 36% 左右。牛奶由 29.4 万吨增加到 1 073.8 万吨，增加了 35.5 倍，远高于东部（17.6 倍）与西部（8.9 倍），在全国牛奶生产的比重由 25.8% 上升到 47.5%，上升了 21.7 个百分点，高于东部与西部地区（二者比重都有所下降），在全国牛奶生产中占有重要地位（表 9-16）。

表 9-16 中部地区与东、西部养殖业结构的比较

项目	单位	地区	1980 年	1985 年	1990 年	1995 年	2000 年	2004 年
肉类	万吨	全国	1 205.4	1 926.5	2 857.0	5 260.1	6 125.4	7 244.8
	%	东部	43.1	42.8	42.2	45.2	41.9	41.0
	%	中部	32.6	31.0	31.8	34.0	36.6	37.2
	%	西部	24.3	26.2	26.0	20.8	21.5	21.8
禽蛋	万吨	全国		534.7	794.6	1676.7	2 243.3	2 723.7
	%	东部		51.1	53.9	58.1	54.9	52.1
	%	中部		36.6	34.4	32.3	35.0	36.7
	%	西部		12.3	11.7	9.5	10.1	11.2
牛奶	万吨	全国	114.1	249.9	415.7	576.4	827.4	2 260.6
	%	东部	35.4	31.6	27.9	26.4	33.7	33.2
	%	中部	25.8	37.0	43.3	46.0	38.0	47.5
	%	西部	38.7	31.4	28.8	27.6	28.3	19.3
牛存栏数	万头	全国	7 167.6	8 682.0	10 288.4	13 206.0	12 866.3	13 781.8
	%	东部	22.0	22.0	24.1	29.2	27.6	26.8
	%	中部	29.3	32.3	33.6	35.7	36.3	36.5
	%	西部	48.7	45.6	42.3	35.1	36.1	36.7
猪存栏数	万头	全国	30 543.1	33 139.6	36 240.8	44 169.2	44 681.5	48 189.1
	%	东部	39.9	37.6	36.2	36.2	37.5	35.7
	%	中部	31.4	31.3	31.7	34.5	34.9	35.5
	%	西部	28.7	31.2	32.1	29.3	27.6	28.7
羊存栏数	万只	全国	18 731.1	15 588.4	21 002.0	27 685.6	29 031.9	36 639.1
	%	东部	17.3	16.5	23.0	30.7	24.9	25.0
	%	中部	30.6	27.7	29.4	30.7	34.1	37.8
	%	西部	52.1	55.8	47.6	38.6	41.0	37.2
淡水养殖面积	万公顷	全国	286.41	368.75	382.98	466.94	527.77	566.38
	%	东部	35.9	34.7	35.9	36.9	38.0	38.2
	%	中部	53.3	55.5	54.0	54.0	53.3	52.6
	%	西部	10.7	9.8	10.1	9.1	8.7	9.2
淡水产品	万吨	全国	124.0	285.4	523.8	1 078.0	1 740.3	2 134.0
	%	东部	51.7	51.0	51.0	51.6	50.5	50.0
	%	中部	41.4	42.3	42.0	42.4	43.1	42.4
	%	西部	6.9	6.7	6.9	6.0	6.4	7.6

资料来源：根据相关《中国统计年鉴》计算

从1980—2004年，中部地区牛存栏数由2 100.1万头增加到5 030.36万头，增加了1.4倍，高于东部（1.3倍）与西部地区（0.5倍）；在全国牛存栏数的比重由29.3%上升到36.5%，上升了7.2个百分点，高于东部（上升了4.8个百分点）与西部（下降了12.1个百分点），在三大地域中与西部基本持平，高于东部地区。羊存栏数由5 731.72万头增加到13 849.58万头，增加了1.4倍，高于西部（0.4倍）低于东部（1.8倍），在全国羊存栏数的比重由30.6%上升到37.8%，上升了7.2个百分点，中部地区在三大地域中比重已经超过西部，居于首位。中部地区猪存栏数由9 590.53万头增加到17 107.13万头，增加了0.8倍，高于东部（0.4倍）与西部地区（0.6倍）；在全国猪存栏数的比重由31.4%上升到35.5%，上升了4.1个百分点，在三大地域中与东部基本持平，高于西部地区（表9-16）。

2.淡水养殖面积、淡水养殖产品产量比较

从1980—2004年，中部地区淡水养殖面积152.66万公顷增加到297.9万公顷，增加了1.0倍，在全国淡水养殖面积的比重由53.3%下降到52.6%，基本稳定，但在三大地域仍居首位；淡水产品由51.3万吨增加到904.8万吨，增加了16.6倍，在全国比重由41.4%上升到42.4%，基本稳定，在三大地域中低于东部，居第二位（表9-16）。

五、中部地区农民人均纯收入与东部差距拉大

收入水平是反映地区经济发展的一项重要的综合性指标。从表9-17可以看出，1978年东中西地区农民人均纯收入相对比值为1：0.78：0.69，1990年扩大到1：0.69：0.59；2004年这一比值进一步扩大到1：0.69：0.54。中部地区农民人均纯收入与东部地区农民的差距继续扩大。

表9-17 中部地区与东、西部地区农民人均纯收入变化　　　　单位：元/人

| 年份 | 东部 | 中部 | 西部 | 与东部绝对差 | | 东、中、西之比（以东部为1） |
				中部	西部	
1978	172	135	119	37	53	1：0.78：0.69
1980	229	194	171	35	58	1：0.85：0.75
1985	505	388	323	116	182	1：0.77：0.64
1990	943	653	553	289	390	1：0.69：0.59
1995	2 384	1 424	1 055	960	1 329	1：0.60：0.44
2000	3 043	2 071	1 637	972	1 406	1：0.68：0.54
2002	3 358	2 273	1 807	1 085	1 551	1：0.68：0.54
2004	3 939	2 709	2 134	1 230	1 805	1：0.69：0.54

资料来源：根据相关《中国统计年鉴》计算

第十章
中部地区农业结构的变化

第一节　中部地区农业发展的基础和贡献

关于中部地区的范围有不同版本的划分，本文是依据1985年全国人大通过的"国民经济和社会发展第七个五年计划"中提出的三个经济地带划分标准进行的。按照第七个五年计划，中国大陆（不包括香港、澳门特区和台湾省，下同）划分为东、中、西三大地区。其中，中部地区包括黑龙江、吉林、内蒙古、山西、河南、安徽、湖北、湖南和江西9省区。该区土地面积为285.0平方千米，占全国的29.7%；总人口为45 421万人，占全国的34.9%（2004年）；耕地面积为5 611.89万公顷，占全国的43.2%，

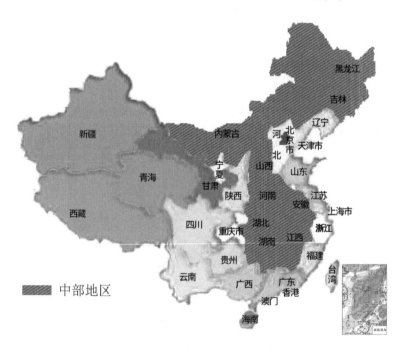

图10-1　中部地区区位示意图

中部地区具体区位见图 10-1。

中部地区曾是中华民族古文化的摇篮和发祥地，孕育了中华古代文明，也是经济最发达、民族凝聚力最强的地区。新中国成立后，特别是实行改革开放以来，中部地区以其独特的区位优势、丰富的自然资源、便利的交通运输条件、良好的经济基础和雄厚的科技力量，仍然是我国区域经济重要的腹地中心。

一、区位优势

中部地区的区位具有承东启西、贯南通北、吸引四面、辐射八方的优势。中部地区交通网络密集，京广、京九线贯穿南北，陇海线连接东西。高速公路四通八达，人流、物流、资金流、信息流都在全国占有重要地位，是全国区域关联度最强的区域，是东西部经济合作的纽带。

中部地区环境、资源、市场、区位和经济技术基础等各方面的条件配合较好。随着东部经济发展水平的不断提高，资金的边际效应递减，劳动力和土地等生产要素的价格不断上升，必然将加快实现产业结构升级，转移和淘汰那些不具备比较优势的产业，与此相伴的是部分资金、技术和人才的外溢。相对于西部来说，中部更具有承接、转移的基础和条件。东部的人流、商流、物流以及信息流在向西推进的过程中，将会有相当部分流经中部，并且会在西进的过程中扎根于中部。当前，中部地区与东南沿海的产业关联度越来越大，互补性和配套性日益增强，这种独特的中枢区位，决定了国外和沿海发达地区的产业转移必然会把中部作为拓展的首选。

二、资源条件

中部地区南北狭长，自然地带从南到北跨越整个温带（包括寒温带、中温带和暖温带）以及北、中亚热带，但绝大部分属于大陆性季风气候，日照充分，雨量充沛，温暖湿润，适合各种农作物生长。2004 年土地总面积为 285.0 平方千米，占全国的 29.7%；总人口为 45 421 万人，占全国的 34.9%；耕地面积为 5 611.89 万公顷，占全国的 43.2%。人均耕地面积 0.12 公顷，超过 0.10 公顷的全国人均水平，比东部人均耕地超出 81.4%。同西部相比，虽然略少，但是在土质和耕种条件、生态条件上远远优于西部。中华民族的母亲河黄河、中国经济命脉河长江、中原大河淮河和北部边疆重要河流黑龙江都主要流经该地区，长江水资源量即占全国的 35%，黄河、长江、淮河及其支流以及乌苏里江、松花江、嫩江、图们江、辽河、绥芬河等水系，以及洞庭湖、鄱阳湖、巢湖、镜泊湖、五大连池等淡水湖，使得中部地区拥有丰富的淡水资源，人均淡水拥有量高于全国平均水平。此外，中部地区虽多以包括平原和高原在内的平地地形为主，但山地、丘陵和草原面积也相当可观，山林、草地等资源亦十分丰富。

中部地区的矿产资源以及煤炭、石油和水力等能源资源蕴藏量十分丰富，某些资源具有极其重要的战略地位。山西的繁峙、晋城、阳泉，湖北的鄂城、大冶，安徽的马鞍山、繁昌、庐江等地的铁矿产量，在全国居于比较突出的地位；安徽的铜陵、湖北的大冶和江西的德兴、贵溪，是我国铜矿的主要产地和冶炼基地；河南和山西的铝土，湖南的锑、钨、铋、锰，江西的稀土、铀、钽、铌，都在全国占有重要的地位。湖南素有"有色金属之乡"的美誉，矿产不仅分布广且相对集中；江西在已探明的 84 种矿藏中有 21 种居全国前三位，黄金等 11 种矿居全国首位。中部各省的磷、硫、石墨、云母、瓷土、油页岩、珍珠岩、明矾石、石棉、大理石等非金属矿产优势也十分明显，有的储量居全国之首。在能源资源方面，山西的煤炭储量位居全国第一，全省地下近 40% 的面积有煤层分布，已探明储量达 2 612 亿吨，占全国的 1/3；黑龙江煤炭资源也很丰富，鸡西、鹤岗、双鸭山和七台河为四大煤炭基地；河南煤炭产量仅次于山西，目前已形成了焦作、平顶山、鹤壁、义马、郑州五个大型和特大型煤炭生产基地及平顶山、郑州、洛阳、许昌、安阳五大产煤区域。安徽的淮南和淮北煤矿（两淮煤矿）也是全国重要的煤炭生产基地。东部 90% 以上的煤炭输入来自中部。石油、电力等能源方面，黑龙江的大庆油田自 1976 年以来年产原油都保持在 5 000 万吨以上，占国内石油产量的 1/3，是我国第一大油田，对确保中国石油自给起了决定性作用。吉林油田、中原油田、河南油田、江汉油田也都是我国年产原油百万吨以上的大中型油田。山西的坑口电站群、葛洲坝、隔河岩、五强溪，以及正在建设中的三峡和小浪底水利工程，是国内最重要的水电和水利综合基础设施，为东部和其他地区提供了源源不断的强大动力。由于得天独厚的丰富矿产资源优势，中部地区成为我国最重要的能源和原材料生产基地之一。可以说，东部工业快速发展的动力之源，在很大程度上来自中部。

三、中部地区是我国最重要的农业主产区，为我国农业增产作出了重大贡献

1. 粮食总产量占全国 45.8%，单产稳步提高，粮食增长贡献率高

据 1996 年农业普查统计，中部耕地面积占全国耕地总面积的 43.2%，北有三江平原，中有黄淮平原，南有长江中游平原，都是我国重要的商品粮和饲料粮生产基地。2004 年，中部地区粮食产量为 21 484.4 万吨，占全国总产量的 45.8%，人均 473 千克，高于全国平均水平，中部地区各省输往外省粮食总量占全国一半以上，担负着全国粮食品种调剂和需求量日益增大的饲料粮的供应任务。

中部粮食单产从 1980 年 2 496 千克 / 公顷（166.4 千克 / 亩），提高到 1990 年 3 941.4 千克 / 公顷（262.76 千克 / 亩），再提高到 2004 年 4 573.5 千克 / 公顷（304.9 千克 / 亩），保持稳定增长且波动较小。

表 10-1　中部地区粮食贡献率　　　　　　　　　　　　　　　　单位：万吨，%

项目	1981—1990 年				1991—2000 年				2001—2004 年			
	1981年	1990年	增量	贡献率	1991年	2000年	增量	贡献率	2001年	2004年	增量	贡献率
粮食产量												
全国	32 502	44 624.3	12 122.3		43 529.3	46 217.5	2 688.2		45 263.7	46 947.2	1 683.2	
中部	12 655	18 846.5	6 191.5	51.1	17 107.7	19 453.4	2 345.7	87.3	19 595.3	21 484.4	1 889.1	112.2
稻谷产量												
全国	14 395.5	18 933.2	4 537.7		18 381.3	18 790.8	409.5		17 758	17 908.8	150.8	
中部	5 742.5	8 096.2	2 353.7	51.9	7 542.6	8 414.5	871.9	212.9	8 095.7	8 640.1	544.4	361
小麦产量												
全国	5 964	9 823	3 859		9 595.3	9 963.6	368.3		9 387.3	9 195.2	-192.1	
中部	2 394.5	3 734.6	1 340.1	34.7	3 287.1	3 717.1	430	116.8	3 741.8	3 898.8	157	-81.7
玉米产量												
全国	5 920.5	9 681.9	3 761.4		9 877.3	10 600	722.7		11 408.8	13 028.7	1 619.9	
中部	1 999	4 492.8	2 493.8	66.3	4 218.3	4 412.3	194	26.8	4 962.3	6 010.7	1 048.4	64.7
大豆产量												
全国	932.5	1 100	167.5		971.3	1 541.1	569.8		1 540.7	1 740.4	199.4	
中部	602	707.7	105.7	63.1	597.7	1 014	416.3	73.1	1 021.1	1 238.8	217.7	109.2
薯类产量												
全国	2 597	2 743.2	146.2		2 715.9	3 685.2	969.3		3 563.1	3 557.7	-5.4	
中部	868.5	974.7	106.2	72.6	846.7	1 302.9	456.2	47.1	1 167.2	1 149.3	-17.9	3.3

资料来源：根据相关《中国统计年鉴》计算

中部地区在农业发展的不同阶段，特别是改革开放以来，为我国粮食增长作出了重大贡献，如表 10-1 所示，20 世纪 80 年代全国粮食增长总量中，中部地区的贡献率为51.1%，东部和西部分别为 32.0% 和 16.9%。90 年代全国粮食增长的绝大部分是来自中部地区，贡献率达 87.3%，西部地区为 39.8%，东部地区为负增长 -27.1%。2001—2004 年，中部地区粮食增量 112.2%，才能弥补东部地区大幅度 -44.6% 减产的不足。

2．经济作物和瓜菜作物产量和增长作出重大贡献

中部地区为我国主要经济作物生产增长作出了重大贡献。2004 年棉花产量 188.9万吨，占全国总产 29.9%。油料总产 1 452.9 万吨，占全国总产 47.4%。

20 世纪 80 年代全国棉花增长总量中，中部地区的贡献率为 42%，90 年代贡献率为 41.7%。80 年代全国油料增长总量中，中部地区的贡献率为 50.5%，90 年代全国油料增长主要来自中部地区，贡献率达 61.3%，2001—2004 年，中部地区油料增长对全国贡献率达 57.2%。糖料、瓜菜等作物的增长贡献率也很高（表 10-2）。

表 10-2　主要经济作物贡献率比较　　　　　　　　　　　　单位：万吨，%

项目	1981—1990 年				1991—2000 年				2001—2004 年			
	1981 年	1990 年	增量	贡献率	1991 年	2000 年	增量	贡献率	2001 年	2004 年	增量	贡献率
棉花产量												
全国	296.8	450.8	154		567.5	441.7	−125.8		532.4	632.4	100	
中部	107.1	171.8	64.7	42	208	155.5	−52.5	41.7	191.7	188.9	−2.8	−2.8
油料产量												
全国	1 020.5	1 613.2	592.7		1 638.3	2 954.8	1 316.5		2 864.9	3 065.9	201	
中部	377.5	677	299.5	50.5	637.8	1 444.9	807.1	61.3	1 338	1 452.9	114.9	57.2
糖料产量												
全国	3 602.8	7 214.5	3 611.7		8 418.7	7 635.3	−783.4		8 655.1	9 570.7	915.6	
中部	746.1	1 403.7	657.6	18.2	1 539	880.5	−658.5	84.1	965.3	490.8	−474.5	−51.8
瓜菜产量					1 996	2 000			2 001	2 004		
全国					33 311.1	51 849.8	18 538.7		55 222.1	62 011.4	6 789.3	
中部					11 480.6	18 048.1	6 567.5	35.4	18 909.8	19 935.9	1 026.1	15.1

资料来源：根据相关《中国统计年鉴》计算　瓜菜产量为 1996 年、2000 年、2001 年、2004 年数据

3. 畜牧业发展快，肉蛋奶产量具有一定优势

中部地区为我国畜牧业发展作出了重大贡献。20 世纪 80 年代全国肉类增长总量中，中部地区的贡献率为 32.4%，90 年代达 41.7%，2001—2004 年达 43.1%。禽蛋生产 20 世纪 80 年代对全国贡献率 31.7%，90 年代为 35.9%，2001—2004 年为 44.2%，贡献率越来越高。中部地区是我国牛奶的重要产区，20 世纪 80 年代对我国牛奶生产增长贡献率达 49.3%，90 年代达 30.2%，2001—2004 年贡献率达 54.7%（表 10-3）。

表 10-3　中部地区主要畜牧业产品贡献率　　　　　　　　　单位：万吨，%

项目	1981—1990 年				1991—2000 年				2001—2004 年			
	1981 年	1990 年	增量	贡献率	1991 年	2000 年	增量	贡献率	2001 年	2004 年	增量	贡献率
肉类产量												
全国	1 260.9	2 857	1 596.1		3 144.4	6 125.4	2 981		6 333.9	7 244.8	910.9	
中部	392.4	909.1	516.7	32.4	998.2	2 242.7	1 244.5	41.7	2 303.2	2 696.1	392.9	43.1
禽蛋产量												
全国	280.9	794.6	513.7		922	2 243.3	1 321.3		2 336.7	2 723.7	387	
中部	110.3	273	162.7	31.7	310.8	785.8	475	35.9	827.5	998.5	171	44.2
牛奶产量												
全国	129.1	415.7	286.6		464.6	827.4	362.8		1 025.5	2 260.6	1 235.1	
中部	38.9	180.1	141.2	49.3	205	314.4	109.4	30.2	398.1	1 073.4	675.3	54.7

资料来源：根据相关《中国统计年鉴》计算

第二节　中部地区农业结构变化的分析（1980—2004 年）

一、农业总产值持续增长，但农业产值占 GDP 的比重在下降

中部地区农业总产值 1980 年为 479.6 亿元，1990 年为 1 795.3 亿元，2000 年 5 112.5 亿元，2004 年为 7 375.7 亿元，保持持续增长态势。但随着工业化进程加快，农业总产值占 GDP 的比重在下降，1980 年为占 35.0%，到 2004 年下降到 17.1%（表 10-4）。

表 10-4　中部地区一二三产业产值占 GDP 比重的变化（1978—2004 年）

项目	单位	1978 年	1980 年	1985 年	1990 年	1995 年	2000 年	2004 年
GDP	亿元	1 064.7	1 369.2	2 674.7	5 470.1	15 867.6	26 266.2	43 061.6
第一产业	亿元	378.0	479.6	919.2	1 795.3	4 145.0	5 112.5	7 375.7
	占 GDP(%)	35.5	35.0	34.4	32.8	26.1	19.5	17.1
第二产业	亿元	494.1	633.3	1 144.9	2 137.8	7 050.1	12 049.3	21 167.2
	占 GDP(%)	46.4	46.3	42.8	39.1	44.4	45.9	49.2
第三产业	亿元	192.7	256.0	610.8	1 537.3	4 672.8	9 104.5	14 518.7
	占 GDP(%)	18.1	18.7	22.8	28.1	29.4	34.7	33.7

资料来源：根据相关《中国统计年鉴》计算

二、农业生产全面发展，主要农产品产量不断提高

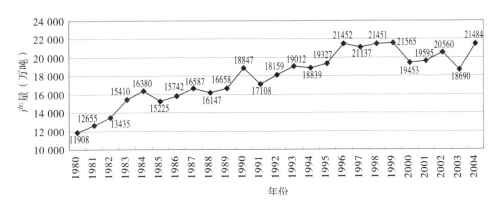

图 10-2　中部地区粮食总产变化情况（1980—2004 年）

1. 粮食生产

中部地区粮食总产量 1980 年为 11 907.5 万吨，1984 年达到 16 379.5 万吨，1990 年突破 18 846.5 万吨，1999 年创历史新高水平达 21 564.9 万吨，之后粮食生产出现徘徊，2004 年开始恢复性增长，粮食产量达到 21 484.3 万吨。粮食平均单产从 1980 年的 2 496.5

千克/公顷（166.4千克/亩），上升为2004年的4 573.5千克/公顷（304.9千克/亩）（图10-2、图10-3）。

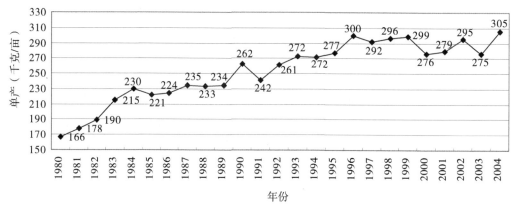

图10-3 中部地区粮食单产变化情况（1980—2004年）

2.棉花、油料、烟叶、瓜菜、水果生产大发展

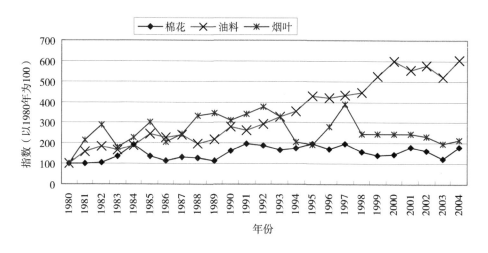

图10-4 中部地区主要经济作物生产发展情况

1980—2004年，中部棉花产量从106.1万吨，增长到188.9万吨，增加了80%；油料产量从241.2万吨，增长到1 452.9万吨，增加了5倍；烟叶从33.3万吨，增长到71.8万吨，增加了1.2倍；瓜菜面积从154.29万公顷，扩大到673.49万公顷，扩大了3.4倍；水果产量从119万吨，增长到1 631.9万吨，增加了12.7倍（图10-4）。

3.养殖业快速发展

1980—2004年，中部肉类产量从392.5万吨，增长到2 696万吨，增加了5.9倍；禽蛋产量从1982年（缺1980年数据）的110.3万吨，增长到998.4万吨，增加了8.1倍；牛奶产量从29.4万吨，增长到1 073.5万吨，增加了35.5倍；特别是近几年，中部牛奶产量以 26%~46% 的年增率增长（2001 年增长 26.6%，2002 年增长 32.7%，2003 年增长 45.9%，2004 年增长 39.4%）；淡水产品产量从 51.3 万吨，增长到 904.7 万吨，增加了 16.6 倍（图 10-5）。

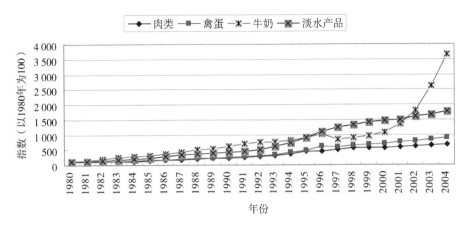

图 10-5　中部地区养殖业生产发展情况

三、农业结构趋于多样化与高效化

1. 农业经济结构从单一的种植业变为种—养业并重

改革开放初期，中部地区农业结构具有单一种植业结构特点。如 1980 年种植业产值（包括农业和林业产值）占农业总产值的 83%，而养殖业产值（包括畜牧业和水产品产业）仅占农业总产值的 17%。1984 年之后，养殖业产值不断提高，至 1990 年养殖业产值占农业总产值的比重已上升到了 27%，1995 年再上升到 34%，2004 年上升为 43%。种植业与养殖业产值的比例关系已从 1980 年的 83：17，调整为 2004 年 57：43，显现出种养业并重的局面（图 10-6）。

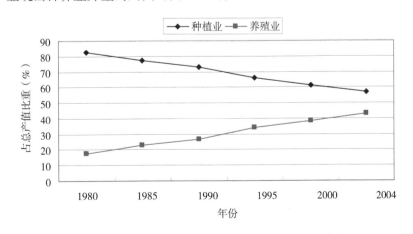

图 10-6　中部地区种植业、养殖业占农业总产值变化情况

2. 种植业结构中单一的粮食生产的比重逐渐下调，经济作物等非粮作物比重在上升

改革开放初期，中部农作物以粮食作物为主，非粮作物面积很少。如 1980 年粮食作物面积占了农作物总面积的 77.8%，而经济作物等非粮作物面积仅占 22.2%。至 2004 年二者的比重分别调至 69.4% 和 30.6%（表 10-5、图 10-7）。

表 10-5　中部地区种植业（面积）结构变化　　　　单位：万公顷，%

年份	农作物面积合计	粮作面积	非粮面积			
			小计	经作面积	瓜菜面积	其他面积
1980	6 131.3	77.8	22.2	10.6	2.5	9.1
1985	6 127.2	74.8	25.2	14.9	3.6	6.7
1990	6 261.1	76.6	23.4	13.9	4.1	5.4
1995	6 337.8	73.3	26.7	16.6	5.9	4.3
2000	6 720.8	70.0	30.0	16.6	9.2	4.2
2001	6 707.5	69.7	30.3	16.1	9.9	4.3
2002	6 719.1	69.2	30.8	16.1	10.3	4.4
2003	6 665.6	67.9	32.1	16.8	10.6	4.7
2004	6 767.3	69.4	30.6	16.1	10.0	4.5

资料来源：根据相关《中国统计年鉴》计算

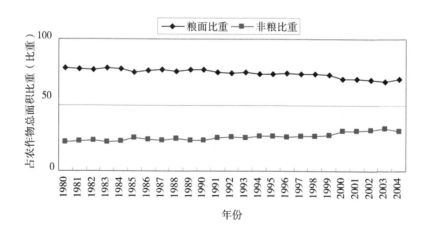

图 10-7　中部地区农作物种植结构变化趋势

3. 粮食作物种植中口粮的生产比重下降、饲料和加工原料粮生产比重在提升

在改革开放之前口粮生产占绝对优势，不仅稻谷、小麦、谷子作为口粮，玉米、大豆、薯类和其他一些杂粮也作为口粮。随着温饱问题的基本解决，玉米和大豆等粮食作物已很少用作口粮，而主要成为饲料和加工原料。

如 1980 年水稻、小麦种植面积共占粮食作物总面积的 53.1%，而玉米和大豆种植面积共占 24.8%，至 2004 年水稻、小麦面积占粮食作物总面积的比重下降为不足 49%，而玉米和大豆面积比重上升为 39.5%（表 10-6）。

表 10-6　中部地区不同粮食作物面积比重变化情况　　　　　单位：%

项目	1980 年	1985 年	1990 年	1995 年	2000 年	2004 年
稻谷、小麦	53.1	55.8	55.8	53.4	51.0	48.1
玉米、大豆	24.8	25.3	28.5	32.0	33.6	39.5
其他	22.1	19.0	15.8	14.6	15.4	12.4

资料来源：根据相关《中国统计年鉴》计算

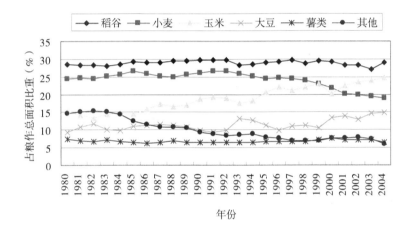

图 10-8　中部地区粮食种植结构变化情况

在 20 世纪 90 年代初之前，小麦面积占中部粮食作物总面积比重基本上呈上升之势，从 1980 年的 24.5%，上升为 1990 年的 26.1%，之后趋于下降，至 2004 年下降为 19%。这一方面是由于产量低、品质差，南方大幅度压缩小麦种植面积；一方面是随着春小麦退出保护价收购，北区春麦区开始压缩春小麦种植面积；另一方面，则是由于干旱缺水，部分小麦田改种棉花。

1980—2004 年，中部地区水稻面积占粮食作物总面积的比重基本保持在 29% 左右（图 10-8）。

4. 非粮作物种植结构，棉油麻糖等传统经济作物比重下降，瓜菜种植面积比重明显上升

棉花、油料、麻类、糖料、烟叶和中药材等被认为是传统经济作物，改革开放初期，在非粮作物中占绝对优势。如 1980 年种植面积占 80.8%，而瓜菜面积仅分别占 19.2%，至 2004 年传统经济作物面积比重下降为 61.8%，而瓜菜面积比重分别上升为

38.2%（表 10-7）。

表 10-7　中部地区经济作物种植（面积）结构变化情况

单位：%

项目	1980 年	1985 年	1990 年	1995 年	2000 年	2004 年
传统经济作物面积	80.8	80.5	77.3	73.9	64.2	61.8
瓜菜	19.2	19.5	22.7	26.1	35.8	38.2

资料来源：根据相关《中国统计年鉴》计算

5. 畜牧业结构从以耗粮型的生猪生产为主逐步向节粮和食草型畜牧业方向发展

在 20 世纪 90 年代中期以前，畜牧业以养猪为主，如 1995 年中部地区猪肉产量占肉类总产的 76.4%。随着畜牧业的快速发展，饲料粮短缺问题日益突出。为了解决畜牧业快速发展与饲料粮短缺之间的矛盾，节粮型和食草型畜牧业得到了快速发展，至 2004 年猪肉在肉类总产量中的比重下降为 65.6%，而禽肉、牛肉、羊肉和其他肉类产量比重上升为 34.4%。正是由于畜牧业生产结构的调整和畜牧业的科技进步，保障了在粮食生产徘徊的情况下畜牧业的快速发展（图 10-9）。

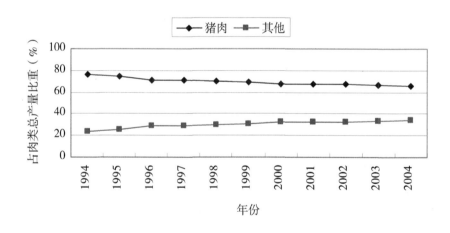

图 10-9　中部地区肉类生产结构变化情况

在肉蛋奶及水产品产量构成中，肉类比重明显下降，而牛奶比重明显上升；在 20 世纪后 20 年，禽蛋和水产品比重缓慢上升，但进入 21 世纪禽蛋产量、水产品产量缓慢下降。

表 10-8 反映了 1982—2004 年中部主要养殖产品生产结构变化情况。从表中可以看出，肉类产量在肉、蛋、奶及水产品产量构成中的比例逐步下降，从 1982 年的 63.6% 下降为 2004 年的 47.5%；禽蛋产量比重从 1982 年的 17% 上升到 2000 年的 19.2%，但之后缓慢下降，2004 年为 17.6%；水产品产量从 1982 年的 10.2% 上升到

2000 年的 18.3%，但之后趋于下降，至 2004 年下降为 15.9%；牛奶产量比重自 20 世纪 90 年代后期开始快速上升，从 2000 年的 7.7% 快速上升为 2004 年的 18.9%（图 10-10）。

表 10-8　中部地区肉蛋奶及水产品总产量构成变化　　　　　　单位：万吨，%

年份	总产量	肉类产量	禽蛋产量	牛奶产量	水产品产量
1982	649.7	63.6	17.0	9.2	10.2
1985	1 006.1	59.4	19.4	9.2	12.0
1990	1 582.4	57.5	17.3	11.4	13.9
1995	3 052.3	58.6	17.8	8.7	15.0
2000	4 092.2	54.8	19.2	7.7	18.3
2001	4 297.1	53.6	19.3	9.3	17.9
2002	4 612.2	51.9	18.9	11.5	17.8
2003	5 090.8	49.7	18.3	15.1	16.9
2004	5 672.6	47.5	17.6	18.9	15.9

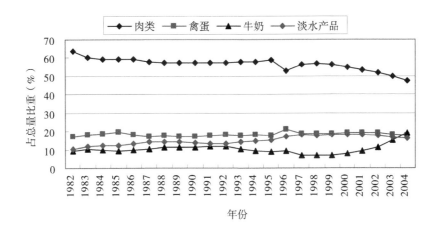

图 10-10　中部地区养殖业生产结构变化

第三节　中部地区农业产业结构区域类型分析

　　根据中部地区的区域位置、自然资源与农作物生长匹配等情况，按照自然地理分异、经济地理分异、生物与环境统一性规律、农业生产地域分异规律的原则，划分为中部地区的北区（黑、吉、蒙）、中区（晋、豫、皖）和南区（鄂、湘、赣）3 个类型区，以便于进一步分析其农业结构的特点和问题。

一、北 区

北区包括黑龙江省、吉林两省和内蒙古自治区，2004 年 3 省区总人口 8 910 万人，国内生产总值 1.1 万亿元，分别占全国的 6.9% 和 6.7%。土地面积 182.4 万平方千米，占全国土地面积的 19%。

表 10-9　2004 年三个类型区土地、耕地、人口基本情况

地区	土地面积 万平方千米	耕地面积 万公顷	总人口 万人	乡村人口 万人	人口密度 人/公顷	人均耕地 人/公顷
黑龙江	45.4	1 166.67	3 817	1 899.2	84.1	0.306
吉林	18.7	554.1	2 709	1 440.1	144.6	0.205
内蒙古	118.3	700.42	2 384	1 352.3	20.2	0.294
山西	15.6	417.23	3 335	2 344.5	213.4	0.125
河南	16.7	793.6	9 717	7 968.8	581.9	0.082
安徽	13.9	575.87	6 461	5 198.2	464.8	0.089
湖北	18.6	471.81	6 016	3 965.5	323.6	0.078
湖南	21.2	383.37	6 698	5 455.8	316.2	0.057
江西	16.7	287.11	4 284	3 266.6	257.0	0.067
北区	182.4	2 421.19	8 910	4 691.6	48.8	0.272
中区	46.2	1 786.71	19 513	15 511.5	422.1	0.092
南区	56.4	1 142.29	16 998	12 687.9	301.2	0.067
中部	285.1	5 350.19	45 421	32 891	159.3	0.118
全国	960	12 339.22	129 988	94 253.9	135.4	0.095

资料来源：《中国统计年鉴》（2005 年）；耕地面积引自《中国国土资源年鉴》（2004）

（一）北区农业资源特点

（1）人均耕地面积大，土壤肥沃。北区共有耕地面积 2 421.19 万公顷，占全国耕地面积的 19.6%，人均耕地 0.272 公顷，是全国平均水平的 2.86 倍（表 10-9）。该类型区土地肥沃，大部分地区为黑土，有机质含量高，适于种植大豆、玉米、甜菜、亚麻等多种作物，地势平坦，耕地集中连片，适于机械化作业。

（2）雨热同季，有效积温利用充分。北区年平均气温为 5℃ 左右，无霜期相对较短，但雨热同期，大部分地区降水量在 350 毫米以上，积温在 2 000℃ 以上，虽然全年热量偏低，但在作物生长活跃期的暖季热量比较充分，大部分地区为一年一熟制。

（3）草场面积大，是我国重要牧区。北区草地面积大，约占全国的 25%，是我国重要的牧区。牧草种类繁多，品质优良，为发展草食动物养殖业提供了有利的条件。其中内蒙古天然草场总面积位居全国五大草原之首，有呼伦贝尔、锡林郭勒、科尔沁、乌

兰察布、鄂尔多斯和乌拉特 6 个著名大草原，是我国重要的畜牧业生产基地。

（4）重要的林业基地，森林覆盖率高。北区是我国重要的林区，有长白山和大、小兴安岭等全国著名的林区，森林面积约占全国森林面积的 30%，森林总蓄积量大，覆盖率高，黑龙江、吉林森林覆盖率超过 40%，远高于全国平均水平，是我国北部重要的生态屏障。

（5）农业物质装备水平相对较低。2004 年，北区农机总动力占全国的 7.9%；有效灌溉面积占全国的 12%；耕地灌溉率为 26.9%；低于全国 44.2% 的平均水平（表 10-10）；农村用电量仅占全国的 2.1%；北区农业物质装备水平较低，需要进一步加强农业基础设施建设。

表 10-10　2004 年三个类型区农业现代化条件

地区	农机总动力		有效灌溉面积		灌溉率	化肥施用量		农村用电量	
	万千瓦	占全国 %	万公顷	占全国 %		万吨	占全国 %	亿千瓦时	占全国 %
黑龙江	1 952.2	3	228.21	4.2	19.6	143.8	3.1	33.5	0.9
吉林	1 319.8	2.1	159.52	2.9	28.8	159.1	3.4	23.7	0.6
内蒙古	1 772.3	2.8	263.59	4.8	37.6	104.4	2.3	26.7	0.7
山西	2 186.5	3.4	108.82	2	26.1	93.4	2	63.2	1.6
河南	7 521.1	11.7	482.91	8.9	60.9	493.2	10.6	157.7	4
安徽	3 784.4	5.9	330.46	6.1	57.4	277.6	6	59.4	1.5
湖北	1 763.6	2.8	207.1	3.8	43.9	281.9	6.1	64.8	1.6
湖南	2 923.9	4.6	268.33	4.9	70	203.2	4.4	57.5	1.5
江西	1 465.2	2.3	184.16	3.4	64.1	123.5	2.7	42.3	1.1
北区	5 044.2	7.9	651.32	12	26.9	407.3	8.8	84	2.1
中区	13 492	21.1	922.18	16.9	51.6	864.2	18.6	280.3	7.1
南区	6 152.7	9.6	659.59	12.1	57.7	608.6	13.1	164.6	4.2
中部	24 689	38.6	2 233.09	41	41.7	1 880	40.5	528.9	13.4
全国	64 027.9	100	5 447.84	100	44.2	4 636.6	100	3 933	100

资料来源：根据相关《中国统计年鉴》计算

（二）北区农业结构特点

1.北区农业经济结构特点

（1）人均 GDP、农民人均纯收入较高。2004 年北区国内生产总值（GDP）占全国 6.7%，人均为全国平均水平的 116.1%，是中部地区中唯一高于全国平均水平的区域。农林牧渔总产值占全国的 8.1%，农民人均纯收入 2 885.3 元，相当于全国平均水平的 98.3%，其中黑龙江、吉林的农民人均纯收入分别为 3 005.2 元和 2 999.6 元，在中部地区是分别居第一、第二位，也高于全国平均水平（表 10-11）。

（2）第一产业产值比重与全国平均水平基本持平，农业就业比重偏高。2004 年北

区第一产业占 GDP 的比重为 15.1%，但第一产业就业比重 49.8%，其结构偏差值为
70.2，高于全国 63.4 的平均水平。北区结构偏差较大，第一产业就业比重高而产出比
重偏低，农业剩余劳动力转移不足（表 10-12）。

（3）种植业产值比重与全国基本持平。2004 年北区农林牧渔总产值占全国总产值
的 8.1%，种植业占总产值的 51.8%，略高于全国平均水平。

（4）林业产值比重较大。2004 年北区林业产值占全国林业总产值的 10.9%，林业
产值占总产值的 5.0%，高于全国平均水平 1.3 个百分点。

表 10-11　2004 年三个类型区经济发展水平

地区	GDP		人均 GDP		农林牧渔总产值		农民人均纯收入	
	亿元	占全国（%）	元/人	比全国（%）	亿元	占全国（%）	元	比全国（%）
黑龙江	5 303	3.2	13 897	131.6	1 136.6	3.1	3 005.2	102.3
吉林	2 958.2	1.8	10 932	103.5	940.7	2.6	2 999.6	102.2
内蒙古	2 712.1	1.7	11 305	107	851.3	2.3	2 606.4	88.8
山西	3 042.4	1.9	9 150	86.6	481.8	1.3	2 589.6	88.2
河南	8 815.1	5.4	9 470	89.7	2 963.9	8.2	2 553.2	87
安徽	4 812.7	2.9	7 768	73.6	1 644.4	4.5	2 499.3	85.1
湖北	6 309.9	3.9	10 500	99.4	1 695.4	4.7	2 890	98.4
湖南	5 612.3	3.4	9 117	86.3	1 913.3	5.3	2 837.8	96.6
江西	3 495.9	2.1	8 189	77.5	1 055	2.9	2 786.8	94.9
北区	10 973.3	6.7	12 316	116.1	2 928.6	8.1	2 885.3	98.3
中区	16 670.2	10.2	8 543.1	80.9	5 090.2	14	2 540.7	86.5
南区	15 418.1	9.4	9 070.5	85.9	4 663.7	12.9	2 842.1	96.8
中部	43 062	26.4	9 481	89.8	12 682.5	35	2709	92.2
全国	136 875.9	100	10 561	100	36 239	100	2 936.4	100

资料来源：《中国统计年鉴》（2005 年）

表 10-12　2004 年三个类型区 GDP 结构与就业结构

地区	GDP 构成（%）			就业人员构成（%）			结构偏差值
	第一产业	第二产业	第三产业	第一产业	第二产业	第三产业	
黑龙江	11.1	59.5	29.4	49.1	20.4	30.5	78.2
吉林	19	46.6	34.4	46.5	18.6	34.9	56.1
内蒙古	18.7	49.1	32.2	54.5	14.9	30.6	71.7
山西	8.3	59.5	32.2	43.8	25.4	30.8	70.8
河南	18.7	51.2	30.1	58.1	20.4	21.5	78.8
安徽	19.4	45.1	35.5	52.3	20.2	27.5	65.9
湖北	16.2	47.5	36.4	44	18.9	37.1	57.2

（续表）

地区	GDP 构成（%）			就业人员构成（%）			结构偏差值
	第一产业	第二产业	第三产业	第一产业	第二产业	第三产业	
湖南	20.6	39.5	39.9	55.2	15.9	28.8	69.3
江西	20.4	45.6	34	48	20.3	31.8	55.2
北区	15.1	53.5	31.5	49.8	18.4	31.8	70.2
中区	17	51	32	54.2	21.1	24.8	74.3
南区	18.7	44.1	37.1	49.9	17.9	32.2	62.3
中部	17.1	49.2	33.7	51.9	19.5	28.6	69.5
全国	15.2	52.9	31.9	46.9	22.5	30.6	63.4

注：《中国统计年鉴》（2005 年）；结构偏差值 = $\sum$ | （I 部门的就业比重 −I 部门的产值比重）|

（5）畜牧业产值较高，比重较大。2004 年北区畜牧业产值占全国畜牧业总产值的9.6%，畜牧业产值占农业总产值的40.1%，高于全国平均水平近 7 个百分点。

（6）渔业产值较低。2004 年北区渔业产值占全国渔业总产值的1.2%，渔业产值占总产值的1.5%，低于全国平均水平8.4 个百分点。

2. 北区种植结构特点

北区种植结构进一步优化，区域规模化格局初步形成，北区主要农产品进一步向优势产区集中，初步构筑了区域化、专业化、规模化的种植格局。

（1）粮食作物种植比重大。2004 年北区粮食作物种植比重很高，高达81.8%，高于全国平均水平15 个百分点。

（2）玉米种植比较突出。2004 年北区玉米播种面积占全国的26.6%；总产占全国46.1%；人均玉米为全国平均水平4.1 倍。在北区粮食作物种植结构中，玉米占39.9%，高出全国平均14 个百分点。在北区粮食总产中，玉米占52.7%，超过了半壁江山，是我国重要的玉米产区。

（3）大豆种植突出。2004 年北区大豆播种面积占全国的50.4%；总产占全国51.4%；人均大豆为全国平均水平7.5 倍。在北区粮食作物种植结构中，大豆占28.5%，高出全国平均19 个百分点，是我国重要的大豆产区。

（4）粮食商品率最高的地区。北区是我国粮食商品率最高的地区之一，2004 年人均粮食产量高达787.5 千克，为全国平均水平的2.2 倍。如以人均400 千克的基本需求计算，三省区人均可向区外提供商品粮387.5 千克，是我国提供商品粮的最大基地。

（5）经济作物种植比重较低。2004 年北区经济作物种植较少，仅占农作物总播面积的7%，低于全国平均水平8 个百分点。

（6）麻类种植比较突出。2004 年北区麻类播种面积占全国的32.4%；总产占全国38.7%；人均麻类为全国平均水平5.6 倍。

3. 北区养殖结构特点

（1）在全国肉类、禽蛋生产中地位适中。北区是我国重要的牧区，2004 年肉类总产占全国总产的 8.4%。人均产肉为全国平均水平的 1.23 倍。禽蛋占全国的 8.5%。在我国肉类、禽蛋生产中地位一般。

（2）羊养殖比较突出。2004 年北区大牲畜存栏占全国的 12.2%，其中牛占大牲畜的 81.7%，低于全国平均水平近 6 个百分点，羊存栏 6 882.1 万头，占全国 18.8%。

（3）最主要的牛奶产地。2004 年北区牛奶总产 897.7 万吨，占全国总产的 39.7%，人均牛奶为全国平均水平 5.8 倍。

（三）黑龙江农垦经济

1. 黑龙江省农垦经济在黑龙江省经济发展中占有重要地位

（1）人均 GDP 高于全省平均水平近 8 个百分点。黑龙江省农垦生产总值占黑龙江省的 4.5%，人均 GDP 为黑龙江省平均水平的 107.7%。在黑龙江农业经济中占有重要地位（表 10-13）。

（2）以 18.2% 的耕地生产 31.2% 的粮食。2004 年黑龙江省农垦耕地面积占黑龙江省的 18.2%，粮食总产占全省的 31.2%，其中稻谷占 46.8%，小麦占 67.2%，玉米占 15.8%，大豆占 26.4%，在黑龙江省农业产业占有重要地位（表 10-13）。

（3）糖料产量占全省的 37.3%。2004 年黑龙江省农垦油料总产占全省的 20.7%，糖料总产占全省的 37.3%。在全省经济作物生产中占有比较重要的地位（表 10-13）。

（4）畜牧业生产接近全省平均水平。2004 年黑龙江省农垦大牲畜存栏占全省的 11.7%，猪存栏、羊存栏，分别占全省的 11.3% 和 17.8%（表 10-13）。

2. 黑龙江农垦农业结构特点

（1）第一产业比重大。2004 年黑龙江农垦第一产业产值占总产值的 55.1%，远远高于黑龙江省 15.1% 的水平，说明黑龙江农垦经济以农业经济为主。

（2）种植业结构中，稻谷比重大。2004 年黑龙江农垦稻谷种植面积、总产分别占粮食面积、总产的 36.6% 和 56.4%，大约是黑龙江省稻谷播面、总产所占比重的 2 倍，水稻在黑龙江省农垦中的地位十分突出。

表 10-13　2004 年黑龙江省农垦经济占黑龙江省的比重

	农垦	黑龙江	占全省（%）
耕地面积（万公顷）	212.37	1 166.67	18.2
农作物总播面积（万公顷）	215.22	988.84	21.8
GDP(亿元)	23.61	530.30	4.5
一产（亿元）	130.1	587.76	22.1

（续表）

	农垦	黑龙江	占全省（%）
二产（亿元）	43.2	3 155.33	1.4
三产（亿元）	62.8	1 559.92	4.0
人均GDP（元）	14 973	13 897	107.7
粮食播面（万公顷）	18 759	84 580	22.2
稻谷（万公顷）	68.62	158.78	43.2
小麦（万公顷）	15.26	25.50	59.8
玉米（万公顷）	22.55	217.95	10.3
大豆（万公顷）	66.39	355.55	18.7
粮食总产（万吨）	937.5	3 001.0	31.2
稻谷（万吨）	528.6	1 130.0	46.8
小麦（万吨）	55.8	83.0	67.2
玉米（万吨）	148.5	939.5	15.8
大豆（万吨）	168.3	638.5	26.4
油料播面（万公顷）	8.1	41.11	19.7
糖料播面（万公顷）	1.22	7.55	16.2
油料总产（万吨）	9.5	46.0	20.7
糖料总产（万吨）	35.8	96.0	37.3
大牲畜存栏（万头）	69.25	590.8	11.7
牛存栏（万头）	68.8	532.8	12.9
猪存栏（万头）	137.68	1 217.3	11.3
羊存栏（万头）	205.1	1 153.6	17.8

资料来源:《中国农业统计资料》（2004）；耕地面积为2003年资料

二、中 区

中区包括山西、河南、安徽三省。2004年中区总人口1.95亿人，国内生产总值1.67万亿元，分别占全国的15%和10.2%。土地面积46.2万平方千米，占全国土地面积的4.8%。

（一）中区农业资源特点

（1）耕地面积大，垦殖程度高。中区共有耕地面积1 786.71万公顷（2003），占全国耕地面积的14.5%，占类型区的土地面积的38.6%，土壤垦殖程度远高于全国平均12.9%的水平。

（2）气候温和，雨量适中。中区大部分地区属于暖温带向亚热带过渡地区，气候比较温和，年平均气温10℃以上，无霜期在180天以上，大部分地区接近一年二熟制，雨量除山西较少外，河南、安徽在500毫米以上，适宜于多种农作物生长，是全国小麦、玉米、棉花、油料、烟叶等农产品重要的生产基地之一。

（3）农业生产物质装备水平较高。2004年中区农机总动力占全国的21.1%，有效灌溉面积占全国的16.9%，耕地灌溉率为51.6%，高于全国44.2%的平均水平（表10-12）；化肥施用量占全国18.6%。中区农业物质装备水平较高，为保障国家粮食安全，提高粮食综合生产能力，奠定了良好的基础。

（二）中区农业结构特点

1.中区农业经济结构特点

（1）人均GDP、农民人均纯收入低。从表10-11可以看出2004年中区人均GDP 8 543.1元，是全国平均水平的80.9%，是中部三大类型区中最低的区域。农民人均纯收入2 540.7元，相当于全国平均水平的86.5%，也是中部地区农民收入最低的地区。

（2）第一产业产值比重高于全国平均水平，农业就业比重高。从表10-12可以看出，2004年中区第一产业占GDP的比重为17%，第一产业就业比重54.2%，其结构偏差值为74.3，高于全国63.4的平均水平。中区结构偏差大，第一产业就业比重高而产出比重较低，农业剩余劳动力转移严重不足。

（3）种植业产值高比重大。2004年中区农林牧渔总产值占全国总产值的14.0%，种植业产值占总产值的53.7%，高于全国平均水平3个百分点。

（4）林业产值略低于全国平均水平。2004年中区林业产值占全国林业总产值的12.6%。林业产值占总产值的3.3%，略低于全国平均水平0.4个百分点。

（5）畜牧业产值略高于全国平均水平。2004年中区畜牧业产值占全国畜牧业总产值的14.8%，畜牧业产值占总产值的35.3%，略高于全国平均水平近2个百分点。

（6）渔业产值低于全国平均水平。2004年中区渔业产值占全国渔业总产值的4.9%。渔业产值占总产值的3.5%，低于全国平均水平6.4个百分点。

2.中区种植结构特点

（1）粮食种植比例大地位重要。2004年中区粮食总产占全国粮食总产17.2%，粮食总播面积占全国粮食总播面积的17.9%，人均粮食高于全国平均水平。

（2）小麦种植比例大。2004年中区小麦播种面积占全国的35%，总产占全国38.2%，人均小麦为全国平均水平2.5倍。在中区粮食作物种植结构中，小麦占41.5%，高出全国平均近20个百分点，也远高于稻谷、玉米在粮食中的比重，显示了小麦在中区的重要地位。

（3）玉米种植比例较大，单产低于全国平均水平。2004年中区玉米播种面积占全国的16.5%，总产占全国15.4%，单产低于全国平均水平约7个百分点，人均玉米与全国平均水平基本持平。在中区粮食作物产量结构中，玉米占24.8%，仅次于小麦，是该类型区第二大粮食作物。

（4）棉花、油料比例大。2004 年中区棉花播面占全国的 25.7%，总产占全国的 19%，人均棉花产量为全国平均水平的 1.25 倍。油料播面占全国的 22.3%，总产占全国的 24%，人均油料产物为全国平均的 1.6 倍。

（5）水果产量比重较大。中区 2004 年水果产量占全国总产的 17.6%，是我国重要的水果产区之一。

3. 中区养殖结构特点

（1）肉类生产比较突出，牛奶比重较低。中区是我国重要的畜产品产区，2004 年肉类总产占全国的 14.4%，牛奶总产占全国 6.5%。人均牛奶仅为占全国平均水平 43%，生产水平较低。

（2）牛、羊养殖比较突出。2004 年中区大牲畜存栏占全国的 14.2%，其中牛占大牲畜的 93.7%，高于全国平均水平 6 个百分点，羊存栏占全国 16%（表 10-10）。

（3）重要的禽蛋产区。2004 年中区禽蛋总产占全国的 19.1%，人均产量是全国平均水平的 1.27 倍。

三、南 区

南区包括湖北、湖南、江西三省。2004 年南区位总人口 1.70 亿人、国内生产总值 1.54 万亿元，分别占全国的 13.1% 和 9.5%，土地面积 56.4 万平方千米，占全国土地面积的 5.9%。

（一）南区农业资源特点

（1）人均耕地面积少，垦殖程度高。南区共有耕地面积 1 142.29 万公顷，占全国耕地面积的 9.3%，人均耕地 0.067 公顷，为全国平均水平的 70.8%，低于全国平均水平，是中部三大区域中耕地面积最小，人均耕地最少的区域（表 10-9）。土地垦殖率 20.2%，高于全国平均 12.9% 的水平。

（2）光、热、水资源丰富。南区各地年平均气温 15℃ 以上，年日照时数为 1 100 小时以上，无霜期长达 260~ 310 天，雨量充沛，平均降水量在 800 毫米以上，为我国雨水较多的省区之一，属于一年二熟制，是我国重要的粮食主产区。

（3）灌溉率较高。南区有效灌溉面积 659.59 万公顷，占耕地面积的 57.7%，高于全国 44.2% 的平均水平，是我国灌溉水平较高的地区之一（表 10-10）。

（二）南区农业结构特点

1. 南区农业经济结构特点

（1）人均 GDP、农民人均纯收入较低。从表 10-11 可以看出 2004 年南区人均 GDP 为全国平均水平的 85.9%，农民人均纯收入 2 842.1 元，相当于全国平均水平的 96.8%，略低于全国平均水平。

（2）第一产业比重大。从表10-12可以看出2004年南区第一产业占GDP的比重为18.7%，高于全国平均15.2%的水平，是中部三大类型区中最高的。

（3）第一产业就业比重相对较低。2004年南区第一产业就业人员占全部就业人员的比重为49.9%，是中部三大类型区中最低的。结构偏差值为62.3，低于全国平均约1个百分点，也是中部三大类型区中最低的（表10-12）。说明南区地区农业剩余劳动力转移工作较好，农业剩余劳动力相对较少。

（4）种植业比重较低。2004年南区农林牧渔总产值占全国总产值的12.9%，种植业产值占总产值的49.0%，低于全国平均水平1个百分点。

（5）林业比重略高。2004年南区林业产值占全国林业总产值的15.2%。林业产值占总产值的4.3%，高于全国平均水平0.4个百分点。

（6）畜牧业产值略高于全国平均水平。2004年南区畜牧业总产值占全国畜牧业总产值的13.4%。在南区的农林牧渔总产值内部结构中，畜牧业产值占总产值的35.1%，高于全国平均水平1.5个百分点。

（7）渔业比重略高。2004年南区渔业产值占全国渔业总产值的13%。在南区的农林牧渔总产值内部结构中，渔业产值占总产值的10.1%，高于全国平均水平0.2个百分点。

2.南区种植结构特点

（1）重要的粮食主产区。南区2004年粮食总产占全国的13.6%，粮食播面占全国11.6%。人均粮食376.7kg，高于全国平均水平。

（2）全国重要水稻种植区，在粮食种植面积中比重大。2004年南区水稻播种面积占全国的30.8%，水稻总产占全国30%，人均水稻是全国平均水平2.3倍，是我国重要的水稻产区。在南区粮食作物种植面积中，水稻占73.9%，高出全国平均近45个百分点，在该区域粮食播面中占有绝对优势。在南区粮食总产中，稻谷占83.8%，远高于全国水稻占38.1%的平均水平，显示了水稻在南区区域的重要位置。

（3）在农作物种植结构中，棉花比例大。2004年在该区域农作物种植结构中，棉花占14.4%，远高于全国平均3.7%的水平，显示了棉花在南区区域的重要地位。

（4）重要油料产区之一。2004年南区油料播面占全国的20.2%，总产占全国的17.2%，人均油料为全国平均水平的1.3倍，是我国的重要油料产区之一。

（5）重要麻类产区之一。南区地区2004年麻类播面占全国的25.6%，总产占全国的18.6%，人均麻类为全国平均水平的1.4倍，是我国的重要麻类产区之一。

3.南区养殖结构特点

（1）肉类生产较为突出，牛奶比重较低。南区是我国重要的畜产品产区，2004年肉类总产占全国总产的14.4%，人均肉类产量为全国平均水平的1.1倍。南区2004年禽蛋总产占全国的 9.1%。牛奶总产仅占全国 1.3%，人均牛奶产量仅为全国平均的 10.1%，远低于全国平均水平。

（2）水产品生产在中部地区较为突出。2004 年南区水产品总产占全国 12.7%，在中部三大区域中居第一。

（3）牛、猪养殖比较突出。2004 南区大牲畜存栏占全国的 8.7%，其中牛占 99.5%，高于全国平均水平 12 个百分点，猪存栏占全国 16.5%，羊存栏占全国 3.1%。

第四节　主要农产品区域布局及变化

一、粮食生产区域布局变化情况

1.粮食生产重心北移

表 10-14　中部地区粮食作物面积与粮食产量北、中、南三区布局变化情况　　　单位：%

项目	地区	1980年	1985年	1990年	1991年	1992年	1993年	1994年	1995年	1996年	1997年	1998年	1999年	2000年	2001年	2002年	2003年	2004年
粮作面积	北区	30.9	30.4	30.9	31.5	32.0	32.4	32.6	32.8	33.2	34.2	34.6	34.4	34.3	36.6	35.9	35.8	36.1
	中区	38.6	39.2	39.3	38.5	38.6	39.3	38.6	38.4	38.3	37.4	38.1	37.8	39.1	37.5	38.9	39.6	38.8
	南区	30.6	30.4	29.8	30.0	29.5	28.4	28.8	28.9	28.5	28.4	27.4	27.8	26.6	25.9	25.2	24.6	25.2
粮食总产	北区	22.8	21.4	28.3	29.4	28.9	28.4	30.1	29.0	32.2	30.0	33.1	31.6	27.9	29.8	31.9	32.8	32.7
	中区	36.0	37.4	35.7	32.3	34.7	37.9	34.4	36.0	35.4	36.0	35.8	36.4	38.2	37.3	38.4	36.1	37.5
	南区	41.2	41.1	36.0	38.3	36.4	33.7	35.5	35.0	32.4	34.1	31.1	32.0	33.9	32.9	29.7	31.1	29.8

资料来源：根据相关《中国统计年鉴》计算

如表 10-14 所示，1980—2004 年，北区粮食作物种植面积占中部粮食作物总面积的比重从 30.9% 逐步上升为 36.1%；粮食产量比重则从 22.8% 上升到 32.7%。而南区粮食作物种植面积占中部粮食作物面积的比重从 30.6% 下降到 25.2%；粮食产量比重从 41.2% 下降到 29.8%。

2.在中部商品粮主产区中，目前只有北区粮食富裕程度很高，其他区域已不富裕

据 2004 年资料，北区、中区、南区粮食产量分别占中部粮食总产的 32.7%、37.5% 和 29.8%；其人均粮食 787 千克、413 千克、377 千克。北区与中区超过了 400 千克，为中部地区粮食最富裕区，而南区人均粮食产量不足 400 千克（图 10-11）。

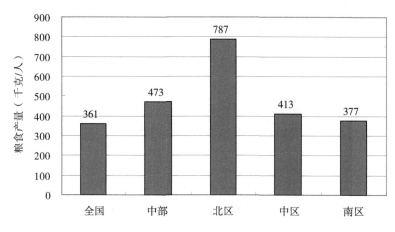

图 10-11　中部地区分区人均粮食产量

3.北区水稻面积虽有所增加，但南区水稻的绝对优势地位并未动摇

随着北区优质水稻面积的快速扩大和南区水稻面积大幅度压缩，南区水稻生产的地位弱化，北区水稻生产的地位增强。如南区稻谷产量占中部稻谷总产量的比重从1980年的78.4%下降为2004年的62.1%；同期，北区稻谷产量比重从3.6%上升到18.8%。但是，受自然条件的制约，北区不可能大面积发展水稻，所以南区生产的绝对优势并未动摇（表10-15、表10-16）。

表 10-15　北中南区水稻面积占中部地区水稻总面积比重变化　单位：万公顷，%

年份	中部地区 水稻总面积	水稻面积比重		
		北区	中区	南区
1980	1 364.96	3.5	19.5	77.0
1985	1 337.11	5.5	19.3	75.2
1990	1 423.15	8.2	19.4	72.4
1995	1 346.38	10.0	19.4	70.6
2000	1 373.33	16.8	19.7	63.5
2001	1 319.90	17.7	18.0	64.3
2002	1 309.74	17.7	19.2	63.1
2003	1 227.78	15.5	20.2	64.3
2004	1 364.59	16.6	19.4	64.0

资料来源：根据相关《中国统计年鉴》计算

表 10-16　北中南区稻谷产量占中部地区稻谷总产量比重变化　　　单位：万吨，%

年份	中部地区	稻谷产量比重		
	稻谷总产量	北区	中区	南区
1980	5 317.5	3.6	18.0	78.4
1985	7 136.1	5.0	19.5	75.5
1990	8 096.2	7.8	20.0	72.2
1995	8 031.9	10.0	19.5	70.4
2000	8 414.5	17.7	18.3	64.0
2001	8 095.7	17.8	17.0	65.1
2002	8 053.6	16.7	20.7	62.6
2003	7 183.1	16.8	16.8	66.4
2004	8 640.1	18.8	19.1	62.1

资料来源：根据相关《中国统计年鉴》计算

4. 中区小麦生产高度集中，产量占中部地区近 90%

随着中部粮食由过去的严重短缺向供需基本平衡、丰年有余的演变，南区不适宜种植小麦的区域大幅度压缩了小麦种植面积，北区地区也因水源短缺和单产低下，或品质差、效益低而压缩小麦种植面积。因此，中部小麦生产在快速地向小麦最适宜区——中区集中，其小麦产量占中部小麦总产量的比重从 1980 年的 63.0%，上升为 2004 年的90.0%（表 10-17、表 10-18）。

表 10-17　北中南区小麦面积占中部地区小麦总面积比重变化　　　单位：万公顷，%

年份	中部地区	小麦面积比重		
	小麦总面积	北区	中区	南区
1980	1 167.33	27.4	58.6	14.0
1985	1 218.3	24.9	61.9	13.2
1990	1 249.63	24.0	63.0	13.0
1995	1 134.57	19.5	68.1	12.4
2000	1 024.16	12.5	77.5	9.9
2001	946.09	10.5	80.2	9.3
2002	928.75	8.1	83.0	8.9
2003	881.66	6.5	85.5	8.1
2004	894.801	7.7	84.5	7.8

资料来源：根据相关《中国统计年鉴》计算

表 10-18 北中南区小麦产量占中部地区小麦总产量比重变化　　单位：万吨，%

年份	中部地区	小麦产量比重		
	小麦总产量	北区	中区	南区
1980	2 143.0	23.0	63.0	14.0
1985	3 349.8	16.0	72.5	11.5
1990	3 734.6	20.1	68.5	11.5
1995	3 673.9	15.0	74.1	10.8
2000	3 717.1	7.9	85.0	7.1
2001	3 741.8	6.2	87.4	6.4
2002	3 567.9	6.1	89.0	4.9
2003	3 500.8	3.6	91.2	5.3
2004	3 898.8	5.1	90.0	5.0

资料来源：根据相关《中国统计年鉴》计算

5. 玉米生产的区域布局趋于稳定

自 20 世纪 80 年代中后期开始，在南区大力发展玉米生产、用玉米替代水稻（用作饲料的部分）的呼声很高，但在北区玉米生产的绝对优势地位并未受到南区玉米生产的挑战。如北区 1980 年玉米产量占中部总产量的 55.3%，1990 年为 65.2%，2000 年为 54.7%，2004 年为 61.5%，尽管近几年北区玉米生产地位有所弱化，但幅度并不大。

1980 年北区玉米面积占中部玉米总面积的 57.3%、中区为 35.1%，2004 年分别 58.2% 和 36.2%，变化不大，玉米生产格局趋于稳定（表 10-19、表 10-20）。

表 10-19 北中南区玉米面积占中部地区玉米总面积比重变化　　单位：万公顷，%

年份	中部地区	玉米面积比重		
	玉米总面积	北区	中区	南区
1980	736.77	57.3	35.1	7.6
1985	655.80	56.3	36.4	7.4
1990	890.96	57.9	36.2	5.8
1995	959.83	59.9	34.2	6.0
2000	950.56	55.7	36.6	7.7
2001	1 057.88	59.2	34.3	6.5
2002	1 097.01	58.6	35.2	6.2
2003	1 085.02	57.8	36.2	6.0
2004	1 161.28	58.2	36.2	5.6

资料来源：根据相关《中国统计年鉴》计算

表 10-20　北中南区玉米产量占中部地区玉米总产量比重变化　　单位：万吨，%

年份	中部地区	玉米产量比重		
	玉米总产量	北区	中区	南区
1980	2 109.5	55.3	39.6	5.1
1985	2 313.9	59.0	35.1	5.9
1990	4 492.8	65.2	31.4	3.3
1995	5 040.6	63.7	32.4	3.9
2000	4 412.3	54.7	37.4	7.9
2001	4 962.3	58.5	35.1	6.4
2002	5 726	59.9	34.6	5.5
2003	5 141.2	64.9	29.3	5.9
2004	6 010.7	61.5	33.3	5.2

资料来源：根据相关《中国统计年鉴》计算

6. 北区大豆生产有明显优势，种植面积和产量逐渐增加

北区是我国大豆集中产区，大豆在中部地位呈上升之势。受自然灾害与市场需求变化的影响，北区大豆生产的波动性比较大，但大豆产量占中部大豆总产量的比重的趋势基本上呈上升趋势，从 1980 年的 55.3%，上升为 2004 年的 61.5%。随着国家对大豆生产基地建设及科技研发投入力度的加大，北区大豆生产的地位将继续上升（表 10-21）。

表 10-21　北中南区大豆产量占中部地区大豆总产量比重变化　　单位：万吨，%

年份	中部地区	大豆产量比重		
	大豆总产量	北区	中区	南区
1980	2 109.5	55.3	39.6	5.1
1985	2 313.9	59.0	35.1	5.9
1990	4 492.8	65.2	31.4	3.3
1995	5 040.6	63.7	32.4	3.9
2000	4 412.3	54.7	37.4	7.9
2001	4 962.3	58.5	35.1	6.4
2002	5 726	59.9	34.6	5.5
2003	5 141.2	64.9	29.3	5.9
2004	6 010.7	61.5	33.3	5.2

资料来源：根据相关《中国统计年鉴》计算

二、主要经济作物和瓜菜区域布局变化情况

1. 棉花生产的区域布局变化较大，但中区作为中部地区棉花最大种植区的地位没有改变

在 20 世纪 80 年代，棉花种植从南区逐渐向中区转移，中区棉花种植面积占中部棉花总面积的比重从 1980 年的 57.2% 上升到 2000 年的 67.9%，进入 21 世纪以来，中区与南区棉花种植格局已基本稳定（表 10-22、表 10-23）。

表 10-22　北中南区棉花面积占中部地区棉花总面积比重变化　　　单位：万公顷，%

年份	中部地区棉花总面积	棉花面积比重		
		北区	中区	南区
1980	205.42	0.0	57.2	42.8
1985	180.36	0.0	64.9	35.1
1990	189.12	0.0	65.9	34.1
1995	238.95	0.0	65.7	34.3
2000	166.44	0.0	67.9	32.0
2001	187.89	0.1	69.8	30.2
2002	166.46	0.1	71.3	28.7
2003	197.33	0.3	71.4	28.4
2004	211.07	0.3	69.4	30.2

资料来源：根据相关《中国统计年鉴》计算

表 10-23　北中南区棉花产量占中部地区棉花总产量比重变化　　　单位：万吨，%

年份	中部地区棉花总产量	棉花产量比重		
		北区	中区	南区
1980	106.1	0.0	57.1	42.9
1985	144.2	0.0	54.6	45.4
1990	171.8	0.0	59.6	40.4
1995	209.1	0.0	55.6	44.4
2000	155.5	0.1	65.8	34.1
2001	191.7	0.2	66.2	33.6
2002	172.3	0.2	68.3	31.5
2003	128.0	0.5	55.5	44.1
2004	188.9	0.4	63.4	36.2

资料来源：根据相关《中国统计年鉴》计算

2. 油料生产北区比重减少，南区比重增加

北区油料面积在中部地区的比重由 1980 年的 27.7% 下降为 2004 年的 17.5%；中区油料面积的比重基本保持稳定；南区则较快发展，由 1980 年的 28.2% 上升到 2004 年的 39.2%（表 10-24、表 10-25）。

表 10-24　北中南区油料面积占中部地区油料总面积比重变化　　单位：万公顷，%

年份	中部地区	油料面积比重		
	油料总面积	北区	中区	南区
1980	342.92	27.7	44.1	28.2
1985	536.48	29.7	44.5	25.7
1990	522.89	16.5	42.7	40.9
1995	672.73	12.7	42.8	44.5
2000	817.74	18.5	41.2	40.3
2001	747.05	15.3	42.4	42.3
2002	767.09	15.9	43.6	40.5
2003	780.05	19.1	42.4	38.5
2004	744.139	17.5	43.2	39.2

资料来源：根据相关《中国统计年鉴》计算

表 10-25　北中南区油料产量占中部地区油料产量比重变化　　单位：万吨，%

年份	中部地区	油料产量比重		
	油料总产量	北区	中区	南区
1980	241.2	32.4	45.4	22.3
1985	586.9	26.6	48.8	24.6
1990	677.0	19.7	47.4	32.9
1995	1 033.0	11.2	49.6	39.2
2000	1 444.9	13.8	50.0	36.2
2001	1 338.0	11.3	50.8	37.9
2002	1 396.2	14.9	53.1	32.0
2003	1 256.2	16.2	46.0	37.8
2004	1 452.9	12.9	50.7	36.4

资料来源：根据相关《中国统计年鉴》计算

3. 瓜菜生产在北区弱化，中区和南区逐步强化

在 20 世纪 80 年代，南区蔬菜生产快速发展。北区瓜菜面积占中部地区瓜菜总面积的比重由 1980 年的 44.1% 下降为 1990 年的 20.5%，南区由 24.9% 上升为 43.1%。21

世纪，中部瓜菜在北、中、南三区的布局已趋于稳定（表10-26）。

表10-26　北中南区瓜菜面积占中部地区瓜菜总面积比重变化　　　　单位：万公顷，%

年份	中部地区	瓜菜面积比重		
	瓜菜总面积	北区	中区	南区
1980	154.29	44.1	31.1	24.9
1985	222.13	26.8	34.6	38.6
1990	256.59	20.5	36.5	43.1
1995	371.28	18.0	37.7	44.4
2000	621.28	18.5	40.4	41.1
2001	665.45	16.5	40.3	43.2
2002	693.80	17.0	40.7	42.3
2003	705.52	15.6	42.8	41.6
2004	673.49	13.5	44.6	41.9

资料来源：根据相关《中国统计年鉴》计算

三、水果区域布局变化

南区水果有了较快发展，北、中、南三大区域布局基本稳定

从20世纪80年代开始，南区水果有了较快发展，中区与北区略有下降。南区果园面积的比重由1980年的35.5%上升到2000年的46.6%，中区由50.3%下降到40.5%，北区由14.2%下降到12.9%。进入21世纪以后，北中南三区水果生产基本稳定（表10-27、表10-28）。

表10-27　北中南区果园面积占中部地区果园总面积比重变化　　　　单位：万公顷，%

年份	中部地区	果园面积比重		
	果园总面积	北区	中区	南区
1980	47.21	14.2	50.3	35.5
1985	56.52	10.7	53.0	36.3
1990	100.34	11.0	49.5	39.5
1995	176.83	12.5	46.6	41.0
2000	181.78	12.9	40.5	46.6
2001	180.72	14.6	39.1	46.3
2002	176.82	11.2	41.2	47.6
2003	180.64	10.2	41.7	48.1
2004	190.37	8.6	41.4	49.9

资料来源：根据相关《中国统计年鉴》计算

表 10-28　北中南区水果产量占中部水果产量比重变化　　单位：万吨，%

年份	中部地区	水果产量比重		
	水果总产量	北区	中区	南区
1980	119	8.7	68.0	23.3
1985	190.9	8.5	61.0	30.4
1990	263.4	9.5	49.9	40.5
1995	700.3	8.4	52.4	39.2
2000	1 177.5	7.6	57.7	34.7
2001	1 294.7	5.8	57.4	36.8
2002	1 423.7	9.1	57.8	33.1
2003	1 447.3	8.3	55.3	36.5
2004	1 631.8	8.0	56.5	35.5

资料来源：根据相关《中国统计年鉴》计算

四、主要畜禽产品区域布局变化

1. 南区肉类生产下降，北区和中区上升

南区肉类总产的比重由 1985 年的 52.5%，逐步下降为 2004 年的 38.7%。中区由 1985 的 30.3% 上升为 2004 年的 38.6%，进入 21 世纪以来，北中南三大区域肉类生产基本稳定（表 10-29）。

表 10-29　北中南区肉类产量占中部地区肉类产量比重变化　　单位：万吨，%

年份	中部地区	肉类产量比重		
	肉类总产量	北区	中区	南区
1980	392.5	21.8	31.1	47.1
1985	597.3	17.2	30.3	52.5
1990	909.1	17.7	31.4	50.8
1995	1 787.8	19.7	33.1	47.2
2000	2 242.7	22.8	38.5	38.7
2001	2 303.2	20.8	39.4	39.7
2002	2 392.2	20.7	39.8	39.6
2003	2 532.5	21.0	39.5	39.5
2004	2 696.1	22.6	38.6	38.7

资料来源：根据相关《中国统计年鉴》计算

2. 禽蛋生产明显向中区集中，北区稳定，南区下滑

禽蛋生产区域布局变化很明显，其主要表现就是南区禽蛋生产地位逐渐下降，而中

区禽蛋生产地位明显上升。南区禽蛋产量的比重从 1980 年的 40.8% 下降为 2004 年的 24.7%，同期，北区从 26.8% 小幅下降为 23.2%；而中区则从 32.4% 上升为 52.0%，成为中部禽蛋重要产区（表 10-30）。

表 10-30　北中南区禽蛋产量占中部地区禽蛋产量比重变化　　　　　　单位：万吨，%

年份	中部地区	禽蛋产量比重		
	禽蛋总产量	北区	中区	南区
1980 年	110.3	26.8	32.4	40.8
1985 年	195.5	23.9	37.2	38.8
1990 年	273.0	25.0	39.6	35.4
1995 年	541.9	27.1	41.9	31.0
2000 年	785.8	22.9	53.2	24.0
2001 年	827.5	22.9	53.3	23.7
2002 年	869.5	22.6	53.2	24.2
2003 年	930.1	23.1	53.4	23.6
2004 年	998.5	23.2	52.0	24.7

资料来源：根据相关《中国统计年鉴》计算

3. 牛奶生产北区处于绝对优势，中区基本稳定，南区地位下降

北区牛奶产量一直处于绝对优势地位，从 1980 年的 73.5% 上升到 2004 年的 83.6%；中区基本稳定；南区牛奶总产的比重从 1980 年的 13.6%，逐步下降为 2004 年的 2.8%，下降明显（表 10-31）。

表 10-31　北中南区牛奶产量占中部地区牛奶产量比重变化　　　　　　单位：万吨，%

年份	中部地区	牛奶产量比重		
	牛奶总产量	北区	中区	南区
1980 年	29.4	73.5	12.9	13.6
1985 年	92.5	79.5	13.4	7.1
1990 年	180.1	83.5	11.8	4.7
1995 年	265.2	84.2	12.8	2.9
2000 年	314.4	79.0	17.1	3.9
2001 年	398.1	78.2	17.7	4.1
2002 年	528.1	79.3	16.7	4.0
2003 年	770.3	81.9	14.5	3.5
2004 年	1 073.4	83.6	13.6	2.8

资料来源：根据相关《中国统计年鉴》计算

五、结 论

中部地区主要农产品区域布局及变化趋势是：粮食生产重心北移，北区水稻面积虽有所增加，但南区水稻的绝对优势地位并未动摇；中区小麦生产高度集中，产量占中部地区近 90%；玉米生产的区域布局趋于稳定，北区大豆生产有明显优势，种植面积和产量逐渐增加。主要经济作物和瓜菜区域布局变化情况是：中区棉花集中种植区地位增强，南区减弱；油料生产北区比重减少，南区比重增加；瓜菜生产在北区弱化，中区和南区逐步强化。水果区域布局变化特点是南区水果有了较快发展，北、中、南三大区域布局基本稳定。主要畜禽产品区域布局变化特点是南区肉类生产下降，北区和中区上升；禽蛋生产明显向中区集中，北区稳定，南区下滑；牛奶生产北区处于绝对优势，中区基本稳定，南区地位下降。

第五节　中部地区各省区农业结构的比较分析（2004 年）

一、农业经济与农业产业结构的基本特点

1.农村经济结构特点

2004 年中部地区第一产业产值 7 375.7 亿元，占全国的 17.1%，高出全国平均水平 2 个百分点。农林牧渔总产值 12 682.5 亿元，占全国总产值的 35%。2004 年中部地区农民人均纯收入 2 709 元，其中来自种植业的收入有 1 566 元，占纯收入的 57.4%，可见农业收入还是农民收入的最主要的来源。

2.种植业结构特点

中部地区种植业特点是以粮食种植为主，2004 年中部地区农作物总播面积 6 767.29 万公顷，其中粮食作物播种面积占 69.4%，高于全国平均水平 3.2 个百分点，经济作物播种面积占 15.6%。粮食总产 21 484.4 万吨，占全国的 45.8%。中部地区也是我国主要水果产区之一，2004 年水果产量占全国的 30.6%。

3.养殖业结构特点

中部地区是我国重要的畜产品产区，2004 年肉类总产占全国总产的 37.2%，禽蛋总产占全国的 36.7%，牛奶总产占全国的 47.5%。牛存栏占全国的 36.5%，猪存栏占全国 35.5%，羊存栏占全国 37.8%。

二、中部地区各省、区粮食生产结构比较

1. 粮食生产结构以水稻、小麦、玉米和大豆为主

2004 年，中部地区粮食总产量 21 484.4 万吨，其中稻谷产量 8 640.1 万吨，占中部总产量的 40.2%；小麦产量 3 898.8 万吨，占中部地区总产量的 18.1%；玉米总产量 6 010.7 万吨，占中部总产量的 28.0%；大豆、薯类等作物只占中部总产量的 13.7%。粮食产量构成中，水稻、小米、玉米占绝对优势，各省结构详见表 10-32。

表 10-32　2004 年中部地区各省、区粮食产量结构　　　产量：万吨

地区	粮食 产量	稻谷 产量	占 (%)	小麦 产量	占 (%)	玉米 产量	占 (%)	大豆 产量	占 (%)	薯类 产量	占 (%)	其他 产量	占 (%)
黑龙江	3 001.0	1 130.0	37.7	83.0	2.8	939.5	31.3	638.5	21.3	105.0	3.5	105.0	3.5
吉林	2 510.0	437.6	17.4	3.4	0.1	1 810.0	72.1	152.1	6.1	57.7	2.3	49.2	2.0
内蒙古	1 505.3	54.5	3.6	110.5	7.3	948.0	63.0	103.1	6.8	189.8	12.6	99.4	6.6
山西	1 062.0	1.1	0.1	237.1	22.3	631.9	59.5	30.8	2.9	77.5	7.3	83.6	7.9
河南	4 260.0	358.2	8.4	2 480.9	58.2	1 050.0	24.6	103.5	2.4	204.0	4.8	63.4	1.5
安徽	2 743.0	1 292.1	47.1	790.1	28.8	320.8	11.7	112.6	4.1	156.4	5.7	71.0	2.6
湖北	2 100.1	1 501.7	71.5	176.3	8.4	179.1	8.5	40.5	1.9	161.2	7.7	41.3	2.0
湖南	2 640.0	2 285.5	86.6	14.6	0.6	126.6	4.8	39.9	1.5	146.7	5.6	26.7	1.0
江西	1 663.0	1 579.4	95.0	2.9	0.2	4.8	0.3	17.8	1.1	50.9	3.1	7.2	0.4
北区	7 016.3	1 622.1	23.1	196.9	2.8	3 697.5	52.7	893.7	12.7	352.5	5.0	253.6	3.6
中区	8 065.0	1 651.4	20.5	3 508.1	43.5	2 002.7	24.8	246.9	3.1	437.8	5.4	218.1	2.7
南区	6 403.1	5 366.6	83.8	193.8	3.0	3 10.5	4.8	98.2	1.5	358.9	5.6	75.1	1.2
中部	21 484.4	8 640.1	40.2	3 898.8	18.1	6 010.7	28.0	1 238.8	5.8	1 149.3	5.3	546.7	2.5
全国	46 947.2	17 908.9	38.1	9 195.2	19.6	13 029	27.8	1 740.4	3.7	3 557.7	7.6	1 516.0	3.2

资料来源：根据相关《中国统计年鉴》计算

2004 年，中部地区粮食总播面积 4 697.55 万公顷，占全国粮食总播面积的 46%；其中稻谷播面 1 364.59 万公顷，占中部总播的 29.0%；小麦播面 894.80 万公顷，占中部总播的 19.0%；玉米播面 1 161.28 万公顷，占中部总播的 24.7%；大豆播面 692.92 万公顷，占中部总播的 14.8%；薯类及其他作物只占中部总播的 12.5%。粮食种植面积构成中水稻、小米、玉米、大豆占绝对优势，各省结构详见表 10-33。

表 10-33　2004 年中部地区各省区粮食作物种植结构　　　单位：万公顷

地区	粮食作物 播面	稻谷 播面	占（%）	小麦 播面	占（%）	玉米 播面	占（%）	大豆 播面	占（%）	薯类 播面	占（%）	其他 播面	占（%）
黑龙江	845.80	158.78	18.8	25.50	3.0	217.95	25.8	355.55	42.0	34.64	4.1	53.38	6.3
吉林	431.21	60.01	13.9	1.14	0.3	290.15	67.3	52.59	12.2	8.48	2.0	18.84	4.4
内蒙古	418.11	8.09	1.9	41.87	10.0	167.56	40.1	75.29	18.0	52.81	12.6	72.49	17.3
山西	292.54	0.26	0.1	64.89	22.2	112.56	38.5	21.09	7.2	36.03	12.3	57.70	19.7
河南	897.01	50.85	5.7	485.60	54.1	242.00	27.0	52.25	5.8	43.76	4.9	22.55	2.5
安徽	631.22	212.97	33.7	205.99	32.6	66.23	10.5	88.81	14.1	35.77	5.7	21.45	3.4
湖北	371.24	198.96	53.6	60.29	16.2	35.75	9.6	18.38	5.0	40.42	10.9	17.44	4.7
湖南	475.41	371.68	78.2	7.62	1.6	27.65	5.8	18.81	4.0	36.03	7.6	13.63	2.9
江西	335.01	302.97	90.4	1.91	0.6	1.44	0.4	10.15	3.0	12.35	3.7	6.20	1.9
北区	1 695.12	226.88	13.4	68.51	4.0	675.66	39.9	483.43	28.5	95.93	5.7	144.71	8.5
中区	1 820.77	264.09	14.5	756.48	41.5	420.79	23.1	162.15	8.9	115.56	6.3	101.70	5.6
南区	1 181.66	873.62	73.9	69.81	5.9	64.83	5.5	47.34	4.0	88.79	7.5	37.27	3.2
中部	4 697.55	1 364.59	29.0	894.80	19.0	1 161.28	24.7	692.92	14.8	300.28	6.4	283.69	6.1
全国	10 160.62	2 837.88	27.9	2 162.60	21.3	2 544.57	25.0	958.90	9.4	945.68	9.3	710.99	7.0

资料来源：根据相关《中国统计年鉴》计算

2. 粮食种植已形成明显优势区

2004 年中部地区粮食产量构成，北中南三区粮食总产分别为 7 016.3 万吨、8 065.0 万吨、6 403.1 万吨，占中部总产的 33%、37% 和 30%，中部略高，三区差异不大（图 10-12）。9 省粮食总产相差较大，在中部地区第一产粮省是河南，占中部总产的 19%，其次是黑龙江、安徽、吉林和湖南。山西省最少，只占 5%（图 10-13）。

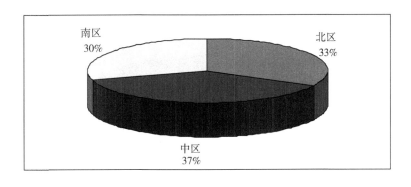

图 10-12　2004 年北中南三区粮食总产占中部比重

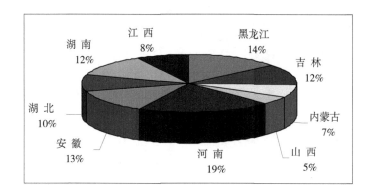

图 10-13　2004 年 9 省区粮食总产占中部比重

不同作物在地区分布上有较大差异，形成明显的优势区。

北区的优势作物是玉米，其次是稻谷和大豆，三种作物产量分别为 3 697.5 万吨（占中部地区 61.5%）、1 622.1 万吨（占中部地区 18.8%）、893.7 万吨（占中部地区 72.1%）。玉米产量占中部地区绝对优势，吉林、黑龙江、内蒙古三省区玉米产量分别占中部地区 30%、16%、16%（图 10-14、图 10-15）。北区大豆总产 893.7 万吨，占中部的 72.1%，其中黑龙江总产 638.5 万吨，占中部地区的 53%（图 10-20、图 10-21）。

中区的优势作物是小麦，其次是玉米和稻谷，总量分别是 3 508.1 万吨（占中部地区 90%）、2 002.7 万吨（占中部地区 33%）、1 651.4 万吨（占中部地区 19%）；河南省的小麦产量是 2 480.9 万吨，占中部地区 64%，安徽省水稻 1 292.1 万吨，占本省 47.1%，占中部地区 15%，山西省玉米总产量不高，但在本省的粮食产量构成中占 59.4%，是其主要粮食作物，山西省薯类和小杂粮也有一定优势（图 10-14 至图 10-19）。

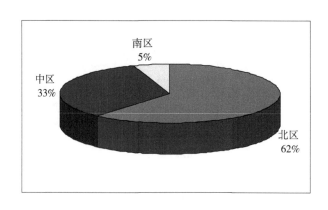

图 10-14　2004 年北中南三区玉米总产占中部比重

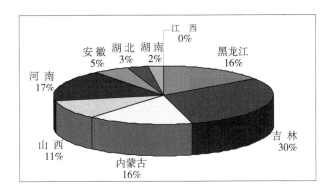

图 10-15　2004 年 9 省区玉米总产占中部比重

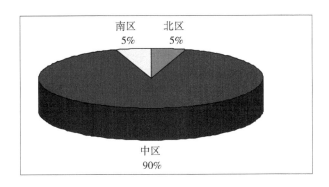

图 10-16　2004 年北中南三区小麦总产占中部比重

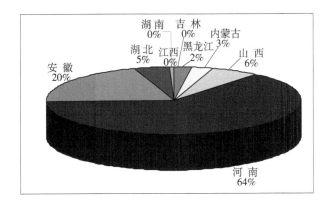

图 10-17　2004 年 9 省区小麦总产占中部比重

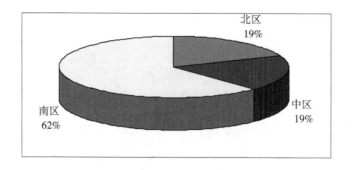

图 10-18　2004 年北中南三区稻谷总产占中部比重

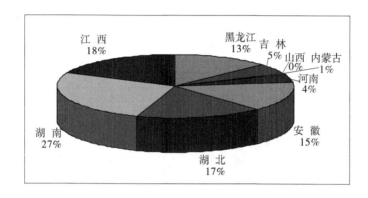

图 10-19　2004 年 9 省区稻谷总产占中部比重

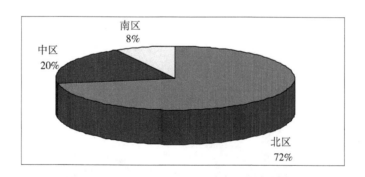

图 10-20　2004 年北中南三区大豆总产占中部比重

南区的水稻产量 5 366.6 万吨，占南区粮食总产量的 83.8%（占中部地区稻谷产量 62%），具有绝对优势。南区的江西、湖南、湖北三省水稻产量分别占本省粮食总产量的 95.0%、86.6% 和 71.5%，各占中部地区 18%、27% 和 17%，说明三省粮食作物结构单一（图 10-18、图 10-19）。

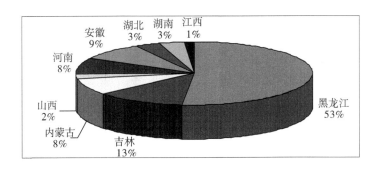

图 10-21　2004 年 9 省区大豆总产占中部比重

三、中部地区各省、区经济作物等非粮食作物生产结构比较

1.非粮食作物播种面积构成以油料、棉花、瓜菜、其他作物为主

2004 年，中部地区非粮作物播种面积 2 069.74 万公顷，占全国非粮播种面积的 39.8%；其中油料播种面积 744.14 万公顷，占中部非粮播种面积的 36%；棉花播种面积 211.07 万公顷，占中部非粮播种面积的 10.2%；瓜菜播种面积 673.49 万公顷，占中部非粮播种面积的 32.5%；其他作物 307.82 万公顷，占中部非粮播种面积的 14.9%；糖料、麻类、烟叶等作物仅占 6.4%，非粮作物播种面积构成中油料、棉花、瓜菜占绝对优势（表 10-34、图 10-22）。

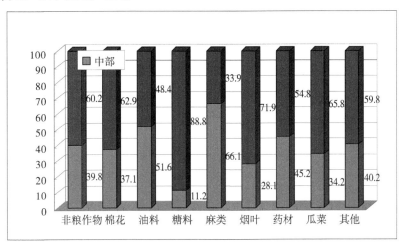

图 10-22　2004 年中部地区非粮作物播种面积占全国比重

2.非粮种植已形成明显优势区

2004 年中部地区非粮播种面积构成，北中南三区非粮播种面积分别为 376.52 万公顷、852.39 万公顷、840.83 万公顷，占中部非粮播种面积的 18.2%、41.2% 和 40.6%，中部、南部较高（图 10-23）。

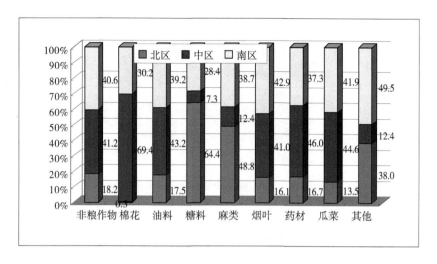

图 10-23　2004 年北中南三区非粮作物播种面积占中部比重

　　9 省非粮播种面积相差较大，在中部地区第一是河南，非粮播种面积占中部的 23%，其次是湖北、湖南与安徽，吉林最少，仅占中部的 3%（图 10-24）。

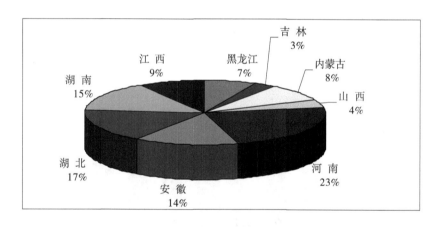

图 10-24　2004 年 9 省区非粮作物面积占中部比重

　　不同作物在地区分布上有较大差异，形成明显优势区。

　　北区的优势作物是糖料，其次是麻类和其他作物，三种作物播种面积分别为 11.31 万公顷（占中部地区 64.4%）、10.72 万公顷（占中部地区 48.8%）、117.01 万公顷（占中部地区 38.0%）。糖料播种面积占中部地区绝对优势，黑龙江、内蒙古二省糖料播种面积分别占中部地区 42%、20%。麻类播种面积黑龙江在中部占有重要地位，其播种面积占中部地区的 45%（图 10-23 至图 10-26）。

　　中区的优势作物是棉花，其次是油料、药材、瓜菜和烟叶，播种面积分别是 146.54 万公顷（占中部地区 69.4%）、321.74 万公顷（占中部地区 43.2%）、26.7 万公

面积：万公顷

表 10-34 2004 年中部地区各省非粮作物种植结构

地区	非粮作物 面积	棉花 面积	占 (%)	油料 面积	占 (%)	糖料 面积	占 (%)	麻类 面积	占 (%)	烟叶 面积	占 (%)	药材 面积	占 (%)	瓜菜 面积	占 (%)	其他 面积	占 (%)
黑龙江	143.04	0.0	0.0	41.11	28.7	7.55	5.3	9.85	6.9	3.15	2.2	3.53	2.5	38.69	27.0	39.16	27.4
吉 林	59.19	0.02	0.0	22.21	37.5	0.13	0.2	0.09	0.2	2.02	3.4	2.81	4.7	28.38	47.9	3.53	6.0
内蒙古	174.29	0.67	0.4	67.10	38.5	3.63	2.1	0.79	0.5	0.56	0.3	3.36	1.9	23.87	13.7	74.32	42.6
山 西	81.61	11.46	14.0	29.83	36.5	0.18	0.2	0.01	0.0	0.30	0.4	3.19	3.9	28.12	34.5	8.53	10.4
河 南	481.96	95.18	19.7	153.89	31.9	0.44	0.1	1.31	0.3	13.11	2.7	16.31	3.4	188.91	39.2	12.81	2.7
安 徽	288.82	39.89	13.8	138.02	47.8	0.65	0.2	1.42	0.5	1.20	0.4	7.20	2.5	83.47	28.9	16.97	5.9
湖 北	344.35	40.83	11.9	147.60	42.9	1.00	0.3	2.33	0.7	5.56	1.6	10.64	3.1	110.81	32.2	25.58	7.4
湖 南	313.21	16.77	5.4	87.76	28.0	2.13	0.7	5.32	1.7	8.83	2.8	8.35	2.7	107.50	34.3	76.55	24.4
江 西	183.27	6.25	3.4	56.62	30.9	1.86	1.0	0.85	0.5	0.89	0.5	2.69	1.5	63.74	34.8	50.37	27.5
北 区	376.52	0.69	0.2	130.42	34.6	11.31	3.0	10.72	2.8	5.73	1.5	9.70	2.6	90.94	24.2	117.01	31.1
中 区	852.39	146.54	17.2	321.74	37.7	1.27	0.1	2.73	0.3	14.60	1.7	26.70	3.1	300.50	35.3	38.31	4.5
南 区	840.83	63.85	7.6	291.98	34.7	4.99	0.6	8.50	1.0	15.28	1.8	21.68	2.6	282.05	33.5	152.50	18.1
中 部	2 069.74	211.07	10.2	744.14	36.0	17.57	0.8	21.96	1.1	35.61	1.7	58.08	2.8	673.49	32.5	307.82	14.9
全 国	5 194.66	569.29	11.0	1 443.07	27.8	156.81	3.0	33.21	0.6	126.56	2.4	128.48	2.5	1 970.77	37.9	766.47	14.8

资料来源：根据相关《中国统计年鉴》计算

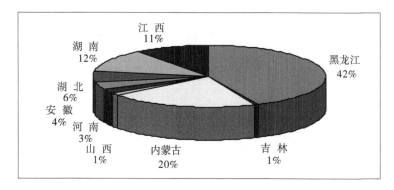

图 10-25　2004 年 9 省区糖料面积占中部比重

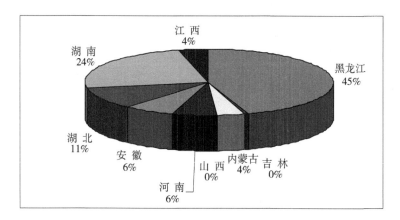

图 10-26　2004 年 9 省区麻类面积占中部比重

顷（占中部地区 46.0%）300.50 万公顷（占中部地区 43.2%）、14.6 万公顷（占中部地区 43.2%）。河南省的棉花是 95.18 万公顷，占中部地区 46%，瓜菜面积 188.91 万公顷，占中部地区 29%。安徽省油料 138.02 万公顷，占本省 47.8%，占中部地区 19%（图 10-27 至图 10-29）。

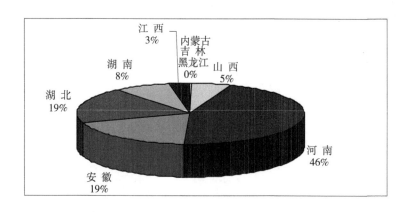

图 10-27　2004 年 9 省区棉花面积占中部比重

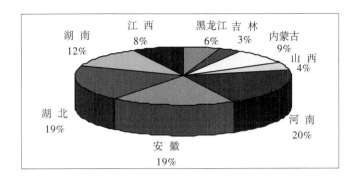

图 10-28　2004 年 9 省区油料面积占中部比重

　　南区的优势作物是油料，其次是烟叶和其他作物，三种作物播种面积分别为
291.98 万公顷（占中部地区 39.2%）、15.28 万公顷（占中部地区 42.9%）、152.5 万公
顷（占中部地区 49.5%）。湖北、湖南二省油料播种面积分别占中部地区 19%、12%。
湖北、湖南二省烟叶播种面积分别占中部地区 25%、16%，湖南其他作物播种面积占
中部地区的 25%（图 10-30、图 10-31）。

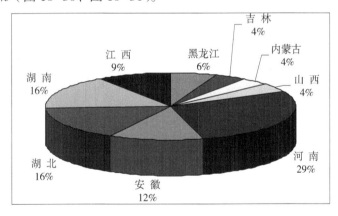

图 10-29　2004 年 9 省区瓜菜面积占中部比重

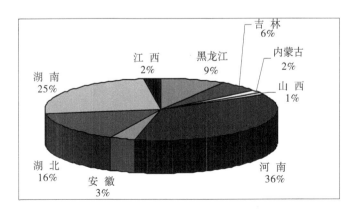

图 10-30　2004 年 9 省区烟叶面积占中部比重

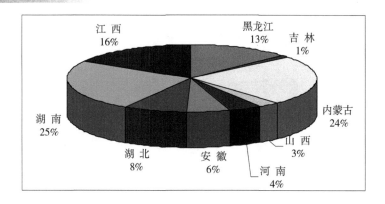

图 10-31　2004 年 9 省区其他作物面积占中部比重

3.中部地区果园面积特点

2004 年中部地区有果园面积 190.37 万公顷，占全国果园面积的 19.5%，其中中部北中南三区分别占 8.6%、41.4% 和 49.9%，中区与南区比较突出。在中部 9 省区中，河南与湖南比较突出分别占中部果园面积的 21%，黑龙江最低，只占中部果园面积的 2%。

四、中部地区各省、区畜牧业结构比较

1.以猪肉为主的肉类结构

2004 年中部地区肉类总产 2 696.1 万吨，占全国肉类总产的 37.2%，其中猪肉总产 1 768.9 万吨，占中部肉类总产 65.6%；牛羊肉 450.3 万吨，占中部肉类总产 16.7%。肉类产量构成中以猪肉为主（表 10-35、图 10-32）。

表 10-35　2004 年中部地区各省、区畜牧业结构　　　　单位：万吨

地区	肉类总产	猪肉	占肉类（%）	牛羊肉	占肉类（%）	禽蛋总产	牛奶总产	水产品总产
黑龙江	165.3	93.9	56.8	40.4	24.4	98.3	374.5	43.0
吉　林	243.5	98.5	40.4	53.0	21.8	95.0	25.3	12.0
内蒙古	201.4	80.8	40.1	89.1	44.2	38.7	497.9	7.7
山　西	66.6	46.8	70.3	14.0	21.0	52.0	61.1	3.5
河　南	641.5	410.3	64.0	143.0	22.3	347.4	74.5	42.7
安　徽	333.7	207.6	62.2	52.0	15.6	120.0	10.2	171.3
湖　北	309.3	240.7	77.8	21.7	7.0	118.1	11.7	302.1
湖　南	517.1	429.1	83.0	27.0	5.2	88.1	6.7	166.1
江　西	217.7	161.2	74.1	10.3	4.7	40.8	11.6	156.3
北区	610.2	273.2	44.8	182.5	29.9	232.0	897.7	62.7
中区	1 041.8	664.7	63.8	208.9	20.1	519.5	145.8	217.6
南区	1 044.1	831.0	79.6	59.0	5.6	247.0	29.9	624.6
中部	2 696.1	1 768.9	65.6	450.3	16.7	998.5	1 073.4	904.9
全国	7 244.8	4 701.6	64.9	1 075.2	14.8	2 723.7	2 260.6	4 901.8

资料来源：根据相关《中国统计年鉴》计算

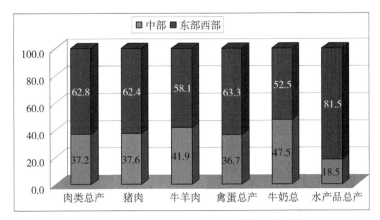

图 10-32　2004 年中部地区养殖业产量占全国比重

2. 养殖业已形成明显优势区

2004 年中部地区肉类产量构成，北中南三区肉类总产分别为 610.2 万吨、1 041.8 万吨、2 696.1 万吨，占中部肉类总产的 22.6%、38.6% 和 38.7%，中、南区略高。9 省肉类总产相差较大，在中部地区第一肉类产量大省是河南，产量占中部总产的 25%，其次是湖南。山西最少，仅占中部总产的 2%（图 10-33、图 10-34）。

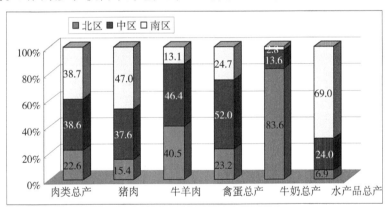

图 10-33　2004 年北中南三区养殖业产量占中部比重

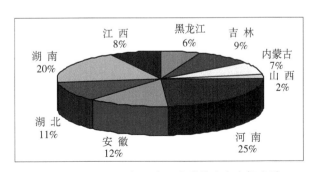

图 10-34　2004 年 9 省区肉类总产占中部比重

养殖业在地区分布上有较大差异，形成明显的优势区。

北区养殖业的优势是牛奶，其次是牛羊肉生产。北区牛奶产量为897.7万吨（占中部地区83.6%）；牛羊肉182.5万吨（占中部地区40.5%）；羊存栏6 882.1万头，占中部49.6%（图10-35）。北区牛奶产量占中部地区绝对优势，内蒙古、黑龙江二省区牛奶产量分别占中部地区46%、35%（图10-36，表10-36）。

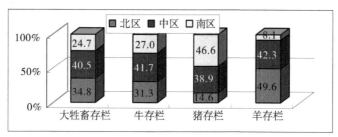

图 10-35　2004 年北中南三区牲畜存栏占中部比重

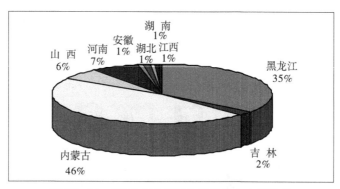

图 10-36　2004 年 9 省区牛奶总产占中部比重

表 10-36　2004 年中部地区各省、区牲畜存栏情况

地区	大牲畜存栏		牛存栏		猪存栏		羊存栏	
	万头	占全国（%）	万头	占大牲畜（%）	万头	占全国（%）	万头	占全国（%）
黑龙江	590.8	3.8	532.8	90.2	1 217.3	2.5	1 153.6	3.1
吉林	615.2	3.9	525	85.3	568	1.2	410	1.1
内蒙古	718.2	4.6	514.7	71.7	711.2	1.5	5 318.5	14.5
山西	283.7	1.8	212.2	74.8	452.7	0.9	998.8	2.7
河南	1 491.2	9.5	1 423.9	95.5	4 232	8.8	3 910	10.7
安徽	464.4	3	461.8	99.4	1 969	4.1	953.8	2.6
湖北	409.1	2.6	406.7	99.4	2 190	4.5	343.6	0.9
湖南	587.9	3.7	583.6	99.3	4 343.4	9	671.1	1.8
江西	366.4	2.3	366.4	100	1 441.5	3	107.4	0.3
北区	1 924.1	12.2	1 572.5	81.7	2 496.5	5.2	6 882.1	18.8
中区	2 239.2	14.2	2 097.9	93.7	6 653.7	13.8	5 862.6	16

（续表）

地区	大牲畜存栏		牛存栏		猪存栏		羊存栏	
	万头	占全国（%）	万头	占大牲畜（%）	万头	占全国（%）	万头	占全国（%）
南区	1 363.4	8.7	1 356.7	99.5	7 974.9	16.5	1 122.1	3.1
中部	5 526.7	35.1	5 027	91	17 125.1	35.5	13 866.7	37.8
全国	15 737.8	100	13 781.8	87.6	48 189.1	100	36 639.1	100

资料来源：根据相关《中国统计年鉴》计算

中区养殖业的优势是禽蛋，其次是牛羊肉生产，总量分别是 519 万吨（占中部地区 52%）、208.9 万吨（占中部地区 46.4%）。河南 2004 年禽蛋总产占中部的 34%，在中部居第一位（图 10-37）。

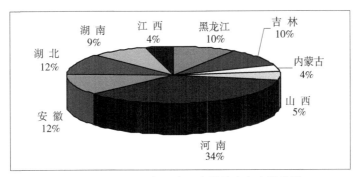

图 10-37　2004 年 9 省区禽蛋总产占中部比重

南区养殖业的优势是水产品，其次是猪肉生产，总量分别是 624 万吨（占中部地区 69%）、831 万吨（占中部地区 47%）。湖北 2004 年水产品总产占中部的 34%，在中部居第一位。湖南、湖北、江西 2004 年猪肉总产分别占中部 23%、14%、9%（图 10-38、图 10-39）。

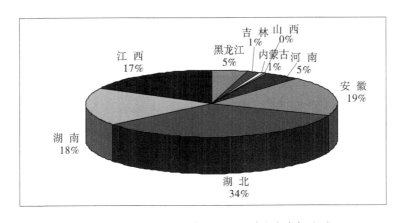

图 10-38　2004 年 9 省区水产品总产占中部比重

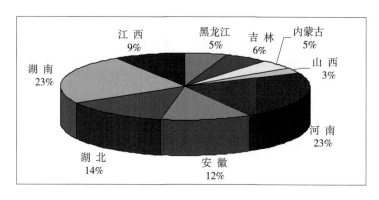

图 10-39 2004 年 9 省区猪肉产量占中部比重

第六节 中部地区对保障我国粮食安全的贡献

一、现阶段我国粮食安全是食物安全的主导部分

关于粮食安全问题，国际上一般通用的是食物安全的概念，联合国粮农组织在1974 年首次提出的是 "Food security"，应直译为 "食物保障"，关于食物安全的定义，人们因为所处的时代不同、国家不同、经济发展水平不同以及看问题的角度不同而赋予不同的内涵。1972—1974 年，发生世界性粮食危机，特别是发展中国家及最贫穷的非洲国家遭受严重粮食短缺，为此，联合国于 1974 年 11 月在罗马召开了世界粮食大会，通过了《消灭饥饿和营养不良世界宣言》，联合国粮农组织（FAO）同时提出了《世界粮食安全国际约定》，该约定认为，食物安全指的是人类的一种基本生存权利，即 "保证任何人在任何地方都能得到为了生存与健康所需要的足够食品"。大会倡议："每个男子、妇女和儿童都有免于饥饿和营养不良的不可剥夺的权利，消除饥饿是国际大家庭中每个国家，特别是发达国家和有援助能力的其他国家的共同目标"。20 世纪 80 年代中期以来，世界性粮食短缺现象基本解决，一些粮食供给不足的发展中国家及最贫穷的非洲国家，主要是外汇的短缺和购买力的不足。正因为如此，1983 年 4 月，粮农组织世界粮食安全委员会通过了总干事爱德华·萨乌马（Edouard. Saouma）提出的食物安全新概念。其内容为 "食物安全的最终目标是确保所有的人在任何时候既能买得到又能买得起所需要的任何食品"。这个概念认为食物安全必须满足以下三项要求：① 确保生产足够多的食物，最大限度的稳定粮食供应；② 确保所有需要食物的人们都能获得食物，尽量满足人们多样化的需求；③ 确保增加人们收入，提高基本食品购买力。20 世纪 90年代以后，食品的质量和营养问题变得越来越重要。为此，1992 年国际营养大会上，

把食物安全定义为："在任何时候人人都可以获得安全营养的食品来维持健康能动的生活"。在食物安全定义中增加了"安全和富有营养"的限定语。更值得注意的是，90年代以来，随着国际社会对可持续发展的关注，食物安全与农业可持续发展的联系更加密切，农业资源的可持续利用和生态系统的可持续性已成为食物安全的重要内容，可持续食物日益成为当前和今后食物安全的主题。

由于我国当时的食物主要是粮食，所以当时我国将其译为"粮食安全"。目前，有不少人提出，在我国应该用食物安全的概念来替代粮食安全的概念。本人认为，考虑当前我国现实情况下，既要强调食物安全问题，同时，还应继续强化粮食安全问题，即大概念可用食物安全，小概念可用粮食安全。其主要因为粮食仍是我国食物构成的主体，在食物安全中最突出的是粮食安全，包括粮食的数量和质量安全，而肉、蛋、奶、果、菜等非粮食物的安全突出的主要是食物质量问题。大中城市和经济较发达地区，粮食在食物中的比重越来越低，这些地区不宜过分强调粮食安全，而应强调食物安全，即通过增加非粮食物的生产来替代粮食。因当前我国最突出的问题是粮食安全问题，所以，我们下面重点谈粮食安全问题。

二、我国粮食安全的历史与现状

从1952—1978年，我国的粮食总量虽然有迅速的增长，1978年粮食产量达到30476.5万吨，但同期人口的增长也很迅速，因此，人均粮食占有量长期徘徊在300千克左右的水平上。由于基本上没有专用饲料粮，动物性食物增长很慢，长期在为解决温饱问题进行艰苦的努力。

改革开放20多年来，中国的粮食和食物安全状况获得了举世瞩目的成就。粮食的增长速度超过了人口的增长速度，使中国人民的食物结构和营养状况得到了显著的改善，而且为亚洲和全球的粮食状况的改善作出了重要的贡献。

1. 改革开放后，粮食供给短缺的状况发生了根本性的变化

1996—2000年的"九五"期间，我国粮食综合生产能力基本稳定在5亿吨水平，年均粮食产量为4.96亿吨，其中1996年、1998年和1999年的粮食产量均超过5亿吨。同期，国内粮食消费需求总量稳定在4.6亿~4.8亿吨。粮食自给率为105.8%，最高年份接近110%，最低的2000年也超过95%；稻谷、玉米、小麦三种主要粮食的自给率平均分别为108.8%、110%和104%。"九五"期间，我国粮食进口略大于出口，净进口粮食675万吨。高产量和净进口粮两个因素叠加，导致粮食供大于求。"九五"期间，粮食供给量比消费量多1.43亿吨；粮食库存也不断增加，仅粮食部门的库存量就由1995年的1.11亿吨增加到2000年的2.33亿吨，增加了1.22亿吨；粮食部门粮食库存量占全年消费量的平均比重为46.8%，最高年份达55%，最低的1996年也达

36%，远高于粮农组织规定的17%~18%的库存水平。稻谷、小麦、玉米三种主要粮食库存量占全年消费量的比重平均为60%，其中小麦库存水平较高，库存量占消费量的比重平均为82.4%；玉米次之，平均为58.6%；稻谷库存水平最低，库存量占消费量的比重平均为47.3%。

2. 近年我国粮食安全受到了重大冲击

近年来，各地加大农业生产结构调整的力度。一是大幅度调减粮食种植面积，粮食播种面积由1999年的11 316.1万公顷下降为2004年的10 160.62万公顷，下降了1 155.48万公顷；二是调整品种结构，用优质品种替代原来的高产品种。粮食播种面积下降、品种替代和自然灾害三个原因，使粮食连续减产，由1999年的5.08亿吨下降为2003年的4.31亿吨，下降了7 700万吨。2004年有恢复性增长，达到4.7亿吨。2000—2002年，我国粮食消费量为14.46亿吨，生产量为13.72亿吨，粮食生产量比粮食消费量少7 400万吨，年均减少2 466万吨（表10-37）。但若考虑粮食库存和净进口因素，目前我国粮食仍供大于求。

表 10-37　1996—2002 年我国粮食供求及库存量情况　　　　　　单位：万吨

年份	粮食消费量	粮食生产量	粮食产、需缺口	粮食自给率（%）	粮食净进口	粮食部门库存增量	安全水平（%）
1996	46 051	50 453.5	4 402.5	109.6	1 056	5 423	35.9
1997	46 406	49 417.1	3 011.1	106.5	-154	4 036	44.3
1998	47 033	51 229.5	4 196.5	108.9	-198	2 708	49.5
1999	47 320	50 838.6	3 518.6	107.4	14	2 684	54.9
2000	47 704	46 217.5	-1 486.5	96.9	-43	-2 645	48.9
2001	48 251	45 263.7	-2 987.3	93.8	835	3 229	55
2002	48 634	45 706	-2 928	94	-11	-2 459	49.5
"九五"以来	331 399	339 125.9	7 726.9	102.3	1 499	12 976	48.4
"九五"期间	234 514	248 156.2	13 642.2	105.8	675	12 206	46.8
"九五"前四年	186 810	201 938.7	15 128.7	108.1	718	14 851	46.2
2000—2002	144 589	137 187.2	-7 401.8	94.9	781	-1 875	51.1

从表10-38可以看出，我国人均粮食产量从1996年的412千克，下降为2003年的333千克。由于1995—1998年粮食供给量的不断增长，出现了粮食供给过剩现象，

种粮经济效益不断下降，压缩粮食种植面积、大力发展非粮经济作物的呼声日隆，导致了 1998—2003 年的粮食生产大滑坡。由于粮食连续多年减产，以致自 2003 年下半年开始出现粮食大幅度涨价，粮食安全问题再次成为人们关注的重大话题。为了扭转粮食连续减产局面，国家和地方政府采取了多种举措，为此，在财政等方面付出了巨大的代价。经过努力，2004 年我国粮食生产获得了大丰收，人均粮食产量恢复到 361 千克。

表 10-38　全国人均粮食产量变化情况　　　　　　　　　　单位：千克 / 人

年份	1980 年	1984 年	1985 年	1990 年	1995 年	1996 年	1997 年	1998 年	1999 年	2000 年	2001 年	2002 年	2003 年	2004 年
人均粮食	325	390	358	390	385	412	400	411	404	365	355	356	333	361

资料来源：根据相关《中国统计年鉴》计算

三、中部地区对我国粮食安全发挥重要的保障作用

随着工业化和城市化进程的推进，我国耕地面积呈不断减少趋势，再加上农业生产结构调整和退耕还林工程的实施（2003—2006 年计划退耕还林 2 712 万亩，其中前三年 1 500 万亩），今后我国扩大粮食播种面积的可能性不大，粮食增产主要寄希望于提高单产，粮食安全形势并不乐观。从东中西三大区域粮食生产形势分析，只有中部地区能够为我国粮食安全提供重要保障。

东部地区农业结构调整力度大，粮食生产大幅度减少。由于农村非农产业的发展使耕地，尤其是优良耕地减少，又由于非农产业的发展使粮食生产的比较利益下降等原因，是东部地区的粮食生产地位在全国逐步下降。

从 1995—2004 年，东部地区粮食总产量由 18 168.5 万吨下降到 15 395.2 万吨，占全国粮食总产量的比重由 1995 年的 38.9% 下降为 2004 年的 32.8%，人均粮食占有量由 368 千克下降至 284 千克。东部地区对我国粮食安全的保障作用不断削弱。

西部地区粮食生产能力低，各省区粮食产量不平衡。人均粮食产量低于全国平均水平，也不可能为全国粮食安全起保障作用。

中部地区耕地面积 5 611.89 万公顷，占全国的 43.2%，2004 年粮食作物播种面积 4 697.55 万公顷，占全国的 46.2%，粮食总产量为 21 484.4 万吨，占全国总产量的 45.8%，人均粮食产量 473 千克，远高于全国平均 361 千克的水平，特别是吉林、黑龙江、内蒙古、河南、安徽、湖南等省区人均粮食占有粮食远远超过全国平均水平，是我国商品粮的主要产区。中部地区作为最重要的粮食主产区，对保障我国粮食安全发挥着重要作用（图 10-40）。

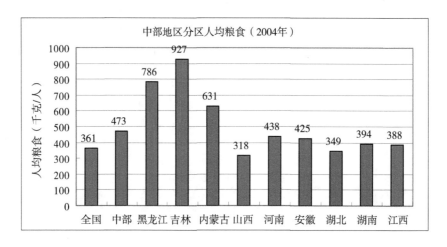

图 10-40　2004 年中部地区各省区人均粮食

第十一章
▌▌▌区域农业结构调整优化的方向

农业产业结构优化的方向：一是根据国家发展宏观目标对中部地区农业主产区的要求，稳定粮食生产面积，提高粮食单产，增加总产；二是在现有农业发展水平和农业产业结构的基础上，按市场经济发展与农业系统内部各产业协调发展规律，进一步调整和优化产业之间的比例关系；三是用高新适用技术改造传统农业，改善和优化农业产品结构及品质结构，使农业产业向二三产业拓展，促进农业增效和农民增收；四是加强市场建设和发展农产品加工业，引导农业结构优化升级；五是针对中部地区农业结构四个不对称的问题，使产量与产值、增产与增收协调发展。

第一节　提高农业科技创新能力，以高新技术改造
传统农业，加快农业结构优化升级

农业生产力发展的一个重要因素是农业新技术的应用和推广。但就目前农业生产的总体水平看，仍处于传统农业向现代农业过渡的阶段，在这一关键时期，提高农业科技创新能力，以高新技术改造传统农业，加速农业结构优化升级，是促进现代农业发展的重要措施。

一、农业科技创新和农业高新技术应用对农业结构优化的意义

1.科技是农业和农村经济结构调整的第一推动力

对于合理配置农业科技资源，改善中部地区农产品品种结构和品质结构，优化农业区域布局，提升产业的核心竞争力，实现农民增收和农业增效，可以发挥先导性、决定性作用。

农业结构决定着农业技术结构，要求技术结构与之相适应；农业技术创新推动着农业结构调整，带动农业结构的转换和优化。这就是技术创新与结构调整的互动关系。

农业结构调整的目标，决定了农业技术创新的目标，农业技术创新必须围绕着农业结构调整的目标提供足够的技术支撑。在农业结构形成和变动中，对农业技术有不同层次的发展要求，由此决定了农业技术创新的变化方向。也就是说，农业技术创新总是围

绕农业结构调整的目标，不断调整技术创新的方向，不断优化农业科技资源的配置，不断研究开发出与农业结构调整目标一致的新技术、新产品和新技术体系，并大范围推广应用，从技术上支撑农业结构调整目标的实现。

农业技术创新不仅要满足农业结构调整的需要，而且还能推动农业结构的调整，带动农业结构的转换、优化和高级化。农业技术的不断创新，不断创造出更高产量和质量的品种，创造出更高效的新型肥料，创造出新材料等新型资源，使土地生产率等资源产出率不断提高；利用先进的科学技术实现生产工具由初级向高级发展，不断提高劳动生产率；利用新技术创造更多的新型农产品，不断扩大农产品总量，满足市场需求等。

农业技术创新在满足农业结构调整需要的同时，又为农业结构的进一步调整注入了新的活力，推动着农业结构的不断转换和优化。农业结构的进一步转换和优化，又反过来对农业技术创新提出了新的更高的需求，促进农业技术创新向更深的层次和更宽广的领域发展，推动着农业技术创新水平的提升。农业技术创新为农业结构调整提供了更多的选择机会，成为农业结构调整的第一推动力，同时农业结构调整又为技术创新提出了新的课题，促进农业科技与生产密切联系，形成新的有效的农业技术结构体系。农业技术创新与农业结构调整相互依赖、相互促进，处于密切相连、良性互动的状态。

2. 同传统农业技术相比，农业高新技术具有三大优势

第一，传统的农业技术着重解决人的体力扩大问题，如农业机械化、生产要素的挖潜、动植物的标准化栽培和饲养等。而现代农业高新技术则集中表现为人的智力解放，如物种的改良、生产要素质的飞跃、新产业的建立、农业生产率的提高等。第二，农业高新技术的形成和发展是以现代科学革命的新成就为基础和前提条件。第三，农业高新技术体现着现代人类社会对自然的高级能动关系。它不仅具有显著的生产力功能，而且还有其特殊的社会功能，能给当今社会带来巨大的经济效益、社会效益和生态效益，是改造传统农业、促进农业持续发展的主导要素。

农业高新技术从技术构成的内容看，可以分为三类：现代生物高新技术、现代工程高新技术和现代管理高新技术。现代生物高新技术是农业高新技术的核心，主要包括遗传工程、细胞工程、生物催化技术和微生物工程等；现代工程高新技术主要包括机械工程技术、环境工程技术、新材料和生态工程技术；现代管理高新技术涵盖了现代农业生产管理技术、营销管理技术以及信息技术和遥感技术在农业上的应用等诸方面。

3. 引进开发农业高新技术，发展技术密集型产业，逐步实现农业高新技术产业化

如建设生物技术试验基地，利用细胞培养技术快速繁殖园林苗木；利用酶工程技术、发酵技术、基因技术以及信息技术，提高农产品的质量和数量，促进新的农业技术产业和产业体系的形成；建设设施农业基地，选择水平高、手段先进、知识密集的成果，采用棚室、日光温室等设施，按工厂化生产方式进行动植物生产，提高对水、土、光、热、气的利用率和劳动生产率，走产业化、集约化经营之路。

二、应用高新技术改造传统农业的优先领域

1. 以生物技术为重点，推动农业优质化进程

生物技术投资少、效益高、无污染。围绕农业结构调整，关键是要依靠现代生物技术进行种苗开发，将种苗作为新型产业来抓。生物育种的高新技术主要有转基因动植物育种、克隆技术、空间育种技术等。要充分利用现代科技发展的成就，加大农产品品种培育、筛选、引进力度，加快名优特新农产品的种苗开发，促进种苗技术快速发展。种苗开发应始终坚持以市场为导向，以科技为支撑。既注重现有技术成果开发，也注重引进利用。通过种苗技术的进步，增强农产品的抗逆性，实现种苗供应的品牌化、精良化、标准化、产业化。

2. 以农产品加工技术为重点，加快农业产业化进程

农产品加工技术是农产品增值的核心和关键技术。从农业发展趋势看，发展农产品加工业，不仅可以提高农民收入。更重要的是可以提供多样化和高品质的产品，起到主动引导消费、积极扩大农产品市场的作用。因此，必须将农产品加工业作为推动农业结构调整的龙头产业来抓。一是要加强高新加工技术的开发应用，建立一批区域性资源优势型农产品加工基地，实现农产品的多层次转化和综合利用，提高农产品附加值。二是强化加工深度、贮藏、保鲜和包装等相关技术的开发应用，增强产品竞争力。三是着力培植一批高科技型农产品加工龙头企业，积极引进外资带项目、带资金、带技术、带市场兴办农产品加工企业，同时鼓励农业企业和加工企业自营出口。

3. 以农业信息技术为重点，加速农业信息化进程

信息技术在农业生产中的广泛应用，大大增强了农业生产的灾害预警预报能力和生产过程的精确化管理。当前，要抓紧建立全国性的农业信息网络平台，利用信息高速公路，尽快与世界接轨；要加强信息基础设施的建设和基础信息的储备，及时分析发布农业生产技术、生产资料需求、农产品购销、中长期预测等方面的信息，用市场经济的办法来引导农业生产，调整布局结构；要加强信息技术开发应用，重点借助电子计算机技术和遥感技术，建立农业专家决策系统、农业自然灾害预警系统和抗灾指挥系统、农业生态环境监测系统、农作物产量和农业技术质量监测系统；要利用信息技术建立农业知识传播和应用体系，广泛开展交流与合作，大力发展"信息农业""数字农业""网上农业""知识农业"等，以提高农业信息化水平。

4. 以设施农业技术为重点，推进农业现代化进程

设施农业技术能在人工创造的环境中进行全过程的连续作业，从而使农业生产摆脱自然界的制约。设施农业已成为农业现代化的发展标志，它集先进设施技术、优良品种

技术、科学管理方式与现代营销手段于一体，具有较强的示范带动作用。推进农业设施技术的开发应用，要大力推广应用园艺设施栽培和大棚工厂化生产技术，重点开发推广植物种苗快速繁殖、无土栽培、立柱栽培、智能温室生产等新技术；大力推广畜禽大规模、高集约化饲养技术与环境控制技术，加快优化环境控制技术与设备的开发应用：要高度重视农业高科技示范园区的建设，加强人才、技术、管理、市场等信息交流，通过建设高标准的示范园区，发挥设施农业技术的扩散效应。

5. 以节水农业为重点，建立现代节水农业技术体系

我国农业结构和水土资源分布具有很强的区域性，各地区发展不平衡，应当根据不同地区的自然经济状况，包括水资源状况、气候条件、农业生产经营方式、作物种类、经济发展水平等，科学确定不同地区、不同阶段的节水发展模式，加快研究开发先进、适用的农业高效用水技术与设备。"十五"期间，科技部首次将"现代节水农业技术体系及新产品"列入国家"863"计划重大专项。这个科技专项以建立具有中国特色现代节水农业技术体系为目标，以提高农业水资源利用率、作物水分利用效率和农业生产效益为核心，按照节水农业前沿与关键技术、节水农业关键设备与重大产品研发及产业化、节水农业技术集成与示范3个层次设计，重点突出生物节水、农艺节水、工程节水与管理节水的有机结合，加强节水农业新产品与节水农业技术的创新集成与产业化示范。项目完成后，我国节水农业技术总体水平将达到20世纪90年代中期国际先进水平，开发100个左右现代节水农业高新技术产品，培育和造就20~30家较大规模的节水农业设备与产品生产企业，建立10~15个现代节水农业技术集成示范区，将改变我国农业用水的严峻形势和节水农业技术相对落后的局面，建成现代节水农业体系，积极推动农业结构的调整与布局。

第二节　发挥农业科技园区集成创新平台的功效，为区域农业结构优化提供技术支持

一、农业科技园区为区域农业结构优化提供技术支持

现代农业科技园，是用高新科技支撑的、以农业设施工程为主体的、具有多项功能和综合效益，进行集约化生产和企业化经营的农业组织形式。一般情况下，应有核心区、示范区和推广辐射区三个层次。主要功能是新产品生产和加工功能，科技示范和带动功能、科普教育功能，产业孵化功能和休闲功能。是我国农村经济发展的制高点，农业科技和农村经济紧密结合的切入点，农业现代化建设新的生长点。

农业结构调整是农业产业结构、农产品结构、农业投入结构、农业资源利用结构等

诸多结构要素的调整与优化。结构优化的过程实质上是选取和应用优新品种和先进适用新技术成果，形成新的区域农业结构及其生产方式，提高区域农业系统产出率的过程。农业科技园区作为区域农业集成创新的平台，具有吸纳和集聚技术、人才、资金和科技产业的能力，以及技术扩散的功效，从而为农业结构优化提供技术支持。

1. 发挥园区的技术、人才、资金的聚集效应

集成创新就是把各自独立的创新要素集成为一个有机的系统，从而提高系统的整体功能。由于创新要素由不同的主体所掌握，因此集成首先是对占有不同创新要素主体的集成。创新主体包括个人、单位、企业和组织等，这种集成需要一体化的组织形式，即集成创新平台。

农业科技园区是将优势资金和技术资源集中配置到一定的区域内，形成相对优化的环境，以此为载体吸引和集聚先进技术成果和管理人才，吸引和集聚建设发展资金，吸引和集聚企业家和技术专家来园区创业。园区具有的这种集聚效应，使其成为新知识、新技术的核心基地和扩散源，将集聚到园区的先进生产力要素，转化为新型产品和商品，扩散到周边农户，扩散到一定区域，推动区域农业结构的优化，为区域农业发展构建了集成创新的平台。

区域农业集成创新的目标，就是在认识区域资源特点和经济发展水平的基础上，应用集成技术，提高资源利用率和产出率，以优化的区域农业结构代替原有的低效结构。建立一个持续发展的区域生产系统和高效稳定的农业生态系统。这样的区域农业系统只靠单项技术是做不到的，只有组织集成技术才能实现。

2. 新中国成立以来特别是改革开放 20 多年来，我国农业科技事业取得了长足发展，培育了大量的粮棉油果菜和畜禽鱼类优新品种，提供了一系列高产高效的栽培和饲养技术

近年来设施农业的发展，促进了新型设施材料和新颖设施结构产品的自主开发。有些单位还从国外引进了果蔬花卉新品种和智能温室。农业设施材料、温室自动控制技术、温室栽培技术和优新品种等集成创新要素，都分散在不同单位和企业，只有农业科技园区这种组织形式，才有可能将这些区域农业发展最需要的先进技术成果组织起来，在园区这个平台上进行转化、传播和推广，形成集成创新的产业和产品，推动农村产业结构升级。

二、进一步发挥农业科技园区在区域农业结构调整优化中的作用

1. 规划和调整农业科技园区的区域布局

农业科技园区实现了农业经济和科技的紧密结合，是现代农业新的增长点和亮点，园区在所代表的农业区域内发挥作用，一个个园区带动一片片农业区域的发展，推动区

域农业结构优化升级。作为区域农业集成创新的平台，要体现区域农业共同发展方向，又要具有鲜明的区域特色。

区域农业共性发展方向，主要是优化区域农业系统的结构和功能，合理配置农业生产要素及其区域布局，应用集成创新技术提高农业资源利用率和产出率，改善区域农业生态环境和生态条件，提高农业的综合生产能力，发展能力和经济产量。区域农业的个性特色，主要根据区位特点、资源特点、产业基础、发展特色产业和特色产品，构建有区域特色的集成创新平台，形成具有区域优势和市场竞争力的发展模式。中部地区现有农业园区的布局，基本是自发形成的，没有统一的空间布局规划，有的农业生态区的园区重点建设，有的农业生态区没有园区，因此，今后应当以省为单元，按照各地的自然条件和农业特色，规划和适当农业园区布局，使园区集成的技术成果更好适应本区域农业结构优化，园区定位和功能设置要符合本区域农业发展目标，园区经济、园区产业和园区文化建设要考虑本区域资源和产业特色，这样才能使农业园区功能与政府农业结构调整规划密切协调，更好发挥农业园区在农业结构调整优化中的作用。

2. 增强集成创新意识

主要应提高园区主办方、园区管理者、科技专家和涉农企业家对集成创新意义的认识，以及对集成创新在区域发展及产业产品创新中主流作用的认识；要密切关注国内外农业科技资源最新动向，将各种渠道获得的创新资源在园区组织集成，要自觉学习创新知识，组织人员培训，不断优化园区创新资源配置。

3. 提高园区建设的总体规划设计能力

总体规划和整体设计是系统集成的核心要素，是提高园区集成创新能力的基础性工作。要请权威的专业规划设计单位承担，规划设计要根据本地区主导产业和园区目标定位，提出功能和结构科学合理的方案，要体现园区的现代气息、科技含量和文化品位，具有先进性、系统性和可操作性。

4. 提高园区集成创新的组织能力

集成创新不是把一些要素无序的结合起来，而要把多个创新资源为了共同的目标有机的集成起来。这就需要强有力的集成创新组织能力来实现。包括组织有创新思想的人才、组织原始创新的技术和先进适用的单项技术、筹措建设和运作的创新资金等。每个园区都要提高对创新资源的整合能力，建立一个高效的指挥系统和组织系统。

5. 为园区集成创新营造良好的内部环境和外部环境

园区集成创新目标的实现，决定于园区对资源、人才和技术的集聚力以及对科技单位、金融部门、相关企业、地方政府和当地农民等外部因素的融合力。园区营造良好的内外环境，使园区创新平台产生强化效应和协同效应。内部环境主要在机制上和政策上激发员工的积极性和创新性，形成优化的管理系统和高效的运作能力。

科技园区是一个开放的系统，系统内外要进行物质能量交换，使园区创新系统保持良性循环。营造良好的外部环境，主要是同地方政府、科技单位、当地农民和市场的协同，园区的功能设置要和当地政府提出的主导产业相适应，要和农业结构调整相配合，这样才能对区域农村经济创新和发展起到核心平台作用，政府对园区建设的发展要始终给予关注和支持，又不要对园区企业经营有过多的指令性干预。园区要有稳定的科技支撑单位，使这些科技创新主体的创新思想成为园区创新的智力资源，创新成果源源不断的在园区集成转化。园区和农民的关系处理好，有助于园区的顺利发展，要用园区创新的产业带动有市场竞争力的农产品生产，要以园区为现场和基地，培训和提升农民的技术水平和文化素质，园区用地用工要通过契约规范双方的利益，同农民结成经济利益共同体。要不断开拓市场和占领市场，保持产品畅销和扩大社会影响。

第三节　用优新品种和特色品种优化农业产品结构

一、农业产品结构调整思路

主要农产品供求中的数量矛盾已基本解决，今后要将优化品种、提高质量放到突出位置来考虑。稳步调减、淘汰劣质品种，发展适销对路的优质、特色和专用产品生产。要追求农产品的优质，使农产品成为珍品、上品；改善农产品的营养性、适口性、食疗保健性和加工性能及消费的方便程度，提高农产品的总体质量水平。

要发挥粮、棉、油等大宗农产品生产的优势，继续强化粮棉油生产，压缩普通品种，发展适应加工需要的优质、专用品种，提高产品质量和竞争力；大力发展养殖业，建成规模较大的畜产品生产基地；加快发展农产品加工业，促进粮食转化，延长产业链条，增加后续效益。

1. 粮、棉、油等大宗农产品优质、专用品种系列开发与应用技术

要根据区域自然资源比较优势以及市场优势，重点开发适销对路的优质、专用小麦、玉米、水稻、大豆、棉花等新品种，以满足粮棉油加工业以及畜牧水产等企业对优质粮棉油的迫切需要。

2. 粮棉油等优质、高产、高效生产技术

重点围绕主要农作物规范化、集约化、现代化的多熟种植、精量播种、机械化技术等领域进行创新研究，显著提高土地生产率和劳动生产率。

3. 畜牧水产以及加工业技术

重点围绕农畜水产品资源的优势，依靠养殖业技术进步带动畜牧水产扩大规模，加

快农牧结合和转化；同时，加快农产品贮藏保鲜加工技术的创新，带动主要农产品的加工增值，提高农产品综合利用效率和整体经济效益。

4. 资源节约型生态农业技术

重点围绕目前普遍存在大水、大肥、粗放投入而造成经营成本高，资源消耗大的问题，突出研究开发节水、省肥、省工、节能等低成本高效的生态农业经营技术，提高农产品的市场竞争力。

5. 环境安全标准化农产品生产技术

重点围绕降低农药、除草剂等化学合成品的使用量以及常规的地膜、污水灌溉的防治等，研究开发新型低毒农药、生物农药、降解地膜、土壤改良等技术和产品，同时，加强无公害农产品质量标准以及检测检验技术研究，促进中部地区绿色农产品基地的建设与发展。

二、优化农业产品结构的重点领域

1. 优质良种繁育

一是调整育种目标，从以提高产量为重点转向以提高品质和抗性为重点，在进一步稳定和提高品质的基础上，小麦主攻加工品质，玉米重点选育粮饲兼用品种，大豆在注重品质的基础上加快高油大豆的培育，棉花仍以转基因抗虫棉为重点。二是加强良种繁育基地建设，充分利用已有良种，结合引进繁育，大力推进育繁推一体化和种子加工标准化，加速良种产业化进程，确保农业结构调整中良种的更新换代。三是加强动植物种质资源的筛选和创新利用，特别是在利用基因工程技术育种方面寻求突破，强化育种工作的技术储备。

2. 开发和优化具有比较优势的农产品

对于这类农产品，其主要技术需求是把它们作为完整的产业链进行开发，实现扶大扶强的效果。这些产品多数依托原产地的独特资源，并在历史上形成了当前的生产模式，即以农户分散经营为主，具有一定的区域规模，但个体经营规模较小。它们需要的是新品种以及能扩大经营规模的技术体系。今后应重点解决如下新品种创新问题：小杂粮（绿豆、红小豆、豌豆、谷子、高粱、大麦、荞麦、莜麦）、特色果蔬、特种用途的经济作物、油料作物的育种、饲料作物和农区牧草的育种、地方性特色畜禽的育种。

3. 开发和培育具有成本、价格优势的农产品

主要是畜产品、水产品、园艺产品等。要采用国际最先进的技术，跟踪最新的国际市场需求变动，争取不断巩固和扩大国际市场份额。对于畜产品，主要是要提高产品的质量标准和检疫标准，争取达到发达国家的严格市场准入条件。对于蔬菜、水果产品，关键是要通过标准化生产提高产品质量。

4.重视国际竞争力不强而国内需求量大的农产品生产

对于比较优势已经变得不明显的产品以及缺乏比较优势的产品，同时也是国内市场的大宗产品，要在提高效益的基础上，主打国内市场，以国内市场需求为出发点，跟踪进入国内市场的进口产品的技术特征，力争形成进口替代局面，避免进口产品过多侵占国内市场份额。例如小麦，由于国内对面包等加工食品的需求越来越大，生产专用小麦以替代大量进口就成为当务之急。

第四节　发展农业循环经济，推进农村产业结构优化

农业循环经济是一种新的发展理念，也是一种新的生产方式，是以资源的高效利用和循环利用为主线，依据低消耗、低排放、资源化、再利用、高效率的原则，重视在生产和再生产的各个环节充分利用可以利用的资源，通过科技创新，发展农业废弃物资源化产业、综合利用产业，资源节约型产业，促进农、林、牧、渔和加工业之间不同环节的对接和高效组合，延伸产业链，增加二三产业的产值，实现经济发展和资源环境的良性协调。

一、发展农业循环经济，优化农村产业结构的基本思路

发展农业循环经济的总体思路是：充分发挥区域自身优势，科学运用循环经济理论和农业生态学原理，建立农、林、牧、渔、加多业联动系统，坚持生态效益与经济效益相统一，注重传统实用技术与现代技术相结合、农艺措施与工程措施结合、技术创新与市场手段相结合，建立一个生态上自我维持、经济上高效的农业生产系统，合理安排生产结构和产业布局，促进农业系统内部物质多层次循环与能量高效转化，实现物质利用最优化，废弃物资源化利用最大化；从时间和空间上综合利用农业资源与社会经济资源，形成一个相互促进、共生或相间无害的群落，促进种、养、加一条龙建设，实现农、工、贸一体化发展，达到经济效益、生态效益与社会效益的协同，推进农村产业结构优化升级。

发展农业循环经济，要遵循以下原则。

1.资源节约原则

节约农业生产资料、实现优质高效生产，是中部农业主产区发展循环经济的一项重要原则。这项原则包括：①选用高产优质的农作物新品种，推行间（套）立体栽培等先进技术，提高复种指数，提高土地产出率；②推广先进实用节水技术，大力发展节水农业；③科学施肥，增加有机肥的施用量，减少化肥用量；④科学合理使用农药，严禁使用高毒、高残留农药和过量用药，大力推广综合防治、生物防治办法；采用各种科学

的方法减少农药的使用量；⑤大力推广各种先进的节电技术、设备、产品、工艺和科学的管理方法，节约广大农村的生产和生活用电；⑥农业机械和农用运输设备中推行节油技术，推广先进实用的省柴灶和用农作物秸秆、稻壳、木屑、竹屑废料加工的清洁碳；大力推广先进适用的节能技术；⑦采用科学的养殖方法，节约饲料用粮。

2. 再利用原则

对各类农产品、山区土特产品、林产品、水产品及其初加工后的副产品及有机废弃物，利用生物技术、工程技术等高新技术手段，提升产业结构，提高经济效益。

3. 再循环原则

通过开发利用微生物资源，可以生产出无公害绿色食品、无污染饲料、肥料、农药以及生物质能源，缓解能源与环保的矛盾。我国地区在发展农业微生物能源——沼气方面已取得巨大成绩，今后要加速用农业废弃纤维质资源生产酒精和发电，增加生物质清洁能源供应量，既能使农业废弃物循环再利用，又能改善农村能源结构。

二、发展农业循环经济，优化农村产业结构的主要途径

(一) 积极开发农业废弃物资源，改善和优化农村经济结构，增加农村二三产业比重

农业废弃物（agriculture wastes）主要是指农业生产、农产品加工、畜禽养殖业和农村居民生活排放的废弃物的总称。主要包括农田和果园残留物（如秸秆、杂草、落叶等）、牲畜和家禽的排泄物及畜栏垫料、农产品加工的废弃物和污水、人粪尿和生活废弃物等。

绝大多数农业废弃物没有被作为一种资源利用，随意丢弃或者排放到环境中，使一部分"资源"变为"污染源"，对生态环境造成了极大的影响。因此实现农业废弃物变"废"为"宝"，让农业废弃物成为能源、造纸、环保等产业的原料资源，以及加工为饲料、肥料、食用菌等在农业系统内部循环利用，可以明显增加二三产业产值，对改善和优化农村产业结构，提高农业系统等的产出和增加农民收入有重要意义，应当积极开发，综合利用。其主要途径是能源化、材料化、生产肥料和饲料。

1. 生物质能源的利用

生物质能是绿色植物通过叶绿素将太阳能转化为化学能而贮存在生物质内部的能量。生物质能一直是人类赖以生存的重要能源，它是仅次于煤炭、石油和天然气而居于世界能源消费总量第四位的能源，在整个能源系统中占有重要地位。

世界各国正逐步采用如下方法利用生物质能：热化学转换法，获得木炭、焦油和可燃气体等品位高的能源产品。生物化学转换法，主要指生物质在微生物的发酵作用下，生成沼气、酒精等能源产品；利用油料植物所产生的生物油；把生物质压制成成形状燃料（如块形、棒形燃料），以便集中利用和提高热效率。

农业废弃物能源化的技术开发有：高效沼气和发电工程、秸秆气化装置和燃气净化技术；秸秆干发酵及其配套技术；秸秆直接燃烧供热系统技术；纤维素原料生产燃料乙醇技术；生物质热解液化制备燃料油、间接液化生产合成柴油和副产物综合利用技术；有机垃圾混合燃烧发电技术；城市垃圾填埋场沼气发电技术；"四位一体"模式和"能源—环境工程"技术农业生态综合利用模式等。这些技术和装备在中部地区推广利用，必将改善农村能源结构，增加二三产业比重，有利于农村产业结构的提升。

2. 制作肥料

农业废弃物肥料化的主要技术有：畜禽粪便开发研制的生态型肥料和土壤修复剂技术；不同原料好氧堆肥关键技术；高效发酵微生物筛选技术；以城乡有机肥为原料，配以生物接种剂和其他添加剂，高效有机肥生产技术；农业废弃物的腐生生物高值化转化技术；畜禽粪便高温堆肥产品的复混肥生产技术；秸秆等植物纤维类废弃物沤肥还田技术；农作物秸秆整株还田、根茬粉碎还田技术。利用这些技术生产的堆肥、液体肥料、有机生物肥和有机复合肥，对提高土壤肥力、增加土壤有机质、改善土壤结构、生产绿色和有机食品有独特作用。

3. 制作饲料

农业废弃物的饲料化主要分为植物纤维性废弃物的饲料化和动物性废弃物的饲料化，因为农业废弃物中含有大量的蛋白质和纤维类物质，经过适当的技术处理，便可作为饲料应用。主要的技术有：通过微生物处理转化技术，将秸秆、木屑等植物废弃物加工变为微生物蛋白产品的技术；通过发酵技术对青绿秸秆处理的青储饲料化；通过对秸秆等废物氨化处理，改善原料适口性和营养价值氨化技术。应用这些技术生产的氨化饲料、青储饲料、生化蛋白饲料、糖化饲料和碱化饲料、可以降低饲料成本、增加饲料营养成分，利于动物消化吸收。

4. 材料化

利用农业废弃物中的高蛋白质资源和纤维性材料生产多种生物质材料和生产资料是农业废弃物资源化的又一个拓展领域，有着广阔的前景。主要包括：利用农业废弃物中的高纤维性植物废弃物生产纸板、人造纤维板、轻质建材板等材料；通过固化、炭化技术制成活性炭技术；生产可降解餐具材料和纤维素薄膜；制取木糖（醇）的技术。稻壳作为生产白碳黑、碳化硅陶瓷、氮化硅陶瓷的原料；秸秆、稻壳经炭化后生产钢铁冶金行业金属液面的新型保温材料；麦草经常压水解、溶剂萃取反应后制取糠醛；甘蔗渣、玉米渣等制取膳食纤维；利用秸秆、棉籽皮、树枝叶等栽培食用菌；棉秆皮、棉铃壳等含有酚式羟基化学成分制成聚合阳离子交换树脂吸收重金属。

（二）发展农业循环经济，促进产业结构优化的主要模式

发展农业循环经济的实现方式就是在农、林、牧、渔、加中将两个或两个以上产业

进行耦合，在农业内部形成完备的功能组合，实现物质的多级利用和能量的高效转化。种植业和畜牧业是中部农业的两大重点，农牧结合是中部发展农业循环经济的核心。发展农业循环经济，可选择以下主要模式。

1. 农林牧复合模式

主要包括：粮饲—猪—沼—肥生产模式、林果—粮经立体生产模式、林果—畜禽复合生产模式。这种模式可以进一步挖掘农林、农牧、林牧不同产业之间相互促进、协调发展的能力，可以充分利用自然资源和农牧业的产物，对于改善生态环境，减轻自然灾害有重要作用。

2. 猪（禽）—沼—果（菜）循环模式

利用农田、水面、庭院等资源，采用"沼气池、猪舍、厕所"三结合工程，围绕果菜产业，因地制宜开展"三沼"（沼气、沼渣、沼液）综合利用，达到对农业资源的高效利用和生态环境建设、提高农产品质量、增加农民收入等效果。

在设施栽培条件下，可以建立果（菜）生产、猪（禽）舍、沼气池、厕所"四位一体"模式，这种模式在吉林、山西等省很多地区应用，是在塑料大棚内建沼气池、养猪，猪粪尿入池发酵生产沼气，沼气用作照明、炊事、取暖等，沼渣、沼液作蔬菜的有机肥料或猪饲料添加剂，猪的呼吸、有机物发酵及沼气燃烧还可为蔬菜提供二氧化碳气肥，促进光合作用。这种模式实现了种植业（蔬菜）和养殖业（猪或鸡）的有机结合，是一种能量流、物流良性循环，资源高效利用，综合效益明显的生态农业模式。

3. 山丘区农林立体结构生态型

在山区半山区，可以把林、农、药、菌等物种通过合理组合，在坡顶种树，高坡栽果，平坡种草，在水土保持的同时发展林果、药材、野生菌生产及牛、羊养殖，平坝耕地以种粮为主，建立起充分利用空间和太阳能的农业立体结构，同时又能形成良好的生态环境。

第五节　实施农业标准化生产，优化农产品品质结构

一、农业标准化生产的意义

农业标准化是指根据统一、简化、协调、选优的原则，把农业生产实践中积累和总结的生产经验同国内外先进农业科技成果综合组装，纳入农、林、牧、渔各业的产前、产中、产后的全过程，以标准规程或规范的形式，来指导、规范人们的生产、加工经营、销售等活动，进而达到提高产品质量、保证产品数量、增加生产效益的预期目的。

农业标准主要有：一是农副产品等级标准；二是种子、种苗、种畜禽、水产种苗等品种标准及农业生产资料质量标准；三是农艺技术规范；四是农副产品加工包装、储藏、保鲜、运输、标识标准；五是农业基础标准，如检测技术标准、农业环境标准等。

农业标准化是推广先进农业科学技术的重要手段，实施农业标准化生产，可以进一步深入优化农业产业结构，优化农产品品质结构，提升农产品的质量效益和竞争力。

农业标准化是农业结构战略性调整的必然要求。农业结构战略性调整的目标就是要实现结构优化、资源配置优化，提高质量和效益，从根本上解决优质农产品相对不足、出口创汇能力不强和区位优势不明显等突出问题。实现这些目标，最重要的措施之一就是大力推行农业标准化，以标准化带动农业生产的专业化、区域化和规模化，进而推动农业结构的战略性调整。

农业标准化可以统筹农业产业协调发展，推进农业结构优化。农业产业化的发展和经营方式的创新，能够较好地解决农产品生产与市场脱节问题，有利于种养加、产供销、贸工农一体化经营和统筹城乡协调发展，从而推进农业结构优化。

农业标准化可以促进科技成果转化，推进农业结构升级。农业标准化集现代科技成果和现代管理技术于一体，担负着用现代工业理念来谋划和管理农业，用现代科学技术来改造传统农业，用现代标准来规范农业生产和农产品经营，提高农业生产的技术含量，促进农业结构升级。

农业标准化可以优化农产品的品质结构。随着农业标准化体系的不断完善，农业检测机构将对农产品、农业生产资料和农业生态环境实行由田头到餐桌的全程检测管理，确保提供健康、安全、优质的农产品和确保良好的农业生态环境。

二、关于发展农业标准化生产的政策建议

由于我国农业的标准化工作与世界发达国家相比，目前还存在着标准数量不足、质量不高、标准不配套、不统一、实效性和可操作性差；技术内容陈旧、产品标准和检测方法不配套；宣传贯彻实施不到位，生产者的标准意识比较淡薄，自觉应用标准的比例小；标准研究工作滞后，标准的科学性、先进性和适用性较低等方面的问题。为此，对进一步发展农业生产标准化生产提出以下建议。

（一）强化宣传与培训

1.加强宣传，突出特色，搞好标准培训

新闻媒体和政府有关部门要积极宣传农业标准化知识，选择有关的好典型、好做法、好经验，以便借鉴推广。要重点抓好以乡镇农村人员为骨干，农技人员、示范大户和农业企业科技人员为主体的农业标准化宣传队伍。

农民是落实农业标准化的推广主体和受益主体，因此要建立一套培训体系，充分利

用农民夜校、农民技术学校举办培训班，使他们尽快掌握农产品质量标准要求和标准化生产技术规程。

2. 进行标准化生产示范

在农业和农村经济发展以质量和效益为目标的过程中，对农民进行标准化生产示范尤其重要。通过建设一批农业标准化示范区，带动和辐射农户，这种示范理论联系实际，不仅能让农民直接看到实行标准化带来的市场利益，而且能使农民从身边的实例中得到启发，了解什么是标准，怎样运用标准创造与消费者的要求相适应的新价值，挖掘市场潜在需求，发现与之相适应的附加值，从而加深对农业标准的认识，提高运用标准的能力。

(二) 进一步建设和完善农业标准化体系

根据国家、行业已有的标准，结合中部各省特点继续制定自己的农产品品种、质量安全、生产技术和产地环境及检测方法等标准，并做好自己的标准制定实施工作。

推广体系建设，要在现有农业技术农业网络的基础上，坚持技术推广与时俱进的原则，加快制定适应本地的技术操作规程，使其技术与推广体系相配套。

检测监测体系建设，要根据国家检测工作的部署，建立健全本地的检测机构，上下衔接做好工作。

质量认证体系建设，要在认证工作上积极启动以无公害农产品、绿色食品、有机食品、出口产品为重点，打自己的品牌，走好品牌之路。

农业标准化监督服务体系。根据从田间到餐桌一整套过程的安全要求，进一步出台农产品质量管理地方性法规，以及监督执法的规章程序，逐步建立和完善农产品市场质量安全准入制度。

(三) 完善农业质量监测体系

要健全并完善农副产品和农用生产资料监测体系，对农产品和农业投入品及各类农业标准的实施进行监测。配合中部各省农业发展战略，加强对农产品和农业投入品及各类农业标准的实施进行监测，加强对蔬菜、果品、畜禽等农产品及其加工品质量和农药化肥残留的监测，健全并完善农业生态环境监测体系，对涉及农副产品产前、产中、产后全过程的农艺技术规范的实施开展监测。

搞好三级监测机构建设。要以国家级检测机构为龙头，省级检测机构为骨干，市县级检测机构为基础，重点搞好农业产地环境、农业投入品、初级农产品、农产品加工品及农业进出口产品质量检测机构建设。省级检测机构应建成几个具有国内领先水平的检测中心。市县级检测机构应以建立符合当地农业产业结构与特色的综合性检测机构为主，在特色经济突出的地区设立专业性检测中心。

（四）加强农业标准化技术推广队伍建设

要采取集中培训和分类培训相结合的形式，加强对农业标准化人员的培训，提高其业务素质和标准化管理水平。通过省、市、县层层培训，尽快培养一批既有标准化专业知识，又懂农业生产技术的农业标准化专业队伍。

第六节　加速发展农产品深加工产业，拓展二三产业，带动农业结构调整优化

一、发展农产品加工业的意义

农产品加工业，是指以农业产品为原料进行直接加工和再加工的工业。广义的农产品加工业，是指以人工生产的农业原料和野生动植物资源及其加工品为原料所进行生产活动的工业。狭义的农产品加工业，是指以农林牧副渔产品及其加工品为原料所进行生产活动的工业。

根据国家统计局分类，农产品加工产业主要包括以下 12 个行业：食品工业（含粮食及饲料加工业、植物油加工业、制糖业、屠宰及肉蛋类加工业、水产品加工业、盐加工业及其他食品加工业）；食品制造业（含糕点糖果制造业、乳品制造业、罐头食品制造业、发酵制品业、调味品制造业及其他食品制造业）；饮料制造业（含酒精及饮料酒、软饮料制造业、制茶业等）；烟草加工业；纺织业；服装及其他纤维制品制造业；皮革毛皮羽绒及其制品业；木材加工及竹藤棕草制品业；家具制造业；造纸及纸制品业；印刷业记录媒介的复制；橡胶制品业。本节讨论的重点是食品工业和食品制造业。

农产品加工业介于第一产业和第二产业之间，有 1.5 产业之称，是促进中部地区农村经济结构调整、增加二三产业产值、延长农业产业链条、提高农业综合效益和增加农民收入的重要途径。

要把农业结构调整与农产品加工业发展结合起来，农业结构适应农产品加工业发展的需要，逐步实现农产品加工原料规格化、质量标准化、品种专业化和生产规模化。在农业结构调整中，将工业原料作物向适宜的种植区合理集中，实现区域化布局和专业化发展，带动种植业持续优化发展。农产品加工业是农产品实行优质优价的重要保证。要完善产品主要由市场形成价格的机制，拉开品种、质量差价，实行合理的等级、地区、季节差价，实现优质优价。

我国农产品加工业总体水平差距较大，发达国家农产品加工率都在 90% 左右，我国只有 30% 左右（粗加工以上）；发达国家深加工（二次以上加工）农产品占 80%，而我国只有 20% 左右；发达国家农产品加工业产值与农业产值的比为（2~3）：1，而

我国约为 0.8∶1，其中发达国家食品工业产值与农业产值的比为（1.5~2）∶1，而我国约为（0.3~0.4）∶1。发达国家的种植业、养殖业产品加工成食品的比例都在 30%以上，而我国仅为 2%~6%，美国玉米深加工量占玉米总加工量已达 15%~20%，可加工出 2 000 多种产品，而我国深加工比例仅有 9%，只能加工 100 多个产品。由此可见，发达国家的农产品加工业对本国 GDP 的贡献程度远远高于中国，发展农产品加工业意义深远。

二、农产品加工业的重点发展领域

1.大力发展粮食、油料等重要农产品精深加工

以粮食深加工为重点，着力推动大宗农产品加工转化增值，要从粗加工向精加工、从单一品种加工向多品种、从简单产品向深加工产品转化。重点是要搞好稻谷、小麦、玉米、大豆和薯类的深加工和综合利用，努力提高基础原料产品质量，实现加工品种多样化、系列化、专用化，加快粮食产品向食品制造业的延伸。

2.积极发展"菜篮子"产品加工

肉类重点发展猪、牛、羊、鸡等产品深加工。奶业要优先提供优质、营养的学生饮用奶。水产品发展优质鱼、虾、贝类等水产品精深加工；积极发展有机蔬菜产品和绿色蔬菜产品加工、搞好蔬菜的清洗、分级、整理、包装、推广净菜上市、发展脱水蔬菜、冷冻菜、保鲜菜等。注重发展干鲜果品保鲜、储藏及精深加工。

3.巩固发展糖、茶、丝、麻、皮毛等传统加工业

鼓励发展精制糖、发展名优茶、有机茶和保健茶，发展丝和麻加工系列制品。积极开发牛羊等皮毛、绒、深加工制品，合理利用和开发食用菌等农业野生资源发展特色农产品加工。

4.积极发展方便食品和功能性食品

重点发展速冻、微波、保鲜、休闲、调味食品和中西式快餐食品等方便食品，在功能性食品方面，首先要推广主食营养强化，改善居民的营养状况，积极开发符合营养、健康的定型包装食品、婴幼儿辅助添加剂食品和断奶食品以及特殊人群食用的食品。要继续加大对方便食品龙头企业的扶持力度，逐步形成现代化的方便食品和功能性食品行业的基本框架，使其产品产量和质量有较快提高。

第七节　加快现代市场体系建设，拉动农业结构调整，搞活农村经济

一、发展农产品市场体系的意义

农产品市场是农产品在流通过程中的市场组织体系，包括收购市场、集市贸易市场、批发市场和零售市场四大类。在市场经济条件下，对农产品消费需求变化作出反应的只能是农业生产经营者，就我国农业生产而言只能是农户。他们必须直接面对市场进行生产经营，在市场的引导下进行农业产业结构调整。政府在保证市场制度供给，建立起农业产业结构能动态地适应市场需求的体制和机制基础上，制定并实施积极有效的农业产业政策，引导农业生产者积极主动地按市场需求组织生产，使农业产业结构不断地朝着产业优化升级的方向演进。因此，农产品市场的建设、发展和完善，对农业产业结构优化具有重要意义。

市场对农业生产具有拉动作用，是农业发展的最直接的动力，农产品市场反映市场消费结构的变化，社会需求结构可引导产业结构调整，促进区域农业结构的优化升级。

农产品市场体系特别是批发市场的建设与发展，打破了农产品流通领域的地区封锁和部门垄断，形成多渠道经营、多主体平等竞争的格局。批发市场货源集中，通过"货比三家"实现了优质优价、优胜劣汰，引导农民淘汰质量低劣的品种和产品，生产市场适销对路的优质农产品。

农产品批发市场的货源充足，品种齐全，交易量大而又集中，通过公开、公平竞争形成的供求信息、价格信息比较真实可靠。特别是产地批发市场贴近农村、农民，是农民出售产品、获取市场信息的快捷渠道。当地政府可以根据市场信息进行综合分析与预测，引导农民科学决策，适时调整种养业结构。

农产品市场一头连着生产基地和农民，另一头连着广大消费者。严格把好农产品市场准入关，既可以防止有毒有害物质超标的"米袋子""菜篮子"产品流向老百姓餐桌，又可以为生产基地和农户传递优胜劣汰的市场信息，引导农民按照标准化的技术要求规范操作，确保农产品质量安全，同时激励农民在调整农业结构中大力发展包括绿色食品、有机食品等在内的无公害农产品。

农产品市场体系的形成、发展与繁荣，对运用民间资源广开就业门路，转移农业剩余劳动力发挥着日益重要的作用。农产品市场具有聚集人气、带动农村二三产业发展的重要作用，促进区域性经济发展和社会文化交流中心的形成，有利于加快农村城镇化建设的步伐。

二、农产品市场体系发展状况和存在的问题

（一）农产品市场体系发展状况

1.部分地区市场框架已经形成

经过 20 多年的改革开放，我国各种农产品市场已经从无到有、从小到大逐步发展起来。部分地区初步形成了以集贸市场为基础，以批发市场为中心，以直销配送、连锁经营、订单收购、期货市场、电子商务等为先导的农产品营销格局，初步适应了农产品生产、流通、消费的需要。

2.部分市场基础设施建设逐步完善

中部地区很多农产品现货市场交易场地已实现硬化，建有比较标准的交易大棚（厅）或交易门店、摊位，能够满足全天候交易的要求；部分市场还建有农产品储藏保鲜与分选加工设施、质量检测和信息收集发布设施；还有的市场建立了交易安全电子监视系统和电子统一结算系统；围绕农产品交易，一般在市场内部或周围形成了餐饮、通讯、金融等配套服务设施。农产品期货市场、连锁超市、电子商务等新的流通业态，建设起点一般比较高，设施先进，功能配套。

3.市场管理和服务不断强化

许多批发市场已不再仅仅停留在提供交易场地、功能单一的初级阶段，开始向管理规范化、服务多功能化发展。

4.市场影响和辐射半径逐渐扩大

许多市场采取多种形式扩大市场影响和知名度，与全国大市场连为一体，从区域范围走向全国大流通，一些市场形成了"买自全国、卖到全国"的营销格局。

（二）农产品市场体系存在的主要问题

农产品市场体系发展虽然取得了很大的成绩，但与建立一个统一开放和竞争有序的市场体系这一目标相比，还相距甚远。农产品市场体系还存在着布局比较盲目，缺乏统一规划，重市场数量、轻硬件配套；重场地建设、轻市场培育；农民进入市场组织化程度低、产地市场建设滞后等问题。农产品市场体系必将与世界农产品市场体系接轨，这就要求市场体系建设适应当代世界市场体系的发展，逐步抛弃分割、封闭、垄断和无序，最终以统一、开放、竞争、有序的良好状态促进经济发展，并积极参与国际竞争。

三、加快农产品市场体系建设的思路

1.统筹规划、合理布局农产品市场体系建设

要抓紧制定各省的农产品批发市场建设与发展规划，在认真调查研究的基础上，依据农产品生产、流通、消费的特点和供求格局变化趋势，科学论证，统筹规划，合理布

局，防止重复建设和出现"有场无市"。在农产品市场体系建设中，需根据各类市场的主要功能特点，正确处理批发市场与零售市场、综合市场与专业市场、产地市场与销地市场的关系，使之相互衔接、优势互补，充分发挥市场体系的整体效能。

2. 重点加强产地批发市场建设

要把产地批发市场作为重要的农业基础设施，增加投入，加快建设步伐，重点是在蔬菜、水果、肉类、禽蛋、水产品、花卉、土特产品等农产品集中产区，改、扩建一批区域性的大型农产品产地批发市场，无公害食品、绿色食品批发市场及配送中心，完善配套设施，健全服务功能，提高对农业产业化经营的带动水平。

3. 发展和完善农产品期货贸易市场

期货交易作为一种即期成交、远期交割的交易方式，十分有利于农民了解农产品供求和价格的未来走势。农民据此调整生产结构，可以有效地避免生产的盲目性。同时，期货交易可避免农产品集中上市带来的季节性价格下降，提高农户在现货市场交易中的地位。我国第一家由粮油商品起步的规范化期货交易所——郑州商品交易所于 1993 年 5 月 28 日成立。这是按国际期货市场的一般原则并结合中国国情建立起来的期货交易市场，开办以来成交量稳步上升，运行较成功。有条件的省份和城市可借鉴商品交易所的成功经验，试办自己的农产品交易市场，促进本地区农产品市场的建设。

4. 提高市场主体的组织化程度

成立农民销售合作组织，使其成为农民进入市场的主要方式。供销社系统应调整经营结构，在继续做好棉花、农资和日用工业品经营的同时，参与农业产业化经营，发展专业合作社，兴办农副产品加工型和购销型龙头企业。

5. 进一步发展市场中介服务机构

独立公正、规范运作的专业化市场中介服务机构，以及各类行业协会、商会等自律性组织的发展，是市场进步和成熟的重要标志。市场中介服务随着商品交易的不断发展而日益壮大，服务范围从最初的沟通购销双方，扩展到提供咨询、产品开发、质量检测、人员培训以及监督、检查、核算、交割、公证、调解等多项服务。门类齐全、相互配套的中介服务体系，是市场体系的重要组成部分，是社会分工日益精细化、专业化的结果。从世界各国的实践经验来看，市场经济越发展，市场体系越完善，市场中介服务机构的发育也就越充分。各类行业协会、商会则是不同类型的市场主体从分散走向联合，从放任走向自律的现实途径。按照市场化原则发展中介服务机构、行业协会和商会，是完善农产品市场体系不可缺少的重要方面。

6. 建立农产品市场准入制度，确保农产品食用安全

农产品市场准入不仅事关广大人民群众的食品安全，也有利于提高流通主体的组织化程度和流通能力，有利于提高农产品的品质和竞争力。准入制度要对现有的农产品商

户进入市场的资格进行限定，建立准入体系。对入市交易的农产品进行严格的质量检测和检验，建立和完善农产品质量标准体系，加快推进统一强制性产品认证标志，鼓励农贸市场产品创品牌。采取各级政府分工负责、职能部门分工协调的办法，省级主要监管区域性批发市场，省级以下主要监管地方批发市场和大量的集贸市场。

通过以上措施，逐步建立起比较完善的以配送连锁、电子交易、期货交易等现代市场流通业态为先导，以批发市场为中心，以集贸市场、零售市场门店和超市为基础，统一、开放、竞争、有序的农产品市场体系。以农产品市场体系的规范高效运行和现代化，拉动农业结构调整，促进生产的专业化、区域化、标准化、现代化，带动农业增效和农民增收，搞活农村经济。

第四篇

区域层面农业现代化研究

篇 首 语

本篇研究的重点是农业现代化问题，分别从微观区域层面和宏观区域层面展开。

第十二章是关于现代农业科技园区相对微观的研究文章。现代农业科技园区于20世纪90年代前期在我国兴起后迅猛发展，中国农业科学院有关研究所的专家团队走在全国的前列，把园区实体规划和园区理论研究结合起来，研究得出多方面成果。本篇收编的本人8篇文章，涵盖了三方面内容。一是提出农业园区的定位、功能、类型、建设内容和发展方向等，对园区兴起初期大家都很关注的这些问题进行论述；二是把科技园区建成区域农业集成创新的平台，从理论与实际的结合上，对园区集成创新功能及引领区域现代农业发展作了阐述；三是通过园区建设案例分析，说明建设生态农业园区，开创以生物技术主导的园区循环农业的重要性。

关于现代农业的宏观研究，在第十三章所列4篇文章中，以"现代农业生产要素的优化与配置"一文具有新意。农业生产要素是指直接投入生产过程，形成农业生产力的主要因素，包括农业资源、农业生产资料、农业生产装备、农业技艺和生产劳动组织五大要素。自然资源是形成农业产品的物质来源，是农业生产的基础要素。生产资料是提高资源利用率和产出率的物化投入要素。生产装备是提高劳动生产效率的装备要素。农业技艺是科技和农艺投入要素。劳动组织是农业生产方式投入要素。五类生产要素的优化升级程度，可看出一个地区农业发展水平，五类要素由传统样式优化升级为现代品类和样式的程度，决定着一个地区农业现代化的进度，由此可研究设计简约化的指标体系，更准确评价农业现代化进展水平，对现代农业研究有一定理论指导意义。

第十二章
现代农业科技园区研究

第一节　我国现代农业科技园的基本特征和发展方向

现代农业科技园，是近年来我国农业发展中出现的新的经济现象，引起各级政府、科技界、农业产业界和广大农民的普遍关注。在园区建设过程中积累了一些经验，也存在很多问题，有必要对这些经验和问题进行分析总结，引导其健康持续的发展，在农业现代化进程中发挥应有作用。

一、我国现代农业科技园的基本特征

我国现代农业科技园，是用高新科技支撑、以农业设施工程为主体、具有多项功能和综合效益，进行集约化生产和企业化经营的农业组织形式。一般情况下，应有中心区、示范区和推广射区三个层次，具有以下基本特征和主要功能。

（一）基本特征

1. 是我国农业生产力发展新的制高点

改革开放以来，我国农业生产发展很快，农产品供应由紧缺到相对平衡和富裕，要求对农业结构进行战略性调整。农业科技园就是顺应这个发展的大趋势，成为农业生产力发展的新的制高点，必将引导农村经济发生深刻变化。

2. 是我国农业现代化建设新的生长点

今后的一二十年是我国由传统农业向现代农业转变的关键时期。几千年来，以自然经济为特征的传统农业，一是"靠天吃饭"，经不起旱涝等天灾的危害；二是靠对土地的单项索取，劳动效率很低；三是靠人畜和工具的简单劳动，资金和能量投入有限。农业科技园可用工程技术手段和工厂化方式为动植物高效生产提供可控的适宜的生长环境，通过现代技术的高度集成的投入，在有限的土地上充分利用气候和生物潜能得到最高的产量、良好的品质、较高的效益，并对生态环境最少不良影响。是农业摆脱自然的束缚，向现代农业转变进程中的一个新的生长点。代表农业经济领域发展新方向，具有

科学性、创新性、鲜明性和可操作性，并推动农业由初级形式向高级形式的演化。能在同类型条件下推广，从而带动整体的全面发展。

3.是农业科技与农村经济紧密结合的切入点

农业的持续发展和现代化建设，关键是科技。由于现有科技体制和农民分散经营两方面的制约，农业科技和农村经济的结合和科技成果转化为现实生产力，存在很多困难和障碍。农业科技园是农业和科技结合的产物，为科学技术进入农业生产过程提供了有效的切入点。

（二）主要功能

1.精品生产、加工功能

农业科技园的本质是经济实体，产品生产是其基本功能。但不是一般的农产品，而是用最新品种、最好技术培育和加工出来的优质精品，以满足国内外日益提高的消费需要。同时，这类高科技含量的农业商品进入市场，将增加国产品对进口产品的竞争力，并在国外市场上占有一席之地。

2.示范功能

我国现阶段农民的大多数，文化素质较低、科技意识较淡、承担风险能力较弱。针对这个基本国情，几十年来农业新技术推广的一个重要方法是现场示范，亲眼看到好才能认可应用。高新科技武装的现代农业，是我国农业发展史上的历史性变革，投入这场变革的主体仍然是广大农民。农业科技园这样现代化事物的出现，为农民对现代农业的认识，会起重要示范作用。

3.带动功能

事物的发展，由低级到高级，由传统到创新，由部分到整体，首先要有适应生产力发展的先进的要素来带动。农业科技园这个生长点和制高点，就具有带动农村生产力发展、农业新技术应用和农业现代化建设的作用。带动作用主要体现在：一是通过园区种苗繁育中心，带动名优品种普及推广；二是通过园区现场与理论结合的技术培训，带动广大农民素质和应用新技术水平的提高；三是农产品加工和农业高新技术在园区的产业化，可成为带动当地农户种植业、养殖业和加工业发展的龙头。

4.科普教育功能

现代农业、高科技农业、工厂化农业等是什么样子？最好的农产品是如何生产出来的？如果没有一个现场，就不可能使青少年和中小学生获得感性认识。对将要承担21世纪现代化建设大任的新一代来说，农业科技园特别是都市农业中的园区，这种现代农业的直观感受对他们未来发展会起到重要教育作用。

5.休闲观光功能

都市农业中的现代农业科技园区，既保持农业的自然属性，又具有农业新型设施的现代气息，加上园林化的整体设施和长年生长的名特优新果蔬花卉、珍禽名鱼装点其间，争奇斗艳，形成融科学性、艺术性、文化性为一体的人地合一的现代休闲的观光景点，成为城市综合体的有机组成部分。

（三）现代农业科技园与常规农业科技园

常规农业科技园，如一些地方办的新品种、新技术试验区，种苗基地，高产高效栽培示范田，农民经营的"大棚"集中连片区等，冠之以"农业科技园"的字样。这类园区虽然也有一定的技术含量，但没有像"现代园区"那样，同时具备高新科技、设施工程、多种功能、企业化管理、集约化经营和精品化产品等要素，只能属于传统农业范畴的科技行为。长期来这些科技行为为我国农业科技传播作出了重大贡献，为"现代园区"的产生提供了很多经验，今后仍不可缺少。但"现代园区"已在"常规园区"的基础上发生了质的飞跃，成为具有鲜明现代特征的农业经济单元。

二、我国现代农业科技园的若干发展模式

"发展模式"是在一定经济发展阶段，代表某一产业发展方向的典型经验，能在同类型条件下推广。模式是群众创造性的具体体现，是生产发展的积极因素，是建设和生产正确指导思想的一个认识来源，是把事物不断推向高级阶段的一种推进力。几年来现代农业科技园建设的实践，各地涌现了很多模式和经验。发现和总结好的模式和经验，加以倡导和推广，对园区健康发展有重要意义。

（一）上海孙桥模式

上海孙桥现代农业园区是我国都市农业中进行工厂化生产的一个典型。现有 45 亩荷兰自控玻璃温室、30 亩法国育苗温室、120 亩法国双层充气薄膜温室、3 000 平方米台湾蝴蝶兰高档温室、45 亩国产自控温室和 800 余亩连栋温室及温室群。另外还有一定面积蔬菜花卉无土栽培和工厂化鱼繁育场等设施。

该园区的主要特点

一是坚持都市农业的发展方向。兼有现代工厂化农业展示、优质精品生产、引进消化吸收、现代农业科技人才和管理人才培养、中小学生现代农业教育和旅游观光等功能。

二是坚持高起点。园区以引进国外先进设施为主体，定位于世界一流的农业企业，为我国都市农业和现代农业发展起引导作用。

三是以市场为导向。将产品定位在中高档市场，同时开拓国外市场。

（二）德州模式

位于山东省德州市南，占地 1 000 亩，分为设施蔬菜、花卉、水产养殖、林果、特种动物养殖、农产品加工、组培中心 7 个功能小区和一个工厂化果蔬育苗工程中心，在

园区外围有一定面积的大田示范。通过科技应用、优质种苗、技术培训和信息服务等手段，带动全市农村经济的发展和科技水平的提高。

该园区的特点

一是在启动和建设期，作为市长工程纳入全市发展规划，组织班子领导建园工作，并争取国家和省有关部门支持，工程进展快，一年建成。建成后实行企业管理，政府仍在政策等方面给予关注。

二是以组培室和工厂化育苗中心为主，每年向外提供千余万株菜、果优质苗，成为经济收入主要来源，也带动本地区菜果产业发展。

三是科技依托单位层次高，规划、设计和优质品种及栽培技术，由中国农业科学院、中国农业大学等单位提供技术支撑。

（三）南阳模式

河南省南阳市卧龙农业高新科技示范区于1998年12月开始建设，规划面积500亩，园区包括一个工厂化育苗中心和六个功能区。园区外围规划1万亩大田示范。该园区建设的指导思想是体现"三个结合"，即同当地农业结构调整相结合、同培育支柱产业相结合、同市场需求相结合。建成"一个中心"和"四个基地"即南阳市优质苗木繁育中心、农业高新技术传播基地、用高新技术改造传统农业示范基地、农村科技人才培训基地和高效农业企业管理试验基地。

该园区的主要特点

一是坚持机制创新。建设和经营过程中采用土地流转制、工程招标制、投资业主制、运营公司制、管理合同制和科技承包制等一系列新机制。

二是坚持多元投资。在1200万元的投资中，国家和省拨款以及园区贷款总计500万元，其余700万元由16家机构、企业和个人投资。

三是以国家级科研机构为技术依托。主要是中国农业科学院的有关研究所。

（四）定西模式

定西旱作高效农业示范区建在定西市近郊，规划面积3000亩，分为草木花卉、优新蔬菜、珍稀动物、名贵中药材、优质林果五个功能园区，建园目标是引进开发先进科技成果，进行生产示范、通过辐射推广，探索西北干旱高效农业路子，为贫困地区依靠科技实现跨越式发展积累经验。

该园区的主要特点

一是政府创造基础条件，企业入园开发。

二是明晰区域支柱产业，园区作为带动产业发展的技术扩散的龙头。

三是按照区情提出建园思想，其特色是"旱作高效"。

（五）河南天翼模式

天翼生物工程公司是河南省漯河市一家民营企业，以草莓、彩椒、樱桃等种苗快繁为主。1998 年秋动工建设，不到一年时间，各项工程全部建成，现在拥有 500 亩日光温室为主要的示范基地，2 000 亩的苗圃和一个设备精良的组培中心。每年能提供 3 000万 ~5 000 万株优质草莓苗和百万株樱桃等果树苗。

该园区的主要特点

一是民营企业、自有资金，总经理直接亲自领导、指挥和组织各项工作。分组承包、超额奖励、任务到位、各负其责。管理机制新、效率高、效益好。

二是聘请南京农业大学高级人才主持组培中心工作，技术水平高，培育的苗质好。

三是园区基地作展示、苗圃生产商品苗、突出草莓苗主导产品，以国外引进和国内最好品种占领市场，增强了产品竞争力。

除以上列举的模式外，还有苏州未来农林大世界、珠海农业科研中心的园区、济南市高新农业开发区、河北衡水农业高新技术园区和深圳光明高科技农业产业园区等。

由上述模式可以看出，园区模式的产生，一要有产业经济发展的导向，二要有资源和技术的区域特色，三要有好的思路和实际工作的结合，四要有带头人的策划和运作，五要有体制和机制的创新。

三、我国现代农业科技园产生和发展的背景

我国现代农业科技园在短短几年时间得到快速发展，有其深刻的社会背景。

（一）我国农业生产力发展的必然

生产力是推动社会经济发展的决定因素。经过几十年的努力，我国农业生产力已发展到一定水平。尽管发展仍存在区域差异，但在发展水平较高、地方经济技术和财政条件较好的地区，已不满足于传统的生产方式，开始考虑生产力要素的重新组合，以利于生产要素配置的优化，农业资源利用的高效化，农业生产率和农业生产效益的高值化，这就要求在生产组织形式上有所突破。现代农业科技示范园的兴起，就是这种生产力发展的必然产物。是由客观经济规律所决定，不以人们的意志为转移。

（二）我国科技发展的支撑

农业科技园的科技内涵主要体现在现代农业设施的"硬件"部分和现代农业技术管理的"软件"部分两个方面。前者需要提供新型设施材料和新颖设施结构，后者需要提供适应设施条件下果蔬花卉、畜禽鱼等优质新品种、新的栽培饲养技术，并要对设施条件下的光温水土环境要素进行调控，使之向自控化、智能化和流水线生产的方向发展。我国农业设施材料、自动控制技术、温室栽培技术和优新品种等研究开发，已有相当的水平和能力，基本能满足现代农业科技园发展的需要。园区的发展也为农业高新技术的

创新、应用和集成提供了崭新的空间。

（三）国家有关部门项目的引导

国家有关部门根据我国农业发展的态势，近几年立项支持了农业科技园的建设，对园区发展起到了引导和示范作用。

1997 年 2 月，国家科技部启动工厂化农业项目，首批选在北京、上海、沈阳、杭州和广州五个城市实施。一般以现代农业设施为主，集成国内外高新技术组装配套，进行工厂化生产。要求通过国家、部门、地方、企业联合投资，建设 2 500 亩技术示范小区，1 万亩应用示范区和 10 万亩延伸辐射区，并带动一批相关产业的发展。

1998 年国家科技部启动持续高效农业技术示范区项目，第一批审批 15 个。示范区建设是以农业先进实用技术为主，以农业持续发展和高效农业为目标，形成技术含量较高的优化结构及生产体系，为 21 世纪农业发展起引导作用。

1999 年国家农业综合开发办公室开始实施高新技术示范项目，要求在原有开发区基础上应用优良品种、节水灌溉、信息技术、高效栽培和饲养技术等农业高新技术成果，在 1 万 ~2 万亩面积范围内，建设农业高新技术示范区，通过核心区的技术集成、示范区带动，将高新技术向同类型地区推广辐射，使之成为现代农业的先导区。

（四）农民土法"大棚"生产的实践基础

20 世纪 70 年代我国引进地膜覆盖栽培技术，80 年代在各地普遍应用。农民土法上马建造的"大棚"，投资省、见效快、适宜农户生产经营，土地产出率远远超过大田作物，很快在各地推开。现在二代三代日光温室在初始阶段基础上又有所改进和提高。这种体现中国特色的设施栽培为现代农业科技园区发展提供了实践经验和基础。

四、我国现代农业科技园健康持续发展的方向

我国现代农业科技园建设还处于起步阶段，有很多困难和问题，主要是管理和运行机制问题较大，跟现代企业不相适应；部分园区科技含量不高，没有稳定的科技依托单位和高层次技术人员；园区定位不准，目标不明确；市场开拓能力弱，经营状况不好；没有同当地支柱产业相结合，示范带动作用不明显等。要保持园区健康持续发展，应认真研究解决这些问题，并重视以下几项工作。

（一）国家主管部门的总体规划和规范管理

前几年国家有关部委和地方政府都在审批一些项目。由于缺乏统一领导和统筹安排，可能会带来布局不合理、政策制度不规范、重复建设、无序发展等问题。国家现已明确科技部为主管部门，科技部已着手制定发展规划以及项目建设及审批程序，出台建设和管理政策，使科技园得到合理有序的发展。

（二）要做好可行性论证和规划设计工作

园区建设要按经济规律办事。在城市郊区，农村经济发达、地方财政状况好、农业生产及其产业化有一定基础、地方领导和农民科技意识较强、有专业科技单位的依托的地方，具有兴办的可行性条件。立项后要做好项目可行性论证，不具备条件的不能盲目上马。

园区规划设计要请权威单位承担。规划和设计要依据当地农业生产的实际情况和市场调研情况，按照园区发展目标和园内项目内容，做出起点较高、科学性强、结构合理的方案。

（三）突出经济效益

从园区功能和作用看，具有经济、社会和生态的综合效益。但其本质是经济实体，是企业行为，应当把经济效益放在突出位置。没有经济效益的园区是没有生命力、没有说服力、不成功的园区。只有明显的经济效益，才能使其优越性和先进性显示出来，才能符合现代农业的要求。

（四）要有政策、管理和运作机制上的创新

政策、管理和运作机制是决定园区发展的内部因素，是事业成败的关键。不能沿袭老一套领导农村工作的观念，也不能用单纯的行政指令代替经济运行规律。应当借鉴国外先进管理和国内成功经验，按照市场经济条件下现代农业企业管理办法，在政策上、机制上要能激发人的积极性和创造性，并且对项目和人才有吸引力。

（五）要从市场、科技和农民三个方面营造良好的外部环境

园区发展除了内部管理要有机制创新，还要营造良好外部环境条件，其中最重要的，一是不断开拓和占领市场，保持产品畅销和扩大社会影响；二是要有稳定的科技支撑单位，使新的科技成果源源不断的在园区转化应用；三是要同农村和农民建立良好的联系，带动农村经济发展和农民致富。

（六）要加强全国园区的交流和协作

全国园区要经常交流，有必要成立协作网，并通过网站快速传送园区、市场、技术等各方面信息，实现信息资源共享，促进共同提高和发展。

（本文是在"首届全国农业科技园区论坛"大会上的主题发言，载于《中国农业科技园区建设与发展》，中国农业出版社，2001年）

第二节 现代农业科技园的主要功用和进一步
发展的深层次问题

我国农业科技园的建设和发展，已经积累了一定的经验，定位和功能逐渐明晰。为了让园区在我国农村经济中发挥更好作用，要不断总结经验、增强创新能力，研究和解决进一步发展的深层次问题。

一、现代农业科技园的内涵

根据我国国情、农情和已建园区的经验，现代农业科技园区应具备：①以农业设施工程建设为主体；②资金和技术的集中投入；③进行集约化生产；④实行企业化管理；⑤具有示范、带动、科普、观光、精品生产加工等多种功能；⑥产生经济效益、社会效益和生态效益的综合效益。

以上六点构成了科技园区的基本内涵，其中最本质的是科技含量、设施工程和企业化管理三点，其余各点都是前提和后效。园区内涵的界定为园区建设发展和逐步完善提示了目标方位，同时也将现代园区和常规园区区别开来。一个功能完善的现代农业科技园区，在空间布局上可分为：中心区、示范区和辐射带动区。中心区是园区的主体，集中体现了园区六点内涵，经营是企业运作，是新技术的扩散源、新知识传播源、经济技术信息的信息源。示范区一般在中心区附近，将中心区新技术新品种率先示范应用。辐射带动区在中心区更远的范围，使园区技术产品作远距离跨区域跳跃式传播，没有明确范围，只能划出大致的影响面或影响半径。示范区和辐射带动区属园区的外延，是园区的从体，经营主体仍然是农户。三个层次之间紧密相连，互为依存。

现代农业科技园的建设需要大量的资金投入，按投资主体可将园区分为政府主办型、企业主办型、政府和企业联办型三类。不同的投资主体有着不同的经济目标和利益目标。

政府主办的园区，包括省办、地市办、县办和事业单位办，其经济目标是着眼于区域经济的整体发展，要求园区对现代农业建设和农业结构调整有带动作用。利益目标是建立园区和农户的利益共同体，着重于农民增收，不苛求园区本身利益最大化。投资园区建设，只是农业发展资金由分散使用到集中重点使用方向的变化。这种变化体现了农业投资运作的进步。

企业主办的园区，经济目标是利益最大化，园区建设的技术选择、产品定位、市场方向、管理机制等都是围绕利益最大化进行设计和布局，同当地农业结构和主导产业有一定联系，但没有必然联系。

政府和企业联办的园区，首先由政府选择一定区域，编制园区总体规划和招商引资指南，投资园区基础设施建设，设立园区管委会等形式的管理机构，出台相关管理办法和优惠政策，营造好的投资环境，为企业进园提供一个平台。园区建设项目经审定批准，企业投资自主经营。项目实体在企业，但产品生产要符合政府提出的园区发展方向和园区功能设置，一般都能把政府的经济目标和企业利益目标结合起来，比上两种类型更能体现园区的综合效益。

二、现阶段农业科技园的主要功用

现代农业科技园区具有多项功能，在我国农业现代化建设中能够发挥多方面作用，现阶段的主要作用如下。

（一）推进农业结构调整的深入发展

农业结构调整已取得初步成效，但从战略性调整来看，农业科技含量的问题、产业化经营体制创新和市场机制问题、农产品质量和产品结构等问题，解决的难度很大。农业园区应当在农业结构调整的这些深层问题上发挥作用。

（二）为提高农业资源利用率和产出率提供经验

我国农业资源利用率和产出率，远远低于发达国家水平。农业科技示范园具有先进的生产力，要在土地资源和水资源的高效利用上取得经验。目前园区单位面积产量和产值高于园外 3~5 倍，最高达 10 多倍。今后要继续试验和研究提高水土光热资源的利用率和产出率的技术措施，并分析园区自身的资源利用产出动态变化情况。

（三）加速优新品种推广

农业科技园区在优新品种推广上做了大量工作，特别是不少园区建设的组培中心和智能连栋温室，为农村提供了成批量脱毒的和优质的果树、薯类、瓜菜等新的品种种苗。今后还要加大力度，加速发展，扩大推广。

（四）促进科技成果转化应用

由于现有科技体制和农民分散经营两方面的制约，农业科技成果转化为现实生产力，存在很多障碍，农业科技园区为农业科技和农村经济结合创造了条件。农村经济不断发展，对科技需求日益迫切。农业科技不断创新，科技成果不断深化。科技园应密切注视两方面的发展动向，及时将最新的科技成果在园区转化，特别是农产品加工技术要成为今后引进转化重点。

（五）为我国现代农业发展作出贡献

现代农业实质上是以现代科学技术及其应用水平、现代工业技术及其装备水平、现代管理技术及其管理水平、现代农产品加工技术及其加工水平、现代农产品储运和营销技术为基础的农业。农业科技园区要在现代农业的这几项基础性工作上，不断强化和提高，为我国现代农业发展提供实践经验，作出应有贡献。

三、现代农业科技园的基本经验和主要问题

现代农业科技园，是近年来我国农业发展中出现的新生事物，在园区建设过程中积累了一些经验，也存在很多问题，有必要对这些经验和问题进行分析总结，引导其更好的发展。

（一）基本经验

1.园区定位

是园区立项决策要把握的首要问题，园区应当是农业生产力发展新的制高点、农业现代化建设新的生长点、农业科技引入生产过程的切入点。园区定位要有高起点和超前性，要体现出现代气息、科技含量、文化品位和精品生产等特点。

2.园区规划

是园区建设的基础性工作，包括认真选点、可行性论证和规划设计等工作环节。规划工作要按照园区定位、发展目标和园区项目安排，提出功能和结构合理的方案，规划方案要体现先进性、科学性、系统性和可操作性。

3.园区结构

生产结构是园区资源合理配置的关键，是园区规划的核心，是产品设计和生产组织的前提。有优化的结构才能有优化的系统，有优化的系统才能有高效的运作。因此，这是每个园区建设必须高度重视的环节。中心园区一般设置工厂化育苗、生物技术（组培）中心、设施园艺、水产高效养殖、露地高效栽培、培训管理中心、观光园林等功能小区。综合园区具有多种功能，专业园区只有其中单项功能。

4.园区管理

管理是园区发展的灵魂，管理的作用在于形成好的生产关系和内部环境。园区管理不能沿袭农村工作的旧观念，也不能用行政指令代替经济运行规律，应当借鉴国内外成功的经验，按照市场经济条件下现代农业企业的管理办法，在政策上、机制上激发人的积极性和创造性，并对项目和人才有吸引力和凝聚力。

5.园区外环境

外环境是保障园区发展的外因条件，其中最重要的是市场、科技和农民三个方面。一是不断开拓和占领市场，保持产品畅销和扩大社会影响；二是有稳定的科技支撑单位，使新的科技成果源源不断的在园区转化应用；三要同农村和农民建立良好关系，带动农村经济发展和农民致富。

（二）存在问题

现有大部分园区运行正常、目标和定位明确，管理和机制有创新，并在实践中开拓

园区发展和增加效益的新路子。但也有少数园区问题较大，突出问题如下。

1. 目标不明

有的园区建设目标不明确，又不注意调查研究和分析论证，凭主观意志拍板定案；或者是将园区建设作为政绩形象，不按园区内在规律真抓实干，使园区缺乏正确的目标和方向，引发一系列后遗问题，致使园区成为沉重的包袱，甚至失败。

2. 盲目引进

有的园区盲目引进国外原装温室，没有根据当地气候条件进行可行性分析。造成诸如北方冬季加热困难、南方透光不足等问题。再加上生产运行费和设备折旧费较高、温室农产品国内销售较低等因素，使高档温室不能发挥应有作用，带来严重经济损失和长期亏损。

3. 管理混乱

有的园区由于用人不当、经验不足、思想观念陈旧或内外关系不顺等因素，造成管理混乱、无序生产、奖惩不严、主观随意指挥等现象，生产力得不到发展，经济财政十分困难。

4. 效益不高

初创时期的园区，属探索和积累经验的阶段，尚未形成好的内部环境和外部环境，一般经济效益不高，甚至亏损。经过初创期运作，要尽快走上正轨，使园区先进生产力发挥应有经济效益。

四、现代农业科技园进一步发展的深层次问题

农业科技园的进一步发展，要在总结经验和不断创新基础上，向深度和广度进军，其中深化发展要研究和解决以下几个问题。

（一）地方政府要始终关注和支持园区的建设和发展

政府创办的园区，要实现建园的经济目标，一要将园区功能设置和当地主导产业发展相适应，使园区的技术创新和产品创新为区域主导产业发展、农村结构调整和农民增收注入新的因素。二要做好辖区内园区发展规划，地市园区一般只设一个主园和几个辅园，主园功能相对齐全，辅园设置一些辅助功能或起技术传递作用，避免因主次不分造成的重复建设。三要在园区建设前期、后期以及运营的全过程中都要在人力、财力、物力和政策上始终给予切实的支持和关注。前期支持主要是决策立项、配备班子、协调关系、做好规划设计，为园区提供好的先天条件。园区建成后，使园区进行企业化管理，将所有权和经营权分开，不要给园区过多的指令性行政干预，但要保障其良好的外部环境，协调好园区、企业和农户之间的利益关系，继续提供发展资金，让园区发展真正能带动区域经济整体发展。

（二）要培育和形成一定规模的特色农园经济、农园产业和农园文化

农园经济是以中心园区优质高效农产品生产为主，以优质种苗等供应示范区和辐射区生产相关产品，这种在中心区、示范区和辐射区既有生产内在联系，又有特色产品目标和相同市场方向的经济形态，发展到一定规模就是农园经济。农园经济是农村经济的组成部分，是农村先进生产力的代表，是现代农业的切实体现。

农园产业是农园经济发展的支撑，是为园区生产提供产前、产中、产后服务的产业。主要包括设施材料和温室工程、优新种苗、生物肥料、生物农药、人工环境调控设备、农产品营销配送、农产品加工等产业。农园经济的出现，必将带动这些相关产业的发展，农园产业的发展和产品创新，又进一步推动农园经济的发展。农园经济和农园产业的互动，构成了农村经济新的亮点和增长点。

农园文化是园区发展的重要组成部分，同时也可以提供高品位文化观光产品，主要体现在园区文化博览和科普教育内容安排，绿化美化景观布局，地方特色文化展现等方面。

（三）促进园区产生聚集效应、扩散效应和催化效应

聚集效应就是以园区为载体，吸引和聚集先进技术成果和管理人才，吸引和聚集建设发展资金，吸引和聚集企业家和技术专家来园区创业，这样才能保持旺盛的发展活力。

扩散效应就是以园区为基地，将聚集到园区的先进生产力要素，通过现代农业企业的集约化生产过程，转变为产品和商品，扩散到市场，扩散到示范区和辐射区，扩散到广大农户。扩散效应所形成的影响力，是评估园区生产和发展能力的重要因素。

催化效应就是园区对农村经济所起的助推和加速的作用。这种效应体现在三个方面，一是园区经济对区域农业发展的龙头带动作用；二是园区的实践对提高农民科学文化素质的启发教育作用；三是园区新型的生产方式和组织方式对基层干部和农民思想观念的影响，直接增强他们的现代意识、科技意识和发展意识。思想观念的转变将加速农村经济全面发展。

（四）为农业标准化生产做好引导和示范

由于农田生态环境的恶化和过量使用农药化肥等原因，我国农产品的安全性问题较大。据某项调查，蔬菜叶菜上使用高毒农药的种植户占32.8%，在抽样调查8种蔬菜81个样品中，农药残留超标率高于50%。国家对农产品质量和安全十分重视，有关部门已制定无公害农产品和有机食品质量标准和生产管理办法，并在北京、上海、天津、深圳等城市进行试点。

农业科技园区作为精品生产基地，应当将农业标准化生产放在重要位置，率先生产出合格的安全食品，并做好对农民的引导和示范。这项工作是农业发展新阶段赋予园区

的重要使命，也是园区产品提高市场竞争力的需要。解决这个问题，要有多方面力量的协调配合：一是选育抗病品种，使其具有对多种病害的安全抗性；二是生物防治，使用低毒、低残留农药，不使用化学农药和植物化学调节剂；三是质量监测管理，对产品生产实行全程质量控制。

（五）园区的产品定位和市场定位

园区的产品定位可分为高效产品和示范产品两类。高效产品包括直接进入宾馆饭店、高级市场和国外市场的产品，也包括向农户推广的面大量广的优质种苗等产品。这些产品是园区经济创收主要来源，要抓好抓实。示范产品生产，主要是给农民看，适合农民推广，这部分生产不追求高利润，但要示范带动区域经济发展。园区生产要强化高效部分，做好示范部分。

对应两类商品，也有两个市场方向，一个市场在城市，另一个市场在农村。城市市场要求提供名优、安全、鲜活的精品，要创出自己品牌，做出自己的信誉。农村市场要求提供优新和市场对路的种苗和技术，要做好示范和服务工作。

（本文是"第二届全国农业科技园区论坛"大会上的主题发言，2001 年 8 月）

第三节　农业科技园要率先实施农业标准化生产

2002 年 4 月 7 日

农业发展的标准化和农产品质量安全问题，是新阶段农业和农村经济工作的一个重大问题。农业部于 2001 年 10 月 21 日发布了《农业部关于加强农产品质量安全管理的意见》的通知（农市发〔2001〕22 号）。该文件提出"十五"期间工作的目标是：农用化学物质污染得到初步控制，建设一批无公害农产品生产基地和标准化生产综合示范区，主要农产品实现标准化生产，形成一批名牌农产品，大中城市农产品市场抽检合格率达到 85% 以上。

由于这是一项科技含量很高的全新的事业，农业科技园区作为农业精品生产基地，要率先实施农业标准化生产，向社会提供有机食品、绿色食品和无公害农产品，并做好对农民的引导和示范。这是现阶段农业发展赋予园区的重要使命，也是提高园区产品竞争力的需要。下面就本人学习和理解的有关背景材料和技术知识，进行适当归纳成文，同大家一起研讨。

一、我国农产品质量安全问题的严重性

由于农产品在产前、产中和产后各个环节中没有进行标准化生产，导致农产品污染严重，有毒有害物质超标，食用后引发人畜中毒事件时有发生，出口农产品被拒收、退货、索赔，以至停止贸易交往的事也屡见不鲜。严重影响了人们健康和产品竞争力。

我国于 1950 年开始使用有机氯农药，至 80 年代中期，共施用"六六六"400 多万吨，DDT50 多万吨。1992 年全国施用农药折纯量 22 万吨，化肥折纯量 2 930 万吨，大面积农田受到污染。

2001 年京、津、沪、深四城市蔬菜农药残留第一次抽检 346 个样品，超标率高达42.8%；第二次抽检 352 个样品，超标率 38.4%。国家质检总局 2001 年第三季度对上市蔬菜 86 个品种 181 个样品抽检中，超标率 47.5%。四城市畜产品盐酸克伦特罗（瘦肉精）抽检结果，2001 年 7 月第一次抽检 166 个猪肝和猪尿样品，检出率 28.9%；9 月第二次抽检 166 个样品，检出率高达 42.2%。从抽检情况看，国家限用的生产资料投入未能得到有效控制，禁用投入品仍在使用。而"无公害食品行动计划"上述四个试点城市，"瘦肉精"检出率第二次高出第一次 13 个百分点，说明质量安全管理工作仍存在问题。

2001 年 10 月 30 日，广西壮族自治区横县百合镇一中 109 名学生因食用农药污染蔬菜而集体中毒。8 月 22 日，广东省信宜市 400 多人因食用含"瘦肉精"的猪肉而中毒，51 人严重申毒；8 月 23 日，浙江省桐庐县 200 多人因食用含"瘦肉精"的猪肉、猪肝而中毒；11 月 7 日和 11 月 14 日，广东省河源市 484 人和北京市 14 人中毒。

我国出口欧洲的水产品和禽肉产品，出口日本的蔬菜、蘑菇等农产品，因检出的残毒超标，引起贸易争端，并被国外媒体渲染，给农产品出口带来严重冲击。

以上事例说明，我国农产品质量问题的严重性，也说明实行标准化安全生产管理已到了非常紧迫的时刻，应当上下努力、全民行动，尽快切实有效的给予解决。

二、农产品质量安全管理的基本知识

1. 有机食品

是国际上通行的环保生态食品，指来自有机农业生产体系，根据国际有机农业生产要求和相应的标准生产加工的，并通过独立的有机食品认证的一切农副产品。包括粮食、蔬菜、水果、奶制品、畜禽产品、蜂蜜、水产品、调料等。生产加工有机食品不能使用任何化学农药、化肥、化学防腐剂等合成物质。有机食品比国内通行的绿色食品的标准更高。

2001 年国家环保局发布了《有机食品认证管理办法》（共 6 章 33 条）和《禽畜养

殖污染防治管理办法》（共 21 条）。管理办法中确定的有机食品的范围是符合国家食品卫生标准和有机食品技术规范，在原料生产和产品加工过程中不使用化肥、农药、生长激素、化学添加剂、化学色素和防腐剂等化学物质，不使用基因工程技术，并通过有机食品认证机构认证和使用有机食品标志的农产品及其加工产品。

有机食品生产有相应的技术标准，其基本要求如下。

（1）生产基地在最近三年内未使用过农药、化肥等违禁物。

（2）种子和种苗未经基因工程技术改良。

（3）生产基地土壤、水、大气等环境要素质量优良。

（4）产品在收获、精选、干燥、贮存和运输过程中未受化学物质污染。

（5）生产的全过程有完整的档案记录。

有机食品加工的要求如下。

（1）原料来自获得有机食品认证的产品，在终端产品中所占比例不得少于 95%。

（2）只使用天然的调料、色素和香料等辅助原料，不用人工合成的添加剂。

（3）在生产、加工、贮存和运输过程中没有化学物质的污染。

（4）有完整的档案记录和相应的票据。

2. 无公害农产品

产地环境符合"无公害"质量要求，生产过程符合无公害操作技术规程，合理使用化肥农药，防止对生态环境造成污染和破坏。属大众安全食品。

3. 绿色食品

按特定的生产方式，经专门机构认证并许可使用绿色食品标志的安全、优质、营养类食品。绿色食品并非指"绿颜色"的食品，而是对"无污染"食品的形象表述。

绿色食品分 A 级和 AA 级，AA 级绿色食品相当于有机食品档次。

1990 年农业部首先提出绿色食品概念并开展认证工作。1999 年正在使用绿色食品标志的产品 1 353 个，总产量 1 100 万吨。

4. 农业标准化

国际标准化组织（ISO）作出了统一规定，我国从实际出发，直接采用其术语，对标准化定义为："在经济、技术、科学及管理等社会实践中，对重复性事物和概念通过制订、发布和实施标准，达到统一，以获得最佳秩序和社会效益"。这个过程在农业经济活动中的体现就是农业标准化。

实际上，农业标准化就是制定标准、组织实施标准和对标准进行监督的全过程，是一系列技术活动和规则的组成，有着明确的经济效益目标，是一种遵循经济规律的市场经济活动。其任务是制定标准、组织实施标准和对标准实施进行监督。其核心因素是标准。

5. 标准

是对重复性事物和概念所作的统一规定。它以科学、技术和实践经验的综合成果为基础，经有关方面协商一致，由主管机构批准，以特定的形式发布，作为共同遵守的准则和依据。

由此可见，这里提到的标准，是指一类知识型、智能型的技术性规范，主要是人们在处理人与自然、人与市场、人与自己所创造的各种事物和语言符号关系的程序、步骤、方法、技巧、特性等的一些原则和规定，通过法律、法规来涉及人与人之间的利害关系。因而，标准具有统一性、先进性、协调性、法规性、经济性等基本特性。

我国《标准化法》规定："标准分为强制性标准和推荐性标准。保障人体健康、人身、财产安全的标准和法律、行政法规规定强制执行的标准是强制性标准，其他标准是推荐性标准"。

6. HACCP 食品安全质量保证体系

HACCP（Hazard Ahalysis and Critical Control Point），即危害分析与关键控制点计划，是目前世界上最有权威的食品安全质量保证体系。HACCP 体系的核心，是用来保护食品在整个生产过程中免受可能发生的生物、化学、物理因素的危害。其宗旨是将这些可能发生的食品安全危害消除在生产过程中，而不是靠事后检验来保证产品的可靠性。

HACCP 体系是一种建立在良好操作规范（GMP）和卫生标准操作规程（SSOP）基础之上的控制危害的预防性体系，它的主要控制目标是食品的安全性，因此它与其他的质量管理体系相比，可以将主要精力放在影响产品安全的关键加工点上，而不是将每一个步骤都投入很多精力，这样在预防方面显得更为有效。

HACCP 体系最早出现在 20 世纪 60 年代，美国在为太空计划提供食品期间，率先应用 HACCP 概念。他们认为现存的质量控制技术，在食品生产中不能提供充分的安全措施防止污染。以往对产品的质量和卫生状况的监督均是以最终产品抽样检验为主。当产品抽验不合格时，已经失去了改正的机会；即使抽验合格，由于抽样检验方法本身的局限，也不能保证产品 100% 的合格。确保安全的唯一方法，是开发一个预防性体系，防止生产过程中危害的发生。由此逐步形成了 HACCP 计划的 7 个原理：① 进行危害分析（HA）。首先要找出与品种有关和与加工过程有关的可能危及产品安全的潜在危害，然后确定这些潜在危害中可能发生的显著危害，并对每种显著危害制订预防措施。② 确定加工中的关键控制点（CCP）。对每个显著危害确定适当的关键控制点。③ 确定关键限值。对确定的关键控制点的每一个预防措施确定关键限值。④ 建立 HACCP 监控程序。建立包括监控什么、如何监控、监控频率和谁来监控等内容的程序，以确保关键限值得以完全符合。⑤ 确定当发生关键限值偏离时，可采取的纠偏行动，以确保恢复对加工的控制，并确保没有不安全的产品销售出去。⑥ 建立有效的记录保持程序。⑦ 建立验证程序，证明 HACCP 系统是否正常运转。这 7 个原理从 1~5 实际上是一步接一步的，6 和 7 哪一步在先都可以，所以也有人把这 7 个原理翻译成 7 个步骤。

1985 年，美国国家科学院提出 HACCP 体系应被所有的执法机构采用，对食品加工者来说应是强制性的。美国于 1995 年 12 月公布了 HACCP 法规，目前首先在美国执行的有两项：从 1997 年 12 月 18 日起实施的水产品管理条例和 1998 年 1 月实施的肉类和家禽管理条例。实施的范围包括美国所产及外国进口的产品。

HACCP 体系已经被世界范围内许多组织，例如联合国的食品法典委员会、欧盟，以及加拿大、澳大利亚、新西兰、日本等国所认可。联合国粮农组织的官员在"国际水产品检验与质量控制会议"上，希望水产行业积极推进 HACCP 体系，把各国的水产品检验和质量控制体系逐渐协调一致，增加透明度，不断发展和完善有关的国际标准和准则，使国际贸易更顺利地发展。一些发展中国家，由于诸多因素，在水产品出口时，只能遵守发达国家的规定，力争与其达成水产品 HACCP 的谅解备忘录（MOU）。这方面泰国做得比较好，1986 年开始引入 HACCP 概念，1992 年开始进行自愿认证，1996 年开始实行强制性认证，目前已有 65% 以上的企业完全实行 HACCP 体系。

7. ISO 9000 质量保证体系

ISO 是国际标准化组织（International Organization for Standarization）的简称。ISO 9000 体系的定义是："由 ISO/TC 176 技术委员会制定的所有国际标准"。它是由一些既有区别又相互联系在一起的系列标准组成的立体的网络，形成了一个包括实施指南、标准要求和审核监督等多方面的完整的体系。

核心是 ISO 9001—9003 质量保证标准系列：当要证实企业设计、生产合格产品的过程控制能力时，选择和使用 ISO 9001 设计、开发、生产、安装和服务的质量保证模式；当需要证实企业具备生产合格产品的过程控制能力时，选择和使用 ISO 9002 生产、安装和服务的质量保证模式；当仅要求企业保证最终检验和试验符合规定要求时，应选择 ISO 9003 最终检验和试验的质量保证模式。

8. ISO 14000 环境管理体系

20 世纪 60 年代以来，随着环境问题的加重，人们的环境意识不断加强。70 年代以来，以保护环境为宗旨的环境保护运动（绿色运动）在全球蓬勃发展。1992 年，联合国环境与发展大会通过《二十一世纪议程》，象征着人类已经进入保护环境、崇尚自然、促进持续发展的"绿色时代"。正是由于环保问题的日益严重，以及消费者环保意识的强化，欧洲一些发达国家纷纷要求把环保作为贸易手段之一。同时，为了呼应联合国所提出的环境"持续改善"和"永续经营"两大目标，在欧美等国各自建立的环境保护法规和标准的基础之上，国际标准化组织（ISO）积极推动建立一套旨在为国际所公认的环境管理标准，并于 1993 年 6 月正式成立了 207 技术委员会（TC 207），正式开展环境管理方面的标准化工作，制定 ISO 14000 的框架，并于 1996 年正式公布实施。该体系的基本框架由环境管理系统（EMS）、环境稽核（EA）系统、环境标志（EC）系统、环境绩效评估（EPE）系统、生命周期评估（LCA）系统 5 个子系统组成。我国于 1997 年 4 月 1 日将该系统转化为国家标准，并正式颁布实施。

ISO 14000 标准背后隐含着巨大的经济、环境、社会效益，才颁布了 1 年，全球就有 1 970 家企业通过了认证，其中欧洲 1 333 家（仅德国就有 289 家），亚洲 548 家，其中日本 398 家，中国大陆有 6 家，台湾 13 家。截至 1998 年 11 月，大陆已经有海尔集团等 60 多家企业直接参与了 ISO 14000 认证，此外中国还通过绿色食品运动来实施 ISO 14000 体系，为了做好环境保护工作，保证食品安全，我国于 1990 年成立了中国绿色食品发展中心，1992 年开始认定，并在全国成立的绿色食品组织管理、质量管理、技术监督网络。1993 年我国加入有机农业运动国际联盟。中国绿色食品运动被联合国推举为"全球 70 家最成功的可持续发展模式"之一。可以说，尽管中国绿色食品运动发起于 ISO 14000 标准颁布之前，但它包含了 ISO 9000、ISO 14000 质量、环境管理文化核心，是具体执行两项标准的行动，它极大地丰富了 ISO 14000 环境管理体系的内容，是 ISO14000 环境管理体系在我国的具体应用。

三、按照发布的质量标准，实施农产品质量安全生产

标准化是人们在改造、利用自然界及物质生产活动中，力求主客观统一，对客观施加的干预和处理，并实现其价值的规范行为。是保障农产品质量安全的关键。

（一）农业标准化的作用

1. 规范作用

能够界定某种事物的经济本质，促使相关事物的统一协调。符合标准，产品就合格，否则就不合格。将这种规范作用与法规相结合，就成为宏观调控经济的有力手段。

2. 先导作用

标准具有科技和实践经验的综合成果。生产者从中知道做什么，怎么做，怎样才能做好；消费者从中可以了解满足需求的可能性，获得较好的质量与服务；科技人员从中启发选题的思路，激发创新的动力。

3. 评价作用

通过标准，能够肯定符合需求的行为，否定和制裁不符合需求的行为。

4. 保护作用

在市场竞争中，通过标准可以保护符合标准的产品在市场上的优势地位。国际贸易中的技术屏障，可以限制同类产品的冲击，保护国内产品不受伤害。

5. 沟通作用

标准化是在各有关方面协作下推动的，对促进社会共同理解、确保产品互换性和人畜安全、健康以及保护环境、明确产品性能、保护消费者利益，起互相沟通和共识的作用。

（二）标准化的属性

认识标准的属性，便于在实践中正确把握和运用。主要属性如下。

1. 地域属性

标准化有其适用的地域范围。国际标准适用于国际之间，国家标准适用于主权国家，地方性标准只适用于本地区域。

2. 时间属性

每个正式颁布的标准，都有名称、编号和年号，标准何时生效、何时修订、何时废止等都是由年号确定。我国标准的发布日期和实施日期印在标准文本的下方。修订前的文本或已明令禁止的标准，是无效标准。

3. 技术属性

标准内容一般要合理吸纳相关科学知识和现代技术。为了使自己的产品在竞争中取得优势，尽可能使标准的技术水平高于外部的标准。往往是企业标准高于国家标准，国家标准高于国际标准。

4. 经济属性

标准涉及产品的生产、加工、流通、消费和国际贸易等经济活动的广泛领域，并规范和导向其经济行为。

（三）国际农业标准化的进展

标准化不是从来就有的，某种标准也不是永恒不变的。而是随着生产力的发展、科技的进步和人类文明程度的提升，由无到有，由低到高，与时俱进地发展演化。

原始社会和封建社会的一些生产活动，尚处在道德性、习惯性的规范，如我国的"相马经""茶经"、《齐民要术》等，不能属于真正意义上的标准化。1797 年莫兹科发明了机床刀架，为了扩大刀架中螺纹重复使用的范围，螺纹标准产生了，这是世界上第一个标准。1921 年，英、美等 7 国标准化机构在伦敦召开联席会议，拉开了各国标准化合作的序幕。1928 年，正式成立了国际标准化协会，第二次世界大战时期工作中断。1944 年，由中、英、美等 18 国发起组织联合国标准协调委员会，继续国际标准化协会的工作。1947 年，国际标准化组织（1SO）以非政府性国际组织的性质成立。针对 ISO 标准侧重于工业方面的局限，1961 年，联合国由 FAO 成立了国际食品法典委员会（CAC），专门负责农业方面的标准化工作。1962 年，世界卫生组织（WHO）共同加入管理，使 CAC 成为政府间制定、协调、管理农产品国际标准化的机构，到 1999 年年底，已制定各种农业产品和生产规程标准 1 302 个，农药残留限量 3 274 项，成员国达到 165 个，具有最广泛的代表性，形成推动世界农业标准化的强大国际力量。

（四）我国农业标准化的现状

我国农业标准化，从建国初期开始起步，经过 60 年代的普及和改革开放后 20 多年的发展，现已取得明显成效。

1. 农业标准化体系基本形成

农业系统制定的国家标准已超过 300 项，行业标准 900 多项，地方农业标准 15 000 多项。标准范围从少数作物种子，发展到种植业、畜牧业、渔业、林业、农垦业、饲料、农机、农村能源与环境等，基本涵盖了大农业的各个领域。在管理上，初步形成农业标准化比较完整的体系。

2. 农业质量监督体系建设成效显著

从 20 世纪 80 年代中期开始组建农业质量监督体系，到 2001 年已组建国家级质检中心 13 个，规划筹建部级质检中心 179 个，在已建近 200 个质检中心中，通过国家计量认证和部级审查认可的机构 110 多家。其范围涉及种子、食品、农药、肥料、饲料、农机、农村能源等。这些监督机构，每年对近 40 种农业投入品和农产品质量进行市场和生产活动的质量监督抽查。据检测，农业生产资料的合格率在 75% 左右，25% 的假冒伪劣产品禁止进入市场。对农产品安全生产、市场调控和农民增收发挥了重要作用。

3. 农业标准化法规逐步健全

根据国家有关法律和法规，制定 8 项规章，规范了农业标准的制定和质检体系建设。

4. 产品质量认证开始实施

农业部门为了引用 ISO 9000 国际标准认证的先进管理方式，也为了我国农业能够与国际接轨，从 20 世纪 90 年代初开始运作到现在，已经组建了中国农机产品质量认证中心和中国水产品质量认证中心，并参照国际先进模式，建立起水产品认证的危害分析控制（HACCP）体系。同时在种子、饲料、兽药等一些产品方面也开始认证前的试点，准备摸索经验，扩大认证领域。另外，国家对部门主要工农业产品实行生产许可证管理制度，农业部门也在这方面做了大量的工作，1992 年成立了农业部生产许可证办公室，已对 5 种产品实施生产许可证的管理。

（五）国家已发布的绿色食品产品标准和无公害农产品标准

1. 绿色食品标准

为了指导绿色食品的生产、质量检验、质量认证和标志管理，中国绿色食品发展中心编制了绿色食品产品的质量检验和判定的《暂行标准》，这个暂行标准共涉及 53 类（种）产品，主要是对绿色食品中的农药残留、兽药残留、有害元素、添加剂、污染物和病原菌含量进行了统一的规定和限制。1995 年经农业部批准作为农业行业标准首批颁布了 25 个绿色食品产品标准（NY/T 268—95 至 NY/T 292—95）。2000 年再经农业部批准又颁布了第二批共 20 个绿色食品产品标准（NY/T 418—2000 至 NY/T 437—2000）。迄今正式的绿色食品产品标准总数已达到 45 项。这些产品标准的种类涉及了种植业、养殖业及农产食品加工业各个方面。分别是粮油产品类 8 项：大豆、大豆油、大豆烹调油、玉米、大米、花生（果仁）、小麦粉、食用红花油。水果蔬菜类 11 项：苹果、鲜梨、鲜桃、猕猴桃、柑橘、哈密瓜、葡萄、黄瓜、番茄、菜豆、豇豆。畜产品类 6 项：消费牛乳、全脂加糖酸牛乳、全脂无糖炼乳、全脂加糖炼乳、全脂乳粉、全脂加糖乳粉。酒类 7 项：啤酒、干白葡萄酒、半干白葡萄酒、干红葡萄酒、红葡萄酒、干桃红葡萄酒、白酒。饮料类 7 项：红茶和绿茶、咖啡粉、橙汁和浓缩橙汁、番石榴果汁饮料、西番莲果汁饮料、植物蛋白饮料、果汁饮料。加工产品类 6 项：白砂糖、黑打瓜子、番茄酱、水果蔬菜脆片、果脯、酱腌菜。

现行的绿色食品产品标准存在两大突出问题。

第一，标准制定工作严重滞后，标准的数量和覆盖面不完全适应生产和市场要求。迄今我国已获绿色食品标志的产品达 2 000 多个，年实物生产总量超过 1 000 万吨，涉及的生产企业也超过千家。绿色食品具体的产品类别、品种达到数百种。而现行的产品标准仅仅 45 项，且其中还有不少标准有重复性。

第二，现行标准的内容不能完全体现有机食品的特性，不少的内容和项目有重大缺陷或已过时。AA 级绿色食品按其定义要求是"生产过程中不使用化学合成的肥料、农药、兽药、饲料添加剂、食品添加剂和其他有害于环境和身体健康的物质，按有机方式生产、产品质量符合绿色食品产品标准"。A 级产品定义要求则是"生产过程中严格按照绿色食品生产资料使用准则和生产操作规程要求，限量使用限定的化学合成生产资料"。但现行的绿色食品产品标准实际上并未明确 A 级与 AA 级的不同要求，标准的规定内容仅能满足 A 级产品的质量判定要求。AA 级产品虽有定义，并无明确标准。

2. 无公害农产品行业标准体系

为了使全国无公害农产品的生产和加工按照全国统一的技术标准进行，使"无公害食品行动计划"的试点按照统一的技术标准组织实施，消除省际标准差异，树立标准一致的无公害农产品品牌形象，农业部组织制定了首批无公害农产品行业标准。从 2001 年 10 月 1 日起在全国范围内实施。

首批无公害农产品行业标准重点突出了蔬菜、水果、茶叶、肉、蛋、奶、鱼等 15 种关系城乡居民日常生活的"菜篮子"产品，包括产品产地环境条件、生产技术规范、产品质量安全标准以及相应检测检验方法标准。在首批 73 项无公害农产品行业标准中，按照标准类型划分，产品质量安全标准 25 项，配套的生产技术规程标准 38 项，产地环境标准 10 项；按照行业划分，种植业产品 26 项，畜产品 24 项，水产品 23 项；按照标准实施的属性划分，强制性标准；48 项，推荐性标准 25 项。

为了突出无公害农产品行业标准的重要性，农业部决定在原有农业行业标准管理框架的基础上，单独设立无公害食品行业标准系列，颁发 NY 5000 系列标准。这次发布的 73 项无公害食品行业标准为 NY 5001 至 NY 5073，今后无公害农产品行业标准将顺延编号。首批 73 项无公害农产品行业标准只涉及 15 种食用农产品，而"无公害食品行动计划"要突出解决的"菜篮子"产品多达上百种，加上"米袋子""油瓶子"等产品，需要监控的产品很多，都需要尽快制定出相应的产地环境标准、生产（加工）技术规范和产品质量安全标准，以实现从"农田到餐桌"全过程标准化管理，以确保产品的质量和消费安全。在农业部、财政部联合实施的"农业行业标准制修订专项计划中"将重点加大对无公害农产品相关行业标准的制修订力度，力争用 5 年左右时间，基本健全无公害农产品的标准体系。

为了组织无公害农产品行业标准的实施，农业部还确定了 100 个无公害农产品生产示范基地和 6 个全国农产品标准化生产综合示范区。示范基地包括蔬菜 50 个、水果 25 个、茶业 25 个。6 个示范区每个大区 1 个。

针对畜产品质量安全卫生监管需要，在 23 个畜产品主产省（区、市）的 677 个县（区、市）实施了动物保护工程。

以上介绍的农业标准化和农产品安全生产的基本知识，在于向大家提供一般性概念，根据这些知识再查阅相关的文件汇编资料，便于组织和实施农产品质量安全生产管理，促进我国农产品的规范化生产，加速农业现代化建设步伐。

（本文是在"全国设施农业与无公害农产品标准化生产新技术研修班"上的大会报告，2002 年 4 月 7 日）

第四节　我国现代农业科技园区建设发展的阶段性分析

近两个月来，本人应邀到山东青岛、辽宁锦州、河南焦作、山东兖州、江苏徐州、浙江长兴、天津蓟县等地，考察了一些园区，从这些考察中看到不少园区比前几年有很大的发展和变化，在引进科技成果和园区管理上有很多创新。

本人 4 月中旬参加了科技部第二批国家农业科技园区专家评审会。大部分园区都作了很好的报告，从中可以发现新的思路和新的创造。但也有少数单位对园区概念、定位、内容和功能等基本问题都认识不清，导致园区设计的偏差。

基于以上认识，本人感到我国农业园区通过几年的探索，现已迈上一个新的台阶，有必要将园区发展阶段作一分析，并对其建设要点进行适当的归纳。

一、园区发展的三个阶段

（一）初创探索阶段（1994—2001 年）

农业科技示范园自 1994 年前后在我国兴起，即得到迅速发展。但由于是新生事物，缺乏办园的经验，很多园区都出现经济效益不高、设施应用不当等问题，通过国家项目区的引导、园区建设实践和几次全国大型会议的交流，逐渐走上健康发展的道路。1998年 11 月在上海举办的都市农业研讨会，1999 年 5 月在山东德州举办的全国农业科技园区交流会，2000 年 11 月和 2001 年 8 月分别在广东和青岛举办的两届全国农业科技园区论坛，这几次会议对研讨探索农业园区在初创阶段建设发展问题，发挥了重要作用。

（二）规范发展阶段（2001—2005 年）

以科技部和农业部牵头，实施农业科技示范区国家项目计划为标志，开始园区建设的第二阶段，即规范发展阶段。预期经过五年左右时间，将会使国家和省市的一些主体园区建设，推向一个规范化的新阶段。必将带动我国现代农业发展、农业高新技术产品生产和农村经济改革及产业结构调整。这个阶段的重点任务，一是总体定位，即研究明晰农业园区群体功能在全国社会经济发展中的总体地位。总体定位是个体定位的抽象，但又高于个体定位。涉及园区在国家总体发展以及农业科技和农业经济发展中的地位、作用、贡献等问题。二是继续理顺各种关系，即园区和政府、园区和农民、园区和科技、园区和市场、园区内部机制等问题，建立现代管理制度。三要实现创新和高效，包括体制创新、科技创新和产品创新，研究探索发展农园经济，农园产业和农园文化，使园区更好发挥聚集效应、扩散效应和催化效应，使园区生产实现高效化，带动区域经济快速发展和农民增收。四要加强指导和联合，即国家科技部、农业部等主管部门要加强对园区工作指导，园区之间要加强交流和联合。要注意发挥专家作用，对园区共性问题开展研究，从理论与实践的结合上说清道理，提出解决办法。

（三）成熟完善阶段（2005 年至今）

经过以上两个阶段的实践，预期三五年之后，我国农业科技园区的建设，将进入成熟完善阶段，从初创到成熟大致经历十年时间。成熟的标志主要是充分体现园区定位所赋予的主要功能，完成规范发展阶段的各项任务，并且能进行高效经营。

以上三个阶段的划分，主要是针对主体园区发展而言。还有很多园区在陆续兴建，也有些园区问题较大，发展较慢，甚至停办、转产等，不是园区发展的主流，他们的发展进程不能成为园区阶段划分的依据。

园区发展的阶段论观点，为园区建设按照经济规律规划自身行为目标提供了依据，不能操之过急，也不能知难而退、停步不前。同时为园区评价提供了依据，不同的发展阶段有不同的评价标准，若用第二阶段或第三阶段评价标准用于第一阶段的园区，就会得出园区问题严重，甚至否认园区大方向的结论。而当园区已进入第二阶段，园区建设者还停留在第一阶段的认识上，就会影响园区的创新和发展，这两种倾向都是不对的。

二、园区建设的六个要点

本人在上海都市农业会议上和两届园区论坛上的大会发言中的重点内容可归纳为六个要点，即一个概念、两个层次、三种类型、四个关系、五个功能、六个环节。用这种通俗的表达方式，为的是便于记忆。

（一）一个概念

农业科技园的概念，其内涵包括：①以农业设施工程为主体；②以高新技术和先进实用技术投入为核心；③进行集约化生产和企业化管理；④具有示范、带动、科普、观光和精品生产加工等多种功能；⑤能产生经济效益、社会效益和生态效益的综合效益。包涵以上内容的现代农业组织形式，即现代农业科技园区。以上各点最本质的内容是设施工程、科技含量和企业化管理三点。园区概念和内涵的界定，为园区建设发展和提高完善提示了目标方位，同时也将现代园区和常规园区区别开来。

（二）两个层次

园区的中心区、示范区和辐射区，按经营主体和功能定位，可分为核心实体层和带动影响层两个层次。

中心园区是核心实体层，集中体现了现代园区的内涵，经营主体是园区形成的企业，功能定位是新技术、新品种、新设施的应用创新中心和园区经营管理中心，同时又是农业新技术的区域扩散源、新知识传播源和经济信息的信息源。示范区和辐射区属带动影响层，是园区核心实体的从体和外延，经营者仍然是农户，其功能是推广应用中心区的新技术，和中心区共同形成农园经济的利益共同体，使园区产业和园区经济产生区域宏观效益。示范区一般在中心区周边，辐射区又在示范区以外，园区技术产品在辐射区往往是跨行政区域跳跃式远距离传播，没有明确空间范围，只能划出大致的影响面或影响半径。中心园区对示范区和辐射区的推广带动力度，是评估一个园区成效的重要指标之一。

（三）三种类型

按投资主体可将园区分为政府主办型、企业主办型和政府企业联办型三种。不同投资主体有着不同的经济目标和利益目标。

地方政府主办的园区，其经济目标是通过园区带动区域经济整体发展和现代农业建设；同农户形成利益共同体、增加农民收入；要求园区有适当经济效益，但不苛求园区本身利益最大化。政府向园区投资，只是农业发展资金由过去在面上分散使用变为在园区集中使用，体现了农业投资运作的进步。

企业主办的园区，经济目标是利润最大化。园区的技术选择、产品定位、市场方向和管理机制都是围绕经济效益进行设计和布局，同当地农业结构和主导产业有一定联系，但没有必然联系。

地方政府和企业联办的园区，政府选择一定区域，统一规划，搞好基础设施，出台政策，为企业进园提供一个平台。企业经审批进园，自主经营。这种体制能把政府经济目标和企业利益目标结合起来，更能体现园区的综合效益。

(四) 四个关系

农业科技园是一个开放的系统，系统内外要进行物质能量交换，使园区系统保持良性循环，形成高效化生产力和高值化产出率。同外部交流最重要的是处理好政府、科技、农民和市场四方面的关系。

园区和政府。园区的功能设置要和当地政府提出的主导产业相适应，要和农业结构调整相配合，这样才能成为区域农村经济的龙头。政府要在园区立项、园区班子配备、各方面关系协调和建设资金筹措等方面为园区建设提供支持。建成后使园区实行企业化管理，对其经营不能有过多的指令性行政干预，给园区创造好的外部环境。

园区和科技。要有稳定的科技支撑单位，使新的科技成果源源不断在园区转化应用，使专家的思想和经验为园区创新提供智力资源。在合作过程中，要体现园区企业、科技单位和科技人员互惠互利原则。

园区和农民。要确立良好的关系。园区产业和产品，要带动农户的生产经营；以园区为基地和现场，培训和提升农民的技术水平和文化素质；园区使用的土地和农工，要通过契约规范双方的利益。园区和农民关系处理好，有助于园区顺利发展，处理不好会有损于园区发展。

园区和市场。要不断开拓和占领市场，保持产品畅销和扩大社会影响。园区产品市场定位，一是高质量精品，直接进入城市宾馆、超级市场和国外市场；另一类是面向农村的优质种苗等给农民示范推广的产品。城市市场要求提供名优、安全、鲜活的产品，要创出品牌，做出信誉。农村市场要求提供价优实用先进的技术产品，要做好指导和服务。

(五) 五项功能

1. 农产品生产、加工功能

农业科技园的本质是经济实体，产品生产是其基本功能。但不是一般的农产品，而是用最新品种、最好技术培育和加工出来的优质精品,以满足国内外日益提高的消费需要。

2.示范功能

我国现阶段农民的大多数,文化素质较低、科技意识较淡,承担风险能力较弱,亲眼看到好才能认可应用。针对这个基本国情,几十年来农业新技术推广的一个重要方法是现场示范。高新科技武装的现代农业,是我国农业发展史上的历史性变革,投入这场变革的主体仍然是广大农民。农业科技园这样现代化事物的出现,为农民对现代农业的认识,会起重要示范作用。

3.带动功能

一是通过园区种苗繁育中心,带动名优品种普及推广;二是通过园区现场与理论结合的技术培训,带动广大农民素质和应用新技术水平的提高;三是农产品加工和农业高新技术在园区的产业化,可成为带动当地农户种植业、养殖业和加工业发展的龙头。

4.科普教育功能

农业科技园可以同时办成科普教育基地,对各阶层人士特别是青少年和中小学生了解现代农业、高科技农业、工厂化农业和农业生产知识,提供重要的感性认识的现场。

5.休闲观光功能

都市农业中的现代农业科技园区,既保持农业的自然属性,又具有农业新型设施的现代气息,加上园林化的整体设计和长年生长的名特优新果蔬花卉、珍禽名鱼装点其间,争奇斗艳,形成融科学性、艺术性、文化性为一体的人地合一的现代休闲观光景点,成为城市综合体的有机组成部分。

前三个功能带有普遍性,后两个功能在城市郊区更为突出。

(六) 六个环节

1.规划设计

是园区建设的基础性工作。要请权威单位承担,要依据当地实际情况和园区定位,做出起点高和结构合理的方案。要体现园区的现代气息、科技含量和文化品位。

2.内部管理

是园区发展的灵魂。管理的作用在于形成好的生产关系和内部环境。有优化的管理,才能有优化的系统,有优化的系统,才能有高效的运作。应当按照市场经济条件下现代农业企业的管理办法,在政策上、机制上激发人的积极性和创造性,并对项目和人才有吸引力和凝聚力。

3.发展农园经济

农园经济是以中心园区优质高效农产品生产为主,以优质种苗等供应示范和辐射区生产相关产品,这种在中心区、示范区和辐射区既有生产内在联系,又有特色产品目标和相同市场方向的经济形态,发展到一定规模就是农园经济。农园经济是农村经济的组成部分，是农村先进生产力的代表，是现代农业的切实体现。

4.培育农园产业

农园产业是农园经济发展的支撑，是为园区生产提供产前、产中、产后服务的产业。主要包括设施材料和温室工程、优新种苗、生物肥料、生物农药、人工环境调控设备、农产品营销配送、农产品加工等产业。农园经济的出现，必将带动这些相关产业的发展，农园产业的发展和产品创新，又进一步推动农园经济的发展。农园经济和农园产业的互动，是农村经济新的增长亮点。

5.技术的聚集和扩散

以园区为平台，吸引和聚集先进技术成果和管理人才，吸引和聚集建设发展资金，吸引和聚集企业家和技术专家来园区创业，聚集效应是保持园区发展活力的主要保障，要切实做好。以园区为基地，将聚集到园区的先进生产力要素，通过现代农业企业的集约化生产过程，转变为产品和商品，扩散到市场，扩散到示范区和辐射区，扩散到广大农户。扩散效应所形成的影响力是园区发展能力的重要体现，要始终给予重视。

6.突出经济效益

从园区功能和作用看，具有经济、社会和生态的综合效益。但其本质是经济实体，是企业行为，应当把经济效益放在突出位置。没有经济效益的园区是没有生命力、没有说服力、不成功的园区。只有明显的经济效益，才能使其优越性和先进性显示出来，才能符合现代农业的要求。

（本文是在科技部主持召开的"农业科技园区经验交流会"上的交流文章，2002年6月4日）

第五节　把农业科技园区建成区域农业集成创新的平台

"集成创新"是适应科学技术和市场需要的快速发展变化形成的一种新的创新模式。近年来，受到理论工作者、企业家和政府官员的广泛注意。研究对象涵盖了国家层面、区域层面、产业层面和企业层面。笔者在学习"集成创新"理论基础上，认为将集成创新模式应用于农业科技园区，可能有助于我们深入研究园区建设和发展中的新问题，从而推进园区和区域农业的健康快速发展。

一、农业科技园区集成创新平台的整体功能和外部环境

集成创新就是把各自独立的创新要素集成为一个有机的系统，从而提高系统的整体

功能。由于创新要素由不同的主体所掌握，因此集成首先是对占有不同创新要素主体的集成。创新主体包括个人、单位、企业和组织等，这种集成需要一体化的组织形式，即集成创新平台。

集成创新平台要有一个运作核心和硬软件环境，使集成创新向既定目标演进。还需要互补性资源以支持核心能力拓展其功能，推进集成范围的扩展，使之形成集成化网络。包括信息网络、市场网络和区域化网络，甚至是国家创新体系。

农业科技园区是以农业设施工程为主体，以高新技术和先进实用技术为支撑，进行集约化生产和企业化管理，具有示范、带动、生产加工和观光等多种功能的现代农业组织形式，为现阶段区域农业发展构建了集成创新的平台。

农业科技园区集成创新平台的整体功能和外部环境条件主要有以下几方面。

（一）将各自独立的创新主体在园区集成

我国农业技术原始创新主体，大都是科研单位和大专院校，一部分是国内外企业，这些创新主体是各自独立的。由于我国科研体制长期同生产结合不紧，制约着科技成果的转化，农民千家万户的小规模分散经营也影响对先进创新技术的采集和应用。农村生产力的发展，要求突破技术供求双方的鸿沟，构建一个技术平台，将技术创新主体同技术应用主体连结起来，农业科技园区就担当了这个使命，成为集成各自独立的技术创新主体的平台。这些创新主体有的成为园区的科技依托单位，有的企业成为园区的合作伙伴，有的技术专家成为指导生产的科技顾问，有的管理专家被聘为经营管理者。创新主体的集成保障了创新要素和创新资源的融合，使园区集成创新保持旺盛活力。

（二）将分散的创新要素在园区集成

新中国成立以来，特别是改革开放 20 多年来，我国农业科技事业取得了长足发展，培育了大量的粮棉油果菜和畜禽鱼类优新品种，提供了一系列高产高效的栽培和饲养技术。近年来设施农业的发展，促进了新型设施材料和新颖设施结构产品的自主开发。有些单位还从国外引进了果蔬花卉新品种和智能温室。农业设施材料、温室自动控制技术、温室栽培技术和优新品种等集成创新要素，都分散在不同单位和企业，只有农业科技园区这种组织形式，才有可能将这些区域农业发展最需要的先进技术成果组织起来，在园区这个平台上进行转化、传播和推广，形成集成创新的产业和产品，推动农村经济加速发展。

（三）园区集成创新的核心能力是企业化管理

农业科技园的企业化管理是园区同常规农业经营管理的本质区别，而且这种企业管理必须纳入现代企业管理制度，才能使园区的集成创新取得预期效果。园区的现代化企业管理构成了园区集成创新的核心能力。核心能力的关键因素是承担经营决策和组织实施重要职能的园区主要管理者（经理）。

　　一个成功的企业管理者要具备一定的创新动力、创新能力、创新权力和创新决策力。① 创新动力来自管理者对园区创新的强烈欲望，是管理者在实施创新决策和组织实施过程中产生灵感、排除困难、扫除障碍、具备献身精神、实现人生价值的力量源泉。② 创新能力是管理者个人的才干和素质，体现在创新意识、发展意识、协调能力、总揽全局能力、机会与风险的识别与把握能力等方面。③ 创新权力主要是创新决策权、组织实施权、创新项目选择权、用人权和分配权等。农业园区作为现代企业的管理机构，董事会或政府等主办方的主要职能是决定园区发展方向、目标和经营战略，而管理者则应在赋予的权力空间内完成技术创新任务，以自己的经营效益向董事会或主办方负责。④ 创新决策力主要是对技术创新内容和经营策略的选择，而创新内容包括产品创新和工艺农艺创新。产品是创新结果，保障有竞争力的新产品不断推向市场。工艺和农艺是创新过程，是产品质量的保障。一个农业园区只有建立起现代企业管理制度，又选择一个强的管理者，才能使园区成为集成创新的核心，从而对区域农业发展作出大的贡献。

（四）示范区和辐射区是园区集成创新能力和范围的拓展，是支持区域农村经济发展由点到面的技术扩散带

　　农业园区一般有核心区、示范区和辐射区三个层次，核心区的功能是集聚农业新技术、新品种、新设施资源，是区域农业新技术推广的扩散源、农业新知识的传播源和市场、技术、经济的信息源，是园区的实体层，经营的主体是企业。示范区和辐射区是核心区带动影响层，是园区核心的从体和外延，其主要功能是推广应用核心区的新技术成果和新技术产品，在区域农业生产中形成技术扩散带，经营的主体仍然是农户，和核心区共同形成农业园区经济的利益共同体，使园区创新产业和产品产生区域宏观效益。

（五）园区论坛为园区集成创新网络的形成创造了外部条件

　　中国农学会和中国农业科学院等单位已联合主办了四届中国农业科技园区论坛，首届论坛于 2000 年在广州召开，2001 年在青岛，2002 年在哈尔滨，2003 年在海口又开了三次论坛会。每次论坛会都针对国家产业政策动向和园区发展的战略性问题确定会议主题。通过大会报告、分组座谈、文字交流、现场考察和会外沟通，启发了集成创新思路，学习了园区集成创新经验，获取了园区管理、创新技术和市场的最新信息，认识了自己园区存在的问题，有力推动了农业园区集成创新的健康发展。参加会议的有园区管理者、企业家、科技专家和政府官员。将园区各创新要素的主体在更高的层次和更大范围内进行了再集成，为园区创新集成网络化的形成创造了外部条件。

（六）国家级和省（市）级农业科技园区初步形成的区域农业集成创新机制是国家创新体系的重要组成部分

　　加入 WTO 后，随着知识经济时代的到来和经济全球化的趋势，我国与世界经济日

趋融合，也面临着更为激烈的国际竞争环境。为此，加速科技创新，不断用高新技术改造和提升现有经济，创建国家创新体系已成为国家发展战略的重要议题。

我国是农业大国，农业是国民经济的基础产业，农业人口占全国人口的主体，农民的小生产观念在农村发展观念中往往占主导地位。这个基本国情告诉我们，任何时候都不能忽视农村发展，任何时候都要强调农业科技的创新，包括各科研单位的原始创新，也包括农业科技推广创新和区域集成创新。

农业科技园区经过 10 年来的初创、发展和逐步提高完善，已经成为农村生产力发展的制高点，现代农业的创新点。2001 年国家 7 部委决定创建国家级农业科技园区，已审批的 36 个试点园区和各省（市）级的三四百个园区已成为较为规范的主体园区，这些园区又进一步影响和引导全国三四千个中小园区的发展，初步形成了具有中国特色的区域农业集成创新机制，事实上已成为国家创新体系的重要组成部分。国家有关部门、地方领导、科研单位和涉农企业，都要切实把这部分农业集成创新资源重视起来，支持下去，使其在小康社会和现代农业建设中发挥更大作用，在国家创新体系中作出更大贡献。

二、农业科技园区集成创新类型和实例分析

农业科技园区集成创新的运作，要回答集成什么、谁来集成、怎样集成这类问题。一些园区的做法和经验很有启发，下面分为几种类型的实例作一简要介绍。

（一）主办单位原始创新为主，配合技术引进，形成具有地方特色的主体产业

实力强的科研院所和高等院校主办的园区，自身创新能力强，科技成果积累多，人才水平较高，一般以本单位原创技术为主，适当引进国内外最新技术，形成具有所在区域特色的产业和产品，通过转化带动区域经济发展。如海南热作院儋州园区和广东省农业科学院、山西省农业科学院、黑龙江省农业科学院、河北农业大学等创建的园区，基本都属这种类型。

海南省儋州农业科技园区，依托主办单位中国热带作物研究院和华南热带农业大学，通过原创技术和引进技术集成，形成 8 个科技型产业和有竞争力的热带特色产品。8 个产业是：无公害冬季瓜菜产业、热带果业、南药种植产业、热作花卉种苗业、优质农产品加工产业、长臀鳠鱼苗繁育产业、科技服务产业和热带农业观光旅游产业。这些科技产业是以高新技术和先进适用技术集成为基础，以产出具有竞争力的热带农产品为特色。在园区集成的技术有香蕉等热带作物脱毒组培快繁技术、标准化生产配套栽培技术、无土栽培技术、产品贮藏保鲜技术、冬菜无公害生产技术、香草蓝等特色饮料精加工技术和天然橡胶新型加工技术等。该园区规划面积 2 万亩，设 13 个功能区；示范区面积 10 万亩，涉及 7 个市县；辐射区在示范区外围的 31 个乡镇，面积 40 万亩。通过

园区产业创新和示范区、辐射区的示范影响，取得了良好的技术转化成果，带动了海南省和华南热作地区农业发展。

（二）引进新技术新品种为主，补充自身开发成果，联合大型企业，培育支柱产业，支持区域经济发展和农民增收

河南省南阳卧龙农业科技园区，重视同科研教学单位和企业合作，将这些创新主体集成到园区，引进了大量新品种、新技术和创新思想，形成了以脱毒组培苗和优新果树新品种为主的种苗支柱产业。在园区集成的新技术新品种包括：①脱毒红薯、脱毒马铃薯、脱毒生姜等种苗快繁技术；②美国杂交杏李、美国悬铃木和泡泡树、新几内亚凤仙、黄金梨、爱宕梨等优良品种；③组织培养技术、工厂化育苗技术、无土栽培和无公害生产技术等先进栽培技术；④脱毒红薯专用复合肥、控制红薯旺长的"红薯一抹灵"技术产品、机动红薯切干机等园区自主创新技术。集成到园区的技术创新主体，包括中国农业科学院、中国林科院、河南省农业科学院、河南农业大学、天冠企业集团等10多个单位和企业。高层创新主体在园区的集成，使先进技术和最新品种得到及时应用。如高淀粉红薯新品种和脱毒生姜等技术为中国农业科学院最新成果，杂交杏李等新品种是中国林业科学院通过国家"948项目"从外国引进的最新品种，这个品种是外国经过70多年研究，把杏和李种间基因融合多次杂交培育的高档水果，世界上只有少数几个国家引种，2001年3月在园区种植，适应性好，生长快，结果早，品质优，市场销售价位高。

南阳园区对创新要素主体集成的另一个特点，是联合我国酒精乙醇的大型企业天冠集团进入园区，使主导产品脱毒红薯苗有了稳定的市场。天冠集团长期以来从泰国等国家进口木薯加工淀粉作为原料。1999年园区和该集团联合创建了"南阳天冠种业有限公司"，以园区为核心提供红薯组织培养和原种，在相关县市组织原种及种苗生产，形成以企业为龙头，带动了红薯基地和农户的产业化经营，以红薯淀粉代替进口原料，降低了企业生产成本。园区作为集成创新的平台，提供的脱毒薯苗比原有品种增产30%~40%，每亩地农民增收400元左右，为岗丘地区贫困农民增收作出了贡献。

（三）引进国外新技术、新品种和高层专家智力资源，联合国内院校，加强自身创新能力，建立现代农业企业，形成创新产品的核心竞争力，占领国内高级市场和国外市场

上海市浦东国家农业园区（孙桥园区），以国外先进技术引进和传统农业向现代农业转变的功能定位，运用企业＋科技＋基地的集成创新模式，将园区建成现代农业企业，形成"孙桥现代农业"品牌，主要产品已销往国内高级市场和国外市场。通过10年发展，该园区已形成6个主导产业。园区累计引进国外智能温室和国产自控温室面积300亩，连栋温室与塑料大棚近1 000亩，还有食用菌生产工厂、半工厂化水产育苗、生物工程实验楼、蔬菜播种育苗自动化流水线等。工厂化、设施化农业已现规模，生产经营200多个新产品，成为上海超市、高级宾馆和一些航空公司采购食品。一些产品出口日、澳、美、欧等地区。园区聘请 36 位知名专家为顾问，通过产学研结合，吸引一批专家教授合作开展项目研发，园区自己建立了一支 105 名专业人才的科技队伍，先后从不同国家聘请 50 多位外国专家来园区短期指导和培训，园区集成的高层专家智力资源，为园区发展战略和形成有市场竞争力的创新产品，发挥了技术核心作用。

（四）集成人才和技术，建立科技示范推广网络，有效带动区域农业发展

济南市农业高新技术开发区，有现代种植园区、现代养殖区、科研服务区、加工商贸区、观光农业区五个功能区。建区 10 年来集成了山东联合大学、山东省水科院、中国科学院资环局、中国农业科学院、中国农业大学、山东农业大学、山东省农业科学院等单位的有关技术和人才；引进了 26 家企业，如济南市泉星种业集团、澳利集团、佳宝乳业公司、浓缩饲料厂、济南市畜禽良种中心和山东明发兽药公司。重点发展农作物良种、无公害果蔬、奶牛养殖及乳品加工、农业节水技术设备、农产品加工和观光农业等科技产业，相应生产出一批创新产品。为了加速科技成果和创新产品的转化推广，开发区先后建立了"济北分区"、东郊"蔬菜高科技园""优质种苗示范园"和南部"林果示范园"四个示范区，示范面积 4.3 万亩，带动和引导县乡农业科技示范点 106 个，初步形成了市、县、乡三级农业科技示范推广网络。通过示范推广网络和"公司 + 农户"的组织形式，使开发区成为带动济南市及周边地区区域农业发展的技术核心和辐射源。

（五）围绕当地优势产业，自主研发新品种新技术，构建特色产品创新平台

宁夏农林科学院枸杞研究所创建的枸杞科技示范园区，形成了枸杞标准化种植和加工的特色产业。围绕这一特色产业，系统集成了自主创新技术和外来先进技术，带动宁夏枸杞向标准化、产业化和现代化方向发展。集成创新的技术成果包括培育"宁杞 1号""宁杞 2 号""宁杞菜 1 号""三倍体枸杞""四倍体枸杞""抗蚜虫转基因枸杞""多籽枸杞"和"高油枸杞"等优质品种系列和专用品种系列。示范推广枸杞测土配方施肥技术、密植丰产栽培技术、剪裁留修剪技术、鲜果油汁冷浸技术、热风烘干技术等全套栽培加工技术。通过枸杞科技园集成创新平台，结合农民培训、明白纸宣传、指导手册发放和有线电视网传播，将新品种新技术迅速往面上推开。"宁杞 1 号"品种已在全国推广 26 万亩，占全国总面积 24%；宁夏种植枸杞面积已由 1996 年 2.6 万亩增加到 2003 年 28 万亩，干果产量占全国 46%，出口量占全国 62%，产值占自治区农业总产值近 4%。龙头企业"宁夏上实保健品公司"在园区建立深加工工厂，进一步加大了园区产业创新力度。

三、农业科技园区集成创新产生的时代背景

农业科技园区在我国快速发展，有其社会、经济、科技发展的时代背景和农村生产

力发展需求的直接原因。

（一）我国区域农业集成创新的演进

区域农业集成创新的目标，就是在认识区域自然资源特点和经济发展水平的基础上，应用集成技术，提高资源利用率和产出率，建立一个持续发展的区域生产系统和高效稳定的农业生态系统。这种区域系统只靠单项技术是不可能的，只有组织集成技术才能实现。从 20 世纪中期开始，我国区域农业集成创新经历了区域综合治理、区域综合开发和农业园区集成创新三个重要发展阶段。

1. 区域综合治理——区域农业集成创新初级阶段

在 20 世纪五六十年代，中国科学院、中国农业科学院、中国农业大学及国家有关部门和地方有关科研教学单位，在灾害严重的黄淮海平原等区域开始了区域综合治理试验示范工作，创建了若干综合治理试验区。第六个五年计划期间，国家将区域综合治理列入重要科技攻关项目，组织跨学科跨部门的几十个科研院所和大专院校的科技力量，在黄淮海平原、黄土高原、东北松辽平原、南方红黄壤地区和北方旱农地区等类型区，设立了 50 多个国家级综合治理试验示范区。试区就是在有代表性的小区，开展以科技投入为主的试验示范工作，将区域治理急需的技术措施在试区集成配套组装，通过小区试验示范再将配套技术向外围扩散，指导和带动面上的治理和开发，实现区域整体治理目标。由于区域自然灾害的多样性和复杂性，人们在实践中已认识到单项治理技术已很难奏效，必须采取综合和配套措施，才能达到预期目的。当时提到的"综合"和"配套"，实质上就是区域治理的"技术集成"。从 20 世纪 60 年代到 80 年代，以区域治理为目标、以试区为平台的区域农业集成创新，为我国主要农区的发展，特别是 80 年代中期农业生产上台阶，作出了重要贡献，也为下一步大规模的区域开发的集成创新提供了技术积累。

2. 区域综合开发——区域农业集成创新中级阶段

1988 年国家首先确定黄淮海平原、东北平原和新疆、浙江、广西等省（区）11 个区域，为农业综合开发重点地区，1989 年又增加到 19 片，1991 年扩大到 40 多片，现在全国有 1 500 多个县（市）列入国家农业综合开发项目区。农业综合开发的最初方针是，通过资金、科技和政策的集中投入，对生产潜力较大的中低产区进行治理开发，增加粮食和肉蛋油棉糖等主要农产品的社会总供给。到 1990 年代中后期，逐步增加了对农产品加工和科技的投入，并增设了现代农业、农业科技示范和农业科技推广等科技项目，这些项目区都要有科技依托单位。

农业综合开发以增强农田生产能力为目标，要求做到分片开发、立项操作、分期实施、农林水田路综合开发，取得了重大的经济效益、社会效益和生态效益。区域农业综合治理阶段主要是技术集成，集成主体是科研单位。中级阶段集成是科技、资金和政策要素的集成,集成主体由科技行为转变为政府行为,区域集成范围由试验点扩大为全国各主要农业区域。这个阶段区域集成创新,为解决长期困扰我国的农产品短缺问题,迎来 1990 年代后期开始的农业发展新阶段,作出了具有历史意义的贡献,为第三阶段农业科技园区集成创新摸索了新路子,奠定了技术和物质基础。

3. 农业科技示范园区——区域集成创新高级阶段

农业科技园区是前两个阶段区域农业集成创新的演进和升华,是适应现阶段我国农村经济发展水平的区域集成创新最新的组织形式。三个阶段的集成创新演进如下表所示。

表　三阶段集成创新演进

类型	区域农业综合治理	区域农业综合开发	农业科技园
阶段	初级阶段	中级阶段	高级阶段
时间	1950 年开始	1988 年开始	1993 年开始
创新形式	试验示范区	开发项目区	核心园区—示范辐射区
区域规模	100~200 亩;国家级 50 多个,地方近千个	不同农业类型区 50 多个区域,涉及 1 500 多个县(市)	0.3 万~10 万亩;国家级 36 个,省级 300 多个,其他 3 千多个
集成内容	技术 + 工程	技术 + 工程 + 资金 + 政策	国内外技术 + 工程 + 政策 + 产业 + 人才
集成行为主体	科教单位	政府	企业
外部辅助资源	地方政府	科教单位、金融部门	政府、科教单位、金融部门、企业、农民、民间组织、个人
集成目标	治理自然灾害,增强区域抗灾能力	开发中低产田,提高区域生产能力	建立现代农业企业,引进转化科技成果,创新产业和产品,带动区域农村发展,加速农业现代化进程

(二) 形成农业科技园区集成创新的经济背景

生产力是推动社会发展的决定因素。经过几十年的努力,到 20 世纪 90 年代中期,我国农村生产力已发展到一定水平。尽管仍存在差异,但在发展水平较高、地方经济、技术和财政条件较好的地区,已不满足于传统的生产方式,开始酝酿生产力要素的重新组合和各项农业发展资源的集成,以利于生产要素配置的优化,农业资源利用的高效化,农业生产效益的高值化,这就要求在生产组织上有所突破。农业科技园区就是农业生产力发展的必然产物,由客观经济规律所决定,不以人们的意志为转移。

（三）农业科技园区集成创新的技术准备

农业科技园的科技内涵主要体现在现代农业设施的"硬件"部分和现代农业技术管理的"软件"部分两个方面。前者需要提供新型设施材料和新颖设施结构，后者需要提供适应设施条件下果蔬花卉、畜禽鱼等优质新品种、新的栽培饲养技术，并要对设施条件下的光温水土环境要素进行调控，使之向自控化、智能化和流水线生产的方向发展。我国科技发展水平和开发能力，基本能满足现代农业科技园区集成创新需要。园区的发展也为农业高新技术的集成和推广应用提供了崭新的空间。

（四）农业科技园区集成创新的政策支持

根据我国农业发展的态势，近年来国家有关部门立项支持了农业科技园的建设，从政策上、资金上和规范管理上对园区发展起到了引导和示范作用。

1997年2月，国家科技部启动工厂化农业项目，首批选在北京、上海、沈阳、杭州和广州五个城市实施。一般以现代农业设施为主，集成国内外高新技术组装配套，进行工厂化生产。要求通过国家、部门、地方、企业联合投资，建设2 500亩技术示范小区，1万亩应用示范区和10万亩延伸辐射区，并带动一批相关产业的发展。

1998年国家科技部启动持续高效农业技术示范区项目，第一批审批15个。示范区建设以集成农业先进实用技术为主，以农业持续发展和高效农业为目标，形成技术含量较高的优化结构及生产体系，为21世纪农业发展起引导作用。

1999年国家农业综合开发办公室开始实施高新技术示范项目，要求在原有开发区基础上集成应用优良品种、节水灌溉、信息技术、高效栽培和饲养技术等农业高新技术成果，在1万~2万亩面积范围内，建设农业高新技术示范区，通过核心区的技术集成、示范区带动，将高新技术向同类型地区推广辐射，使之成为现代农业的先导区。

2001年和2002年，国家科技部等7部委联合立项，审批了36个国家级农业科技示范园区，随之各省市区陆续审批了三四百个省级园区，使农业科技园区纳入规范管理的轨道。

四、加强农业科技园区集成创新能力建设

农业园区在全国已有一定规模，并取得了初步成效，但在园区的规范化管理和科学运作上还存在很多问题，需要加强和提高集成创新能力建设。

（一）增强集成创新意识

主要提高园区主办方、园区管理者、科技专家和涉农企业家对集成创新意义的认识，以及对集成创新在区域发展及产业产品创新中主流作用的认识；要密切关注国内外农业科技资源最新动向，将各种渠道获得的创新资源在园区组织集成，要自觉学习创新知识，组织人员培训，不断优化园区创新资源配置。

（二）提高园区集成创新的总体规划设计能力

总体规划和整体设计是系统集成的核心要素，是提高园区集成创新能力的基础性工作。要请权威的专业规划设计单位承担，规划设计要根据本地区主导产业和园区目标定位，提出功能和结构科学合理的方案，要体现园区的现代气息、科技含量和文化品位，具有先进性、系统性和可操作性。

（三）提高园区集成创新的组织能力

集成创新不是把一些要素无序地捏合起来，而要把多个创新资源为了共同的目标有机地集成起来。这就需要强有力的集成创新组织能力来实现。包括组织有创新思想的人才、组织原始创新的技术和先进适用的单项技术、筹措建设和运作的创新资金等。每个园区都要提高对创新资源的整合能力，建立一个高效的指挥系统和组织系统。

（四）为园区集成创新营造良好的内部环境和外部环境

园区集成创新目标的实现，决定于园区对资源、人才和技术的集聚力以及对科技单位、金融部门、相关企业、地方政府和当地农民等外部因素的融合力。园区营造良好的内外环境，可使园区创新平台产生强化效应和协同效应。

内部环境主要在机制上和政策上激发员工的积极性和创新性，形成优化的管理系统和高效的运作能力。

科技园区是一个开放的系统，系统内外要进行物质能量交换，使园区创新系统保持良性循环。营造良好的外部环境，主要是同地方政府、科技单位、当地农民和市场的协同，园区的功能设置要和当地政府提出的主导产业相适应，要和农业结构调整相配合，这样才能对区域农村经济创新和发展。

（本文原载《农业技术经济》2004年第2期，原文题目是：试用集成创新理论探讨农业科技园区的发展）

第六节　加强农业园区集成创新能力建设
继续引领现代农业发展

20世纪90年代，我国农业快速发展，传统农业向现代农业加速转变，新的农业生产要素、生产方式和产业形态不断萌生出来，农业科技园区也应运而生。1993年北京市通州区的"中以示范农场"被很多人认为是第一个现代园区。现在已走过20多年的历程。本文简要介绍了20多年来我国农业园区发展情况，分析示范应用新品种新技术和新装备对现代农业发展的贡献，阐述生物技术和信息技术对今后现代农业的引领作用，提出加强农业园区集成创新能力建设的几点建议。

一、农业园区蓬勃发展的 20 年

20 多年来，农业园区在全国蓬勃发展，据《2012 年中国农业园区发展报告》估计，全国规模以上各类农业科技园区已有 5 000 家以上，国家级 73 家，省级 1 000 多家，市（地）级 4 000 多家。这些园区主办单位（部门）不同，类型不同，管理机制不同，发展模式不同，但有一个共同点，就是科技成果的转化和应用，并带动区域农业发展。这就决定了"科技"是农业园区的本质属性，这个属性赋予园区很强的内生发展力和外在影响力。

内生发展力表现为产业结构的优化、产品科技含量的提升、生产方式的转变、产业规模的扩大，有的园区成为区域农业科技研发中心，有的成为绿色农产品基地或出口创汇基地，有的成为产业集群区，有的为小城镇和新农村建设提供产业支撑。事实证明，农业科技园区真正是农业科技与生产紧密结合的切入点，农村经济发展的制高点，现代农业发展的增长点，科技集成创新带动区域农业发展的亮点。

外在影响力主要表现为园区农业功能的拓展，园区类型的延伸和园区示范空间的放大等。园区把农业第一产业功能，向休闲观光服务第三产业和农产品加工第二产业功能拓展，形成一二三次产业的联动，拉长了产业链，节约了生产成本，为区域循环经济发展创造了条件。在综合性农业科技园区的基础上，有些部门和单位，借助综合园区的理念，延伸一批专业（题）性园区，如台湾农民创业园、农业产业标准园、休闲农业园、农产品加工物流园等。农业部 2009 年发布《关于创建国家现代农业示范区的意见》，提出以点带面形成引领区域现代农业发展的强大力量，示范区的核心区通常依托已建的农业科技园区，以县域范围立项，从政策上把农业科技园区示范空间放大了。

园区的建设和发展，还存在不少困难和问题，发展很不平衡，有些园区走过弯路，有过挫折，甚至造成失败和停产。但从总体上看，发展主流继续向前，发展方向没有改变，发展数量在增加，发展能力在增强。这种旺盛的发展活力和顽强的生命力，有创业者努力和政策支持的因素，但实质上还是由传统农业向现代农业转变的时代需求决定的，也是园区"科技"属性主导的结果。

二、示范应用新技术新品种新装备 提高了现代农业生产要素的生产率

20 多年来，农业科技园区引进、示范和推广大量新品种、新技术和现代装备，推动了传统农业的改造和现代农业生产要素的更新。其中带有普遍性的重点技术和装备有两个方面，一是动植物优新品种的引进示范和植物组培技术的应用；二是设施农业的集约化生产和工厂化农业的示范。

（一）动植物优新品种的引进示范和植物组培技术的广泛应用

优新品种是实现优质、高产、高效，改造传统农业的核心技术措施，也是提高人民生活质量的食品物质来源。几乎所有园区都把这项工作作为重点，贯串于建设和发展的全过程。引进的品种涉及蔬菜、花卉、水果、食用菌、粮油、畜禽等。引进推广的做法，一般是引进、试验、观察、筛选、示范。再把适合本地区而又有市场前景的品种大面积应用推广。

全国大小园区累计引用多少新品种，尚缺权威的准确数据，只以几个园区为例加以说明。江苏省重点园区累计示范新品种 3 564 个次。天津市农业高新技术示范园区，共引进 300 多个，经过试验筛选出 20 多个，主要有荷兰微型黄瓜、中果番茄、彩椒、美国西芹、国内球茎茴香、番杏、香蕉西葫芦、樱桃番茄等。甘肃省天水农业高新技术示范区先后引进蔬菜、花卉、食用菌等新品种 500 多个，试验筛选出 56 个，育成 21 个航天新品种。珠海农业科技园区培育蔬菜新品种 20 多个，引进花卉和水果品种 100 多个，年产优质种苗 5 000 多万株。其他园区，都引进应用多个优新品种，不再一一列举。

组织培养技术可快速培育脱毒壮苗，过去主要在科研院所和大专院校的实验室应用，农业科技园区创建后，纷纷建设组培中心，根据当地需求确定主培品种，如南方香蕉、甘蔗、花卉等，北方的马铃薯、苹果、樱桃等。培育的种苗除园区应用外，还进行批量的商业化生产，促进了区域农业生产结构的调整。把组培技术从科研院校实验室引到农业生产前沿，是园区推进科技与生产结合，改造传统农业的重大贡献。

（二）设施农业的集约化生产和工厂化农业的示范

设施农业是集生物技术、农业工程技术和新材料、新设备于一体的现代农业生产方式，能打破季节限制，实现反季节栽培；合理配置光热水土资源，提高资源利用率和产出率，成为大部分园区的重点建设内容。

我国设施农业从 20 世纪 70 年代起步，80 年代在种植业、畜牧业和渔业生产上广泛应用。90 年代农业科技园区兴起后，把这项现代装备技术，发展到集约化、规模化、高标准发展的新阶段。园区把智能联栋温室、工厂化设施、日光温室、塑料大棚和地膜覆盖统一配置，集约化生产。中小型园区有数十栋和上百栋的规模，大型园区往往有几百栋到上千栋的规模，呈现出壮观的现代农业产业形态。高标准表现在工程技术硬件和栽培技术软件两方面，把农民土法建造的温室提高到标准化温室，同工厂化育苗、节水、施肥、栽培管理等新技术相结合，形成高标准的设施农业成套栽培体系。

工厂化农业是设施农业的高级阶段，在国家科技部 1997 年立项的 5 个工厂化示范区的带动下，很多园区紧紧跟上，建设了不同类型的农业工厂化生产中心。农业的工厂化生产，是运用现代工业、生物科技、营养液无土栽培和信息技术的最新成果，通过计算机对作物生长的环境要素进行自动控制，不受或很少受自然条件的制约，达到高产、高效、生态、安全的目标。能把番茄、黄瓜、茄子等蔬菜培养成"树"，一棵番茄"树"能结 2 万多个樱桃番茄。2009 年中国农业科学院建成智能植物工厂，是我国工厂化农业的最新成就，运用其技术原理，正在研发适合家庭、潜艇、空间站用的微型植物工厂。

三、应用生物技术和信息技术 继续引领现代农业发展

我国现代农业建设取得重大进展，同时也存在一些严重问题，如化肥和农药施用不当，危害生态环境和食品安全；农业生物技术和信息技术应用尚未形成规模，与发达国家有较大差距等。这些问题的解决，要靠政府、科技和农民的共同努力，而农业科技园区要走在前面，把生物技术和信息技术应用作为重要任务，继续引领现代农业发展。

（一）生物技术的示范应用

生物技术在农业上应用的迫切任务是大力推广生物肥料、生物饲料和生物农药，部分或全部代替化学制品，生产优质安全农产品，带领农业经济的绿色发展。

生物有机肥和微生物生物制剂，是优质、高效、安全无毒、不污染环境的绿色生产资料，在欧美等发达国家已广泛应用。由于我国分散经营的农户考虑生产成本和肥（药）效稍慢等原因，对农业生物制品认识不足，应用积极性不高。全国现有微生物农药厂 60 多家，其产品销售额只占全国农药销售额的 1%；微生物肥年生产 30 万 ~40 万吨，仅占全国化肥生产量的 0.3%。

农业科技园区要利用和科研紧密结合的条件，把生物肥料和生物农药在园区应用，在应用实践中总结经验，改进施用方法，做到降低成本、显效快、产量高、品质好，为大面积应用推广积累经验。

（二）信息技术的示范应用

农业信息化是农业现代化的重要标志，信息技术已在农业宏观、中观和微观尺度上应用，但在具体的农业生产管理和经营领域，还没有大量推广。物联网信息技术的问世，为规模化、标准化农业生产的管理，提供了可行的技术产品。

物联网是物与物相连的互联网，能提供全面的感知（物联化）、可靠的传输（网络化）、智能处理（智能化），被广泛用于经济社会的各个方面。欧美等国于 2008 年启动物联网发展计划，我国也不失时机开展相关工作，2009 年有关省市、研究单位和企业就开始物联网应用研究和产品开发，2010 年政府工作报告中明确提出"加快物联网的研发应用"，2011 年 11 月工信部公布了《物联网"十二五"发展规划》，

短短几年时间，物联网应用进展很快，目前在农业科技园区应用，主要是设施农业智能化生产管理系统和二维码农产品追溯信息系统。

1. 设施农业智能化生产管理系统

它是用传感器温室控制系统，同专家系统相结合，实现信息采集和信息自动传输，

对水、土、光、温等温室环境要素进行精细化控制和远程访问，并对实时环境信息进行分析评估，调整到适宜的控制指标。系统引入物联网思想，采用有线或无线方式将各种设备连接组成一个具有感知、反馈、互动功能的子网络，再用数据服务器通过无线模块接入互联网，在远程可通过任意终端对网络进行访问和控制，从而实现物与物、物与人的互联。该系统一般包括计算机实时监测、环境数据采集储存、智能控制、远程监控、数据分析、生产管理、技术资料查询和仿真模拟等子系统。温室群的规模化生产，安装这套系统，可以针对温室作物生长的需要进行温室环境调控，通过计算机智能化管理，提高劳动生产率和产量水平。河南省平顶山石桥农业科技园区等多个园区已安装了这套系统。

2. 二维码农产品追溯信息技术

二维码是物联网的一项技术产品，它是用特定的几何图形，在平面纵横二维方向记录数据信息，通过图像输入设备或光电扫描设备自动识读，实现信息自动处理，能在很小面积内表达大量信息，并通过智能手机进行解读。

由于在农业生产过程中，某些化学投入物和水质污染等原因，影响食品质量安全，市场上还时常出现假冒伪劣产品，使消费者很难识别其真伪，二维码为人们提供了一个方便快捷的技术识别手段。

贴有二维码标识的产品进入市场，消费者用智能手机便可感知追溯产品生产过程的基本信息。包括品种、肥料、农药等名称及来源的基础信息；企业和产品名称、商标、品牌、生产日期、包装等经营信息；产品营养成分和质量安全方面信息等。二维码记录着真实过程，为消费者提供识别产品的手段。

四、加强园区集成创新能力建设 为农业现代化作出新贡献

（一）农业科技园区集成创新的功能

集成创新就是把各自独立的创新要素集成为一个有机系统，从而提高系统的整体功能。农业科技园区就是以集成创新为主的系统。

由于我国科研与生产结合不紧，制约着科技成果的转化推广；而农民千家万户的分散经营也影响对先进创新技术的采集和应用。农业科技园区突破技术供求双方的鸿沟，将各自独立的技术创新主体和分散的技术应用主体连结起来，为区域农业发展构建集成创新的平台。平台的核心功能是对科技资源的聚集和扩散，核心功能的实现，一是对科技成果的吸引，二是对聚集的成果进行试验、示范和转化，三是把适用技术成果扩散到面上，形成区域农业宏观经济效益。现阶段的主要任务是把本文提到的优良品种、现代装备、生物技术和信息技术4大主导技术集成起来，增强农业园区的集成创新能力。

（二）加强园区集成创新能力建设的几点建议

1. 加强核心区、示范区、辐射区三个层区联系

核心区是园区的实体层，集中体现现代园区的内涵，经营主体是企业，是科技集成创新中心和园区经营管理中心，是园区的龙头。示范区和辐射区，是园区的带动影响层，经营主体仍然是农户。目前大部分园区的三个层区之间联系较为松散，园区平台的作用得不到充分发挥。今后要加强三区之间的联系，一要增强核心区对新技术等资源的聚集和扩散效能；二要调动示范辐射区的积极性，主动对接核心区新技术成果；三要创新机制，培育优势产业和特色产品，通过共同品牌和共同市场联系起来，形成利益共同体。

2. 理顺园区内外关系，营造良好的发展环境

农业科技园区是一个开放的系统，系统内外要进行物质能量交换，使园区系统保持良性循环，形成高效化生产力和高值化产出率。内部环境主要是优化园区管理，外部环境主要是理顺园区和政府、科技、农民、市场的关系。

内部管理

是园区发展的重要保障，有优化的管理才能有优化的结构和系统，有优化的系统才能有优质的运作。优化内部管理要建立分工明确、制度完善、机制先进的管理体系，其关键是选好主要管理者（经理）。一个成功的管理者要具备一定的管理动力、管理能力和管理权力，在管委会（董事会）赋予的权力空间，完成建设发展和产品生产任务。

园区和政府

园区建设内容要与当地主导产业相适应，要和农业结构调整相配合，这样才能成为区域农村经济的龙头。政府要在园区立项、园区班子配备、协调关系和建设资金筹措等方面为园区提供支持。建成后使园区实行企业化管理，对其经营不要有过多的指令性行政干预，给园区创造好的政策环境。

园区和科技

要有稳定的科技支撑单位，使新的科技成果源源不断在园区转化应用，使专家的思想和经验为园区集成创新提供智力支持。在合作过程中，要体现园区企业、科技单位和科技人员的互惠互利。很多园区设立专家大院、院士工作站、联合研发中心，都是园区和科技人员结合的有效方式。

园区和农民

要确立良好的关系，园区产业和产品，要带动农户的生产经营；以园区为基地和现场，培训和提升农民的技术水平和文化素质；园区使用的土地和农工，要通过契约规范双方的利益。园区和农民关系处理好，有助于园区顺利发展，处理不好会有碍于园区发展。

园区和市场

要不断开拓市场，保持产品畅销和扩大社会影响。园区产品市场，一类是高质量精品，直接进入城市宾馆、超级市场和境外市场；另一类是面向农村的优质种苗等产品。城市市场要求提供名优、安全、鲜活的产品，要创出品牌，做出信誉；农村市场要求提供价优实用先进的技术产品，要做好指导和服务。

3. 加强园区的交流和研讨，为农业现代化作出新贡献

中国农学会、中国农业科学院与有关省市政府联合举办的农业科技园区论坛，已开到 13 届，出版和编印内部文集 11 本，选登文章 600 多篇。通过论坛和文集的交流，达到互通信息、启发思路、取长补短、共同提高的目的；从理论与实际的结合上，探讨园区的功能、机制、模式、创新、指标等深层问题，推动园区总体的持续发展。今后还可把大会和专题研讨相结合，深入讨论一些热点和难点问题，把实践经验升华为理论共识，让农业科技园区为中国特色现代农业发展作出新的更大贡献。

（本文原载《第十四届农业园区研讨会文集》，2004 年）

第七节　构建以蝇蛆生物技术为主导的园区农业循环体系

2016 年 10 月，新津华氏生态农业科技有限公司，在成都市新津县筹建"成都新津华氏工程蝇蛆生物技术与循环农业科技园区"（简称"新津园区"）本人参与该项目可行性研究报告的编制，重点负责"循环农业"的编写。现在把有关内容整理成"构建以蝇蛆生物技术为主导的园区农业循环体系"一文。

一、构建园区农业循环体系的意义

根据新津园区农业结构和产品构成，分析养殖、种植、加工各环节的产品生产，及生产过程中产生的废弃物种类、数量及利用潜力。在系统工程、循环经济和生态学等相关理论指导下，构建以蝇蛆生物技术为主导、以农业产业循环链和废弃物资源化利用生态循环链为主线、链接各循环节点的园区农业循环体系，形成区域农业循环的新津模式。研究该模式物质流动及转化规律，探讨生态循环高效运行途径，为农业可持续发展和区域生态环境优化，提供技术支持和实践经验。

二、园区农业循环系统的结构功能

（一）循环系统的结构

园区农业循环系统是开放的系统，由输入物质、输出物质及系统内物质的循环流动三大部分组成（系统还有能量流动，本文不作讨论）。其结构包括四个子系统和17个循环节点。

分别为：子系统1：蝇—蛆，含5个节点；子系统2：饲料—养殖，含4个节点；子系统3：肥料—种植，含4个节点；子系统4：加工—销售，含4个节点。循环系统结构框架和节点间物质流动的逻辑关系见下图。

（二）循环系统的功能

一是应用蝇蛆生物技术生产优质、安全的健康食品；二是农业废弃物资源化利用，优化区域生态环境。具体功能在各子系统详细阐述。

三、园区农业循环系统内部的物质流动

物质从起始端向输出端的流动定义为正向流动（从左到右），由输出端反回到起始端的流动定义为反向流动（从右到左），见图12-1。

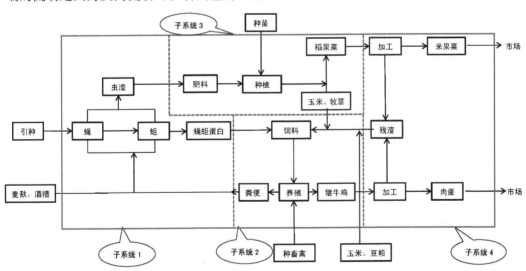

图12-1　园区农业循环系统结构框图

园区农业循环系统从子系统1起始，沿正向延伸出两条产业循环链，一条是子系统1到子系统2和子系统4，循环物质按蝇蛆蛋白—生物饲料—生态养殖—肉蛋食品加工等循环节点流动，形成生态养殖产业链。另一条是从子系统1至子系统3和子系统

4，循环物质沿虫渣—生物肥料—种植—粮果菜加工等循环节点流动，形成生态种植产业链。

循环系统产生加工残渣等废弃物，沿反向从子系统 4 和 3 到子系统 2，最终把畜禽粪便作为蝇蛆食物资源，返回子系统 1 起始点，形成一条生态循环链。

产业链中物质是正向流动，实现产品生产功能。生态链中物质是反向流动，把农业废弃物全部转化为可利用的资源，实现优化提升区域生态环境的功能。

四个子系统密切链接，产业链和生态链中物质双向流动，循环往复，产生重大的价值效应和综合效益。

四、园区农业循环系统外部的输入物质

从系统外部输入的物质有两组，第一组是蝇种及酒糟、麦麸、粪便等蝇食（蝇种、粪便是启动物质，在系统正常运转后，蝇种自繁，粪便由系统内部循环供应）。第二组是种畜种禽和作物种苗，以及玉米、豆粕等饲料的原料（种畜种禽是启动物质，在系统正常运转后自繁自养）。

第一组物质的输入，决定循环的类型，是技术主导型。第二组物质的输入，决定系统的属性，属于农业循环系统。

现行农业循环系统大都是工程主导型，如建设沼气工程，把养殖场大量粪便处理成肥料，才能实现养殖—工程（沼气）—肥料—种植—养殖的单链循环，工程成为循环的主导因素。工程主导型虽然也有一定的经济和生态效益，但存在工程再投资、部分沼液二次污染、臭味难除、单链产业效益较低等问题，困扰着人们寻找解决之道。

由华氏蝇蛆蛋白生物技术主导的循环农业，突破了工程主导的种—养—种单链循环定式，开创了生态养殖、生态种植两条产业循环链的崭新模式，彻底解决了工程主导型的各种问题，不需要增建工程项目，没有二次污染，没有臭味，生产优质安全健康食品，是高效循环模式。这种循环模式是工程蝇蛆的输入，并通过一系列蝇蛆生物技术产品的研发生产形成的，模式的推广将给我国新型农业循环体系的创造和农业可持续发展作出巨大贡献。

五、子系统的结构功能和循环物质的输出

四个子系统是总系统的组成部分，同时也有各自的结构、功能和物质在子系统进出的流动。

子系统 1 是蝇—蛆系统，其结构由蝇和蛆两部分及蝇食、蝇蛆蛋白和虫渣 3 个节点组成，是园区农业循环系统的起始端。子系统 1 启动物质蝇种和蝇食由系统外提供，

系统稳定运转后蝇种和蝇食中的粪便，通过系统循环解决。

子系统1的功能是生产蝇蛆蛋白及副产品虫渣。蝇蛆蛋白输到子系统2，为生物饲料提供蛋白精料。华氏蝇蛆蛋白的规模化工厂化生产，是全国首创，也是独家。新津园区三条生产线，年产蝇蛆蛋白766.5吨。

虫渣是粪便，经蝇蛆处理后分离出的残渣，内含蝇蛆的多种分泌物和蛹壳等功能性物质，是蝇蛆生物肥料的主体。新津园区三条生产线年产虫渣生物肥6 570吨，输送给子系统3。

（一）子系统2的结构和功能

子系统2是饲料—养殖系统，其结构包括饲料车间和养殖场两个主体部分，及出栏畜禽活体和排出的粪便两个节点。子系统2输入的物质分别是从子系统1、子系统3和子系统4进入的蝇蛆蛋白、玉米、饲草、食品加工残渣，都是生物饲料的原料，其中蝇蛆蛋白是核心原料。除此而外，还需从子系统外补充供应玉米、豆粕等原料，引进启动用种畜和种禽。

子系统2的主要功能是通过饲料喂养猪、鸡、牛等畜禽，输送到子系统4加工成健康食品。新津园区规划每年产出生物饲料3 600吨，出栏牲猪5 500头、牛240头、活鸡6万只、生产鸡蛋600万个。

子系统2的另一个功能，是排出粪便等废弃物，每年约7 665吨，全部转化为蝇蛆食物资源，返回子系统1。

（二）子系统3的结构和功能

子系统3是肥料—种植系统，其结构包括饲料车间和作物种植两个主体部分及饲料作物和稻果菜作物两个节点。

输入的物质有从子系统1输进的虫渣，成为肥料的主要成分，从系统外部购进的粮果菜种苗，维系生态种植产业的发展。

子系统3的主要功能是生产农产品，包括饲用农作物玉米、牧草等输送到子系统2作为饲料的原料，另一部分产品是稻、果、菜输送到子系统4加工包装进入市场。

（三）子系统4的结构和功能

子系统4是农产品加工销售系统，其结构包括畜禽产品加工和作物产品加工两个车间，主要功能是把初级农产品加工成商品。从子系统2输入的猪、牛、鸡活体，通过加工车间的屠宰、分割、冷储、包装等工序，使其具有商品形态进入市场。从子系统3输入的稻、果、菜等初级农产品，进入加工车间，经加工、分选、包装等工序，成为商品米、精品果菜，进入市场。加工过程中留下的废料和残渣，返回系统2作为饲料的原料。

六、园区农业循环系统价值效应和综合效益

（一）园区农业循环系统的价值效应和综合效益

循环系统输入物质在人工、技术、装备、水电暖等能量驱动下，进行产品生产和废弃物资源利用转化，在产业链和生态循环链双向流动的每个节点上产生升值效应，形成价值链。在价值效应作用下，产生经济效益、生态效益和社会效益的综合效益。

（二）循环系统的经济效益

循环系统的经济效益由技术经济效益、产业经济效益和生态经济效益叠加而成。

技术经济效益是华氏蝇蛆生物技术成果三次转化取得的。第一次转化把蝇蛆养殖成果转化为蝇蛆蛋白的规模化工厂化产业化生产，从而获得重大经济效益。第二次转化是蝇蛆蛋白取代进口的鱼粉蛋白，开发出蝇蛆蛋白生物饲料，是全国的首创和独家生产，用这种饲料饲养的畜禽的肉蛋是优质、安全、原味、独特的保健食品，是肉蛋市场的稀缺资源，具有明显的价格优势。第三次转化是蝇蛆虫渣开发制成生物肥料，在粮果菜生产上应用，可以达到优质高产高效。

产业经济效益，主要体现在养殖、种植、加工、销售全产业双链运作，蝇蛆技术产品与产业链环环相扣，在产业链节点上节节升值，其经济效益步步提升。

生态经济效益，主要是生产中产生的粪便、残渣等各类废弃物，进行资源化利用和生态化处理，变废为宝，降低了生产成本，增加了经济效益。

技术经济、产业经济和生态效益三个效益的叠加，将使园区生产经营获得重大经济效益。

（三）循环系统的生态效益

我国的猪、牛、鸡等养殖场，大量的动物粪便严重污染环境。华氏蝇蛆生物技术的开发及其在养殖业上规模化应用，不但生产生物饲料，而且把粪便循环用作蝇食。苍蝇的繁殖能力极强，一对苍蝇可繁殖上亿个后代，经蝇蛆处理的粪便，5天就可成为优质有机肥，除臭彻底、速度快、效果好，不会造成二次污染，是传统发酵处理能力的60倍，华氏蝇蛆生物技术的推广应用，是解决养殖粪便污染的有效途径，将为国家生态文明建设作出重大贡献。

（四）循环系统的社会效益

园区通过循环系统生产的农牧产品，全部是优质、安全、富有营养的健康食品，供应市场将使千万消费者收益，为建设"健康中国"开辟一条新路。

七、园区农业循环系统的物质平衡

新津园区农业循环系统物质平衡，涉及下列三个平衡项。

（一）蝇蛆蛋白产量—饲料产量—畜禽养殖数—排出粪便量—蝇虫蛋白产量间物质平衡

新津园区规划年产蝇蛆蛋白 766.5 吨，年产饲料 3 600 吨，养殖场每年出栏牧猪 5 500 头、牛 240 头、鸡 6 万只，排出粪便 7 665 吨，饲料—养殖—粪便—蝇蛆 4 个指标可以平衡。按饲料 15％ 的配比，可生产 5 110 吨饲料。如果 3 600 吨饲料不变，只需 540 吨蝇蛆蛋白，比规划生产量多出 226.5 吨。蝇蛆蛋白产量—饲料之间的不平衡，是压缩蝇蛆蛋白产量，还是增加饲料产量，两项中每项指标变动都影响已平衡的 4 个指标项变动，为了保持系统内物质流动平衡，只有把多余的 226.5 吨蝇蛆蛋白另作处理或直接向市场销售，这个问题需研究。

（二）虫渣—肥料—种植面积的物流平衡

新津园区年产虫渣 6 570 吨，作为生物肥的主体，每亩地施肥量按 2.5 吨计算，可用于 2 628 亩农田，而园区面积只有 460 亩，按复种指数 200％ 计算，播种面积 920 亩，只需 2 300 吨肥料。面积和肥料产能不平衡，3 个平衡指标，虫渣和面积不能变动，多余的 4 270 吨生物肥料另作处理或供应市场。

（三）饲用玉米＋秸秆＋加工残渣 – 饲料生产的平衡

饲料原料的 85％ 由饲用玉米、豆粕和残渣配给，其中 75％ 是饲用玉米。3 600 吨饲料需 2 700 吨玉米，园区规划种植 100 亩玉米，产量只有 70 吨，相差 2 000 吨玉米和吨豆粕需从市场供应。

第十三章
现代农业区域发展研究

第一节　中国人对现代农业的追求

农业是国民经济的基础产业，是提高人民生活质量的食品物质来源，建设发达的现代化农业是实现中华民族伟大复兴中国梦的重要组成部分。是一代又一代中国人的追求。

中国是人多地少的农业大国，新中国成立前直到改革开放，人们期盼的仅仅是温饱生活。改革开放后，解决了温饱问题，人们想着丰衣足食的生活。进入 21 世纪后，随着生活水平的提高，大家又关注着食品的营养安全和丰富多样。人们对不断提高生活质量的追求，期待早日实现农业现代化。

人类的农业文明史，经历了原始农业、传统农业和现代农业三大历史时期。原始农业时期，人类用石器和木器狩猎采果，维持最低生活。这个时期经过五六千年，出现手工业，制造"农具"代替"农器"，用犁、耧、耙等农具进行种植和养殖，人类进入传统农业发展时期。到 19 世纪中期，欧美等国的工业化带动了农业发展，农业机械代替农具，大幅度提高生产水平，标志着从传统农业进入现代农业发展时期。

农业机械、化学肥料和遗传育种，是 1840 年前后欧美等国进入现代农业的三个原发性要素。在一百多年发展过程中，不断涌现诸多新的发展要素，把西方现代农业推向成熟和高级发展阶段。

在传统农业三四千年的漫长时期，中国一直走在世界的前列，当中国使用铁犁时，欧洲人仍沿用着木犁，但欧洲人率先进入现代农业后，中国人还停滞在传统农业阶段，落后了一二百年。

1963 年，周恩来总理宣布把农业现代化与工业、国防、科学技术现代化并列为国家的长期发展战略，吹响了向现代农业进军的号角。中国人把追求的梦想落实到建设的实际行动。

传统农业提升为现代农业，要靠农业生产要素的积累、更新和优化，由量变到质变的飞跃。农业生产要素包括农业自然资源、农业生产装备、农业生产资料、农业技艺和生产者的组织形式。气候、水土、生物等自然资源是形成农业产量的物质来源，水土气等环境要素和生物体在一定区域内构成农业生态系统。装备、资料、技艺和人的组织等物质能量的投入，都是为了提高农业生态系统产出的趋大化。

中国现代农业虽然起步较晚，但在新中国成立后半个多世纪，特别是改革开放的30多年间，中国农业发展取得举世瞩目的伟大成就，主要生产要素快速积累，把中国农业抬升至接近现代农业的门槛。

农业机械应用从无到有不断壮大，并创造出大型机械社会化服务和小型家用机械相结合，农机和农艺相结合的多种机型。1980年全国农用机械总动力为14 746万千瓦，2010年达到9 2781万千瓦，30年增加5倍多。1952年全国机耕面积只有0.1%，1980年为41%，2010年达到70%。在攻克水稻机种和玉米机收的技术瓶颈后，近年机种和机收面积也取得突破性进展，2010年农作物耕种收综合农机化水平达到52%，实现由人畜动力为主到以机械动力为主的历史性跨越。

20世纪50年代到60年代初，中国农民还不认识化学肥料。70年代国家引进一批化肥厂成套设备，1980年全国化肥施用量1 269万吨（折纯），每亩耕地平均施8.5千克，2010年全国化肥施用量5 562万吨，亩均用量30.5千克，各种农作物全面施用。针对一些地方施肥不当，给生态环境带来的负面影响，新型缓释化肥、生物肥料和测土配方施肥技术正积极推广。

农作物优新品种的研发和更新，是提高单位面积产量的重要技术措施。从杂交选育、理化诱变、杂交优势利用等常规育种，到细胞工程、分子标记、转基因等现代生物育种技术，以及常规育种与生物育种技术的结合，中国并不落后于发达国家，某些方面如杂交水稻和抗虫棉等品种创新还走在世界前列。2006—2010年五年间经国家和省级审定的农作物新品种、新组合2 600多个，半个多世纪来新品种更新三四次，每更新一次就把产量推上一个新台阶。

农业设施工程，可以对作物生长的光温等环境因子进行人工调控，提高土地资源利用率和产出率。20世纪中叶，荷兰、美国、以色列、日本等国首先兴起和规模化应用。我国于70年代开始应用，80年代地膜覆盖、温室大棚和工厂化设施在园艺作物、大田作物、畜禽水产养殖等产业上全面应用，并自主开发出适于我国国情的日光温室。1984年日光温室面积6万亩，地膜覆盖2 001万亩，2010年日光温室和地膜覆盖面积分别达到357万亩和2.34亿亩。

2009年中国农业科学院建成的智能植物工厂，是紧随丹麦、荷兰、日本等国之后，我国自主设计开发的首例智能植物工厂。它是运用现代工业、生物科技、营养液无土栽培和信息技术的最新成果，通过计算机对作物生长需要的环境要素进行自动控制，不受或很少受自然条件的制约，达到高产、高效、生态、安全的目标。能把西红柿、黄瓜等培养成"树"，一棵西红柿"树"能结2万多个樱桃西红柿。是设施农业的高级阶段和现代农业发展的引领工程，目前全国已建十多家。开发的适合家庭用的微型植物工厂正进行示范应用，这项技术可望应用于航天、潜艇等领域进行新鲜蔬菜的生产供给。

生产力发展的同时，生产方式和劳动组织也在悄然变化，中国国情决定我们不能走欧美大、中型农场的模式。已初步探索出中国特色多元化生产组织形式，在现代农业发展进程中，国营农场、家庭农场、农民专业合作社、龙头企业带农户产业化组织、个体农户将长期并存。在并存中发展和相互调整。2010年国营农场1 807个，各类产业化组织25.5万个，带动农户1.07亿户，占乡村总户数41%，龙头企业通过建设规模化、标准化原料生产基地，带动农民增收。

我国现代农业发展大幅度提高了农业产量水平，主要农产品总量，已跃居世界前列，早在1996年我国粮、棉、菜、果、肉、蛋、水产品产量居世界各国首位，人均占有量大部分超过世界平均水平。2010年粮食总产量54 648万吨，比1980年的32 056万吨增71%；肉类产量7 926万吨，是1980年1 205万吨的6倍多，水产品总产12 865万吨，是1980年679万吨的19倍。粮食每亩平均产量332千克，而1980年仅182千克，1952年只有88千克。

农业机械化等生产要素的积累和更新，明显提高劳动生产率，农业从业人员由2000年32 798万人，降到2010年27 695万人，从业人员占社会从业人员比重由50%降到36.7%。改革开放以前1个农业劳动力只能养活1个半人，现在可以养活5个人。农民在创造社会财富的同时，也提高了自己的生活水平，人均纯收入由1980年2 038元，提高到2010年5 919元，每百户平均拥有彩电112台，电冰箱45件，移动电话137个，人均住房面积34平方米。

传统农业发展提升为现代农业的主要标志，一是生产手段由农具转换为农机，二是生产资料由农户自备变为社会化服务供应，三是家庭自给自足的产品生产发展为规模化的商品生产，四是从手工业支持转为现代科学技术和工业化支持。从这些标志性要素看，现在中国已接近达到现代农业目标，实现国人的现代农业梦不再遥远。

（本文原载《100个人的中国梦》，湖南教育出版社，2014年）

第二节　现代农业生产要素的优化与配置

——中国现代农业发展进程的初步分析

传统农业转变为现代农业，其实质是现代农业生产要素持续优化和积累、不断取代传统生产要素的过程。研究现代农业生产要素的优化与配置，对分析中国现代农业发展进程有实际意义和理论价值。

一、农业生产要素

生产要素是指投入农业生产过程，形成农业生产力的主要影响因素。包括农业自然资源、农业生产资料、农业生产装备、农业技艺和生产者组织形式。可简称为资源、资料、装备、技艺和组织五类要素。自然资源主要有土地资源、水资源、气候资源和生物资源，是形成农产品的物质来源，是农业生产的基础要素。生产资料包括种子、肥料、饲料、农药等，是提高农业资源利用率和产出率，推动生产力发展的物化投入要素；生产装备主要指生产工具和生产机械等，是提高劳动生产效率的装备要素；农业技艺包括农业生产技术、技巧、经验和耕作制度等，是生产者的智力投入要素；生产者的组织形式，主要反映个体或群体的生产行为方式，如农业企业、家庭农场、农民专业生产合作社、农业技术协会、专业户、个体户等，是农业生产方式和生产关系要素。

五类要素在某一农业区域（国家）内的积累速度和优化程度决定一个地区农业发展进度，对研究我国现代农业发展有重要现实意义和理论价值。

人类的农业文明史，是一部农业发展要素积累和演进的历史。原始农业时期，生产对象是野生动植物，制作石器、木竹器等农器，进行狩猎和采集，生产力很低。原始农业转变为传统农业的标志是应用农具，进行人工种植和养殖，同时有了生产资料投入和农业技艺的进步，伴生出手工业。19 世纪中后期，欧洲工业革命引领农业生产的发展，农业机械的出现及矿物化学肥料、基因遗传育种等新生产要素，促进农业生产力飞跃发展，标志人类进入现代农业发展时期。

农业三个时期的发展历程，贯穿的一条主线是农业生产手段从"器"到"具"到"机"装备要素的演进，相应的支撑条件是从简单劳作到手工业生产到工业化生产的发展和科技进步。

农业生态系统由光热水土等环境因子和动植物生物体构成。原始农业没有生产资料的投入，是农业原生态系统。传统农业有生产资料投入和人为因素介入，但没有化学投入物，是人工农业生态系统，基本属生态农业。现代农业有多种化学投入物进入生产过程，在提高生产力的同时，也引发了农业生态环境和食物安全的种种问题。

农业的产业属性是第一产业，包括种植业、林业、畜牧业、渔业和农林牧渔服务业。农业系统可分解为种植业亚系统、林业亚系统、畜牧业亚系统、渔业亚系统和农林牧渔服务业亚系统。本文仅以种植业为例分析现代农业发展要素积累过程。

二、现代农业生产要素的优化积累

农业机械、优良品种、化学肥料、农业设施、生产组织等现代要素不断积累、犁耙耧等传统要素步步退出的过程，传统农业转变为现代农业，取决于生产要素的更新、优化和转变，农业现代化实质是研究现代农业生态要素的积累，可为评价我国现代农业发展进程提供依据。

（一）农业机械

农业机械应用从无到有不断扩大，并创造出大型机械社会化服务和小型家用机械相结合，农机和农艺相结合的多种机型。1980 年全国农用机械总动力为 14 746 万千瓦，2010 年达到 92 781 万千瓦，30 年增加 5 倍多。1952 年全国机耕面积只有 0.1%，1980 年为 41%，2010 年达到 70%。在攻克水稻机种和玉米机收的技术瓶颈后，近年机种和机收面积也取得突破性进展，2010 年农作物耕种收综合农机化水平达到 52%，实现由人畜动力为主到以机械动力为主的历史性跨越。

（二）优良品种

农作物优新品种的研发和更新，是提高单位面积产量的重要技术措施。从杂交选育、理化诱变、杂交优势利用等常规育种，到细胞工程、分子标记、转基因等现代生物育种技术，以及常规育种与生物育种技术的结合，中国并不落后于发达国家，某些方面如杂交水稻和抗虫棉等品种创新还走在世界前列。2006—2010 年五年间经国家和省级审定的农作物新品种、新组合 2 600 多个，半个多世纪来新品种更新三四次，每更新一次就把产量推上一个新台阶。

（三）化学和生物肥料

20 世纪 50 年代到 60 年代初，中国农民还不认识化学肥料。70 年代国家引进一批化肥厂成套设备，1980 年全国化肥施用量 1 269 万吨（折纯），每亩耕地平均施 8.5 千克，2010 年全国化肥施用量 5 562 万吨，亩均用量 30.5 千克，各种农作物全面施用。针对一些地方施肥不当，给生态环境带来的负面影响，新型缓释化肥、生物肥料和测土配方施肥技术正积极推广。

（四）农业设施

农业设施工程，可以对作物生长的光温等环境因子进行人工调控，提高土地资源利用率和产出率。20 世纪中叶，荷兰、美国、以色列、日本等国首先兴起和规模化应用。

我国于 20 世纪 70 年代开始应用，80 年代地膜覆盖、温室大棚和工厂化设施在园艺作物、大田作物、畜禽水产养殖等产业上全面应用，并自主开发出适于我国国情的日光温室。1984 年日光温室面积 6 万亩，地膜覆盖 2 001 万亩，2010 年日光温室和地膜覆盖面积分别达到 357 万亩和 2.34 亿亩。

2009 年中国农业科学院建成的智能植物工厂，是随丹麦、荷兰、日本等国之后，我国自主设计开发的首例智能植物工厂。它是运用现代工业、生物科技、营养液无土栽培和信息技术的最新成果，通过计算机对作物生长需要的环境要素进行自动控制，不受或很少受自然条件的制约，达到高产、高效、生态、安全的目标。能把番茄、黄瓜等培养成"树"，一棵番茄"树"能结 2 万多个樱桃番茄，是设施农业的高级阶段和现代农业发展的引领工程，目前全国已建十多家。开发的适合家庭用的微型植物工厂正进行示范应用，这项技术可望用于航天、潜艇等领域进行新鲜蔬菜的生产供给。

（五）农民生产组织

农业生产组织是影响生产力发展和生产方式转变的要素。中国人多地少，不能完全套用欧美等大中型农（牧）场的组织形式。改革开放 30 多年间，逐步摸索出一套中国特色的农业生产组织形式，就是国营农场、家庭农场、农民专业合作组织、龙头企业带农户的产业化组织、个体农户多元化组织形式，在多元化并存中发展和相互调整。

国营农场主要是全国农垦系统的生产实体，2010 年国营农场 1 807 个，耕地面积 5 989 272 公顷（8 984 万亩）占全国 4.9%，农作物播种面积 6 310 420 公顷（9 466 万亩），粮食播种面积 4 557 640 公顷（6 836 万亩），总产量 29 562 925 吨（147.65 亿千克），公顷产量 6 480 千克（432 千克 / 亩），粮食商品率 88.2%。基本实现农业生产全程机械化，已进入现代农业产业形态。

龙头企业带农户的产业化组织形式，龙头企业加基地加农户是基本产业化组织形式，2010 年各类产业化组织发展到 25.49 万个，带动农户 1.07 亿户，占乡村总户数 40.59%。其中龙头企业 9.92 万家，中介组织 14.11 万个。龙头企业建设标准化，规模化原料生产基地，提高科技创新能力，带动农民增收。近年来出现龙头企业集群发展，组织带动模式创新发展，产业链各环节协调发展，标准化品质化深入发展趋势。

随着农业生产组织多元化的发展，土地承包流转面积逐渐扩大，以承包农户为经营主体，以专业大户、家庭农场、农民专业合作社和龙头企业为规模经营主体，以承包出租为主要流转形式，2010 年底全国土地承包流转面积 1 247 万公顷（1.87 亿亩），占全国耕地总面积 14.7%。

三、现代农业生产要素的配置

现代农业发展，要在生产要素积累的同时，进行要素的合理配置，才能发挥更大的经济效益。要素合理配置的目的，一是提高水、土、气候资源利用率和产出率；二是提高劳动生产率；三是促进区域均衡发展；四是达到区域农业集成创新。

（一）提高土地资源产出率要素的配置

土地是我国的紧缺资源，耕地更为稀缺。在有限的耕地面积上合理配置科技、生产资料、种植制度等要素，可以有效提高土地资源利用率和产出率。合理配置的重点，一是新品种，化学和生物肥料、化学和生物的病虫防控制剂等各种生产资料投入物，在不同作物、不同生长季节、不同地区的合理搭配。二是现代装备、现代生产技术和我国精良的农艺方法相结合，如间作套种、立体种植、精耕细作等，应当在现代农业发展中传承下来，并发挥更好作用。

（二）提高水资源利用率要素上的配置

我国水资源十分匮乏，农业用水占用水量 70% 左右，发展节水农业，提高水资源利用率将是现代农业建设的一项长期工作。水资源高效利用分为输水系统、农田系统和作物生理机制三个环节。20 世纪 90 年代，灌溉输出系统有效利用率约 50%，美国为 78%，日本为 70%，巴基斯坦为 58%，试验证明，若将输水利用率提高一个百分点，可扩大灌溉面积 700 万 ~800 万亩。农田系统的节水技术包括滴灌、喷灌等新技术，也包括灌水制度、灌水方式、灌水时间等农艺技术。作物生理控水重点是耐旱高产作物培育和推广，无效蒸发的抑制等。水资源高效利用需要水利工程技术、农田灌溉新技术装备、农艺技术和植物生理控水技术的综合组装配套。抗旱作物新品种培育的突破性进展是河北省张家口农业科学院培育的杂交谷子。在北方无灌溉条件下亩产量可达 300~400千克，有灌溉条件最高可达 600~800 千克。

（三）提高气候资源利用率要素的配置

农业气候资源要素的组合及其季节分配状况，是地域生产力的决定性因素，作物生产的内在实质是光合生产，光合作用能力取决于太阳辐射能，研究表明，作物叶面多吸收 17.79 兆焦 / 平方米能量，就可增加 1 克干物质，我国东部季风区太阳年总辐射是 3 300~6 000 兆焦 / 平方米，西部地区年总辐射是 5 300~8 300 兆焦 / 平方米，目前我国大部分地区光能利用率不到 3%，光能生产潜力很大，创新提高光能利用率的技术，与水、肥、品种等其他技术要素合理匹配，很可能会突破水、土有限资源结构，迎来农业发展新时代。

（四）生物安全技术要素的配置

随着生物技术的发展，使转基因作物中导入的基因种类越来越多，特别是抗病虫等转基因植物对人体健康和生态环境是否会带来负面影响，一直有不同观点的争议。要配合农业转基因生物安全管理，保障人类健康和保护生态环境。

肥料和农药等化学投入物，有害的化学物质存积于土壤和植物体，给人体健康和生态环境带来严重威胁，国家提出农业标准化生产建设无公害农产品、绿色食品和有机食品生产基地，都是相关技术要素的合理配置。最重要的是加快生物肥料和生物农药的研制及产品的规模化推广。

（五）区域农业均衡发展要素的配置

中国国土辽阔，地形多样、气候多样和生物多样性特点，决定区域农业生态的多样性。当水、土、气候资源匹配合理，农业生物资源产出率就高，其中一项资源偏少，就会制约农业发展，为了提高区域农业生产力，就要针对偏少的这项资源，重点配置科技、设备和农艺等要素，促进区域农业均衡发展。西北地区太阳辐射能和土地资源较多，水资源偏少，影响太阳辐射生产潜力的发挥，制约农业产量的提高，像关中灌区、黄河河套灌区和新疆绿洲地区，水资源配置与光热土资源协调，成为农业的精华地区，其他大部分地区要配置高产优质抗旱新品种、旱作高效种植模式和节水省水技术。东北地区土地和水资源相对较多，但无霜期较短，热量资源偏低，就要配置地膜覆盖以延长生长期，全程机械化以不误农时，培育生长期短而丰产安全新品种为主。西南山区水热丰沛，但耕地资源少，就要配置提高土地资源产出率的技术要素和高效栽培模式。

四、中国现代农业发展进程的分析

农业发展要素的快速积累，把中国农业推向新阶段。这个阶段属于传统农业还是现代农业，值得深入研究，笔者试用农业发展要素积累原理作一初步探讨。

（一）农业历史时期的不同发展阶段

原始农业经历五六千年，传统农业经历三四千年，现代农业还不到 200 年。三大农业时期，都是由低到高的动态变化过程，大致分为初级、成熟和高级发展阶段。原始农业从采果狩猎到刀耕火种，是由低级到高级的发展。中国是传统农业的大国，大约在公元前 2200 年前后，至公元前 700 年前后夏、商、西周时期，开始制造和使用农具，筛选良种和施肥，属传统农业的初级阶段。公元前 700 年至公元 500 年前后，春秋、战国到秦汉南北朝，出现铁制农具，并使用畜力，兴修水利灌溉工程，冬小麦的出现改变一年一熟的耕作制度，形成成套的犁—耙—耧耕作技术，生产力提高一大步，是传统农业的成熟阶段，公元 6 世纪隋、唐以来，中国传统农业进入高级发展阶段，这个时期，农业工具进一步改进，手工业发展起来，南方水田开发形成规模化稻作区，龙骨水车问世，全国农业结构和生产布局基本定型。在漫长的传统农业时期，中国农业一直处于领先地位，当中国使用铁犁时，欧洲仍在用木犁。但当欧美于 19 世纪下半叶开始发展现代农业时，中国仍封闭在传统农业的自然经济状态，远远落后于欧美。

欧美现代农业发展，以机器、化学肥料、现代育种方法和大、中型农场的生产经营方式为表态，大约于 19 世纪下半叶是欧美现代农业的初级阶段，20 世纪前半叶这些生产要素的积累和优化发展为成熟阶段，20 世纪后半叶，生物技术和信息技术等新要素进入生产过程，把现代农业推向高级阶段。

（二）中国现代农业的发展进程

分析现代农业发展进程的依据，主要是现代要素积累、农业产量增长、农业劳动生产率提高，并与传统农业特征的比较。

1. 现代农业生产要素持续扩展

从 1963 年周恩来总理宣布中国农业现代化建设至今整整 50 年，50 年来现代要素持续增长，传统要素步步退出，中国农业正逼近现代农业的初级阶段。

20 世纪 90 年代中后期，农业生产资料的现代化基本占主导地位，优良品种全面推广，先进农业技术和栽培模式大面积应用，化肥、农药社会化服务已被农民接受。1996 年全国平均每亩耕地施用化肥 27 千克，跟日本、韩国处于同一水平。

农业装备的现代要素增长慢于生产资料更新，最近 10 年才出现快速发展的态势，2010 年机耕面积达 70%，但机种和机收面积分别只有 43% 和 38%，主要是水稻机种和玉米及棉花等经济作物机收面积偏低。全国耕种收综合机械化水平为 52%，按每年 3 个百分点的速度增长，2020 年可基本达到现代农业要求的 70% 的机械化率。

现代生产要素中，进展最慢的是生产组织。直到 2010 年，在多元化生产组织中，个体农户生产仍占 60%，今后几年其他组织形式将进一步扩大，2020 年前后个体农户比例将降至 40% 左右。鉴于中国国情，个体农户比例将进一步减少，但会长期存在，只要农户应用先进机械设备和现代农业生产资料，达到规模化生产的产量水平，也是现代农业的组成成分。

2. 农业产量大幅度增长

我国现代农业发展大幅度提高了农业产量水平，主要农产品总量，已跃居世界前列，早在 1996 年我国粮、棉、菜、果、肉、蛋、水产品产量已居世界各国首位，人均占有量大部分超过世界平均水平。2010 年粮食总产量 54 648 万吨，比 1980 年的 32 056 万吨增 71%；肉类产量 7 926 万吨，是 1980 年 1 205 万吨的 6 倍多，水果总产 12 865 万吨，是 1980 年 679 万吨的 19 倍。粮食每亩平均产量 332 千克，而 1980 年仅 182 千克，1952 年只有 88 千克。

3. 农业劳动生产率稳步提高

农业机械化等生产要素的积累和更新，明显提高劳动生产率，农业从业人员由 2000 年 32 798 万人，降到 2010 年 27 695 万人，从业人员占社会从业人员比重由 50% 降到 36.7%。改革开放以前 1 个农业劳动力只能养活 1 个半人，现在可以养活 5 个人。农民在创造社会财富的同时，也提高了自己的生活水平，人均纯收入由 1980 年 2 038

元，提高到 2010 年 5 919 元，每百户平均拥有彩电 112 台，电冰箱 45 件，移动电话 137 个，人均住房面积 34 平方米。

传统农业和现代农业因生产要素积累的程度不同，有不同的发展阶段，但生产要素形成的基本特征没有改变。

4.传统农业和现代农业基本特征比较

传统农业的基本特征：一以人畜为动力，生产装备主要是农具；二是种子、肥料等生产资料主要是农家自务；三是农户自给自足的产品生产，商品率很低；四是手工业的支撑。

现代农业的基本特征：一是生产装备以机械化装备和配套动力为主；二是种子、肥料等生产资料以工业生产和社会化服务为主；三是规模化生产，商品率很高；四是有现代科技和强大工业产业的支撑。因此，现代农业比传统农业有更高的生产力，更高的劳动效率，更高的资源产出率。

根据现代农业生产要素累积进度和现代农业与传统农业基本特征的对比分析，可以得出初步结论，目前中国农业更像现代农业。

（本文原载《第十四届农业园区研讨会文集》，2014 年）

第三节 农业现代化的几个宏观问题

农业是国民经济的基础产业，在努力实现农业现代化的今天，从不同学科角度，分析中国农业发展过程，探讨农业生产中的重大问题，研究有中国特色的农业发展道路，具有现实的和深远的意义。

一、农业的主攻方向

总产、单产和人均占有量是衡量农业发展状况的三项基本指标，而粮食生产又是我国农业的主体，分析粮食产量的三项指标可以得出一些重要结论。

表　我国粮食产量变化

典型年	1936 年	1952 年	1957 年	1962 年	1979 年	1984 年	1990 年
总产（亿千克）	1 500	1 640	1 855	1 600	3 321	4 073	4 518
单产（千克/亩）		88.2	92.5	87.7	185.6	240.6	265.5
人均（千克/人）	325	285	302	238	342	396	399

从上表可以看出，1936 年全国粮食总产曾达到 1 500 亿千克，人均粮食达 325 千克。

此后出现三次大徘徊，第一次徘徊发生于抗日战争和解放战争的连年战乱时期，1949 年新中国成立时人均粮食只有 209 千克。新中国成立后通过三年恢复，1952 年粮食总产超过 1936 年，达 1 640 亿千克，但人均占有量仍低于 1936 年。1957 年总产达到新的高度之后又发生第二次徘徊，1962 年的总产降低到 1 600 亿千克，倒退到 1952 年前的水平，造成三年困难时期和国民经济的全面调整。1965 年基本恢复后，进入一个稳定发展阶段，1979 年粮食总产比 1962 年翻了一番，达 3 321 亿千克，人均粮食第一次超过 1936 年。由于农村政策的调整和各项投入的增加，80 年代前期呈现持续高速发展态势，1984 年总产达 4 073 亿千克的历史最高水平，单产和人均数量也有大幅度提高。80 年代中后期又出现第三次徘徊，1989 年初步恢复，1990 年总产、单产、人均三项指标全面高于 1984 年。

半个多世纪来，我国农业的曲折发展，使我们认识了以下情况。

一是战乱和自然灾害是农业徘徊的一个基本原因。宏观政策失当和生产关系不当对农业生产力发展也会产生消极影响，如 1958 年后的一系列失误，是第二次徘徊的原因之一。

二是徘徊后的农业恢复和发展取决于政策、投入和资源配置。新中国成立初期、60 年代中后期和 80 年代前期三个发展时期，都是在国家采取积极的宏观调控措施，切实保障农业的基础地位，产生了明显效果。

三是三次徘徊和发展周期逐渐变短，第一次徘徊从 1936—1952 年共 16 年，第二次徘徊从 1957—1965 年共 8 年时间，第三次徘徊从 1984—1989 年只有 5 年时间，说明国家和政府对领导和驾驭农业经济的能力越来越强。

四是人均增长远低于总产增产速度，1979 年人均粮食高于 1936 年，经历了漫长的 43 年，而 1990 年比 1936 年每人平均拥有粮食只增加了 74 千克，平均每年增加 1.72 千克。

从 15 世纪到 20 世纪中期，中国人口数量增长 7~9 倍，人均粮食消费略有增长，同期耕地总面积增长 4 倍，说明粮食总产的增长，一半靠扩大面积，一半靠提高单产，即"两条腿"走路的发展模式。自 50 年代初期以来，人口大约增 1 倍，耕地从 1957 年到 1988 年却减少 2.24 亿亩，平均每年减少 800 万亩，这意味着总产量和人均占有量的提高只能靠提高单产这"一条腿"来维持。从 1952—1990 年 38 年间总产增 175.5%，单产增 201.0%，两者增幅同步，也说明总产基本决定于单产的提高，人均粮食稳中有升亦靠单产提高。中国人口基数大，年增长绝对值大，而耕地还在减少，总产必须保持增长的势头，才能满足国民经济发展的需要。要做到这一点，必须将提高单产作为农业生产的主攻方向。认识这个道理对领导和发展今后的中国农业有重要意义。

我国 1990 年按播种面积计算平均每亩产量为 265.5 千克，比 1949 年的 68.5 千克增 2.9 倍，约比世界谷物平均产量高 50%，比美国只低 47.5 千克。说明我国粮食单产已达到较好水平。今后进一步提高还有多大潜力，通过什么途径来提高，这是主攻单产要回答并在实际工作中予以解决的重要问题。

我们研究认为，现阶段解决这个问题的途径是：①通过区域治理提高中低产田产量，挖掘占全国耕地 2/3 的这部分农田的生产潜力；②重视农业自然资源的深层次开发，提高资源的有效利用率和农业产出率；③提倡和推广以节水和节土为中心的资源节约型高产农业，以带动中低产田的发展和保持三类农田单产均衡提高，增强农业持续发展的后劲；④鼓励和推动农业科学技术研究，重点支持带有突破性的技术项目和有重大应用前景的基础研究，以加速农业现代化进程。

二、农业的长期目标

我国中低产田面积约占耕地总面积的 68%，提高单产的潜力很大。低产主要受旱涝、盐碱、风沙、瘠薄等多种灾害性限制因素的制约。对区域内普遍存在的不利自然条件进行治理改造，则是大面积提高产量的重要措施。这项工作包括：区域自然条件调查，摸清区内主要限制因子和低产类型；建立科研试区，认识限制因子危害的因果关系和动态变化规律，据此提出配套治理措施；通过多点示范将治理技术由点到面推开；将科技行为变为政府行为，集中投入、分期实施，实现大规模区域治理目标。1988 年国家决定在黄淮海平原等地进行农业区域综合开发，就是在 20 世纪 60 年代开始创建的各类试验区多年工作基础上提出的带有战略意义的正确决策，现已取得重大效益。

农业自然资源包括土地资源、水资源、生物资源和气候资源，是维系农业生产的物质能量的天然来源。有些资源虽可以重复利用，但并不是无限的。过去的开发有时只顾眼前利益和局地利益，具有外延型和掠夺性特点，往往引起环境后效和很多隐患，影响农业的持续发展。如水资源开发对农业增产曾带来明显效益，但在某些地区如黄淮海平原由于地下水的超量开发已引起区域性地下水位下降和大面积地下水下降漏斗，引水灌区已发生区域性积盐，豫北和鲁西北的引黄灌溉地区平均每年每亩地积盐 43 千克。因此，今后的农业资源开发应当将过去侧重扩大规模为主的外延型开发转变为提高资源利用率为主的技术性开发。这方面工作包括：全面调查估算区域农业资源数量、质量和分布特征；分析资源开发历史、现状、潜力及存在问题；研究提高资源利用率的技术措施和开发模式；加大光热等气候资源开发利用的力度和生物资源开发的深度。

资源节约型高产农业，是高产优质高效农业的一种形式，是针对我国有限的农业资源和利用中的严重浪费现象，强调在减少和不增加资源投入前提下取得高产。如立体农业、节水农业等都是其中的重要类型。立体农业实质上是节地高效农业,按农田生态位将两种以上作物共植于同一农田,利用它们对光温养分的不同要求而呈梯度分布。这样可以将复种指数由原来 1.5 提高到 2.0~2.5,即 1 亩地可以变为 1.3~1.6 亩地来利用,而全国复种指数每增加一个百分点,就相当于增加 1 500 万 ~2 000 万亩播种面积。当前的工作主要是试验多种立体种植模式,因地制宜推广。

节水农业实质是提高单位水量所创造的经济价值。全国现有灌溉系统的输水损失平均为 50%,美国为 22%,日本为 39%,巴基斯坦为 42%。若将输水损失每减少一个百分点就可扩大 700 万 ~800 万亩灌溉面积,通过输水和农田各个环节的节水技术的研究推广,将灌溉水的利用率提高 20%~30% 是完全可能的。

除水土资源的节约利用外,还应当注意提高化肥、农药等物资投入的利用率,重视光热等气候资源开发利用,以及各种资源投入的合理匹配。

治理中低产田对提高单产的潜力最大,资源节约型高产农业则可带动中低产田,使大面积中低产田进入高产后不再重复高投入低效益的老路,保持农业的持续发展。它对现有的高产田和不断进入高产行列的中产田皆有意义。因此,资源节约型高产农业则是我国农业发展的长期目标。

三、现代化农业要强化对气候资源深度开发的技术创新

几千年来,以自给自足自然经济为特征的中国传统农业,其实是一种“三靠”农业,一是“靠天吃饭”,经不起旱涝等天灾的危害;二是靠对土地的单向索取,物质投入极低;三靠人畜的简单劳动,能量投入带有原始性。要彻底改变其落后状态,实现农业现代化,就要真正将老“三靠”变为“新三靠”,即一靠科技,二靠政策,三靠投入。其中科技是关键,政策和投入是保证条件。上面分析的中低产和高产农田提高单产的途径,都是在认识作物与自然关系的理论探索的基础上,提出有效的技术方法才能达到。

1847 年德国人提出利用化学肥料增加土地生产力的技术原理,使人们对土地的物质和能量的投入出现重大技术突破。1978 年我国开始引进地膜技术,地膜覆盖提高了光热水气等资源的空间利用率和延长了土地的时间利用量,20 世纪 80 年代在我国得到迅速发展,这些重大技术进步都曾给农业带来飞跃式变化。

农业发展的后劲,取决于农业后续技术、后续政策、后备资金和后备资源的配合,其关键环节是后续技术。20 世纪 80 年代以来,山东省农业发展速度引人瞩目,这与该省注重技术更新有密切关系,如大面积推广掖单号紧凑型玉米,超过平展型玉米产量的高产机理,主要是株型紧凑、群体密度增加、群体光能截获率提高,取得高产效果。山东农业大学提出的小麦精播法,比传统高产方法减少播种量,能控制后期群体过密,群体叶层光吸收率增加,表现为穗大、粒重、产量高。试验证明,叶层多吸收 227.2 千焦

耳太阳辐射能，群体就可多生产 1 克干物质。所以，山东省推出的新品种和新的技术方法的一个特点是使群体结构有利于增加光能利用，从而增加经济产量。由此启发我们认识到强化对气候资源的开发利用，有效提高气候资源向土地和生物体的物资能量转化率，很可能成为农业重大技术创新的突破口。这种技术突破将最终结束农业生产对土地的单向索取，迎来农业对自然大规模多方位立体开发的新时代。

（本文原载《区域治理与农业资源开发》，中国科学技术出版社，1995 年）

第　五　篇

区域农业发展科技咨询

篇　首　语

本篇各章节主要是本人在宁夏回族自治区和河南省南阳市做科技兴农咨询服务工作期间，有关思想、报告、讲话等内容，大都刊登于内部刊物。

1995年8月，农业部领导要求中国农业科学院到宁夏大柳树灌区开辟农业科技主战场，院里研究决定由许越先组织实施这项任务，从1995—2000年，多次带队到宁夏大柳树灌区和全区各地市深入调研，制定三点一片十项技术的总体方案，组织有关研究所专家诸项落实。应自治区领导要求，组织专家组完成"宁夏引黄灌区现代农业示范区发展规划"的编制，本人起草的有关文体和讲话编入本篇第十六章。

第十四章和第十五章，是关于唐河科技示范县和南阳市的科技咨询的几篇讲话，整理成的文字。

1996年12月，河南省唐河县委书记袁晴超同志带队来中国农业科学院调研座谈，提出要建立中国农业科学院科技示范县的请求，院里研究决定同意在唐河县建立中国农业科学院第一个科技示范县，由许越先负责此项工作。由于这是一项新事物，本人写的"对农业科技示范县的几点认识"和在全县三级干部大会上的报告"为什么要在唐河县建第一个科技示范县"，回答了关于科技示范县的意义、作用、做法等大家关切的问题。本人多次带领专家到唐河县考察座谈，投入多项技术支持主导产业发展。取得多方面效益。2000年2月20日，温家宝副总理在新华社《国内动态清样》中批示，肯定唐河科技示范县的经验，指出"一些地方在推动农业科技体制改革，促进科技与生产的结合，这些经验值得总结和推广"。

在唐河县农业科技示范县创建工作基础上，中国农业科学院南阳科技示范市于2000年11月5日成立揭牌。当时，南阳市委市政府还提出"持续高效农业发展行动计划"，为了支持南阳科技示范市和"行动计划"的工作，本人先后到南阳20多次，配合4任市委书记，为全市农业结构调整、农业持续发展和农业行动计划，作了大量的科技咨询服务工作，切实推动全市科技兴农事业的深入发展，得到省委省政府的肯定，本人在有关会议上的几篇讲话，整理成文字收入本篇第十五章。

中国农业科学院配合国家西部大开发战略于2000年组织的"西部科技万里行"活动，参加活动3位院领导、5位院士、15位研究所领导共87位专家，加上农业部科技司领导和16位媒体记者共105人。行程7100千米，历时1个月，先后到内蒙古、宁夏、甘肃、新疆4省（区）以及新疆生产建设兵团，五方共商西部农业科技开发大计，深入基层开展面对面科技咨询服务，活动规模之大，历时之长，活动内容之丰富，社会影响之大，应当在中国农业科学院发展史上留下一笔。本人在活动中协助吕飞杰院长做日常具体工作，并执笔完成活动总结报告，编入本篇第十六章第四节。

第十四章

▊▊▊ 农业科技示范县科技咨询

第一节　对农业科技示范县的几点认识

一、科技示范县是新型有效的科技兴农模式

用中国农业科学院的综合配套技术支持一个县农村经济的全面发展，首先是支柱产业的发展。建成为中国农业科学院科技成果推广转化基地，新品种新技术试验示范基地，院所联系生产实际锻炼培养应用型人才的培训基地，使一个县农业发展得到稳定的技术依托，为我院有关研究所科技产业发展提供可靠的市场和合作伙伴，是有利于双方发展的新型有效科技兴农模式。体现农业科技与农村经济紧密型结合。

科技示范县是在中国农业科学院长期以来深入农村试验示范工作基础上发展起来的，全院各所过去在有关省区共设试验点和联系点120多个，80年代以来承担国家科技攻关任务的区域发展试区5个，这些试点和试区，对一些学科和地方经济发展发挥重要作用，为我们办好示范县提供了必要的经验。但示范县又在新形势下有新发展。

二、科技示范县把科技推广工作由科技行为发展为政府行为

试点和试区是科研单位按科研计划取得科研成果而设立的，虽然也需要地方政府某种形式的介入，但行为的主体是科研单位和科技人员。科技示范县则是按照全县总体发展，选择适用技术，列入政府发展计划，虽然有科研单位为依托，但行为的主体是政府。事实证明，取得科研成果是靠科研人员，而推广科技成果，必须要有政府行为的推动。

三、由计划经济体制向市场经济体制转变的要求

在计划经济体制条件下，科研单位是带人带钱带技术下乡，有求于政府和农民的支

持。地方上也往往认为这些技术对其经济发展可有可无。示范县则是按照技术供求双方的需要，通过协商签订某种契约（协议或合同），由示范县提供科技活动经费和工作生活条件，进行研究开发和推广，使技术成果不断进入生产过程转化为现实生产力，同时，研究所从中得到回报。从而达到有利于地方经济发展和财政增收，有利于农民增收，有利于科研发展和科研单位增收的"三有利"的目的。科技成果转化和推广由分散走上集成，由单项走上综合。中国农业科学院是多学科综合性国家级科研单位，有条件也有必要集中人员、集中技术、集中投入一个行政区，技术的综合应用可以支撑整个产业的发展，也可以提高中国农业科学院技术的显示度。

四、科技示范县为以任务带科研提供了重要条件

"九五"科研项目已基本落实，多数所的科研任务尚不饱满，有少数所的任务严重不足，将其中一部分科技人员组织起来进入市场争取任务，以任务带科研、以任务带科技产业发展，是我们必须充分认识并在实践中积极探索的一条路子，科技示范县为此提供了重要条件。

第二节 为什么要在唐河县建第一个科技示范县

——在唐河县三级干部大会上的讲话
1997 年 5 月 9 日

我们这次下乡团来自 15 个研究所，有 28 位专家。到唐河后考察了几个乡镇、看了唐酥梨示范方、麦稻轮作示范方、高档牛肉厂样品、岗丘地规模开发等十几个点，看到五谷丰登、六畜兴旺的可喜景象，看到了很多经济增长点正在孕育之中，也看到了唐河人积极向上的精神风貌。我们亲身感受到唐河县科技推广的力度，以及科技进入生产过程转化为生产力的规模，所有这些都给我们留下了深刻的印象。

昨天，我们同县的领导同志草签了中国农业科学院唐河农业科技综合示范县协议书，这是中国农业科学院第一个示范县。这份协议书的签字，标志着中国农业科学院的科技兴农和科技成果转化工作进入了一个新阶段，标志着唐河县依靠科技进步促进农村经济发展进入了一个新阶段，也标志着中国农业科学院和唐河县的科技合作进入了一个新阶段。今天，县委、县政府又组织了 1 600 多人的这样的大规模报告会，我们有十几位专家做了讲座。下边我想着重谈一下关于科技综合示范县的问题。就为什么要建立示范县，为什么要选唐河县作为第一个示范县，示范县的目标任务是什么，如何把这项工

作做好，就这几个问题发表一点不成熟的意见，与同志们一起探讨。

一、为什么要建立科技示范县

1.是农村经济与产业化发展的需要

唐河县现在已经进入高产高效发展阶段，如果说中低产主要靠体力、靠农民的经验和一定的水肥等物资投入就可以达到的话，那么要取得高产更高产，取得优质高效农业的发展，必须要有智力、技术和水肥及设施等科技的投入，没有技术的支撑，新时期农业发展的目标是很难实现的。科技示范县可以从国家级的科研院所得到稳定的技术支持，从而尽快实现上述目标。

2.是科研院所科技体制改革的需要

旧体制主要的弊端是科技与生产的脱离，科研成果的转化很难。改革的深化，特别是中央提出科教兴国战略，要求科技同经济结合，要求加快科技成果转化的速度，这就要有多渠道转化的基地，其中科技综合示范县是最重要的一种形式。从中国农业科学院方面看，科技示范县是在长期的下乡蹲点搞试验这个传统工作的基础上发展到一个高级阶段的产物。现在中国农业科学院有 30 多个研究所，过去各个所分散在各省、区实验点有 120 多个，形成不了规模经济的效果，到 20 世纪 80 年代初期在这些点的基础上又形成了 5~6 个几万亩和一二十万亩的综合实验示范区，这就比分散的实验点先进了一步。示范区配套的技术通过示范扩散，在一定的区域内曾经起过重要作用。现在的示范县比这些示范区发生了又一次的飞跃，它将用我们全院的技术组装配套，全面支撑一个县的若干产业的发展，支撑农村经济的全面振兴，而且是在市场经济新的形势下，由技术供求双方协商，而不是国家指令来确定的，这是农村发展和农业院所的改革和发展的一种新的形式，也是一种新的事物。我们相信，它应该具有更强的生命力和发展的活力。

二、为什么要在唐河县建第一个科技示范县

1.一个原因，就是唐河县的领导具有强烈的科技意识和远见卓识的思考

县委、县政府，特别是袁晴超书记等领导同志，能把握住农村经济发展的脉博，并且能找到发展的关键性问题，能够清醒认识到，科技是振兴经济的关键所在，也是由农业大县向农业强县、农业富县发展的关键，并且能够进一步将这种思考变为实际的行动，及时作出决策，由依靠郑州果树所等一二个所的力量，提升到依靠中国农业科学院全院的综合技术力量。1996 年 12 月，袁书记亲自带队，由十五六人组成一个大型的考察团，到中国农业科学院考察、洽谈和现场办公，寻找到 20 多项适用技术，并初步签定了示范县框架协议。袁书记当场与县里同志们商量，拿出全县财政收入的 2%，也就

是 300 万元作为科技投入。县委书记亲自带队，主要职能部门的主要负责人连续工作 2 周，找到 20 多项适用技术，而且拿出这么多的经费来支持这些项目，这在我们院同地方政府合作上是空前的，其影响也是深远的。这一举动，不但感动了我们院的一些部门和研究所，也是对我们中国农业科学院科技兴农工作的很大的促进，当时院领导初步决定，要办示范县，而且要把第一个示范县放在唐河。

2. 前几年的工作基础

郑州果树所的科技开发处副处长叶永刚同志，三年前到唐河县的基层乡镇进行无籽西瓜和唐酥梨的技术推广和咨询服务，后来，灌溉所和水稻所的同志们也相继进入。三年来，无籽西瓜、唐酥梨逐步发展成为有一定规模的产业，增加了农民收入，也增加了郑州果树所的收入。郑州果树所的工作得到了袁书记等领导同志和有关乡镇的重视，将中国农业科学院的几项技术迅速在全县扩散，在工作的实践中总结了一套行之有效的作法、经验和政策，有很多新意，有很多创造，可以称之为唐河经验或者叫唐河模式。唐河经验是在市场经济新的形势下，引导科技与经济结合的新型经验，是农村经济活动吸纳科学技术、进行高产高效生产、促进产业化进程、实现两个根本性转变的有效途径。倡导这个经验，发展这个经验，将会对农业和科技两方面都有深远的影响，中国农业科学院第一个示范县就是在唐河经验这个背景下作出的选择。

三、示范县的目标和任务

用农业科学院有关研究所先进适用的技术在唐河县组装配套，支持一些产业的技术改造和形成一些新型的产业，使唐河县新的经济增长中有相当一部分是农业科学院的技术起的作用。

用中国农业科学院的技术成果支持全县高产、优质、高效农业的发展，使农民的收入有相当一部分是农业科学院的技术作的贡献。

继续派出农业经济专家，跟踪调查研究农村和民情动态，研究科技与经济结合的唐河经验新的发展。向地方和中央有关部门提供政策建议，使上边确定的一些方针、政策和决策中有一部分依据是来自唐河县的研究成果。

中国农业科学院专家的陆续进入，将会带动一批、培训一批当地的技术人员，并带来新的信息、新的思维方式，为唐河县培养一批新型的技术人员。

对我们中国农业科学院来说，唐河县科技示范县将成为我们院的重要基地，一是科技成果转化的基地，二是新品种、新技术示范基地，三是从生产实际中提出研究课题的选题基地，四是科技人员从事示范推广人才锻炼的基地，五是我们院内干部职工进行思想教育和精神文明建设的教育基地。

四、如何把这项工作做好

要做好这项工作，需要中国农业科学院和唐河县两方面的共同努力。最近一个时期，特别是这几天的活动，同志们看得很清楚，县里的领导是非常重视的，市里的领导也是非常支持和重视的，至于我们院里的工作，我们各处、所的工作，要从哪几方面做好，我们回去以后再研究，进一步部署。

今天在座的乡镇和村级干部处于生产第一线，对办好示范县责任重大，在此提几点希望。

一是希望同志们进一步重视科技，真正意识科技是农业发展和农民致富一个重要途径。各个部门、各个乡镇、各个村的带头人要首先提高自己的科技意识，真正把指挥生产转移到依靠科技进步这个轨道上来。

二是要注意科技信息，抓住一切的机会，引入适用自己的技术，大胆试验，果断决策，谁掌握得早，谁运用得多，谁就会发展得快，谁就主动。

三是要支持放在你那个乡和你那个村的新技术的示范工作，并动员人民群众投入到技术示范的活动中来，力争取得更好的示范效果。

四是请同志们爱护和珍惜"第一"这两个字。这两个字历来被各行、各业、各界有志之士所追求、所崇尚，"第一"显示着拥有者的创造、拼搏、奋斗和胜利，第一者是值得赞扬的，是值得自豪的，也是非常荣耀的。唐河县作为中国农业科学院第一个科技综合示范县，是我们在座的同志们几年来的工作争取的，是县委、县政府领导同志们的高明的决策取得的，是一件可喜可贺的事情。这两天新闻界的朋友们急于要将这第一个示范县的消息报道出去，他们最感兴趣的一个关键词也是在"第一"这个词上。希望同志们能够爱护这个第一，珍惜这个第一，培育这个第一，真正创造出无愧于"第一"的第一流的工作业绩。祝唐河县兴旺发达，永创一流。祝唐河经验的旗帜在中州大地高高飘扬，永远飘扬。

第三节　关于唐河科技综合示范县建设发展的若干问题

——在唐河科技综合示范县建设发展座谈会上的讲话
2000 年 4 月 24 日

温家宝副总理对唐河县大规模引入现代科技改造传统农业的批示引起大家广泛关注，也是对我们工作的促进和推动。为此，要规划好今后的建设和发展项目，在此提出几个具体问题供同志们讨论。

唐河科技综合示范县建设大致考虑可分成两个阶段。

（一）第一个阶段：1994 年 8 月至 2000 年 2 月温家宝副总理批示，这个阶段可分为四个步骤

1. 准备期

1994 年 8 月至 1997 年 11 月，中国农业科学院郑州果树研究所叶永刚同志到唐河龙潭镇推广无籽西瓜种植技术，逐步引起院、县双方重视，最终促成中国农业科学院与唐河县签订科技综合示范县建设协议，1997 年 11 月正式挂牌，使唐河成为中国农业科学院首家科技综合示范县。

2. 实施期

1997 年 11 月至 1999 年 2 月，科技示范县建设全面进入实施阶段，在中国农业科学院和唐河县委、县政府的组织协调下，以中国农业科学院为主的 52 家科研单位，100 多名专家陆续进入唐河，利用多学科先进农业科技，对唐河传统农业进行"脱胎换骨"改造，重点对瓜菜、黄牛、优质梨、种子工程、优质烟、节水灌溉等实施综合配套技术。

3. 深化期

1999 年 3 月至目前，在实施双方签订的 26 大类 324 个项目的同时，进一步探索科技与经济结合、符合市场经济规律的新型运行机制，先后与中国农业科学院油料所、中国农业科学院棉花所、河南农业科学院经作所联合成立中油、中棉、豫油三个股份制科技型企业，合作开发"双低"杂交油菜和抗虫杂交棉制种业，使院县双方合作步入市场化利益共同体发展轨道。

4. 推广期

这个时期与深化期交叉进行。1999 年 3 月，南阳市根据唐河县科技综合示范县建设的成功实践和全市农业发展实际，出台了"南阳市持续高效农业发展行动计划"，把"唐河模式"延伸、扩展，推广到全市 13 个县市区，依托以中国农业科学院为主的科研单位，对全市农业及农村经济进行全方位改造。中国农业科学院也根据与唐河合作创建科技综合示范县的经验，又在全国建立了 3 个科技综合示范县，从而使科技综合示范县由 1 个变成 4 个，并在南阳由唐河一个县上升到全市，使这一富有成效、具有强大生命力的开创性工作逐步向全国推开。

回顾总结第一阶段的工作，唐河县已逐步探索出了具有明显特征的"唐河模式"，这个模式就是"政府＋科技＋农民"三元结构模式，其核心是科技与经济的结合。唐河创造出了这个模式，并在实践中证明是成功的。

科技综合示范县建设在由第一阶段向第二阶段过渡，要实现五个转变：一是由追

赶战略转为超前跨越；二是由常规农业科技的引进推广转为高新农业科技的推广应用；三是由自我发展转为带动区域经济发展；四是由科技与经济的结合点转变为科技与经济结合的扩散源；五是由初级发展阶段向高级发展阶段转变。

（二）第二阶段：从目前开始，力争 3~5 年完成

第二阶段的指导方针是：遵循市场经济规律，顺应国内外市场变化趋势，继续探索完善科技综合示范县建设工作运行机制，实现科技与经济结合的新跨越；人均收入、财政收入等综合经济指标位居全市前列；为率先在中部地区实现农业现代化奠定扎实的基础。总体上应从五个结合上下功夫：一是经济与科技相结合；二是政府与企业相结合；三是技术推广应用高度与广度相结合；四是高新技术与常规技术相结合；五是近期目标与远景规划相结合。

具体发展目标是：创办 5~8 个科技型企业；新引进 5~8 个农业高新技术成果；争取 5~8 个国家级项目；实现科技与经济结合机制的深化和创新；县域经济综合实力在南阳市进入前列。

下一步要突出抓好三个方面 18 件实事。

1. 重点抓好 3 个科技型企业

把"双低"杂交油菜、抗虫杂交棉制种业、特优五彩营养米生产作为今年的重点。同时注意发挥中国农业科学院的技术优势，力争在组培中心建设、肉牛产品开发、节水设备产业化、畜禽疫苗、生物制剂等方面实现大的突破，形成一批高科技高效益的企业群体。

2. 建立 5 个高效农业先导小区

（1）无籽西瓜先导小区。

（2）以砂姜黑土地节水灌溉保护地栽培为重点的大棚蔬菜种植先导小区。

（3）以油桃、樱桃、番茄、草莓等为主的果蔬先导小区。

（4）以高香气烟叶为主的优质烟先导小区。

（5）东大岗开发示范区。

高效农业先导小区的建设原则以专业为主，具体建设方式，以无籽西瓜为例，先建 5 个暖棚，争取 3 年内一年三季产瓜，5 年后一年四季产瓜。在生产中要注重新技术的运用。在东大岗开发上，要选择领导班子科技意识强的乡镇，并确定一个具有代表性、典型性、交通便利的点，规划 1 000 亩作为示范基地，其中 50 亩作为核心试验示范区，把需要引进推广应用的先进技术在这里综合展示，进而逐步放大到全部开发区。

3. 建立十大生产基地

（1）"双低"杂交油菜制种基地。

（2）优质稻试验基地。

（3）优质棉制种基地。

（4）优质果品生产基地。

（5）优质菜生产基地。

（6）优质无籽西瓜生产基地。

（7）优质肉牛生产基地。

（8）优质烟生产基地。

（9）节水增效示范基地。

（10）脱毒红薯种苗扩繁基地。

关于培训问题

农村的科技培训要注重实用性和实效性，不讲形式，但求有效。少搞一点专业科班培训，要把着力点放在与当地实际结合上，重点在理论与实践、知识与现实的结合上下功夫。县乡村户要有不同层次的培训形式。县里可以依托一个科技单位进行技术指导，依托单位要专门拿出3~5人具体从事技术培训指导工作；每个乡镇可以专门培养5~8名技术骨干；围绕主导产业发展搞培训；每个村要有1~2名农民技术员和科技带头户，给他们下达带动培养的具体指标任务，要很好地统一组织管理起来，从上到下形成体系。

新闻媒体辐射千家万户，传播快捷、及时、准确，群众又喜闻乐见，是传播科技知识的重要工具。县乡两级政府要协调各种传媒参与科技培训，电视台、报社要开辟专栏、专题，定时播发农业科技知识，让群众形成习惯，定时收看，必要时可多次重复播放。

培训中要瞄准两个方向，一是全民科技意识的提高；二是实用技术的培训。要通过实用技术的培训，发挥出科技对经济发展的巨大促进作用，强化干部群众特别是农民的科技意识。

［本文原载南阳市《"行动计划"资料汇编》（八），2000年10月］

第十五章
南阳市农业发展科技咨询

第一节 "南阳市持续高效农业发展行动计划"的
战略意义和实施原则

——在南阳市科以上干部大会上的讲话
1999 年 6 月 22 日

3 月中旬，南阳市领导带领市直部门的一批干部到北京，和我们中国农业科学院的几个专家一起，制定这个"行动计划"，到现在大致经过了 100 天的时间。这 100 天的时间形势发展很快，进展很快，我们很受鼓舞，很高兴。有这样一个起点，"行动计划"的目标一定能够实现。下面就行动计划的战略意义和实施的指导原则讲几点意见。

一、"持续高效农业发展行动计划"的意义

"行动计划"的意义，具有综合性、基础性、前瞻性和可操作性，带有战略性意义。

一是综合性或整体性。这个"行动计划"，从南阳市整体出发，综合提出了一些重要内容，能够对农业经济发展全局起推进作用。二是基础性。这是个基础性的工作，为政府的决策、实施提供基础性资料，提供依据。三是前瞻性，将来怎么走，大致上有个方向，有个目标。四是可操作性，"行动"这两个字本身就应当可以操作的。五是战略性。大家都知道，它对南阳经济发展具有重要战略意义。

农村经济进入了一个转折时期，就是传统农业向现代农业的转变，包括粗放型经营向集约化经营转变，农产品由短缺向基本平衡转变。每一个经济转折时期都会带来大的经济结构调整，会给一些地区、一些产业、一批企业带来振兴、发展的机遇，同时也会使一些产业在竞争中败下阵来。对一个区域经济来讲，成败的关键在于制定出一个好的发展战略。我们制定的这个"行动计划"是建立在科学的基础上的，是符合当地实际，符合社会发展的大方向的，因此这个"行动计划"的战略性是很明显的。通过实施"行

动计划"，可以通过政府的指导，整体有序地推进，而如果没有这样一个计划，我们的工作将仍然是自发的、分散的、盲目的，不具有很好的竞争力，我们的发展速度就不能跟上时代的要求，与先进地区的差距将会越拉越大。所以说这个计划是一个跨越发展的计划，是一个振兴的计划，是一个增强竞争力的计划，每一位领导干部都应当认真地、自觉地投入到这个计划的实施中来。

二、对组织实施"行动计划"的原则，把"分类指导，科技振兴，产业带动，项目支撑"，作为总的原则

"分类指导"。南阳市按自然条件，山岗平各占1/3。不同的条件决定不同的发展方向、目标、产业，应当按分类指导的原则进行。另一种分法是按发展水平进行区域分类。首先要确定它的中心发展区域或者是比较发达的地区和欠发达的、比较后进的地区。按发展水平来分类指导。应当理出几个类型、几个层次。

"科技振兴""持续高效农业发展行动计划"的目标要实现的话，单靠一般的技术、常规的方法、传统的经验不会达到预期的目的。要实现南阳的振兴，应当引进一批先进的实用技术，兴办一批高新技术产业，推广一批优质新品种、新方法，提高原有产业的技术含量，用高新技术改造传统农业，从而通过"行动计划"的带动，在中部地区率先实现农业现代化。

"产业带动"在不同类型区里，培植优势产业、主导产业，按照符合当地的资源条件，符合自然规律和经济规律的原则，理出几条产业线，整个"行动计划"就比较明晰了。县市区领导和部门领导尤其是部门领导应当更主要考虑这个问题。

"项目支撑"，一个产业链中间有若干个环节，每个环节的节点上实际上都可以布局一个项目，项目是产业发展的基础，是"行动计划"的支撑点，没有项目就没有产业的形成，就没有"行动计划"的落实。所以"行动计划"的启动要重点从项目开始。

大家通过紧张的工作，经过认真筛选，已经把项目报上来了，效率是很高的，工作是很认真细致的。大家不要轻视这个过程，这个过程的意义有四个方面：一是通过项目的筛选申报，使大家都能投入到"行动计划"中来，首先是"投入"的意义。不只是市级领导，也包括中层干部和基层干部，从思想上、智力上投入，使大家都成为"行动计划"的一员，而不是局限在"行动计划"之外。其次是"发动"。一项大的工作、大的事业，搞好发动是非常重要的。它包括两种含义，一个是外力的发动，比如市领导的布置、讲话，这些在前面两个多月已经做了很多工作。对于广大中下层干部来说，是一个接受的过程，思想认识的过程。发动进一步深化，应当进行自我发动，使每一个人都能自觉地、主动地认识"行动计划"，积极参与实施"行动计划"。其三是"深化"。大家过去对领导农村工作有很多传统的经验，常规的做法，但对本地到底哪些产业应该优

先发展，哪些项目应该提到议事日程上来，可能不是很明朗。通过反复的宣传动员、研究思考，使大家的思想认识进一步深化，对本地经济发展的路子和措施认识更加深刻，工作就可以更扎实有效地开展。其四是"提炼升华"，对这些项目一开始可能是一大片，乱乎乎，经过深入分析，分清轻重缓急，哪些是重要的，哪些是次要的，哪些是应当推荐的，哪些是不应当推荐的，经过筛选把重要的项目报上来，把重要的工作抓好，从而使本地经济更快更好地发展。因此这个过程是"行动计划"的一个准备和练兵的阶段。

我这次是第9次到南阳。第一次是1981年，当时是和9个国外专家一起进行中线南水北调的考察，从北京一直到丹江口，然后再坐船到南京，从东线返回北京，21天换了21个地方，当时在南阳工作了半天，住了一宿。1997年以来，从唐河科技示范县的建立，到卧龙区的节水及农业科技示范园区建设，又分别来了6次，5月来了一次，这次是第9次。九下南阳，每次来都有收获，感觉到南阳的农业资源是很丰富的，发展潜力是很大的，南阳的干部群众民风淳朴，作风踏实，使我们学习了很多，启发了很多，来一次就加深一次感情。我现在非常热爱南阳，非常想为南阳多做一些贡献。我们愿意和南阳广大干部和人民群众一起，为"南阳市持续高效农业发展行动计划"的实施而共同奋斗。

（本文原载《南阳市持续高效农业发展行动计划材料汇编》，1999年8月）

第二节　农业结构调整的表层问题和深层问题

——在南阳市领导干部来京座谈会上的讲话
2000年1月1日

为了南阳的"行动计划"，为了南阳的经济发展，袁主任、冯市长带领各位主任、局长来到北京，同专家座谈，我们深受感动。粗略的看了你们的材料，谈几点意见供参考。

关于"行动计划"的规划设想：我提"三个关系"问题与大家讨论：一是中长期规划与当年的实施计划的关系。从1999年3月提出"行动计划"以来，经过了9个多月，确实做了大量的工作，上上下下认识已经统一起来，取得一些初步成效。但总体上还处在发动阶段。如果2000年没有具体的落实和明显的成效，基层干部和农民群众就可能对我们的"行动计划"产生怀疑。所以2000年当年计划一定要见到成效，包括一些项目的落实。

二是国家计划与当地计划的关系。刚才大家介绍的许多计划都属于国家计划，需要国家立项投资。像水利、林业以及农业上的商品粮基地建设等项目计划，都需要列入国家或部委的计划，是国家计划在南阳市的体现。对国家计划涉及不到，但对当地经济发展和农民致富有非常重要作用的内容，应当主动思考，特别是具有特色的产业发展、东大岗开发等问题，应当提出当地、当年的计划。

三是条条计划与块块计划的关系。就是南阳市或者某一个县怎样突破，用什么东西把条条的计划包进去，带起来。新的一年已经到来，这些工作应当马上做，新的增长点在哪里，2000 年要干成些什么事，这一点应当强化，就是 2000 年要怎么抓，办哪些事，突破口是什么，这几天大家要议一议。

关于农业结构调整，有表层问题和深层问题。表层问题包括三个方面的调整：一是产业结构的调整，就是大农业内部农业、林业、畜牧业、渔业的结构调整；二是产品结构的调整，就是要增加适销对路的优质产品的比重；三是空间布局结构的调整，在哪一个自然区域适宜发展什么产业，要合理布局。

关于结构调整的原则和目标。结构调整的原则就是 8 个字："调优、调高、调活、调富"。就是要把产品调优，把单产调高，把农村经济调活，使农民增加收入，逐步富裕。这 8 个字 4 条原则，缺一不可，必须同时贯彻在结构调整之中。结构调整的目标就是一句话：把产量的最大化调为效益的最大化。效益本身也包括产量，但不是唯产量。

深层次的调整也有三个问题：一是加工。农产品的加工龙头企业一定要设计好，解决好。只有把初级产品的加工问题解决好了，产品才有稳定的销路，产业发展才能长盛不衰。二是基地。像小辣椒，全市种植 100 多万亩，是全国最大的基地。形成了基地，科技服务才能有效地开展，才能形成龙头企业，并形成自己的品牌，才能占领市场和引导市场。我们经常讲优质优价，要考虑优用，优质不优用就不能优价。要实现优质优用优价，必须把基地和龙头联系起来。优质面包小麦卖到一般的市场就是一般的价钱，只有跟面包厂挂钩，实现了优用才能实现优价，而优质优用必须有基地保证。三是产业化。产业化经营的一个很重要方面是生产组织，就是要实行"龙头 + 基地 + 农户"的组织形式，三者紧密联系起来，才能形成完整的产业化，农户这一层如何组织起来是产业化的重要内容。

用这三条来衡量，目前南阳的产业化发展，有的是有龙头无基地，像酒精，龙头很大，带动能力很强，但没有建立自己的原料供应基地，所需原料主要从外地购进，属于这种类型的要赶快配基地。有的是有基地无龙头，像小辣椒、猕猴桃、油料（花生）、香菇等产业都属于这种类型，缺乏大型的加工企业，要按产业化的要求，抓紧建龙头，市级应该考虑搞一个大型油料加工龙头企业，一个大型淀粉加工龙头企业。总之，就是要缺龙头补龙头，缺基地补基地，把产业发展的骨架搭起来之后，再往里边配先进技术。

新的产业基地的培育要做一些试验示范，目前已经是年初了，要赶快规划。特别是对长期困扰我们的老大难问题，如东大岗开发问题，要下功夫解决，如果"行动计划"不能解决，"行动计划"就经不起考验。

最近我到中国林业科学院去，他们也非常希望与地方结合，把科技成果应用到生产中去。他们那里有许多对南阳很有用的东西，你们可以与他们联系。下次我再到南阳去，就想邀请林业科学院的专家参加。包括我们探讨的东大岗能不能种葡萄和核桃的问题，都可以请他们研究。不管发展什么产业，一定要发展优质品种，包括农产品、林产品，也包括畜产品。

[本文原载南阳市《"行动计划"资料汇编》（八），2000 年 10 月]

第三节　资源集成和梯次推进

——在南阳十万亩现代农业示范区建设规划评议会上的讲话
2004 年 11 月 24 日

一、十万亩现代农业示范区建设的必要性

（一）从南阳发展的战略高度来看

第一，在南阳盆地上应该隆起一片农村经济发展的高地，在这个高地上还要闪耀着若干亮点。"十万亩"应当建成这样的高地。南阳的农业，要做中原崛起的重要支撑，南阳现代农业的发展必须走在前头，走在前头首先要有一片隆起的地带。第二，南阳应当有一个规模适度的示范区。南阳已经建设了一批农业示范园区，像潦河园区、社旗园区、镇平园区等。这些园区只相当于一个"点"。点上的东西如何在南阳 1 000 多万亩大地上推开，要有一个中试基地，这就是十万亩示范区。第三，现在国内外有很多科技进步的成果，这些成果怎么跟整个南阳市这么大面积来对接，"十万亩"就是一个结合点，同时也是一个新技术扩散源。

（二）从南阳现代农业推进的过程来看

南阳农业跟全国一样，农业现代化肯定是一个大方向、大目标。但它要通过一些过程往前走，有"十万亩"就会延伸，就会扩散，就会加速推进现代化过程。

（三）从南阳现代农业建设的经验积累来看

传统农业很有经验，但发展现代农业没有现成的经验，积累自身的经验至关重要，通过"十万亩"的实践，逐步积累包括人才、组织形式、管理等各方面的经验，对现代

农业全面发展很有意义。

（四）从南阳农业发展的基础来看

改革开放以前，山东苏北等地，比南阳农业落后。但现在南阳发展速度跟不上了。要实现跨越式发展必须采取一些超常措施。建设"十万亩"是其中重要措施之一。

二、功能定位

现代农业是用现代科学技术支撑的、现代工业装备武装的、现代组织形式进行生产的、现代流通形式进行经营的农业体系。

把这个经典概念结合南阳市和"十万亩"的实际，可以概括为"五高一协调"。"五高"就是科学技术含量高，资源综合利用率高，资金投入产出率高，产品加工增值率高，农产品商品率高；"一协调"就是经济效益、社会效益、生态效益协调发展。

为了达到上述目标，要做好以下几件事。一是合理配置农业现代化的生产要素。包括农业机械、设施农业、水资源高效利用、先进的种植、养殖技术。二是传统农业种养技术的创新。包括新品种、新技术，现代农业标准化生产、食物安全、生态环境等。三是农村经济现代化组织形式，如农民技术协会。四是农村居住环境文明化建设。

三、指导思想

示范区建设的指导思想，可概括为6句话24个字："总体规划，分步实施，资源集成，梯次推进，上下联动，项目支撑。""总体规划，分步实施"是指时序安排；"资源集成，梯次推进"是方法；"上下联动，项目支撑"是操作。

总体规划，分步实施。可以分三个阶段：现在到2004年，是"准备阶段"；2004—2012年是第二阶段，用8年时间基本建成；2012年后为第三阶段，提高和完善。

资源集成，梯次推进。资源最重要的就是资金，也包括科技和人才。政府要搞好协调组织，把各个部门的力量相对集成在"十万亩"里面，各个部门的成绩都在里面。市委、市政府要下功夫来做资源集成这件事情。梯次推进也是一个重要的方法和经验。怎么才能使大家都有信心来建设这一块地方，一个很重要的方法和经验就是梯次推进，怎么进行梯次推进，我建议先搞"三点、一线、八项新品种"，一是三个点。明年三个乡镇分别建一万亩小区，重点往前推进，明年、后年三个小区初步见到成效，看起来就有个模样。然后由三个小区逐步往外围推进，通过6~8年大致上能把十万亩覆盖完。二是一条线。先做一条线，就是贯穿三个乡镇的已经修起来的一条路。包括路两边的林带要重新设计，把它美化一下。三是八项新品种、新技术。有点有线了，面上也不能忽略。面上的东西主要是新品种、新技术，像小麦、水稻、玉米、棉花、蔬菜、水果、养殖、大豆八项种养新品种、新技术，在面上同时推广。

上下联动，项目支撑。上下联动，就是不能只有一个积极性，区县乡和市里的、农民的、村镇的，各个层次的积极性都要调动起来，项目支撑，一个项目一个项目地往前推进，这样才能落到实处。

这个指导思想里涉及三个关系：一是框架与层次。将来规划里有很多框架，框架深入向前发展，涉及框架与层次。二是过程与空间。就是在一年一年向前推进的过程中，在区域布局上怎么来配置。三是点、线、片、面。点就是现代农业要素配置里面的亮点；线包括路，也包括渠系，由线构成一个网络；片就是分区；面就是整个"十万亩"。这几个关系要处理好。

四、规划修改

这个初步规划，只是一个初步的供讨论的东西，但它某些思想、某些做法甚至某些语言，有若干已经闪耀着现代农业的因素。但还需要修改和完善。补充修改的重点：一是目标和定位要明确，如经过6~8年以后，"十万亩"能建成一个什么样的东西，在南阳甚至河南南部能起到什么作用，这些都要确定下来。二是指标，不同发展阶段具体指标是什么。三是指导思想，还要明确产业布局，产业包括加工产业。四是建设的项目、实施的措施、组织领导、政策支持，都应当很具体，很明确。目标定位要把现代农业的内涵交代清楚。

（本文原载《南阳市农村工作领导小组文件》，宛农工〔2004〕1号）

第四节　认真修补产业链　积极培育经济增长点

——在南阳市直有关部门负责同志座谈会上的讲话
2000年3月1日

南阳市的"行动计划"，大家确实做了大量的工作，自上而下都认识到离不开项目的支撑，项目争取有了很大成效，而且在农业结构调整上，在各个方面都取得了一定进展。通过几个月来的努力，最基础性的工作做得很有成效，说明"行动计划"统揽农村工作全局这样一个目标在第一年初步得到了实现。第二年是实施阶段的开始，市里已经初步考虑了按照项目向前推进，内容很具体，目标也很明确。市"行动办"要把大家今天讲的东西认真归纳一下，系统整理出来。

大家可能知道，在2月12日，也就是春节后上班的第一天，温副总理看到了新华社

《国内动态清样》发表的新华社两位记者撰写的关于"唐河县大规模引入现代科技改造传统农业"的文章，1 500字，看了以后作了批示。批示的大概意思是：唐河做的这些工作，如果情况基本属实，应该予以重视，科技体制改革和科技与农业、科技与经济的结合，唐河的工作应当很好地总结和推广。要求农业部和科技部下去考察一下，然后给他写一个报告。关于科技体制改革，我们往往从基层单位的实践经验中可以提供出很多有启发的东西；现在温副总理这个批示可以讲对当前我们农村的工作，就是中央所关注的几个大的事情，从唐河里面可以找到一些借鉴。这次我主要是陪同科技部农村和社会发展司司长刘燕华同志来对唐河的情况进行调查的，在唐河考察了两天，到市里又看了两个县，一个是方城，重点看了养鸡场和山楂醋厂，山楂醋厂是一个民营的企业，在镇平看了贾宋的示范园区。今天与同志们一起座谈，收获很大，也学习了很多东西，对"行动计划"的总体进展情况有了一个大概的了解。

下面，我想对今年的工作重点，重点要办的几件事情提出一点建议，供同志们讨论。

一、对唐河的经验要进行完善和提高

唐河在我们南阳市，市里的"行动计划"实际上是唐河经验的延伸和扩展，所以要把唐河经验进一步完善和提高。因为温副总理首先看到的是唐河的材料，应该把他对唐河经验的批示看作是对我们全市的批示，对"行动计划"的一个批示，对我们全市工作做法的肯定。唐河的经验，要点有三点：一是结合，二是综合，三是区域经济发展。所谓"结合"就是科技与经济的结合，在唐河找到了一个结合点。在"结合"里面要体现两点，一是结合点体现全在产业链上，每一个主导产业的产业链上都有技术的进步，才能使产业发展起来。再一个就是"三有利"，就是有利于农民增收，有利于政府财政增收，有利于科研单位和科技人员增收。有这"三有利"的原则，才能使"结合"持续下去，才能发展起来。"综合"就是技术的投入从单项进入综合，过去主要是单项技术的进入，有成效，但不太明显，只有综合配套技术的投入，才能支撑一个区域的经济发展。唐河就是县域经济的发展。而南阳是一个更大的天地，在区域经济的发展上要实现整体推进。

二、东大岗破题

新中国成立50年了，东大岗的治理改造和发展还没有一个很大的进展，更谈不上一个突破。今年在东大岗破题上一定要走出扎扎实实的一步。刚才很多同志都讲到了这一点，都想在东大岗开发上做点工作，这很好。但听了大家的发言以后，感到大家的考虑还是比较分散的，这就需要市里组织一下。我们总结唐河经验，在于"结合""综合"，在东大岗开发上，除了大家做的单项的点，像林业的、水利的、农业的点以外，一定要有综合的点，市里最好能搞二到三个综合的示范点。国家农业综合开发办公室做了十几年的工作，总结起来经验就是"贵在综合"，把各个部门的力量捆在一起，集中精力使一个区域发展起来。因此，在东大岗开发上，除了单项技术应用的示范点之外，应该有两到三个综合性的示范点。

再一点，我很同意水利局的同志讲的，要搞资源普查和开发。有哪些生物资源适应这里，还需要引进什么东西，资源的普查很重要，在普查的基础上适当做出规划。最好还是农、林、牧、水结合起来，搞一个综合的普查和规划。东大岗开发今年要起步，一个是搞出综合性的示范点，一个是进行综合的资源普查和开发规划，这两项工作上半年如果能够启动并取得进展的话，今年破题就有希望。

三、认真修补产业链，积极培育经济增长点

实行农业产业化经营，简单的表述就是"龙头 + 基地 + 农户"。企业是龙头，市场也是龙头，有龙头带动才能形成产业化经营的链条。没有龙头要补龙头，没有基地要补基地。把产业链修补得比较完善。重点从四个方面优先考虑：特色、专用、优质、重大。把南阳市的特色农产品、专用农产品、优质农产品和重大品牌产业从龙头到基地建设好、发展好。

培育经济增长点，是"行动计划"能不能有效推进，能不能把工作做实，能不能加速南阳发展，缩小与东部地区的差距，其中一个非常重要的工作，一个始终需要考虑和重视的工作。只有把自己的经济增长点培育起来了，才不至于跟着人家走，经济才能保持持续增长。

四、把规划做好

现在市里正在请北京的专家编制小城镇发展规划和农业结构调整规划，最好能在上半年完成。请专家做规划，就是凝聚专家的智力。这些规划是由北京的专家帮助做，但是涉及我们各个部门，要搞好配合，一起来完成。规划要进行论证，通过论证，把更多专家的智力进一步吸引进来，有利于规划完善。

[本文原载南阳市《"行动计划"资料汇编》（八），2000 年 10 月]

第五节 农业结构调整的系统观

——在南阳市农业结构调整规划提纲修改座谈会上的讲话
2000 年 4 月 23 日

提纲只是研究题目，还不可能得出结论。结论应该是在题目出来之后，根据调查的结果、资料的分析，结合国内外的信息等方面的情况以后，才能够得出结论，研究题目定得好，以后《规划》才能做好，这一步很重要。

讨论的过程是统一思想的过程，首先在提纲上统一思想，然后研究成果才能有一个共同的认识，最后的研究结论也就能放在同一个基础上进行分析。刚才讨论中大家提出了一些具体问题。具体问题好处理。对涉及《规划》的一些原则性的、方向性的问题，我想从系统观的角度谈一些看法。

做好《农业结构调整规划》，首先要理解"结构"和"调整"四个字。如果对"结构"的概念不清楚的话，很难对"结构"进行"调整"。"结构"是对"系统"而言，"调整"是对"现状"而言。"调整"是一个渐进的过程，它不是一场革命，不是一种急速的、跳跃性的变化。所以这两个概念要把握好。

南阳市农业是一个系统。"系统"可以很多，我们一个家庭就是一个系统，一个局也是一个系统。"系统"里面有人员的结构，也有其他的结构。所以"结构"是对"系统"而言，里面又派生出许多问题，是结构调整时应该解决的。

一、结构调整的最终目标

结构调整的最终目标应该是提高系统的整体产出率，也就是经济效益。要使整个南阳市农业经济快速发展，通过调整后的整体产出率要比现在的高。

二、农业系统的产业结构

主要是农、林、牧、渔四大产业，也就是四个子系统。

三、子系统要有量化、要有定位，必须把它的关系调整好

对系统现有成分之间必须逐一地进行分析。系统内把整个成分加起来应当是100%，不能只分析到90%。在调整中，可以培育新的，也可以舍去旧的，把它淘汰掉，或者调整它的成分关系，但是必须对现有成分进行100%的分析，不可缺少，否则系统就是不全面的。在分析时必须是面面俱到的，不然系统是不完善的。

四、要处理好全面与重点的关系

在面面俱到的同时，必须把重点提出来，就是要处理好全面与重点的关系，把握要适度。全面和重点的关系在将来的讨论中要重点讨论。全面全到什么程度，重点重到什么程度，适度就是在历次讨论中对全面和重点之间关系的把握，我们要充分听取大家的意见，但也要借鉴外边的经验。

五、调整中的一些相关问题

在系统内部成分调整中，必然要考虑一些诸如政府的调控问题、产业化经营的问题、机制与政策的问题、服务的问题等。这些都属于内部成分间进行调整时应考虑的很重要的因素，它属于能量，或者有能量的因素在里边，所以也要对这些问题进行分析。这些问题是共性的问题，不可能在对每一个基地建设、每一个产业发展的分析中将这些问题逐个地进行分析，所以这些共性的问题在提纲中放在后面，但是对这些方面的内容必须进行分析。

六、南阳市农业是一个区域农业系统

这个系统是开放的系统，要在系统内外进行物质、能量的交换。只有把系统搞得越开放、越活，系统的整体能力才能够越强。这样对涉及的有关物质、能量交换的因素要注入规划里面，输入的因素包括科技、资金、优新品种、外地经验、信息等，都要进行分析。系统的产出，主要是农产品涉及市场和流通，产品出去得越多，系统的整体效益、整体产出率才能体现得越好。因此，《规划》要把系统内外物流人流考虑进去。

现在我们帮助南阳做农业产业结构调整的规划，是在中央提出进行产业结构的战略性调整以来，中国农业科学院的专家进行的新的尝试。过去我们在做规划时比较有经验的是做农村经济发展规划，或者是产业化发展规划，就是产业发展、农业产业化经营等，产业化的发展为农村经济的发展打开了口子，开辟了广阔的天地。但在我们做规划时，就结构调整规划的系统而言，就跟农村经济发展规划和农村产业化发展规划是有所不同的，最重要的一点，是它受到内部结构成分的相互制约。而像畜牧业这样一个单独行业的发展，它自身形成一个系统，其他的系统对它的制约关系比较松散，在制订规划时可以不受外部因素的制约，因此就不像制订产业结构调整规划这种综合的规划需要进行面面俱到的分析。

七、近中远期发展的关系

我们制订规划时是以近中期为主，是不是以三五年的规划为重点，十年做为远景规划，可以粗一点。结构调整是一个动态的过程，不是这次调整以后就不再调整了，对看不太准的东西，可以分析研究，提出它的大致的发展方向和目标，并不一定要进行精密的量化。因此，重点放在三五年是不是更好一些。

八、市场导向问题

对有市场前景的就调，就发展，没市场的就不调，不发展。对于这个问题，要予以高度注意，就是要以市场为导向。市场导向是一个很复杂、很难把握的东西，而且市场本身又是多变的。如猪的问题，可能这一年效益好，过了一二年后又不好了。你说是以今年的市场情况为导向，还是以一二年后为导向，这很难把握。因此立足于市场需求的一个很重要的提法，就是提高我们产品的竞争力。只要把我们产品的竞争力提高了，在什么样的市场情况下，我都可以，所以是不是立足于"提高竞争力"比较好。最近听了几个例子，很受启发。国家计委宏观研究院的院长在宁夏 3 月 12 号召开的西部大开发规划发布会上讲了一席话，我觉得很有启发。他讲了两个例子：一个是现在有些产品，如许多家电产品已经饱和，恰恰在长虹上家电时正是市场最饱和的时期，但它后来居上。它在这个时候上，必然要把产品的竞争力放在重要位置，它的产品竞争力很强，很快把市场开拓出来了，把原来的其他一些厂家的产品挤出一部分市场。这就是竞争力的问题。当时家电市场已经饱和了，按道理不要再上家电生产了，一般会得出这样一个结论。但是它坚持上，靠提高产品的竞争力占领市场。只有我们都把提高竞争力摆到重要位置，我们国家的产业、产品的生机才会增强。要不断用新的代替旧的，只有竞争力提高以后，整体经济素质才会提高。因此，不能对现状不进行改变。提高竞争力是开拓市场的原动力，这是非常重要的。

另外需要注意的是市场信号。国家计委宏观研究院院长讲的第二个例子，这是一个很典型的例子：青岛海尔的洗衣机很有名，但是它销到农村一台洗衣机，洗衣机到农民手里不久就坏了，不能用了，人家就上诉到厂里，厂里派人去调查，发现这户农民连洗白薯、洗花生都用洗衣机，用洗衣机洗白薯、花生，那能不坏吗？肯定用不了多久就要坏了。但这家工厂没有抱怨，没有为自己开脱，而是把这作为一个市场信号，研究开发出了适应于农村，既可以洗衣服，又可以洗白薯、花生这样的型号的洗衣机。因此，市场的问题是非常复杂的问题。笼统地讲市场导向，在操作上比较困难，把"提高竞争力"作为我们的目标是不是更好一些。

九、根据大家讨论的意见，我觉得在《规划》中对以下几个方面的问题还应当加强或补充

1. 加工业

大家都提出发展农副产品加工业，尤其是培育龙头企业。在今后农业发展中，龙头

企业建设很重要，在《规划》中应占适当一部分。虽然我们搞的是农业产业结构调整规划，但加工业和龙头企业是与农业结构调整密切相关的深层次问题，没有龙头企业带动，不发展产业化经营，主导产业、特色产业就不可能健康发展。要加强加工业、龙头企业，发展"龙头＋基地""龙头＋农户"等。所以说，农业结构调整必然要涉及二、三产业发展，《规划》中加工业应专门叙述一段。

2. 目标定位

目前提纲上提出的目标定位还不是很高，还可以再提高一些。三年、五年的阶段目标和十年的目标相比高度应有所不同，三年、五年的目标定位应立足现实，不可提得太高，但十年的比较长期的目标定位就应当更高一些。为什么呢？昨天我跟孙书记交谈时，他透露出一个信息：我们市里的《行动计划》以及唐河的经验，市委、市政府的领导给省里的主要领导作了几次汇报。省里的领导都非常重视南阳市的这个经验，省里的主要领导同志提出看到了南阳的希望，认为在农业结构调整中，南阳可能走得比较快，走在了全省的前面，提出把南阳作为全省的"结构调整重点推进区"。如果南阳能够争取到省里这样定，对南阳是非常重要的。实际上，成为河南省"农业结构调整的重点推进区"，这个目标就相当具体化了，但是不光是这个描述，还应当与整体的发展等目标结合起来。我觉得，全省"农业结构调整重点推进区"应作为目标中的一部分，这里面的内涵是非常丰富的，这里面的无形资产会推到省里、国家有关部门中，从而有利于得到项目支持。

3. 有关农民的问题

刚才大家讨论中涉及农民的问题，我感到应加上农民的培训和素质的提高方面的内容，这也是农业结构调整中不可缺少的一个方面。没有农民有积极性的投入和素质的提高，想搞一个合理的、现代化的农业结构是很困难的。因此，在结构调整中，农民的培训和素质的提高应该同步进行。

4. 民营经济

刚才有同志提出来这个问题，我觉得在《规划》中应当提出鼓励民营经济发展的内容。目前南阳整个农村的民营经济，在规模上、量上可以讲还不是很成气候，应当鼓励民营经济发展。

5. 项目规划

《行动计划》的一个重要原则就是项目支撑。《农业结构调整规划》里面应当包括项目规划，其中包含龙头，也包括基地等一些项目，要分析论证，融进去。

我们的专家组在具体制定《规划》时，要把大家提出的有益的思想充分地吸收进去，还可以对这个提纲进行更广泛的讨论研究，以利于把这个《规划》做得更切合实际，更科学一些。

第六节　产业带动、科技支持、分类指导、跨越发展

——在南阳市卧龙区干部座谈会上的讲话
1998年8月5日

卧龙区先后有4位正副区长到中国农业科学院考察，7月31日我又同两位区领导进行交谈，实地考察一天半，看了山地、丘陵、平原三种类型，根据这些初步认识，提出卧龙区的农业定位是城郊型现代农业，就是以服务城市为主要目标的农业类型，围绕这个主题讲几点意见。

一、城郊型农业的特点

以市场需求为导向，即城市消费的主要农副产品拉动郊区农业生产。以商品生产为主导，传统的产品经济形态不可能为城市提供大量的食品，只有大幅度提高农产品的商品率，以商品生产为主导，才能保障城市供给。以高产优质高效为目标，郊区耕地较少，需进行集约化生产，以适当高的投入达到高产优质高效目的，这样才能提供丰富优质农产品，同时有利于郊区农业增收。信息灵敏、应变能力强。由于市场变化很快，农业生产要随着市场转，必须对城市农副产品市场需求信息作出灵敏反应，并对近中期动向作出预测，及时调整自己种植结构，提高对市场的应变能力，才能使城郊型农业具有发展活力。提高科技含量，不断推出名、特、稀、优产品。

二、卧龙区城郊型农业发展优势和问题

（一）优势分析

地形的多样性，为商品多样性生产提供了多种类型的发展空间（潜山、岗丘、平原、水面）；农业资源利用潜力大，为发展提供了基础（土地、水、生物）；有些乡镇出现服务城市的商品生产基地，在全区起了引导作用。

区镇领导已经意识发展城郊型农业的重要，并着手筹划发展大计。

（二）问题分析

1.纵向思维和横向思维的问题

农民和基层干部市场意识弱，商品化水平很低。绝大多数乡村沿袭历史上传留下来的产品生产方式，纵向思维定式依然禁锢着人们的思想，制约着商品生产的发展。要发展城郊型农业必须转换思想，以横向思维代替纵向思维，所谓横向思维，即以城市市场的现实变化同当地资源条件联系起来思考，瞄准市场组织新型生产方式，发展商品化的

农业，这是城郊型农业能否快速发展的前提条件。

2.资源和财富的问题

要把丰富的自然资源转化成商品财富。但从总体上看，卧龙区资源利用率和产出率都很低，经济效益也很低，使城市消费资金通过外地商品的进入而大量外流，本来这部分资金，是可以通过当地商品供应回流到农村，成为我们农民的财富的，如现在市场上正在供应的桃子，据说是从豫北和陕西来的，无籽西瓜也是外地的，而我们大量的岗坡地资源完全能够发展这些东西，我们城市居民口袋里的钱就会变成我们农民兄弟手里的钱，利用我们资源发展我们产业，遏制消费资金外流，将资源转化为财富是发展城郊型农业的核心问题。

3.第一产业和二、三产业的问题

城郊型农业不但要有高产高效的第一产业，而且要有发达的二、三产业。从考察的实际感受看，农产品加工和服务业还很初级，看不到产业规模。现代城市居民消费的多样化及一部分人消费的高档化，要求郊区提供丰富多彩的消费服务，二、三产业发展有着潜在的市场，必须大力组织这方面工作。

4.家底子和新路子的问题

只知区情，不知如何发展，建议：一有发展思想；二是走出去学习经验；三是请进来传授；四是拜访科研院所寻找新技术。

三、卧龙区城郊型农业发展思路的建议

据初步考察，针对卧龙区实际情况，提出4句话16字发展方针，供领导参考：产业带动，科技支撑，分类指导，跨越发展

（一）产业带动

根据南阳和外地市场需求，以及不同类型乡镇社会经济自然条件，培育几个支柱产业，上规模上档次带动农村经济全面发展，初步印象以下产业可能有较好前景。

1.蔬菜花卉产业

蔬菜是城市天天需要的产品，花卉是居民正在萌动的时尚消费选择，应当成为重要的支柱产业。现在的问题是没有形成区域化规模化种植，需提高科技含量，增加设施栽培，增加名特优新品种，上档次上品位。

2.畜禽产业

原有猪、牛、羊、鸡的传统品种要品种更新，要搞加工增值，还要与饲料加工技术配套，同时要发展特种养殖。

3.水产养殖产业

水面面积大，利用低，而城市又有一定需求，大力发展，快速发展。

4.瓜果产业

品种老、供应不足，要作好调研，利用岗丘地，发展新一代瓜果。

5.优质粮油及加工产业

要组织好产业化生产，首先要选好龙头企业，建议立项上马工厂化育苗、工厂化养鱼，每年向农民提供大量优质品特新种苗，龙头带基地，基地带农户，从而牵动整个产业发展和农民致富。

（二）科技支撑

卧龙区城郊型农业有很多问题，最重要的是商品率低和科技含量低两大问题。种植业和养殖业几乎靠农民经验，谈不上科学指导。但也有一些点，如冯楼的饲养，粪便处理生产沼气，提供农村能源和新型有机肥料，村办企业的这种生态化运作和物质能量的科学循环，具有很高的科技含量，它的意义远远超越卧龙区和南阳市，面对全国的农村可持续发展带有方向性先导性和示范性，要加强工作，使系统更加完善。

再如我们节水农业，已有一定规模和较高档次。

桃的基地引入18个新品种，这些都有科技支撑，当然还有没看到的点，也都如此。问题在于点上提供了科技支撑经验，如何推广到面上，形成全区的宏观经济效益，这应特别予以关注。

关于科技支撑讲三点意见。

1.处理好点片面的关系

农业新技术应用遵循着由点到面的技术发展路线，但点和面的行为主体是不同的，新技术试验首先在小区进行，试区行为主体是科技人员（包括科研单位和项目主持部门），政府和农民起支持和配合作用。小区试验成功后，大面积推广主要是政府行为，科技人员给予配合。因此在办点的时候，政府首先就要给予关注、支持、解决困难问题，给科技人员提供工作方便并观察试验成效，为推广决策作好前期工作。一旦要大面积推广，政府应从组织领导、技术培训、市场服务等一系列问题上，给予切实指导，才能推广一项成功一项。没有点上试验的推广是盲目轻率的推广，没有将点上成功经验及时推广到面上，是缺乏科技意识，浪费科技资源的行为。

2.现代农业科技园区

以农业高新技术支撑的，以农业设施建设为重点的，高投入高产出高效益，新机制为运作方式的农业精品区。具有超前性、先进性、带动性、可操作性。

3.依托中国农业科学院

（三）分类指导

不同类型区，都有发展模式。不同产业区，乡镇有特色产业，扶植经济核心区先走一步，带动其他区协同发展。

（四）跨越发展

什么叫跨越：超过同类地区发展速度，缩小同发达区差距。

如何实现跨越。

（1）总体规划。实用和项目。

（2）引进资金、引进项目、引进科技，通过努力实现自己目标，我们农业科学院愿和同志们一起为共同事业而努力。

（3）优惠政策，全面开放、交流、不要自我封闭。

（4）选好突破口，现代园区能否成为突破口。

第十六章
西部地区农业发展科技咨询与科学考察

第一节　关于在宁夏大柳树灌区开辟农业科技
主战场的初步意见

一、"大柳树工程"及其在西北经济发展中的地位

黄河大柳树水利枢纽工程是一项改造自然、造福陕、甘、宁、内蒙古四省（区）的跨世纪的宏伟工程。近期开发灌区 600 万亩，中期达到 2 000 万亩，远景在南水北调西线工程实施后达到近 6 000 万亩。但由于工程建设周期长，投资大，将要推迟到 21 世纪初期动工兴建。为了加快脱贫并促进大柳树灌区的建设，"1236 工程"作为大柳树工程的前期工程将首先上马。该项工程的具体含义是："1"表示解决宁夏南部山区 100 万贫困人口问题，"2"表示通过扬水在大柳树灌区范围内开发 200 万亩荒地（分布在宁夏中南部的红寺堡、马场滩、固海扩灌、红临），"3"表示工程投资 30 亿元（其中国家投资 20 亿元，地方筹资 10 亿元），"6"表示用 6 年时间完成这项任务。

大柳树灌区处于我国中西部的结合地带，具有承东启西的作用，也是 21 世纪中国经济建设重点由东向西推进的前沿阵地，将是西北地区经济腾飞的重要依托之一。因此灌区的经济开发对缩小东、西部经济差距，实现区域间均衡发展，具有十分重要的战略意义。

大柳树灌区及毗邻地区，是回、蒙等少数民族聚居区。也是干旱草原向荒漠过渡的生态环境脆弱区。气候干旱，年降水量 200~300 毫米，但可供开发的低地及荒地资源丰富，只要有水灌溉，就能实现高产高效。因此，大柳树灌区及"1236"扶贫扬黄灌区的开发，可以接纳数百万贫困人口，从而解决该地区的贫困。在灌区建成大面积稳定的绿洲农田生态系统，可有效防治风沙的侵扰。灌区提供的商品粮，将缓解西北工矿区缺粮问题。

二、中国农业科学院主战场选建的初步意见

大柳树灌区和"1236"工程要想达到预期目标，发挥更大效益，有很多重大问题需要科学技术研究解决，其中农业科技的重点问题如下。

1. 节水灌溉，提高农业用水有效性

原有扬黄灌区每年亩均用水量 600~700 立方米，"1236"工程设计平均扬程 190 米，年用电量 7.20 亿千瓦时，年用水量 7.8 亿立方米，平均每亩用水量 300~350 立方米，灌水利用率比老灌区应提高 1 倍。因此，研究节水灌溉技术和节水管理措施，是建设现代化灌区的一项重要任务。

2. 土壤培肥和提高肥效

由低产地和荒地变为水浇地，由粗放耕作到精细种植，需加速提高土壤肥力，研究土壤培肥和提高肥效的技术措施。

3. 新品种应用推广和高产高效栽培模式

灌区农业发展要有高起点、高效益，这方面试验研究要同工程建设同步，甚至要超前。

4. 灌区生态环境监测及调控

包括土壤盐分变化及盐渍化防止、地下水动态及调控、灌区病虫害动向及防治等。

5. 农牧产品和野生生物资源开发及深加工增值

该地区粮、菜、牧、果等初级产品多样，枸杞等名特优资源丰富，进行系列开发和深加工增值，将资源优势转化为商品经济优势，是农村经济发展的重要途径。

6. 灌区农村经济和社会发展总体规划

按照"节水型高产高效灌区"建设目标和现代农村经济发展方向，产业结构配置、作物种植布局、移民安置和乡村发展等问题需要提出科学的、先进的、可以操作的总体规划。

中国农业科学院的主战场，初步考虑以上六方面工作为优先课题。工作面将从三个层次展开，一是"1236"灌区 200 万亩为重点区，二是面向宁夏全区，三是辐射大柳树灌区涉及的宁、内蒙古、陕、甘缺水贫困区。科技服务内容包括高效及实用技术硬投入和科技资源的软投入两个方面。科技力量组织由中国农业科学院和宁夏区有关科技单位组成一支联合攻关的队伍，统一协调，分工负责。六个优先课题，三个层次工作，两个方面服务内容，一支联合攻关队伍，作为主战场科技方案的框架，概括为"6321"科技行动支持"1236"灌区工程。鲜明的体现了科技与经济结合的特点，朴实地表述了主战场的工作目标和内容。

三、近期工作

首先在扬黄工程的中心部位同心县选建综合试验示范基地，包括中心试区和一定面积示范区，将以上研究试验示范内容在综合试区统筹安排。另在严重缺水的贫困地区固原县和银北引黄老灌区设立两个副点，分别研究旱区省水浇地微型工程和灌区节水技术。在同心或中卫选一合适地点，筹划建设农业科技园区，将高新技术示范应用、农业新技术产业和农村技术培训集于一体。以此为基础，在西部地区崛起一座农业科技城，真正带动干旱半干旱地区的经济发展和科技进步。

按照农业部的要求和中国农业科学院的部署，许越先带队于1995年8月21—27日，在宁夏回族自治区就大柳树灌区及有关农业科技问题，进行了调研和考察，并形成这篇向农业部汇报的文稿。

[本文原载《中国农业科学院文件（95）农业科学院（办）字第376号》，1995年9月11日]

第二节　中国农业科学院在宁夏农业科技主战场的工作部署

——在同自治区周生贤副主席座谈时的发言
1997年6月5日　银川

刘江部长最初定的方向是在大柳树灌区开辟主战场，到宁夏特别是周副主席提出沿黄大示范区计划，由扶贫杨黄到全区农村经济发展，我们初步确定"三点一片"10项技术，作为在宁夏主战场科技工作的计划框架。

三点：银北、银南、山区

一片：引黄灌区现代农业示范区规划

一、10项技术

1. 银北

节水和中低产治理为重点，初定平罗，引黄灌溉末梢试用轻型井（对口抽），30米，30亩地，投资2000多元，手扶机可带动，很适宜末梢地带和早春育秧用水。去年9月下旬打了两眼试验井，今年再试验。

灌溉所同志来确立三个任务：

（1）洗井、试验新井。

（2）同自治区农业科学院联合选点组成统一技术队伍，以银北节水、排水和中低产改良为目标，工程和农艺措施配套提出方案。

（3）配合外资项目和国家项目为这些项目提供技术配合。

2. 银南，以吴忠市为中心，高效农业与产业化为重点

第一批先做四方面工作。

（1）奶牛高产和肉牛高档牛肉开发，奶牛配合甘肃农业大学卞教授，兰州畜牧所投入三项技术。

（1）新型饲料添加剂，改善营养条件。

（2）治疗奶牛乳房炎，提供专用针剂。

（3）肉牛饲养和高档商品牛肉开发。由北京畜牧所引进从饲养方法到高档肉开发全套技术，其中一头牛可培育30千克高档肉，四、五星级宾馆做牛排可代替进口肉，每千克150~220元。另外一部分中档肉和普通肉，其中一项关键技术是牛肉嫩化剂，这项技术在山东平度已经应用，在河南唐河和河北鹿泉已签合同。

3. 蔬菜、花卉工厂化栽培

搞设施建设，我们将从品种、栽培技术、病虫防治等方面提供技术。

4. 蚕桑优质高产技术及产业化

目前生产水平高，6项主要指标有5项在国内可排在前列，一项蚕茧上车率76%，还有潜力，蚕桑所在河南商丘做到96%，当前有三项工作可做。

（1）上车率提高到90%以上。

（2）优质桑苗，今年小面积试验。

（3）新蚕种引进。

然后再逐步配套技术和拉长产业链，以吴忠为基点，逐步推向全区。

5. 高产农田和顿粮田地力建设

吴忠市1999年吨粮市，高产后给土壤肥力带来新的问题，能不能持续发展？现在有机质已达1.39%，秸秆已还田30%，但化肥投入没有减少，成本提高。有机肥和化肥投入合理匹配，以增加地力又减少成本，这些问题都要做深入试验研究。

（1）2万~3万亩试验区，计算机系统控制合理施肥技术。

（2）投入新型微生物菌种（301），秸秆高温处理，每亩地投入不到5元钱，在山东河南等地试验，小麦、水稻可增产50~60千克，土豆、大蒜等可增产2倍以上，山东金乡称为大蒜王。

（3）秸秆有机肥地力建设减少化肥用量试验。

二、扶贫扬黄

在红寺堡建万亩节水高效农业示范区，为新灌区提供样板。

蔬菜、葡萄、桑、经营模式，产业化与农户结合。

三、山区扶贫

1. 土豆实生薯技术

固原等地很欢迎。生防所，20 世纪 70 年代开始研究，用苗粒繁育，抗病增产。

2. 抗旱新品种

从品种资源所引入国外新物种。

3. 畜牧业发展

兰州畜牧所，羊品种改良和引进及饲养技术。

需要协调问题：

（1）我们非常希望积极配合有关项目做些工作，但如何参与，项目主持部门需要我们做哪些工作不大明确，需要协调。

（2）我们愿意同地方科技力量联合起来共同为大示范区建设作贡献，这种联合需要落实在课题实体中合作，需要有关方面共同研究一个科技总体方案。

（3）科技工作既要同经济结合，服务于自治区建设和发展，同时，又要考虑科技自身特点和规律，这样才能最大限度调动科研单位和科技人员积极性，保持其持久性和有效性。

第三节　关于区域农业发展规划

——在宁夏回族自治区农业发展规划座谈会上的主题发言
1996 年 12 月 21 日

自治区周生贤副主席委托中国农业科学院编制此项规划，我安排安晓宁博士负责组成专家组。这个规划如何搞，我在座谈会上作主题发言，下面是要点。

一、规划名称

宁夏回族自治区农业和农村经济发展规划（1996—2010）

二、规划分为三大部分

沿黄"两高一优"农业示范区发展规划

山区农村经济发展规划

自治区农业和农村经济发展总体规划

三、规划编制工作时限

1996 年 12 月区直机关部门调研

1997 年 1 月县（区、场）调研

1997 年 2—4 月编写报告

1997 年 5 月完成

四、规划报告要求

1. 符合自治区领导同志指导思想

2. 符合宁夏区情

3. 要有新思想、有高度、有深度（有的规划内容是当地知道的，但一定要运用专家知识提供给地方政府有重要启发作用的新内容）

4. 符合科学规律和经济规律

5. 可操作，拿去可用

五、规划内容的重点

1. 总体

（1）定位。放在全国宏观角度看（包括民族政策）；放在西北中观角度看（地位）；放在特定区域看（承东启西，黄河）。

（2）发展目标。建成什么样的农业经济区。

2000 年、2010 年主要指标

（3）发展重点。重点区、重点环节、重点发展项目。每一点都要有依据，如奶牛要分析国内外市场。

2. 资源开发

水、土、气、生物 4 类资源（优势、潜力、开发方向、开发规模、环境影响）。

3. 产业发展规划

主导产业、支柱产业、龙头企业带动、产业结构调整和优化。

4. 行业发展规划

水利、水产、种植、畜牧、林业、农垦，以上内容都要有空间布局和时序安排，表达要用文字和图表。

第四节 中国农业科学院科技西部万里行活动总结报告

为了响应党中央、国务院关于西部大开发的号召，贯彻江总书记"三个代表"的重要思想，为中央有关部门研究部署西部农业发展提供决策参考，并以实际行动落实我院"科技西进行动计划"，我们组织百人专家团，在吕飞杰院长亲自带领下，于5月29日至6月28日，历经一个月，行程7 100千米，先后到内蒙古、宁夏、甘肃、新疆及新疆生产建设兵团四省（区）五方，开展"农业科技西部万里行"活动。

万里行活动的主要任务是：学习西部、咨询服务、传播科技、合作洽谈。

活动的主要方式是：开展科技咨询服务，解答技术疑难问题；深入实际调查研究，将技术送到农户；发布科技信息，推进技术合作；院地领导直接座谈交流，共商西部大开发的农业发展大计；举办专家报告，传播农业科技新思想、新知识。

此次活动得到国务院温家宝副总理批示肯定，农业部陈耀邦部长、万宝瑞副部长提出了明确要求，国家西部开发办公室的领导同志提出指导性意见。在农业部党组正确领导和支持下，在所到省区各级党委、政府的高度重视和精心组织下，经过专家团全体同志的共同努力，取得了重大成效和多方面收获，圆满完成了各项工作任务。

一、农业科技西部万里行主要活动内容

参加此次万里行活动的专家团由3位院领导，5位院士，15位研究所领导，来自研究所、研究生院、出版社30个单位和院机关7个部门的87名专家组成；农业部科教司段武德副司长等2人参加了在内蒙古的活动；中央电视台、人民日报、农民日报、科技日报、光明日报、科学时报、北京晚报、香港商报、中农网9家新闻媒体16位记者随团跟踪采访，总人数105人。主要活动分五个方面展开。

1. 到4省（区）13个重点农牧区考察调研座谈交流，拓展农业科技与西部农业经济结合的思路

专家团先后到内蒙古呼和浩特市、伊克昭盟；宁夏银川市、吴忠市、石咀山市；甘肃兰州市、酒泉地区；新疆乌鲁木齐市、昌吉州、石河子市、克拉玛依市、伊犁地区、阿克苏地区等重点农牧区的13个地区（市、州、盟），及所辖20个县（市、旗）：新

疆生产建设兵团农一师、农八师及所属 7 个团场。到省（区）、地（师）、县（团）三级共 46 个行政单元。

活动分四个层面进行，一是在省会城市，与省政府及有关部门领导层座谈，听取省情、农情、农业科技情况和西部大开发思路以及农业科技需求情况介绍，汇报我院科技西进行动计划和万里行活动情况；二是在省、地首府同省地县领导和企业界等中层干部开展信息发布和合作意向洽谈；三是在省、地、兵团师部中心城市面向领导和科教界举办专家报告；四是在县、乡基层主要是科技咨询、实地参观考察、解答农民提出的问题、对农业生产具体问题提出意见和建议。通过多层面多方位活动，进一步拓展了我院农业科技与西部农村经济结合的新思路。

2. 同省市政府商定今后主要合作领域，签定 17 项合作协议

专家团在四个省（区）和重点地、市及兵团师部都举行一次座谈交流会，省地主要领导和涉农部门、科技部门、农业科研院校领导参加。我院领导和省（区）领导直接见面，相互介绍和通报关于西部大开发、农村经济发展和农业科技的相关情况，共商发展大计和合作意向。省地级座谈会共举行 11 次，同省（区）和兵团签订农业科技合作协议 5 项；同地市、兵团师签订合作协议 12 项，这些协议构成了我院投入西部大开发的服务框架。

3. 实地考察涉农企业、农业生产和生态环境建设现场 75 处，进一步认识西部了解西部

到西部实地考察农业生产和生态环境现状，学习西部人民战天斗地的精神，进一步认识西部了解西部，是这次万里行重要目的之一。共计考察的 75 个场点，可归纳为以下 6 种类型。

（1）生态环境和水利基础设施工程 13 处，包括内蒙古鄂尔多斯高原黄河支流小流域治理、宁夏沙产业开发、甘肃安西县防风固沙工程、新疆克拉玛依市"引额济克"引水工程和农八师 121 团农田节水示范工程等。

（2）设施农业和农业科技园区 11 处，包括宁夏银川郊区节能日光温室、吴忠利通区工厂化育苗中心、甘肃酒泉蔬菜无土栽培、新疆生产建设兵团农八师 145 团农业高新技术园区等。

（3）特色农业和种植业基地 17 处，包括宁夏枸杞种植基地、新疆阿克苏优质棉基地、霍城县甜菜基地、玛纳斯县葡萄基地等。

（4）农产品加工及有关涉农企业 4 处，包括内蒙古准格尔旗地毯厂、宁夏吴忠市奶品厂、甘肃酒泉肉食加工厂、新疆天山纺织厂等。

（5）规模化养殖场和草业开发项目 12 处，包括宁夏灵武市肉羊育肥厂、甘肃酒泉天河养殖公司、新疆伊犁地区养鸡场和新源县草场建设等。

（6）农业院校和研究中心7所，包括宁夏农林科学院、新疆农业科学院、牧科院、农垦科学院和石河子大学等。除此以外，还考察了一些村委会和农户。

这些活动都是将参观考察学习和现场技术咨询指导结合起来，既丰富了专家们对西部大农业的感性认识，也为当地农业发展提出很多建设性意见。

4. 开展现场集中技术咨询活动12场，解答2万余农民和基层干部的技术疑难问题

内蒙古准格尔旗、宁夏吴忠市、甘肃酒泉市和新疆乌鲁木齐市的4场大型咨询洽谈活动，每场3千多人；呼和浩特市、安西县3个乡镇、新疆3个市和兵团一师的8场中小型咨询活动，每场都有千人以上。参加咨询的有农牧民、基层干部、农技推广人员和企业老板，有的农民从200千米以外赶来，有的省区组织首府周边6个地（盟）基层干部，人人都带着技术难题，充分利用这次他们认为是"千载难逢"的机遇。每位专家平均一场都要解答二三十位农民的问题。中国农业科学院西部万里行专家团，把技术直接送到千家万户，在西部大地广泛传播了农业科技知识和实用技术，提高了干部和农民的科技意识和生产技能。

5. 在四省区分别举办了10场科技信息发布会，24个研究所发布1 073项（次）农业新技术、新产品和新成果

专家团出发前，全院共准备275项技术信息，包括种植、养殖、农产品加工、农业设施和生态环境等方面的新品种65项、新产品104项、新技术106项。在呼和浩特、银川、兰州、酒泉、安西、乌鲁木齐、石河子、克拉玛依和阿克苏市及农一师共举行10场科技信息发布会，我院24个研究所、93人次共发布了1 073项（次）技术信息，散发技术资料6 000多份。信息发布会都由省（区）、地（市）政府组织省地县领导干部、农业管理部门技术干部、涉农企业家及农民专业大户及一部分乡镇领导参加。信息发布同技术合作洽谈相结合，各所沿途签订专项技术合作意向336份。这些意向为各所参与西部大开发的技术服务提供了重要的导向和线索。其中部分意向经双方努力可成为实施的协议合同。

6. 举行9场专家报告会，向西部传播了农业发展和农业科技新思想、新知识

吕飞杰院长和张子仪、刘更另、范云六、董玉琛院士等专家在四省（区）和新疆生产建设兵团共举行9场报告会，参加报告会有省（区）、地、县领导干部、农业和科技管理干部、院校师生和科技人员。9场报告会共到会1万余人。每场报告在千人礼堂都座无虚席，全场鸦雀无声，听报告者普遍反映报告内容丰富、深刻新颖、高瞻远瞩、受益匪浅。对信息相对闭塞的西部地区，专家报告有效传播了农业发展和农业科技的新思想、新知识，对领导和管理农村经济、对西部地区科技进步具有重要影响和深刻的启迪。

除了以上重点活动内容外，专家团还到院属草原所、兰州兽医所、兰州牧药所进行考察交流，并参加草原所草业网站开通仪式。在甘肃省安西县举行了西部第一个科技示范县的隆重挂牌仪式。

二、农业科技西部万里行的主要收获

（一）奠定了中国农业科学院与西部四省（区）合作的基础

中国农业科学院制定的"科技西进行动计划"提出的推广 10 套农业优新技术，为建设 10 个规模化区域化优质农产品生产基地提供技术依托，建立 10 个科技综合示范县；为西部农村经济快速发展培养百名研究生，培训 1 千名地县级领导干部和 1 万名农村科技带头人。得到西部省区上上下下的普遍欢迎和认同。根据各省（区）在西部大开发中对农业科技的需求和中国农业科学院科技西进行动计划的总体安排，经相互协商，同省（区）、地（市）签订的 17 项农业科技合作协议，明确了双方合作的主要领域、合作原则和合作形式。这些协议既是对双方合作共识的肯定，又是指导长期合作的可操作的文本。

在西部万里行过程中开展的科技咨询、实地考察、信息发布和专家报告等形式多样的活动，使西部基层干部和人民群众进一步了解中国农业科学院、了解农业先进技术、了解生产同技术沟通的渠道。有关研究所同乡镇、村户、团场、企业签订的 336 项技术合作意向，涵盖种植业、养殖业、农产品加工、资源环境、人才培养、基地建设等诸多方面。

以上这些意向成果，为中国农业科学院与西部四省（区）长期合作奠定了基础，为科技西进提供了行政上、技术上、工作上的保障条件，中国农业科学院在西北地区多方位、多层次、多领域的科技合作的新格局已初步形成。

（二）对西北地区农村经济有了进一步认识

（1）农业资源丰富，农业生产和农业科技有一定发展。西北地区生物资源和土地资源丰富，光热资源是全国最好的地区之一，水资源短缺但局部地区较好。棉花、畜牧、甜菜、瓜果等在全国居优势地位，细毛羊、绒山羊、珍稀动物、酿酒葡萄、啤酒花、枸杞、油葵等名优特色动植物产品享有很高声誉。新疆的棉花和甜菜居全国第一，棉花总产占全国 30%，收购量占全国 43%，棉花总产、收购、调出和人均占有量多年居全国各省（区）首位。新疆和宁夏灌区粮食单产高于全国平均水平。农业科技的某些领域发展较快，各省（区）都育成一批适用的优新品种，畜牧业品种改良、舍饲技术、牧草繁育已取得显著进展，林果瓜菜有很多优质产品，节水灌溉、旱作技术和地膜栽培技术创新成果得到大面积推广。风沙化、盐碱化和水土保持等生态环境建设已取得一定成效。资源优势和现有发展水平，为西部大开发调整优化产业结构，发展特色农业提供了有利条件。

（2）自然条件和生产条件区域性反差大。广阔的戈壁荒漠寸草不生，风沙弥漫危害着人们的生存和生产，我们所到的内蒙古鄂尔多斯高原，从甘肃酒泉到安西县的300千米行程以及南北疆考察，看到最多的就是这种景观。

我们也兴奋的看到，在这种恶劣的自然环境下，中华各民族儿女战天斗地，创造了绿洲农业文明。在宁夏灌区、新疆南北疆绿洲呈现出瓜果飘香、稻田碧波、灌渠纵横、林网成荫的繁荣景象。在我们西部第一个科技示范县安西县，2.4万平方千米总面积中，荒漠占91%，林地村镇占8%，农田仅占0.8%，但绿洲上的农村都很富裕，中等农户纯收入一般1.5万~2万元，全县农业人均收入达到3 000元，同东部发达地区持平。

自然和生产条件区域反差大，是西北地区突出特点。这一特点表示，从总体上看发展条件较差，发展水平滞后，但在局部上已经达到较高发展水平，有经济制高点和亮点。认识这种反差，在技术投入上要将常规实用技术和高新技术相结合，通过示范，以点带面，推动整体发展。

（3）不同资源组合程度及其利用效率决定着农业发展的区域差异。西北地区生物资源、光热资源、土地资源丰富，局部水资源条件尚好。四种资源的区域整合程度及其利用效率决定着农业发展的状态和前景。组合程度最好的是绿洲灌区，这些地方资源产出率最高。四种资源组合程度最差的是降水量在200毫米以下的山区和荒漠区。水成为四种资源组合的首要因素。提高单位水资源利用率，发展节水灌溉，成为农业发展的重要选择。

（4）农业结构有待优化，特色农业要加大发展力度。西北四省区农林牧渔业四大产业结构，种植业中的粮食作物和经济作物比重，不同地区各有特点。优化结构、突出特色，应成为调整和发展方向。要加速发展畜牧业、草业、绿色林果蔬菜产业、优质棉麻产业，优质稻麦产业，中药材产业和沙产业。

（5）农产品加工业是农村产业化经营的薄弱环节。西北地区具有丰富的生物资源和优质农产品的优势，但农产品加工业相对薄弱。龙头企业少且规模小，资源优势不能形成经济和商品优势，影响农业产业化进程和农民致富。需要加大农产品加工业发展力度，从而搞活农村经济，牵动整体经济发展。

（6）信息闭塞，人才和技术匮乏，市场流通不畅。这是西部同东部的最大差距，是西部农村贫穷落后的基本原因。在西部大开发中，各方面都应关注这几项工作，中国农业科学院也要相应加强和充实其工作内容。

（三）明确了我院近期在西北地区科技行动的重点内容

通过四省区的情况介绍和实地调研，对西部地区有了新的认识，可以在我院科技西进行动计划的基础上，明确近一二年内示范推广的重点科技内容。

1. 重点推广 10 个方面作物优新品种

配合西部地区农业结构调整、加速发展特色农业的要求，侧重于经济作物和草业，首选 10 个新品种。

（1）优质棉新品种。

（2）优质麻新品种。

（3）牧草优新品种。

（4）粮饲兼用优质玉米和优质蛋白玉米新品种。

（5）优质西红柿等蔬菜优新品种。

（6）马铃薯脱毒种苗。

（7）优质梨和葡萄新品种。

（8）优质西甜瓜新品种。

（9）蚕桑优新品种。

（10）甜菜新品种。

2. 重点推广和转化 10 项新技术成果

（1）农田节水和高效用水技术。

（2）畜禽增效饲养技术。

（3）蔬菜无土栽培和设施栽培技术。

（4）草业加工技术。

（5）枸杞深加工技术。

（6）马铃薯深加工技术。

（7）红麻纸浆加工技术。

（8）小麦锈病菌源区生态治理工程技术。

（9）生物灭蝗技术。

（10）农村沼气生产及利用技术。

（四）我们与西部合作项目已开始启动实施

灌溉所的节水灌溉技术和设备，很受西部地区欢迎，已和宁夏银川、甘肃金塔和新疆农林科学院签订了正式合同，并已启动实施。3 项合计经费 59.8 万元，已预付 12 万元。

麻类所应新疆昌吉地区、石河子农八师、伊犁地区和克拉玛依市的要求，共要提供 1.1 万千克红麻和亚麻种子试种，试种成功将大面积推广。

草原所已接待宁夏农垦系统主要领导 10 余人的团组，要求草原所从种子到技术帮助他们建设 10 万亩牧草、10 万亩林草混种和 10 万亩盐碱地的草牧生物开发 3 个 10 万亩的草业发展计划，草原所所领导从 7 月 3—8 日到宁夏考察洽谈，落实任务。

宁夏农业局要求中国农业科学院帮助完成黄河灌区大示范区核心区发展规划、畜牧和草业产业化、银北地区生态高效农业发展等 5 个项目已和我院签订正式协议，项目即将启动，总计经费 76 万元。

成都沼气所承担内蒙古准格尔旗 10 座以沼气为核心内容的温棚已开始设计，7 月下旬正式施工。

中国农业科学院西部第一个科技示范县安西县书记和县长带队于 7 月 1—3 日在唐河示范县考察学习，并到中国农业科学院郑州果树所和棉花所考察洽谈后，到院商定示范县工作方案。

甘肃酒泉地区受中国农业科学院西部万里行启发，决定把每年 6 月 8 日定为"中国酒泉农业科技节"，明年第一届活动主题是"特色农业和农产品加工"，中国农业科学院为农业科技节提供技术支持。

三、农业科技西部万里行活动的主要特点和体会

（一）受到地方各级政府高度重视和盛情接待，各地、各级领导对我院万里行活动高度重视

内蒙古自治区党委书记刘明祖同志会见了专家团主要成员，并自始至终听取了吕院长的科技报告，常务副书记王占同志出席双方合作签字仪式，副主席傅守正同志全程陪同；宁夏回族自治区党委书记毛如柏同志会见并宴请专家团，出席双方签字仪式，副主席冯炯华、陈进玉同志深夜冒雨到火车站迎送专家团；甘肃省副省长贠小苏同志受孙英书记委托，从地震现场赶回兰州与我院专家座谈；新疆维吾尔自治区党委书记王乐泉同志亲自批示并安排在新疆的活动，两次亲自主持新疆维吾尔自治区与中国农业科学院的座谈会，11 位自治区领导参加了座谈，副主席熊辉银同志全程陪同；新疆生产建设兵团陈德敏政委和华士副司令员多次参加自治区和兵团同我院的座谈等活动。所到的地市县领导都热情接待了专家团。甘肃省安西县干部群众几千人冒雨等候 2 个多小时，从城边到宾馆的夹道欢迎，其场面之隆重热烈，使专家们感动得热泪盈眶。

中国农业科学院专家团每到一地，都在当地引起了强烈的反响。当地电视台、电台或报刊都以最快的速度、利用黄金时间段或显著版面对我院的活动进行了追踪报道。在宁夏期间，6 月 4—7 日，"宁夏日报"和"新消息报"分别在头版连续报道了中国农业科学院在宁夏的活动情况；甘肃"酒泉日报"6 月 12 日用了整整两个版的篇幅，以"农业科技西部万里行情洒酒泉大地"为题，详细报道了中国农业科学院在酒泉地区开展的座谈会、信息发布会和咨询大会的活动；为配合在新疆举行的信息发布会，新疆日报、新疆经济报 6 月 21 日以整版的篇幅选登了我院发布的科技信息 275 项。

宁夏回族自治区党委毛如柏书记说：如此高层次、多领域、全方位的农业科技合

作，在宁夏是第一次。通过双方的努力，宁夏农业经济的发展，农村面貌的改变，农民收入的增加，山川面貌的变化，都将凝结着我们合作的丰硕成果。新疆维吾尔自治区王乐泉书记、内蒙古自治区王占副书记和甘肃负小苏副省长也都高度评价万里行活动是响应中央号召的重大行动，体现了中国农业科学院强烈的社会责任感和对西部人民的感情，中国农业科学院不仅是中国农业科技排头兵，更是西部大开发传播科技的先锋队。这一切充分说明了党中央的西部大开发战略、科教兴国战略已成为西部各级领导的共识和自觉行动。

（二）西部广大人民群众对科技有强烈的渴求

专家们所到之处，无论是现场咨询还是信息发布，无论是项目洽谈还是专家报告，到处都洋溢着西部人民情真意切、求知若渴的浓烈氛围。当地政府、企业和群众都表现出极大的兴趣和强烈的意愿。每一次洽谈会的时间都一再延长，咨询时专家被群众层层叠叠的围在中间，挤不到面前问，就迫不及待的递条子，甚至拿出小本子压在前面人的背上记。报告会时没有座位就坐在阶梯上；没有被指定参加信息发布会，就在门口等着。宁夏吴忠市的咨询会要结束时，两位农民为了请教专家两个问题一大早从 200 多千米山区赶来，为了满足这两位农民愿望，咨询活动延长半个小时。在甘肃酒泉，没有安排到金塔县咨询，他们从酒泉市硬"抢走"了几位专家。武威地区从报上看到我院要到甘肃的消息，他们组织了以常务副专员为首的政府代表团赶到兰州，利用我们刚到兰州 6 月 7 日上午短暂休整时间，同我院专家见面洽谈，恳切要求我们到武威推广技术。

新疆伊犁地区副专员带领四位处长，行程 800 多千米赶到克拉玛依，又从克市追到乌鲁木齐，再三恳求我院派专家到伊犁考察、洽谈合作事宜。这些生动事例，充分说明人民群众对科技的迫切需求，体现了西部对中国农业科学院的厚望和信赖。也说明农业科技在西部大有作为，是科技人员施展才华的大舞台。

（三）西部将成为中国农业科学院科技兴农的主战场

西部地区地域辽阔，资源丰富，农业是最具优势的基础产业；西部荒漠化面积大，生态环境脆弱，恢复和治理难度大；西北地区有灌溉条件的绿洲区，农业较为发达，局部地区可率先实现农业现代化；西北地区多种经济作物有适生条件和传统种植经验，能够发展建成特色农业和绿色食品基地；西北地区各级领导有较强科技意识和发展意识，都愿抓住西部大开发的机遇，应用科技加速发展农业经济。通过万里行的考察，认识西部农业的这些基本特点，说明我院各单位的科技成果在西部都有用武之地，特别是经济作物的有关研究所，可以发挥更大作用。西部将成为中国农业科学院科技兴农的主战场。

我们在西北主战场的工作，要按照国家西部大开发的总体部署和产业政策，体现长期合作、大农业发展、资源优势和区域特色、优化农业结构、与当地科技力量相结合、技术推广与人才培训相结合等原则，务求实效。

（四）西部人民战天斗地和辛勤创造的豪情风范使我们深受教育

英雄的西部人民在恶劣的生态条件下，战天斗地，取得了举世瞩目的成绩，使西部发生了翻天覆地的变化，不仅改造了自然，亦创造和积累了丰富的经验，出现了不少的闪光点。例如，他们在高原荒漠化小流域治理、绿洲边缘区沙漠在恢复生态基础上发展农业生产的模式，创造了人进沙退、荒原变绿洲的人间奇迹，在旱作节水农业、集雨农业方面取得了丰硕的成果，特色农业产业化的模式和生产亦给人以借鉴和启迪。当看到新疆石河子市的巨大变化，看到农一师12团场和甘肃安西人民使沙漠变良田的伟大壮举，无不为这奇迹般创造所震撼。为期一个月的学习，使我们开阔了视野，开拓了思路，丰富了经验，亦必将有力地推进中国农业科学院的科技创新。西部人民无私奉献、艰苦创业、艰苦奋斗的精神和行动，为我们学习江总书记"三个代表"光辉思想上了生动、深刻的一课。

（五）专家团在实际活动中凝聚成团结奋进、积极向上、欢乐战斗的集体

专家团来自院内30个单位，7个部门和9家新闻单位。有70多岁的长者，也有20岁出头的青年。在四省（区）一个月的活动中，要频繁更换活动地点，频繁变换交通工具，频繁应对洽谈、咨询、考察和信息发布总共上百个场面。这次人数多、历时长、任务重、活动多样的跨省区大型科技兴农活动取得了圆满成功。除了院里的组织领导和地方的周密安排外，专家团本身的素质是至关重要的。

一个月来大家的工作都很出色，特别是全程活动的同志更为辛苦。我们的专家顶着烈日酷暑在广场连续接受咨询几个小时，说得口干舌燥，仍认真而耐心的解答各种问题。在信息发布会上，用有限的时间尽量向求知若渴的人们传递尽量多的技术信息，并且越讲越精、越讲越好。各地对实地考察都安排很多点，大家都不顾疲劳认真地看、认真地学，在治沙点考察，往往狂风骤起，仍顶风冒沙，善始善终。有时火车夜里凌晨到达，第二天照样工作，有的专家接待来访者谈到夜里一、二点钟，毫无怨言。有的同志水土不服、休息不好，特别是生了病，仍坚持工作。来自院机关职能部门的同志都能主动工作、热情服务。

来自研究单位的同志都能尽职尽力、认真负责。新闻界的朋友和我院院报及录像同志加班加点，及时向社会和全院详尽传递各项活动的消息。我们几位院士充满着对西部人民的满腔热情，跟大家一起参加咨询和现场指导，并精心准备各场报告和座谈讨论。同志们在万里行活动实践中接受了教育、净化了思想、锤炼了意志、提高了才干。大家团结协作、互相关照、结下了深厚的情谊。在西进万里的行进途中充盈着欢歌笑语，表现了高昂的乐观主义精神。

这样一个集体有着统一意志，统一行动，工作繁重而有序，活动多样而务实，生活

紧张而愉快。专家团成员虽来自几十个单位，但很快凝聚为一个团结协作积极向上的战斗集体。充分体现了中国农业科学院人特别能战斗的精神风貌。

农业科技西部万里行活动暂告一段落，但后续工作还必须抓紧抓好，其主要工作有：在现有初步总结基础上，广泛吸取专家意见和各所总结内容，向国家提交西部农业和农业科技发展的建议报告。

8月中旬召开全院西部农业和农业科技发展研讨会。各所都要按院发提纲，提交分专业和分省区研究报告。在研讨会基础上修订我院"科技西进行动计划"。

进一步加强同西部省区联系，落实已经签订的协议和意向，巩固和扩大万里行活动的成果。

做好准备，启动西部人才培训计划，首先是办好县级以上农业管理干部培训班。

此次万里行活动顺利完成了各项任务，取得了一定的成效，迈出了进军西部可喜可贵的一步，但是应该看到我们面临的任务更为繁重，我们对西部的认识无论是广度还是深度都有待进一步深化，我们与西部大规模的科技合作才刚刚起步，大量的合作项目需要付出艰苦的努力才能取得成效，我们现有的科技成果还需要经过西部农业实践的检验，我们的技术积累还不能满足西部大开发中农业大发展的需求，还要不断科技创新。所以，我们要以这次万里行活动作为良好的开端，坚定信心，真抓实干，乘胜前进，使我院科技西进行动计划有效地向前推进，与西部人民共同奋斗，为农业与农村经济腾飞而作出我们应有的贡献。

对参加万里行活动的院内外所有专家和新闻界的朋友们及其家属表示诚挚的感谢！对西部四省区各级领导和为万里行活动付出过劳动的人们表示衷心感谢！对农业部、西部开发办和所有关心和支持万里行活动的领导表示衷心感谢！向出席今天会议的领导、嘉宾、专家和新闻界的朋友们表示衷心感谢！

（本文由许越先执笔完成，2000年7月5日代表中国农业科学院党组在农业部领导和各研究所代表会议上作的汇报）

第五节　有了综合才能抽出重点，有了重点才会有主导和带动

——在国家科技攻关项目区域治理南方红黄壤课题工作会上的总结发言
1998 年 2 月 26 日

一、处理好几个关系

（一）综合治理与可持续发展的关系

区域治理的总目标是建立有相互联系的两个系统。

一是治理区域农业主要限制性因子，逐步形成良性循环的稳定的区域生态系统。

二是提高资源利用率和农业综合生产能力，逐步形成高产高效持续发展的生产系统。

这次会议有的同志提出，治理的任务基本完成，九五期间主要是农业生产本身的发展。有的试区内容仍分解有土壤生态单元的研究，改善和提高环境质量的研究内容。这就存在治理与发展的关系如何处理，这是总揽九五后三年和十五的一个很重要的问题，希望两个专题能对红壤区作一个基本评估，黄淮海平原我能说清楚，南方红黄壤不了解，但初步印象是红壤产出率低（结构、肥力、水土流失等）和季节性干旱两个障碍因素，局部地区有改善，但大部分地区仍然存在，而且在治理过程中又引发一些新问题，治理问题仍需深入研究，解决深层次问题。当然着重点要从七五、八五以治理为主要转移到持续发展的综合研究，提出符合当地情况的带有方向性、先进性的发展路子、发展模式和关键技术。

（二）点、片、面的关系

· 总体设计要从宏观面上弄清现存基本问题和解决问题的关键技术。

· 片，是不同类型区片带有普遍性的主要问题，提出发展思路和模式。

· 点就是试区。面的问题希望专题研究，以便指导后二年和十五的总体部署。

片的问题希望专题研究能在全面调研（资料、文献分析、信息系统扶助、典型区实地调研）基础上，提供不同类型区分析材料。

点是我们课题主体，但是总体内容一部分要把试区搞好，包括自身技术工作和外部环境问题，自身技术性工作的前提一是选点、二是设计。关于选点虽然都选出来，但正反两方面经验教训都很多，有必要研究，我们体会是选点原则有三项基本原则（必要条

件）和三项辅助原则（充分条件），必要条件是：一是区域自然条件的代表性，二是区域农业发展的典型性，三是治理发展难度上的针对性。充分条件：一是地方政府科技意识强，重视科技；二是交通方便；三是尽量同国家农业开发和农业发展项目的吻合（得到支持和便于推广）。

（三）试验、示范、推广的关系

三个层次：一是中心试验小区（特点、面积，科技行为，功能是试验创新，集中显示）。二是示范区：配套或单项技术通过试验基本成熟的成果在试验小区外围放大示范，科技行为和政府行为结合，功能是对新技术的检验和转化，并形成一定规模的显示，为大面积推广积累经验。三是推广：在一个和若干个行政单元（乡、县、市、地区）将示范成功的技术大面积推开，必须是政府行为（科技参与），这是试区攻关的应用目标。为了扩大这个层次效能，在试验和示范阶段要做必要的准备，就是让政府官员参与示范，影响他们决策。试区是技术扩散源，科研单位和政府的结合部，成果转化基地。

（四）综合与重点的关系（技术集成与单项突破）

所谓综合，指目标综合、措施综合、效益综合，还要有综合队伍和配套技术，才能解决红黄壤治理和发展目标问题，实现三个效益统一。综合多项技术要围绕同一目标，如果没有统一目标则综合就成为杂乱无章的堆砌，没有内在联系。综合要有若干单项技术集成，在集成的若干技术中又要有一、二项主导技术，代表试区特色和优势，实现重点突破，这就是在综合中要有重点，没有综合不可能解决效益目标，没有重点则不能突出试区特色，有了综合才能抽出重点，有了重点才会有主导和带动。

二、成果转化和技术产业的推进（试区自我发展）

上午江西谢先生提出这个问题，有些试区也提出来很值得在思想上和实践中加以探索。这里主要指一些可以转化的成果，可能途径有三：在本单位开发实体中商品化；同地方、企业联合作为技术入股；列入地方项目计划，通过项目资金给予回报，当然也可探索自营产业，这些都增强自我发展能力。

三、试区发展创新（科技创新、机制创新）

要关注农情最新动向、科学前沿问题、当地生产实际中提出的新问题、新发现，别人别处新经验。研究这些问题都有助于试区发展和创新。

两年来同志们付出了艰苦的劳动，取得初步成果，感谢同志们为国家农业发展，为农业科技工作做出的贡献，祝贺同志们取得新的成果、新的成就。

第六篇

地理学研究思想

篇 首 语

本人在中国科学院地理研究所工作31年（1964—1995年），主要从事学术研究，1985年后在科研处长和副所长任内也做了10年的科学管理工作，提出一些研究思想。本篇第十七章5节是关于地理学发展几点粗浅的思想认识。第十八章前两节是1986年在全所大会上作的科研管理工作总结报告及其说明，这两节内容体现了本人的科研管理思想，同时也给20世纪80年代地理研究所这一重要发展时期，留下一点文献材料。第三节是参加"发展中国家环境影响评价专家组会议"学习总结材料，有一定参考意义，也收入本篇。

第十七章
学术研究思想

第一节　关于创新与"面向"

办好一个科研单位，主要有四条：一是在科学上创新能力；二是面向经济建设的活力；三是内部结构是否合理；四是能否充分调动科研人员积极性。前面两条即创新和"面向"，关系方向和任务，尤为重要。

创新能力，指的是对新思想、新理论、新概念、新方法、新技术的创造能力和对新学科新领域的开拓能力。这种能力是维系学科生存、推动学科发展的根本。

面向经济建设的活力，指的是在研究力量、课题设置、成果应用等方面，对解决国家建设中的关键性重大科学问题，作出反应的能力。承担较多国家和有关部门重点项目，则是这种活力的集中体现。"面向"是理论联系实际，为社会发展和四化建设作出贡献的重要一环。

创新和"面向"，是研究所和学科发展的两个方面，创新可使"面向"保持后劲，"面向"则是创新的基础之一。两者完全是互存和互补的关系，人为的矛盾和对立是没有必要的。

创新能力来自基础研究、实验技能和应用研究的理论归纳。要有浓厚的科学积累，精干稳定的队伍和先进技术系统的支撑。科学家的创造能力，思想方式和一个人灵感有时也起重要作用。面向经济建设的研究，来自国家的需要。要有一批善于解决实际问题，经验丰富的队伍和具有广博知识和综合能力的学术带头人，集体力量和协作攻关至为重要。两方面人员各有所长，应当互相尊重。

一个研究所特别是处于全国中心地位的大所，肩负着国家和人民的众望，吸引着国内外同行的关注，若缺少创新能力，充其量是一个科学普及站或技术推广站，便会失去学科带头和学术中心的地位。若缺乏解决实际问题的能力，对国家的急需无所作为，便会降低甚至失去存在的价值。正确的决策，应当对两方面都给予足够的重视。

中国科学院地理研究所 1987 年计划列入 104 个课题，面向经济建设课题人员约占 70%，基础研究约占 15%。这种课题结构基本体现了集中主力于主战场，投入精干力量于理论创新的部署。希望两方面都能取得突破和大成果。

（本文原载《地理研究所报》第 1 期，1987 年 6 月 29 日）

第二节　黄淮海平原的地理学研究

一、研究工作的基本情况

黄淮海平原属黄河、淮河、海河三条河流的冲积平原，包括京、津、冀、鲁、豫、苏、皖五省二市的 298 个县（市），耕地 2.7 亿亩，是我国最重要的农业区。该平原地理位置优越，经济发达，农业生产潜力大。但自然条件十分复杂，自然灾害频繁发生。很多单位从不同专业角度，对这个地区进行了多方面的研究。地理学研究也是其中重要一家。

地理研究所在黄淮海平原研究工作的特点是：点片面相结合，宏观研究和微观定位研究相结合。基础理论研究、应用研究和开发研究相结合，不但提出理论成果，而且形成治理开发的配套技术。研究内容以农业自然资源和自然条件为主，适当开展其他专题研究。

关于点上试验研究工作，早在 20 世纪 60 年代初期，分别在德州、衡水、石家庄等地设立了试验站和观测点，开展了土壤水盐动态、农田水热平衡和作物需水量试验研究。1966 年由国家科委组织中国科学院等科研单位，开创了禹城井灌井排旱涝碱综合治理实验区，地理研究所 40 多位科技人员参加了这项工作。实验区提出的井、沟、平、肥、林、改综合治理模式，为黄淮海平原低产地改造和农业发展提供了重要经验和技术途径。1983 年后，地理研究所主持了"六五"和"七五"黄淮海平原治理开发国家科技攻关项目禹城试区工作，试区面积由原来的 14 万亩扩大为 33 万亩，对在黄淮海平原有普遍代表性的风沙、盐碱、涝洼和中低产地四种类型，组织院内有关单位进行了治理开发示范研究。1988 年国务院决定黄淮海平原为农业重点开发区，由地理研究所牵头，将禹城经验向鲁西北地区推广，在齐河、平原、乐陵、德州市和聊城地区设立了新的站点。同时在禹城和聊城开展了节水农业综合研究。1979 年地理研究所在禹城试区开始筹建以基础理论研究为主的野外试验站。通过几年建设，1983 年正式成立中国科学院禹城综合试验站，以蒸发为主的水循环水平衡研究为主要方向，1987 年禹城站被批准为对国内外开放站。1983 年地理研究所在北京大屯设立了农业生态系统试验站，重点研究作物经济产量与环境因子的关系。

关于全区性研究工作，重点对区内水、土、气候资源进行调查分析，并研究农业地貌条件、气候条件、水文条件、土地类型和农业生产潜力。专题研究包括华北平原水量平衡和南水北调及其对自然环境影响研究，德州地区、邯郸地区和栾城县综合治理区划和农业区划，鲁西北地区作物布局及农业类型研究，华北平原乡村地理研究，旱涝调查和历史气候变化研究以及环境变迁研究等。

以上工作说明，地理研究所在黄淮海平原有长期工作基础，深厚的科学积累，多方面的研究成果，并在试区形成了若干配套技术，取得了重大经济效益。由地理研究所主编和参加主编的专著共有 10 本，论文集 8 本，发表的论文 300 余篇，编制出版专业图 2 件。左大康、刘昌明参与主编的《远距离调水》一书，分别用中英文出版，向国内外发行。左大康等主编的《黄淮海平原治理和开发》论文集和《华北平原农业自然条件和区域环境研究》系列专著一套 8 本，有的已出版，其余将在一二年内陆续出齐。

二、区域分异和类型划分的研究

长期以来各家对黄淮海平原的范围和界线看法不一，在各类文献中查到的总面积相差甚大，如有的是 26 万平方千米，有的 40 万平方千米，也有 30 万平方千米。为了较准确分析平原的范围和界线，龚国元等从地貌学研究出发，按照地表形态、地质构造、地表物质组成和水系等原则，确定了黄淮海平原的界线，绘制出版了 1∶50 万黄淮海平原地貌图，量算了平原总面积为 38.7 万平方千米。这个界线比水利学界按流域原则，土壤学界按成土母质的原则，农学界按作物种植的原则划界更科学。

黄淮海平原地势平坦，但区内微地形起伏，岗坡洼交错，土壤、水文、植被等均呈现区域差异。地理研究所对区内自然类型和区域分异进行了系统研究。龚国元按照大地貌形态及成因和发展上的一致性进行地貌分区，共分 3 个一级区和 24 个二级区。3 个一级区是：山前洪积冲积倾斜平原区、冲积平原区和滨海海积平原区。

黄荣金等按照土地发生学原则，综合分析和主导因素原则以及生产应用原则，将全区土地类型划分为 10 个一级类型和 78 个二级类型，绘制并出版了 1∶50 万黄淮海平原土地类型图。

任鸿遵按照地下水资源量和地下水质，将全区地下水划分为 3 个一级区和 11 个二级区，3 个一级区是：冲积、洪积全淡水富水区，湖积咸、淡水相间较富水区，冲积、海积滨海咸水区。

许越先按照区域水盐平衡原理，将土壤水盐运动划分为以下 8 个类型：水分直补平排强脱盐型、水分直补混排脱盐型、水分平补平排盐分稳定型、水分混补平排脱盐型、水分平补直排强积盐型、水分混补直排积盐型、水分直补直排积盐型和水分平补混排积盐型。在此分类基础上，提出了变水平补给为垂直补给，以水平排泄代替垂直排泄的脱盐措施。通过禹城试区土壤盐分变化过程的分析，为土壤盐分的水迁移运动及其控制机理提供了一个实例。

姜德华等人在研究山东西部和北部地区农业类型的基础上，结合聊城地区实际情况，提出农业生产地域类型划分原则是：自然、社会、经济条件的相对一致性，农业生产特征与发展方向的相对一致性，农业生产途径和措施的一致性。依据这些原则，将聊城地区分为5个农业类型。徐培秀分析了菏泽地区粮棉生产条件，提出粮棉比例以2：1为宜。

三、旱涝分析和遥感土壤估水及作物估产研究

黄淮海平原的农业生产，长期受旱涝盐碱等自然灾害的影响。区内现有盐碱地2 200万亩，易涝地3 000万亩。黄河以北地区干旱缺水比南部地区严重，南部比北部更易受洪涝危害。为此，地理研究所有关专业分别研究了成灾和治灾的理论指标，并应用遥感技术手段进行土壤估水和作物估产的试验研究。

许炯心从地貌学研究出发，对淮河流域河流作用与农业生产条件进行了分析。提出0.397可作为该流域明显成涝的临界径流系数，径流系数大于此值，渍涝影响甚小。许炯心认为降雨径流对土壤盐分有淋溶作用，提出淮河流域不易发生土壤盐碱化的临界径流深为345毫米，径流深小于此值，就要采取措施防止表土大量返盐。

龚高法、沈建柱等人从气候学研究出发，分析了旱涝灾害变迁和区域降水变化趋势，得出的结论是：历史上气候寒冷时期，涝灾频率增大；旱灾南部减小，北部增多。温暖时期，涝灾频率减少；旱灾南部增多，北部减少。预测今后几十年降水量仍可能低于多年平均值，以10年为单位，今后10~20年4—10月生长季和7—8月雨季的降水量亦将少于多年平均值。

刘昌明等从水文学研究出发，分析了水旱灾害的特征，比较了旱涝的单因子指标和多因子指标，认为单一的降水指标与地面灾情不相吻合，主要原因是人类活动部分控制和调节了降水在地面的再分配，而综合考虑降水、地面径流和地面蒸发能力的多因子水文指标，则能较好地反映水旱灾害实际情况，为此提出了综合指标计算方法。魏忠义分析了潜水蒸发与土壤积盐的关系，给出了冀中、鲁北和豫北等地不同矿化度和不同土质条件下土壤返盐的地下水临界埋深。

为了将遥感信息有效地转化为农业生产需要的信息，张仁华在禹城试验站开展了实验遥感定量研究，在遥感作物估产、土壤估水等方面建立了一系列遥感应用模式，有可能使点上的研究成果，通过遥感方法应用到面上。提出了有作物覆盖的估算作物缺水状

况模式,从理论上建立了作物缺水和遥感信息的定量关系。模式物理意义明确,改进了国际上广为应用的 Jackson 公式。提出了无植被覆盖的估算土壤水分的热惯量模式,改进了美国 Price 模式,从理论上分析了大气湍流和蒸发对遥感热惯量的影响,并指出解决途径。提出了热红外信息为主的 SDD 改进模式,适用于各种作物。为了更广泛应用陆地卫星资料,还提出了光谱与热红外的复合估产模式,用 18 天采集一次的遥感信息,取得较高的估产精度。通过长期光谱观测,提出了适用于黄淮海平原的监测作物长势的模式,为监测作物长势,及时采取有效措施提高产量提供了手段。

四、水量平衡与环境水文研究

水是农业生产的最重要的条件,而水又是地理环境中最为活跃的因素,旱涝盐碱等多种自然灾害同水直接相关。因此,对水量平衡各要素及环境水文的研究,成为地理研究所在这个地区研究的重点工作。

刘昌明、李宝庆、汤奇成、洪嘉琏、任鸿遵等分别就水量转换、土壤水势、地表径流和水面蒸发、地下水补给等提出了计算方法。如提出按大气系统、地面系统、土壤系统和地下水系统,组合成大气水分与陆地水转换关系,降水径流与蒸发和流域蓄水的关系,土壤层水分通量与补给的关系,地表水与地下水的关系,给出了这些转化关系的数学模式和综合平衡模式。估算了华北地区地表径流量,河川径流年内分配,并分析了年径流的丰枯变化。提出将自然水面分为有限水面和无限水面,建立了有限水面蒸发公式,被水利部列入水面蒸发观测计算规范。赵楚年、王玉枝研究了黄淮海平原河流输沙量及其变化,指出 20 世纪 50 年代中期以前,河流泥沙主要来源于山区,每年有近 2 亿吨泥沙从平原外围山区通过河道输送平原和入海;50 年代后期以来,因修建大量水库等控制工程,从山区进入平原河道泥沙大量减少,而引黄灌溉每年从黄河引来泥沙 1 亿多吨。

规划中的南水北调工程,是一项宏伟繁杂的远距离调水系统,调水后可能会对黄淮海平原产生多方面的环境影响。左大康、刘昌明、许越先等人通过南水北调及其对自然环境影响的研究,提出按地理分区方法,划分为水量输出区、输水通过区和水量输入区三个后效不同的影响区,在不同的影响区将分别产生分水环境效应、输水环境效应、渗水环境效应、阻水环境效应和蓄水环境效应;分析了南水北调对灌区水量平衡、降水、地下水、农田小气候和土壤盐碱化的影响,提出了防止对策。预测调水后降水量比多年平均降水量增加 3%,东线调水对土壤盐碱化影响面积不超过总耕地面积 5%,采取积极措施将缩小影响面积。应用系统分析方法,并根据水量平衡原理和地理地带性规律的主要指标,提出了统一需水与环境要求的分水方案。依照地方性氟骨病的发病特点和当地社会经济状况,探讨了"调水治氟"环境效益的经济数学模型。结合调水对湖泊生态环境的可能影响，建立了南四湖水生经济系统分系数学模型，为跨流域调水对湖泊生态系统及其相应的社会经济系统的影响评价提供了数学方法。

有些人还对水利工程的环境影响、地下水开采的环境影响和区域盐量平衡等现代环境水文问题，以及黄河三角洲、鲁西南湖群和苏北平原的历史环境变迁作了研究。如孙仲明通过对徒骇河、马颊河河势特征及其历史变迁的研究，指出两条河流最早为黄河分流河道，明清两代靠人工挖掘疏浚，逐步变为人工河道，起到汇水排水作用。徒骇河原在马颊河以北，但在大运河开通以后，北面的徒骇河淤塞，又在马颊河以南挖了徒骇河新河道，因而古今徒骇河河名虽同，但河道各异。

五、作物产量与环境因子关系的理论研究

黄淮海平原经过初步治理，自然面貌和生产面貌发生了深刻变化。1970年末期，区内已建机井153万眼，水浇地扩大到15 000万亩，改良盐碱地4 000万亩，各种灾害有所减轻。1987年粮食产量占全国总产量19%，棉花产量占全国总产量57%，大部分县粮食平均亩产超过400千克。原来盐碱旱涝十分严重的山东省禹城县和平原县1989年粮食平均亩产超过800千克。这些数字说明黄淮海平原已开始由低产地区向中高产地区发展。为了配合农业生产的这一重大变化，地理研究所及时组织了作物产量与环境因子关系的理论研究。

作物产量是作物与外界环境因子相互作用过程中同化环境因子的结果。产量的形成，一方面由作物本身生物学特性所决定，再一方面由外部环境特性所决定，包括光、热、水、土、肥等因素综合影响。前者属生物学和农学研究范畴，后者则是地理学和生态学所关心的领域。进入20世纪80年代，地理研究所在这个领域的理论研究，建立了一些数学模型，得到了一些科学结论。

刘昌明等人根据主要作物需水规律、生育期有效降水量和地下水的作物利用量，提出农田水量平衡计算公式，指出区内小麦和棉花生育期普遍缺水，黄河以北地区更为突出。程维新分析了德州和禹城试验站的观测资料，计算了夏玉米—冬小麦生长年度的凝结水量和作物耗水量，小麦生育期耗水量为443~507毫米，棉花为707~755毫米。

吴家燕研究了冬小麦水分生理指标的若干特性，分析了小麦株体的自由水和束缚水含量、蒸腾强度、吸水力和渗透力及其相互关系。指出小麦开花前灌溉可以增加小麦体内自由水、减少束缚水、增加植物体内细胞水分活性，有利于小麦生长。而开花以后灌溉，则不能增加植物体内细胞水的活性。

左大康、陈德亮从作物群体吸收太阳辐射和作物的生理生态特性出发，研究了冬小麦和夏玉米生育期的光能转化效率、最大光能利用率及相应的产量指标，计算了115个站点冬小麦和夏玉米的光合潜力，并定义了光能潜力指数，分析了它的空间分布特征。

计算的冬小麦光合潜力为 1 525~1 865 千克 / 亩，夏玉米的光合潜力为 1 000~1 250 千克 / 亩，冬小麦全生育期平均最高光能利用率为 2.8%~3.0%，夏玉米为 3.4%。通过对作物的气候生产力因素中光合作用和呼吸作用这两个主要能量过程的研究，建立了冬小麦和夏玉米的气候生产力模式，分析了气候生产力的空间变化。

赵名茶、李巨章从理论上研究了作物光能利用率和其他环境因子对作物产量的影响，根据河北省栾城和北京近郊大屯 4 年的观测资料，计算冬小麦最大光能利用率为 3.1%~3.3%，而 20 世纪 70 年代以前，由于产量低，大面积光能利用率仅为万分之一左右，20 世纪 70 年代达到万分之五，20 世纪 80 年代前期，随着产量上升达到 0.1%，石家庄高产地区达 1% 左右。以最小因素限制性定律为基础，探讨了环境因素中光能、温度、水分、养分条件对作物产量的影响，指出冬小麦和夏玉米产量的主要限制因素是水分条件和土壤养分。统计了区内 88 个站点气象资料，分析了石家庄地区和济宁地区土壤水分资料，用辐射平衡和水分平衡公式、彭曼蒸发力公式、光合潜力公式和作物产量潜力公式，对 38 个县（市）的实际产量做了数学模拟。

谢贤群用禹城试验站的观测资料，计算了冬小麦各生育期平均光合有效辐射日总量为 5.86~7.54 兆焦 / 平方米，全生育期总量为 921~1 130 兆焦 / 平方米。光能利用率与叶面积大小有关，董振国根据观测和调查资料，分析了不同作物叶面积变化特征，农田叶面积以 5 月和 8 月最大，叶面积指数达 3.5~4.0，3—4 月和 9 月以后农田叶面积的空间变化由北往南逐步增大。

（本文原载《地理学研究进展》，科学出版社，1990 年）

第三节 20 世纪 90 年代中国地理学发展的几点分析

一、90 年代中国地理学发展的基础

中国现代地理学的发展经历了 3 个阶段：从 20 年代一些大学开设地理系到新中国成立之前的 20 多年，地理研究以区域调查和类型成因分析为主，学科发展和专业人员尚不完善，处于初级阶段。这一时期对中国现代地理学的系统研究具有奠基意义。从新中国成立到文化大革命结束，重点研究区域分异、地理环境、生产力布局、专题及综合制图和区域综合考察等工作，形成了专业配套、队伍齐全、教学和研究单位布局合理的可喜局面，是中国现代地理学的定型阶段。文化大革命结束以后，由于国家建设需要和

研究力量的壮大，地理学出现了新的发展形势，其主要特点是：区域、国土、环境、制图研究有新的突破；开拓了遥感应用、机助制图和地理信息系统等新领域；实验地理受到普遍重视，并有较快发展；经济地理特别是人文地理发展迅速；在北京以外，形成了华东、中南、西南、西北和东北几个带有地区特色并各具一定优势的地理中心，并对湖泊、沼泽、沙漠、冰川、泥石流的研究取得长足进展。

经历以上三个阶段的发展，地理学已成为我国现代自然科学体系的一个活跃领域，同时也为社会经济发展做出了应有贡献，为 90 年代地理学进一步发展奠定了基础。

二、90 年代地理学发展的有利条件和限制因素

有利条件：一是已经形成一支素质较好、结构合理的地理学教学和研究队伍，其中老一辈地理学家可以继续发挥学术领导和指路作用，一批中年学术带头人在国内外已崭露头角，新一代年青人以其特有素养和锐气，显示了他们的才干；二是地理学界有组织跨部门、跨单位、跨学科的大型综合性项目的传统和经验；三是国际交流和合作的某些渠道已经打通，为提高中国地理学在国际上的地位创造了条件；四是国家发展已步入一个关键时期，社会需要为地理学发展提供了良好机遇；五是中国幅员辽阔、地形多样和资源、环境、人口问题的紧迫性，为地理学家展示了背景宽阔的舞台。

不利条件和限制因素有：一是研究和教学经费比 80 年代更为困难，以争取课题求得生存的任务型研究，将继续分散专业队伍中相当多的精力，从而限制了对学科发展具有决定意义的重大基础性、长远性和整体综合性项目的形成；二是迅速发展起来的生态学和环境科学同地理学存在外延叠合和相互渗透，产业部门研究力量的壮大同地理学有关分支学科形成竞争局面，地理学一部分传统研究阵地有可能被相邻学科挤占；三是地理学在经历了分支学科深化和地区分工从而促进地理学发展的同时，出现了学科分化和地区分化的势头，从而影响地理学的整体发展和新的综合性高层次学术带头人的成长；四是基础理论研究相对薄弱，地理学界公认的新的前沿问题和重大突破口尚不明朗。

三、90 年代地理学的发展目标

发展目标应当是：一要创立具有世界水平的地理学理论和方法，在地理学前沿领域占有一定位置；二要为国家宏观决策和经济发展提供高水平成果。为了实现目标，要从中外地理学发展经验中找借鉴，从国家现实需要中找出路，以基础研究立发展之本，以研究任务将学科搞活。重大项目设计和队伍组织，要体现地理界的联合，地理学的高层次综合和整体发展，要考虑老中青科技人员结构。有计划的安排好青年人的学术接班，是发展 90 年代地理学和在新世纪到来时将地理学继续引向繁荣的战略问题，要让他们

迅速进入基础研究最前沿，为他们用独创性思想开辟新的方向和领域创造条件。

四、加强基础理论研究

基础理论研究以认识自然现象、探索自然规律、提出理论论断或形成学说体系为目的，而没有特定的应用目标。基础理论研究可以推动学科的发展，使应用研究保持后劲。因此，当代诸多学科发展的竞争，最根本的是基础理论研究的竞争。由于过去这方面研究相对薄弱，90年代应当给予足够的重视。在此谈两点意见，一是理论难点的突破，二是理论体系的建立。

关于理论难点的突破。理论难点可以认为是处于学科发展前沿的关键点，或是影响若干领域发展的关联点。这种理论成果形态不像理论体系那样综合和丰富，但具有深度、力度和穿透性特点。有时一个模型、一个论断或一篇论文就能实现某种突破。理论难点一旦被突破，往往能使很多问题迎刃而解。这类理论研究要有高水平人才、先进的试验研究设备和准确的选题。90年代要根据地理学本身的发展进程，从现实研究工作中提炼，选择重大理论突破口，争取有较大的进展。

关于建立新的理论体系。所谓理论体系是指学科覆盖面较大，由一系列规律性认识形成的理论系统。这类理论系统的形成，一般能够导致新分支学科的产生或丰富现有学科发展内容，并对应用研究有指导意义。理论体系通常含有三个层次：一是理论单元，即研究的结论或论点，是理论体系建立的基础；二是理论链，由若干理论单元归纳而成，揭示某些宏观规律；三是理论系，由几条相关的理论链合成，可以阐述某一领域的系统理论认识。一个理论体系的形成，要具有长期的工作积累，稳定的研究队伍，研究人员对认识未知世界强烈的追求，学术带头人的创新意识、归纳能力和对研究结论发掘处理和调度能力。

地理学研究的空间范围是地球表层。在地球表层这个界面上，由于岩石圈、水圈、生物圈和大气圈之间密切的联系和相互影响，地球内力和外力的交互作用，物质和能量的迁移转化，由此产生各种自然现象、自然灾害和自然变化过程。加之人的社会经济行为的介入，使其变化更为复杂。因此，进一步认识这些自然事实和经济活动在地表的分布规律、过程特征和因果关系，以及在此基础上形成理论体系，进行地理预报，是90年代地理学基础研究的主体。

五、90年代中国地理学研究的重大选题

由于很多项目受制于国家任务和横向任务，科学家自选课题的余地越来越少，今后应在完成国家任务的同时，带动学科的创新和发展。在此提出的一部分很不成熟的选题建议如下。

1. 我国未来生存环境变化及改善途径

由于我国人口继续增长，耕地不断减少，人均资源量少且在持续下降，以及工程建设和经济开发项目的种种后效，使我国未来生存环境有恶化的趋势，保护和改善人类生存环境已成为经济和政治生活中的重大问题。因此，研究自然因素和人为因素对人类生存环境的影响，工业化、城市化和水土资源开发带来的环境问题，预测未来 10~30 年的变化趋势，提出改善途径，这是包括自然地理和经济地理很多学科都要研究的共同任务。

2. 地球表层动态及人地系统

这是地理学长期进行的地表物质能量迁移转化研究和生产力布局研究的深化和继续，也是全球变化研究的组成部分。今后应当注重自然系统，社会系统和人工系统的相关性研究，重点研究不同层面（山地、平原、海洋等）、不同网络（河流、交通线等）和不同节点（城市、居民点、矿山、大坝等）组成的动态系统。研究人的行为通过网络和节点对层面的物质状态和不同层面的物质分配关系引起的变化，提出调控对策。

3. 区域治理和区域开发综合研究

区域研究是地理学一个长期研究任务，也是地理学面向经济建设的一个优势领域。90 年代应根据国家和地区性经济发展需要，开展不同尺度区域治理和区域开发的综合研究。重点研究区域自然环境与生产力发展的条件、区域经济结构与产业间的联系、国土开发整治规划、区域开发模式和区域发展战略等。

4. 农业自然资源、自然条件和自然灾害研究

早在 20 世纪 50 年代，竺可桢先生就提出为农业服务是地理学研究的重要内容。30 多年来作了大量的工作。由于农业在国民经济中居于重要地位，而几十年农业的发展又经历了曲折、徘徊和多次反复的道路。90 年代要保持农业持续、稳定的发展，除了政策和投入因素外，依靠科学技术则是必不可少的条件。地理学宜重点研究不同地区农业自然资源、自然条件、自然灾害以及农业资源开发引起的生态环境问题，并要继续研究中低产地治理改造和高产田、吨粮田建设条件。

5. 地理信息系统和地理学实验研究

地理学的发展，不但要描述自然现象，而且要用地理学方法对自然进行改造利用，不但要认识自然规律和经济规律，而且要深入揭示其中的机理和预测未来变化；在各分支学科继续深化的同时，要求地理学高层次的综合。这就要求研究的定量化和模型化，需要建立信息的现代采集和处理系统的支撑。地理信息系统和地理学实验研究是其中最重要的手段。这两个领域在 80 年代的开拓和突破，为 90 年代进一步发展准备了条件。在此基础上，地理信息系统要不断开发信息资源和系统功能，实现动态监测和预报；进行资源卫星应用系统的开发，为宏观决策和大型工程建设提供信息服务，参与全球数据

库的建设，为全球变化研究提供新的技术手段。野外定位实验研究，要在全国不同自然地带和不同地理区域合理布点，尽快提出系统的试验研究成果，建成为我国地理学基础理论和应用基础研究的重要基地。

六、建立地理学界广泛的联合

目前地理学界的横向联系主要是地理学会，几十年来地理学会和各专业委员会组织了多方面的学术交流，为发展中国地理学做了大量工作。今后除继续发挥学会作用外，有必要组织研究单位和院校系统多渠道广泛的联合，并通过各种形式研究地理学发展的若干重大问题，促进地理学在 90 年代形成生动活泼、兴旺发达的新局面。

（本文原载《地理研究》第 10 卷第 4 期，科学出版社，1991 年）

第四节　面向经济建设　发展地理科学

地理学在长期发展过程中确立了自己的研究方向和研究内容，即主要研究地理环境的结构、形成、演变规律及物质能量的迁移、转化、积累、消耗的过程，以及人类活动对地理环境的影响和人类利用、改造地理环境的途径。地理学研究的空间范围集中于地球表层，这一圈层是人类生存、活动最直接最重要的场所。因此，人与地理环境间的关系又是地理学研究的核心问题。随着社会发展和大规模工程项目的实施，人地之间的关系更加错综复杂，矛盾越加尖锐深刻，地理学在国民经济建设中的作用将日益重要，从而也将赋予地理学的发展以新的活力。

不同的地理环境有不同的动力过程，不同的物质和能量迁移变化特征和不同的地域分异规律。不同的区域，由于资源、能源、自然条件和社会经济条件的差异，应考虑不同的工农业生产布局和生产力的地域组合。因此区域研究是地理学的一个重要特点。

一、地理学的主要成就

三十多年来，地理学工作者沿着自己的研究方向，发挥综合性和区域性的研究特点，为面向经济建设做了大量工作。从 20 世纪 50 年代起，曾多次参加过边远省区和一些流域的综合考察和区域开发研究，并取得了《中华地理志》《中国综合自然区划》《中华人民共和国地图集》等重大成果。从 60 年代起开展农业区划、灾害防治、工农业生产布局以及与交通、水利有关的研究项目。从 70 年代起开展环境研究。80 年代开始进行国土整治、农业生产潜力和城市生态系统研究，并完成了《中国自然地理》等系统成果。此外，还开展了潮泊、沼泽、冰川、冻土、沙漠、河口、泥石流等方面研究，以及遥感、遥测、计算机技术和地理信息系统应用研究。这些研究工作在国家建设的各个时期提供了有重要应用价值的研究成果、系统资料和基础图件，同时也将地理学推到一个新的时期。

二、地理研究的新课题

国家经济振兴和社会发展，向地理研究提出了很多新课题。在区域开发和国土整治方面，应重点研究我国东部、中部和西部三个经济地带的关系和每个经济地带不同区域之间的内在联系；研究重要开发地区和重大工程项目有关的地理学问题，特别是沿海开放城市和开放地区、中部能源基地建设和西部资源开发的有关问题；研究干旱地区、黄土地区、喀斯特地区、河口地区和山地等特殊地理区的开发和治理，为国家制定区域发展战略和宏观决策提供科学依据。在农业方面主要开展农村产业结构、农业生产合理布局、水土资源合理利用、农业灾害防治和旱作农业等项目研究。在环境方面可继续开展环境背景值和环境容量、环境影响评价和环境治理对策、生命有关元素和某些地方病环境病因等项研究。通过这些研究，争取为国家解决一批在经济建设和社会发展中出现的难题。

地理制图是地理调查研究成果形象直观的表达形式，是自然信息和社会信息的艺术综合和科学提炼，它同新近发展起来的地理信息系统同是地理学研究的重要手段。地理学界过去曾编制了大量综合性和专题性图集、图件，在科研、教学、国防和经济建设上广泛应用。今后应进一步发挥专题地图优势，提供更多的成果。

野外定位实验观测，能够为探索自然过程的因果关系提供必要的信息，是地理学基本理论和应用基础研究的重要基地。全国应统筹安排，在不同自然地带和不同地理区域，有计划布设实验站点。现有的北京大屯农业生态实验站、山东禹城综合实验站、宁夏沙坡头治沙站、天山冰川站、云南东川泥石流观测站和其他实验站，要不断完善观测项目。争取尽快提出系统的实验研究成果，为农业高产低耗提供理论根据，为探讨地表物质能量转化这个地理学基本理论问题和加深对环境—生物—人工措施这个体系的认识做出贡献。

三、基础研究与应用研究并举

面向经济建设，大力加强应用研究十分重要。继续重视基础研究，使应用研究保持后劲，从而在新的高度上更好地服务于经济建设，同样也很重要。关于基础研究的重点，我们认为拟开展以下四方面工作：一是继续进行地表物质、能量迁移和转化规律研究，特别是辐射平衡、四水转化、地表形态演变和化学元素分布迁移规律研究，通过这些研究可为农田生态、土地侵蚀、资源利用和环境研究提供理论基础；二是研究不同圈层界面上的地理现象的发生机制和动力过程，为冰川、冻土、滑坡、泥石流、河床演变、沙漠化等研究和灾害防治提供理论基础，并为新的边缘学科的形成准备条件；三是加强生产力地域组合理论研究，对具有中国特色的社会主义的生产力合理布局进行探讨，使生产建设取得较好经济效益和社会效益；四是开展气候与环境变化及预测研究。总之，基础研究应优先考虑有普遍带动意义的前沿者学科和在国民经济中有广泛指导意义的重大地理学课题。

四、研究机构要开放办活

我国地理研究机构应适应经济体制改革和科技体制改革的需要。开放和办活是其中重要环节。中国科学院地理研究所承担了资源与环境信息系统实验室的筹建任务，1987年建成后，作为全院重点开放实验室将向国内外开放。大屯农业生态实验站和禹城综合实验站，经过几年建设已初具规模，待条件成熟后也可对外开放。

我国地理研究队伍老化日趋严重，以中国科学院地理研究所为例，现在科技人员中45岁以上者占65%，再过10~15年，他们将逐步退出野外和科研第一线工作。因此，青年人才的培养，特别是青年学术带头人的选拔和培养已成为当务之急。要提到战略的高度切实抓好。

（本文原载《科学报》，1985年10月27日，作者左大康，许越先）

第五节　地理学由认识自然到改造自然的研究实践

——从几个重要项目研究中归纳的理论认识

一、土壤水盐运动和河流水化学研究，开拓了一些新思路，提出一些新概念和新的理论认识，发展了河流天然水化学和环境水文研究领域

1. 提出土壤盐分运动的水载系统，形成土壤水盐运动三要素原理（化学元素、水、土体），为盐碱土综合治理提供了新的理论基础

化学元素（以离子形式出现）是土壤盐分的物质条件，土体是土壤盐分积存和运动的空间场所，水是土壤盐分的溶剂和载体。化学元素由于水的载动在土体空间发生的位移，出现的表积、淋溶等过程，是土壤盐碱化发生变化的根据。其他因素要通过这三个

要素对土壤水盐运动产生间接影响，盐碱土改良就是采取有效措施，从方向上和数量上控制盐分在土壤的累积。从方向上控制是用水利措施将水盐的上升运动转变为下移或水平运动。数量上控制一般用培肥地力和其他生物措施减少土壤盐分上移数量。前者称外控，后者称内控，所谓综合治理就是外控和内控的统一。这个理论使长期来农学界和水利界"生物论"和"工程论"的两种观点有了统一的理论基础，比 60 年代的"临界水位"论和 70 年代的"季风气候加上地学条件"理论，可以更深刻更系统的解释土壤盐分运动发生的各种现象和指导盐碱土改良的技术投入。以上理论认识在《禹城实验区土壤盐分的水迁移运动及其控制》等论文中有系统论述。

2. 河流水化学研究，从以下两个思路展开

①离子径流及其构成因素（离子总量、离子流量、离子径流量等）的空间分布和时程变化规律；②化学元素的水平迁移行为，在地理系统的不同层面（高原、山丘、平原、海洋等），不同节点（水库、引水站、汇流点等）和河流网络中引起的水文化学效应（化学溶蚀、离子径流、盐分积累、海陆化学物质交换等）及其对地理环境影响。以上认识，在《我国入海离子径流量的估算及影响因素分析》《长江上游离子径流与化学溶蚀》和《90 年代我国地理学发展的几点分析》等文章中有详细论述。

3. 通过以上研究，建立化学元素垂直运动和水平运动相互转化的关系

弄清全国分布变化和迁移的事实，实现化学元素的水迁移运动这一基础研究的总目标，将天然水化学研究和环境水文研究向前推进一步。

这个领域的研究是地理学早就提出但至今尚未搞透的工作，而自然界中常量元素的深入研究，可以更好揭示地理环境变化的化学过程，是自然地理学不可忽视的研究领域。我的工作只是初步的，主要在禹城实验区的定位研究，我国入海离子径流研究和长江上游离子径流研究，取得初步成果。

二、水资源与节水农业研究

1. 研究了华北地区水资源分布变化和资源量

特别研究水资源开发及其对自然环境的影响，将 40 年来水资源开发划分为以地表水为主的平面开发、地下水与地表水联合的立体开发和以节水为主的深层技术开发三个阶段。20 世纪 80 年代中期以后，进入第三阶段，节水农业研究应成为这个阶段研究的重点。研究了水资源开发对入海水量、区域盐分积累、地下水位变化等环境影响量值和防治措施。提出了水资源区域补偿和区域调配的概念，将黄淮海平原按 7 个水资源区，分别求出了各区的水资源补偿和调配系数。分析了中国北部地区缺水状况和导致的后果，提出了缓解对策。以上工作体现了地理学特色，丰富了区域水文和水资源研究内容。

2. 提出了节水农业的概念和意义

节水农业研究应围绕农业水资源、输水系统、灌水系统和生物水四个环节进行。分析了黄淮海平原的节水潜力，将区域水资源利用率提高 20%~30% 是可能的，首先提高 10%，即可将耕地灌溉率由现在的 55% 提高到 65%，从而产生巨大的经济效益。系统研究了海河流域引库灌区、沿黄地区的引黄灌区和淮河流域的灌溉用水利用率，并比较了山东引黄灌区用水利用率高于河南的工程技术因素，指出了提高水的利用率的途径。分析了节水农业基础研究、应用研究和综合试验研究的现状和问题，探讨了我国节水农业研究的趋势。

国内这方面研究成果很多，我的创新点在于：

（1）黄淮海平原水资源开发划分为三个阶段，突出第三个阶段以节水技术开发为主。

（2）提出了水资源区域补偿和区域调配的概念及计算方法，给出了 7 个水资源区的补偿和调配量值，为人类活动区域水文水资源研究作了新的探索。

（3）提出节水农业研究概念和含义，完成节水农业综合研究大型课题设计，制订了建设聊城、禹城、封丘、南皮四个节水试区，研制 5 种节水化学材料和 5 个抗旱作物品种和节水农业发展战略的总体方案，使中国科学院的节水农业研究在国内处于领先地位。

（4）系统分析了不同流域灌溉水利用率，指出提高农业用水有效性的途径，分析了中国华北地区缺水状况和导致的后果，提出了缓解对策，在国际会议上交流受到普遍重视。

这方面工作在《黄淮海平原水资源区域补偿和区域调配》《我国节水农业研究的主要趋势》和《提高农业用水有效性的水文学研究》等论文中有系统论述。

三、黄淮海平原区域治理和农业区域开发研究

"黄淮海"项目与地理学其他科研项目有很多不同之处，难度较大。主要是：①项目属发展（开发）研究，要直接产生经济效益，这是地理学的一个薄弱环节；②有地理学、生物学和技术科学的多学科参加并要同各级地方政府联合进 行，需要高度综合、有效组织和正确处理各种关系；③院领导布置这项任务时，提出了将点上经验推到面上，将科研成果转化为现实生产力的原则要求。具体研究内容、方法、步骤都靠自己创造性的摸索；④工作区范围包括鲁西北 29 个县，面积大，范围广，当时形势又要求迅速将工作铺开。在这种情况下，我作为山东工作区项目主持人，提出了一系列思路、方针、原则、步骤和方法，迅速打开了局面，取得多方面成果和效益。我的贡献如下。

1. 在"黄淮海"工作中，首先提出并成功组织了第一个"科学技术与生产见面会"

会议在德州召开，省、院领导到会指导，院内 24 个研究所 100 人和地区及各县 600 人到会，院内公认以此会为标志，揭开了全院黄淮海平原农业开发工作的序幕。在此以后，南京土壤所和石家庄现代化研究所，按此经验也在河南、河北召开了类似的会议。

2. 提出"突出中间（德州地区），带动两翼（聊城、惠民、东营），点面结合，步步为营"的方针

制订了两步工作计划，第一步开发先行、打开局面，奠定基础，第二步专题深入、稳定队伍、发展成果。明确了试区（点）工作的 3 项任务，工作站（片）的 4 项职责和面上考察的 5 项内容。正确处理了 4 个关系（学科之间的关系，基础、应用和开发三类研究的关系，点、片、面的关系，低、中、高三种类型农田开发的关系）。由于提出了较好的总体设计，明确了具体工作任务、工作内容和工作方法，并多次到各站点现场办公和研讨。克服和解决了上面列举的那些难点，开拓了项目研究的新路，在 1988 年春短短 40 天时间内，将来自十多个研究所的 200 多名科技人员组成的"多国部队"迅速地部署在鲁西北区域治理开发的主战场上，并在三年时间内取得丰硕战果。我多次受到领导同志的好评。如 1988 年 11 月 8 日，我参加中央领导在中南海对中科院 27 位有成绩科学家的接见。当时，周光召院长向中央领导同志介绍说"许越先同志是一位优秀的中年科学家，常期在黄淮海地区做农业科研工作，今年他带领 200 多人的队伍，在 7 个县开辟了试验基地，取得重大成绩……"周院长、李院长于 1989 年 3 月亲自考察山东项目区，回来召开京区各所和院直机关干部大会，会上周院长作山东考察的专题报告时，再次提到我的工作，他说："我和李振声同志都认为，德州的科学技术与生产见面会是一次成功的会议，揭开了中国科学院'黄淮海'战役的序幕，随后河南、河北也开了会，打开了黄淮海工作新局面，这项工作'山东工作区司令'许越先同志是立了功的……"。

3. 以试验示范区为基地进行的区域治理和农业区域开发研究，提出试区建设发展的 4 个选点原则（代表性、典型性、针对性和耦合性）、试验示范设计的三条原则，以及中心区集中显示、示范区层次显示和推广区规模显示等设计思想

制定了试区选点、本底调查、总体规划、试验设计和措施五个程序。对科学技术转化为现实生产力，分析了转化的 3 个条件，归纳了转化的 5 个方式（扩散式、辐射式、传递式、吸引式、渗入式），形成了转化的 4 个途径。在工作中充分体现了地理学区域性和综合性的特点，用综合性指导内部学科统一，用区域性体现学科外部特色（地理特色），内部学科综合又坚持了"多科汇合，一科为主"，从而将生物和技术科学的农业技术进行了地理学的调度和改造，强化了地理学直接改造自然的技术手段，在科研实践中初步形成"区试论"和"转化论"两个理论框架，推动了应用地理学和区域地理学的发展。

4.三年来取得重大经济效益、生态效益和社会效益

运用地理学区域性和综合性原理（方法），吸收融合生物学和技术科学的某些单项技术，对这些技术进行地理学调度和改造。由点到面的将科学技术转化为区域宏观效益，学术带头人要有强烈的学科意识，始终贯彻"多科汇合、一科为主"原则，从而在多学科中发挥主导地位和支配作用。作为单纯的农业技术，不是地理学的研究对象，只有当这些技术参与区域治理和农业区域开发时，才把它们纳入地理综合的内容加以运用和研究并吸收为应用地理学的新因素，丰富和发展地理学。其结果有三。

（1）通常地理学家主持的试区为新技术试验研究提供了基地。

（2）地理学区域分异，类型划分和农田状态研究成果，使新技术应用拓展做到因地制宜。

（3）弥补了地理学对改造自然技术手段的弱点，增强了直接改造自然的能力，推动了地理学的发展。

所谓应运而生的一些学科（如生态学、环境科学）往往披上一件时髦的外衣，实际上研究着地理学的某些传统内容，发展后又蚕食和挤占地理学的领域和阵地，如果地理学不能以新的活力综合其他学科的某些内容，丰富和发展自己，就可能在现代诸多学科的激烈竞争中衰败下去。上面讲到黄淮海研究工作的一些思路和实践，为增强这种活力作了重要尝试。

以上工作在《区域治理与农业综合开发》《地理学在改造农业自然条件中的地位与作用》《在黄淮海平原农业开发中将科学技术转化为现实生产力》等文章中有充分论述。

综上所述，本人在主持几项重大科研项目以及在国家经济建设中作出贡献。在黄淮海学术界、水文水资源研究和节水农业研究等领域有一定的学术影响。在担任业务处长和副所长期间为发展地理学和发展中国科学院地理研究所作出了应有的贡献。

（本文是晋升研究员申报材料中"研究和学术贡献"部分，1991年11月）

第十八章
▌▌▌科研管理思想

第一节 "六五"科研成就标志中国科学院
地理研究所开始步入繁荣兴盛时期

——中国科学院地理研究所"六五"科研成就的总结和
"七五"科研工作的建议

一、"六五"重大成就和"七五"发展目标

地理研究所"六五"期间,共完成科研任务99项。其中所重点9项,国家和院攻关重点课题46项。截至1985年1月底,各项攻关任务、重点任务中安排在"六五"期间的工作,以及98%的一般课题,都完成了计划任务,有些课题比原计划提前一年以上。

"六五"期间,成立了经济地理部,设立了资源与环境信息系统实验室和中心分析室,建成了大屯农业生态实验站、禹城综合实验站和南四湖水面蒸发站。完善了化学分析、物理分析、古环境测定、制图实验、水文和河流地貌模拟等实验系统。在此期间,取得重大科研成果45项,其中达国际先进水平6项,国内先进水平39项。全所发表论文报告1 120篇,出版专著43部,图集13本。1985年和1980年相比,全所科技人员由400人增加到480人,高级研究人员由37人增加到98人,中级人员增加到251人。在学研究生人数由19人增加到60人。参加课题人数由164人增加到340人。

1985年攻关和重点项目共向国家提交研究报告37份,约60万字。图集4本,成果图件15幅,区域治理配套技术1套。1986年再用一段时间进行系统学术总结后,预期总计可发表论文报告250~300篇。出版论文集10~12本,写成专著15本。在已经鉴定的成果中,达到国际先进水平3项,接近国际先进水平1项,国内先进水平5项,取得重大经济和社会效益2项。这些研究成果,有的已为国家宏观决策提供了重要依据,

引起中央领导同志重视；有的已被产业部门和地方政府应用，开始转化为直接生产力；有的已得到有关主管部门和媒体的注意和好评；有的具有重要学术价值和广阔的应用前景，将为学科发展、区域开发和某些研究领域的进一步开拓化和深入，提供重要基础。

五年来，全所取得重大成就或作出突出贡献的有以下几项。

1. 黄淮海平原农业自然条件、自然资源的评价与合理利用研究

属国家攻关任务，我所是主要参加单位，由左大康、邓静中、刘昌明、沈建柱、许越先、姜德华等同志负责或管理。该项被评为全院攻关重大奖励项目，新创刊的《中国科技报》选为 1985 年全国科技十大成就之一。在这里值得特别指出的是，叶青超同志负责的课题组，通过对黄河中下游减沙途径和河道治理的研究，提出的观点和建议，得到李鹏副总理的重视，作出了重要批示。

2. 京津生态系统特征研究和京津地区生态环境图集编制

属国家攻关任务。我所是主要参加单位，该项目由邢嘉明同志负责，唐以剑、徐志康、付肃性、尤联元等同志参与课题负责或管理。被评为全院攻关重大奖励项目。通过院级鉴定，成果接近国际先进水平。其中，郭来喜、杨冠雄等同志在该地区进行的华北海滨风景区昌黎段开发研究，做出了重要贡献。

3. 京津唐地区国土整治的综合研究

吴传钧、胡序威、孙盘寿同志负责，陆大道、赵令勋等同志参与负责，研究成果受到国家计委重视和好评。

4. 山西能源基地开发与经济区划研究

由李文彦、陈航等同志负责，通过研究，除提交专项报告外，还出版了一本专著。

5. 地方病环境病因及防治研究

谭见安、苏映平、李日帮、朱文郁、侯少范等同志参与课题负责。通过对全国 20 多个省、市、区的调查，发现了我国的低硒带，查明了克山病和大骨节病与元素硒的关系，编制了"地方病与环境图集"，该图集将用中英文出版，在国内外发行。

6. 土壤容量研究

属国家攻关任务。由夏增、穆丛如、李森照等同志负责。其中 2 项成果通过院级鉴定达到国际先进水平，1 项达到国内先进水平，被评为全院攻关授奖项目。

7. 水环境容量和背景值研究

属国家攻关任务。由章申、张立成等同志负责。通过鉴定，1 项成果达到国际先进水平，1 项取得国内先进水平。该项被评为全院攻关授奖项目。

8. EF I 型腐植酸树脂及其处理重金属

巴音、王兰同志负责，该项成果达到国际先进水平，获院成果一等奖。

9. 中华人民共和国人口地图集编制研究

我所是主要承担单位。刘岳、梁启章等同志负责。将用中英文出版，在国内外发行。图集绝大部分内容采用计算机自动制图，这在国内还是第一次。

10. 中国 1：100 万地貌图、土地类型图和土地利用图编制研究

分别由沈玉昌、赵松乔、吴传钧先生挂帅，苏时雨、陈治平、尹泽生、申元村、郭焕成等同志参与课题负责。这项工作由我所牵头，全国几十个单位参加协作。全部完成后，将为国土整治、资源开发和生产力布局提供重要基础资料，对学科的发展具有重大意义。

11. 青藏高原地图集编制研究

廖克、吕人伟等同志负责，图集集中反映了我国青藏高原考察和科研的成果，将用中文、英文出版，国内外发行。

12. 华北平原水量平衡及南水北调研究

先后由左大康、刘昌明、许越先、李宝庆等同志负责，郑斯中、汤奇成等同志参与课题负责。该课题研究成果，分别在三次国际学术会议上交流，并同联合国大学共同出版"远距离调水"一书。

13. 遥感应用研究

属院攻关项目。张晋、许殿元、付肃性、叶青超等同志负责。提交两项成果，一项是卫星遥感图像识别盐碱土的计算机处理方法（德州幅卫星图像为试验区），一项是黄河下游及河口三角洲地貌条件研究中卫星遥感图像的计算机处理分析和应用。

14. 遥测技术应用研究和推广

胡贤洪、杜懋林等同志负责。在禹城站先后完成了 5 平方千米水平衡小区及气象铁塔两个遥测数据自动采集系统，为新技术在地学研究中的应用开了一条新路。1985 年这套技术系统进一步完善，扩大了成果推广范围，同产业部门签订了六个合同，总经费达 110 万元，为我所科技开发工作做出了贡献。

15. 深圳科技工业园选址和规划

胡序威、陈汉欣、杨冠雄等同志负责，提出的选址方案，得到深圳市政府赞赏，选址后又参与规划工作。

16. 南极考察和长城站建站

张青松同志连续三年参加南极考察，并参加长城站建站工作，成为中国第一批踏上南极大陆的成员，继后谢又予同志于去年年底赴南极考察。

17. 全国国土纲要编制

是国家计委任务，我所八九位同志参加工作，胡序威、陆大道等同志负责，1985年 12 月已写出第三稿。

以上是一部分重大项目，其他还有很多在院内外获成果的项目和重要的学术著作不再一一列举。说明过去的五年，是我所发展的五年，丰收的五年。也是全体同志紧张工作的五年，奋力拼搏的五年。这些科研成果的取得，首先是党的正确方针政策的指引，更应归功于战斗在第一线上的广大科技人员的奋发努力，也和院所的正确领导、管理部门、行政后勤人员和二线服务人员的积极支持与配合是分不开的。在此，向全体科技人员表示热烈祝贺和慰问，向全体党政后勤的同志们表示衷心感谢！

"六五"期间的迅速发展，将我所推向了一个新的历史时期，这就是经过初创、发展、动荡、恢复几个阶段之后，开始进入繁荣和兴盛的时期。其主要标志是：老一代科学家在国内外具有广泛影响，有一批比较成熟的中年骨干和学术带头人，学术思想和研究领域在若干方面带动了全国地理学的发展，部分研究成果在国家决策中发挥着重要作用，技术系统已初具规模。

在"六五"科学积累、技术积累和人才储备基础上，"七五"全所将承担 12 项国家重要科技任务，组织开展 4 项基础理论研究，计划争取 30 项基金课题，编写 50 本专著。我们的目标是多出第一流的成果和人才，真正建成全国最大的综合性的地理研究中心，为形成有中国特色的地理学体系作出贡献，为在国际地理学界发挥实际作用做出努力。我们的方针是：继续面向经济建设，充分重视基础理论研究和前沿学科发展，瞄准世界先进水平，夺取更多团体冠军。为了实现"七五"目标，下面分别就主要科研任务、预期重大成果、拟采取的对策和措施，提出若干建议。

二、"七五"主要科研任务和预期重大成果

（一）"七五"期间重点科研任务可归纳为五个方面

第一方面的工作是区域研究，包括六个重点项目。

第一项黄土高原区域治理研究。属国家"七五"攻关任务，我所主要承担粗沙区的调查、土壤侵蚀规律、综合自然区划及黄河中下游关系等内容，通过研究可以带动侵蚀地貌、坡地地貌及区域地理等学科的发展，建议以地貌室为主，自然室等单位参加。

第二项黄淮海平原区域发展战略和典型区治理配套技术研究。这是"七五"国家攻关任务，是"六五"工作的继续。中国科学院地理研究所主要承担面、点的工作，通过研究可以带动农业水文、区域地理、农村地理等学科发展。建议该项任务以水文室、禹城站和农业地理室为主承担。

第三项华北平原和山西能源基地水资源研究。该项是国家"七五"攻关任务，重点研究京津地区、山西能源基地、河北黑龙港地区和山东胶东地区水资源评估，供需现状和预测及解决缺水的战略措施，我所拟选黑龙港地区作为主攻方向，建议以水文室为主承担。

第四项西南地区国土资源综合考察和发展战略研究。这是国务院下达给科学院的一项重点任务，主要研究西南地区四川、广西、云南、贵州和重庆四省一市的自然条件、国土资源、经济开发、生产力布局及发展战略。我所重点开展工业交通布局、城市体系及综合开发方案的研究及一部分国土资源调查工作，建议以经济地理部为主，自然、地貌等研究室参加。

第五项三江平原低温寒害洪涝的研究。这是国家"七五"攻关任务，我所主要承担夏季三江平原低温、多雨与东亚季风活动的关系、异常低温和多雨年成因分析，2000年前三江平原低温和多雨变化趋势预测。主要由气候室承担。

第六项新疆资源调查和经济开发。这是"六五"的继承项目，由经济地理部、水文室、世界地理室等单位承担。

第二方面工作是环境研究，包括三个重点项目。

第七项克山病、大骨节病等环境病因及其区域防治对策研究。这是国家"七五"攻关任务。拟从宏观生态环境和微观分子细胞水平相结合，同时注意改良环境对防病治病的作用，确定病因，研究致病机理，实现控制两病发生发展的最终目标。

第八项土壤环境容量研究。这是国家"七五"攻关任务。将在我国主要土壤类型和经济开发区，选定八个区域类型，研究五种元素和化学物质在土壤和作物中的分布、积累、迁移、转化规律，建立各类土壤污染物的环境标准，污水灌溉和污泥利用质量标准，提出土壤环境容量研究程序和方法，作出土壤环境容量区划。

第九项水环境背景值及其应用研究。这是国家攻关任务。"七五"期间，重点调查长江水系及沿海主要开发区地表水体 20 多个元素的含量、分布和背景值形成因素，建立我国水背景值数据库。

七、八、九三项环境研究任务，建议化地室同院内外有关单位协同努力，发挥多兵种多学科优势，在"六五"工作基础上，争取做出更大成绩。

第三方面遥感技术应用和地理信息系统研究。包括两个重点项目。

第十项遥感技术在黄土高原调查、治理及三北防护林调查上的应用。这是国家"七五"攻关任务，我所拟参加黄土高原地貌遥感调查，土地资源遥感调查及土地类型和土地利用图的编制、水资源遥感调查，典型地区航卫片计算机处理和分析等项工作。通过这项工作，可以把分散在地貌、水文、自然、经地和技术等研究室的遥感技术力量带动起来。

第十一项资源与环境信息系统研究。这是国家攻关任务，"七五"的主要目标是：设计资源与环境信息系统总体布局和总体规划，重点在黄土高原治理、三北防护林区建设、京津唐生态环境研究等重大项目上建立实用系统，发展应用模式，取得实际经济和社会效益，为"八五"的大发展奠定良好的基础。

第四方面地图编制研究。其中有一项重点任务。

第十二项国家自然地图和全国经济地图集编制。这是国家科委下达的重点任务，是国家大地图集的组成部分，地图室负责编辑和设计，这项工作涉及面较广，各研究室给予大力支持和配合。

以上四方面12项任务，这是"七五"全所科研工作的主战场，预计将投入50%~60%的力量。

第五方面基础理论研究。这是地理学立命之本，要给予足够的重视。研究选题应优先考虑在近期有突破的关键问题，对学科发展有普遍指导意义和带动意义的重大理论问题和前沿学科；要注意新的生长点，开拓新的理论领域，要不断提出新观点新概念新方法；要善于在实际工作中提炼和归纳理论问题，形成新的理论体系；要鼓励新的理论人才脱颖而出，产生新的学派。对待理论研究，要提倡大胆探索、敢于坚持、不怕失败、持之以恒。

根据目前的技术条件、科学积累和人才优势，"七五"期间拟重点开展以下四项研究：一是地表物质、能量迁移和转化规律研究；二是生产力地域组合理论研究；三是气候与环境变化及预测研究；四是综合自然区划和经济区划理论方法的研究。另外，还考虑组织专人进行地理学基本资料的整理和分类工作。

鉴于过去理论研究力量分散，不利于工作开展，今后将以两个实验站为基地，以各项基金为依托。成立跨室站基础研究核心课题组，形成一组两站四题多点基础研究网。作为所内重点，从人财物上给予支持，我们相信，通过五年、十年的持续努力，必有起色，必见成效。

（二）根据以上主要任务，"七五"期间可以完成以下重点成果

1.区域和环境研究，分别向国家提交一批研究报告

（1）黄淮海平原区域治理和开发总体方案、农业发展战略以及各有关专题研究报告和基础图件。

（2）黄土高原自然条件、土壤侵蚀、粗沙区调查、泥沙侵蚀、搬运和堆积以及自然区划的专题研究报告。

（3）西南地区发展战略研究的轮廓设想报告和总报告。

（4）新疆工业发展、布局和综合经济区划研究报告，以及水资源、棉花资源、新疆资源开发与苏联中亚地区对比等专题研究报告。

（5）华北地区水资源供需现状、预测及战略措施研究报告。

（6）三江平原低温洪涝灾害成因及防治措施研究报告。

（7）克山病和大骨节病内外环境复合因子实验研究报告和我国低硒环境研究报告。

（8）土壤环境容量专题研究报告。

（9）长江水环境背景值研究报告及数据库的建立。

2.编制和出版一批图集和成果图件

（1）《中华人民共和国地方病与环境图集》《中华人民共和国人口地图集》《青藏高原地图集》《京津及邻区生态环境图集》《京津地区气候图集》《物候图集》等。"六五"期间编制的图集，在"七五"期间要做好出版发行工作。

（2）《中华人民共和国自然地图集》编制和出版。

（3）中国1∶100万土地利用图的出版和1∶100万地貌图、土地类型图完成全部编图任务。

（4）编制《水环境背景图集》。

（5）应用遥感资料编制黄土高原有关专题图件。

3.出版若干部有一定水平和影响的专著

（1）"六五"攻关学术著作。包括黄淮海平原7~8本系列专著，京津生态系统特征3本专著，环境研究4本专著，华北水量平衡研究1本专著，共计15本左右。

（2）地理学会在广州会议上列入计划尚未完成的4~5本专著。

（3）列入1985年全所科研计划尚未完成的10本专著。

（4）全国综合自然区划及经济区划专著。

（5）有关实验研究和基础理论研究专著3~5本。

（6）《现代地理学辞典》的编写。

（7）其他方面论著10~15本，以上六个方面总计约50本，其中必须在前两年交稿的26本左右。

三、对策和措施

（一）五年计划，二步实施

前二年系统进行"六五"任务的学术总结，抓紧科技人员培养提高和"七五"重点项目必要的基础工作。后三年集中人力、物力全力攻关。争取提前超额完成预定任务。按照这个总的安排，各室组都要做好具体部署，做到心中有数，务求必胜。

1986年是"七五"计划头一年，除上面所列五方面的工作外，还有13项科学基金，28个继承性项目，以及新申请的基金项目和自选课题，以及近20本专著的编写任务。由于重大项目预计到下半年才能落实，利用这个空隙，我们的工作重点要不失时机的转移到抓学术成果和人才培养上面。如果说1985年是我所的改革年、任务完成年，1986年则是学术年、培干年。

（二）坚持改革，推动科研

在1985年改革基础上，1986年进一步实施总体改革方案，完善所长负责制和课题组长负责制，建立健全岗位责任制，将把改革引向深入，开始全面实行经费分类管理，计划分类安排，并将尽快拟定科技开发管理办法和器材管理办法，今后要加强信息管理、图书资料情报管理和科技档案管理，改善《科研动态》的编发，少登大块文章，做到新、快、短、活。

通过改革制定更有效的制度、章程和办法，调整和改变阻碍生产力发展的生产关系，以保障科研第一线任务的完成，有利于多出成果快出人才。这是我们坚持改革的唯一目的。"七五"期间改革的步子要坚定，但头脑要清醒。要讲实效、不要凑热闹、赶潮流、图虚名，做到成熟一条改一条，成熟一点改一点，不搞一刀切。在新形势面前，要注意处理好以下几个关系。

关于计划和成果的关系。成果是目的，计划是保证完成的手段，每个课题都要将研究目标和预期成果放在首位，以此为前提分解研究内容和安排计划进度。

关于"交账"成果和学术成果的关系。随着科研经费分类管理办法的实施，合同项目和横向任务还会增多，自选课题越来越少，这一形势要求我们在进行课题设计时，要做好两手准备，一手抓生产应用成果，一手抓学术成果。

应用研究和基础研究的关系，二者都很重要。重大任务可以带动学科发展，学科发展又能在新的高度上更好地指导应用研究，二者是相互促进的，并不是对立的。

（三）人才分类培养、同步提高

这是"七五"期间面临的一项十分重要而紧迫的任务，为了做好这项工作，建议采取"分类培养，同步提高"的方针，所谓分类培养，就是把人员划分为几种类型，按各类人员实际需要，确定培养方向和采取切实措施。所谓同步提高，就是要调动所、室两级培干积极性，分别创造条件，使每类人员都有学习进修提高机会，要纠正过去那种一部分人"学学学"，另一部分人"干干干"的现象。从全所来看，大致可分为六类：第1类是学术带头人，要从实际工作表现中选择业务素质好，综合能力强，外语水平高，作风正派的同志给予重点培养。第2类是新参加工作的年青同志，重点培养独立工作和实际工作能力。第3类是工农兵学员毕业生，重点加强基础专业知识和提高独立工作能力。第4类是四五十岁的中年骨干，这部分同志业务素质较好，但任务多、负担重，知识老化严重，应当是"七五"培干的重点，主要提高他们外语水平，补充新的知识，掌握新手段。第5类管理人员，主要是总结管理经验，学习管理知识，提高管理水平。第6类政工人员，主要提高马列主义理论水平、文化水平和专业技能。对各类人员各单位都要模底排队、制定计划，抓紧"七五"前二年时间，采取措施，使之收到实效。为了保障培干计划完成，1986年教育经费，按计划拨款到室，由室主任统一掌握，改变过去由课题组负担的做法。

关于人才培养和成长，有两个问题必须注意。一是要尽快提高一部分有相当水平的中青年业务骨干知名度，这是实际工作的需要，也是地理科学发展战略的需要。二是要创造有利环境，让更多的人才敢于冒尖。

（四）运用新的技术手段，加快地理研究的现代化进程

"七五"期间，中国科学院地理研究所的实验技术系统仍要结合国家攻关和重点任务的需要，继续进行建设和改造，做到有计划、有重点的支持，加强信息、遥感、遥测、遥控技术手段的应用，加强系统方法、数值方法、模拟方法和地图方法的运用。逐步建立健全以地理信息系统、遥感遥测、定位观测试验、模拟实验、区域应用实验为中心的现代化地理实验技术系统。

资源与环境信息系统，争取 1987 年全面对外开放。两个试验站。前二年要精心设计、精心安排，搞好各种试验项目的观测和实验，获取高精度的资料和数据，在理论和实践上，出一批高水平的科研成果，后三年有计划地进一步增添和完善两个站的实验技术系统。

实验室的建设要结合国家任务，重点建设地理环境化学、物理分析实验系统，有计划增添先进的仪器，健全分析化验项目，完善古地理环境测定系统、地理环境遥感、遥测系统和制图实验系统，改造模拟实验系统，提高自动控制和数据的采集、处理的功能。

技术完验系统的各部门要使工作进一步正规化、程序化，建立必要的规章制度、操作程序及观测规范，要建立岗位责任制。

（五）将经济地理部、地图室、大屯站和禹城站继续列入全所重点，从各个方面给予重点支持，以利他们更快发展

（六）面向世界，扩大国际合作

国际合作与交流，可以加强我所与国外联系，及时掌握国际地理学的新思想、新动向、新成就，同时也是我们面向世界，占领国际学术阵地的重要途径。1985 年，我所外事管理采取；积极支持攻关和重点项目开展国际合作；鼓励多渠道争取资助，广泛开展学术交流；外事活动紧密结合科研任务，对那些既能发挥我所优势又能引进人才和技术的项目，有意识将一般人际交流引伸为合作研究，这些做法，取得了积极成效。1985 年院国际合作局年初批准的外事计划只有 9 项，实际完成了 65 项，全年外事经费支出 7 万元，外事活动各项收入总计约 100 万元，这一年外事合作和交流是很活跃的，扩大了我所在国际上的影响。

"七五"期间，要进一步面向世界，走向世界，除了继续坚持过去行之有效的办法外，还有注意向外推出新的科研成果，研究全球性问题，增加人员交往，扩大合作研究范围，积极创造条件，争取一些国际学术会议在我国召开。

（七）加强学术交流，办好学术刊物

学术交流对活跃学术空气，促进学科发展，交流思想、经验十分重要。学术交流一般分为国际、国内和所内交流三个层次。总的看来，国内交流情况较好，其他两个层次比较薄弱，特别是所内学术交流，一直没有形成较好的气氛。今后要明确分管部门、指定专人负责，采取多种形式，吸引人们乐于参加。1985 年和 1986 年水文室、大屯站、禹城站和其他室举办的学术报告会，是一种很好的形式值得提倡，将来全所可多举办一些学术座谈会，一题一议，各抒己见，对某些学术问题展开深入探讨；也可举办老中青学术对话会，新同志提问，老同志解答，既传播知识，又交流思想；当然学术报告会也不可缺少，但要多报告一些大家比较关心的共同性重大问题和新颖问题。

《地理研究》是我所主办的学术刊物，主要任务是反映我所科研成果，推动地理科学发展。1982 年创刊时，所内文章占发表总数 70% 以上，1985 年已降到 60% 以下。这个现象值得注意，希望各室做好推荐和征稿工作，积极支持办好这个刊物。《地理集刊》是我所主办的不定期中级刊物，每期集中反映一、二个领域的研究成果，是促进学术发展、培养中青年人才的又一学术园地。今后要健全编委会，加强对这个刊物的集中领导，进一步提高刊物质量，研究生会将于今年新创《地理新论》刊物，大家要给予支持、关怀和爱护。

国家"七五"经济和社会发展计划以及 2000 年的宏伟目标，为科学技术的发展和繁荣开拓了新的前景，提供了良好的机会，有志献身于地理科学的人们，应认清形势，抓住良机，在"七五"期间创造出更加宏伟的业绩，争取更大的胜利，预祝大家成功。

四、一九八六年科研工作重点

1986 年是"七五"计划的第一年，这一年科研工作应围绕"六五"重大的学术总结和"七五"任务的落实，初步安排 67 项，其中"七五"攻关 10 项。国家、科学院和部委下达 9 项，各种科学基金 15 项，横向委托 9 项，自选 21 项，专著 32 本，以及两个站的实验研究工作。在这些工作中，重点抓好以下方面。

1."七五"攻关任务和重点项目的落实

同我所有关的十几项中，大部分已开会论证，有待国家通过方案，下达任务。目前各项都委托了召集人，将来正式下达后，再从研究内容到组织领导，全面落实下来。除此而外，我所已拟定两份区域研究报告：一项是"大渤海湾地区资源开发和经济布局战略研究"，一项是"黄河流域生态环境变化及治理对策研究"。这两份报告已交院，并于3 月 11 日向卢嘉锡院长作了专门汇报，争取列入全国或全院重点项目。

2. 基础理论研究

今年计划先上四个课题。前面已经讲过，这几个课题经过反复讨论后，争取第二季度落实，并以基础研究成果为主，出版一期《地理集刊》。

3 地理学基本资料整编

这是一项很重要的基础工作，已有部分同志开会讨论，争取第二季度落实内容和计划。

4. 专著编写

"六五"工作学术总结，相当一部分内容要反映在专著里，希望有关同志再接再厉，一鼓作气，写出高水平的专著。业务处第一季度和第三季度召开二次会议，研究编写中存在的问题和需要提供的条件。

5. 落实培干计划

此项工作，另有专门报告，这里不再重复。为了保证年度计划的完成，除了第一季度召开计划会议外，7月上旬和11月中旬，分别进行年中检查和年底总结。

（许越先在地理研究所全所大会上的报告，1986年1月27日，时任地理所科研管理处处长）

第二节 关于中国科学院地理研究所"七五"科研工作建议的几点说明

中国科学院地理研究所"七五"科研工作的建议，1月27日在全所大会上汇报后，经过职代会代表们的反复讨论以及个别征求意见，有一些内容需作修改和补充；另外，最近一个多月，有些重大项目取得了新的进展。因此，对讨论稿中的内容也需要作适当的调整，现就"七五"科研工作建议中的指导思想、重点内容和补充修改的部分，向会议作一简要说明。

一、关于制定"七五"科研工作建议的指导思想

主要是在总结"六五"期间科研成就基础上，根据国家"七五"重大科研项目的安排，考虑我所人力物力等现有条件和地理学长期发展的需要，对今后五年主要科研工作预期成果，做出总体规划，并对五年科研目标的实现提出主要措施和对策。使全所同志和各职能部门做到心中有数，为完成国家科研任务，进一步发展地理科学，继续努力奋斗。

二、"七五"期间和今后长期的奋斗目标

是"建议"的一个重要之点，原文是这样提的：我们的目标是多出第一流的成果和人才，真正建成全国最大的综合性的地理研究中心，为形成有中国特色的地理学体系作

出贡献，为在国际地理学界发挥实际作用做出努力。我们的方针是：继续面向经济建设，充分重视基础理论研究和前沿学科发展，瞄准世界先进水平，夺取更多团体冠军。这一段话在起草的时候，曾考虑三个因素：一应符合中央科研方针，二要符合全院的方向，第三也就是最重要的一条是要符合我所的实际情况，请同志们注意推敲每一句话的提法。这个目标和方针是我们制定"七五"科研计划的总纲。

在讨论中同志们没有提出什么修改意见，我们认为这样的写法是适当的，不准备进行修改。

三、对中国科学院地理研究所现阶段状况的估计

这是任何一个单位制定计划的最重要的依据，估计得准确，计划便可行，估计得错误，便失去完成计划的客观环境，导致主观片面的错误。我们原来是这样估计的："六五期间的迅速发展，将我所推向了一个新的历史时期，这就是经过初创、发展、动荡、恢复几个阶段之后，开始进入繁荣和兴盛的时期。其主要标志是：老一代科学家在国内外具有广泛影响，一批比较成熟的中年骨干和学术带头人已经成长起来，学术思想和研究领域在若干方面带动了全国地理学的发展，部分研究成果在国家决策中发挥着重要作用，技术系统已初具规模。"

大家知道，自1953年正式建所以后，我们已经走过了四个阶段，1958年以前是初创阶段，1958—1966年是发展阶段，1966—1976年是动荡阶段，1977—1980年是恢复阶段。四个阶段之后便开始了"六五"的工作，五年来我们取得了41项重大科研成果，其中达国际先进水平6项，国内先进水平35项，出版专著43部，图集13本，论文170篇，我们已有高级人员98人，中级研究人员251人，在学研究生60人，在建议中列举的17项重大科研成就只是我们的一部分工作。同志们，这五年的形势是不是繁荣和兴盛的形势？我们认为这样估计是符合实际的，我们预计"七五"和"八五"将会做出更多的成就，因此我们用了"开始步入"繁荣和兴盛的时期这样的提法。这个形势的到来，当然是党的正确方针政策的指引，也是与广大科研人员奋发努力，院正确领导和管理部门、党政后勤部门和二线人员的工作分不开的。

四、关于"七五"主要科研任务

建议中写了五个方面，前四个方面，列举了11个项目，这11项都是国家攻关和国家、中科院下达的重点任务，这些任务要到下半年才能最后落实下来，目前我们所都已参加论证或者已经明确。这些任务是全所研究工作的主战场，必须按时交出符合国家考核目标的科研成果。这方面工作在六五期间我们投入了一半以上的科研人员，同志们都比较熟悉，对我们所来说，"七五"期间并不存在要不要面向经济建设的问题，而是继

承和发展的问题，因此，在总目标中我们用了"继续面向"的提法。

五、"七五"主要科研任务的第五方面工作

主要是基础理论研究。在这一段里，写了思想认识问题、研究选题问题和组织领导问题。鉴于过去我们在这个问题上重视不够，抓得不狠。在建议中强调了"基础理论研究是地理学立命之本，要给予足够的重视。"所谓立命之本，就是地理学生存之本、发展之本、在新的高度上更好地面向经济建设之本，也是提高中年、培养青年人才之本，使地理学保持长盛不衰之本。换句话说，这不是"一时的权宜之计"，不是临时的"安身之策"，而是一项需要长期坚持的方针大计，需要一任又一任的所长不间断予以重视和支持的工作。同时也需要一批又一批有思想有基础有兴趣的人才为之奋斗。为此，在建议中提到"要鼓励新的理论人才脱颖而出，产生新的学派；对待理论研究，要提倡大胆探索、敢于坚持、不怕失败、持之以恒。"

关于基础理论研究的选题，主要考虑：对学科发展有普遍指导意义和带动意义的重大理论问题和前沿学科，特别是近期内有希望突破的关键问题；要善于在实际工作和应用研究中提炼和归纳理论问题，形成理论体系；要注意新的生长点，开拓新的理论领域，要不断提出新观点新概念新方法"。重点开展：①能量转化和物质迁移规律研究；②气候与环境变化及预测研究；③综合自然区划和经济区划理论方法研究；④生产力地域组合理论研究。

关于组织领导，地表能量转化和物质迁移规律研究已成立五人领导小组，项月琴同志为组长，唐登同志为副组长。他们已召开过三次会议，商讨研究计划。气候与环境变化及预测研究，李克让、邢嘉明等同志也开过几次会进行酝酿。综合自然区划工作以自然室为主，他们也讨论过。区划理论方法和生产力地域组合研究，经地部同志们也着手组织力量。在此基础上，全所将组织一个基础理论研究协调组，以两个站为基地，以各项基金课题为依托，形成一组两站四题多点基础研究网。

六、关于对策和措施，共提七条

一是五年计划两步实施；二是坚持改革、推动科研；三是人才分类培养、同步提高；四是运用新的技术手段，加速地理研究的现代化进程；五是继续将经地部、地图室、大屯站、禹城站列入全新重点单位；六是面向世界，扩大国际合作；七是加强学术交流，办好学术刊物。这七条措施有两条主线贯串其中，一条线是应用研究和基础研究并重，在面向经济建设的同时，要发展地理科学，再一条线是注重人才培养和提高。在这里应当强调的是：我们在争取"七五"各项任务中，一定要考虑是否能结合学科发展，有利学科发展，有选择的承担，尽量避免重复性劳动。再一点是要创造有利环境，

让更多人才敢于冒尖，要尽快提高一部分有相当水平的中青年业务骨干的知名度。这两点在实际工作中真正做好，是很困难的，但我们决心在今后五年，一步一步地，一件一件地逐步解决。希望同志们献计献策，共同把工作做好。

七、关于原稿内容重要补充和调整

第一部分第一页中间补充"取得重大科研成果 41 项，其中达国际先进水平 6 项，国内先进水平 35 项"，第 2 项京津生态系统特征研究，调整为"京津生态系统特征研究和京津地区生态环境图集编制"，课题负责人补充付肃性同志。第二部分主要科研任务区域研究增加一项新疆资源调查和经济开发的工作，原第十一项改为"国家自然地图集和国家经济地图集编制"，第 10 项第二段关于 86 年基金项目删掉，移至新增最后一部分，即 1986 年工作安排部分。第三部分第（四）节，关于技术手段部分，去掉一些细节内容。

（左大康所长在地理所职工代表大会上的报告，许越先拟稿）

第三节　发展中国家环境影响评价专家组会议
若干情况介绍

1970 年 1 月美国批准《国家环境政策法》以后，发达国家较快地建立了"环境影响评价"制度。使环境政策进入了第二代，即由事后治理对策转向防患于未然的政策。发展中国家一般起步较晚，在这些国家如何进行环境影响评价，为了讨论这个问题，联合国环境规划署（UNEP）和中国城乡建设环境保护部于 1983 年 3 月 7—25 日在广州联合召开了发展中国家环境影响评价专家组会议（Expert Group Meeting On Environment Impoct Assessment In Dveloping Countries）。会议重点讨论了"环评"目的、意义、步骤、内容和方法。根据会议有关资料和本人在会议期间学习体会，将这次会议若干情况作一简要介绍。

一、会议基本情况

参加会议的有联合国环境署官员和来自英、印、巴、泰、菲律宾、菲济、马来西亚、尼泊尔、斯里兰卡、越南、埃及等 12 个国家的代表。出席会议的还有联合国环境署助理执行主任、环境署基金局局长施密特（R・Schrmidt）、环境署查询系统主任李沃炎、环境署驻巴黎工业办公室主任毛列纳・吞（Maung Nay・Htun）、规划署科学顾问比斯瓦斯（A.K.Biswas）等。参加会议的中国代表有建设部领导同志和来自国内十几个单位的代表，其中包括建设部顾问李景昭、环保局长曲格平等同志。

会议内容分为三个方面，一是专题报告，分别由曲格平、李沃炎、毛列纳·吞、比斯瓦斯、比塞特、（R.Bisset，英国阿伯丁大学教授）、左大康（中国科学院中国科学院地理研究所所长）、洛哈尼（B.N.Lahani，亚洲技术工程学院环境工程系主任）、阿布·赛义德（M·Abu-Zeid 埃及水资源中心主任）等人在会上作了报告。二是各国环评经验交流、中国科学院南京土壤所祝寿泉、建设部郭震远、兰州大学陈长和、印度喀拉拉森林研究所克达尔纳兹（S.Kedharnath）、印度农研所水技术中心迈克尔（A.M.Michnel）、斐济城乡规划办公室哈尼夫（M.S.Hanif）、马来西亚环境部苏亚坎（Soo An Kan）、斯里兰卡环境局瓦贾雅达萨（K.J.Wijayadasa）、巴基斯坦能源学会纳齐姆（M.Nazim）、菲律宾环境理事会比兰比森克索、尼泊尔水管局巴塔赖、越南教育部黎硕干、泰国环委会瓦尼兰索姆特和泰国能源部巴蒙等人在会上介绍了本国环评工作开展情况和一些典型工程环评案例。三是分组讨论、编写《发展中国家环境影响评价（草案）》，共分三个组，每组负责起草指南的一部分内容，然后提交大会讨论，最后由比斯瓦斯、曲格平负责修改、定稿，《指南》和主要报告经编选后将用中、英两种文本出版。

二、环境影响评价目的、意义、步骤和内容

1972 年斯德哥尔摩国际环境大会曾指出：在浩瀚的太空中只有一个居住着人类的地球，如果把它糟蹋掉，人类便无处可去。联合国环境署提出这样的口号："发展而不破坏"，不主张"养护而不发展"，所谓发展而不破坏，即符合生态规律的发展。环境影响评价是实现这一目标的重要措施。其实质是预防工程建设中造成环境破坏，这一工作通常是可行性研究阶段进行。通过调查研究，分析现有资料和综合专家意见，以充分论据解释某项工程对环境影响的后果，使决策人依据环境影响评价报告书的建议作出决断。

发展中国家经济基础薄弱，自然资源有限，经过训练的专门人材较少，资金不足，法制不够完善，环境影响评价工作应同发达国家有所区别，要求符合本国国情，做到简便易行，省工省钱，解决问题，程序从简。

环境影响评价需要多学科配合和各有关部门的协作，需在一定资料、技术、资金和专业知识基础上进行。因此，发展中国家应尽快建立全国性的环境资料库，培养本国的技术人材，选择和应用适合自己情况的技术和方法，其费用应跟建设项目一同分配。

环境影响评价主要包括：影响因子识别；影响后果预测；影响的评价和解释；监测手段的选定，并提出减缓影响的措施。

环境影响评价报告书一般由工程规划机构或政府有关部门准备，也可由发展项目的负责机构准备。一般来说，具体项目的开发者应承担环境影响评价的一切费用，环境影响评价的实施应由所有开发者和政府有关部门负责执行，而有关法制机构也应积极参

与。环境影响评价的审查，需要由专家小组参加的更高一级的机构组成审查委员会负责，必要时召开听证会。

环境影响评价的程序可用流程图表示。

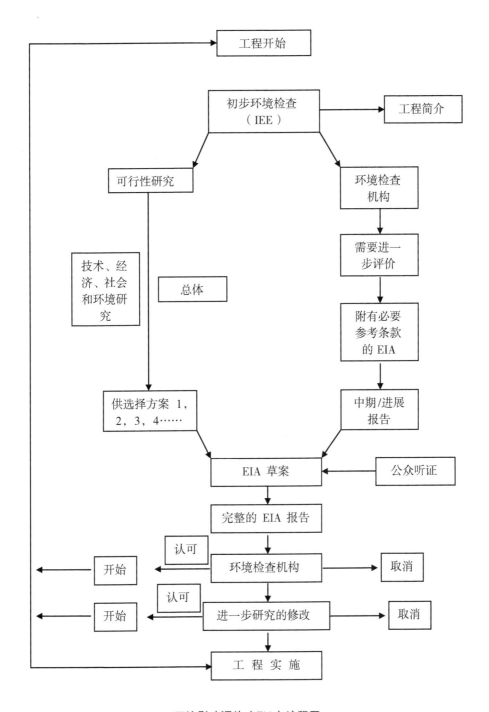

环境影响评价（EIA）流程图

环境影响评价报告内容一般包括如下部分。

工程名称，包括工程类别、位置等。

工程开发人或单位。

工程开发理由。

工程说明，包括工程材料、过程、设备、技术、经济、环境、图纸、照片。

现有环境，包括工程实施前的物理、生物和人类环境的量、质状况；工程涉及的空间范围；环境敏感区的社会、经济和文化价值。

工程比选：考虑经济、技术、环境等方面的广泛因素。对工程规模、技术、设计、原材料、能源等可作出多方案选择，并说明经济上、技术上和环境上的利弊，如有不同选址，也应进行方案比较。

环境影响：说明影响性质，影响源，影响类别，影响程度，采取减缓措施后的不能完全消除的影响。

减缓措施：包括采纳的措施和曾考虑过但未被采纳的措施。

简要结论。

附参考资料。

关于专门知识训练和有关研究工作，会议认为：

在发达国家已建立了相应的机构与部门进行专门研究，环境影响评价已成为与经济发展和环境保护同样重要的必需工作。发展中国家也应重视这项研究，特别是技术人员的培训。其中包括：培训基层技术员、程序设计人员和计算机操作人员，并在大学和研究所进行这一领域的专门研究；在中学和大学开设这类教程；建立全国资料中心，协调气象、水文等部门和基础资料工作。

由于多数发展中国家缺乏环境影响评价的实践经验，对区域规划和开发的资料注意不够，在工作中往往单个学科占支配地位，而对其他学科没有给予应有重视。为此，会议建议如下几个方面。

所有建设项目应有包括专门环境机构的批准。

任何项目都要进行环境影响评价，并与该项目的可行性报告一起呈交。

鼓励各国间专家的交流，并经常举办训练班。

举办专题讨论会，以交流这方面经验。

已完成重要项目环境影响评价工作的，应及时编制成册，提供其他部门参考。

环境影响评价是一项具有高度综合性的工作，涉及自然科学和社会科学的种种方面，需要多学科多部门的专家共同努力。在具体工作中应考虑以下几点。

环境保护方面需环境影响评价专家，环境经济学家，历史学家，考古学家，环境工程和环境管理专家。

在大气环境方面，要有气象学家及大气污染研究专家。

在水污染方面，要有水利学家及水污染研究专家。

在水环境方面，要有水文学家，水化学专家，水体污染研究专家，环境水利学家等。

土壤环境方面，应有土壤学家，环境土壤研究专家和土地利用及规划工作者。

地质环境方面，要有水文地质学家，工程地质学家及环境地质学家。

生态学方面，要有动物学家，植物学家及生态保护专家。

在环境噪音方面，应有噪音及震动研究专家。

要有环境医学专家。

三、环境影响评价方法

会议期间，比塞特和洛哈尼就环评方法作了系统介绍，比塞斯讲解了清单法、相互作用矩阵法、网络法等方法。据他介绍，在美国曾调查 400 多人，调查表明这些简单的方法应用最多。洛哈尼讲解了清单法、矩阵法、网络法、透视法、环境署的测试模型法、联合国实验模型等方法。会议最后综合以上两位报告内容和其他代表提供的有关方法，在《指南》草案中推荐八种方法，现将其中三种介绍如下。

（一）专项法

在决定某项工程或不同选址方案对比时，以简单的陈述，表述影响范围的基本情况，不需限定某些特定的调查参数。这种方法可以为工程环境影响提供最低限度的指导，准备和使用都很容易，其缺点是不能提出完整的所有影响因素，分析工作因人而异缺少一致准则，洛哈尼和阿西维拉的资料中的图解表（表 18-1）可供参考。

表 18-1　专项方法图解

项目	选择		
	1	2	3
水系水库项目	4	1	0
水面面积合计（公顷）	8 500	1 300	—
水库沿岸周长总计（千米）	190	65	—
新灌溉区（公顷）	40 000	12 000	—
由于工程和生物群落增加而减少的开旷面积（公顷）	10 000	2 000	—
遭淹没的考古遗址（处）	11	3	—
减少的土壤侵蚀（相对量）	4×	1×	零
增加的水产业（相对量）	4×	1×	零
防洪措施规定	有	有	无
新的症疾潜伏区	4×	1×	零
潜在的非工程雇用人数	1 000	200	

（二）清单法

这是一种应用最早，至今仍广为应用的基本方法，它是将一项工程的种种环境影响进行——列举。这种方法可使评价人员着重于一些主要方面，而又不至把某些重要方面忽略掉，有些清单还附有计量和解释参数的说明，清单的种类如下。

简易清单：即制定一份环境参数表。

描述清单：包括参数的鉴别及参数计数方法。

比例清单：大体与描述清单相似，但附有根据主观确定参数值的比例资料。

权重清单：这是比例清单的进一步体现，它是给与其他每个参数有关的各个参数的主观估价提供资料的一种比例清单。

清单通常是对环境影响数字估计的方法之一，采用这种方法不要求多少技术，生态数据，而要求熟悉地区，计划方案进展的性质。清单使决定者知道某一方案所产生的影响。清单法优点是简单，使用方便，使人一目了然，有助于影响因子识别，对评价项目有系统了解。不足之处是：没有或很少提出影响预测，对影响概率、空间性和时间性都不够了解，对参数的估计主要取决于评价者本身的经验和主观判断，可能带有一定偏见，表18-2是洛哈尼等提供的资料，可供应用时参考。

表 18-2　某道路工程的清单

环境因子	可能影响的性质									
	有害						有益			
	短期	长期	可逆	不可逆	本地	广泛	短期	长期	有意义的	正常的
水生态系统		×		×	×					
渔业		×		×	×					
林业		×		×	×					
陆地野生生物		×		×		×				
稀有的遭受危害的品质		×		×	×					
地面水力		×		×		×				
地下水质		×								
地下水	*	*	*		*	*	*	*	*	*
土壤						*	*	*	*	*
空气质量	×				×					
航行	×	×			×					
陆地运输								×	×	
农业							×			×
社会经济								×		×
美化		×			×					

*可以略去

（三）矩阵法

这是将工程活动清单间环境情况或特性的影响量的清单相合并的一套方法。工程活动和环境影响之间的因果关系，可从矩阵的水平和垂直交叉拦内得到鉴别。并可对其因果关系作定性或定量的判断，有些情况还可给总的影响评分，清单相互作用矩阵只表示因果关系，而不表示定量关系，定量矩阵不但有因果关系而且有定量分析，表18-3是这种矩阵的示例（摘自洛哈尼的资料）。

矩阵法主要根据有经验的专家的主观判断，可为工程环境影响提供很多有用情况，并可把因果关系和影响程度表示出来，对专业以外人员解释可收到一目了然易于理解的效果。

表 18-3 Quao Yai 与影响矩阵

评价值	拟定工程活动 / 环境参数	劳务移入	大坝建筑	传输线	水库蓄水	重金属排放	水生杂草生长	移民	总计 Leopold 方法	总计 Lohani 方法
1	健康	5/8	4/6		5/8	4/7	6/6	6/6	24/35	1 680
2	渔类产卵		3/4		3/6	3/7	5/5	5/5	14/22	608
3	考古				8/8				12/14	616
4	旅游				7/6				14/12	504
5	下游污染		7/7		7/8	2/4			16/19	565
6	社会经济								8/7	224
7	森林		4/2						4/2	24
8	渔业		2/5			2/5			4/10	180
9	航运				6/5				6/5	30
10	水生植物				6/6				6/6	72
总计	Leopold 方法	9/14	20/24	7/6	42/47	11/23	11/11	8/7		
	Lohani 方法	64	103	42	286	67	61	56		

四、一些发展中国家环评工程概况

马来西亚

1974 年通过环境质量法案，环境影响评价方法主要是简单矩阵法，提出环境影响评价报告后由审查委员会审阅，同时在报纸上发表让公众评论，公众可在发表后 28 天内向审查委员会秘书提交他们的意见。审查委员会是永久性机构，但可以临时招聘有关专家参加，审查委员会专家组由生态学家、医学家、社会学家和群众代表组成。

菲律宾

1977 年成立了环境保护理事会，在这之前已注意到环境问题，如 1969 年就注意到环境污染问题，1973 年注意到土地利用和居民区的带状环境。菲律宾颁布了环境法典，法典第四章对环境影响评价作了专门规定，规定所有对环境产生影响的工程都要提交报告。国家环境保护理事会负责审查这方面工作。起草报告书由政府部门或个人企业负责，评价前开发项目负责人首先找环保理事会或环境主管部门官员，询问这个项目是只要简单的环境描述还是要做全面影响评价报告。关于评价费用，环保理事会邀请专家们估算结果是：占可行性研究费用的10%，而可行性研究通常占工程总费用10%，因此环评费用约占工程项目费用的1%。

泰国

1971年成立国家环境委员会，在国家计划经济发展机构内工作。1975年制定环境法，依此法建立国家环境理事会，由副总理主持，各部副部长参加。这个理事会是国家环境委员会的秘书处，但环境法没有赋予他们权力，1978年环境法作了修正，理事会有权要求开发者提供环境报告，呈交报告后90天内应作出反应，若90天内得不到反应，则开发者被认为允许兴建项目。若第一次审查被否定，要作第二次审查，第二次审查必须在30天内作出反应，第二次审查再被否定，则这项工程兴建即被取消。

印度

1969—1974年印度第四个五年计划期间，提出了环境问题。认识到经济发展计划要对环境进行总体的综合研究，1972年印度成立了环境协调委员会，1980年设环境部，负责环境保护，同时负责审查环境评价，关于经济开发和环境之间关系，印度总理英迪拉·甘地认为"贫困是最大的公害"。

五、环境成分和参考术语

会议初步归纳的环境成分内容，可供使用者参考，工程项目应根据自己特点和情况决定取舍。

（一）物理化学的

1. 陆地

（1）土壤。

（2）土壤结构。

（3）倾斜稳定性。

（4）下沉。

（5）地震。

（6）土地利用。

（7）矿物资源。

（8）缓冲区。

（9）异常的物理特点。

（10）考古学遗址。

2．地表水

（1）岸线。

（2）底层分界面。

（3）流量变化。

（4）排水系统结构。

（5）水平衡。

（6）泛滥。

（7）现有用途。

3．地下水

（1）地下水位。

（2）水流状态。

（3）水质。

（4）地下水补给。

（5）蓄水层特点。

（6）现有用途。

4．大气层

（1）空气质量。

（2）气流。

（3）气候变化。

（4）能见度。

5．声音

（1）强度。

（2）持续性。

（3）频率。

（二）生物学的

1．植物

（1）树木。

（2）灌木。

（3）草。

（4）庄稼。

（5）浮游植物。

（6）水生植物。

（7）稀少种类植物。

（8）遭到危害的种类。

2. 动物

（1）陆地动物。

（2）浮游动物。

（3）水底有机物。

（4）鱼和贝类。

（5）昆虫。

（6）稀少种类。

（7）遭到危害的种类。

（8）迁徙种类。

3. 人类

（1）体质保证。

（2）心理良好状态。

（3）寄生病。

（4）传染病。

（三）社会经济

（1）就业。

（2）住宅。

（3）教育。

（4）公用事业。

（5）娱乐。

（四）美学与文化

（1）荒野。

（2）水质。

（3）空气质量。

（4）恬静。

（5）集体意识。

（6）社区结构。

（7）人选物体。

（8）历史区域。

（9）宗教区域。

（10）风景。

（11）娱乐。

参考术语：

下面是根据会议讨论提供以及笔者从其他资料选摘的有关术语，供参考。

生态学（Ecology）：研究生物体与它们所处环境之间关系的科学，按对象分为植物生态学、动物生态学、微生物生态学；按方法分为统计生态学、生理生态学、动物生态学、生产生态学、生态系统生态学；按级分为种生态学、个体群生态学、群生态学等。

生态平衡（Ecological Eguilibrium）：依据生态系统中各种控制因子作用，维持种类组成和生物量相对稳定的状态。

生态环境学（Ecotopology）：对生物环境的生态环境功能从生物方面进行评价的环境学的一个领域。

生态系统（Ecosystem）：1935 年坦斯利最先使用的一个术语，是生物群落和无机的环境构成的一个物质系统。生物要素包括生产者，消费者和分解者；无机的环境要素包括大气、水、土壤和光等。这些要素由环境作用、环境形成作用或生物相互作用，使各要素保持动态的联系，进行能量或物质循环。

立地（Habitat Site）：生物的生育地的环境。通常表示具体的特定的种、群落的环境条件。立地的概念，最近已引伸到工业上，称工业立地。

立地因子（Site Factor）：某一场所植物群落形成的一切有关因子，主要指大气候、小气候、土地的肥沃度、地形等自然因子。在农林业上，有时也考虑消费地的距离和运输条件。

环境（Environment）：干预生物的外界因子统称环境。

环境效应（Environmental Effect）：受人为或自然作用，引起环境的变化。

环境影响（Environmental Impact）：由于人为的活动引起环境资源或价值的变化。

环境影响评价报告书（EIS）：一份包括环境影响鉴定结果的文件或报告，在一些国家也称"环境报告书"（CES），"影响报告书"（IS），"环境影响报告"（EIR），在美国则称作"102 报告"。

一九八四年十一月 北京

参考文献

阿尔巴捷夫·A·M.1961.灌溉农业生物学基础 [M].北京：科学出版社.

陈德亮 .1985.黄淮海平原主要作物的气候生产力 [M]// 左大康 .黄淮海平原农业自然条件和区域环境研究 .北京：科学出版社.

陈静生 .1962.华北平原的景观及其地球化学特征 [J].地理学报，28（3）：203-212.

陈玉民 .1990.我国作物灌溉试验研究工作的回顾与展望 [C]// 全国节水农业和灌排科技发展学术讨论会论文专集 .北京：水利部、中国农业科学院农田灌溉研究所.

程维新，赵家义 .1983.关于灌溉农田作物耗水量问题 [J].水利学报（4）：45-50.

程维新，赵家义 .1985.关于灌溉农田作物耗水量问题 [M]// 左大康 .华北平原水量平衡与南水北调研究文集 .北京：科学出版社.

程维新，赵家义 .1991.华北平原冬小麦耗水量初步研究 [M]// 左大康 .农田蒸发研究 .北京：气象出版社.

程维新 .1983.华北平原蒸发力与农田耗水量的初步估算 [M]// 左大康，刘昌明 .远距离调水：中国南水北调和国际调水经验 .北京：科学出版社.

董振国 .1985.黄淮海平原农田叶面积变化特征及光能利用率 [M]// 左大康 .黄淮海平原治理和开发 .北京：科学出版社.

杜伟 .1985.南四湖调水运用水位对水生经济系统的影响 [M]// 左大康 .华北平原水量平衡与南水北调研究文集 .北京：科学出版社.

杜伟 .1985.调水与防治氟病环境效益的评价 [M]// 左大康 .华北平原水量平衡与南水北调研究文集 .北京：科学出版社.

付琳 .1990.我国微灌技术发展现状与展望 [C]// 全国节水农业和灌排科技发展学术讨论会论文专集 .北京：水利部、中国农业科学院农田灌溉研究所.

富德义，等 .1994.增效多元微肥的研制及田间增产效果 [M]// 许越先 .鲁西北平原开发治理与农业新技术研究 .北京：科学出版社.

高光 .1989.自然的人化与人的自然化——生产力理论的新探索 [M].北京：中共中央党校出版社.

高善明，李元芳 .1987.苏北平原全新世以来地貌形成过程及农业综合利用 [M]// 左大康 .黄淮海平原农业自然条件和区域环境研究 .北京：科学出版社.

高善明 .1985.黄河三角洲结构和农业资源开发 [M]// 左大康 .黄淮海平原治理和开发 .北京：科学出版社.

龚高法，张丕远，张瑾瑢 .1987.黄淮海平原旱涝灾害的变迁 [M]// 左大康 . 黄淮海平原农业自然条件和
　　区域环境研究 . 北京：科学出版社 .

龚国元 .1985.黄淮海平原地貌分区 [M]// 左大康 . 黄淮海平原治理和开发 . 北京：科学出版社 .

龚国元 .1985.黄淮海平原范围的初步探讨 [M]// 左大康 . 黄淮海平原治理和开发 . 北京：科学出版社 .

郭敬辉，郭知教 .1962.中国河川离子径流量的估算及河水的化学组成 [R]. 北京：中国科学院地理研究
　　所（油印本）.

洪嘉琏 .1985.有限水域表面蒸发的计算 [M]// 左大康 . 华北平原水量平衡与南水北调研究文集 . 北京：
　　科学出版社 .

胡芬 .1990.作物水分利用效率与节水农业 [C]// 全国节水农业和灌排发展学术讨论会论文专集 . 北京：
　　水利部、中国农业科学院农田灌溉研究所 .

黄荣金，戴旭，杨柳林 .1985.黄淮海平原土地类型的初步研究 [M]// 左大康 . 黄淮海平原治理和开
　　发 . 北京：科学出版社 .

贾大林 .1990.如何走节水农业的道路 [C]// 全国节水农业和灌排科技发展学术讨论会论文专集 . 北京：
　　水利部、中国农业科学院农田灌溉研究所 .

姜德华，宋家栋 .1987.山东省聊城地区农业类型研究 [M]// 左大康 . 黄淮海平原农业自然条件和区域环
　　境研究 . 北京：科学出版社 .

邝泰山 .1994.小麦施用稀土试验示范及推广应用 [M]// 许越先 . 鲁西北平原开发治理与农业新技术研
　　究 . 北京：科学出版社 .

乐嘉祥，王德春 .1963.中国河流水化学特征 [J]. 地理学报，29（1）：1–10.

李淑婕，等 .1994.小麦应用黄腐酸的试验效果 [M]// 许越先 . 鲁西北平原开发治理与农业新技术研
　　究 . 北京：科学出版社 .

李秀云 .1985.华北地区河川年径流丰枯分析 [M]// 左大康 . 华北平原水量平衡与南水北调研究文集 . 北
　　京：科学出版社 .

李英能 .1990.我国北方地区喷灌发展研究 [C]// 全国节水农业和灌排科技发展学术讨论会论文专集 . 北
　　京：水利部、中国农业科学院农田灌溉研究所 .

李正风，张淑敏 .1985.干旱对夏玉米需水量和产量的影响 [J]. 灌溉排水，4（2）：26–30.

刘昌明，杜伟 .1985.系统分析在东线调水水量平衡中的应用 [J]. 地理研究，4（3）：81–88.

刘昌明，杜伟 .1987.黄淮海平原旱涝情势分析 [M]// 左大康 . 黄淮海平原农业自然条件和区域环境研
　　究 . 北京：科学出版社 .

刘昌明，任鸿遵 .1985.平原地区水量转换关系计算方法的初步探讨 [M]// 左大康 . 华北平原水量平衡与
　　南水北调研究文集 . 北京：科学出版社 .

刘昌明，魏忠义，等 .1989.华北平原农业水文及水资源 [M]. 北京：科学出版社 .

刘昌明，许越先 .1983.南水北调东线"分期实施，先通后畅"简析 [J]. 地理研究，2（3）：96–99.

刘昌明 .1983.南水北调用水区水量平衡变化的几点分析 [J].地理科学，2（2）：162-169.

刘连瑞 .1994.禾谷类作物根系联合固氮菌在小麦田的示范实验 [M]// 许越先 .鲁西北平原开发治理与农业新技术研究 .北京：科学出版社 .

刘永思，等 .1993.抗菌素 660B 与长效尿素、增产素组合施用对水稻生长及产量的影响 [M]// 许越先 .鲁西北平原自然条件与农业发展 .北京：科学出版社 .

刘毓中 .1989.对地膜覆盖棉田增温、保墒、提墒和地面水入渗补给作用机理的探讨 [J].灌溉排水，8（3）：10-17.

吕振东 .1990.鲁西北地区引黄灌溉的经济效益和生态效益初析：水资源开发与环境 [C].北京：科学出版社 .

马瑞霞 .1994.GT 粉对促进种子萌芽及作物增产效果试验 [M]// 许越先 .鲁西北平原开发治理与农业新技术研究 .北京：科学出版社 .

马文·E·詹森 .1982.耗水量与灌溉需水量 [M].北京：农业出版社 .

孟宪民，等 .1994.作物专用复合肥的研制与试验 [M]// 许越先 .鲁西北平原开发治理与农业新技术研究 .北京：科学出版社 .

牛文元，等 .1982.土面增温剂的机理与效应 [M].北京：科学出版社 .

乔莲英，等 .1994.小麦施用几种新型肥料的增产效果 [M]// 许越先 .鲁西北平原开发治理与农业新技术研究 .北京：科学出版社 .

酋大彬，李宏志，张松林 .1986.黑龙港地区冬小麦依水定肥省水栽培研究 [J].灌溉排水，5（2）：17-21.

任鸿遵 .1985.黄淮海平原浅层地下水分区 [M]// 左大康 .黄淮海平原治理和开发 .北京：科学出版社 .

山仑，徐萌 .1990.节水农业中的若干生态生理问题 [C]// 全国节水农业和灌排科技发展学术讨论会论文专集 .北京：水利部、中国农业科学院农田灌溉研究所 .

邵庆山 .1983.水资源概述 [M].北京：水利电力出版社 .

沈焕庭，等 .1983.南水北调对长江河口盐水入侵的影响 [M]// 左大康，刘昌明，等 .远距离调水 .北京：科学出版社 .

沈建柱，等 .1983.南水北调地区的水分平衡 [M]// 左大康，刘昌明，等 .远距离调水 .北京：科学出版社 .

沈建柱 .1983.南水北调可能引起的降水变化 [J].地理研究，2（4）：89-91.

沈建柱 .1987.黄淮海平原降水变化趋势的分析 [M]// 左大康 .黄淮海平原农业自然条件和区域环境研究 .北京：科学出版社 .

水利电力部水文局 .1987.中国水资源评价 [M].北京：水利电力出版社 .

粟宗嵩 .1983.现代灌水方法概观 [J].灌溉排水，2（1）：1-4.

粟宗嵩 .1990.节水灌溉的水调度理论基础初探 [C]// 全国节水农业和灌排科技发展学术讨论会论文专

集 . 北京：水利部、中国农业科学院农田灌溉研究所 .

孙冲明 .1987. 徒骇河、马颊河的河势特征及其对环境的影响 [M]// 左大康 . 黄淮海平原农业自然条件和区域环境研究 . 北京：科学出版社 .

孙福文 .1982. 鲁西北四区地下水开采利用情况与展望 [J]. 灌溉排水，1（3）：16-21.

汤奇成，等 .1985. 华北地区地表径流量的估算及分析 [M]// 左大康 . 华北平原水量平衡与南水北调研究文集 . 北京：科学出版社 .

王会昌 .1987. 鲁西南湖群的形成与演变 [M]// 左大康 . 黄淮海平原农业自然条件和区域环境研究 . 北京：科学出版社 .

王辛未 .1986. 农田灌溉节水途径的分析 [J]. 灌溉排水，5（3）：24-28.

王玉枝，赵楚年 .1986. 华北地区河川径流年内分配 [M]// 左大康 . 华北平原水量平衡与南水北调研究文集 . 北京：科学出版社 .

魏忠义，任鸿遵 .1985. 华北平原地下水开采的水文效应 [M]// 左大康 . 华北平原水量平衡与南水北调研究文集 . 北京：科学出版社 .

魏忠义，张永忠 .1985. 禹城实验区井灌井排水文地质条件：华北平原水量平衡与南水北调研究文集 [C]. 北京：科学出版社 .

吴家燕 .1985. 黄淮海平原不同土壤水分条件下冬小麦水分生理指标若干特征 [M]// 左大康 . 黄淮海平原治理和开发 . 北京：科学出版社 .

吴景社 .1990. 推广管道灌溉是发展节水农业的重要途径 [C]// 全国节水农业和灌排发展学术讨论会论文专集 . 北京：水利部、中国农业科学院农田灌溉研究所 .

武城试区课题组 .1994. 武城试区盐碱洼地综合开发试验示范研究 [M]. 鲁西北平原开发治理与农业新技术研究 . 北京：科学出版社 .

席承藩，邓静中，黄荣翰 .1985. 黄淮海平原综合治理与农业发展问题 [M]. 北京：科学出版社 .

谢贤群 .1985. 黄淮海平原冬小麦生育期的光合有效辐射分布特征 [M]// 左大康 . 黄淮海平原治理和开发 . 北京：科学出版社 .

谢贤群 .1990. 测定农田蒸发的试验研究 [J]. 地理研究，9（4）：94-103.

熊贵枢 .1990. 黄河流域水资源利用概况 [C]//. 华北地区水资源合理开发利用，中国科学院地学部研讨会文集 . 北京：水利电力出版社 .

熊毅 .1979. 南水北调应注意防治黄淮海平原土壤盐碱化问题 [J]. 土壤（4）：121-123.

徐培秀 .1987. 鲁西南平原粮棉布局发展探讨 [M]// 左大康 . 黄淮海平原农业自然条件和区域环境研究 . 北京：科学出版社 .

徐寿龙 .1994. 新兽药"EH"治疗奶牛、黄牛卵巢机能失调不孕症临床效果 [M]// 许越先 . 鲁西北平原开发治理与农业新技术研究 . 北京：科学出版社 .

徐长锁 .1984. 引黄灌溉节水问题浅析 [J]. 人民黄河（2）：49-50.

许炯心.1987.河流作用与农业生产条件 [M]// 左大康.黄淮海平原农业自然条件和区域环境研究.北京：科学出版社.

许越先,洪嘉琏.1983.南水北调对自然环境影响的若干问题 [M]// 左大康,刘昌明.远距离调水：中国南水北调和国际调水经验 [M].北京：科学出版社.

许越先.1984.中国入海离子径流量的初步估算及影响因素分析 [J].地理科学,4（3）：213-217.

许越先.1985.黄淮海平原土壤盐分的水迁移运动及其控制 [M]// 左大康.黄淮海平原治理和开发.北京：科学出版社.

许越先.1985.南水北调（东线）对土壤盐碱化影响的初步探讨 [M]// 左大康.华北平原水量平衡与南水北调研究文集.北京：科学出版社.

许越先.1985.南水北调（东线）对土壤盐碱化影响的初步探讨 [M]// 左大康.华北平原水量平衡与南水北调研究文集.北京：科学出版社.

许越先.1990.黄淮海平原节水农业发展的初步分析 [M]// 左大康,刘昌明.华北地区水资源合理开发利用.北京：水利电力出版社.

许越先.1990.农业节水潜力与节水农业发展,全国节水农业和灌排科技发展学术讨论会论文集 [C].北京：水利部、中国农业科学院农田灌溉研究所.

许越先.1990.农业节水潜力与节水农业发展 [C]// 全国节水农业和灌排科技发展学术讨论会论文专集.北京：水利部、中国农业科学院农田灌溉研究所.

许越先.1994.区域治理与农业综合开发——以鲁西北平原为例 [M]// 许越先.鲁西北平原开发治理与农业新技术研究.北京：科学出版社.

杨传福,等.1990.商丘地区节水农业增产技术 [C]// 全国节水农业和灌排科技发展学术讨论会论文专集.北京：水利部、中国农业科学院农田灌溉研究所.

杨传福,王广兴,杨怀惠,等.1982.关于冬小麦耐旱生理指标的探讨 [J].灌溉排水,1（4）：35-40.

姚榜义,陈春槐.1983.关于南水北调必要性和可行性的几个问题 [M]// 左大康,刘昌明.远距离调水：中国南水北调和国际调水经验.北京：科学出版社.

姚榜义,陈清濂.1983.南水北调工程规划初步研究 [M]// 左大康,刘昌明.近距离调水：中国南水北调和国际调水经验.北京：科学出版社.

由懋正,袁小良,王新元.1990.发展节水型农业,提高水资源利用效率 [M]// 左大康,刘昌明.华北地区水资源合理开发利用.北京：水利电力出版社.

郁雪芳.1983.南水北调（东线）对沿线主要水体鱼类资源影响的探讨 [M]// 左大康,刘昌明,等.远距离调水.北京：科学出版社.

许越先,谢明,张永忠.1991.长江上游离子径流量的估算及时空变化特征 [J].地理研究（4）：19-28.

恽勤,等.1994.小麦生化营养素的研制与应用研究 [M]// 许越先.鲁西北平原开发治理与农业新技术研究.北京：科学出版社.

张仁华 .1983. 遥感作物估产的一个改进模式 [J]. 科学通报（20）：1 259– 1 262.

张仁华 .1986. 以红外辐射信息为基础的估算作物缺水状况的新模式 [J]. 中国科学（B 辑）（7）：776– 784.

张兴权 .1190. 覆盖条件下农田土壤水盐动态研究 [M]// 唐登银，谢贤群 . 农田水分与能量试验研究 . 北京：科学出版社 .

张永忠，李宝庆 .1987. 黄淮海平原水利工程的水文效应分析 [M]// 左大康 . 黄淮海平原农业自然条件和区域环境研究 . 北京：科学出版社 .

赵楚年，王玉枝 .1985. 黄淮海平原河流输沙量丛其变化 [M]// 左大康 . 黄淮海平原治理和开发 . 北京：科学出版社 .

赵名荼，李巨章 .1987. 黄淮海平原作物潜在产量和实际产量分析 [M]// 左大康 . 黄淮海平原农业自然条件和区域环境研究 . 北京：科学出版社 .

赵名荼 .1985. 用光量子测定分析黄淮海平原冬小麦的光能利用率 [M]// 左大康 . 黄淮海平原治理和开发 . 北京：科学出版社 .

郑平，等 .1994. 腐植酸制剂防治蚜虫的试验研究 [M]// 许越先 . 鲁西北平原开发治理与农业新技术研究 . 北京：科学出版社 .

中国科学院地理研究所抑制蒸发组 .1981. 土面增温剂及其在农林业上的应用 [M]. 北京：科学出版社 .

中国科学院地学部 .1990. 华北地区水资源合理开发利用 [M]. 北京：水利电力出版社 .

中国科学院中国自然地理编委会 .1981. 中国自然地理（地表水）[M]. 北京：科学出版社 .

中国科学院自然区划工作委员会 .1959. 中国水文区划（初稿）[M]. 北京：科学出版社 .

祝寿泉，王遵亲，熊毅 .1983. 南水北调对黄淮海平原生态系统的影响 [M]// 左大康，刘昌明 . 远距离调水：中国南水北调和国际调水经验 . 北京：科学出版社 .

左大康，Asit Biswas，刘昌明，等 .1983. 远距离调水——中国南水北调和国际调水经验 [M]. 北京：科学出版社 .

左大康，陈德亮 .1985. 黄淮海平原主要作物光能利用率和光合潜力 [M]// 左大康 . 黄淮海平原治理和开发 . 北京：科学出版社 .

左大康，刘昌明，许越先 .1982. 南水北调对自然环境影响的初步研究 [J]. 地理研究，1（1）：31–39.

左大康，许越先 .1987. 治黄研究中的几个问题 [J]. 中国科学院院刊（4）：313~316.

左大康 .1985. 黄淮海平原治理和开发 [M]. 北京：科学出版社 .

左大康 .1987. 黄淮海平原农业自然条件和区域环境研究 [M]. 北京：科学出版社 .

国务院任命书（1995 年 3 月 27 日）

国务院特殊津贴证书（1993 年）

许越先著作

成长

13 岁

16 岁

22 岁

28 岁

44 岁

55 岁

56 岁

61 岁

66 岁

回乡探亲和母亲、弟弟在一起，
后排左右是两个侄子（1983 年）

回乡和母亲留影，后排左起洪燕、许雷、许越先、
许运先、许震、许霖（1998 年）

全家福　后排左起许霖　许雷
中排左起　王利　许程瑞　洪燕
前排　赵乃芹　许赢心　许越先（2019 年）

和许场庄族亲留影
（1998 年）

许越先、赵乃芹在济南豹突泉留影
（2005 年）

许越先、赵乃芹在山东日照海滨留影
（2015 年）

同窗情

大学同班同学留影，三排左二许越先
（1962 年）

和高中同学在母校门前留影
后中为许越先（1989 年）

大学毕业同班同学和校系领导留影
（1964 年）

南京大学 100 周年和同学在校园留影
许越先（中）（2002 年）

邀请初中老友刘庆法夫妇（左）来北京观光留影，
右 1 是夫人赵乃芹（1995 年）

新沂中学 59 级同学返母校留影
后排左四许越先（2002 年）

中学母校前留影

（1989 年）

中学母校前留影

（1998 年）

南京大学 100 周年校庆在校门前留影

（2002 年）

在大连棒槌岛

（2006 年）

在办公室写报告，背后是巴西木

（2008 年）

访美·在白宫前

（1992 年）

国际农业用水有效性研讨会（北京）上作报告
（1991 年）

主持地理学与农业发展研讨会并做报告（桂林）
（1991 年）

湘潭高效农业研讨会后与范云六院士（左）
李文华院士（右）在韶山留影（1998 年）

在中国农学会农业计算机分会当选理事长并致词
（1996 年）

在上海都市农业研讨会上做报告
（1998 年）

农科院西部科技万里行途经宁夏留影
左起　许越先、吕飞杰院长、张子仪院士、
章力建副院长（2000 年）

左起卢良恕院长、许越先、王红谊副书记、
司洪文局长在香山植物园留影（1997年）

在中科院地理所禹城试验站
右一左大康所长、右二许越先（1984年）

山东省德州科技交流会期间留影
左起　许越先、孙祥平、邓飞（1987年）

许越先（左3）在中国农科院祁阳试验站（湖南）
（1995年）

参加宁夏科技活动后
和毛新宇将军（右）留影（2002年）

许越先（右）和南阳市委书记孙兰卿（中）座谈
（2000年）

在黄淮海平原农业开发主战场

禹城农业开发大会战 李振声副院长（右1）许
越先（右2）山东省委副书记陆懋增（左）
（1988年）

周光召院长（中）到山东项目区
许越先（右1）在现场汇报
（1989年）

在新沂市马陵山考察，许越先（左2）江苏省农
开办胡主任（中）新沂市委刘兆勤书记（右2）
（2001年）

许越先向周光召院长汇报工作
（1989年）

许越先（左1）和江苏省水利厅
戴厅长（左2）在徐州调研（1989年）

许越先（左）和李晓琳司长（右）考察张家口坝
上草原（1995年）

在广西桂林

（1992 年）

在吉林省农科院

（1996 年）

在张家口坝上

（1995 年）

在五当山

（1998 年）

在乌鲁木齐天池

（1998 年）

在土鲁番火焰山

（2000 年）

在甘肃墩煌鸣沙山月牙泉

（2000 年）

在山西平遥古城

（2004 年）

应邀在河南唐河县考察 许越先（中）
南阳市委书记孙兰卿（左3）
（1998年）

应邀考察新疆哈密地区
右为地区李专员
（1998年）

在南阳农业科技园区揭牌仪式上致词
（1999年）

在河北高碑店老区赠书活动上致词
（1999年）

在湖北省浠水县科技示范县揭牌仪式上致词
（2001年）

在甘肃酒泉地区参加农业科技合作签字
仪式 左3许越先（2000年）

在陕西省紫阳县考察 当地电视台采访
（2001 年）

带专家在广东省海丰县调研时合影
许越先（右6）赵乃芹（左4）（2002 年）

在辽宁省锦州市和王副市长座谈
（1997 年）

运城科技交流会前和运城地区张少农专员
热烈交谈（2000 年）

在山东省日照市考察和张超超副市长
（后升任山东省副省长、宁夏自治区常务副主席）
合影（2001 年）

在南阳卧龙区调研时和副区长冯晓仙
（后升任南阳市、平顶山市副市长）合影
（1998 年）

访苏·莫科科大学前
（1987 年）

访澳·悉尼大学校园
李振声（中）许越先（右）
刘安国（左）（1990 年）

访法时双方科学家座谈，右一许越先
（1993 年）

率团访法·巴黎埃佛尔铁塔前
中为许越先（1993 年）

许越先（右2）国家农开办主任
周清泉（右1）山东农开办主任
刘玉升（右3）考察法国农业（1993 年）

访澳·悉尼歌剧院前
（1990 年）

率团访美·在白宫前，左2许越先
（1992 年）